民國建築工程期刊匯編

MINGUO JIANZHU GONGCHENG QIKAN HUIBIAN

37

《民國建築工程期刊匯編》編寫組 編

廣西師范大學出版社

GUANGXI NORMAL UNIVERSITY PRESS

・桂林・

第三十七册目録

國立武漢大學土木工程學會會刊　一九三七年

第二期……………………………………18763

工程周刊

18413

工程週刊

中華民國25年2月27日星期4出版
(內政部登記證警字788號)
中華郵政特准號認爲新聞紙類
(第1831號執據)
定報價目：全年連郵費一元

中國工程師學會發行
上海南京路大陸商場542號
電話：92582
(本會會員長期免費贈閱)

5•7
卷 期
(總號109)

浙贛鐵路玉南段通車紀念弁言

曾養甫

(民國二十五年一月十五日)

浙贛鐵路一詞，始於民國二十三年之春，初，浙江省政府，建築省辦鐵路，自杭州對江發軔，經蕭山，諸暨，義烏，金華，湯溪，龍游，衢縣，江山而達江西之玉山，並由金華別通蘭谿，聯絡水運，名爲杭江鐵路。民國二十二年冬季，全線通車，時贛省匪患，雖漸敉平；而瘡痍滿目，元氣大傷，救濟復興，首重交通。即杭江鐵路本身，亦非僅止於此，即足完成其使命。因由鐵道部，浙江江西兩省政府，及社會熱心開發交通人士，共同集議，改組浙贛鐵路聯合公司，一方規劃杭州玉山間業務之發展，一方籌劃經費，擇定路線，逐步向西展築，先行着手玉山至南昌一段工程，溝通浙贛兩省會，而命養甫董其成。二十三年七月，正式興工，預定去年雙十節，完成通車。嗣以路線所經，匪禍甫戢，萑苻未靖，不無騷擾，甚致戕害職工。去年夏間，又值大水，洪流所及，路基材料，多被冲毀，運輸阻滯，補救困難，秋後且多疫癘，路工病亡相繼。凡此天災人禍，舉足影響工程之進行，通車之期，遂展緩三月有餘。

由玉山至南昌路線，中經上饒，橫峯，弋陽，東鄉，進賢諸邑，計程292公里，費銀約18,000,000元，歷時一年有六閱月。其間養甫奉命中央，于役西南，時逾半載，未能始終躬與其役。幸賴中央地方各方面之督促協助，副局長侯君蘇民及諸同人之艱難締造，卒底於成，當此完成通車之日，自不勝其感愧與忻慰，惟以款項時間之力求經濟，工程設備，或多未臻完善；顧一念國家社會之困窮，交通需要之急切，同人勉符窮幹苦幹之精神，當爲社會所共諒。

我國鐵道里程，與國土面積之比例，較諸歐美，瞠乎其後，即經營管理之方，亦未能與他人並駕齊驅。此後浙贛鐵路之發展改進，同人自當恪遵迎頭趕上之遺訓，竭其棉薄，而有待於邦人君子之督促維護者，尤殷且切，因於此紀念通車之日，致其無限之熱望。

玉南段建築費概算

總務費	$ 914,480
籌辦費	137,705
購地	509,700
路基	2 388,546
橋工	3,236,540
保衛	76,610
電報電話	295,387
軌道	5,710,701
信號	191,074
車站	540,300
機器廠	368,900
機件	378,907
車輛	2,196,860
維持費	214,508
利息	1.016.445
總計	$ 18,176,663

浙贛鐵路玉南段工程概況

浙 贛 鐵 路 局

(1)勘測選線

浙贛路線，既定由杭州鐵路展築玉山至萍鄉，爲便於籌款及施工計，決行先築玉山至南昌一段。該段踏勘隊於23年3月16日從南昌出發，經進賢縣、梁家渡、東鄉縣、鄧家埠、鷹潭而抵貴溪縣，循信江南岸，繞弋陽縣，轉河口鎮，越上饒縣以達玉山，因其時匪氛猶熾，匆匆查勘，故于同月24日即告完畢，是爲信江南岸路線。嗣於4月間奉令組織玉南段測量隊，當即編成四總隊，先後出發，於5月初開始分段測量。并因其時轉奉蔣委員長電令，以據趙司令觀濤電陳，浙贛鐵路，宜循信江北岸敷設，以利軍事進行，飭即勘測信江北線路，並妥議具復，同時，弋陽橫峯等縣黨政各界亦紛向江西省政府建議，請將浙贛路線移設信江北岸，使遭匪破壞之區，得藉交通便利，迅捷恢復。經即由本局呈由理事會電請蔣委員長轉飭航空測量隊，派機施測上饒至貴溪間沿信江以北線路，藉資比較；一面籌組信江北線踏勘隊，實地履勘，以期詳盡。惟當時上貴間沿信江北岸各地，共匪出沒無常，自5月至8月，該段勘測工作，屢經分道進行，中途均因匪阻，不克通達橫峯；直至8月中旬，該處剿匪軍事，大得勝利，踏勘隊乃獲追隨趙總指揮出發，工程人員化裝勘測前被匪阻地段。經由羅橋，楓嶺頭，龍井灣，周村，童子嶺，而達橫峯。此線地勢崎嶇，土石工程既鉅，小徑灣道亦多，踏勘結果，仍屬失望，但由飛機影片觀之，如能改由龍井灣經坑口，寶巢亭，宋村，界牌石等處，而達橫峯，則係舊時官驛大道，地勢必較平坦，惟爾時該段殘匪未靖，無法進行。又越月餘，匪患漸平，方克於重兵保護之下實地勘測，至11月坑口切土工程乃獲通過，此段地勢果比童子嶺一線爲佳，信江北岸路線，至此乃全部決定。因第一二測量隊先於6月底已將信江南岸線測畢，當經理事會議決，上貴間線路應經行信江北岸，故決將玉南段路線從玉山站西約3公里，信江與玉琊溪會合之下游，越江而過，以達信江北岸，乃沿江北經上饒橫峯，弋陽至貴溪縣城下游里許，又復跨江南，經鷹潭，鄧家埠，東鄉，下埠集，進賢，溫家圳，梁家渡，蓮塘，而抵南昌：全線約長292公里。信江北線，雖橫饒一帶地處崇山之中，蜿蜒而行，工程巨大；橫貴之間，地臨洪水區域，路堤高築，所費不貲，但比諸南線里程較爲縮短，亦未爲失計。又南昌附近路線，原已測定由蓮塘東經墨牌鄉，萬村，朱姑橋，梅村直趨南昌，至老飛機場東同仁堂附近設立南昌車站。嗣因航空委員會勘定青雲譜附近靠本段路線之東建築新飛機場，要求本路改線，並規定路線須距新飛機場贛粵公路西200公尺，距老飛機場東北各500公尺；是故本段路線，改由墨牌鄉萬村稍向西偏，跨過贛粵公路，又稍偏北至分路口，再跨贛粵公路，經第三平安堡之東進土城，以迄同仁堂東面：經此一再更改後，路線迂迴增長，涵洞水管加多，建築費亦不免稍增。

(二)工程設計

(甲)路基軌道玉南段全線，約長292公里。路基寬度，初擬遵照鐵道部建築標準辦理，嗣以歐美各鐵路路基寬度，比鐵道部規定較小者甚多，爲節省資本起見，改定塡土寬度爲5公尺；挖土寬度爲45公尺；塡土旁坡，普通土質爲2:3，遇土質鬆軟之處則爲1:2；挖土旁坡，則隨地質而異，普通土質爲1:1，軟石爲2:1，硬石爲4:1。

鋼軌，係採用每公尺計重31,16公斤者

18416

，標準長度爲12公尺；其他魚尾板魚尾螺絲及道釘等尺寸，鋼軌之啣接法，係採用鐵道部規定之標準，在站外爲交錯連接法，在站內爲相對連接法。全段共計需鋼軌22,200公噸，魚尾板 1500公噸，魚尾螺絲180公噸，道釘620公噸。

枕木尺寸，係用150公厘厚，200公厘寬，2440公厘長之松木。正線上，每12公尺長整軌用枕木18根，支線，每整軌用枕木16根，全段共需枕木540,000根。

程工土切口坑

道碴，每公里計需1370公方，工程時期暫先散佈四成，計每公里需 550公方。碴之種類，分碎石卵石河沙碎磚等，或就沿線開山採取，或就附近溪河挑揀，均以就地取材能資撙節爲前提。各種石碴材料，無論係由包商承辦，或向附近農民徵買，均由本路道飛班自行舖設。

(乙)車站設備本段車站凡19處，各按當地人口物產商業及其交通情形分別規定等級：南昌既係江西省會，且爲玉萍全線之中心，北接南潯，西連湘鄂，將來業務，必極繁盛，故列爲一等站；上饒係浙贛閩三省交通重鎮，業經一度踏勘之贛閩路線或將以此處爲起點，故列爲二等站；弋陽，貴溪，鷹潭，東鄉，溫家圳等處，或係縣城所在，或爲交通要道，或以出產較豐，故皆列爲三等站；其他各站，則均列爲四等。所有沿線車站房屋，均照一二三四等標準車站辦公室規模先後建築，惟弋陽東鄉二站，因現在商務尚未盛臻繁，故均暫先建築臨時式之四等車站辦公室，俟將來業務發達，再行改建。

本段新購機車，水櫃容量爲22公噸(5800加倫)，以每公里機車需水量爲80加倫計，水站距離不得大於70公里；且爲行車安全起見，水櫃存水將近時，應即添水，以防意外。依此計算：水站距離應以50公里左右最爲適當，故本段共在玉山，上饒，弋陽，鷹潭，東鄉，溫家圳，南昌等站設置正式給水 7處。上饒南昌兩站，因係機車交換及集中地點，故各設50,000加倫水塔一座；其餘5站均各設25,000 加倫水塔一座，以利行車。又以本路杭玉段原有小機車及新向膠濟路讓購之舊機車，水櫃容量均小，給水距離不能超過30公里，爲便利行駛此項小機車起見，故另設臨時水站 7處。所有正式給水，水塔之吸水管係用5吋生鐵管，出水管均用4吋生鐵管，供水管則用10吋洋灰陌美水管，蓋以陌美水管，價較生鐵水管約低30%，而其強度則

鑿山石硬鑽示

八畝陂六尺徑水管就地鑄造灌注混凝土時情形

爲40·6 公尺高8.4公尺，每間可容杭玉段機車2輛， 或26公尺之大機車1輛， 轉車盤係上承鋼板梁式小，中心座係採用硬鋼製之輥軸，由上海鐵工廠照本局規定圖樣製造。全段灰坑共計設置7處，均用混凝土建造，分椿基及片石基二種，視塡土之高低而定。其他煤台及站台邊墻等，均視當地料運情形，分別設置臨時木製站台邊墻，或石工站台邊墻，以應需要。

玉南段路基土石方數量		
土工：	塡土	6,062,500
	挖土	1,809,400
石工：	軟石	190,600
	硬石	113,100
道路：	土工	106,800
	石土	5,300
横道土方		101,940

(丙)各種橋樑　自玉山至將軍嶺一段路線，長約200 公里，所經爲信江流域。北線選定後，乃於信江與玉琊溪會合之下游數百公尺處，跨越信江建20公尺孔鋼鈑梁10孔橋1座，計長200公尺，以達北岸。自此路線遂沿江北經上饒横峯弋陽而達貴溪，復在貴溪縣下游里許，跨江建30公尺鋼鈑梁13孔橋一座，計長390 公尺，至此路綫又回至信江南岸，是爲從貴溪縣達南昌所不能避免之大橋，此外，在信江流域內，尙有靈溪大橋，長120公尺；横峯江大橋(卽上碗港橋)，長112公尺；鄧家埠大橋，長200公尺。

自將軍嶺至沙埠潭與進塘間路綫，長約65公里，所經爲撫河流域，爲本路至南昌路

相彷彿也。至水塔高度及水管直徑之設計，均以每分鐘約出水 4立方公尺爲準，水鶴係根據最新式之 Balance valve 式設計，由國內鐵廠照圖承做，開關需時僅1秒耳。

其他車站設備工程，除在南昌建設總機廠外，復在上饒，鷹潭，南昌，三站各建築機車房一座，每座附設小機廠一所，以便小規模之修理。機車之進出，均以26公尺之轉車盤轉移之。此項機車房，長爲32公尺，寬

18418

綫所必經之大河流。本路於梁家渡間建35公尺孔鋼鈑梁14孔橋一座，計長490 公尺，是爲全線最大之橋梁。此外復經撫河支流，建30公尺孔鋼鈑梁5 孔橋一座，計長150 公尺。

自進塘至南昌一段，路綫所經，爲贛江流域。該段里程頗短，故無鉅大橋梁。

除上述 7大橋外，本段尙有長在20公尺至80公尺之橋18座，20公尺以內之橋60座。

本段各種橋式，除少數小橋，其上部建築，採用淨混凝土或鋼筋混凝土拱圈，鋼筋混凝土箱形涵洞，或T形鋼筋混凝土板梁外，所有橋孔較大之橋，均用鋼鈑梁，或工字梁。惟梁家渡大橋，因徇江西公路處之請，設計爲鐵路公路兩用式橋梁，與本路其他大橋不同；其鋼鈑梁梁頁之間距(C+OCof Girders)爲28公尺，兩旁伸建三角形懸構架，橋面總寬 12.72公尺，中部備敷設鐵道駛行火車之用，計寬4.88公尺，兩旁各備巷寬2.88公尺之汽車道一條，其外爲1.04寬公尺之人行道。

梁家渡撫河大橋由第三墩向乙座施工狀況

白鷺江橋安置鋼架墩工作時情形

各橋下部建築，分淨混凝土，與鋼筋混凝土 (Massive and Reinforced Concrete)，鋼架 (Steel Tower)，及鋼筋混土架 (Reinforced Rigid Frame) 等4 種。大橋下部多用淨混凝土或鋼筋混凝土建築，較小之橋，其一年間之尋常水位甚低，但在偶發洪水之時水位又甚高者，則下部多採用鋼架或鋼筋混凝土架爲墩座，此種橋墩橋座建築費至爲

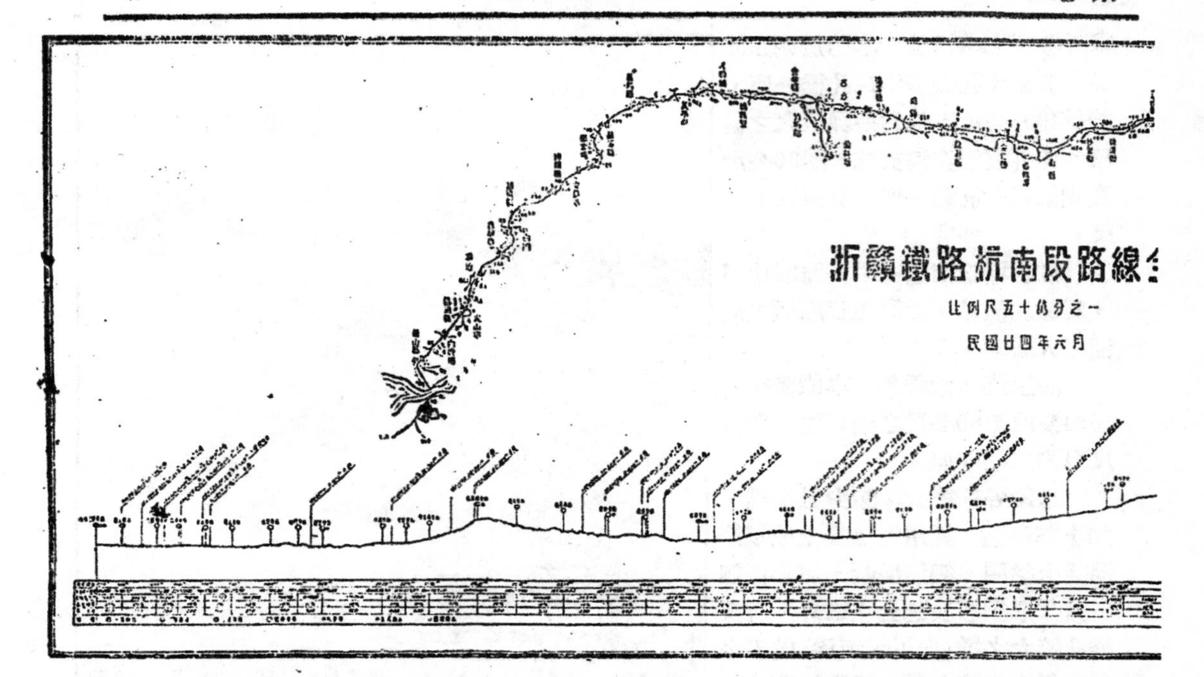

低廉，因此上部可採用短孔之橋梁，更爲經濟。本段所築此種橋梁，其建價最低者，每公尺僅600 元，如下部用淨混凝土或鋼筋混凝土爲之，則其建築費，每公尺至少須在900元以上。

各橋鋼鈑梁及工字梁，均係按照古柏氏E—35號活載重設計，俟將來列車有更須增重之必要時，再行加健。此外他種上部及所有各式下部建築，均按照古柏氏E—50號活載重設計。風力衝擊力牽引力以及河流水擊力等，均係依照國有鐵路鋼梁規範書，並參酌歐美最新鐵道橋梁規範書計算之。

(3)施工概況

(甲)路基　本段線路，除上饒貴溪間信河北岸路線因有匪阻最後實測外，餘如玉山至上饒及貴溪至南昌間兩段線路，經測量選線後，卽將該兩段路基，車站土石方工程先行招標，詢價，分別發交，各商承包，俾早完成。至上饒貴溪間信河北岸路線，嗣因匪患稍平，經勘測比較選定後，亦卽分別招標，於23年8 月至10月間先後將弋陽至貴溪段，及上饒至弋陽段發包

磊 波 港 涵 洞 鋼 筋 詳 影

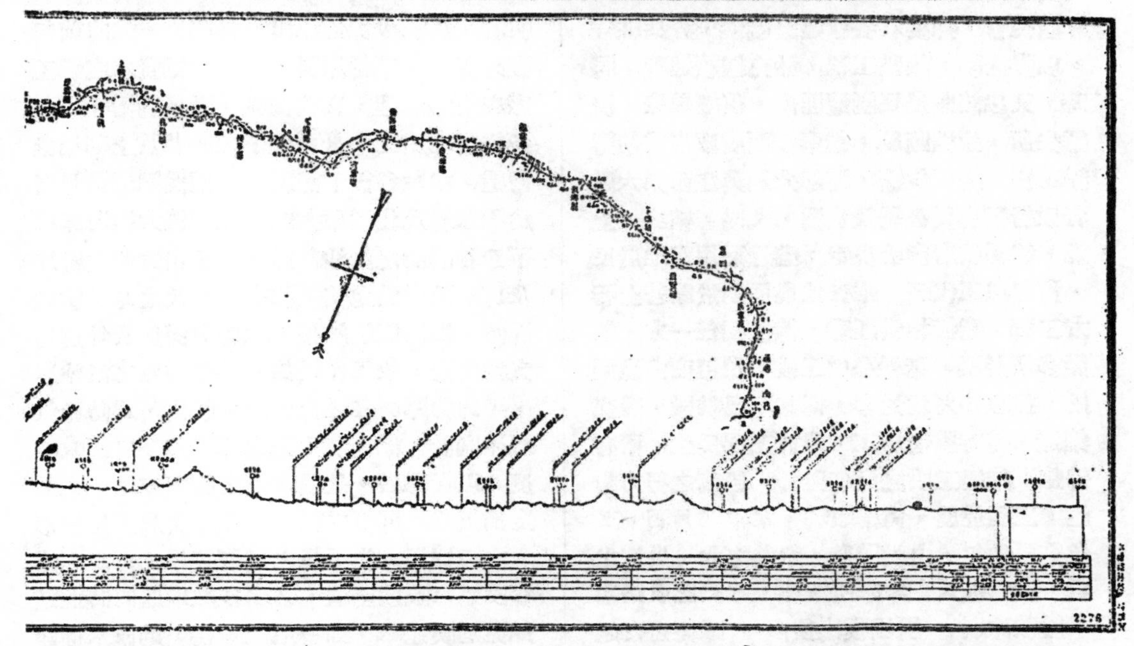

承築。惟是該段路線久爲匪据，破壞不堪，往往十數里毫無人煙，抑復時有散匪流竄其間，工作進行，異常困難，自23年11月正式開工以後，至24年 5月底止，連遭10次匪刦，包商裕信公司等先後被擄殺職員各1 人，殺死工頭5名，工人43名；重傷監工1名，工人20餘名；擄去監工2 名，工人40餘名；衣物食糧均被掠刼一空。又在宋村殺死守衛一人；官塘源守軍與匪交鋒，死傷10餘人；貴溪弋陽交界處被匪焚燬碉堡1 座，鄢家村碉堡亦被焚燬4 座：公私損失，實屬不貲，雖迭經本局與駐贛第八綏靖區司令部接洽，商派重兵分別鎮懾進剿，無如此剿彼竄，收效仍微，阻誤工程，莫此爲甚。爰復商由當地

大塌頭河拱橋

軍政長官，擇要在各處建築碉堡，分兵駐守，以資掩護，該段工程，始克繼續進行。同時，又以該段農民既遭匪患，復經旱潦，流離失所，生機斷絕，迭奉江西省政府電飭籌辦工振，藉資救濟，經部分別與江西第六區行政督察專員公署及貴溪，弋陽，橫峯，上饒，等縣政府商洽決定：盡量雇用當地農民，實行以工代賑，惟各地農民對於路基土石方工程，素無相當經驗，倘使獨任一方，難免多所貽誤，祗得令由工段，及包商儘量僱用，並以70%為比率，擇其平易地段，發交築造，隨時監督施工，庶於工程民生，兩有俾益；業經工段之嚴切監督，包商之努力趕趕，工程進展，尚稱順利。本年 6月間，又值霪雨彙旬，山洪暴發，水勢之大，災情之重，實為近六十年來所罕覩，本路已成路基，屢被冲刷，坍塌損壞甚多。雖經晝夜趕修，然於全部工程之竣工日期，不免又受影響。

(乙)橋梁　全段各大橋，探驗設計完竣，即將信江，靈溪，沙溪，貴溪，鄧家埠，撫河支流及梁家渡大橋先後發交各包商承造。其餘各小橋，則察酌情形，或包商承造，或由包商領料包工承造，或雇工自造，因地制宜，同時並進，以資迅捷。至各橋鋼梁部份之安裝鉚合，除各大橋上下部係由同一包商承包外，其他各小橋，均將鋼梁部份提出，分交國人經營之鐵工廠辦理，以收分工合作之效。所有鋼梁上用之鉚釘，為謀應用之便利，及減少現金流出國外起見，故將前向國外訂購之鋼桿原料，改交中國資本之鐵工廠在上海承造，以資便捷，而挽利權。

各橋實地施工，計可分下部橋基及上部橋梁兩種。本段各橋下部工程，遭遇困難最巨者為梁家渡及貴溪兩大橋：梁家渡大橋河床以下至石層間之淤沙甚厚，向玉山方面之橋座及1,2 兩墩為尤甚，約有10公尺之厚：當設計時，根據探鑽結果，以此項深度及地質均宜採用樁，故工作較易。其他墩座之淤沙層，平均約厚5—6公尺，深度較淺，為防免洪水冲刷計，故基礎均築達石層以下之適宜深度，以資穩妥。是項基礎之築造方法，經選定鋼鈑樁及沉箱兩種，如此深度及土質情形，本以採用適當重量之鋼鈑樁最為可靠。惟本段通車限期至迫，必須多數墩座同時並進始免延誤通車，如全用鋼鈑樁，則成本過鉅，實非包商能力所能負担；故除2,9 兩墩採用鋼鈑樁外，其餘均用鋼筋混凝土沉箱。箱分4 節鑄成，隨挖隨沉，所經上層數公尺時，情形良好，但沉至最後2 公尺時，則愈深愈形難下；緣該河沙質甚細，在水面以下 6—7 公尺處，箱之內外壓力相差相鉅，細沙自箱底及箱外翻入，因此抽水工作時患失效，工作至為困難。幸賴員工包商共同努力，得免延誤竣工，計自23年10月25日開工，至本年10月20日，為時僅約360 日，下部工程完全告竣。計用混凝土共　8,100公方　。在工作期間，迭遭大水，洪水位高度為數十年

玉山信江鋼鈑梁大橋全景每孔20公尺共十孔

來所罕見，致影響工程進行；否則，竣工日期當不難提前一個半月也。

貴溪大橋，因河流湍急，江水頻漲，尋常工作時，墩座水深在5 公尺以上，而河床與石層間之沙層又薄，故各墩施打之Wakefield式木板樁，其外圍雖用泥石蔴袋等物設法圍護，但仍常遭洪水冲失，或拔起，經極力趕起，始將兩時橋座，暨第1,2,3,4,及11各墩下部工程於5 月初旬先後築成。其他諸墩之防護工作，因頻遭水患，時成時破，工作極感困難5 月下旬第五墩基礎已挖抵石層以下之適宜深度，遂將該基礎下層混凝土趕築，不料灌注甫畢，即遭霪雨，繼以大水，致將該墩及其他同時進行數墩來防水工程悉數破壞，雖經竭力修補，無奈洪水時至，屢被冲毁。嗣於 6月28日竟遭六十年來未遇之大水，高達201.43公尺，不獨將第5—6諸墩之木板樁等完全拔去，即全橋依賴之抽水機電力發動機，打樁船隻，以及各項材料，均冲失損壞。水退後，復以各段亦多毁壞，汽車不能行駛者多日，因是補充損失材料及修配機件等事均因交通梗，塞而更感困難，其影響工程進行之重大，於此可見一班。本路爲力求早日完成通車起見，因將該橋工作晝夜加倍趕趕，幸賴員工包商協力奮鬥，仍得如期完成，自開工起僅費時約350 日，即將下部工程趕築完竣，計灌注混凝土約8,512公方，設或不遭六月間之空前大水，則該橋工程至少可提前兩個月完成也。

各橋上部工程，十九爲鋼鈑梁及工字梁，全段所用鋼料重量約5,000 餘噸，均係向德國購訂。其製造油漆及安裝等工程，均係招標發包承做。前項鋼料運抵上海後，先由本路指派工程司妥慎檢驗，再交由各包商，在本路工程司指導之下，按照本路所發之設計明細圖，施工規範書，在滬工廠製樣，截切，鑽眼或打眼，然後試裝；此項工程進行頗速，共費時約120日即已完全竣工。其已製就之鋼梁部份，均隨竣隨運，分發各該橋址，或數橋合用之野外工塲拚裝後，再用冷氣擴眼及鉚合。鉚成之梁，即運往橋上安置；其方法均各因地制宜。

玉南段釘道工程列車用之舊機車

(丙)水管本段水管鑄造工程，經招標詢價結果，分別發交包商承包。惟上饒弋陽間，因迭遭匪擾，雖經清剿，然仍難免時有殘匪流竄，爲謀工程安全及妥速起見，故採購恆美水管及綱紋鋼管，以利趕工。並察酌情形參加一部份自鑄水管，以資撙節。至安裝部份，則因此項工程工價既微，間隔復遠，包商大都不願承包，故均雇工自做，俾早完成。

(丁)房屋及其他本段車站，共19所，是項站屋工程暨轉車盤，灰坑，水塔，煤台，材料倉庫，貨物倉庫，機務工人宿舍，以及南昌機車房，總機廠，上饒鷹潭兩站機車房，小機廠等建築工程，均經分設計完竣，先後招標詢價，分發各商承做，並由本路指派

沙溪四等車站全景

各工程司指導監督趲趕，一切進展，別尚稱迅捷。

(戊)釘道舖碴 本段釘道工程，爲謀早日完成起見，將全線劃分4段，先後組織第1,2,3,4,等4個釘道隊，同時分別施工。釘道材料之運轉，或用機車，或用汽車，或用水運，因地制宜，以應需要，惟時適值大水之後，瘧疾盛行，釘道工人患病者，幾達70%以上，雖經延聘醫師，攜帶藥品，隨釘道隊前進，第以惡瘧傳染頗厲，難期迅速撲滅，因此釘道速率，不免多受影響。

本段一面釘道，一面行車，爲避免軌道陷入土方起見，自應同時敷舖道碴，以策安全。又因本段路線雖長，而附近堪供開採石碴之山不多；抑以車輛缺乏，運輸釘道材料，尚感不敷分配，勢難兼運石碴。故爲未雨綢繆之計，先於開始釘道之前，擬訂利用沿線民工徵買軌底碴辦法，並附徵碴價目表，呈請理事會轉呈江西省政府，通令沿線各縣政府，指定所在地之各區保長，負責徵集民工採取，由本路給價收用。蓋意在藉使農民增加收入，而本路亦遂就地購碴之便利。但自該項徵買底碴辦法奉准實行以後，時屆農忙，民工無暇兼顧，遂致收集甚微；復視各段需要情形，分別緩急，招商承包採運，俾免貽誤：一面仍向當地農民徵買，其距路較遠，并由工段酌給運費，以利徵集。如此分途並進，方免耽誤舖碴。

(4)機務設計

(甲)車輛本路杭玉段軌重35磅，車輛均爲輕小式。玉南段軌重68磅，各種車輛，自應採用部定標準。惟查杭玉玉南兩段，爲貫通浙贛兩省幹線，無論基本設備，如何不同，而兩段連絡，則爲必要條件。因本此原則，統籌計劃，除儘量採用部定標準外，特爲設一過渡辦法，以期此項車輛，在目前可以行駛杭玉玉南兩段，同時並決定一將來計劃，俾杭玉段將來改換重軌後，此項過渡車輛，亦得加以改造，使完全適合於重軌，茲將玉南段車輛設計，略述如下：

1.機車 杭玉段現時所有機車，已敷應用，玉南段機車，可以不行駛於杭玉段，故玉南段機車之構造，悉依部定標準，並經訂購2—4—4式4輛，及2—8—2式6輛。

2—4—4式機車4輛，係屬舊車，由膠濟鐵路購來，每輛重約66公噸，在玉南段釘道期間，悉賴該項機車拖運材料，以助進行，將來再改爲2—6—0式，另添煤水車，以備行駛正式列車之用。

2—8—2式機車6輛，係仿照津浦及膠濟

兩路之2—8—2式設計，每輛重約142公噸，鞔鉤則採用高低鉤各一具，以便牽引高低鉤車輛。

2．客車　玉南段客車，分為14公尺4軸客車，及22公尺標準客車，兩種如下：

14公尺4軸客車：此種客車，係專備行駛杭玉玉南兩段直達客車之用，全車構造，務求輕小，車身採用木製，由本路設計監造。電燈設備，仍如杭玉段用機車發電機式，以減少不同類之配件，及節省裝置之費用。

22公尺標準客車：此項客車專為玉南段行駛之用，擬有規範兩種，一為木製車身，一為鋼殼木裹車身。第一種之底架構造係採用魚腹形中梁式，第二種則利用車身構架負荷一部份重量，而採用均勻中梁式。二種車輛之牽軌具等，均用部定規範。

3．貨車　玉南段貨車計分40公噸標準貨車，15公噸2軸貨車，及15公噸4軸雙鉤車3種茲分敍如下：

40公噸標準貨車：此種貨車既為部定標準，本路自應遵照用，將來行駛於杭玉時，祇須將平車載重減為15噸，敞車減為12噸，棚車減為12噸，如是亦可作為聯運車輛。

15公噸2軸貨車：玉南段釘道工程需用貨車，玉山貴溪間，當可租用玉段車輛，貴溪南昌間勢須另行添置，如待外洋新購車輛，緩不濟急，因即商由津浦鐵路讓購15噸2軸舊貨車51輛，江南鐵路亦讓購0輛，以期依限完成該段釘道工程。惟購自江南者，尚有汽軔設備，購自津浦者則無之，將來仍另須另行添置，以策安全。

15公噸4軸雙鉤車：此項車輛，設置雙鉤，以備聯結杭玉玉南兩段高低鉤車輛之用，車身全為鋼製，其轉向架則與40公噸平車所者相同，用惟暫時須將彈簧改弱，以期適合於15公噸之用，將來杭玉段改換重軌，4軸可改用2軸，其轉向架即可移造40公噸貨車，亦頗經濟。

（乙）總機廠及車房　本路現時機廠，已如前述僅有西興江邊之簡陋設備，地位狹小，殊不足以應付杭玉玉南段機車車輛之修理工作，在民國22年終，擬在玉山建築總廠，後經選擇，決定改設南昌。蓋南昌為江西省會，列車必達之終點，將來本路接至萍鄉，贛江鐵橋建成，贛粵閩線如能實現，南昌地位更為重要。總機廠設於斯地，最為妥宜。

總機廠之地點考慮既定，即派員往南昌實地考察，在土城之南，本線之西，南蓮公路之東，離本路總站約2公里許，擇定平坦高曠空地一處，頗合機廠之用。并擬在該處收用土地615市畝，以作廠基，并以備充附屬建築之用。

在總機廠之外，並擬於上饒南昌兩處各設一正式機車房，鷹潭設立一臨時機車房，以應運務之需要。其機件之設備，在南昌總機廠未完工以前，因重軌輕軌之關係，玉南段之機車車輛未能駛入江邊機廠修理，故其設備不得不力求完善，以免修理之困難。在上饒機車房，則因其位於聯運交換點，全路通車後，機車修理之事亦多，故其機件設備雖遜於南昌，然常用之鏇刨鑽與風鑽等機件，及鍋爐修理工具，與鍛工器具，均擬設置，以利修理。

（5）結語

本段因係部省合辦，資本來源雖較杭玉段略為充裕，惟所核定之建築費仍極緊縮，兼因竣工限期太促，不遑從容籌劃，諸項設備，猶多簡陋，固有待於日後之補正。祇有一事差堪自慰並足以告慰國人者，即本段工程之設計，既不借才外國，各種築造，亦未乞靈洋商；至其所需材料，除鋼軌車輛機件，及橋樑鋼料等，因本國尚無出品，不得不向國外訂購外，在可能範圍內儘量採用國貨，以期稍減漏卮。至於詳細事實，已定另編「工程報告」一冊，將於近期付印，俾供邦人披覽教政。

中國工程師學會會務消息

◉本會圖書室新到書藉

本會圖書室每月收到新書數百册，編號儲藏，凡關於工程學術重要文字，將目錄刊布於此，以備會員參考借閱，並以誌謝各贈書者。

531 工業週刊 240期 24—11—25日
永利製鹽廠實習報告 朱坦

532 工業週刊 241期 24—12—2日

533 新電界 78期 24—11—21日

534 山東黃河董莊堵口計劃 24—10月
宋文田等

535 De Ingenieur
Vol. 50, No. 46, Nov. 15, 1935

536 DEMAG Nachrichten
Vol. 9, B. No. 3, Oct. 1935

537 DEMAG News,
Vol. 9, B. No. 3. Oct. 1935
Water Recooling Plants.
The Prevention of Crane Accidents.

538 Architectural Forum
Vol. 63, No. 5, Nov. 1935.
International Building.
Bars.
Eitel Restaurant.
Municipal Incinerator.
Small Houses.

540 Engineering News-Record
Vol. 115, No. 19, Nov. 7, 1935.
Hydraulic Mining Twin Cities Sewer Tunnels.
Testing a Thin Concrete Shell Roof.
Third TVA Dam Started at Pickwick Landing.
Modern Construction, Rip Van Winkle Bridge.
Design of Rigid-Frame Span in Illinois.

541 中央銀行月報 4卷11號 24—11月
(新貨幣法專號)

542 實業工報 255—256期 24—12—7日

543 工業安全 3卷5期 24—10月
扶梯 正本
工廠內之建議制度 黃曰駥
節省燃料與鍋爐安全 田和卿

544 地理學報 2卷3期 24—9月

545 農村合作 1卷3期 24—10月
(國民經濟建設問題討論)

546 航海雜誌 1卷10期 25—10月
商船之設計和構造 甌農
Velox 高壓汽鍋 剛精

547 上海市博物館徵集陳列品辦法

548 粵漢鐵路株韶段工程月刊
3卷8期 24—8月
粵漢鐵路整委會工務組報告
石灣河橋工竣報告 寶瑞芝 余西萬
鐵路工程與材料管理關係 李玉良

549 四川省政府公報 18期 24—8—21日

550 化學工業 1卷5期 24—10—30日
墨水特輯
由一氧化碳之還元以製造石油之方法
吳思敬
鎂及其合金 陳詩豪

551 廣播週報 65期 24—12—14日

552 Proceedings A.S.C.E.
Vol. 61, No. 9, Nov. 1935
Influence of Diversion on the Mississippi and Atchafalaya Rivers.
Stable channels of Erodible Materials.
Truss Deflection: The Panel Deflection Method.
Lateral Pile-Loading Tests.

工程週刊

中華民國25年3月12日星期4出版
(內政部登記證警字788號)
中華郵政特准掛號認為新聞紙類
(第1831號執據)
定報價目：全年連郵費一元

中國工程師學會發行
上海南京路大陸商場542號
電話：92582
(本會會員長期免費贈閱)

5 · 8
卷　期
(總號110)

中央研究院鋼鐵試驗場概況

周　仁

創辦之目的

按近代工業之發達，全恃機器之功用。而機器製造之精進，則惟鋼鐵是賴。我國工業，自歐戰以後，進步較速。如電機，紡織，橡皮，搪瓷，製碱，及其他化學工業等，莫不有相當之成績。但對於此項緊要材料之製作，即鋼鐵之鑄鍊，尚鮮有予以深切注意者，誠為一大缺點。國內翻砂廠，對於澆鑄鐵件，有仍沿用數十年前，英人教授之陳法者。至鑄鋼及特種生鐵，如堅性鑄鐵，鎳鉻鑄鐵等之製鍊，則能毅然嘗試者尤不多覯。中央研究院工程研究所自籌備以來，即深以研究鋼鐵問題為重要。故以全力籌設鋼鐵試驗場於上海。大部份之設備，已於民國廿年春季裝置完竣。遂於是年五月間，開始鑄鍊。雖以學理及應用上之研究為目的，然深感國內各機關及工廠應付其鑄鋼機件之困難，頗願予以援助。對於其委託代製鋼鐵鑄件以及各種合金鋼，並研究熱處理上之問題，均予盡量接受。蓋本所鋼鐵試驗場未成立以前，國內各工廠所需鑄鋼及各種特別合金鋼與特種鑄鐵機件等，大都必須向外洋定購，匪特工料昂貴，而

鋼鐵試驗場之模鑄工場全景

書信往返以及長途傳運，對於時間亦不經濟也。故本所服務之工作計劃，頗受各地工廠之贊同。此後與國內工業界之合作，當更有增進之趨勢焉。

設　　備

本場設備經數年之陸續購置，已略具規模。茲擇要開列於後，以見其梗概焉：

(甲)關於製鍊鋼鐵及翻砂之設備

1. 660 公斤「摩爾式」Moore Type 電爐1座，(附爐殼 2 只，鹼性及酸性各一)。
2. 烘模爐1座
3. 溫鍊爐1座
4. 熔鐵爐1座
5. 燃煤熱鋼坯爐1座
6. 1公噸手搖吊車1座
7. 5公噸電吊車1座
8. 770 公斤(¾英噸)壓縮空氣錘 1 座
9. 40公斤壓縮空氣錘 1 座
10. 拌砂機 1 部。
11. 舊鐵去銹機1部，
12. 600 公斤盛鋼桶 1 具，及烘熱設備全套，并

鋼鐵試驗場電力鍊鋼爐

鋼鐵試驗場熱處理室電爐

配就90公厘方鋼鋼錠模子10餘只。

13. 氧氣燃焊機1套。

14. 電焊機1套，（400 安培， 40 伏特，12瓩。）

15. 複式壓氣機1部。

16. 60公分鋼鋸機1部。

17. 整理鑄件用活動砂輪機1部。（40公分徑）

（乙）鋼鐵熱處室設備

1. 熱處電爐1座，（容量30×60×90公分），最高溫度可達攝氏表1000度，附自動記錄高溫針。

2. 外殼加硬爐全套，坩堝內徑22公分，高45公分。

（丙）化學分析室主要設備

1. 分析天秤 4 座（One Chainomatic and Three Analytic Balances . Sensitivity 1/20th to 1/10th mg. with full load)

2. 定炭電爐 1座。（Carbon Combustion Tube Furnace)。

3. 烘熱電爐1座。

4. 電熱鋼板4塊。

5. 白金坩堝大小10只，又白金杯3只。

6. 量熱計 1 座（Bargess-Parr Peroxide Calorimeter)。

7. 阿隆二氏(Orsat and Lunge's) 氣體分析器1具。

8. 其他儀器及藥品種類繁多茲不列舉。

（丁）試驗物理性質之設備

1. 100噸通用材料試驗機1座。

2. 疲勞試驗機1座，（12.5公斤－公分）。

3. Brinell & Rockwell硬度試驗機1座，（3000公斤）。

4. 衝擊試驗機1座，（75公斤—公尺）。

（戊）金圖研究室設備

1. Leitz大號顯微照相機1座。

2. 磨光機設備全套。

3. 暗室及冲晒照片等設備。

本場之南有金木工場一所。內置車牀。木鋸機等，供製作木模之用。又金工廠機械工具，計大小車床3部，大小刨床3部，鑽牀1部，銑床1部，磨床 2 部，及零星應用精細量器刀具等，除備工程研究所舉行工作之用外，間亦用以精製鑄鋼坯件，使成完美出品。

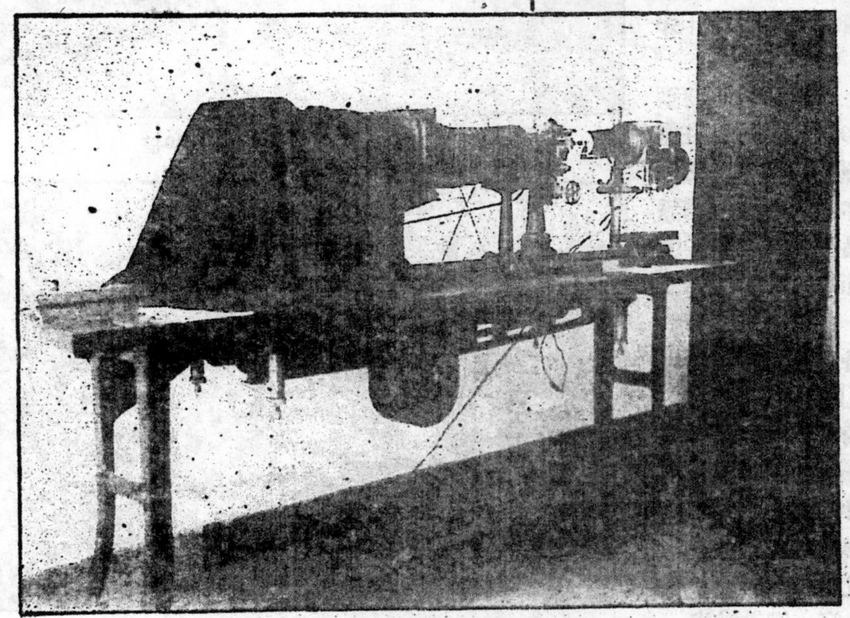

鋼鐵試驗場金圖學實驗室之金圖顯微照相機

出品成績

1. 普通鑄鋼——普通鑄鋼之用途甚廣。概括言之，凡機件及鋼具等或因體重，或因形狀不易輾軋及鍛擊者，或因所需件數不多，輾軋及鍛擊成本高昂者，均以鑄鋼代之·如各式齒輪，輥筒，車輪以及其他機器零件，多以澆鋼鑄成之，取其省工節料也·國內各工廠鐵路局，鑛務局，輪船公司等委辦鑄鋼機件甚夥·

鑄鋼機件大低以中炭素鋼爲多·但因特別需要，選用低炭或高炭鋼鑄成者亦有之·低炭鋼含炭甚少(0·10—0.25%)，則炭化鐵之組織「雪門體」(Cementite)亦少·故純鐵晶粒甚多，而鋼性軟矣·若鋼含炭愈多，則炭化鐵之組織亦多，故鋼性亦愈硬·但含炭最大之限度，不得超過 1.7%，否則卽成生鐵矣·茲將三種炭素鋼，用顯微照相說明如下：

(甲)低炭鋼　含炭0.10—0.25%，圖內黑色部份係「巴力體」(Peralite)，性頗堅硬·白色部份則係純鐵晶粒·金圖學上稱為「弗立體」(Ferrite)，性甚柔軟·

(乙)中炭鋼　卽本場普通鑄鋼，含炭0.30—0.60%·圖內黑白部份之組織與第一照片同，但「巴力體」較多，故質亦較堅硬·此鋼係已經溫鍊者，故晶粒甚細，而「巴力體」與純鐵散佈均勻·

(丙)高炭鋼　含炭0.75—1.20%·圖內黑色部份係「巴力體」，白色者或係「弗立體」，或「雪門體」，視炭素少於或多於0.90%而異·

2. 錳鋼——錳鋼在工業方面甚屬重要·凡機件須有極大强力，耐磨擦受衝擊及無透磁性者，非用此鋼不爲功·如軋石機之軋板，磨石粉機之篩板，輥筒，鋼軌道尖，

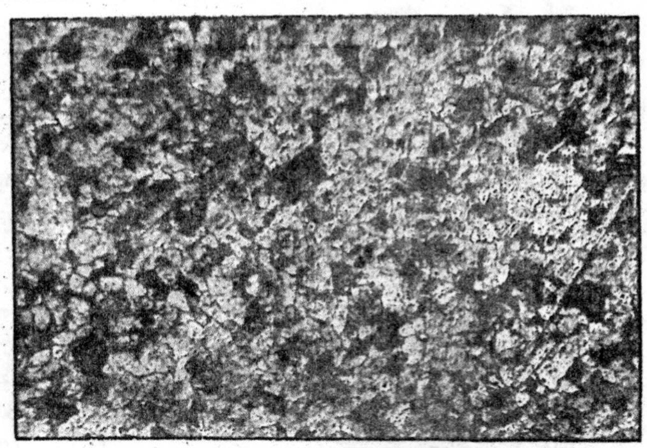
甲·低炭素鋼放大100倍

乙·中炭素鋼已經溫煉者放大100倍

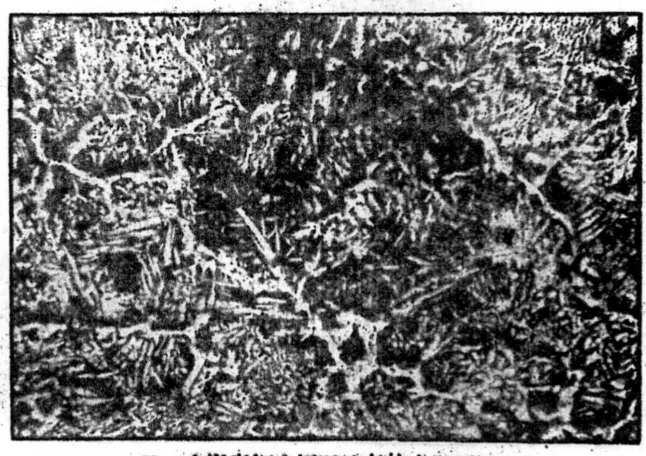
乙·中炭素鋼未經溫煉者放大100倍

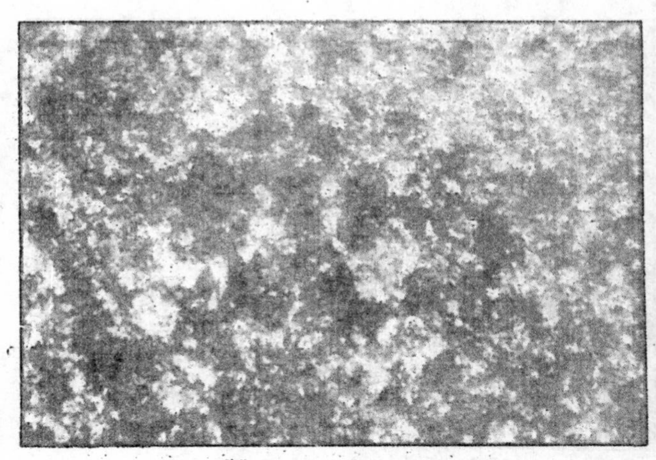

丙·高炭素鋼放大200倍

錳鋼鑄件未經溫煉者放大100倍

合鉻鑄鋼放大300倍

以及一切耐磨機件與工具等，均以此鋼為之。本場所製錳鋼機件甚夥，如水泥廠之磨板，篩板，電力廠磨煤粉機之飛錘，軋石廠之軋石板，均代承製，其品質並不遜於舶來品。

錳鋼性極堅韌。故用以模鑄之機件不能車鉋，只可磨光。本場所製錳鋼，含錳自10—13%，炭1—1.25%，鉻1.25—1.5%。錳鋼之所以具極大堅韌性者，因其結晶構造概係「奥司登體」。下圖係錳鋼之顯微照相，其所示之晶粒均係此體也。

3. 鉻鋼——鉻鋼因質地堅韌，溫鍊後又可車鉋，故其用途甚廣。如槍砲管鋼，鋼珠軸承，汽車另件，碾軋鋼板，磨篩鋼板，輥筒，鋸條，鋼刀，以及其他一切鋼鐵工具與機件等，須有硬面性者，大都以鉻鋼製之。本場對於鉻鋼之用途及其性質，業經長期之研究，故承製機件，均能合請託者之需要。

鉻鋼性質，除堅韌而外，能抵抗腐蝕之作用，尤為其特性。所謂不銹鋼者，即含鉻10%以上之鉻鋼是也。鉻鋼係特種鋼之一，種類繁多。如鎳鉻，鉬鉻及錳鉻等。本場所製者乃普通工業用之鉻鋼，含鉻1—1.5%，炭0.8—1.0%，錳0.5—0.8%。下圖所示乃未經溫煉之鉻鋼顯微照相，其晶粒構造之緻密可見一斑也。

4. 鎳鉻鋼——本場除製純鉻鋼外，亦製鎳鉻鋼及鎳鋼等。鎳鉻鋼性雖堅韌，但可車鉋。故有時可代錳鋼之用，而在工業方面亦佔重要之位置。所有鎳鉻鋼合金成分最

18431

合工業之用者，為鎳1.7—3.5%，鉻0.5—1.5%，炭0.6—0.8%。鎳鉻鋼可製齒輪，工具，及其他精細機件等。

5. 不銹鋼——不銹鋼乃近世冶金學之一大發明。種類繁多，用途亦廣。凡化學工業，機械工程，建築，裝飾，科學儀器，及家用器皿等，均採用之。或在空氣中不生銹，或在酸液中不被蝕，或經受烈火而無鱗脫之弊，或與各種腐蝕劑接觸而能長保原狀。或在高溫高壓之蒸汽中能表現高度之強力。各有特殊性質，以盡其功用。本場對於此類鋼料之製造，已有相當研究。

不銹鋼種類既多，故其性質亦各稍異。如刀具(Cutlery)鋼及不銹鐵，則於鍛鍊後而有風硬之現象。刀具鋼含炭0.28—0.38%，鉻12—14%，矽0.15—0.20%，錳0.25—0.35%，硫磷各在0.03%以下。不銹鐵含炭0.1%以下，鉻12—15%，其他雜質略與刀具鋼同。現今最盛行之耐酸不銹鋼，則無風硬現象，含炭0.20%以下，鉻18—20%，鎳8—10%。再刀具鋼及不銹鐵，須經溫煉後，方能車鉋而耐酸。若其他高鎳鉻不銹鋼，則須水淬後而有車鉋性。此則大可異者也。就普通性質而論，所謂不銹鋼者，即在平常狀態下，不受氧化之鋼，且各具有抗禦各種酸液之浸蝕，及在高熱下不受氧化之能力。

6. 炭素工具鋼——炭素工具鋼之種類繁多，用途甚廣。凡普通車刀，鑽頭，銑刀，鑿子，鏟子，刨刀，鋸條，螺絲釘，螺絲鋼板，各式衝模，壓模以及各式抗磨，受

含鉻14%不銹鋼放大100倍

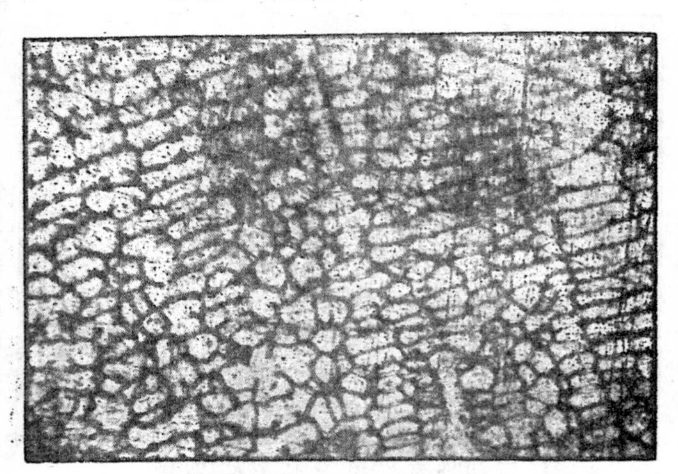

含鉻18%，鎳8%不銹鋼放大100倍

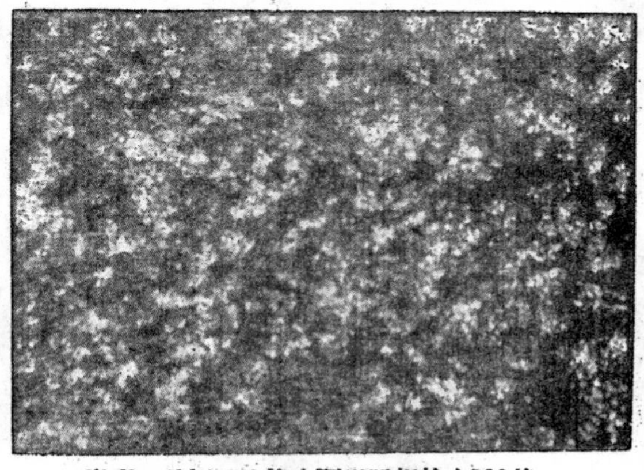

炭素工具鋼溫煉後之顯微照相放大300倍

含鎢18%高速鋼溫煉後之顯微照相放大500倍

含鎢18%高速鋼在1250度時油淬後之顯微照相放大500倍

高矽耐酸鐵放大300倍

衝擊之機件，概用此鋼製之。

本場曾經煉成數種炭素工具鋼，用以製造各項工具，結果甚佳，較之用舶來炭素工具鋼所製者，並無遜色。

炭素工具鋼性甚堅硬，耐磨擦與衝擊，含炭自0.7—1.3%不等，視用途而異。含錳 0.4%以下，矽0.2—0.3%，硫與磷0.02%以下。此項工具鋼之使用效率，則視熱處工作之得法與否而定。本場所備之溫煉爐，即為熱處工具鋼之用。

7. 高速鋼——高速鋼亦名風鋼，為最重要之工具鋼，裨益工業至大。本場有鑒及此，從事研究，對於融煉，鍛製，及加熱處理種種方法，經過長時間之試驗，均已著有成效。尚認為滿意。

高速鋼性極堅硬，所製工具雖在高熱輪轉之下，體溫升至紅熱時，硬度依然不變。故稱為高速鋼。且在短時間內能車削多量金屬。此種特性為普通炭素工具鋼所無。本場現製之高速鋼有2種：(1)為含鎢16—18%，炭 0.65—0.75%，釩0.75—2.25%，(2)為含鎢 13—15%，炭0.75—0.85%，釩1.75—2.25%，二者各含鉻3.50—5.50%，錳與矽均0.20以下，硫磷則極微。至其他特別高速鋼，亦有煉製。

8. 耐酸矽鐵——耐酸矽鐵即抵禦酸類腐蝕作用之鐵也。故其用途多在硫硝酸廠，及一切器皿與機件須能抵抗硫硝酸之腐蝕者。本場對於此項鐵質之製造，苦心研究，卒底於成。現在承造上海開成硫酸廠及天津利中硫酸廠之耐酸鍋，冷却器，接管及導槽等，均稱合用。

18433

製硫酸用高矽耐酸鍋冷却器拷克及導槽等

耐酸矽鐵係高矽鐵所製成。性脆如磁器然，一擊卽碎。含矽14—16％，炭0.65—0.85％，爲抵抗酸類浸蝕不可少之原料也。上圖所示，卽顯微照相之一。

9. 鎳鉻鑄鐵——鎳鉻鑄鐵係特種鑄鐵之一種。凡生鐵鑄件須有較大之强力，抗磨力，及減低燒脹性者，皆以此項鑄鐵代之。其用途之廣，及關係工業之重要，可以槪見矣。近來汽車及火車之汽缸襯筒，與提士柴油引擎之汽缸襯筒及襯轤，多用此項鑄鐵製成。蓋近代科學昌明，鎳鉻鑄鐵之用途，已成歐美各國製造家細心研究之材料。吾國冶金知識尙屬幼稚，對於鎳鉻鑄鐵之用途鮮有知之者。本場有鑒及此，特行試造是項鑄件，結果尙佳。

鎳鉻鑄鐵性甚堅韌。蓋其晶粒之構造極其緻密，而炭精均成碎片狀，有以使然也。但其可以車鉋之性質幷不亞於普通鑄鐵。鎳鉻鑄鐵最大之特性，卽其有强大之抗磨力。故用於汽缸襯筒尤爲相宜。而其張力之大亦超過平常鑄鐵二倍以上，卽每平方吋可得22—24英噸之張力也。普通鎳鉻鑄鐵含鎳 1.5—3.5％，鉻 0.5—1.2％，炭 2.5—3.0％，錳 1—1.5％，矽 1.25—2％。左列之圖，乃本場自製鎳鉻鑄鐵之顯微照相。此項鑄鐵含鎳 1.2—2％，鉻

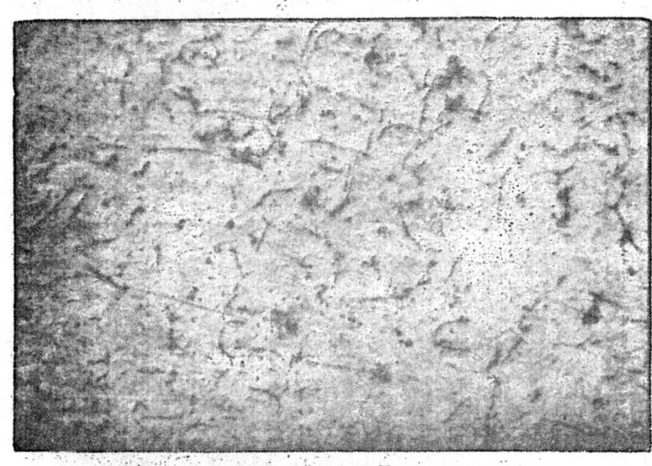

鎳鉻鑄鐵放大100倍，炭精成薄片形，且均勻分布。

0.5—1%，炭 2.74—3%，而其晶粒構造之緻密，於圖中可見一斑。

10. 堅性鑄鐵——堅性鑄鐵用途甚廣，抗張力及硬度俱較普通鑄鐵優勝。如各式輥筒，引擎汽缸，汽缸筒，轆轤及轆轤圈，以及其他機器重要部份之機件，均以此鐵爲之。

堅性鑄鐵質地堅強，抗磨力大，不易燒漲（Grow），較普通鑄鐵之強力約大二倍弱。普通含炭素2.7—3.3%，矽1.4—2%。此項鑄鐵爲製造各種蒸汽及柴油引擎汽缸及轆轤不可少之原料。右列顯微照相，足可表示本場鑄鐵與普通鑄鐵之差異。查普通鑄鐵炭精長而粗，致將基塊晶粒截斷，故其力弱而性脆。堅性鑄鐵之炭精短而薄，均勻分佈於基塊之內，故其力強而性堅也。

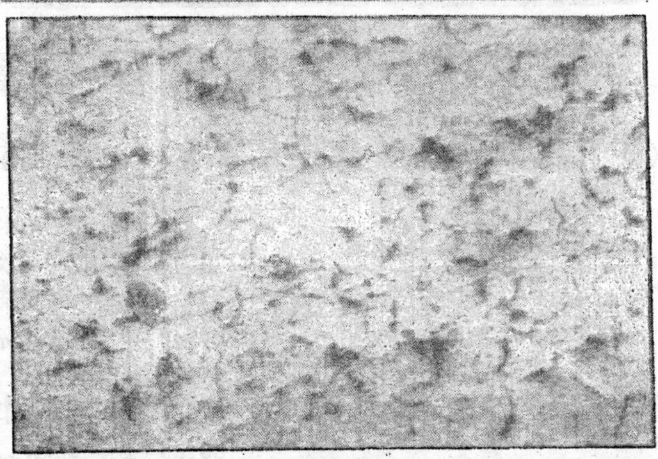

本場堅性鑄鐵放大100倍，黑條係炭精，白色部份爲「巴力體」

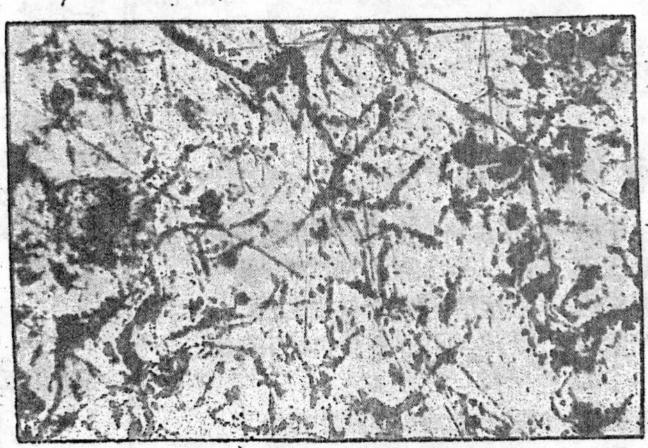

普通鑄鐵放大100倍。其炭精之粗而長。

11. 延性鑄鐵——凡機件須具強力，延性及抗擊性者，則延性鑄鐵實爲其最合宜之製造原料。故凡一切農具，汽車零件，及其他鐵器，工具等，往往以延性鑄鐵爲之。

延性鑄鐵係由白口生鐵，經過長時間之溫煉而成。即將化合炭變成遊離炭，故其化學成分與白口生鐵無異。含炭 2.5—3.0%，矽約1—1.4%，右圖係本場溫煉後製成之延性鑄鐵，所有化合炭已經分離而成黑團之遊離炭矣。

此外關於本場設備詳情，研究經驗，製煉方法，成本計算等，容後另編專冊露佈。

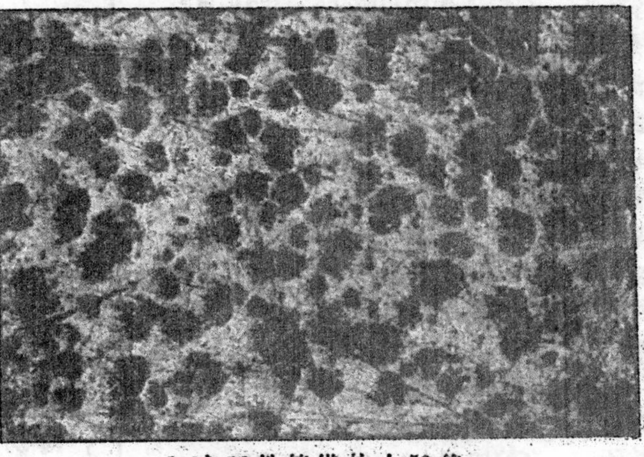

（乙）延性鑄鐵放大50倍

中國工程師學會會務消息

◉上海分會新年交誼大會收支報告

收入	項目	支出
$1,005.00	入座券402張@$2.50	
	籌備會六次	$ 62.40
	新新酒樓菜438客及小賬等	657.51
	雜支	56.89
	共支	776.80
	結存	228.20
$1,005.00		$1,005.00

金芝軒　朱樹怡　馮寶齡　報告

◉會員通信新址

王季同　(住)蘇州十全街新造橋南1號
孫文藻　(住)山西太原市五福菴32號
張家瑞　(住)南京慧園街慧園里5號
胡佐熙　(職)山東坊子膠濟鐵路工務第三分段
黃大恆　(職)河北唐山開灤礦務局
沈炳年　(職)天津意界三馬路大昌實業公司
鄭達宸　(職)上海四川路33號開灤售品處
余伯傑　(職)湖南衡州粵漢鐵路株韶工程局
沈炳麟　(職)上海福建路電話公司
陳駒聲　(職)浦東白蓮涇中國酒精廠
司徒錫　(住)上海愚園路579弄23號
黃述善　(職)上海公用局
蔣仲塤　(職)淮陰導淮會揚莊壩工局
秦萬選　(職)塘沽北甯鐵路工務段
宋汝舟　(職)濟南工務局
閻書通　(職)天津英租界福發道126號中國工程司
呂謨承　(職)南通天生港電廠
練孟明　(職)四川宜賓縣第六區專署

◉代訂『工程』第十卷

凡本會會員保藏『工程』第十卷全份者，最好寄本會代為裝訂，布面金字，燙印姓名，每本裝訂費一元，郵費二角八分，二星期內掛號寄回不誤，以便日後參考也。

◉本刊各別郵遞會員

本刊前為節省郵費起見，凡數會員在同一地址，或同一機關服務者，將本刊數份合併一封，封面寫明各人姓名，諒無論何一會員先收到者，卽可分派其他會員。乃常接各會員來函，此法反多躭誤，且有遺失擱置之事，故本刊自上期起卽各別郵遞，每人一份一封，惟擬請各地分會書記，設法組織通信網，每一機關推定一負責會員，以期傳遞消息迅速，團結堅固，不僅為本會節省郵費也。

◉徵求本刊第四卷缺少各期

本刊第四卷缺少1,6,7各期，若會員中有多餘願割愛者，請賜寄回，以備本會彙訂全卷合訂本保留，每冊酬謝郵票5分。

◉免費裝訂本刊第四卷

凡本會會員保藏本刊第四卷全份者，可寄本會，代為裝訂布面金字，燙印姓名，不收訂費，可免失散，以便參考。回件郵費連掛號共三角，請一并惠寄。非會員收裝訂費每本一元。

各地分會書記，請儘早將會務消息寄本刊公布。

18436

◉濟南分會交誼會

濟南分會，爲聯歡起見，於2月8日假座濟南交通銀行大樓，舉行第一屆交誼會，會員到者甚爲踴躍，遊藝中並有以會員姓名製成文虎者，頗饒興趣，錄下以助餘興：

傳國神器(名一) 王家鼎
當二十(姓字一) 王幼泉
對棋(名一，蝦鬚燕尾捲簾) 仲博仁
宋明功臣(名二) 趙國棟 朱桂勳
清一色(名一) 朱國洸
正是江南好風景(名一) 吳際春
完璧歸趙(名一) 宋連城
設置魚雷(名一，捲簾繫鈴) 沈維來
老當益壯(名一) 李健
殷勤款待無微不至(名一) 周禮
共和(名一) 周輔世
明湖柳色一片新(名一) 林濟青
九州之志(名一) 邱文藻
全家福(名一) 門錫恩
夏曆(名一，捲簾) 陳憲華
天壇法(名一，捲簾) 陳憲華
表字伯言 姓字一，粉底) 陸遜撫(甫)
睡獅醒了(名一) 華起
測繪之法傳自外洋(名一) 胡學蠡
外國語(姓字一，蟬翼) 胡仲言
我是摘家兒亦解漢兒歌(姓字一，蟬翼) 胡仲言
塞雁橫定(名一) 胡升鴻
三危之民不服王化(名一) 苗世循
蘇氏璇璣圖(名一) 秦文錦
季子筆下斐然成章(名一) 秦文錦
一代學宗屬李斯(名一) 秦文範
花陰滿地日遲遲(名一，捲簾) 徐景芳
捉拿司馬懿(名一) 張瑨
徂徠山下撒漁網(名一) 張竹溪
聆其語東方人也(名一) 張聲亞
有口難言(名一) 張聲亞
帝君一十七代爲士大夫身(名一) 張世耀
治世能臣(姓字一) 曹理卿
桃花依舊(名一) 陳蓁
羔獻(名一，捲簾) 陳之達
中山王督戰(名一，捲簾) 陳之達
生男不足珍，認錢不認人，源流溯河濟，玩笑莫認眞(名一) 姚鍾堯
咀華(名一) 張含英
影(名一，繫鈴) 馮光成
共鼓之功亦軒轅氏之功也(名一) 黃作舟
一文錢(名一) 萬選
夏布袋裏藏香水(名一) 葛蘊芳
商人精於理財(名一，繫鈴) 賈明元
妻不還夫債(名一) 趙維漢
無債一身輕(名一) 趙舒泰
漢高帝先入關中(名一) 劉增冕
河陽一縣花(名一) 潘鎰芬
凌烟閣上人(名一) 齊鴻猷
焉有縣令不愛民(名一，捲簾) 齊蔭棠
推中國爲盟主(名一) 戴華
黃鞠插滿頭(名一) 戴華
瓜皮帽(名一，捲簾) 戴華
壽亭侯貤封三代(名一) 關祖光
大字帖(名一) 龐書法
轉眼收穫(名一) 顧穀成
與民更始(名一) 王作新
洛神賦乃子建傑作(名一) 曹萃文
春意透南枝(名一) 初毓梅
次子卽位(名一，捲簾) 王繼仲
齊楚之間勿須周旋(名一) 滕迺寬
出師大喜(名一) 慶承道
只可拍兮不可吹，莫從他我費敲推，神龍自來藏頭尾，試猜斯人却是誰(名一) 馬汝邴
參也不魯(名一) 曾廣智
河澄五百年(名一) 徐清
大理誌(名一) 紀鉅紋
皮相(名一) 韋觀

18437

●本會圖書室新到書籍

本會圖書室每月收到新書數百冊，編號儲藏，凡關於工程學術重要文字，將目錄刊布於此，以備會員參考借閱，並以誌謝各贈書者。

553 江西公路三日刊 120期 24—12—9日

554 江西公路三日刊 119期 24—12—5日

555 川湘鐵路地位之討論 詹文琮 邱鼎汾

556 鐵路防水論 邱鼎汾

557 湘鄂鐵路軌道工程之調查 邱鼎汾

558 社會評論 2卷5期 24—12—1日

559 度量衡同志 15—16期 24—10—1日

560 鑛業週報 361號 24—12—5日

561 西北實業公司概況 24—11月

562 科學世界 4卷11期 24—11—15日

563 De Ingenieur,
Vol. 50, No. 47, Nov. 22, 1935

564 工業標準與度量衡 2卷5期 24—11月

565 建設評論 1卷3期 24—12—1日

武昌機廠之今昔 盧釗

湖北公路車輛之管理及設備 金華錦

香溪煤礦與低煉焦 熊說巖

566 國立北平圖館書館刊
8卷3號 23—5,6月

567 國立北平圖書館館刊
8卷6號 23—9,10月

568 鑛業週報 362號 24—12—14日

569 國立北平圖書館館刊
8卷6號 23—11,12月

570 Engineering News-Record
Vol. 115, No. 20, Nov. 14, 1935.

Development of Italian Roads under Fascism.

A Tourist's Impressions of Italian Roads.

Long Spans for Grand Coulee Aggregate Belt.

Structural Properties of Vibrated Concrete.

Oregon Coast Highway Bridges.

Man-Made Earthquakes.

New Wind Tunnel at Georgia Tech.

Timber Suspension Bridge Built by CCC.

Wire-Bound Jetties in Zion Park, Utah.

Clamshell Design Stresses Reduced Weight.

571 Journal of the Royal Institute of British Architects,
Vol. 43, No. 1, Nov. 9, 1935

A Furniture Shop.

572 Excavating Engineer,
Vol. 29, No. 11, Nov., 1935

573 The China Weekly Review,
Vol. 75, No. 1, Dec. 7, 1935

574 Paint Manufacture,
Vol. 5, No. 9, Sept. 1935

575 Paint Manufacture,
Vol. 5, No. 10, Oct. 1935.

576 The Bell System Technical Journal,
Vol. 14, No. 4, Oct. 1935.

Dr. Campbell's Memoranda of 1907 and 1912.

Some Aspects of Low-Frequency Induction Between Power and Telephone Circuits.

Circulating Currents and Singing on Two-Wire Cable Circuits.

Operation of Ultra-High-Frequency Vacuum Tubes.

Further Extensions of Theory of Multi-Electrode Vacuum Tube Circuits.

Transatlantic Long-Wave Transmission.

Superiorities of Lead-Calcium Alloys for Storage Battery Construction.

Marine Radio Telephone Service for Boston Harbor.

Ship Sets for Harbor Ship-to-Shore Service.

工程週刊

中華民國25年4月14日星期4出版
(內政部登記證警字788號)
中華郵政特准號認爲新聞紙類
(第1831號執據)
定報價目：全年連郵費一元

中國工程師學會發行
上海南京路大陸商場542號
電話：92582
(本會會員長期免費贈閱)

5·9
卷 期
(總號111)

談包工制

李爲駿

主辦工程者，因下列種種原因，常將所經管之工程，招商投標承辦：

(1) 免去採購材料手續。
(2) 免去招募工人手續，及省除一切人事管理繁瑣事項。
(3) 省除購辦機具費用及手續。
(4) 免除自辦時超過預算之可能。
(5) 減輕自辦時誤期之責任。
(6) 減輕自辦時成績欠佳之責任。
(7) 包工人歷辦工程經驗較富。
(8) 包工人熟習市場，材料可用廉價購得。

上列八項可爲包工制成立之主要因素，尤其是對於無專管工程機關之私人或公衆所擬辦之工程，於現在社會組織之下，包工制似一時尚不能取消，仍須繼續採用，即設有專管工程機關，以經辦工程，但主管者爲節省手續及減輕責任起見，亦仍樂用包工制。

包工人所投標價計包括下列各項：

(1) 實用工料費。
(2) 機具等之折舊費及消耗費。
(3) 工料墊款及承包押款之利息。
(4) 包工人管理費。
(5) 包工人所企得之淨利。

如包工人估計正確，其包工人間賴以競爭者當爲下列各項：

(1) 用料經濟，力求割餘及殘剩材料之減少。
(2) 調度有方，力求工力擱置之減少。
(3) 備有完善機具。
(4) 備有充足流動資金。
(5) 管理合理費用節省。
(6) 企得淨利看低。

但我國包工多爲昔日作頭出身，智識幼稚，不知何謂經濟，何謂合理，僅憑其淺薄經驗及有限資本，以企在今日之投標制下獲得工作而博盈利，彼等智識究屬有限，估價時往往不失之過高卽失之過低，其失之過低之原因，不出下列所述：

(1) 遺漏某項工料。
(2) 忽視施工說明書。
(3) 工作地點未調查及察看明瞭，(包括地質，水源，及當地工價等)。
(4) 希圖投機。

標價過高可棄而勿取尚無問題。但標價過低，即低至不合理時，或其標價已低過依照說明書可完成所擬包之工程總値時，而主管者或其上級核准者，往往爲廉價所鼓惑而將其錄取准予承包。

但包工人決不甘心賠累，損及血本，除極少數之顧全信譽者外，常產生下列結果：

(1) 偷工或僱用次等手藝工人。
(2) 減料或參用次料。
(3) 剝削雇工。

至無法彌補時甚至半途逃亡。上述三項結果，包工人即在不虧累時亦往往企圖嘗試，以期多得盈餘，不過遇彼等虧累時，更爲易犯耳。

按理如包工人之標價低至不合理時，選標人應將其取消，一方面固可免除日後若干困難，再則包工人如存心投機已不可靠，何能付以施工重任，如因疏忽遺漏則招標者似亦不應貪此意外利益，圖以特低之價，完成其所擬築之工程。

包工人於得標後，往往分部包出，甚至全部轉包，或一再分包轉包，此又爲數見不鮮之事，合同上或間限制，但事實上不易取締。監工者對於工料能知嚴加檢查，責令包工人切實遵照規範施工，已覺難能可貴，對於包工人之剝削雇工，中飽餘潤，更難期其過問，此亦似爲主持工程者所當注意之問題。

或曰近年來工程師營包工業者漸多，非如往日之全爲作頭充任，包工智能亦遠非昔比，但此類新營包工業者，對於勞動界之情形較之當作頭出身者爲隔陔。標得工程亦不出於轉包之一途，其結果仍落於舊日作頭之手，徒增一剝削階級。

重大工程須有雄厚資本，方能承辦，國人之營包工業者，尚少巨大組織，往往不能勝任，多爲外籍包工所壟斷，而此種外籍包工除自備材料及機具外，所有一切工作仍多總包或分包於本國作頭，此等外籍包商，除博得購買材料等之利潤外，仍復成爲剝削勞工之又一階級，况工料經其一度盤剝，就國家經濟立場言，亦爲一項漏卮。

凡上所述乃吾國今日包工制所產生之現象。如就最新之經濟思潮言，此種包工制應根本取消，惟就目前吾國之各種狀况言，在相當時期內，似尚須容其存在，故吾人今日所急須討論者，厥爲如何改善包工制以維持目前進行之工程，茲分述如下：

(一)儘量摒除剝奪餘利之中間人。　工程範圍愈大，轉包及分包之層次愈多，欲除此項弊端，首宜將擬辦之工程，凡能分開辦理者應儘量分開，俾資本微薄之包工得以直接承包，以免除由大包工轉包於小包工，而多剝一層利潤。爲促進此種辦法易於實現起見。一切主要材料，均由主辦工程者自行採購，如工程之屬於長期進行者，其應須之重要機具，亦不妨自行購備，再轉借於包工人使用。租金之付與以及損傷之賠償，均可在承包條件中說明。

(二)任用有施工經驗之專家以主持及監督工作。　吾國一切重大工程多爲國家或省市經營，其主持工程者除一部分爲有施工經驗者外，尚有多數係初出茅蘆者及業已官僚化之工程師，對於施工之步驟及方法，向未研究，其善者亦不過對於書本知識尚稱豐富耳。至派充監工者，亦多爲此輩，遂致一切施工事項，乃不得不全委之於粗有經驗之包工人，萬一包工人再無經驗，其能不僨事者，亦不過得僥倖耳。故經辦工程機關，應任用確有經驗之工程師，以主持一切，俾不但不致爲包工人所左右，且須指導包工人，工作得不致誤期，成績得不致欠佳，此尤爲主管人所宜注意者。

(三)改善工務管理組織以增加工作效率。　此條驟觀之，似與包工制無涉，惟正因工務管理組織之不合理，包工制更有其存在之必要，包工制之弊端乃更行擴大。今以鐵路局爲例，主管工程之機構，在局內則設有工務處，在局外則設有工務段及工務分段，但責任劃分極不明瞭，熱心於工作者則包攬一切，不熱心於工作兼無責任心者，則儘量推諉，致與包工人發生爭執，或於技術上發生問題時，每難得以合理或簡捷辦法解決之，改善之道首宜將各部分之責任規定明白，如關於包工人之選擇，工務處應有自由處理之權，鐵路局長官僅處於監督地位，一切工程設計應集中於工務處，工務段之任務爲指揮實施工作，及籌備材料，工務分段之任務爲實施工作，及督促進行，一切日常公事，凡能由上級機關辦理者，概由上級機關辦理，俾下級機關得專心於一切工作之考核及對於包工人之監督。

(四)編訂切合實用之施工規範書。 建築種類逐漸繁多，而工程技術日益進步，吾國昔日之營造則例，早不適用，現今流行規範，多譯自西籍，編訂者每不問實際需要，東抄西襲，籠統含混，以能成一規範書，即爲了事，所用名詞又多非一般包工人所能領悟，其僱用之工頭，更無論矣，故吾人一方面對於施工規範之編訂，宜力求其繁簡適宜，確合某項工程之需要，另一方面施工規範所用術語以及措詞，亦當力求通俗化，規範書果能編訂完善，則一切員工對於該項工程之施工方法，以及所需要之準確及精細程度，當均能了解透澈，臨事不致發生隔閡，而工程亦可順遂，如所期企進行矣。

(五)基於平等原則以簽定承包合同。合同之簽定，所以促雙方之切實履行，俾無論何方不致因對方之背約而受有經濟損失，故理應平等。但吾國承辦工程官署之對包商，有若昔日衙門之對民衆，近雖稍加改善，但不平等之處仍數見不鮮，如包工承包工程不能如期完成，多規定按日罰款若干，而官署不能按約如期付款，則未嘗規定對於包工應如何補償，因此包工往往裹足不前，即來投標，亦常將付款延期之利息，預先計入包額，此不得不謂之一種損失。故爲免除包工人疑慮計，凡官署應負之義務，均應在合同內規定，並切實履行，萬一有違，致損及包工人之利益時，亦當規定有所補償，不能因工程已經包出後祇有包工人負責，而將主管人之責任概行免除也。

(六)研究工力生產量，以爲規定預算工費單位張本。 每一單位工力，對於某一工作生產量，究爲若干，吾國向無統計，編預算時亦不過展轉謄抄，或概約估計，有無過高或過低之處，頗難得其結論，及至招標，祇求不超過預算總額，即認爲滿意，包工人之餘利，是否過厚，或剝削勞工至何程度，向少有注意者，關於工作生產量，雖間有西籍可供參考，然中西人智力不同，體力不同，所用之工具亦不盡同，有如許異點，用之吾國，當難符合，爲澈底研究起見，各承辦工程機關，似應酌派專家，並訓練若干生產量紀錄員，以從事於此種工作，俟有相當成績，不但可爲編工費預算之張本，且可逐漸採用直接計件雇工制，而將包工制取消。

(七)推廣勞動法以限制包工人之剝削。

吾國對於勞工保護之立法，尙未完備，即已頒佈者，亦多僅適用於工廠部分，至包工工作，雖僱有大量工人，而此類工人因係臨時結合，既無工會之組織，復乏適當法律之保護，況當此經濟衰落，農村破產之時，失業者衆多。包工人乃乘機大事剝削，往往工作終日，所得亦不過僅堪一飽，至若因工作受傷致疾，包工人殊少過問。吾國一切建設，方在萌芽，需用之勞工甚衆，若不爲之立法保護，不但有乖人道，且將影響社會之安甯，最要之圖，宜將勞動法推廣及於在野外工作之工衆，凡最低之工資，以及工作時間，衛生設備，均詳爲規定，責由僱用人嚴格遵守，庶吾國新興之建設事業，非資以供包商之剝削大衆，乃謀民生問題之得以直接及間接解决也。

包工問題，在工程界，乃一重大問題，斷非一篇短文所能概括討論。茲就平日所感想者，提出一談，尙希同道指正。

青島，25—1—29日

(編者註：關於本問題，讀者請參看本刊3卷28期431—438頁，4卷20期369—370頁，4卷24期431—432頁)。

18441

中國工程師學會會務消息

◉第22次董事會議記錄

日期：25年3月22日上午10時。

地點：上海南京路大陸商場本會會所。

出席者：黃伯樵，張延祥，胡庶華（徐佩璜代），淩鴻勛（張延祥代），顧毓琇（裘燮鈞代），胡博淵（周　琦代），任鴻雋（黃伯樵代）。

列席者：裘燮鈞，鄒恩泳。

主席：黃伯樵；　記錄：鄒恩泳。

報告事項：

1. 本屆聯合年會籌備委員會，決定年會自5月20日起至23日止，在杭州舉行。
2. 四川考察團報告書業已出版。
3. 西安分會業於24年12月31日成立，選定職員如后：

正會長：李　協；　副會長：許行成；
書　記：李善棟；　會　計：毋本敏。

討論事項：

1. 惲震君提議本會工業材料試驗所與鐵道部合作案。

議決：授權惲震君，以有期限的試辦，與有條件的合作，先與鐵道部非正式磋商，再報本會董事會決定。

2. 中國建築展覽會函請本會加入為發起人，並請捐助經費案：

議決：本會捐助經費以150元為最高限度，由裘總幹事與中國建築展覽會商洽辦理。

3. 國立編譯館函請推定委員審訂機械名詞案。

議決：推定張可治君為委員長，王助，王季緒，杜光祖，周仁，魏如，莊前鼎，唐炳源，程孝剛，黃炳奎，黃叔培，楊毅，錢昌祚，羅慶蕃，顧毓瑔，劉仙洲，陳廣源，周厚坤，林鳳岐，周承祐，為審訂委員。

4. 本屆年會津貼案。

議決：本會墊款300元為限。

5. 南甯分會函詢本年四月間在日本東京舉行之日本工學會第三次大會，應否派員參加案。

議決：本會不派員參加，但會員可以個人名義赴會。

6. 請推定朱母獎學金論文評判委員案。

議決：推定徐名材，李謙若，馬德驥，裘維裕，鍾兆琳君等5人，為評判委員。

7. 上海外人各工程學會團體與本會及中國電機工程學會之書記等，在本年二月二十八日會商各學會間合作辦法案。

議決：通過，交執行部辦理。

8. 審查新會員資格案。

議決：通過各會員資格如后：

會員：余瑞朝，徐械三，莘祿鍾。

仲會員：張稼益，盧賓，馬德祥。

初級會員：張爾宇，程壬，刑定氛，史仲儀，褚潤德，郭勝磬，王宏濤，胡希齡，紀鉅凱。

仲會員升會員：王又龍，張承烈。

9. 董事張延祥臨時提議，新會員未繳入會費者，其姓名不應列入會員錄案。

議決：通過。

10. 董事張延祥臨時提議，新會員未繳入會費者，應如何處置案。

議決：提交下屆董事會商決辦法。

18442

◉新選職員揭曉

本屆司選委員會，於4月8日下午5時，在上海總會會所正式開票，計此次共收到複選票474張，除內有6張未經選舉人簽名作廢外，實計468張。茲將開票結果照錄於下：

職別	姓名	票數	
會長：	曾養甫	359票	當選
	吳承洛	88票	
	張洪沅	21票	
副會長：	沈怡	208票	當選
	惲震	134票	
	茅以昇	125票	
董事：	凌鴻勛	426票	當選
	顏德慶	384票	當選
	馬君武	327票	當選
	徐佩璜	307票	當選
	李儀祉	275票	當選
	薛次莘	253票	當選
	李書田	241票	當選
	裘燮鈞	240票	當選
	夏光宇	239票	當選

以上九人當選為民國25——28年度董事

姓名	票數	
王寵佑	232票	當選
陳體誠	230票	當選
梅貽琦	226票	當選
胡博淵	225票	當選

以上四人當選為民國25——27年度董事

姓名	票數	
李熙謀	218票	當選
趙祖康	214票	當選
沈百先	212票	當選
侯德榜	211票	當選

以上四人當選為民國25——26年度董事

姓名	票數
徐善祥	210票
周仁	202票
王繩善	191票
趙曾珏	178票
余籍傳	175票
楊毅	160票
潘銘新	159票
王季緒	152票
周琦	143票
莊前鼎	141票
張惠康	131票
楊錫鏐	129票
張靜愚	112票
施孔懷	108票
邢契莘	106票
秦瑜	100票
曾昭掄	99票
林濟青	80票
鄺兆祁	72票
張可治	71票
張寶桐	70票
楊先乾	67票
方頤樸	64票
唐之肅	63票
劉蔭茀	63票
楊繼曾	62票
翁德鑾	61票
楊紹曾	59票
唐炳源	56票
陸志鴻	53票
凌其峻	46票
何棟材	42票
沈熊慶	34票
何致虔	34票

職別	姓名	票數	
基金監：	黃炎	188票	當選
	張廷金	182票	
	徐學禹	51票	

（註）本屆尚未滿期之董事為：

胡庶華，韋以黻，華南圭，任鴻雋，薩福均，黃伯樵，顧毓琇，錢昌祚，王星拱，陳廣沅。

本屆尚未滿期之基金監為：朱樹怡

◉南京分會聯合常會記事

南京分會會長胡博淵先生，本屆當選爲中國科學社南京社友會理事長，遂於4月9日下午6時半，假座中山北路甯波同學會會所，舉行聯合常會，並敦請軍政部兵工署長俞大維先生演講兵工問題，到本會會員，科學社社友，及來賓眷屬等共70餘人。俞署長講演意旨，注重兵器與戰術兩項，先述各國陸軍之編制，並及各師團各部隊在攻守時所備之兵器，推陳出新，由簡而繁，並以兵工署所有之兵器模型，及金陵兵工廠所造之最新兵器，實物說明，與趣尤多，講畢，舉行叙餐，俞署長因事先行離席，餐間會員詢問許多關於兵工之問題，均由兵工署司長楊繼曾先生逐一解答，異常滿意，10時散會。

◉上海中外各工程學會團體籌備合作經過

上海多數外人組織之工程學會，如中華工程學會 The Engineering Society of China，土木工程學會上海分會 Institute of Civil Engineers, Shanghai Branch，電氣工程學會中國分會 Institute of Electrical Engineers, China Centre 等，頗欲與本會及中國電機工程學會互相聯絡，籌謀合作辦法，爰於本年1月10日下午5時，在匯豐銀行樓上，舉行非正式之談話會，邀請兩中國學會團體派員參加，到會者，本會方面有黃伯樵，徐佩璜，沈怡，裘燮鈞，張孝基，張延祥，鄒恩泳，王繩善，薛卓斌，馮寳齡，徐名材等，中國電機工程學會方面有李熙謀，張惠康，裘維裕等，西人方面到場者，亦有二三十人。到會諸人略用點心之後，卽行開會，由中華工程學會會長易利教授 Prof. John A. Ely 主席，略事報告之後，卽先後請土木工程學會上海分會會長查德利博士Dr. R. Chatley，電氣工程學會中國分會會長魏珀C. R. Webb，本會前任會長徐佩璜，中國電機工程學會李熙謀演說。各人對於各學會合作辦法，均有意見發表，嗣又由主席請來賓美國麻省理工大學教授傑克遜演講，後經衆議決，由各學會書記組織一委員會，籌議各團體進行合作具體辦法，隨卽散會。

本年2月28日，下午5時半，各學會書記約在福建路450 號上海電話公司樓上412 號房間集會，出席者有本會裘燮鈞，鄒恩泳，本會上海分會徐名材，中國電機工程學會張惠康，土木工程學會上海分會萊爾W.P.Rial，電氣工程學會中國分會威爾遜 J. Haynee Wilson ，中華工程學會克拉客 N. W. B. Clarke，公推克拉客君主席。克拉客君卽將1月10 日談話會各人演說詞宣讀一過，經衆討論，議定合作法數則如下：

(1) 各學會開常會時，彼此互請會員參加：
預料到會人數未必甚多，故決將請柬交下列各人轉發全體會員。
請柬內須載明演講者係用何種語言。
中國工程師學會由徐名材君轉發。
中國電機學會由張惠康君轉發。
外人之三學會由克拉遜君轉發。

(2) 各學會彼此換會員名單：
以便查核到會會員與來賓。

(3) 互換演講人員：
遇有特別有興趣演稿，可開中外聯合會，用中英兩種語言演講。

(4) 交換刋物：
(甲)爲年刋，(乙)爲所有演稿，附以英文摘要。
刋物寄交中國工程師學會者由裘君收。
刋物寄交中國電機工程學會者由張君收。
刋物寄交外人之三學會者由克拉客君收。

(5) 聯合參觀：
中國工程師學會今年 5月在杭州舉行年會，中華工程學會原有遊覽錢塘江之擬議，似可與此年會聯合。
該委員會下次會議日期，定在4月24日。

◉天津分會消息

天津分會自一月以來，即與其他在津學術團體聯合開會，蓋以處此非常時期，實有密切聯絡之必要，且一人兼為數會會員者為數至夥，聯合開會，時間上更為經濟也。歷次舉行成績頗佳，殊可供他處分會之參考與仿行，茲將開會經過略誌如后：

(1) 1月5日正午，與中國水利工程學會天津分會，河北省工程師協會，中國化學會天津分會，聯合舉行新年聯歡會，於大華飯店，到會者50人，會員陳德元講演：「我所看見的日本」；徐世大講演：「視察董莊黃河決口後的觀感」；盛況為從來所未有。

(2)2月6日下午7時，在國民飯店，與河北省工程師協會聯合開會，歡宴世界著名電工學家傑克遜教授，並請講演「公用事業之財政問題」。是日到會者36人。

(3) 3月23日下午7時，與中國水利工程學會天津分會，河北省工程師協會，中國化學會天津分會，在銀行公會俱樂部聯合聚餐，到42人，南開大學政治學教授林同濟講演：「中國智識界的覺悟與變質」，並備游藝助興，極盡歡洽。

◉唐山分會常會

唐山分會于4月12日午正12時，在啓新洋灰公司技術長王松波先生住宅，開會聚餐，出席者：王濤，杜毓澤，范濟川，鄭家覺，吳稚田，黃大恆，羅忠忱，伍鏡湖，顧宜孫，葉家垣，張正平，朱泰信，路秉元，安茂山，黃壽恆，吳雲綬，王蘊璞，李汝，彭榮閣，共19人。由會長王濤報告，會員楊先乾，張成格，奉調離唐，並述願本分會會員能多往參加年會之意。後議決下次分會常會于6月中旬舉行，屆時改選職員，2時半散會，會員數人復參觀啓新洋灰廠。

◉五學術團體聯合招待年會會員籌備會議紀錄

日期：25年3月30日下午5時。
地點：上海南京路大陸商場本會會所。
出席者：中國工程師學會上海分會：王繩善（薛卓斌代），薛卓斌，徐名材，馮寶齡。
中國電機工程師學會：張惠康。
中國自動機工程學會：胡嵩嵒，黃叔培。
中華化學工業會：曹梁廈（張六一代）。
主席：薛卓斌； 紀錄：徐名材。
決議案件：——

1. 招待由五團體會同担任，費用照各團體來賓人數分攤。
2. 本埠五團體會員須另出參觀費。
3. 五團體聯合宴請來賓一次，時間定下午6時。
4. 參觀分4組，每組定三次或四次。
5. 節目單事先寄杭，請來賓及本埠會員分別認定參觀組別。
6. 推定下列各團體負責人員為常務組委員：——
   中國工程師學會上海分會：王繩善，薛卓斌，徐名材，馮寶齡。
   中國電機工程師學會：李熙謀，張惠康，裘維裕。
   中國自動機工程學會：黃叔培，張登義，丁祖澤。
   中華化學工業會：曹惠羣，吳蘊初，余雪揚，邵家麟，程瀛章，關實之。
7. 推定下列諸君為招待組委員：——
   周玆緒，朱銘盤，莊智煥，孫鼎，張承祜，鍾兆琳，劉隨溶，郁堅秉，吳蘊初，盧成章，，彭開煦，余雪揚，陳申武，梁砥中，李崇璞，陳育麟，馮寶齡，向　德，張延祥，王爾絢，陳駒聲，薛卓斌，馬德驥，程瀛章。

8.暫擬參觀機關及工廠名單如下：——

（甲）上海電力公司，閘北水電公司，——亞浦耳電器　，華通電業機器廠。

國際電台，華成電氣廠，——上海電話公司，上海電話局。

（乙）上海煤氣公司，中國肥皂公司，——天原電化廠，天利淡氣廠。

五洲皂藥廠，上海水泥公司，——開成造酸公司。

（丙）中國煤汽車公司，——大中華橡皮公司，美通汽車公司。

（丁）濬浦局或江南造船所。

由中國工程師學會上海分會用四團體名義分函接洽。

◉大冶分會第四次常會記錄

大冶分會于2月23日在漢冶萍公司得道灣礦場圖書室開會，並參觀全礦。上午8點半，由石灰窰乘漢冶萍火車出發，9點半抵鐵山礦場，由漢冶萍公司招待參觀鐵山礦場各部：

(1) 壓風房，

(2) 鐵門坎起礦機鑽岩機，

(3) 打水機，

(4) 陳家灣紗帽翅之吊車及電鑽工程。

11點乘車到得道灣礦場少息，進午餐。

12點半開會，到會計張粲如，翁耀民，周子建等17人。主席張粲如；記錄張誨音。

（一）主席報告開會及宣演第三次常會記錄。

（二）主席報告本會會員富源煤礦公司礦師陳定安先生因公殞命，並請全體會員起立靜默三分鐘以表哀悼。

（三）五月底總會在杭州開年會，欲赴會者可向書記登記，名單彙齊交總會。

（四）徵求新會員。

（五）主席提議下次常會開會地點，在武昌武漢大學，日期擬國歷五月內第一個星期日，全體通過。

（六）翁會員耀民報告經手募捐之材料試驗所款項，一部業已清理完畢，尚有王會員季良經募一部，未能結出，俟王會員由滬回冶後，當一共作詳細報告。

（七）漢冶萍公司採礦股周子建股長講演鐵礦類別，及各附礦種類，置有標本多種，詳爲講解，並演述大冶鐵礦狀況，滔滔不倦，各會員甚感興趣。

（八）總會來函徵求大冶建設報告事，請各公司內本會會員代爲調查，函交書記彙呈總會。

1點半散會，下午參觀得道灣礦場各部：

(1)機力房，　(2)壓汽房，

(3)修鑽頭房，　(4)大石門看汽鑽，

(5)獅山隧洞工程，

(6)獅子山及象鼻山地面採礦工程。

5點由得道灣乘車赴石灰窰，由分會借華記水泥廠俱樂部地址，約請當地紳商，開聯歡會。6點半聚餐，由全體會員相陪，至10時始盡歡而散。

◉年會通告

逕啓者，本屆年會決定5月20日起，至5月23日止，約集各工程學術團體，在杭州聯合舉行，業經聯合年會籌備會通告在案，赴會會員搭乘舟車，亦經呈准鐵道部，及函國營招商局，特別優待，屆時務請台端踴躍參與，共襄盛舉，偕荷絜眷同往，更所歡迎也。此致

會員先生。

18446

工程週刊

中華民國25年7月30日星期4出版
（內政部登記證警字788號）
中華郵政特准掛號認爲新聞紙類
（第1831號執據）
定報價目：全年連郵費一元

中國工程師學會發行
上海南京路大陸商場542號
電話：92582
（本會會員長期免費贈閱）

5·10
卷 期
（總號112）

對於各工程學會刊物合作貢獻意見

張 延 祥

1.中國工程師學會『工程』及各專科工學會之刊物編輯方針，依杭州聯席會議議決辦法。

2.凡非中國工程師學會會員而爲任何一個或二個專科學會之會員者，照寄『工程』兩月刊，其印刷費，郵費等，由各該專科學會照成本貼還中國工程師學會。（因『工程』成爲普通性的，大家必須讀）。

3.不繳會費之會員，規定統一的不寄刊物辦法。

4.各刊物不載會務消息。（以節省篇幅）。

5.各學會會務消息一律刊載『工程週刊』，以後『工程週刊』由各學會會同編輯，使全體會員知悉其餘各學會之進行發展。嚴格的每週發行，一切印刷郵寄等事，歸中國工程師學會負責辦理，各會會員每人一份，印刷及郵費依各學會會員人數分攤。

6.凡任何一學會會員欲訂定其他學會之刊物者，照特價或附印價格計算，以資鼓勵會員多讀他科刊物，惟每人每種以一份爲限。

7.各刊物印刷紙張式樣字體，最好求其統一，並定統一編目辦法。

8.各刊物用一式稿紙。

中國工程師學會二十四年度會務總報告

◉關於試驗所募捐事項

本會工業材料試驗所新廈，於去年6月竣工，支出費用爲建築費35,300餘元，連同捐得材料價值合計約50,000元，又基地地價8,000元，已付2,000元，收入方面有前中國工程學會移交捐欵18,671,82元，政府撥助10,000元，歷年利息8,600元。兩會合併後捐得15,903.84元除去建築費35,30 元，及基地費2,000元，尙存捐款15,800元；尙有已認而未繳者計3,512元，至所內機械設備費預計至少需100,000元，現捐得之數不敷甚鉅，爰經工業材料試驗所籌備委員長惲震君提議與鐵道部合作，經第22次董事會議討論，以茲事體大，非節席所能解決，當議決授權惲君先與鐵道部磋商條件，再報下次董事會決定。

◉關於修改章程事項

查上屆（即第5屆）年會修改本會章程第21條，第23條，第23條後增加一條爲第2

4 條，第39條應改爲第40條，第40條應改爲第41條，經通函全體會員公决，截至去年10月15日止，共計收到314票，其中多數贊成修改，本案遂告通過，投票結果如下：——

第21條　贊成修改278票　不贊成修改29票
第23條　贊成修改295票　不贊成修改14票
第23條後增加一條爲第24條　贊成增加265票　不贊成增加43票
第39條（應改爲第40條）　贊成修改289票　不贊成修改13票
第40條（應改爲第41條）　贊成修改299票　不贊成修改9票

◉關於新職員複選事項

本會會長顏德慶，副會長黃伯樵，董事凌鴻勛，胡博淵，支秉淵，張延祥，曾養甫，基金監朱樹怡，均於年會後任滿，業由第六屆職員司選委員李運華，龍純如，顧毓琇，支秉淵，譚世藩君等，根據上屆大會修正章程第21條之規定，提出下屆職員候選人名單，分發全體會員複選截至4月8日止，開票結果照錄於下：——

會　長：曾養甫
副會長：沈　怡
董　事：凌鴻勛　顏德慶　馬君武　徐佩璜　李儀祉　薛次莘　李書田　裘燮鈞　夏光宇（以上三年任期）　王寵佑　陳體誠　梅貽琦　胡博淵（以上二年任期）李熙謀　趙祖康　沈百先　侯德榜（以上一年任期）
基金監：黃　炎（二年任期）

◉關於各地分會事項

本會分會計有19處之多，除原有上海，南京，濟南，唐山，青島，北平，天津，杭州，武漢，廣州，太原，長沙，蘇州，梧州，重慶，大冶，南甯，美洲等分會外本年新成立之分會有西安一處，又蘇州分會以會員星散，乏人維持，暫告停頓。

◉關於請求入會事項

本年度聲請入會經董事會通過者，計正會員45人，仲會員19人，初級會員23人；此外有仲會員升正會員者5人，初級會員升仲會員者2人。

◉關於技師登記證明書事項

凡工業技師向實業部呈請登記者，須由主管官廳或已向教育部等備案之各工程學術團體證明，確無技師登記法第5條各情事，本屆由本會核發技師登記證明書者計有11人。

◉關於會針事項

本會會針自製定發行以來，會員購者至爲踴躍，14K金質每只售價12元，銀質鍍金每只2元，鐫名不另取費。

◉關於年會論文給獎事項

自第四屆年會起，由本會於每屆年會論文中，擇尤給獎，以鼓勵會員研究工程學術之興趣，查第五屆年會論文，經復審委員沈怡，黃炎，鄭葆成，三君選定，第一獎論文顧毓琇著「二感應電動機之串聯運用特性」，第二獎論文蔡芳蔭著「打樁公式及樁基之承量」，第三獎論文李賦都著「中國第一水工試驗所」，該項獎金業經按照年會論文給獎辦法第4條之規定，分別給予顧毓琇君100元，蔡芳蔭君50元，李賦都君三十元。上開獲選論文，已刊登工程第10卷第6號及第11卷第1號（即第5屆年會論文專號上下冊）。

◉關於審查機機工程名詞事項

本會前准國立編譯館函，以編訂機械工程名詞將次蕆事，囑仍照前審訂電機工程名詞例，推定專家担任審訂工作，經本會第22次董事會議及第23次執行部會議先後聘定張可治君爲審訂機械工程名詞委員長，王助，王季緒，杜光祖，周仁，魏如，莊前鼎，唐炳源，程孝剛，黃炳奎，黃叔培，楊毅，錢昌祚，羅慶蕃，顧毓瑔，劉仙洲，陳廣沅，周厚坤，林鳳歧，周承祐，張家祉，毛毅可，楊繼曾，吳琢之君等23人爲委員。又電機工程名詞現亦在審查中。

◉關於參加中國建築展覽會事項

本年一月間，葉譽虎先生等發起籌備中國建築展覽會，請本會加入爲發起人，並補助經費300元，當經本會第22次董事會議議決補助經費150元，該款已如數撥交矣。

◉關於本會與外人組織之中國工程學會等合作事項

上海外人組織之中國工程學會等，爲提倡學術交換智識起見，擬與本會及中國電機工程師學會等合作，並訂有辦法三項（1）任一學會開會時，將演講題目，通知其他學會書記轉知會員蒞會聽講，（2）交換演講人，（3）交換刊物，該項辦法經本會第12次董事會議通過，其中（1）（2）兩項係由上海分會辦理。

◉關於增刊叢書事項

會員陸增祺君著有「機車鍋爐之保養及修理」一書，請本會接受，刊行爲叢書，當由會先後請定專家施塋，陳明壽，韋以黻，程孝剛，朱葆芬君等，詳加審查，認爲內容良好，爰經董事會決議付梓，業已出版，全書平裝一册定價1.50元，本會前已刊印楊毅君之機車概要，與趙福靈君之鋼筋混凝土學，連此共有叢書三種矣。

◉關於刊印廣西考察團報告書事項

本會去年應廣西省政府之邀請，組織廣西考察團，入桂實地研究各種建設問題，並將考察所得彙編報告，以供桂省當局及國人參考。該項報告書內容分：電力，電訊，機械，化工，桐油，礦冶，水利，公路橋梁，市政工程，土地測量等十組，刻已付梓，題名爲『中國工程師學會廣西考察團報告書』。

◉關於朱母徵文獎金事項

本屆應徵論文計收到下列7篇：

王朝偉著：速度坐標及其應用
靳成麟著：土方之算法及土方表
張稼益著：以歇物弧型船(Isherwood Arc-horm)與普通船型之優劣比較
唐賢軫著：竹筋混凝土的試驗
葉　彧著：河渠流速與糙率
馮　寅著：樓架風應力計算
孫運璿著：配電網新計算法

並經第22次董事會議議決，聘定徐名材，李謙若，葉雲樵，裘維裕，鍾兆琳五君爲評判委員，業於5月16日評定孫運璿君獲選，依照應徵辦法第3條之規定應給獎100元。

◉關於圖書室事項

本年度工程雜誌仍續定下列四種：

1. Engineering News-Record,
2. Power Plant Engineering,
3. Mechanical Engineering,
4. Architectural Forum

又承美國康乃爾大學教授傑可培(Prof.

18449

H.S. Jacoby)先生捐贈 Transactions of the American Society of Civil Engineers Vol. 100, 1935, and American Railway Engineering Association Vol 36, 1935.二部，會員徐士遠先生捐贈 Engineering News 1910-1911 23本，1913-1915 21本，其他中西文雜誌悉由工程週刊隨時披露，以備會員參考借閱，而向各贈書者誌謝。

◉關於建築材料展覽會事項

本會前爲提倡國產建築材料，使建築界及社會各方多所認識與採用起見，於去年十雙十節日起，在市中心區本會工業材料試驗所主辦國產建築材料展覽會11天，向國內各大廠商徵集產品材料，並推定濮登青，莫衡，朱樹怡，薛次莘，董大酉，楊錫鏐，黃自強，張延祥，蔣易均，等七人爲籌備委員；以濮君爲主席，莫君副之，朱君任徵集主任，蔣君任佈置主任，參加廠商有60餘家，陳列出品計分：水木類，五金類，鋼鐵類，油漆類，電器機械類，衞生暖氣類，建築工具類等7項，（詳情已誌本會工程週刊第5卷第4期），爲獎勵優良出品起見，復請上海市商會，中國建築師學會，上海市營造廠業同業公會，及中央研究院工程研究所各推專家，會同組織審查委員會，愼重評定陳列出品之等級，計發給超等獎狀10張，特等獎狀42張，優等獎狀6張。

◉關於推派代表參加世界動力協會會議事項

世界動力協會定於本年9月間在華盛頓舉行第3次世界動力大會與第2次世界巨壩大會，經本會第23次執行部會議議決，請李書田君代表出席。又世界動力協會於本年六月召開第一次化學工程大會，亦經本會該次會議議決，請戴濟君代表出席。

總幹事	裘燮鈞	報告
文書幹事	鄒恩泳	
會計幹事	張孝基	
事務幹事	莫　衡	

民國25年6月

中國工程師學會會務消息

◉第23次新舊董事聯席會議紀錄

地　點：上海南京路大陸商場五樓本會會所

日　期：25年6月21日上午10時

出席者：黃伯樵，任鴻雋（黃伯樵代），胡博淵，王寵佑（胡博淵代），張延祥，李書田（鄭翰代），沈　怡，沈百先（沈怡代），徐佩璜，胡庶華（徐佩璜代）支秉淵，陳廣沅（支秉淵代），裘燮鈞，陳體誠（裘燮鈞代），趙祖康，曾養甫，薩福均，李熙謀，薛次莘，夏光宇。

列席者：鄒恩泳，張孝基，裘燮鈞，莫　衡。

主　席：曾養甫；紀　錄：鄒恩泳。

報告事項：

（1）本會第六屆新職員改選結果如下：

會　長：曾養甫

副會長：沈　怡

董　事：淩鴻勛，顏德慶，馬君武，徐佩璜，李儀祉，薛次莘，李書田，裘燮鈞，夏光宇，（以上任期3年）。

王寵佑，陳體誠，梅貽琦，胡博淵，（以上任期2年）。

李熙謀，趙祖康，沈百先，侯德榜，（以上任期1年）。

基金監：黃　炎（任期2年）。

未滿期董事：胡庶華，韋以黻，華南圭，任鴻雋，薩福均，黃伯樵，顧毓琇，錢昌祚，王星拱，陳廣沅。

未滿期基金監：徐善祥。

（2）二十四年度朱母紀念獎金論文共收到7篇，經評判委員評定，由孫運璿君得獎，論文題目爲配電網新計算法，依照應徵辦法第三條之規定，業已發給獎金100元。

（3）世界動力協會於本年 6月間在倫敦開第一次化學工程大會，本會已請戴濟君自費代表出席。又該會於本年 9月間在華盛頓開第3次世界動力大會，與第2次世界巨壩大會本會已請李書田君自費代表出席。

討論事項：

（1）本會工業材料試驗所應如何進行案，（年會議決交董事會全權辦理）。

議決：推定惲　震，杜光祖，徐佩璜 3人，研究充實設備，籌劃不足經費，所長人選，經常費之來源，各問題，提出具體辦法，報告下屆董事會，上述之會議由惲震君召集。

（2）本會應如何與已成立各專科工程學會密切聯絡案，（年會交辦）。

議決：由本會執行部，在最短期間，研究各專科工程學會之會費，會徽，會員，分會，出版物等問題，預擬初步聯絡辦法，再行召集各該學會負責代表，（夏光宇，李熙謀，胡博淵，黃伯樵，徐佩璜）會商密切聯絡辦法。

（3）推選本會執行部各幹事等職員案。

議決：推定　總幹事：　裘燮鈞

文書幹事：鄒恩泳

會計幹事：張孝基

事務幹事：莫　衡

工程總編輯：沈　怡

胡樹楫（副）

工程週刊總編輯：張延祥

出版部經理：俞汝鑫

（4）推選各委員會委員長及委員案：

議決：推定朱母獎學金委員會委員長：徐名材（委員由委員長自行請定）

職業介紹委員會委員長：徐佩璜（委員由委員長自行請定）

編輯全國建設報告書委員會（取消）

各專門組委員會：由各專科工程學會會長担任各該專門組主任委員（各組委員由各主任委員請定）。

以上各委員會委員長此次推定後，應屬永久性質，不必每年推選。

（5）推選新會員資格審查委員案

議決：推定　李熙謀，薛次莘，徐佩璜

（6）複審本屆年會論文案

議決：推定胡樹楫主持，另由胡君推薦二人會同審查。

（7）審查本會二十四年度收支決算案

議決：推定張延祥，支秉淵審查。

（8）規定二十五年度各次董事會議日期案議決：每隔三個月第末一星期日爲董事會議日期，（九月廿七日，十二月廿七日，三月廿八日，六月廿七日）

（9）本會編輯部得酌聘職員助理編輯事宜案。

議決：通過，此項職員爲有給職，惟每月經費總數暫以一百元爲限，試辦一年。

（10）本會本屆杭州年會，因各方協助進行開支特省，約餘二三千元，擬全數撥充浙大『工程獎學基金，』每年動用息金，輪流發給『土木，機械，化工，電機，』之最優學生案。

議決：通過。

（11）審查新會員資格案。

議決：通過：

正會員：高　彬，梁文翰，施五常，康辛元，高　昕，陳祖德，陳敦備，丁瑞霖，陳汝棣，沈三多，曾　强，董兆龍，康偉，余名鈺，閻樹松，郭光照。

仲會員升級者（升正會員）：

邱文藻，張翊潞，朱國洗，張言森，郭美瀛，單炳慶，楊元麟，蔡杰林，王乃寬，徐鳳超，孫光堉，史久榮，馬德祥。

初級會員升級者（升正會員）：

李謨熾，魯波，吳廷瑋。

仲會員：陳任，曹楧，彭中立，沈恩森，安鳳瑞，梁衍，宋建坊，薩本遠，韓伯林，周振聲，孫延藎，汪庭霈，丁祖震，趙燧章，朱文秀，盛隆龍。

初級會員升級者（升仲會員）：

邢本鶴，孫鹿宜，程式，王竹亭，王作新，王仁棟，龔應曾，徐弼耕，毛延禔，宋奇振，孫繼傑，周新。

初級會員：李善道，宋鏡清，曹輿祖，王長祿，李聯奎，徐滿瑛，陳新民，鄧武封，鍾興銳，姚善輝，魏晉壽。

◉第23次執行部會議紀錄

地點：上海南京路大陸商場五樓本會會所。

日期：25年4月23日下午5時

出席者：黃伯樵　裘燮鈞　朱樹怡　鄒恩泳

主席：黃伯樵；　紀錄：鄒恩泳。

討論事項：

（1）世界動力協會於本年6月召開第一次化學工程大會，本會應否派代表案。

議決：請戴濟代表本會自費出席。

（2）世界動力協會於9月間開第3次世界動力大會與第2次世界巨壩大會，本會應否派代表案：

議決：請李書田代表本會自費出席。

（3）定鑄榮譽金牌案。

議決：接洽鑄價後再行決定。

（4）籌建南京聯合會所案。

議決：本會希望聯合會所成功，總會所能夠移至南京，與南京分會同一會所，惟籌建聯合會會所問題重大，應由執行部提交董事會議決。

（5）國民大會工程師應有代表案。

議決：先請本屆年會提案委員會研究，如因本會名稱影響國民大會工程師代表問題，卽由該委員會擬就相當提案，交本屆年會大會議決，俾工程師亦得選舉代表出席國民大會。

（6）加聘張家祉，吳琢之，楊繼曾，毛毅可，諸君爲機械名詞審查委員案。

議決：通過。

（7）葛益熾，陸增祺，吳達模，諸君請發技師登記證明書追認案。

議決：通過。

◉第24次執行部會議紀錄

地點：上海南京路大陸商場五樓本會會所。

日期：25年7月6日下午5時。

出席者：沈怡，裘燮鈞，張孝基，俞汝鑫，鄒恩泳。

主席：沈怡；　紀錄：鄒恩泳。

報告事項：

（1.）全國經濟委員會經本會函請捐助工業材料試驗所設備費去後，現已覆允資助國幣2000千元。

（2）上海中外工程學會共同籌備於本年10月10日舉行一園地茶話會，本會已由裘燮鈞，鄒恩泳二君，參加籌備，以便接洽進行。

討論事項：

（1）五學術團體聯合年會籌備委員會函送擬具工程獎學金施行辦法草案請審查案。

議決：通過。

（2.）程耀椿，盧賓，薩本遠，梁衍，四君請核發技師登記證明書案。

議決：照發。

（3）推選國防工程問題研究委員會委員案。

議決：推選徐佩璜君為本會出席委員。

（4）關於南京各學術團體聯合會所本會應需房間若干間案。

議決：應需房間四間，經費三分之二由本會籌措，三分之一請南京分會負担。

（5）關於選舉國民大會代表案。

議決：應先召集各學術團體會長開會討論。

◉杭州分會新選職員

會長	趙曾珏	32票
副會長	周鎮倫	27票
書記	李紹悳	24票
會計	沈景初	39票

◉西安分會消息

西安分會於去年 2月成立會員20餘人，規定於每月之最後一星期日上午舉行常會一次，輪流在各機關舉行，並由各會員担任演講或報告，計 2月份常會於23日上午在陝西水利局舉行，由分會會長水利局局長李儀祉先生招待並報告陝西水利狀況， 3月份常會於 29 日上午在西安市政工程處舉行，由市政工程處長李仲蕃先生招待，並報告西安市政建設狀況，西京建設委員會劉科長祝君報告西安全市下水道系統及構造。是日華北水利委員會彭處長濟羣，徐工程師世大，適經過西安，乃請彼二人報告視察甘甯水利工程狀況， 4月份常會於26日上午在陝西建設廳舉行，由雷廳長孝實招待，並報告陝西建設狀況， 5月份常會於31日上午10時在隴海路西段工程局舉行，由洪局長觀濤報告隴海路西寶段工程計劃及設施，並分發各會員隴海路潼西段工程紀略一冊，是日午洪局長並假西京招待所歘宴各會員，席間暢談各工程問題，至為歘洽。又 6 月份常會定於 6月28日在化驗館舉行，並擬組織參觀團，參觀隴海路現方進行之橋路工程云。

◉南京分會招待年會會員紀事

本屆年會在杭州閉幕後，有少數參加年會會員，特到首都觀光建設。計到京者有文樹聲，趙雲中，萬選，陳壽蓀，潘翰輝，林繼庸，程耀椿，高嵩等八人，寓安樂酒店，於 5月25日由分會書記陳章君擔任招待，並引導參觀，上午到江東門中央黨部廣播電台，中華門金陵兵工廠，下午到首都電廠下關新廠，均由各該主管人員詳加說明，後又折回參觀陵園各項建築。其餘如首都電話局，津浦路輪渡，雖已預先接洽妥當，均以時間不及，未往參觀。午時陳君以代表分會名義，歘宴到會會員於安樂酒店，賓主盡歘而散

◉南京分會鎮江遠足紀事

南京分會於 5月17日（星期日），聯合中國科學社南京社友會，作鎮江遠足。兩會會員及眷屬參加者凡50餘人共遊焦山，北固山，竹林寺，招隱寺四處。沿途由京滬路局鎮江站派路員謝君引導，幷承江蘇建設廳特辦長途汽車兩大輛來往接送，鎮焦輪渡特贈折扣，故得於一日之間，往返京鎮，偏遊四大名勝，而所費每人祇二元，時間與金錢均稱經濟異常云。

◉大冶分會常會紀事

本會經第四次常會議決，第五次常會定5月3日借座武昌武漢大學開會，因會員多慕珞珈山畔之幽麗勝境，故參加者頗形踴躍，

計張實華，翁德鑾，等17人。是日上午乘省公路汽車而往，沿途參觀鄂南公路建築，便至樊口參觀民信閘工程，午後莅武漢大學，是日適武漢分會亦借座該校開會，二分會同時在該校開會，所以倍形熱鬧。本分會由張君實華主席，徐君紀澤紀錄，議案如下：

(1) 會長報告年會地點及日期，請各會員踴躍參加，所有參加人員請即報名，以便通知總會。

(2) 世界動力學會年會，今年在華盛頓舉行，會員中如有論文提出請交分會轉寄總會。

(3) 武漢紗廠聯合會會長蘇汰餘先生等歡迎大冶分會同人參觀裕華紗廠，並定次晚歡宴同人。

(4) 下次開會地點暫定富源煤礦，日期定7月中之第一個星期日。

(5.) 會計李君輯五報告分會賬略。

議案討論完畢，請武大工學院院長邵逸周先生演講該校情形，邵君演講初多謙恭之辭，繼述該校現分文理法農工五學院，共有學生約 700人，內女生約占四分之一，每年畢業生約百餘人，農學院現僅有簡易班學生，下半年正式成立。

全校面積甚廣，共計約6000畝在東湖之西者4200畝，東湖之東者1100餘畝，該校全部建築費已超出2000,000元，常年經費每年僅75,000元，以區區經費，而辦理華中規模甚大之學府，誠不易矣。旋由邵君引導參觀工學院各工場，及試驗室，一一加以說明，同人等參觀已畢，頗覺該校建築華麗，設備完全，誠不愧為華中學府。同人等雖遊興甚濃，但已暮色蒼蒼，衹得渡江而至漢皋，應武漢分會之邀宴，由武漢分會邱鼎芬徐大本諸君招待，筵間談各工程建設情形，各盡賓主之歡而散。

翌日上午。參觀武昌裕華紗廠，蒙蘇汰餘先生等殷勤招待，旋由該廠提出擬具計畫全部電氣化，並擬採用大冶利華煤礦半無烟煤作為燃燒鍋爐之用，由會員互相討論研究，作日後該廠改用電氣拖動之參攷，晚間並蒙盛宴招待。

是日下午有一部份會員參觀漢口既濟水電公司，有一部份會員參觀漢口市廣播無綫電台，晚間乘輪返冶。

中國工程師學會會員信守規條

（民國二十二年武漢年會通過）

1.不得放棄責任，或不忠於職務。

2.不得授受非分之報酬。

3.不得有傾軋排擠同行之行為。

4.不得直接或間接損害同行之名譽及其業務。

5.不得以卑劣之手段競爭業務或位置。

6.不得作虛偽宣傳，或其他有損職業尊嚴之舉動。

如有違反上列情事之一者，得由執行部調查確實後，報告董事會，予以警告，或取消會籍。

工程週刊

中華民國25年9月17日星期4出版
(內政部登記證警字788號)
中華郵政特准掛號認爲新聞紙類
(第1831號執據)
定報價目：全年連郵費一元

中國工程師學會發行
上海南京路大陸商場542號
電話：92582
(本會會員長期免費贈閱)

5卷 11期
(總號113)

上海漁市場機器冷藏室之設置

裝卸魚介之碼頭軌側鐵道→

機械工程

編者

近年我國工科學校學生選土木科者最多，選機械科者甚少，留學英德美日各國習機械科者又多係選飛機，自動車，等特種門類，以致形成今日我國工程界缺乏普通機械工程師——鐵道機車及修機廠，機器製造廠等，尤難物色相當人才。

推究其故，因十年來我國工程進展大部份注重公路，最近三五年傳向鐵道及水利，故根據於需要，產出之工科學生，自以土木科爲最多。且歷來機械工程師多居次要地位，大半工程事項，以土木爲主，土木工程師必領導羣倫，亦足以使血氣方剛之學生，羣趨於土木一科，而忽略機，電，化，礦等科。

顧最近情勢，略有變更。如電廠全由電科專家主持，化工廠亦由化工專家主持，且均有大規模優良成績表現，而國內機器工業，無論公營私營，或爲鐵路機廠，或爲製造鐵廠，似尙不見長足慰人之進步。此實由於國內機械工程人才之太欠缺，未能統握全權，澈底改革目前之工頭制度與積極推行科學管理方法也。若得其人，事無不濟，如近年全國兵工廠多已改制，責由機械專家管理，出品增加，研究深邃，製造準規，尤稱精良，惜非外界人所知耳。

故以後習工程者。不可忽略機械一科。我國民性，機械技巧，原屬天賦，再加之以研究試驗之管理，及堅苦卓絕之精神，將來必能獨樹一幟，庶吾國機械工業，得立基礎，並以促進其他各業之發展。蓋現代文明，無一不須借助於機械，如本期所載之上海漁市場設備，全爲機械科冷凍一門工作，以此可推，衣食住行，胥受機械之支配，烏可忽哉?盼望以後每年多訓練若干機械科工程生。

上海漁市場工程備設

姚 煥 洲

查漁業經濟爲農業經濟之因子，亦卽爲國家生產經濟之一環，其榮枯與否，匪特有關整個農村，其於國家資源影響更鉅。我國沿海九省海岸線延長達萬餘里，島嶼林立，形成天然港灣。綜計領海範圍，北有黃海，渤海，中有東海，南有南海，漁業區域，達270,000 餘方浬。水族豐富，爲世界三大漁場之一，據統計推算，每年生產量約有四萬萬元，自給極有餘裕。然按諸事實，則適與相反，現計每年大宗舶來品源源輸入，量數達四千萬元之鉅。推求致此之因，漁業組織之不健全，漁業技術之未能改良，固爲漁業衰落之重要因子。而魚類供求之不均，致釀成魚價慘落，以及分配機關之未臻完善，實爲漁業經濟崩潰之原動力。年來國內漁業專家，咸認發展漁業，雖千端萬緒，歸納言之，實當以漁業技術與魚類分配機關，同時改進，方足以收事半功倍之效。蓋幾年來據江浙兩省漁獲物統計，在量的方面雖有加無減，而在值的方面則每況愈下。前孔部長長實業部時期，已有發展漁業，開闢漁港，建設魚市場之計劃。陳部長繼之，蕭規曹隨，一承孔部長原旨，對於發展漁業，設立魚市場，視爲急須改進產業之一。曾於廿三年十月派侯朝海，張柱尊，等赴日本考察魚市場之組織，以爲自建魚類分配機關之張本。又以上海爲國際與全國重要市場，四大都市，三面拱立，沿海船舶以及陸上交通，皆集中於是，全國產物，皆以斯地爲宣洩總匯之區，爰

——魚市場辦公室之側面——

——競賣場——

擬在上海設立魚市場以為全國先導。迨廿三年一月將是項計劃及概算呈准行政院，並經中央政治會議通過官商合辦，即於二月派余愷湛，徐庭瑚，侯朝海，姚煥洲，馮立民等七人為籌備委員，設上海漁市場籌備委員會於四川路，又由籌委會派張桂會，王重，王德發，沈祖同等為設計委員，按照中政會通過計劃，積極進行，計費時二十二個月，全體委員大會計開六次，常務委員會共一一六次，（每週分兩次舉行），其中足資記述者，約如下列數端：

1. 釐正經費

本場第一次預算概數，呈經中央政治會議通過者，總數為 1,671,000元，以官商合辦為原則，嗣因商股招募困難，且因租定濬浦局場址，將原列購地費500,000 元刪除，經實業部呈准中政會核減為 1,000,000元，內500,000元由國庫支付，其餘500,000元招商投資，至本年三月經吳部長與杜月笙，錢新之，王曉籟，黃延芳，林康侯，朱開觀，孫毅臣諸先生迭次討論，僉以核定經費1,000,000 元實感不敷，經官商審查結果，由吳部長呈准行政院將前定預算由1,000,000 元增至1,200,000元,以官商各投資半數為原則，先招募商股300,000元，實部墊撥600,000元，商股不敷之數，由實部墊付，俟商股繼續招募後撥還部方，此為籌備過程中，三改預算增減經過情形也。

2. 選擇場址

本場現址，據一般人見解，以離市較遠，交通不便，影響業務甚鉅。惟查各國大都會，為整飭市容起見，對市場位置之選擇，莫不以郊外為原則。且本市人煙稠密，地價奇昂，非有極大之經費，不能覓得鉅大場址。故當時由購地計劃，轉入於租地，又由選擇特區場址，移入租用濬浦局新填地定海島本場現址，取其江面廣闊水深適宜，凡吃水6 公尺左右之船舶，無論漲落潮面，均能任意灣泊，且中經長時間之磋商及人事之斡旋，方告決定。惟租金之高，計每畝年租值700餘元之鉅額，總計場址 47.6 畝，年須繳納租金30,000餘元。此為選擇場址之經過情形也。

——製冰室工作情形——

3. 本場重要工程

上海魚市場之場址，已選定楊樹浦定海橋下濬浦局新海灘地，共佔地238,3872公畝。南北沿浦一帶，長182,88公尺（600呎），北側東西長130.7公尺（492呎），南側東西長152.4公尺，(500呎)，西側南北長179.22公尺（588呎），主要建築，列舉如次：

（甲）魚市場辦事處

(一)底層　佔地777.055平方公尺(8364方呎)，面臨黃浦江，東面為漁船碼頭，南臨拍賣場，北接冷藏庫，西望經紀人辦事處及廣場，屹立魚市場全部之中心。沿浦南北一段長55.22公尺（181.2呎）。全部建築最高處凡7層，底層中段，特闢汽車道，馬路寬8.53公尺，（28呎），分左右行，馬路南側底層，建有漁業信託社營業處一大間，社員辦公處一大間，大廳一間，會客室一間，魚市場辦公室五間，儲蓄庫一間，其極北端正中連于拍賣之一部，為與魚市場各部交通之要道，西部為電話間，夫役室，廁所，其南亦為夫役室及廁所，馬路北側正中為入口處，此處底層，建築有魚市場辦公室五間，極北一間為冷藏庫用，又有會客室一間，膳堂一間，傳達室一間，其北即樓梯。

(二)二層　面積757.97平方公尺(8.159方呎)，面臨黃浦江之一邊，長46.178公尺（124 呎），有總辦公室一間，理事會辦公室二間，檔案室一間，會議室二間，小辦公室一間，監事會辦公室一間，研究室一間，圖書室一間，技術室一間，會客室一間，陳列室一間，膳廳一大間，伙食間一間，廁所一間。

(三)三層　面積288.82平方公尺（3109方呎），面臨黃浦江之一面，長22.387公尺70.2呎），有職員臥室六間，夫役室一間，

—經紀人室—

—廣賣場—

浴室一間，廁所一間。

(四)四層　面積41.85公平尺（450.5方呎）面臨浦江之一面，長7.75公尺（25.5呎），此層為無線電室。

(五)五層　面積及長度同四層，為無線電員及氣象報告員之臥室。

(六)六層　面積及長度同四層，為氣象信號室。

(七)七層　面積及長度同四層，為氣象信號台。

各層建築之高度，底層高 3.962公尺（13呎），二層三層各高3.553 公尺（11呎），四五六層各高2.74公尺(9呎)，七層高2.591公尺（8.6呎）。

（乙）拍賣場

面積佔地1517.22 平方公尺（16.332方呎），南北長64.49公尺（211.7呎），東西長 21.67公尺（71.2呎），東臨漁船碼頭，北接魚市場辦事處，西望經紀人辦事處，建築高6.48公尺（21.1呎）。

（丙）臨時倉庫

拍賣場東西面沿碼頭一帶，建築臨時倉庫四所，各長12,80公尺（42呎），闊8.077公尺（25.1呎），高4.318 公尺（14.2呎）。

（丁）冷藏庫

面積佔地1,788.88平方公尺（19,256方呎），東西長67.11公尺（220.2呎），南北

長25.4公尺(83.4呎),有冷藏庫五大間,經理室二間,製冰室一間,冷凍室二間,機器間二間,及處理室數間,其各部面積容積及大小尺寸,列表如次:

名稱	高	長	闊	面積	容積
	公尺	公尺	公尺	平方公尺	立方公尺
冷凍室	3.302	10.820	10.970	118.7	392.0
冷藏室(1)	3.303	14.020	10.970		
(2)	3.302	14.020	10.970		
(3)	3.302	18.900	10.820	合817.5	2,699.0
(4)	3.302	14.020	10.820		
(5)	3.302	14.020	10.820		
製冰室	4.720	18.900	10.820	204.5	965.2

(戊)碼頭岸壁

長182.88公尺(600呎)。

(己)浮船碼頭

共長 177.69公尺(583呎)分四隻,然漁汛旺時,浮船不敷應用,勢非另設浮筒不可,至於設置浮筒設計,自漁船碼頭南首末端起向東與碼頭成直角,劃一直線,在距離浮船外側300 呎處,定一點,設為甲,再行一線與浮船並行,則北平行線即為設置浮筒之基線·自甲點起設一浮筒,向北至相距160呎處,再設一浮筒乙,此甲乙間區域,專為拖網漁輪繫帶之用,自乙浮筒向北至相距120呎處,設一浮筒丙,此乙丙區域間,專為手操網漁輪停泊之用,更自丙向北至相距120呎處,設一浮筒丁,又自丁浮筒向北100呎處,設一浮筒戊,計丙丁及丁戊兩區域間,可繫泊冰鮮船,如此可免擁擠之虞。

(庚)經紀人辦事處

面積1,429.64平方公尺(8,495.19方呎)共兩層。上層先造北部一段,將來視需要可隨時添建。底層為紀經人辦事處,共有辦公室二十七間,每間面積為14×40.5呎,另有廁所一間。三層為各漁輪公司營業處共有辦事室二十五間,另有廁所二,儲藏室一、

(辛)冷藏庫工程設計摘要

冷藏庫為貯藏魚類,保持鮮度,以備不時之需,其効用有三。一曰,冷凍:每日漁

——外碼頭——

船載魚進口除在市場即日脫售外,其餘之魚,貯存冷藏庫內,俾其鮮味不因氣候而生變化。或以冷藏車及冷藏船,運銷各地。二曰,冷藏:鮮魚雖經冰凍,仍須妥加貯藏,方免腐敗之患,故冷藏庫內必須另有冷藏室之設備,便所藏之魚,得以歷久不變。三曰,製冰:漁船出航時,或冷藏車及冷藏船起運時,所需冰量,為數頗鉅,因是冷藏庫內必須附設製冰器具,以供該項需要。冷藏庫之建築概略,前已述及,玆就其工程設計,摘錄如次:

——冷藏庫外之水箱——

(一)冷凍室 冷凍方法,有空氣冷凍法及鹽水冷凍法二種。空氣冷凍法:先將鮮魚盛於鐵盤之內,然後置入冷凍室,使其漸

次冷凍，但魚體有大小，體內脂肪有多寡，故所需冷凍時間，亦有差異，如冷凍室內空氣冷度爲－18°－20°，則每50公斤鮮魚所需冷凍時間，約爲15－36小時。鹽水冷凍法：係將鮮魚置於冷鹽水中，使其冷凍，此時効率甚高，所需冷凍時間，與前法相較：約爲一與十之比，故所費冷氣力量較小，而冷凍室之容積，亦可省節。此法又有直接與間接兩種，直接法係將鮮魚直接放入冷鹽水內，冷却之後，須將鮮魚用水漂洗，使魚體外層所附鹽質不至附着其上至損鮮味。間接法則將鮮魚放入箱內，再將藏魚之箱，放入冷鹽水內，因鮮魚未與鹽水直接接觸，故冷凍之後，無須再加漂洗。前者手續較繁，技術亦難，後者較爲簡便，故本庫之設計，即採間接鹽水冷凍法。

本冷藏庫所採用間接鹽水冷凍法之冷凍室內，設置並列式冰凍槽櫃一隻，儲魚箱700隻，每箱內積爲12.70×55.88×91.44公分，冰凍能力每小時冷率720,000 英熱單位（BTU）（60噸），容量能冰魚30.5公噸（30噸每噸計2240磅），亞姆尼亞冷度爲華氏表－25°，鹽水冷度爲華氏表－15°，管子裝置用直流式，程式用泛濫式。

（二）冷藏室　採用直接伸張式，保持固定冷度在華氏表0°，亞姆尼亞冷－25°，全室浮容量爲2510立方公尺（88,500立方呎），冷凍能力每小時冷率660,000英熱單位（55噸），表上吸收力每平方公分0公斤。

（三）製冰室　製造能力每24小時製冰45.36公噸（50 噸每噸計2000磅），冰箱容積29.21×57.15×111.76 公分，計672隻，每隻容冰 136.08公斤（300磅）亞姆尼亞冷度爲華氏表－25°，鹽水溫度爲華氏表14－17°，管子裝置爲直流式，水面至屋樑距離爲4.50 公尺，（14—9吋），程式爲泛濫式。

（四）機器間　以上冷冰冷藏及製冰各部，共約需冰凍能力每日 195噸，爲防機器損壞及容易修理起見，應將此項機器分爲三部，均爲70噸。又因冷藏作用全賴該項機器以爲發動，應再另備70噸機器一部，作爲替補之用，如此四機，相互調用，可以隨時整理，庶不至因機器損壞之故，致冷藏功用停頓，實於全庫經濟效率，大有關係。至機器之程式，爲節省馬力增加效率起見，每只必須配有餘隙裝置，能隨負荷情形，自動校正，又須另備最新式之亞姆尼亞中間冷却機一部，以爲補助。又爲節省電力起見，應採用同期式之馬達，此項馬達開動時，可用最低起動電流，以減省電線之裝置。

（五）管子裝置　各部管子之裝置，視房屋及機器之結構，爲適當之佈置，務期聯貫，方爲合用。

（六）變壓室設備　冷藏庫設置3相50週率 200開維愛變壓器一具，由高電壓6600伏變至低壓380及220伏，以供各種馬達及全場電燈之用。

（七）其他機件　如製冰用空氣激動設備，碎冰器，自流井吹風設備，抽水機，以及各種器具，均裝置完全，其目的無非使機器各部，得以自由運轉，不至因局部關係，而影響全局。

4. 本場今後之希望

魚市場之設置，在歐美及日本各國推行已久，對於漁業統制，卓著成効。其優點：一、平準市價，調劑供求，二、推廣銷路，避免滯銷，三、組織嚴密，防止外魚輸入，四、完全冷藏設備，得儘量貯藏漁獲物或待時而沽，或運銷他方使產銷平衡，五、設置無線電氣象台，報告各地供求情形，使從業者有所根據，六、統計精確，可推測未來漁業之興替，預籌補救方法。上述六項，皆根據實際著有成效，惟魚市場之在我國，乃新創事業，與舊日買賣方式，迴乎不同，在此過渡時期，尤須努力砥礪，以完成籌設魚市場眞正之使命焉。

中國工程師學會收支總賬

(24年10月1日起至25年6月30日止)

總會會計　張孝基

收入

收入		
(1)上屆結存：—		
材料試驗所捐款	$23,491.82	
圖書館捐款	11.45	
捐款利息	8,555.58	
永久會費	21,036.89	
政府撥助試驗費	10,000.00	
暫記	1,217.42	
前中國工程學會應付而未付之賬	358.90	
朱母顧太夫人獎學基金	1,000.00	
未用保險賠款餘款	3,119.50	
經常費盈餘	425.27	$69,216.83
(2)本年度收入：—		
材料試驗所捐款		13,195.84
捐款利息		239.51
材料試驗所建築費		1.26
永久會費		2,030.00
朱母獎學金利息		50.00
暫記		540.46
入會費		1,490.00
常年會費：—		
上海分會	$795.00	
南京分會	232.00	
杭州分會	26.00	
青島分會	45.00	
濟南分會	88.00	
武漢分會	92.00	
唐山分會	59.00	
天津分會	65.00	
北平分會	46.00	
大冶分會	40.00	
廣州分會	46.00	
太原分會	73.00	
蘇州分會	9.00	
梧州分會	8.00	
重慶分會	10.00	
南甯分會	15.00	
西安分會	29.00	
其他各處	556.00	
預收會費	67.00	
補收會費	361.00	2,662.00
廣告費		2,659.26
發售刊物：—		
機車鍋爐保養及修理	$ 65.02	
機車概要	142.91	
鋼筋混凝土學	1,263.71	
工程什誌	852.83	
工程週刊	128.15	
什項	45.34	2,497.96
存款利息		1,158.23
會針		190.00
		$95,931.35

支出

支出		
(1)上屆結轉：—		
材料試驗所基地	$ 2,000.00	
材料試驗所建築費	35,346.19	
材料試驗所器具費	44.10	
濟南分會借款	50.00	
前中國工程學會應收而未收之賬	32.00	$37,472.29
(2)本年度支出：		
火災損失賬		40.00
試驗所器具費		4.35
試驗所水電表押櫃		115.00
中國科學公司預支印刷費		980.00
暫記		112.42
六學術團體聯合年會津貼		50.00
五學術團體聯合年會籌備費		300.00
第五屆年會論文獎金		180.00
廿四年度朱母獎學金		100.00
建築材料展覽會費		77.26
試驗所水電費		66.60
永久會員貼費		498.00
鋼筋混凝土學版稅		203.33
薪津酬勞		1236.00
房租		270.00
印刷費：—		
工程二月刊	$3,912.57	
工程週刊	420.95	
會員錄	332.50	
機車鍋爐保養及修理	621.11	
鋼筋混凝土學	80.00	
什件	229.95	5,597.08
交際費		252.12
圖書費		129.35
文具費		19.65
保險費		54.00
郵電費		731.86
器具費		1.85
什費		107.49
會針		150.00
(3)結存：—		
中國銀行定期存款	$2,000.00	
浙江興業銀行定期存款	5,392.08	
浙江興業銀行定期存款	2,100.54	
浙江實業銀行定期存款	4,054.45	
浙江實業銀行定期存款	2,519.42	
金城銀行定期存款	2,300.00	
金城銀行定期存款	2,700.00	
金城銀行定期存款	2,000.00	
金城銀行定期存款	1,000.00	
浙江實業銀行活期存款	7,659.38	
浙江興業銀行活期存款	13,696.87	
上海銀行活期存款	1,398.20	$46,820.94
現款		361.76
		$95,931.35

中國工程師學會經常收支賬

(24年10月1日起至25年6月30日止)

總會會計　張孝基

收		入	支		出
入會費		$ 1,490.00	六學術團體聯合年會津貼		$ 50.00
常年會費：—			五學術團體聯合年會籌備費		300.00
上海分會	$ 795.00		第五屆年會論文獎金		180.00
南京分會	232.00		建築材料展覽會費		77.26
杭州分會	26.00		試驗所水電費		66.60
青島分會	45.00		永久會員貼費		498.00
濟南分會	88.00		鋼筋混凝土學版稅		203.33
武漢分會	92.00		薪津酬勞		1,236.00
唐山分會	59.00		房租		270.00
天津分會	65.00		印刷費：—		
北平分會	46.00		工程二月刊	$ 3,912.57	
大冶分會	40.00		工程週刊	420.95	
廣州分會	46.00		會員錄	332.50	
太原分會	73.00		機車鍋爐保養及修理	621.11	
蘇州分會	9.00		鋼筋混凝土學	80.00	
梧州分會	8.00		什件	229.95	5,597.08
重慶分會	10.00		交際費		252.12
南甯分會	15.00		文具費		19.65
西安分會	29.00		圖書費		129.35
其他各處	556.00		保險費		54.00
預收會費	67.00		郵電費		731.86
補收會費	361.00	$2,662.00	器具費		1.85
廣告費		2,659.26	會針		150.00
發售刊物：—			雜項		107.49
機車鍋爐保養修理	$ 65.02		盈餘		732.86
機車概要	142.91				
鋼筋混凝土學	1,263.71				
工程什誌	852.83				
工程週刊	128.15				
什項	45.34	2,497.96			
存款利息		1,158.23			
會針		190.00			
		$10,657.45			$10,657.45

中國工程師學會資產負債表

廿五年六月三十日

總會會計　張孝基

資產	科目	負債
$ 2,000.00	材料試驗所基地	
35,344.93	材料試驗所建築費	
48.45	材料試驗所器具費	
50.00	濟南分會借款	
32.00	前中國工程學會應收而未收之賬	
46,820.94	銀行存款	
361.76	現款	
50.00	朱母獎學金墊款	
115.00	材料試驗所水電表押櫃	
980.00	中國科學公司預支印刷費	
	材料試驗所捐款	$ 36,687.66
	圖書館捐款	11.45
	捐欵利息	8,795.09
	永久會費	23,066.89
	政府撥助材料試驗費	10,000.00
	暫記	1,645.46
	前中國工程學會應付而未付之賬	358.90
	朱母顧太夫人紀念獎學基金	1,000.00
	未用保險賠欵餘款	3,079.50
	經常費盈餘	1,158.13
$ 85,803.08	共計	$ 85,803.08

中國工程師學會二十四年度會費報告

自民國二十四年十月一日起至二十五年六月三十日止

總會會計　張孝基報告

1. 收工業材料試驗所捐款

石　略　歐陽鏡寰　蕭惠之　李思遠　歐陽樾
石定杭　沈禎士　陳潤菴　梁冠章　周炳麟
以上10人每人捐$1.00
徐容舟　捐$1.54
周九敍　秦元熙　王仲杰　胡衡達　胡啓堂
朱衷粲　周紹宜　林炳賢　王蘊璞
以上9人每人捐$2.00
唐念暄　$3.00
黃漢偉　季覺民
以上2人每人捐$3.84
金翰齋　捐$4.00
顧穀成　張　維　楊溪如　安晴波　裘璜庭
秦文範　安茂山　李永之　蔡徵文　湯天棟
闕祖光　路秉元　范濟川　鄒勵吾　趙以廉
陳憲華　張成格　杜濟民　李　健　朱仲文
愼餘堂　劉寶善　楊漢宸　陳廣沅　文企賢
有餘堂　趙慶杰　陳實軒　秦文彬
以上29人每人捐$5.00
甘嘉謀　捐$8.00
李祿超　程耀楠　李思轅　李國均　張慶瑩
黃隆生
以上6人每人捐$7.68
許應期　郁寅啓　劉晉都　程正予　楊叔藝
陸子冬　謝雲鵠　邵大寶　周鳳九　陳　章
夏憲講　伍庭珊　余洪記　王啓賢　傅无退
張正平　顧宜孫　羅忠忱　黃壽恆　葉家垣
段茂瀚　伍鏡湖　朱泰信　王松波　陳徵壓
以上25人每人捐$10.00
盛義興號　捐$10.00
周書濤　捐$11.00

李仙根　羅廣垣
以上2人每人捐$15.35
沈銘盤　捐$.16.00
永昌五金號　創新營造廠　祥豐直澆鐵管廠
以上3家每家捐$20.00
惲蔭棠　任國常　王錫慶
以上3人每人捐$20.00
徐善祥　周永年　李炳星　王才宏
以上4人每人捐$40.00
德士古油行　捐$50.00
蘇州分會　捐$64.84
江南汽車公司　振揚電氣公司
中華汽車材料商行　溫州普華興記電氣公司
捷成洋行　明遠電氣公司
Otto wolff koeln China Branch　中和汽車材料廠
成都啓明電燈公司
以上9家每家捐$100.00
大明電氣公司　捐$150.00
義泰興煤號　湖南電燈公司
膠澳電氣公司　浦東電氣公司
以上4家每家捐$200.00
蘇州電氣廠　杭州電氣總廠
以上2廠每廠捐$300.00
大照電氣公司　捐$400.00
閘北水電公司　華商電氣公司
北平電燈公司
以上3處每處捐$500.00
武漢分會　捐$1,890.00
中興煤礦公司　交通部電政司
全國經濟委員會公路處
以上3處每處捐$2,000.00

2. 收永久會費

汪菊潛 王 助 翁 爲

以上3人每人全數$100.00

何之泰 歐陽靈 陳世璋 陸子冬 謝宗周
劉肇龍 彭開煦 郭世綰 沈覲宜 宋 澎
吳學孝 郭克悌 文樹聲 孫輔世 侯家源
胡瑞祥 張紹鎬 黃錫霖 梅貽琦

以上19人每人第一期$50.00

馮鶴鳴 徐善祥 吳達模 孫繼丁 羅 英
曾養甫 徐文泂 周開基 盛紹章 劉國珍
楊樞曾 李世瓊

以上12人每人第二期$50.00

沈 誥 王國勳 葉秀峯

以上3人每人第二期一部份$20.00

阮宗和 陳育麟 魏樹勳

以上3人每人第一期一部份$25.00

郭 楠 補第一期$25.00
潘銘芬 補第一期$20.00

3. 收入會費

浦 海 謝任宏 高履貞 李輯五 趙昌遷
曾 璋 范式正 于桂馨 許時珍 李法端
廖定渠 杜殿英 羅英俊 李復旦 羅俊奇
何棟材 彭士弘 李尙仁 周保淇 劉肇龍
黃五如 楊哲明 李秉成 李鴻斌 黃雪琴
施大鑒 沈錫琳 陳倚文 朱謙然 賓 覺
鄧矩方 鍾 森 項顯洛 周 倚 黎度公
陳佐鈞 施洪熙 邵 華 高憲英 徐箴三
劉如松 楊能深 夏安世 左廷序 陳國瑜
陳有豐 麥錫渠 黃耕生 駱美輪 張承烈
吳國賢 鄭永錫 王嘉瑞 郭光熙 余名鈺
馬德祥 梁文翰 余瑞朝 王 佐 王盛勳

以上60人每人15.00

葉貽堯 劉端履 殷文元 葉良弼 洪孟孚
李金沂 田亞英 石文賓 哈雄文 王崇仁
張學新 王端驤 郝汝虔 梁其卓 楊錫光
梁俊英 徐士高 黃恩果 張祿金 盧 賓
高 超 李 汶 彭榮閣 黃栻中 湯邦偉
梁三立 張鴻藻 粟書田 家業峻 陳 任
趙玉振 薩本遠 梁 衍 安鳳瑞

以上34人每人仲會員入會費$10.00

徐洽時 田寶林 張榮甫 李驥寰 張培公
彭蔭棠 陸疆山 高國模 江文波 徐信孚
蕭滋恩 黃瑞發 宋 桂 牛哲若 王祖烈
沈家玖 黎樹仁 王伊復 曾理超 葉 彧
喬德振 王 柢 王敬立 宋 磊 張魯參
郭勝譽 褚潤德 黎儲材 紀鉅凱 古 健
程 壬 葛嗣宗 劉樹鈞 趙 鐸 劉濮東
薛炳尉 孫成基 史仲儀 趙承綱 魏晉壽
鍾興銳 曹興祖

以上42人每人初級會員入會費$5.00

沈乃菁 張公一 郭美瀛

以上3人仲會員升正會員每人補交$5.00

徐信孚 張 維 孫鹿宜

以上3人初級會員升仲會員每人補交$5.00

4. 收常年會費

容啓文 浦 海 姚福生 蔣易均 顧康樂
顧鵬程 袁丕烈 王魯新 葛學瑄 顧耀鎏
莫 衡 王樹芳 壽 彬 曹孝葵 殷傳綸
胡初豫 馮寶齡 陳正咸 錢鴻範 謝鶴齡
俞闓章 諸葛恂 張承惠 許景衡 王 錡
陳嘉賓 劉家偉 陳公達 柳德玉 溫毓慶
湯天棟 趙以廉 董芝眉 鍾文滔 曹省之
姚鴻逵 施德坤 顧曾授 高尙德 程鵬翥
黎傑材 何墨林 李 銳 周厚坤 程景康
倪慶穰 曹曾祥 包可永 楊樹仁 林天驥
李炳星 張永初 李開第 李鳳噦 朱福駟
奚世英 蘇祖修 林洪慶 黃 潔 楊肇煉
陳茂康 傅道伸 朱天秉 俞汝鑫 林秉垚
謝雲鵠 章書謙 王細善 沈銘盤 郁寅啓
孫孟剛 馮寶龢 秦元澄 鄧福培 倪松壽
王傳義 張善揚 陳簞霖 羅孝斌 許瑞芳
陳仲濤 林 媛 栗建梅 李錫釗 羅竟忠
鄒汀若 莊 俊 盧寶侯 汪鮫成 程義藻

陸承禧　張偉如　張其學　楊允中　張鴻圖
薛卓斌　徐承燠　范永增　黃爵如　劉敦鈺
樂俊忱　汪經鎔　邵禹襄　胡樹楫　卓 樾
郭德金　江元仁　任家裕　伍灼泮　許夢琴
葛益熾　朱寶鈞　陳 器　殿元熙　翟寶樹
羅慶蕃　孔祥勉　徐學禹　郁秉堅　鍾銘玉
殿恩械　胡嗣鴻　蘇樂真　張琮佩　連 溶
顏連慶　董大酉　劉孝懃　李善述　章煥祺
王昭溶　李允成　徐名材　沈祖衡　沈熊慶
周倫元　殷源之　顧惟精　張澤堯　陳明壽
鄭葆成　閔孝威　王子星　范式正　嵇緯潤
張丹如　高大綱　陳祖光　徐志方　周庸華
王元齡　沈炳麟　黃五如　朱汝梅　張本茂
周 仁　黃叔培　羅孝威　盛祖鈞　壽俊良
金通尹　袁其昌　周樂熙　康時清　江紹英
過文獻　戈宗源　潘國光　宋學勤　蕭慶雲
李善元　施孔懷　陳宗漢　李 昶　陳思誠
潘世義　馬德建　吳良弼　杜光祖　李謙若
許復陽　楊耀文　鄒頌清　陶勝百　蕭賀昌
王總善　趙志游　嚴礪平　黃古球　沈 昌
鄒尚熊　任士剛　徐寬年　徐械三　鄭達宸
唐兆熊　吳南凱　王孝華　張廷金　黃述善
朱霞村　徐世民　葛文鍚　陸聿貴　湯武傑
劉隨藩　陳輔屏　李祖彝　吳簡周　黃漢彥
顏耀秋　李家驥　路敏行　雷志璠　陳駒聲
黃錫恩　葉雲樵　孫恆方　關耀基　楊樹松
王毓明　周贊邦　韋榮翰　杜殿英　陳福梅
駱繼光　鄒恩泳　郭美瀛　孫廣儀　聶傳儒
唐 英　王壽寶　施洪熙

以上 233人係上海分會會員每人24—25年度會費$6.00（半數已交上海分會）

錢維新　楊元麟　高遠春　卞喆壯　鄭汝翼
聶光堉　任庭珊　火永彰　郭龍驤　榮耀翠
趙柏成　陳受昌　田 澈　孫振英　聶光墀
徐錦章　俞子明　栗貽堯　楊竹祺　王瑞驤
朱振華　邢傳東　范鳳源　哈雄文　黃學淵
盛任吾

以上26人係上海分會仲會員每人24—25年度會費$4.00（半數已交上海分會）

高國樸　俞調梅　田寶林　黃均慶　王雲程
翁棣雲　于鏡銘　徐信孚　陸景雲　卞攻天
潘永熙　劉良湛　周庚森　徐躬耕　王平洋
張榮甫　吳錦安　徐洽時　朱立剛　黃寶善
錢鴻洵　龔人偉　周祖武　王宗炳　陳允冲
盧鉞章　楊志剛　王仁棟　龔應會　吳光漢
胡福良

以上31人係上海分會初級會員每人24—25年度會費$2.00（半數已交上海分會）

徐信孚係初級會員升為仲會員補交24—25年度會費$2.00（半數已交上海分會）

趙世暹　曾廣智　吳琢之　梁伯高　傅爾攽
潘銘新　馬育騏　胡竟銘　胡天一　王世圻
須 愷　陳裕華　王伊曾　陳 揚　黃育賢
鄭方珩　張承烈　虞 恩　屠慰曾　李法端
陳繼善　夏安世　吳鴻照　李範一　林平一
朱大經　陸元昌　許 鑑　莊 堅　張祥基
徐節元　朱葆芬　王之翰　朱瑞節　毛 起
汪啓堃　鄭禮明　陳中熙　秦 瑜　洪 紳
羅致睿　蔡君錫　莊 權　許應期　陳 章
王建珊　杜長明　吳保豐　胡博淵　吳玉麟
王聲灝　張家祉　陳懋解　李待琛　張連科
鍾道錩　符宗朝　金秉時　熊傅飛　顧毓瑔
李爾康　劉蔭茀　顧毓珍　黃金濤　歐陽崙
沈 昌　俞同奎　夏憲講　胡品元　王 庚
程義法　朱神康

以上72人係南京分會會員每人24—25年度會費$6.00（半數已交南京分會）

李金沂　陸貫一　張 堅　崔華東

以上 4 人係南京分會仲會員每人24—25年度會費$40.00（半數已交南京分會）

王伊復　夏行時　徐承祜　虞懋南　林同棪
毛延禩

以上 6人係南京分會初級會員每人24—25年度會費$2.00（半數已交南京分會）

陳樹儀係南京分會初級會員24—25年度會費$2.00（半數待交南京分會）

熊大佐　黄　中　張德慶　朱重光　尤佳章

以上5人係杭州分會會員每人24—25年度會費$6.00（半數已交杭州分會）

李學海係杭州分會會員 24—25 年度會費$6.00（半數待交杭州分會）

馮天爵　孫鹿宜　王　栻　王宗素　吳匡

以上 5人係杭州分會初級會員每人24—25年度會費$2.00（半數巳交杭州分會）

王枚生　邢契莘　耿　承　崔肇光　唐恩良
杜實田　王守則　朱　瓛　于慶治　欒寶德
李爲駿　翟庭錡

以上12人係青島分會會員每人24—25年度會費$6.00（半數巳交青島分會）

陳澤同　謝學元　張雄亞

以上 3人係青島分會仲會員每人24—25年度會費$4.00（半數巳交青島分會）

蓋駿聲　張光揆　史仲儀

以上3人係青島分會初級會員每人 24—25年度會費$2.00（半數巳交青島分會）

張　枏　陸之昌　秦文錦　萬承珪　孫瑞璋
沈文泗　胡升鴻　孫彝槪　程國驊　陳　蓁
秦文範　秦文彬　李　健　關祖光　陳憲華
宋文田　劉雲亭　于皞民　趙舒泰　張　瑨
陳長鎡　萬　運　蔡復元　宋連城

以上24人係濟南分會會員每人24—25年度會費$6.00（半數巳交濟南分會）

宋汝舟　蔣日庶　苗世循　吳際春　邢桐林
馬汝邴　徐士高

以上 7人係濟南分會仲會員每人24—25年度會費$4.00（半數巳交濟南分會）

秦萬清　張竹溪　胡愼修

以上3人係濟南分會初級會員每人24—25年度會費$2.00（半數巳交濟南分會）

王蔭平　鄭治安　邱鼎汾　戴爾賓　王金職
李維國　李得庸　黄秉政　錢　夔　余熾昌
李鴻斌　沈友銘　丁人鯤　丁燮和　王星拱
吳南薰　邵逸周　俞　忽　郭　霖　郭仰汀
陳鼎銘　葛毓桂　譚聲乙　陸鳳書　孫雲霄
繆恩釗

以上26人係武漢分會會員每人24—25年度會費$6.00（半數巳交武漢分會）

王寵佑　王德藩

以上 2人係武漢分會會員每人24—25年度會費$6.00（半數待交武漢分會）

高則同係武漢分會仲會員24—25年度會費$4.00（半數巳交武漢分會）

李永之　楊溪如　杜濟民　黄壽恆　張正平
羅忠忱　路秉元　伍鏡湖　安茂山　范濟川
顧宜孫　葉家垣　段茂瀚　朱泰信　林炳賢
王　濤　倪桐材

以上17人係唐山分會會員每人24—25年度會費$6.00（半數巳交唐山分會）

高　超　張　維　李　汶　彭榮閣

以上 4人係唐山分會仲會員每人24—25年度會費$4.00（半數巳交唐山分會）

羅孝偉　耿瑞芝　楊紹會　張洪沅　陳汝湘
陳應乾　盧允升　李賦都　董寶楨　徐世大
蔡邦霖　葛敬新　于桂馨

以上13人係天津分會會員第人24—25年度會費$6.00（半數巳交天津分會）

楊豹靈係天津分會會員　24—25　年度會費$6.00（半數待交天津分會）

張蘭閣係天津分會會員24—25年度會費一部份$2.00（半數待交天津分會）

張蘭閣係天津分會會員24—25年度會費一部份$4.00（半數巳交天津分會）

沈乃菁　孟廣劼

以上 2人係天津分會仲會員每人24—25年度會費$4.00（半數待交天津分會）

盧　實　駱會慶

上以 2人係天津分會仲會員每人24—25年度會費$4.00（半數巳交天津分會）

趙玉振係天津分會仲會員 24—25 年度會費$4.00（半數待交天津分會）

楊權中　丁　崑　吳廷業

以上 3人係北平分會會員每人24—25年

度會費$6.00（半數待交北平分會）

北平大學工學院係北平分會團體會員24—25年度會費$20.00（半數待交北平分會）

殿　畯係北平分會仲會員 24—25 年度會費$4.00（半數待交北平分會）

王作新　傅廣開

以上 2人係北平分會初級會員每人24—25年度會費$2.00（半數待交北平分會）

徐紀澤　李楫五　陳　寬　程行漸　翁德鑾

金其重　謝任宏　張恩鐸　張賓華　高履貞

以上10人係大冶分會會員每人24—25年度會費$6.00（半數巳交大冶分會）

殷文元　劉端履　章定壽

以上 3人係大冶分會仲會員每人24—25年度會費$4.00（半數巳交大冶分會）

彭蔭棠　陳學源　董桂芬　陳賢瑞

以上 4人係大冶分會初級會員每人24—25年度會費$2.00（半數巳交大冶分會）

張景芬　李果能　章增復　梁永鎏　馮志雲

鄭成祜　卓康成　王　佐　陳自康　張敬忠

陳錦松　呂炳灝　梁仍楷

以上13人係廣州分會會員每人24—25年度會費$6.00（半數巳交廣州分會）

林國棟係廣州分會仲會員 24—25 年度會費$4.00（半數巳交廣州分會）

沈家玖　李驥寰　劉子琦

以上 2人係廣州分會初級會員每人24—25年度會費$2.00（半數巳交廣州分會）

黎樹仁係廣州分會初級會員24—25年度會費$2.00（半數待交廣州分會）

賈元亮　馬開衍　劉篤恭　邊廷淦　劉光宸

董登山　周維豐　李復旦　羅俊奇　劉保禎

陳尙文　潘連茹　趙甲榮　馬耀先　崔敬承

郭鳳朝　王盛勳

以上17人係太原分會會員每人24—25年度會費$6.00（半數巳交太原分會）

趙逢冬　姜承吾　田亞英　關慰祖　任興綱

王崇仁　劉以和　家業岐

以上 8人係太原分會仲會員每人24—25年度會費$4.00（半數巳交太原分會）

喬德振　白尙榮　宋　湋　趙　鐸　張世德

張則俊

以上 6人係太原分會初級會員每人24—25年度會費$2.00（半數巳交太原分會）

王之鈞　章祖偉　張賓桐

以上 3人係蘇州分會會員每人24—25年度會費$6.00（半數巳交蘇州分會）

封祝宗係梧州分會初級會員24—25年度會費$2.00（半數待交梧州分會）

萬天同係梧州分會會員 24—25 年度會費$6.00（半數待交梧州分會）

楊能深係重慶分會會員 24—25 年度會費$6.00（半數待交重慶分會）

李富國係重慶分會仲會員 24—25 年度會費$4.00（半數待交重慶分會）

麥錫渠係南甯分會會員 24—25 年度會費$6.00（半數巳交南甯分會）

陳國琦係南甯分會會員 24—25 年度會費$6.00（半數待交南甯分會）

黃栻中係南甯分會仲會員 24—25 年度會費$4.00（半數待交南甯分會）

萬嗣宗係南甯分會初級會員24—25年度會費$2.00（半數待交南甯分會）

沈孝源係西安分會會員 34—25 年度會費$6.00（半數待交西安分會）

張象昺係西安分會會員 24—25 年度會費$6.00（半數待交西安分會）

李　協　李　儼　龔繼成　毋本敏　張濟翔

以上5人係西安分會會員每人24—25 年度會費$6.00（半數巳交西安分會）

張昌華係西安分會仲會員 24—25 年度會費$2.00（半數巳交西安分會）

褚鳳章　婁道信　楊　恆　鈕因梁　陳和甫

張　瓚　胡桂芬　劉鍾瑞　王心淵　單基乾

李熾昌　許國亮　李鴻年　周保淇　曾昭桓

陸爾康　楊永泉　尙　鎔　毛毅可　朱謙然

18469

羅　霓　吳慶源　于潤生　邱志道　陳秉琦
林玉璣　朱恩錫　吳廷佐　陸輔唐　錢　毅
鄒忠曜　徐　徇　李炳奎　李祖憲　范壽康
梁漢偉　王力仁　楊哲明　錢頤格　施大鎏
陸士基　閻　偉　齊壽安　趙愼樞　彭禹謨
朱有騫　陸逸志　江博沅　張靜愚　殷之輅
陳君慧　張行恆　高祺瑞　趙福基　高憲英
邵　華　鄧矩方　洪　中　劉峻峯　王渤輝
葛定康　朱　倬　陳　振　唐子穀　錢福謙
陳祖貽　何顯華　俞　暐　羅英俊　楊衍恩
賓　覺　黃雪琴　鄭家斌

以上73人每人24—25年度會費$6.00

洪孟孚　李鑑民　封雲廷　王超鎬　張大鏞
馮　雲　朱毓科　張學新　吳吉辰　張承怡
向于陽　黃學詩　潘祖培　唐堯衢　曹應奎

以上15人係仲會員每人24—25年度會費$4.00

陳昌明　龔　垓　江文波　卓文賁　牛哲若
葉明升　丁淑圻　竇世爵　王祖烈　彭樹德
陳克誠　戚葵生　吳培孫　黃朝俊　孫　錦
趙國棟　張善淮　黃　穆　高　潛　陸韞山
王葆先　楊增義　劉漢東　于肇銘　趙祖庚
陳蔚觀　宋　磊　董繼藩　王熙績

以上29人係初級會員每人24—25年度會費$2.00

夏行時　林同棪

以上2人係南京分會初級會員每人25—26年度會費$2.00（半數巳交南京分會）

彭樹德　葉明升　劉漢東

以上3人係初級會員每人 25—26年度會費$2.00

王錫慶係上海分會會員　25—26　年度會費$6.00（半數巳交上海分會）

葉明升係初級會員26—27年度會費$2.00

黃栻中係南甯分會仲會員 25—26 年度會費$4.00（半數巳交南甯分會）

萬嗣宗係南甯分會初級會員25—26年度會費$2.00（半數巳交南甯分會）

陳君慧25—26年度會費$6.00

黎樹仁係廣州分會初級會員25—26年度會費$2.00（半數待交廣州分會）

張敬忠係廣州分會會員　25—26　年度會費$6.00（半數巳交廣州分會）

李文邦係廣州分會會員　25—26　年度會費$6.00（半數待交廣州分會）

陳　任係長沙分會仲會員 25—26 年度會費$4.00（半數待交長沙分會）

薩本遠　梁　衍

以上2人係南京分會仲會員每人25—26年度會費$4.00（半數待交南京分會）

羅孝偉係天津分會會員　25—26　年度會費$6.00（半數待交天津分會）

陸之昌　孫瑞璋

以上2人係濟南分會會員每人 25—26年度會費$6.00（半數巳交濟南分會）

馬德祥係上海分會會員　25—26　年度會費$6.00（半數待交上海分會）

李善傑係上海分會仲會員 21—24 年度會費$2.00（半數待交上海分會）

朱蔭桐係南京分會初級會員21—22年度會費$2.00（半數巳交南京分會）

夏行時係南京分會初級會員22—23年度會費$2.00（半數待交南京分會）

夏行時係南京分會初級會員22—23年度會費$2.00（半數待交南京分會）

夏行時係南京分會初級會員23—24年度會費$2.00（半數待交南京分會）

王純俊　趙世暹　陳發棣　李英標　宋希尙
朱神康

以上6人係南京分會會員每人 23—24年度會費$6.00（半數巳交南京分會）

蔡世彤　顧懋勛　馬育騏　周保淇　何之泰

以上5人係南京分會會員每人 22—23年度會費6.00（半數巳交南京分會）

陳石英　金　懋

以上 2人係上海分會會員每人23—24年

度會費$6.00（半數已交上海分會）
陸聿貴係上海分會會員 21－22 年度會費$6.00（半數已交上海分會）
陸聿貴係上海分會會員 22－23 年度會費$6.00（半數已交上海分會）
趙柏成係上海分會仲會員 22－23 年度會費$4.00（半數已交上海分會）
蕭達文 龍純如 何棟材 嚴仲如 江世祜 陳壽彝
以上6人係梧州分會會員每人 23－24年度會費$6.00（半數已交梧州分會）
石文質 卓續森 張雲升 零克暲 封家隆
以上5 人係梧州分會仲會員每人23－24年度會費$4.00（半數已交梧州分會）
楊毓年 石式玉 朱日潮 徐震池 封祝宗 譚頌猷 李曦賓
以上 7人係梧州分會初級會員每人23－26年度會費$2.0（半數已交梧州分會）
程行漸 黃受如 張恩鐸 徐紀澤
以上 4人係大冶分會會員每人23－24年度會費$6.00（半數已交大冶分會）
章定壽係大冶分會仲會員 23－24 年度會費$4.00（半數已交大冶分會）
董桂芬係大冶分會初級會員23－24年度會費$2.00（半數已交大冶分會）
邱文藻 戴華 門錫恩 吳際春
以上4人係濟南分會仲會員每人23－24年度會費$4.00（半數已交濟南分會）
李振聲 李繼光
以上2人係濟南分會初級會員23－24 年度會費$2.00（半數已交濟南分會）
陸之昌 蔡復元 孔令瑢 紀鉅紋 宋文田 于皞民 趙舒泰 劉雯亭 瓶振庚
以上 9 人係濟南分會會員每人23－24年度會費$6.00（半數已交濟南分會）
錢宗賢 李鑑民
以上2人係仲會員每人 23－24年度會費$4.00

黃文緯 鄭成祐 馮志雲 胡棟朝 陳良士
蔡東培 李果能 卓康成 方季良 陳錦松
梁仍楷 梁啓壽 劉鞠可 劉寶琛 陳丕揚
梁永懿 呂炳灝 何致虔 李卓 林荀
周賢育 黃子焜 曾叔岳 曾心銘 余昌菊
范會瀚 張景芬 馮鳴珂 李青
以上29人係廣州分會會員每人23－24年度會費$6.00（半數已交廣州分會）
范會瀚係廣州分會會員 22－23 年度會費$6.00（半數已交廣州分會）
李拔 林國棟 葉良弼 林逸民 蔡杰林
以上5人係廣州分會仲會員每人 23－24年度會費$4.00（半數已交廣州分會）
徐堯堂 陳鋭初
以上2人係廣州分會初級會員 23－24年度會費$2.00（半數已交廣州分會）
楊先乾 劉錫彤 周迪評 張蘭閣 耿瑞芝 張洪沅 楊紹曾 盧翼
以上8人係天津分會會員每人23－24 年度會費$6.00（半數已交天津分會）
張翊璐係天津分會仲會員 23－24 年度會費$4.00（半數已交天津分會）
李輝光 潘尹 史青 李林森 陳彰琯 平永龢 陳大啓 汪華隆
以上8人係武漢分會會員每人22－23 年度會費$6.00（半數已交武漢分會）
雷駿聲 方博泉 陳彰琯 陳大啓 錢鳳威 吳國良 朱家炘 劉震寅 吳均芳 李輝光 李得庸 陳士鈞 黃劍白 黃瓊初
以上14人係武漢分會會員每人23－24年度會費$6.00（半數已交武漢分會）
邢國棕 馬永祥 劉兆瓚
以上 3人係青島分會會員每人23－24年度會費$6.00（半數已交青島分會）
謝學元係青島分會仲會員 23－24 年度會費$4.00（半數已交青島分會）
沈劭係蘇州分會會員 23－24 年度會費$6.00（半數已交蘇州分會）

栗書田 湯邦偉 梁三立 張鴻爵

以上4人係南甯分會仲會員每人23—24年度會費$4.00（半數已交南甯分會）

董登山係太原分會會員 23—24 年度會費$6.00（半數已交太原分會）

史久榮係北平分會仲會員 21—22 年度會費$4.00（半數待交北平分會）

葛定康 丁人鯤 皮平仲 茅以新 孫雲霄 朱恩錫

以上6人係杭州分會會員每人 20—21年度會費$4.00（半數已交杭州分會）

朱重光 皮 鍊

以上2人係杭州分會會員每人21—22年度會費$6.00（半數已交杭州分會）

金維楷 陳大燮 錢永亨 薛紹清 張謨實 吳稚田 朱延平 胡瑞祥 林德昭 程錫培 程本厚 周玉坤 過文猷 金憲章 陳曾植 徐升霖 侯家源 陳仿陶 裘建謌

以上19人係杭州分會會員每人22—23年度會費$6.00（半數已交杭州分會）

朱泳沂係杭州分會仲會員 22—23 年度會費$4.00（半數已交杭州分會）

虞懋南 鄭 華 王宗素

以上3人係杭州分會初級會員每人 22—23年度會費$2.00（半數已交杭州分會）

陳仿陶係杭州分會會員 23—24 年度會費$6.00（半數已交杭州分會）

周輔世 曹瑞芝 滑建山 周 禮

以上 4人係濟南分會會員每人23—24年度會費$6.00（半數已交濟南分會）

李彙震 孫紫筠

以上2人係濟南分會仲會員每人23—24年度會費$4.00（半數已交濟南分會）

華 超係濟南分會初級會員23—24年度會費$2.00（半數已交濟南分會）

高步孔係天津分會會員 22—23 年度會費$6.00（半數已交天津分會）

惲丙焱係武漢分會仲會員 22—23 年度會費$4.00（半數已交武漢分會）

馮天爵係杭州分會初級會員23—24年度會費2.00（半數待交杭州分會）

王 瑋 于潤生

以上2人每人23—24年度會費$6.00

丁淑圻20—21及23—24兩年度會費各$2.00

工程週刊

中華民國25年 9 月24日星期 4 出版
(內政部登記證警字788號)
中華郵政特准掛號認爲新聞紙類
(第 1831 號執據)
定報價目：全年連郵費一元

中國工程師學會發行
上海南京路大陸商場 542 號
電話：92582
(本會會員長期免費贈閱)

5•12
卷　期
(總號 114)

漢冶萍公司大冶鐵鑛概況

周　開　基

(1)鑛山位置及交通

大冶鐵鑛位置於湖北省之大冶縣西北鄉東方堡，現改爲第一區，距縣治約24公里，距武昌約 120公里，現已築成公路，經三小時許可達，交通更形便利，距揚子江岸之石灰窰碼頭約33公里，自此下駛一公里許，地名袁家湖，卽爲鋼鐵廠廠址，建有每日能產生鐵450噸之化鐵爐2座，廠與鑛之總事務所在焉，廠與鑛之間，建有80磅鋼軌鐵路，以資轉運，上溯 140公里，達漢陽鋼鐵廠，設有每天能產生鐵 250 噸之化鐵爐 2座，幷有煉鋼爐及鋼廠等，惜自民國15年後，受時局影響，萍鄉煤鑛及輪駁，均被人佔據，煤焦無從供給，以致兩處化鐵爐及煉鋼廠，均無形停頓。

(2)沿革

大冶縣冶鐵事業，肇端甚古，因鐵門坎等處，有舊日冶爐之遺跡及鐵渣甚多，據歷史所載，三國時黃武5年，卽西歷227年，吳王採武昌之銅鐵鑄爲刀劍萬餘，當時武昌包括鄂城大冶等處，唐時爲永興縣地置大冶靑山場院，於此置爐燒煉金鐵，歷宋明而冶業不衰。明史地志云，大冶縣北有鐵山，又白雉山出銅鑛，東有圍爐山出鐵。大冶古時冶鐵，其術甚幼稚，提煉未精，遺失鐵質甚多，化驗舊渣，平均含鐵達50%者，迨光緒二年前，會長盛宣懷氏，延聘英鑛師郭師敦，徧尋長江煤鐵，至大冶得鐵山，查縣志，爲宋代冶鐵場，一說唐太宗貞觀年時，卽在大冶置爐冶煉，遂購其山，逮光緒17年，淸政府有造鐵道之議，始條陳醇賢親王曰，造鐵道必先開鐵鑛，値張南皮移督兩湖，乃以鐵山相贈，遂建漢陽鋼鐵廠，22年以戶部不任官本，南皮仍舉盛氏，奏歸商辦，始僅招股2,000,000 兩，獨任其艱，24年德鑛師勘定萍鄉煤礦，借德債 4,000,000馬克，於是乃用大冶之鐵，造成鋼軌，備京漢全路之用，是年日本伊藤來議購鑛石，得預支3,000,000 日金，於是派李維格出洋，購機器，建新爐，而至光緒26年由三菱公司之飽浦丸裝載鐵砂 1,600噸，由石灰窰解纜，乃爲大冶鐵鑛運赴日本之處女航，光緒33年，漢陽煉鋼廠成，萍鄉亦於是年通紫家坑大槽，而經濟益感困難，當時市面凋敝，無法添股，政府亦不以鋼鐵於國家有至重之關係，盛氏遂於民國 2年赴日本成立借款，與日本製鐵所重訂合同，40年內，公司應售與日本鐵鑛15,000,000噸，生鐵 8,000,000噸，先是公司於宣統元年，曾與西美鋼鐵公司立約，15年內每年輸給生鐵及鑛石 36,000 噸至 500,000

中國工程師學會大冶分會參觀大冶鐵礦攝影

噸，次年卽運輸鑛石24,000噸，生鐵20,000噸，此後該約卽未履行，此造成今日之情狀所由來也。

（3）地質

湖北東北部之地質，大致爲古生界之水成岩 Paleozoic Sedimentaries 及其中之侵入火成岩，在大冶附近有石灰岩二層中間夾有以似屬石炭紀之煤系Permo Carboniferous 在礦地附近，此水成岩中，有花崗閃長岩之侵入體 Grano-diorite or Syenite面積甚大，長約12公里，寬約 3公里，石灰岩與火成岩之接觸顯明，接觸礦物以灰岩之一部已變爲大理石，內含小點石榴子岩Crystals of Garnet.最爲顯著變質區域寬達數百公尺，地質變動甚烈，傾斜不一，變動原因，似因閃長岩之侵入有關，皆發生於中生代或第三紀 Mesozoic or Tertiory Age. 此後浸蝕甚盛，將覆於火成岩之水成岩蝕去殆盡，遂致堅硬之火成岩，組成高山，此鐵鑛之主要成因論者多認爲變質接觸鑛床類 Contact Metamophism 其實殊不盡然，蓋本礦之重要礦體，雖多產於火成岩與水成岩之接觸帶，然亦有背乎此例者，如紗帽翅龍洞等處礦床，純產於閃長岩內，又如野雞坪有角礫狀礦 (Ore Breccia) 而礦體又產於火成岩內，此其明證也。

（4）鑛床及鑛區

主要鑛床分佈與閃長岩之南坡走向自西北西至東南東，傾斜約60°至70°不等，自鐵山舖至下陸礦床延長10公里，其間主要區域，最西爲鐵門坎，紗帽翅，龍洞，稍東有象鼻山，獅子山，大石門，野雞坪，尖山兒等鑛區，相密接，此去東約 1公里許，無鐵礦露頭可見，至冠山下陸復發現零星露頭，此主要礦床分佈之大概情形也，與之不相連而地質相類者，則有胡家山，潘家山，金雞壠，金山等礦區，在鐵山之南，相距自 2公里至 8公里不等，有白楊林含錳鐵礦脈在鐵山之東，各鑛區之面積，當以獅子山與象鼻山二區爲最大，延長在 1 公里以上，最寬處達140 公尺，其次爲大石門，野雞坪，延長600公尺，最寬達180公尺，再次爲鐵門坎，長400公尺，最寬達70公尺。

（5）儲量

大冶鐵礦之儲量，經多數名人研究，最初爲上海礦務局樂路氏(Leroy)估計爲18,000,000噸，其次爲本公司技師賴倫氏，估計爲100,000,000噸，一則過之，一則不及，均不甚精確，復經地質調查所丁格蘭氏估計，在地平綫以上，爲35,000,000噸，尙屬相近，總之本公司及象礦自開採以來已採出14,000,000噸不計外，地平線以上存餘鑛量，約計10,000,000噸，以下6,000,000噸，象鼻山4,000,000噸，約計尙餘 20,000,000噸之譜。（附表）

大冶鐵鑛儲量表

項目 山別名	礦床延長	礦床均寬	平面積	礦床均高	容量	礦量噸數	備考
	公尺	公尺	平方公尺	公尺	立方公尺	比重=4.5	
鐵門坎	417	45	18.760	49	919.200	4,136.000	
紗帽翅	184	22	4.050	30	121.500	547.000	
龍峒	252	31	7.810	33	257.700	1,160.000	
象鼻山	678	90	61.020	49	2,990.000	13,455.000	
獅子山	444	90	39.960	60	2,397.600	10.789.000	
大石門	234	72	16.850	29	488.600	2,199.000	
野雞坪	354	61	21.590	60	1,295.400	5,829.000	
尖山兒	252	33	8.320	60	499.200	2,246.000	
共計	2,815	444	178.360	370	8,969.200	40,361.000	

得鐵兩山已採出鑛數=12,630,000噸
象鼻山已採出鑛數約 2,000,000
14,630,000
全體鑛量 40,361,000
減去已採之鑛 14,630,000
25,731,000噸
減去廢石及渣土約全體20%= 8,072,000噸
實存鑛量 =17,659,000噸

(6)鑛砂成分

鑛石大部爲赤鐵礦(Hematite Fe_2O_3)間有磁鐵礦(Magnetite Fe_3O_4)褐鐵礦(Lemonite $2Fe_2O_3.3H_2O$)等發現有時作鋼灰色，有時呈暗紅色，結構鬆密不定，附生礦物以石英(Quartz SiO_2)爲最多，其次爲黃鐵礦(Pyrite FeS_2)斑銅鑛(Bornite Cu_3FeS_3)黝銅礦(Chalcopyrite $CuFeS_2$)孔雀銅礦(Malachite $CuCo_3.Cu(oH)_2$)藍銅礦(Azurite $2CuCo_3Cu(oH)_2$)黃鐵礦之量，有愈深愈多之勢，鐵石之成分，就大致而論，精選之礦，含鐵在60%以上，含錳約0.2%，矽養3—10%之間，燐約0.05%，硫礦0.03%，銅0.2%，茲將最近鐵石成分化驗表列下

Fe	SiO_2	S	P	Cu	Mn	H_2O
62.60	5.74	0.033	0.059	0.30	痕跡	1.36
63.12	5.81	0.033	0.051	0.25	,,	1.27
62.55	6.38	0.089	0.050	0.22	,,	0.56
62.29	5.76	0.062	0.056	0.26	,,	1.00

（7）開採狀況

查冶鑛地面遼濶，蘊藏豐富，其開採狀況，可以過去，現在，將來分作三個時期，當初辦時期，每年採額，祇數萬噸，至前清光緒末年，採額亦祇十餘萬噸，迨宣統年間，採額加增，然亦未達 400,000萬噸之數，當時開採，均就礦山露頭施工，除剔除礦內渣土外，一切開採工程手續，均極簡單，此開採露頭時期，至民國2年以後，產額激增，不得不分爲數層開採，且露頭上層間有逼近岩石者，而開採礦石與開鑿岩石工程，不得同時并進，如獅子山一段礦石已分爲三層開採，而山頂岩石，亦分爲四層採運，此爲採取地平線以上礦層時期，近來每年定額將達 600,000萬噸，地面儲量，將有採盡之期，且施工亦日見困難，爲防患未然計及維持採額起見，不得不計劃窿內採掘，及開鑿直井，以備將來開採地平線以下之礦，此爲開採地腹礦層時期，現得道灣窿道工程至獅子山三層已鑿平巷一道，計長 140公尺，至大石門下層者，已鑿平巷一道，計長 180餘公尺，內有水泥拱90公尺，至獅子山地腹開採者，已開總平巷一道，計長 400餘公尺，內有水泥拱77公尺，風巷500餘公尺，橫窿8段共長1000公尺，上插橫窿3段，每段計長70餘公尺，上插風巷一道，計長 200餘公尺，在最近6年以內，共鑿窿道 2600 餘公尺，本年度卽準備在上插橫窿內用 Over Hand Stoping 法，開始採礦，情形既變，施工各別，此開採工程自然之變遷也。

（8）工程設備

大冶鐵鑛向用人工開採，設備至爲簡單，採出之礦，由所採各廠位，裝入小礦車內，其車容量爲一噸，置於輕便路上，用人力推至山邊斜坡掛線路，藉重心之力，循掛路而下，再推入卸礦碼頭裝入鐵道大礦車內，礦夫掘鑿岩石，亦多用人力鑿眼轟炸，惟鐵門坎方面昔年因鑛質堅硬，曾用舊式鍋爐及壓汽機，使用汽力鑿岩機 5座，又鐵門坎及紗帽翅 2處，以前所設備之蒸汽吊鑛機，現已改爲電力，得道灣方面，原已購有 400匹馬力之壓汽機 2座，準備大冶鋼鐵廠發電，用高壓電22,000伏，傳至山廠，變壓至5000伏使用馬達壓汽，繼因冶廠停爐，因此計劃不能實現，復於民國21年，修建得道灣機力房，用柴油機發電，玆將兩山所用之原動力及機器設備分列如左：

（1）兩山原動力機力房項下

名稱	出品處	馬力或電力	每分鐘旋轉速度	電壓	週波	數目
柴油機	瑞典Sulzer	500	250			3座
柴油機	瑞典Sulzer	200	300			1座
三相交流發電機	德 A.E.G.	420 K.V.A.	250	5250伏	50	3座
三相交流發電機	德 A.E.G.	165 K.V.A.	300	5250伏	50	1座

（2）得道灣壓汽房

18476

名稱	出品處	馬力或電力	每分鐘旋轉速度	汽壓或電壓	週波	數目
壓汽機	英國Belliss & Morcon	400B.H.P.	200	100磅		2座
又三相交流馬達	美國G.E.	400B.H.P.	00	5000伏	50	2座
壓汽機	美國Ingersoll Rand	100	150	100磅		1座
又三相交流馬達	美國G.E.	100	965	500伏	50	1座

附註　大號壓汽機每分鐘進風2.250立方尺
小號壓汽機每分鐘進風450立方尺

（3）鐵山壓汽房及山廠設備

名稱	出品處	馬力或電力	每分鐘旋轉速度	電壓	週波	數目
壓汽機	瑞典 Atlas Diesal	70B.H.T.	275			1座
三相交流馬達	典瑞S.E.K.S.	70H.P.	965	500	50	1座
捲揚機	B.T.H.	25B.H.P.	970呎			2座
馬達	B.T.H.	25H.P.	965	500	50	2座
打水機	美國 Worthington	270gal/min				2座
又馬達	B.T.H.	20H.P.	2900	500	50	2座

B.T.H.=British Thomson& Hudson

（4）鑿岩機及修鑽頭機

名稱	出品處	數目
修鑽頭機 Leyner, No. 54	美國 Ingersoll Rand	1座
油爐	同上	1座
B.C.R.430,Jack Hammer	同上	60架
Rock Drill	同上	2架
Stopehamer, Cll.	同上	2架
電力鑽岩機	日本中山製作所	1架

電動機之選擇

呂謨承

（一）導言：　世界工商業，競爭日烈，無不求價廉物美之出品，以應市場，故所用動力，亦力求儉省，以祈成本之廉也。內地某紗廠，原用蒸汽機直接傳動，因動力一項，耗費太巨，故新改電力傳動，致每箱紗動力費，減輕一元左右，其結果固甚佳也。惟所用電動機，因分批購辦，各式俱全，茲於上月將各廠所出電動機，在同一情形之下，實驗一次，將其結果，詳列於下，以爲他廠選購電動機之一助也。

（二）實驗情形：　在同式之細紗機上，裝各廠所出之電動機各1具，拖動細紗機滾筒，使在同一速率下運轉，紡同樣粗細之細紗，如此日夜運轉，連續至一星期之久，每機裝火表1具，每 12 小時將各機之用電度數，及出紗磅數記錄一次，得其結果如下：

（三）實驗結果

	種別	A	B	C	D
電動機	馬力	10匹	10匹	10匹	8.2匹
	式樣	單鼠籠開啓式	雙鼠籠全封式	雙鼠籠全封式	雙鼠籠全封式
	每分鐘轉數	1450轉	1360轉	1440轉	1440轉
細紗機	每具錠數	400錠	400錠	400錠	400錠
	紡紗支數	17支	17支	17支	17支
	滾筒每分鐘轉數	800轉	800轉	800轉	800轉
每24小時每機用電度數		136度	152度	132度	135度
每24小時每機出紗磅數		453磅	454磅	454磅	448磅
每箱紗用電度數		123度	137.3度	119.3度	123.3度
每箱紗用電之百分比		103.3%	115%	100%	103.6%

（四）結論；　以外表論，B種電動機，最大而重，其用電稍多，或因此故，然其構造之堅固耐用固爲各機冠也。A,D,兩種，用電相近，而以C種用電最省，此意想不到之結果也。各機製造廠名，因該紗廠不便宣佈，故無從探悉，惟知C種爲中華國產，南翔華成馬達廠出品也。

油漆工程

戴 濟

1. 油漆之功效

鐵鑛經冶煉成鋼鐵，經機工成各項鋼鐵製品，經污濁空氣潮氣成銹仍歸無用。水日光炭酸氣經植物營養變化成木材，經木工成各種屋宇木器，經潮氣日光而腐朽敗壞，化爲烟塵。山石經水浸凍漲碎裂爲土壤，三合土經水浸凍漲亦碎裂，鐵筋經三合土裂紋微孔透入之潮氣生銹而漲，促進三合土之崩敗傾塌。以上三項爲人生缺憾。補救之法，莫善於防止鋼鐵土木與日光潮氣污濁空氣之接觸。最有功效之方法，卽用科學法造成之油漆爲絕緣體，保全表面以衛全體，誠工程家之要圖也。

污濁空氣	油	鋼鐵	藉油漆爲屏藩，
潮氣		木料	使雙方隔絕，
日光	漆	三合土	可免腐銹崩敗。

2. 上漆的物體分土金木三種

三合土不上漆，裏面鋼骨要生銹膨漲，三合土的崩裂可指日而待。木屬不上漆，天乾要裂，天潮要爛。鋼鐵不上漆，不多時便銹壞了。所以油漆是保護土木金的盔甲。

（A）土的漆法

三合土水門汀，石膏磚石等建築物造好後，須經兩個月方能上漆。上漆之前須將灰塵掃淨不可水洗。先上土質止吸液，再用油灰塞補缺孔。

（一）三合土門面及其他露天建築牆壁等，宜有光的漆膜。

初度　土質底漆，
二度　洋灰釉，
三度　洋灰釉，
四度　新甯漆（清光）
註：　普通兩度卽足，中等初度二度之後接上四度，上等四度。

（二）屋內牆壁及天板宜平光

如須有光照（一）處理，用各色有光牆漆代洋灰釉。

初度　土質底漆
二度　平光牆漆
三度　平光牆漆
註：　普通兩度，上等三度。
又法用水粉漆代平光牆漆。

（三）三合土地面宜有光

初度　土質底漆
二度　地面漆
三度　地面漆
四度　新甯漆（清光）
又法　初度同上，二度用美術木紋漆，三度四度用新寧漆（木彩）。

注意：　以上三種手續如須噴射，須於各項用漆內加入護土噴漆適量，調勻後應用。

（四）城市馬路

晝交通路線用劃界漆，半小時乾，車馬踐踏無傷，耐潮耐晒。

（B）木的漆法

流脂木節，須用木節止流漆蓋沒，或用噴燈燙焦亦可。底漆上好後，用油灰塞補缺孔。

（一）油光式

初度　木質底漆
二度　護木調和漆和木質底漆對用
三度　護木調和漆
註：　普通兩度卽足，中等初度之後接上三度，上等三度。

（二）磁光式

初度　木質底漆
二度　護木磁光漆，和木質底漆對用
三度　護木磁光漆

四度　木器漆（清光）

註：　普通三度，上等四度。

（三）透光色

初度　木質底漆

二度　木器漆（木彩）

三度　木器漆（木彩）

又法　二度改用基膜漆，

三度做美術木紋，用美術木紋漆

四度用木器漆（木彩）

五度用木器漆（木彩）

（C）鋼鐵鉛皮的漆法

有銹，須用鋼絲刷，噴砂器，或砂紙除法。有舊漆須用噴燈烤軟鏟去。

（一）建築鋼架機件

初度（又稱作坊膜）　防銹底漆

二度（又稱興工膜）　防銹調和漆

三度（又稱定成膜）　防銹調和漆

註：　精細齒輪用防銹新寧漆（清光）爲作坊膜，一層即足。

（二）橋樑舟車甲板機械等。

初度　防銹底漆

二度　防銹調和漆，或防銹磁光漆

三度　防銹調和漆，或防銹磁光漆

四度　防銹新甯漆（清光）

註：　普通二度，中上三度，上等四度

（三）鉛皮屋頂

初度　鉛皮止滑液

二度　防銹屋頂漆

三度　防銹屋頂漆

（四）特殊需要之應付

初度　防銹底漆

二三度　按照需要分別選用：橋樑漆，船底漆，耐酸漆，阻電漆，抗漆漆，抗熱漆，抗光漆，迴光漆，等特種漆。

（五）鋼床桿椅

初度　防銹烘法底漆

二度　防銹烘光釉和松香水

三度　防銹烘光漆，不加松香水

註：　以上五種手續如須噴浸，可加適量防銹噴漆，或防銹浸漆。

（六）美術霜紋，宜攝影機，無線電設備，顯微鏡，鋼質傢俱，鏡台，冷熱水瓶，滅火機，縫衣機，留聲機，香烟盒，琴架，及各項儀器之底坐，表面須極端乾淨，上美術霜紋釉後，於空氣中靜置 2 分鐘，納烘房內，溫度約攝氏 60°，歷15分鐘。

3. 上漆的方法，分噴，浸，刷，揩四種

噴法費漆省時省工。浸法一沾就得，省料省時省工。刷法揩法省料費時費工，但不須特別傢具，爲現時最普通的方法。

4. 漆的乾燥分自乾與迫乾兩種

上漆之後，讓他在空氣流通光綫充足的地方，自己結成硬膜，叫做自乾。放入烘房在高溫下烤乾，叫做迫乾。迫乾比自乾堅固，並能節省時光。

5. 乾後漆面分平光，透光，油光磁光，霜紋，五種

平光漆乾後，像細竹布，平滑無光。透光漆乾後像透涼羅。油光漆乾後像絲光布。磁光漆乾後像華絲葛。霜紋釉乾後像冰花緞。

6. 打底最要緊，底不堅，漆不固

土木金都要打底，作質各不相同。土質打底漆要抓得住土，經了土性不變豆腐，和二度漆結合緊密。木質打底漆要深入木孔，勾結堅牢，和二度漆要連得親切。金屬打底漆要在鋼鐵上顯防銹效能，一手拉住鐵面，一手牽住二度，結成牢不可破的保障，使潮氣日光濁氣無隙可乘。兵輪甲車那樣堅牢，全靠一層薄薄的打底丹油。

7. 油漆的科學檢驗捷法

四虼C.C.爲千分之一介侖，3吋乘5吋即15方吋爲千分之一方，(方即100方呎)。取漆樣四虼，塗於3吋寬5吋長之馬口鐵片上，能塗幾片，便知每介侖能蓋幾方，是爲被覆率試法。塗就之馬口鐵片置光線充足空氣流通之屋內，能於24小時以內乾爽爲及格乾率，是爲乾燥率試法。漆就乾透之馬口鐵片架竹筷上折之，迨兩端相接，折痕不露，漆膜完整，爲彈性合格，是爲彈性試法。以漆就乾透之馬口鐵片，承滿裝沸水之磁杯底，歷半小時，水冷取下，漆膜完整光色不變，爲耐燙合格，是爲抗燙試法。以漆就乾透之馬口鐵片，承冷水浸飽之海棉，更以杯扣棉上，防水氣之昇散，歷24小時，漆膜完整，光色不變，爲耐潮合格，是爲抗潮試法。漆就乾透之馬口鐵片，用絲巾裹指上着力擦之，不倒光，不脫粉，爲韌性合格，是爲韌性試法。

8. 油漆用量計算法

4公升即1介侖即4瓜得。4公升裝的防銹調和漆，能蓋6方即600方尺。房屋的四壁頂蓋地板都是方的或長方的，長乘高得面，長乘寬亦得面。譬如一間房屋的牆壁四周總長80尺，平均高度是15尺，他的墻面就是80×15＝1200方尺。4公升即一介侖裝防銹調和漆每桶蓋 600方尺，就要兩桶。倘若房屋的邊框很多，材料要加二計算。

注意　漆膜是立體的，有長有寬有高，所以最合科學的油漆單位是升，不是斤。

9. 油漆工程基本材料之性質及調配法

厚　漆

白色厚漆能傲視城市烟塵，持久不變。

各色厚漆，紅，黃，藍，黑，赭，灰，綠，均具防銹性。

油　料

熟油（俗稱魚油）結膜富彈性。

調　配　示　範

裝修別類	調配法	厚　漆	油　料	燥　頭	成漆數量	蓋方
經濟裝修	1-7-1	28磅ＰＲ七桶（白或各色）	159 快性亮油一桶（五介侖）	516 速乾膏一桶	16介侖	56方
中常裝修	1-6-1	28磅Ａ六桶（白或各色）	159 快性亮油一桶（五介侖）	516 速乾膏一桶	14介侖	56方
中上外部裝修	1-7-2	28磅ＡＡ七桶（白或各色）	157 魚油一桶（六介侖）	517 速乾水二桶	17介侖	68方
中上內部裝修	1-5-1	28磅ＡＡ五桶（白或各色）	159 快性亮油一桶（五介侖）	516 速乾膏一桶	12介侖	48方
上等外部裝修	1-3-2	28磅Ｚ或Ｙ三桶（白色）	158 光油一桶（六介侖）	517 速乾水二桶	10介侖	50方
上等內部裝修	1-3-2	28磅Ｘ三桶（白色）	160 磁光油一桶（六介侖）	517 速乾水二桶	10介侖	50方
上等外部裝修	1-5-2	28磅Ｘ五桶（各色）	158 光油一桶（六介侖）	517 速乾水二桶	13介侖	65方
上等內部裝修	1-5-2	28磅Ｘ五桶（各色）	160 磁光油一桶（六介侖）	517 速乾水二桶	13介侖	65方

光油耐潮特著。

快性亮油膏堅於速，故宜急待限期工程。

磁光油用調上等厚漆，堅勻光潤。

平光油和上等厚漆得平光，堅韌雅樸，怡神安目。

燥　頭

速乾膏，速乾水，均能使油漆取一線到底之乾率，絕不反黏。

注意

（一）上法從製造經驗得來，可用作參考。用者能本個人經驗加以變通，自適其適，尤爲妥便。單用複用均可，配成宇宙間無限色彩，以應土木鋼鐵油漆工程上之需求，是在方法活用。

（二）綜合上法，厚漆，油料，燥頭，三項不出1-7-1，1-6-1，1-7-2，1-5-1，1-3-2，1-5-2，六種比例。

（三）燥頭膏對油，總是一小桶對一大桶。燥頭水對油，總是兩小桶對一大桶。

（四）上等厚漆力强價高，但可少用。下級厚漆力小價廉，但須多用。油漆一方的材料代價，下級漆低於上等漆約一倍，但上等漆之品質高出下級漆不止一倍，當知所選擇矣。

中國工程師學會會務消息

◉臨時董事會議紀錄

日　期：25年8月23日上午10時

地　點：上海南京路大陸商場本會會所

出席者：黃伯樵，李熙謀，裘燮鈞，沈怡，薩福均，薛次莘，趙祖康，徐佩璜，胡庶華，（黃伯樵代），韋作民（孫傳儒代），侯德榜（李熙謀代），顏德慶（裘燮鈞代），沈百先（薛次莘代），顧毓琇（張惠康代），淩鴻勛（黃炎代），梅貽琦（張廷金代），夏光宇（薩福均代），陳體誠（趙祖康代），曾養甫（沈怡代），李書田（金問洙代），王星拱（徐善祥代）。

列席者：鄒恩泳，

主　席：曾養甫（沈怡代）；

紀　錄：鄒恩泳

▲報告事項：

主席報告

（一）中英庚款董事會撥款90,000元，備在南京建築各學術團體聯合會所，指定中國工程師學會主持其事，現本會已推定惲震，胡博淵，曾養甫，夏光宇，汪胡楨，宋希尙，張劍鳴，楊公兆，韋以黻，等九人組織建築委員會以便進行。

（二）關於本會工業材料試驗所經與鐵道部接洽後，巳蒙同意合作，並定最近期間㥏備組織進行，所有每月經費 3,000元，亦由鐵道部負担。

（三）全國經濟委員會捐助本會工業材料試驗所2,000元。

（四）上海中外工程師學會6團體，籌備於本年雙十節日舉行聯歡園遊會，本會巳參加籌備。

（五）工程獎學金，計浙江大學工學院3,000元，之江大學1,000元，獎學金辦法業經本會執行部通過。

（六）上海公共租界工部局關於檢查工廠鍋爐工程師資格審查委員會，函請市商會參加，該商會乃請本會派人充任代表，業經推定鄭承恩，王繩善，兩君出席。

▲討論事項：

（一）中國工程師學會與各專門學會聯絡辦法案：

議決：通過。

（二）徐佩璜君辭職業介紹委員會委員長職務案：

議決：通過，另推夏光宇爲職業介紹委員會正委員長，張惠康爲副委員長。

（三）請追認徐佩璜君爲國防工程研究委員會本會出席委員案：

議決：通過。

（四）董事淩鴻勛辭董事職務案：

議決：挽留。

◉第25次執行部會議紀錄

日期：25年7月25日下午5時半

地點：上海南京路大陸商場本會所

出席者：沈怡，裘燮鈞，莫衡，張孝基，兪汝鑫，鄒恩泳，

主席：曾養甫（沈怡代）；

紀錄：鄒恩泳。

▲報告事項：

（一）正會長曾養甫因事不能出席本次會議。

（二）本會會計幹事張孝基繕就本會24年10月1日起至25年6月30日止收支總賬，經常收支賬，資產負債表，又本會20年至25年歷年經常收入比較表，歷年特別收入比較表，歷年經常支出比較表，材料試驗所建築費表等，現請諸位傳觀。

（三）董事李書田前經本會函請自費代表赴美，出席9月間世界動力協會第3次世界動力大會，與第2次世界巨壩大會在案，嗣得7月6日復函，要求本會補助旅費三分之一，計 2,000元，業經覆知本會經費困難，無力負担。

（四）國立西北農林專科學校駐滬代表郗世德G. A. Shestarkoff，函請本會派人代爲試驗高壓力蒸汽鍋爐1座，所需費用亦願担負云云，本會業已商請中國聯合工程有限公司陳俊武君前往試驗。

▲討論事項：

（一）工程週刊總編輯張延祥來函表示週刊再行編輯數期之後即擬辭去總編輯案。

議決：挽留，並催速推副總編輯人選，以資臂助。

（二）會員黃述善君新著熱氣工程底稿，請審查發刊案。

議決：請本會會員許照，朱樹怡，先加審查。

（三）上海市商會爲公共租界工部局關於裝置蒸汽機及其他汽壓機，擬組織一委員會，請上海市商會參加，乃函請本會推薦代表一人，候補代表一人案。

議決：由總幹事裘燮鈞，向工部局何德奎詳查一切，再行決定。

（四）南京中國學術團體聯合會所籌備委員會常務委員會主席惲震，函知中英庚款董事會對於籌建聯合會所，業允補助90,000元，分2年撥給，建築聯合會所指定中國工程師學會負責辦理，當經會所籌備委員會常務委員會議決，推定曾養甫，夏光宇，汪胡楨，宋希尙，胡博淵，張劍鳴，惲震，楊公兆，韋以黻，九人爲全部聯合會所之建築委員會委員，並擬以曾養甫爲主任委員，夏光宇爲副主任委員，徵求本會同意，會同發表案。

議決：關於所推定聯合會所之建築委員會委員人選，本會當可同意，惟應請南京方面通知中英庚款董事會正式函知本會後，即可發表。

（五）第六屆年會論文複審委員會主任委員胡樹楫，函知擬聘黃炎，鄭葆成，徐宗涑，爲該委員會委員案。

議決：照聘。

（六）惲震君來函，提議關於本會國民代表問題，先由本會委托南京分會會長胡博淵，向自由職業團體選舉監督事務所接洽案。

決議：照辦。

（七）各專門工程學會聯絡辦法案。

議決：先請張孝基君對於會費規定，特別加以研究，再由本執行部召集各學會代表開會討論。

（八）會員馬德祥請發給技師登記證明書案。

議決：通過。

（九）關於購機祝壽本會應捐贈款額案。

議決：捐贈50元。

◉唐山分會常會

唐山分會於6月21日假開灤礦務局俱樂部開會聚餐，出席者計：

王濤，羅忠忱，鄭家覺，黃大恆，吳學孝，范濟川，顧宜孫，吳雲綬，朱泰信，杜濟民，張維，李汝，彭榮閣，李永之，楊溪如，安茂山，張正平，闞漢光，路秉元，伍鏡湖，黃壽恆21人由分會長王濤主席，投票選舉廿五年度職員，結果如下：

會　長：王　濤
副會長：路秉元
書　記：黃壽恆
會　計：伍鏡湖
（除副會長外職員均係蟬聯）

并定於10月間，在北甯鐵路機廠開下次常會，餐畢，更由吳雲綬君率領會員多人，參觀礦務局，盡歡而散。

◉南京聯合會所已築圍牆

南京中國學術團體聯合會所，基地係南京市政府撥用，在中山東路逸仙橋東．南向中山東路，寬38公尺，對面即中國航空公司明故宮飛機塲，及政治區公園．西沿水晶台馬路，深 142.9公尺對面即建設委員會．北邊41公尺，離資源委員會各試驗室及地質調查所甚近．東鄰東區憲兵隊，及中央醫院，衛生署試驗所等，深142.45公尺．全地成長方形，面積約 8.5市畝．茲已由籌備委員會建築圍牆，並請汪委員胡楨設計房屋，已繪具草樣一種．

◉年會紀念刊出版

本年 5月，本會聯合五工程學術團體，在杭州舉行年會，盛況爲歷來所未有，並成立中國土木工程師學會，及中國機械工程學會．並由年會籌備委員會將年會經過，編印紀念刊一冊，厚 260頁，插圖甚多，內載職員錄，日程，賀電，報告，演說，會議紀錄，論文提要，特載，史略，章程，附錄，謝啓，等編，極爲詳盡，彌足寶貴，且可資以後年會之指鍼也．共印3000餘本，各學會會員無論出席與否，每人寄發一本，故關於本年年會事項，本週刊不再複刊．

◉會員通信新址

丁緒淮（職）鞏縣兵工分廠
于述世（職）山西崞縣原平鎮同蒲路工段
于潤生（住）泰興大西門司徒橋北
尤寅照（職）南京鐵道部新路建設委員會
尹贊先（職）天津華北水利委員會
戈宗源（住）上海古拔路吉祥里9號
方子衞（職）上海歐亞航空公司
王　庋（職）杭州浙贛鐵路局
王　劲（職）西安廣播無線電台
王　咸（職）鄭州隴海路西段工程局
王　鎔（職）河北豐壽東關仁壽渠管理局
王　柢（職）杭州聖塘路浙贛路南萍段工程處
王總善（職）上海虬江路錫滬長途汽車公司
王季同（住）蘇州十全街新造橋南弄1號
王德郅（職）重慶道門口華西興業公司
王傳義（職）南京交通部供應委員會
王修欽（職）萍鄉西門外新生路浙贛路南萍段工務第三總段
王家駿（職）天津北甯路局號誌所
王洵才（職）青島膠濟路工務第一段
王鴻逵（住）漢口日租界南小路56號
王逸民（職）上海江西路 406號上海鋼窗公司
王士倬（職）南昌航空機械學校
王懋官（職）豐城浙贛路局南萍段第一總段工程處
王恩涵（職）山西太原同蒲路太同工務總段
王葆先（職）沂水山東第三區行政督察專員公署
王世圻（職）南京下浮橋汽車機務人員訓練所
王世焯（住）福建南台鴨姆洲
王力仁（職）開封河南河務局
王昭溶（職）上海江西路 406號上海鋼窗公司
王節堯（職）杭州浙贛鐵路局
仝書德（職）河南焦作中福公司第二廠
史　翼（職）杭州浙贛路局南萍段工程處
左廷序（職）河南新鄉平漢路新鄉工務段
田鴻賓（職）天津河北省立工業學院
白汝璧（職）杭州浙贛路局工務課
皮　鍊（職）廣西八步電力廠
古　健（職）廣東樂昌砰石街株韶路第三總段
任鴻雋（職）成都四川大學
向于陽（職）秦皇島開灤礦務局電廠
朱漢爵（職）重慶鹽務稽核分所

朱謙然（職）南京建設委員會
朱其清（職）南京水晶台資源委員會
（住）南京梅園新村40號
江　昭（職）平綏路南口機廠
江博沅（職）鄭州隴海路工務第六分段
牟同波（職）南昌江西水利局
何瑞棠（住）上海小沙渡路愛文義路73號
何懇林（職）上海北站兩路管理局
佘仲奎（職）廣州瘦狗嶺航空學校
余昌菊（職）廣州六二三路60號新通公司
初毓梅（職）南京中華路青年會基泰工程師
吳競清（職）杭州浙贛鐵路局
吳譜初（住）上海愚園路儉德坊36號
吳紀輝（職）鎮江軍政部通信兵團
吳達模（職）上海圓明園路97號合中企業公司
吳鴻開（職）浦口津浦路局總務處
吳培孫（職）鹽城高級應用化學科職業學校
吳伯勳（職）廣西百色百渡路工程局
吳雲綬（職）天津英租界開灤礦務局
吳去飛（職）上海電力公司
吳國賢（職）淮陰導淮工程處
吳思度（職）開封黃河水利委員會
吳錫銀（職）重慶道門口華西興業公司
呂謨承（職）南通天生港電廠
宋　淞（職）開封河務局
宋建勳（職）南京交通部
宋連城（職）青州膠濟路工務第四分段
李　蘊（職）天津華北水利委員會
李　泂（職）上海慕爾鳴路128號永利化學工業公司
李　青（職）廣州廣東省立勷勤大學工學院
李維第（職）陝西涇陽涇惠區工程處
李廣琳（職）鄭州隴海路局材料課
李文邦（職）廣州市治河委員會
李次珊（職）安徽阜陽潁州中學
李經畬（職）南昌浙贛鐵路第十六分段
李繼侗（職）天津南開大學
李繼廣（住）山東惠民考棚街益壽堂
李家騏（通）上海靜安寺路靜安別墅160號素友社轉
李連奎（職）開封黃河水利委員會
李道陔（職）上海北京路國華銀行二樓同昌公司
李奎順（職）陝西大荔涇洛工程局
李秉成（職）江西樟樹鎮浙贛路贛江大橋工程處
李藩昌（職）南京司法部
李崇德（職）上海南車站路工務局滬南區發照處
李祖憲（職）河南內鄉南荊路工程處
李雁南（職）開封黃河水利委員會
李熙謀（住）上海體育會東路模範村21號
李驥寰（住）廣州市淨慧路湖洞12號二樓
杜文若（職）武昌中央軍官分校
李錫爵（職）湖南耒陽株韶工程局第五總段
李耀煌（職）上海中央信託局
杜光祖（職）上海交通大學
汪一彪（職）北平清華大學工學院
汪禧成（職）南京鐵道部技監室
汪菊潛（職）湖南郴州株韶路工務段
沈　琨（職）天津北甯路局工務處
沈　劭（職）上海北站京滬鐵路工程處
沈　濬（職）上海楊樹浦電力公司
沈祖堃（職）南京財政部鹽務署

◉朱母獎學金通啓

逕啓者本會設立朱母紀念獎學金徵文以來應徵者至爲踴躍獎額規定每年一名給獎金百元每年二月十一日爲論文應徵截止期此項獎金專贈予本國學者對於任何一項工程學術之研究著成論文有特殊成績並經朱母紀念獎學金評判委員會評定獲選後於本會每年舉行年會時給獎無論本會會員或非會員均得應徵惟以本國籍爲限如願應徵者請塡就聲請書連同論文逕寄本會朱母獎學金委員會爲荷此啓

中國工程師學會『朱母顧太夫人紀念獎學金』章程

中國工程師學會會員朱其淸，爲紀念其先母顧太夫人逝世三週紀念起見，特提出現金一千元，於民國二十二年七月贈與中國工程師學會，作爲紀念獎學金之基金，特訂定章程四條如下：

（一）定名　本獎金定名爲「朱母顧太夫人紀念獎學金」，簡稱爲，「朱母獎學金」。

（二）基金保管　「朱母獎學金」之基金一千元，由中國工程師學會之基金監負責保管，存入銀行生息，無論何人，不得動用。

（三）獎學金用途　基金利息，每年國幣一百元，作爲「紀念獎學金」，即以贈予每年度本國青年，對於任何一項工程學術之研究，有特殊成績，經本會評判當首選者。

（四）應徵辦法　中國工程師學會「朱母紀念獎學金」應徵辦法由本會公佈之。

中國工程師學會『朱母紀念獎學金』應徵辦法

本會會員朱其淸君，於民國二十二年捐贈本會獎學基金國幣一千元，用以紀念其先母顧太夫人，並指明此款作爲紀念獎學金之基金，任何人均不得動用。惟每年得將其利息提出，贈予本國青年對於任何一項工程學術之研究，有特殊成績者。玆特設「朱母紀念獎學金」，從事徵求，其應徵辦法如下：

（一）應徵人之資格　凡中華民國國籍之男女青年，無論現在學校肄業，或爲業餘自修者，對於任何一種工程之研究，如有特殊興趣而有志應徵者，均得聲請參與。

（二）應徵之範圍　任何一種工程之研究，不論其題目範圍如何狹小，均得應徵。報告文字，格式不拘，惟須繕寫清楚，便於閱讀，如有製造模型可供評判者，亦須聲明。

（三）獎金名額及數目　該項獎學金爲現金一百元，當選名額規定每年一名，如某一年無人獲選時，得移至下一年度，是年度之名額，即因之遞增一名。不獲選者於下年度仍得應徵。

（四）應徵時之手續　應徵人應徵時，應先向本會索取「朱母紀念獎學金」應徵人聲請書，以備塡送本會審查。此項聲請書之領取，並不收費，應徵人之聲請書連同附件，應用掛號信郵寄：上海南京路大陸商場五樓中國工程師學會「朱母紀念獎學金」委員會收。

（五）評判　由本會董事會聘定朱母紀念獎學金評判員五人，組織評判委員會，主持評判事宜，其任期由董事會酌定之。

（六）截止日期　每一年度之徵求截止日期，規定爲「朱母逝世週年紀念日」，即二月十一日，評判委員會應於是日開會，開始審查及評判。

（七）發表日期及地點　當選之應徵人，即在本會所刊行之「工程」會刊及週刊內發表，時期約在每年之四五月間。

（八）給獎日期　每一年度之獎學金，定於本會每年舉行年會時贈予之。

中國工程師學會『朱母紀念獎學金』應徵人聲請書

應徵人姓名…………………………　　年歲…………………………

籍貫…………………………　　家況…………………………

性別…………………………

學歷及經驗…………………………………………………………

現在工讀情形………………………………………………………

現在通信處…………………………………………………………

永久通信處…………………………………………………………

應徵內容……………………………………………………………

(1) 研究問題

(2) 關於本問題研究之時間

(3) 關於本問題研究之動機及目的

(4) 研究本問題之心得

(5) 研究本問題之方法或其儀器

(6) 研究本問題工作之地點

(7) 對於本問題尙擬繼續研究之工作

(8) 本問題研究結果之應用及其價値

註：（一）任何一種工程之研究，不論其題目範圍，如何狹小，均得應徵，

（二）報告文字，格式不拘，（無須論文）惟須繕寫清楚，便於閱讀。

（三）如有製造模型，可供評判者，聲請時亦須聲明。

聲請人簽名…………………………

民國　　年　　月　　日塡

18488

工程週刊

中華民國25年10月8日星期4出版
(內政部登記證警字788號)
中華郵政特准掛號認為新聞紙類
(第1831號執據)
定報價目：全年連郵費一元

中國工程師學會發行
上海南京路大陸商場542號
電話：92582
(本會會員每期免費贈閱)

5·13
卷 期
(總號115)

隴海鐵路西寶段工程進展情形

洪觀濤(25年5月31日在中國工程師學會西安分會演講)

隴海鐵路西寶段工程，於去年九月間借款成議後，始積極籌備開工·但是時發生兩種困難：(一)西寶段除西咸段外各段工程，自十月起方陸續開標，包工籌備就緒，已屆十一二月，氣候漸寒，混凝土工作無法進行·(二)西安以西缺少碴沙，澧渭兩河雖有河沙，運輸亦頗不便，因此標價過大，且因運料困難之故，工限亦須延長·此外則為渭河橋工因逐年以來，關中雨量較多，山洪時發，包工對於橋工多視為畏途，而渭河水患尤為可慮·以故此次投標時價格格外提高，致標價超過本路預算一倍，無法交由包工辦理·但從前隴海路全採用包工制，一旦自辦，不免為難·最後決定包工所不敢辦之橋基工程，由本局自辦，其立面工作仍交包工辦理，如此預計所需工款，尚不至超出預算·一面則計劃先搭渭河便橋，以通列車·

對於(一)(二)兩項難題，決定儘量採用鋼筋混凝土水管，代替混凝土涵洞·此項水管集中一處製造，以免轉運石子及沙，製就再分別運往各工地·查圓形水管雖亦可在屋內製造，不慮天凍，但安設時尚須打混凝土，在冬季仍無法進行，因復計劃一種蛋式平底水管，可以排列基脚上，在冬天祇須於日光充足時，用灰漿將管節接筍處勾縫，而後即填土其上，安管工作便告完成·並於西安咸陽兩處，集中製造·採用此法不特省費甚巨，且冬季亦照常工作，西咸段遂得於去年年終通車，而第二第三兩分段40公里工程，亦於同時大體告竣，專待今年運料鋪軌矣·

現在以渭河橋工比較為難，渭河橋為12孔25公尺穿式鋼梁橋，基脚加打木樁，計需圍樁約260根，板樁1450根，基樁600餘根·去年積極採購材料工具，現已將大部分圍樁板樁打好，祇餘三分之二基樁，正在日夜趕打·查渭河終年有水，河底地質為4—5公尺厚之砂層，再下有2公尺至5公尺厚之灰黃膠土層，膠土之下則為夾小石之粗砂一層，而後達第二層膠土·原擬採用10公尺長之基樁，打通第一層膠土層，嗣奉部令加長基樁，期能打至第二膠層土層，以求穩固，故改購12公尺及13公尺之樁，但施工甚感困難，雖經加用水冲法，結果亦祇能打至夾小石之粗砂層而止·計平均打入之樁，僅在河底下10公尺之譜·但觀濤以為只此已足，不虞被水冲刷矣·為求積極進行打樁起見，兼用機器與人力打樁機，就中用機器打者，每日夜可打入四五根，用人力者每日夜祇打入一二根，甚至不及一根者·現在工場共有十餘架打樁機，同時工作，當感不敷，也承涇惠渠工程處借用機器打樁機一架，希望雨季以前能將基脚工作辦完。

其次大橋工程已完成者，有澧河及武功，漆水河兩橋。澧河橋亦採用椿基，但打入不過7—8公尺，以該處水勢甚緩，沖刷不瀾也。至漆水河則因該處地質爲膠土夾小石粗砂，打樁費力費時，乃將橋基直挖至地面下5—6公尺，進行尚見順利。

最後則爲寶鷄附近之汧陽河及金陵河。汧陽河橋爲14孔25公尺穿式鋼梁橋，金陵河橋爲 7孔25公尺托式鋼梁橋，兩河地質盡爲粗砂夾石子，現決定採用沈箱法。此項沈箱各沈入6—7公尺，因汧陽河於事前曾經探驗，結果達6—7公尺便不能鑽下，且形成一天然斜坡。初疑此層爲石層，果屬如是，則此石層應與地面相切，但挖探結果，又復不然，大約係大塊圓石層，鑽具不利，故未能下。此汧陽金陵兩河橋基計劃之經過情形也。現在汧陽河橋雖定於十一月底完工，但架梁至少尚須三個月，爲求今年通車寶鷄起見，決定在汧陽河先修便道便橋，至金陵河正橋則希望能於鋪軌前完成，因該處搭架便橋高及7公尺，比較爲難也。

整理川黔路工程工作

李富國

（四川省公路局最近舉辦公路檢閱團，出發川黔路等綫視察，此項辦法可資各省辦理公路當局做效。關於川黔路工程情形，今年一月間得行營交通處公路股李股長富國之整理工作報告一篇，特節錄於下，備留心西南交通者參考也。——編者）。

甲　舊路狀况

（一）重慶段　自重慶至申家埡口，係屬巴縣境，長約49公里，內自重慶至裕新橋一段之 5公里，屬市區範圍，由重慶儲奇門橫渡大江，水流湍急，汽車用駁船二隻，借汽划拖帶過江。自裕新橋至申家埡口，長約44公里，路綫多傍山而行，彎曲頗多，申家埡口之路綫，係用之字綫，啣接而成，接連有九個彎曲，行車極感危險，曾經詳爲勘查，改由山後盤繞而下，將之字彎取消，可減少七個彎曲，

（二）江津段　自申家埡口至老虎溪，長約29公里，陷車地段頗多，申家埡口之枇杷彎，係之字形路綫，坡陡彎急，須倒車方能通過，橋溪口沿河路綫，路基太低，洪水之時，淹及路面。

（三）綦江段　由老虎溪至川黔兩省交界處之崇溪河止，長約98公里，該段路綫，由老虎溪經綦江縣城，以達鎮子街，長約50公里，開山地段之路基工程，大都尚未做到規定程度，坡陡彎急，行車極感不便，依山沿河路段，上則土石崩塌，擁塞路旁；下則斜坡護牆，倒毀不堪，因此路基，愈形狹隘，僅可容一車通過，陷車地段，最厲者有數處，均由邊溝淤塞，排水不良所致，自鎮子街經東溪至趕水場，長約16公里，路面尚較平坦，路基亦頗整齊，自趕水場至觀音橋，長約22公里，路基狹窄，其酒盤子之繞山路段，曲綫交叉角度，多僅 60°以內，同時上山下山之字形路綫交叉角，又僅30° 左右，而陡坡均達5—6％，行車甚屬危險，由觀音橋至崇溪河，長約10公里，路綫經白羊崗繞山而上，坡陡彎急，路基窄小，行車不便，陷車地段頗多，而尤以崇溪河附近爲最甚。

（四）崇松段　該段由崇溪河至松坎，長約20公里，係屬黔境，繞山而上，行十餘公里至酒店埡，沿山而下，卽抵松坎，路基尚較寬整，自酒店埡至松坎，路基路面，尚屬平整。

（五）松桐段　該段由松坎桐梓，長約

80公里，中經新站，山坡，花秋坪，炒米舖等處，該段路基寬度，平均約 8公尺，花秋坪地勢，較新站高約1100餘公尺，較炒米舖亦高約 600餘公尺，上下坡度極陡，冬季積雪冰凍，氣候嚴寒，自炒米舖至桐梓，長約12公里，路基較寬，平均可 9公尺，地勢亦較平坦。

川黔公路路綫畧圖

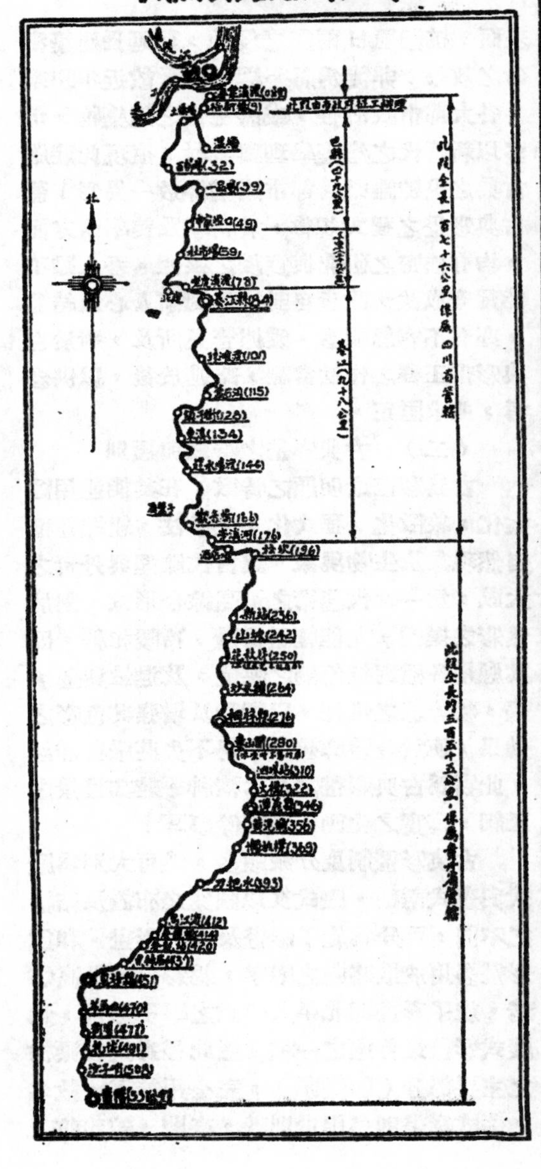

（六）桐遵段　該段自桐梓至遵義，長約70公里，路基寬度，亦達 9公尺，路綫除婁山關地勢較高，坡陡彎急，冰凍時行車困難外，其餘路段，尙較平坦，惟橋涵破壞，且建築方式，多未合規定。

（七）遵筑段　該段自遵義至貴陽，長約 185公里，路基寬度，除羊馬田一帶較狹外，其餘尙有 9公尺。祇烏江渡在兩高山之間，路綫自山頂盤繞而下，至河岸渡江，坡陡彎急，行車極其危險。

乙　工程整理形情

（一）由重慶至崇溪河　該段屬四川境，長約176公里，自海棠溪至裕新橋，長約5公里，歸重慶市政府征工5000名，與巴縣同時興工修築，由裕新橋至申家埡口，長約44公里，由巴縣征工40,000名，興工修築；由申家埡口至老虎溪長約29公里，由江津縣征工40,000名，興工修築；由老虎溪至崇溪河，長約98公里，由綦江縣征工30,000名，興工修築，四川路局所派工程人員，計每十公里，設監工一名，與縣設段長一人，在綦江設總段一處，並設總段長一人，以總其成。

（二）由崇溪河至桐梓　該段由貴州建設廳委派工程人員，駐松坎辦理該段工程，由行營陳參議克明負監督指導之責，除三岔河石橋，尙未正式興工外，松坎至新站之路基路面工程，均已告竣，並派遣測量隊，勘測花秋坪一帶，設法改綫，以利車行。

（三）桐梓至貴陽　該段烏江渡碼頭，及橋涵重要工程費，前已由行營公路處發款50,000元，並另籌40,000元，合共90,000元，組設貴北路工程事務所，建設廳諶廳長爲正主任，公路處與工程師闞允爲副主任，派遣監工人員，監修各段工程，並派出測量隊，測量各段不良路綫，以備改善之用，至路基路面工程之整理，仍由黔省府，用義務征工辦法辦理。

丙 結論

川黔公路，爲川黔兩省交通要道，本經該兩省府負責一度修築因當時期限迫促，僅達到勉强通車程度，復以經費困難，工程未完，中途停頓，行車數月，養路無人，以致全路狀況，日就頹壞，此次整理完竣之後，即由兩省公路局，設站營業，實行兩省聯運，並負全綫養護之責。

油漆彩畫法

戴 濟

（一） 緒論

一切建築物不僅求其堅固，並須求其美觀；此爲現代建築家之信條。故建築裝璜，在建築工程中實佔重要位置，任何建築如忽略其裝璜，則如無皮肉之骨骸，當無精神之可言

我國往古對於建築裝璜即甚考究，雕飾彩畫等均有其特殊之發展；而彩畫尤具特色

，以其能應用調和及反襯的色調之配置，藉圖案化，象徵化 ，程式化，之布局，賦予各型建築物以高級藝術趣味也。加之中國彩畫之用於建築者，多負有藉油漆以保護建築表面，抗禦風日雨露之侵蝕，而延長建築壽命之效果；非徒爲窮奢極巧也。故近年以來，各大都市政治性，或歷史性之建築物，仍多以新時代之建築學理與素材，復現此莊嚴古典之畫棟雕梁爲都市建築界放一異彩！蓋古典彩畫之程式規律，於科學及美學兩方面，均有縝密之研究與實踐之根據。吾人雖不能墨守成法，故步自封，但對前人心血結晶，亦有不容忽視者。爰據管見所及，對於古典彩畫工程之作法常識，略述於後，以供參考，並求匡正。

（二） 古典彩畫之特徵與類別

古典彩畫最明顯之特徵：在其能運用圖案化，象徵化，程式化，之手法，組織種種自然現象及生物現象。集古代雕型與丹青之大成，爲一時代藝術之最高綜合形式。對於色彩之操縱，尤能輕重得體，冷暖相稱。因其應用各種對抗色調之映襯，及退暈與金，墨，粉等線之烘托，以調和及增强其色彩之効果，使於金碧輝煌中，仍不失莊嚴與靜謐，此實爲古典彩畫之基本精神。若其畫景之工細，寫實之生動，猶其餘事耳！

古典彩畫制度分派頗多，然可大別爲殿式與蘇式兩種。殿式又以圖案之布置及結構之不同，可分爲旋子彩畫及和璽彩畫。和璽彩畫多用於最莊嚴之殿宇，爲彩畫中最高等者。旋子彩畫即北平人所說之學子彩畫，爲殿式彩畫最普遍之一種。蓋此種彩畫在梁枋之主要部分（即藻頭），完全用旋子，故名。蘇式彩畫則多用於別墅，亭閣，等建築，

其所用畫題：都爲山水，人物，飛禽，走獸，等之寫眞，畫面組織，較爲自由。

（三） 古典彩畫之應用

（甲）樑枋 (子)和璽彩畫

布局 將樑枋之長略分爲三等分。中段稱枋心，左右兩極稱箍頭，箍頭與枋心之間稱藻頭。藻頭與箍頭枋心間，以橫W線界之。樑枋長者，則於箍頭內設盒子。

畫題 和璽彩畫之主要畫題，爲各種姿態之龍，間有並用龍鳳者，另外有用西番草者，（卽俗稱香草彩畫）各類畫題在各段，各有姿態，枋心用龍畫題者，則爲二龍戲珠，藻頭則畫升龍及降龍；盒子中則畫坐龍，或他種姿勢。

設色 和璽彩畫之用龍爲畫題者，則以金爲龍紋，藍綠爲地。藍綠二色又須上下左右間隔配置，如藻頭對枋心，（一枋之內），檀子對簷枋，（一間之內），明間對次間，次間對稍間，等均當互換分配，以免單調。由額墊板用紅色，畫跑龍；平板枋，藍色，畫走龍；綠色，畫工王雲。畫題用蕃草者，色彩較複雜，大致於藍綠地上做金線或五彩退暈之蕃草。枋心，則上草下錦或龍。藻頭等仍以同一法則，上下左右間隔配置，額墊板亦畫蕃草。退暈之法有二暈三暈之別，深色在內。

（丑）旋子彩畫

布局 等分法及各部名稱略同和璽彩畫。惟藻頭與枋心及箍頭之界線用橫V形。藻頭旋子以一整二破爲基本，貼箍頭作一整圓二半圓。若枋長，可於中間增加路數，隨路數之多少，有一路，二路，狗死咬，喜相逢，諸名稱。

畫題 旋子彩畫之畫題變動，則在枋心。通常以龍錦爲主題，稱龍錦枋心，另有空枋心，卽枋心不畫華文者。一字枋心，卽枋心僅畫一字線者。

設色 旋子彩畫主要色彩，亦爲藍綠，二色調換配置。枋心之色，必須與箍頭色同。因勾線及退暈之方法不同，旋子彩畫尙有種種名目：

（一）金琢墨石碾玉 旋子花瓣用藍綠退暈，花心，菱地，線路，輪廓，均貼金。是旋子彩畫最上等者。

（二）煙琢墨石碾玉 旋子花瓣，用藍綠退暈。花心，及菱地貼金，線路，輪廓，用墨線者。

（三）金線大點金 花瓣不退暈，花心，菱地，及線路貼金者。

（四）墨線大點金 花心，菱地，貼金；線路用墨線者。

（五）金線小點金 花心線路貼金者。

（六）墨線小點金 僅花心貼金者。

（七）雅伍墨 不用金。

(寅)蘇式彩畫

布局 蘇式彩畫因其畫題自由，其格式亦無一定。惟多半於額枋中段，留相當地位，而圈以各式圖案邊緣。兩端之地位小者，可以圖案線條點綴，大者另加各種形式之盒子。

畫題 普通多用五彩或墨色山水，風景，人物，動物花鳥等。較古雅之建築，採用各類靜物：如寶瓶，寶鼎，盆景等。各式邊框，或橢圓，或半圓，或扇面，不一。所用邊緣圖案，爲各式曲水；如萬字，四斗底，雙鑰匙頭，單鑰匙頭，丁字，工字，香印，回文等，並無限制。

設色 蘇式彩畫之色彩，須視所採畫題而定。若用普通山水人物者，額枋仍以藍綠爲宜。畫地用白色，華文不可太密，則自能瀟洒自然，不流鄙俗。若採用靜物畫，題色彩則以古樸典雅爲宜。如秋香色之類。圖案花紋，曲水等，或用金，或退暈以襯出其立體。

（乙）斗栱及墊栱板

斗拱 彩畫較爲簡單，惟視其樑枋彩畫之作法，可斟酌變異其色彩及畫題。普通殿式建築，採用和璽或旋子彩畫者；其斗栱做法多相同。色彩以藍綠爲普通。二種色彩之分配法，爲間隔配置。升斗爲綠，則栱昂翹爲藍；每攢色彩亦間隔分配。惟柱頭科之升斗必用藍色。斗栱週棱須留適當之線路，視斗栱大小而定其寬度，（普通二三分）。描以金線。貼金線內壓以粉線。若樑枋彩畫不甚高貴者，斗栱棱邊金線，可以墨線代替。栱昂翹地上普通壓以墨線，亦有用流雲者。

墊栱板之地，多用硃紅色；四週留藍綠退暈邊緣，深色在外。華文多用出焰明珠，或瑞祥字之圓形圖案。和璽裝，此處可用龍，惟地改用藍色。邊緣用紅色或別種鮮明色彩。栱墊板華文，亦有採用他種畫題；如：海石榴華，西番蓮，等。

（丙）柱及椽

柱之彩畫部分普通則爲齊額枋之上段，色彩視樑枋而定。所採畫題和璽彩畫用龍或草。旋子彩畫用旋子，或柿蒂花，及菱花。箍帶用退暈，或寶瓶及各式曲水。

椽之彩畫部分僅在椽頭，因其面積小，所用華文多半就椽身形狀而定方椽普通方形萬字，壽字，圖案，圓椽用寶珠。椽身用半綠，或全綠；亦有用藍色者。望板則用紅色。

（丁）天花

天花爲室內裝飾，可分爲支條及天花板兩部；支條卽支架天花板之櫺架，天花板多正方形天花所以又有平叉之稱。天花彩畫格式有一定：普通將天花板分爲圓光，方光，井口，三部。圓光，卽指天花板中繪之圓形；方光，指圓光外之方框。井口指方光外留之寬綠。

畫題　天花畫題變動，只在圓光中。題材龍鳳滿草仙鶴，壽字，最普遍；亦有用各種走獸。

方光之四角繪華文稱岔角。岔角，畫雲文，間用花。支條交叉處，繪圓華稱轂轤。由此分叉於四方之華文，稱燕尾。

設色　圓光地用藍色較多，龍鳳等華文貼金或彩色退暈。圓光輪廓用金線。

方光色，視圓光色而定。若圓光色藍，則方光爲淺藍。但亦可變更應用。其輪廓用金線。

岔角顏色須鮮明，輪廓線考究者用金線；普通墨線；支條上燕尾色與此同。

井口地用綠色。支條用較深之綠；邊棱用金線或墨線。轂轤多全用金者，間有僅輪廓用金者。

（戊）歇山

歇山彩畫較簡單，畫題蔓草較普遍。間有用獅子，人物者。地色用硃紅，華文用金俗謂之金硃彩畫最爲輝煌。華文亦有用彩色者。

（四）彩畫之施工程序

彩畫之施工程序，膠彩與油彩相同。惟襯地之法不同耳。茲就油彩之施工方法略述於後。

彩畫施工之時季最應注意；酷寒之氣候下不宜施工。因不但料品以氣候關係發生物理變化，施用不易；工匠亦施工艱難，而不會有良好成績。施工程序如後：

（子）襯地，彩畫之畫地必須堅實，平光，然後繪畫其上始有良好效果。否則，底地脫落彩色亦隨之而下。故彩畫襯地工作，不容忽視。襯地程序，有下列步驟：

磨底　用砂紙將底地磨光。

拔嵌　底地不平或裂縫等缺陷處，用油灰嵌平。

上油　視底質而上適宜之油漆一度或兩度，乾後待用。

（丑）打樣，先决定畫題，然後將尺寸量準，在紙上起草樣；以便移至實體上施工。若山水之類蘇式畫題逕在實體上打草樣亦可。

（寅）清底，做好之油漆底地，磨去其浮光及附着之物，以便易於着色。

（卯）拍樣，將紙樣移至實體上，方法有複寫法及拍粉法。用拍粉法，紙上所鑿之洞孔不可太大，恐描色時易走原樣。

（辰）立粉，凡貼金部分之線條，輪廓，及紋路均須立粉。

（巳）上金底，貼金部分上金底漆，不可過燥，燥則金貼不牢。

（午）貼金貼金最好用綿使金着牢，俟乾用光石研光。

（未）上色彩，色必調配使濃淡厚薄適宜。

（申）退暈，須俟先上之色燥後，再上深一級色彩。

（酉）勾線注意線路寬度之平匀。

（戌）罩光彩，畫外層罩以凡立水，使漆膜益形堅固，色彩永久鮮明。舊法用熟桐油以亂絲揩拭。惟凡立水不可蓋罩金上，因其能使金減色。關於此點有兩法補救：（一）罩光後貼金。（二）貼金部分不罩光。

（附註）天花 ， 畫如圖案相同者，用（Stenciling）印板法尤能省事而整齊。惟須有熟練之工匠，及特別配製之顏料。

彩畫所用之金料名目甚多，一般彩畫工匠所習稱者：有老赤，滿口，足赤，淨紅，淨黃，青金等名目。此乃就金之質料及光澤而分，以老赤，淨黃，淨赤，爲較上。顏色有老嫩之別，深色者，謂之老色。淺色者，謂之嫩色。厚薄不一，但無大差別，大小不一，有大方小方之別。市上尙有種種假金，有白方黃方等名目，但一望可知。另有所謂定方者，係用者向金店定做之假金，可以仿冒眞金，較難辨認。

（五）彩畫顏料之商榷

彩畫工程從前都用天然顏料，由畫匠自行擣研淘取，如藍用石青，綠用石綠，黃用石黃之類，並以膠水調用，但在乾燥之處，尙可保持相當時間，倘用在潮濕之處，或屋宇外部，受風日雨露之侵襲，則膠性易失，剝落隨之，於過去膠彩畫之建築可以見之。從前所以不用油彩之故，因無適宜之煉油可代調和劑，李明仲營造法式一書，雖有如何製煉桐油之記載，但若以此種熬煉之桐油調和顏料，必致滯筆，反不若膠水之易於運用，此從前彩畫工程所以都用膠彩也。

現在時代不同，科學方法，機械設備，使人造顏料日益進步。產量旣巨，品質尤細，和以煉油，其耐潮抗光之力量，遠勝於膠水調和之天然顏料。但近來用油彩之工程，其耐久性，似爲一般建築家所懷疑。其故皆由於選料之不當；有以普通色漆代作彩畫顏料者；有以普通熟油代作彩畫煉油者；其他如襯地之底漆，以及蓋面之罩光漆，均未用特製之材料，自難望其持久。故油漆彩畫欲得良好之結果，在主其事者對於油彩材料，能詳加辨別，知所採擇耳。

中國工程師學會會務消息

◉中國學術團體聯合會所建築委員會會議紀錄

第一次會議

時間：25年9月20日

地點：南京雙石鼓42號夏宅

出席人：惲震，夏光宇，汪胡楨，胡博淵，章作民(夏光宇代)，宋希尚(惲震代)，

主席：夏光宇。

報告事項：

惲委員震報告本會籌備經過，及本會之任務。

討論事項：

(1)建築地點案。

決議：經妥愼比較研究各處基地情形，決定採用西華門水晶台基地。（在建設委員會與中央醫院之間）。

(2)建築計劃案。

決議：（一）建築經費假定爲十五萬元，內房屋建築佔十二萬元，水電暖氣設備及花園佈置佔三萬元。

（二）經費來源，中英庚款董事會捐助九萬元，各團體自任三萬二千元，另募材料二萬八千元，共十五萬元，

（三）爲經濟美觀及適合基地地形起見，將聯合會所及各團體辦公室等房屋，合併爲一大建築，分三層或四層，地板面積約共三百至三百五十英方，請汪委員胡，設計草圖，第一層爲大會堂，各會議室，及公共應用房門。第二層爲圖書館，及各團體辦公室。第三層爲各團體辦公室，（或連宿舍）。第四層爲宿舍及屋頂花園。

(3)選聘建築師案。

決議：俟草圖決定後，登報公開徵求設計圖案，應徵者概不致酬，當選者由本會聘爲建築師，負設計監工之全責，按工程總價百分之三致送酬勞金，並於本建築內勒石紀念。

◉南京分會常會

南京分會於9月30日(星期3)下午6:30，在太平路安樂酒店大廳舉行常會，先聚餐繼請行政院秘書長翁文灝先生演講，演講詞由書記陳章君整理後卽可發表，多屬箴勵吾工程界金石之言，語至現在非常時吾工程界之責任，聽者莫不奮發。後討論會務，報告國民大會選舉工程師代表事，又通過建築聯合會所本會負担三千二百元，除總會支付三分之二外，南京分會支付三分之一。最後推舉下屆司選委員會倪尙達君等三人，卽散會。

◉上海分會常會

上海分會於7月3日（星期5)下午5:15，在八仙橋青年會二樓大禮堂，映演德國工程有聲電影，計3種：

1.世界運動會會場

2.空中大道

3.柏林羅馬間空中旅行。

是日到者甚爲踴躍云。

上海分會雙十節聯歡會預誌

上海外國人組織之工程師學會，計有四個團體，本年來與本會及中國電機工程師學會，籌謀聯絡辦法，例如交換刊物，互請演講，參加常會等等，進行頗爲順利。玆爲擴大聯絡起見，特共籌備於本年10月10日下午4時至6時，假梵王渡聖約翰大學校舉行盛大之園地聯歡大會，備有茶點，及工部局

軍樂隊音樂，並由各學會共同柬請各界來賓，凡上述六個團體會員，以及家屬，均可參加，入場劵每劵售洋壹元，此次聯歡大會具有國際關係，望吾會員踴躍參預，以表現我國工程界之團結精神也．

◉會員通訊新址

沈培民（通）上海慕爾鳴路 128號殷志偉君轉
沈炳年（職）天津意租界三馬路大昌實業公
周鍾岐（職）武昌粵漢鐵路局
周愼謀（職）南京鐵道部
周保淇（住）淮安城內大溝巷南頭朝西門內
周煥章（職）開封河南大學
周萃禨（職）安慶北門外百子橋安徽大學
周唯巽（住）漢口武聖廟怡怡里十三號
周錫祉（職）湖南省公路局
林　筍（職）廣州市工務局
林永熙（職）廣東安舖督理南路辦公處
邵德輝（職）青島青島大學
金龍章（職）雲南省城全國經濟委員會
金肇組（住）廣州市越秀北路安樂道2號
金華錦（職）漢口湖北公路管理局
俞　暐（職）南京參謀部城塞組
俞子明（職）上海福煦路四明村華達建築公司
俞物恆（職）山東沂水採金局
姚士海（職）南京航空委員會第六科
姚觀順（職）漢口湖北鹽務稽核所稅警團
姚頌馨（職）江蘇板浦鹽務稽核所
施嘉幹（住）上海極斯非而路65號
施恩滋（職）上海浦東白蓮涇平安船塢
施炳元（職）南京交通部電政司工務科
段毓靈（住）北平東四錢糧胡同33號
紀鉅凱（職）青島膠濟路工務第一總段
胡承志（職）漢陽兵工廠
胡天一（職）南京兵工署
胡仁源（職）南京交通部
胡衡臣（職）南京交通部
胡佐熙（職）山東坊子膠濟路工務第三分段
胡光澄（職）天津禮和洋行
胡光燾（職）江西省政府技術室
韋樹屏（職）濟南建設廳
韋國英（職）上海古拔路全國道路協會
韋饒梧（職）廣西滕縣縣政府
韋增復（通）廣州市郵政信箱92號
倪松壽（職）南京交通部供應委員會
孫立人（職）江蘇海州稅警第四團部
孫亦謙（職）天津北甯路局
孫允中（住）山西太原市五福巷32號
孫寶勤（住）無錫石塘灣恆舒堂
孫景元（職）濟南市工務局
徐　瑛（職）漢口海關祕書處
徐　清（職）開封黃河水利委員會
徐信孚（職）江蘇板浦淮北建坨委員會工程處
徐百揆（職）南京全國經濟委員會
徐躬耕（職）上海圓明園路合中企業公司
徐寬年（住）上海海格路大勝胡同40號
徐宗溥（住）太原新滿城91號
徐械三（職）上海交通大學
徐震池（通）Mr. C.C. Hsu.
c/o Mr. Y.S. Tong,
115 Charence Road,
Longsight,
Manchester, England.
時昭涵（職）武昌武漢大學
徐志方（職）上濟楊樹浦蘭路中國電氣公司
殷祖瀾（職）北平清華大學
浦應籌（職）南京揚子江水利委員會
秦萬選（職）塘沽北甯鐵路局工務段
翁立可（職）北平平綏路西直門工務段
耿煥明（職）天津華北水利委員會
袁軼羣（職）南京中央大學
袁翊中（職）濟南小清河工程局
馬德建（職）上海荊州路 405 號電通影片公

18497

司

馬紹援（職）河南孝義鞏縣兵工分廠

高裔雲（職）開封黃河水利委員會

高步孔（職）天津北洋大學工學院

高常泰（職）廈門電報局工務課

高澤厚（住）北平東四牌樓十二條辛寺胡同10號

張金鎔（通）Mr. C.Y. Chang,
Redpath, Brown & Co. Ltd.,
2 St.Andrew Square
Edinburgh, Scotland.

張功煥（職）青島膠濟路局工務處

張承烈（職）南京中正路平安里四號中華興業公司

張善淮（職）山東文登縣建設廳第十八區水利專員辦公處

張承怡（職）鎮江建設廳

張自立（職）杭州浙贛鐵路理事會

張象昺（職）西安東木頭市天成公司

張遠東（職）上海大陸商場啓明建築事務所

張鴻圖（職）南京交通部技術室

張連科（職）上海高昌廟煉鋼廠

張大椿（職）上海江蘇高等法院第二分院

張志銳（職）上海百老匯路 687號萱華油漆公司

張孝敬（職）山東萊陽縣政府

張馨亞（職）高密膠濟路工務第四分段

張昌華（職）成都中央軍官分校

張銘成（通）天津英租界福蔭里毅達皮莊轉

張時行（職）杭州南城脚下14號中華興業公司

張大鏞（住）開封遊梁西街2號

張祿鎰（職）上海福州路上海航政局

梁啓壽（職）廣州市工務局

梁伯高（職）南京鐵道部

梁永鎏（職）黃浦商埠籌辦處

梅福强（職）長辛店平漢鐵路第一工程總段

章　祓（住）上海西門林蔭路34號

笪遠綸（職）天津河北工學院

莊效震（職）鎮江建設廳

莊義達（職）天津法租界法國花園

許心武（住）揚州東關48號

許寶農（職）開封黃河水利委員會

許起鵬（職）鎮江建設廳

許炳熙（職）上海龍華大中染料廠

許時珍（職）天津北甯路局工務處

郭守先（職）九江市政府

郭克悌（職）上海廣東路五一號大昌實業公司

郭嘉棟（職）天津工務局

郭恆年（職）濟南北商埠道義製城廠

郭勝磬（職）青島膠濟路局工務處

郭養剛（職）上海外灘18號鹽務稽核所

陳　揚（職）南京導淮委員會

陳　器（職）上海博物園路34號建設委員會購料委員會

陳昌賢（住）南京丁官營59號

陳三才（職）上海靜安寺路北極電器冰箱公司

陳慶宗（住）上海海甯路三德里51號

陳端柄（職）杭州浙贛鐵路局

陳詠仁（職）上海博物園路 107 號百祿洋行

陳佐鈞（職）廣西省政府

陳振鵬（職）汕頭東區綏靖公

陳崇武（職）南京鐵道部

陳崇晶（職）南通專員公署

陳傳瑚（職）北平南河沿歐美同學會

陳紹棻（職）天津華北水利委員會

陳祖貽（職）浦口津浦路局工務處

陳裕華（住）南京莫愁湖98號

陳國琦（住）廣西南甯桃源路十七號之二

陳克誠（通）Henn Tschen Ke Tsei,
c/o Yeh Ming Shen,
Berlin N.W.87.
Franklinstr 18[1],
Germany.

陳肇搽（職）上海博物園路34號建委會購料委員會
陳體榮（職）上海圓明園路合中企業公司
陸　超（住）崑山里庫11號
陸爾康（職）湖南衡州東岸火車站粵漢路株韶段第五總段
陸之昌（職）張店膠濟路工務第五分段
陸士基（職）陝西大荔洛惠區工程處
陸公達（職）天津華北水利委員會
傅　銳（職）成都行營公路監理處
婁道信（職）安慶建設廳第一科
勞乃心（住）杭州惠興路平安坊二弄3號
單基乾（職）九江映廬電燈公司
屠慰曾（職）南京鐵道部技監室
庾宗溎（職）南京新街口正洪街江南水泥公司
景　宜（職）鎮江軍政部通信兵團
曾理超（職）廣東樂昌粵漢路株韶段工程第二總段第一分所
曾仰豐（職）天津鹽務使署
湯天棟（職）廣州西瓜園交通部無線電話台
湯雲臺（住）天津小關大街振德里19號
湯武傑（職）上海圓明園路34號建委會購料委員會
湯心湾（職）上海復旦大學
程　壬（職）甘肅平涼西北國營管理局
程式峻（職）天津北甯路改進會
程景康（職）上海圓明園路97號華嘉洋行
華允璋（職）南京鐵道部技監室
項顯洛（職）南寧建設廳
馮　簡（職）北平北平大學工學院
馮朱棣（通）Herrn C.T. Feng
Kurfürslendamm218
Berlin W. 15
Dentschland.
黃　穆（職）湖南湘潭鄧局交湘黔鐵路第一測量隊
黃慶沂（職）杭州浙贛鐵路南萍段工程處
黃大恆（職）河北唐山開灤礦務局
黃教慈（職）開封河南大學
黃秉政（職）沙洋江漢工程局第七工程所轉鍾祥襄堤工程處
黃步雲（職）鄭州電話局
黃澄淵（職）青島電話局
黃漢彥（職）上海楊樹浦蘭路永安紡織第一廠
黃古球（職）上海勞勃生路奇異安迪生公司
黃昌穀（職）廣州中山大學
黃殿芳（職）廣州市工務局
黃學詩（住）南昌鹽義倉14號
黃鍾漢 Mr. Y.K. Huang, University of Illinois Urbana, Ill. U.S.A.
楊立人（職）浦鎮津浦鐵路明光站工務巡查段
楊元熙（職）廣州市公用局
楊承訓（職）浦口津浦鐵路局
楊永棠（職）廣州市公安局
楊耀德（住）杭州下馬市街134號
萬承珪（職）濟南膠濟路工務第二段
萬孝騻（職）湖南衡陽株韶段工程局
萬樹芳（職）成都四川公路局
葉　彬（職）南甯自來水廠
葉　彧（職）南京中央大學
葉雲樵（職）上海高昌廟江南造船所
葛　澄（職）鄭州隴海路局車務處
葛祖良（職）天津河北省立工業學院
葛學瑄（住）嘉定東門葛宅
葛嗣宗（職）廣西桂林廣西公路管理局桂林區辦事處
董　綸（職）南京三元巷2號資源委員會
董　惇（職）石家莊電話局
董繼蕃（職）開封黃河水利委員會
董貽安（職）天津華北水利委員會
董鍾林（通）Mr. C.L. Tung,
214 Szgden Rd.,
Ithaca N.Y. U. S. A.

18499

裘名輿（住）天津英租界39路三益里43號
解潔身（住）太原天地壇五巷4號
詹永合（職）蚌埠津浦路機務段
賈書河（職）南京揚子江水利委員會
過文瀫（職）上海滬閔路上海中學
過祖源（職）南京衞生署
鄒茂桐（職）廣州交通部無綫電台
鄒頌清（住）上海膠州路319弄23號
雷　煥（職）雲南省城模範工藝廠
雷文銓（職）福建泉州泉安汽車公司
甄雲祥（職）江西分宜界首浙赣鐵路南萍第六工務段
管冠球（職）廣西省政府建設廳
翟廣錡（職）青島膠濟路局機務處技術課
臧贊鼎（職）天津郵政管理局
趙　訒（職）濟南桿石橋外利民工廠
趙　英（職）南京兵工署
趙福基（職）漢口江漢工程局
趙志游（職）上海南京路 307號康樂化學廠
趙世瑄（住）北平前內前紅井10號
趙松森（職）成都電話局工程處
趙國棟（職）濟南津浦路大槐樹機廠
趙愼樞（職）開封黃河水利委員會
趙國棟（職）陝西沔務公路局測量隊
赫英琴（職）南京交通部九省長途電話局
劉肇龍（住）重慶黃土坡2號
劉正炯（通）上海靜安寺路1535號金城別墅清華同學會轉
劉雲山（職）武昌武漢大學
劉秉璜（職）西安陝西省水利局
劉以鈞（職）江西梁家渡浙赣路杭南段工務第四總段
劉承先（職）陝西褒城西漢公路留漢第三分段
劉勵路（職）淮陰區專員公署
劉潤華（職）秦皇島開灤礦務局
劉家駒（職）開封建設廳
劉其淑（職）上海蘭路中國電氣公司
劉樹鈞（職）河南孝義鞏縣兵工分廠
劉如松（職）甘肅蘭州建設廳轉徑委會測量隊
劉敬宜（職）南昌航空委員會第二修理工廠
劉松儕（職）南京交通部供應委員會
劉盛德（職）南京下關鮮魚巷40號永利化學公司
劉隨蕃（職）上海金神父路花園坊99號
劉燮勳（職）天津北甯路局車務處營業課
劉良湛（職）衡陽株韶鐵路工程處第六總校第二分校
歐陽濂（職）北平工務局第二工區
潘廉甫（職）上海斐倫路電力公司
潘祖馨（職）蘇州三元坊蘇州中學
潘世義（住）上海金神父路422弄4號
潘學勤（職）開封黃河水利委員會
練孟明（職）四川宜賓第六區專署第四科
蔡名芳（職）鄭州隴海路機務處工程課
蔡世琛（職）雲南開遠縣路開箇工程處
蔡邦霖（職）天津河北新車站北甯鐵路電信課
蔣以鐸（住）南京華僑路26號
蔣易均（職）上海北蘇州路兩路業局材料處
蔣光曾（住）南京漢西門黃鸝巷32號
蔣仲楫（職）淮陰導淮會揚莊壩工局
褚潤德（職）青島膠濟路局工務處
鄧子安（職）北平電報局
鄭傳霖（職）武昌市政處
鄭達宸（職）上海四川路33號開灤售品處
鄭家覺（職）唐山開灤礦務局
鄭大和（住）北平錦什坊街巡捕廳胡同
魯　波（職）南京下關鮮魚巷40號永利化學公司
黎度公（職）上海九江路150 號稅警稽核處
黎智長（職）漢口電報局
龐承道（職）天津北洋大學
魏　賓（住）天津南門外沈家台瑞福里10號
盧資模（住）上海江西路451號四樓

18500

原刊缺第一百六十一至一百六十二頁

工程週刊

中華民國25年10月15日星期4出版
(內政部登記證警字788號)
中華郵政特准掛號認為新聞紙類
(第1831號執據)
定報價目：全年連郵費一元

中國工程師學會發行
上海南京路大陸商場542號
電話：92582
(本會會員長期免費贈閱)

5·14
卷 期
(總號116)

洛陽電廠工程

洛陽電廠係中央軍官學校洛陽分校，委託建設委員會代辦，組織工程委員會主持其事。自22年9月派員調查起，中經購機，建築，裝置，試車，至24年4月底正式發電。茲將工程設備情形，略述如下，其詳細圖樣，由工委會另刊報告專冊。

電廠設備與裝機工程

鍋爐間

(1)平面式水管鍋爐二座

英國拔柏葛廠之W.I.F.式之水管鍋爐二座，受熱面積各為2010平方呎，每小時各可發汽7,500磅，最高可至9,000磅，且各配以360平方呎受熱面積之過熱器。規定汽壓為每平方吋215磅，氣溫為華氏560°。

(2)自動棣條式加煤機二座

每鍋爐裝有4′-0″寬16′-0″長之棣條式加煤機一具，該機用1.5馬力封閉式馬達拖動，且裝有齒數不同之傳動齒輪，可以調節加煤機四種不同之速度。

(3)引風機及烟囪

"Davidson"卅五吋徑引風機一具，置於鍋爐間左傍小室內，用11馬力每分鐘480轉之鼠籠式感應馬達直接拖動，通連烟道。鍋爐因負荷之不同，得隨時單獨用煙囪之天然引風，或同時開用引風機。烟囪為1/4″及3/36″鋼皮所製成之4′-6″徑80′-0″高之鋼煙囪，放在離地9′-0″高之鋼骨混凝土底座上。烟囪高度，略嫌不足，原定為130′高，但為軍事區域所限制，故不能再高。不若開引風機時，爐內風力僅1/4″。吹風機在設計中未予考慮，因鍋爐容量甚小故也。

汽輪機間

(1)500瓩汽輪發電機一具

該機為B.T.H.8級衝擊式，凝汽器緊靠汽輪之下，同在一室，為最新之簡便靈巧式樣。汽輪速度為每分鐘8000轉，發電機為1000轉，用齒輪聯絡傳動。發電機為3相交流，50週波，電壓6900伏，電力因數80%。額定負荷500瓩，過量負荷550瓩，可維持2小時。

(2)附屬機件

(a)循環水泵，直接裝於發電機之地軸上，在60′水頭之下，每分鐘能出水965英加侖，為Mirrless Watson Co. Ltd.出品。

(b)勵磁機，為B.T.H.所自製，直接裝在循環水泵地軸上之外端。

(c)凝汽器，為水管式凝汽器，受冷面積775平方呎，冷水溫度普通假定為華氏75°，若夏季高至95°，亦應可使原動機發出500瓩之力量。

(d)凝水泵，接連於汽輪機之進汽一端之地軸上，用螺旋輪及螺桿傳動。該水泵能在60′水頭之下，將汽輪機最高負荷時之凝水盡行抽出，其出水方面裝有停水閥及止回閥。

(e) 兩級抽氣器，可以從凝汽器中抽出全部空氣，使冷水溫度高至華氏 85°時，仍可獲得 27″水銀之真空。每小時此器僅須用汽56磅。

(f) 小汽輪油泵機係補助性質，用在開車時，一俟汽輪機速度達到相當高度時，即可停止，因汽輪機地軸所拖動之油泵，其時即可開始工作也。

此機在合同內規定用手搖式，後萬泰公司自動改用小汽輪，便利不少。

(g) 汽輪機之調整及保險，計有進汽總閥一具，其上裝保險手拉機關，及濾汽器；調速器一具，其機軸手動調速，可使汽輪速度，保持在 5%以內，其傳動之方法係用一小電動機及油力之控制閥。又量速計一具，過速跳脫一具。

(h) 空氣濾淨器B.T.H.自製，六個單位合成，佔面積3′×4′×5′。

(i)起重機，Morris 製，練條手拉式，單樑懸空，橫距 36′-6″，兩面鐵軌各長 24′-0″，機身可以往來自如。起重力量計 5 噸。

(j)開關電壁，勵磁機板一方，發電機板一方，饋電綫板二方，廠內管理板一方，表件設備均詳載規範書。

給水設備

(1) 雙汽缸蒸汽機給水泵一具，在鍋爐規定壓力之下，能出水每小時25,000磅。製造廠爲Worthington-Simpson Ltd.

(2) 電動機離心式給水泵一具，爲Harland Engineering Co.所製，在鍋爐規定壓力之下，能出水每小時10,000磅。其電動機爲B.T.H.製，鼠籠式感應電動機，15馬力，3相380伏。

(3)蒸溜器

蒸溜器一具爲G. & J.Weir Ltd. 所製，每小時可生補充之鍋爐給水1,000磅。

蒸溜器水泵一具爲 Mather & Platt 所製，用一小電動機開動，每小時可打水5,000磅。

(4)沙濾缸一具，爲 United Water Softners Ltd. 所製之壓力式，每小時能濾水5,000磅。又水泵一具，爲 Mather & Platt 所製，亦由電動機轉動，將池中生水直接打入沙濾缸，容量亦爲每小時 5,000磅。缸內黃砂及石子用洛陽所購者。

(5)水箱

6′—0″×6′—6″×6′—6″ 鋼皮製蒸溜熱水箱一只，及 6′—0″×6′—6″×6′—6″ 鋼皮製沙濾冷水箱一只，均放置在離地 19′ 之鋼骨混凝土平臺上。此二水箱係在上海所製。

洛廠之主要機器裝置，由萬泰公司依照合同供給機匠二名，起重匠二名，砌磚匠二名，電焊匠一名，（電焊匠工作僅三天），陸續到洛工作，歸其工程師湯兆恆君指揮督工。工委會派工程師壽光君代表監工，又加雇機匠四名，小工多名，共同工作。關於烟囱之起重及釘鉚，亦由工委會向首都電廠借調起重匠及冷作匠，攜同工具，專程赴洛。此外關於焊接自發電機至油開關之電纜，萬泰認爲合同所不包括，亦須由工委會自行派工，工委會均予照辦。鍋爐裝置，鉻管子，及裝砌火磚等工作，自 23年9月20日開始至11月下旬完畢，共約70天。汽輪發電機及其他附屬機器自11月16日動工，至24年 3月中旬完工，約費4個月。中間因電焊遲誤者2星期，因修配運輸損壞零件而遲誤者亦多日。洛陽遠離京滬，運輸配料，需時甚多，以此而論工程之進行速度，尚未可詔爲遲緩。但萬泰公司之高壓蒸汽凡而多件，原稱於23年12月可運到者，乃因訂購過遲，又加經售之滬行電文訛誤，輾轉更正催促，直至24年4月16日始行到洛，以致試車及發電日期均不

汽輪發電機混凝土底脚做成及鋼底板排好時留影

鍋爐裝砌火磚

汽輪發電機全影（可見循環水泵及勵磁機）

汽輪發電機及王工程師超

得不一再展緩。此實爲最大之遺憾，亦爲工委會與萬泰公司爭論而幾至於公斷之主因也。烘鍋爐本可於24年 2月初開始，但萬泰因凡而未到，改於四月初舉行，遲兩個月。鍋爐試冷磅，拔柏葛公司謂可試至額定壓力之150 %，後則試至三百磅，時間十分鐘，相差尚不多。火磚由萬泰供給15,000塊，係開灤製，裝配結果，方知尚缺少 4,000塊，爲計算疏漏之誤。臨時急促，乃由向孝義兵工廠借用開灤火磚 4,000塊，後由萬泰補購歸還。

關於房屋與機器之相互地位，有二事亦爲遺憾，而可令以後辦事人注意者。第一，拔柏葛公司增加爐床長度，而未早事通知，以致爐前之空地較短，於燒煤出灰諸多不便。第二，工委會將房屋全部圖樣寄與萬泰，萬泰或未轉寄英國，以致英方設計之凝汽器地坑與墻壁底脚衝突，幾經設法，始告解決。

電廠無論大小，其裝置工程所經過之手續，均相彷彿。故洛陽一廠，雖僅 500瓩，其工作則與 5,000瓩無異。買方與賣方雖有誤會，但以大體而論，合作尙稱完美。

綫路設備與佈綫工程

洛陽電廠之發電電壓，當時有 2,400伏及 6,900伏兩種之選擇。爲求發電電壓可以直接饋送近郊二三十里周圍起見，乃選定6900 伏，以圖各方面之經濟與便利。由電廠之開關電盤上，分出兩路饋電綫，一供軍校，一供城區。導綫設計，每路均爲 1,000千伏安，用美規 4號裸銅綫。全部採用架空圓木桿方式，木桿由工委會向南京大森木行訂購，40′長者 110根，（根徑9½″梢徑 5″），35′者270根，（根徑9″梢徑5″），30′者190根，（根徑8″梢徑4½″），20′者80根，（根徑 8″梢徑5″）。橫担用三角鐵，高壓磁碗子向美國 Ohio Brass Co. 訂購，有直脚式，掛式，及扳綫用者三種。銅綫係由新電公司經售之德國貨。3相變壓器分50,25千伏安兩種。單相變壓器分 15,10,5千伏安三種，皆屋外桿上式，由6,600伏3綫降低至230/400伏3相4 綫。因國貨變壓器在目下已可替代一部份舶來品，故招標選定益中機器公司製造，並切囑該公司必須特別注意其品質，以爲國貨前途之榮譽。綫路上各種設備均經建設委員會電氣試驗所取樣抽驗，證明良好。

低壓綫路之木桿，用30′及35′ 兩種。電綫用美規4號及6號裸銅綫。磁碗子亦有三種，直脚式，蝴蝶式，及扳綫用者，皆國貨啓新出品。

路燈綫在設計時，本擬特放一高壓綫路，專供路燈用電，以期與普通用電分開，管理方便，其變壓器用單相，回路利用地綫。後以初發電時，並無日電，且預算不充，所費較距，故暫時將路燈接在低壓配電綫上，其總綫採用美規 8 號風雨綫。（最近洛廠已將開放日電，故路燈綫已與低壓綫分開）。

洛陽街道兩旁，原有市內電話綫及長途電話綫兩種，工委會於23年 5月即呈請建設委員會轉飭河南建設廳，將兩種電話綫集中一邊，以便建設電燈電力綫路，此事不久即辦妥。綫路工程於10月間開始，因電綫訂購較遲，於11月初始運輸到洛，故10月間僅雇工植桿，至11月中旬始架設電綫。高壓綫計用美規4號裸銅綫 35,000′，分 243檔，每檔平均 135 。低壓綫用美規4號，6號，8 號，裸銅綫，共34,000′。紮綫全用8號軟銅綫。路燈共裝137只，用風雨綫 20,000′。至24年3月中旬全部完成，工資共費1,800餘元。工委會對於綫路之佈放，及裝置之方法，均繪有詳細之標準圖樣，及植桿地位圖，裝置時按圖行事，結爲便捷。其他爲圖樣所未載者，均照屋外供電綫路裝置規則辦理。所借工匠與小工事前多未有適當訓練，指揮之時，頗有困難，由此可見技工訓練之重要也。

放綫樹桿之情形

土木工程

(1)水井工程

由電廠出來之兩高壓綫路

洛陽城之中心
（路左電力桿路右電訊桿）

水爲蒸汽發電廠最重要之原素，鍋爐供給及凝汽器循環，皆須臾不可或缺。洛廠離河較遠，既難引資利用，則水之來源，端賴乎鑿井。井之鑿法，有自流井及土井二法。自流井必須將深至數百尺之鐵管，打入石層以下，絕對避免地面不潔之水，其源流較爲可靠。但洛陽土層極厚，岩石常在二三百尺以下，開鑿自流井時，設遇堅厚之石層，則經費與時間，兩皆損失。故經再三討論之後，即決定採用改良式之土井。其法，先掘3公尺直徑之土井，至相當深度見水時，將一鋼骨混凝土圓盤放下，中空亦爲3公尺，高1.5公尺，邊厚 64公分，底斜削，包以鋼板，徐徐下陷，上砌磚牆，厚亦64公分。未鑿井以前，先向新中公司購一20馬力柴油機，配以T.B.T.16千伏安發電機，及10馬力之感應電動機水泵，備作鑿井時抽水之用，（此機在工程進行中效用甚多，臨時電燈，亦賴此供給）。水井合同於23年3月間擬就，4月3 日由辦事處與洛陽實興公司簽訂。4月11日開鑿，至28日見水，（工作17天，洛陽土乾且堅，井壁直立，不易倒塌。自地面至地下15公尺均爲黃土層，自15公尺至18公尺，間有瓦礫磚片及破碎之陶器。20公尺以下，土質潮潤夾有潔白鮮豔之沙石。21公尺以下，始發現水沙，及大可盈握之卵石）。見水後，即將木盤売子放下，紮鋼條，澆水泥，上砌10公尺高磚牆。電動機水泵則裝在離水面5公尺處，用3″×6″水落鐵架住。5月25日開用水泵，將水向上抽打，同時用人工向下挖掘，至 5月29日，井底達2‾公尺，水泵終日不停，井水之深度亦保持不減跌。其時水深僅 2公尺，因無法再鑿，只得至此爲止。至6月15日，全井完工。此井工料總價共2,520元。此井水量充足，且異常清潔，成績之佳，可稱鄭州以西第一。惟硝量較多，或係河南地質之特徵。其後又爲軍分校在半里外另開飲水井一口，水質更清，又因磚牆減薄，工料節省，其成本又在第一水井之下。井水經建設委員會礦業試驗所化驗結果如下：

井水分析	兆分數
二養化炭	0.00
總鹼性	205.00
負硬性	2.50
暫時硬性	202.50
永久硬性	0.00
鎂	88.80
氯化物	14.00
消耗養氣	0.00
氨化物	
游離氫	0.172
亞硝酸鹽	0.200
硝酸鹽	3,750.00
鹼質	6,472.00
混濁度	0.00
顏色	0.00

臭味　　0.00

水井電盤起吊下放

(2)圍牆工程

圍牆用青磚實砌者886′，用蘆筋及泥叠砌者230′，高度均為9′。23年4月26日辦事處與繆金記簽訂合同，29日動工，6月5日完成。磚牆單價每丈20元，泥牆每丈11元，總價連鐵門爲2,243.79元。

(3)發電所房屋工程

工委會設計洛廠發電所房屋，其高低深闊，悉根據各項機器之圖樣，外表求其大方，內容求其堅實。基脚依照沿海一帶土質設計，洛陽土質堅實異常，故愈為鞏固可靠。規範書及繪圖由陳委會中熙及陳技士琦負責，詳細設計則由建築工程師徐節元君主持。4月1日圖樣完成，在南京登報招標，19日開標，華中營業公司以19,392,31之最低標價得標。其時因洛陽路遠，一般營造廠皆不肯輕於嘗試，投標者共僅三家，其餘兩家所開之價皆在22,000元以上。4月27日簽訂合同，限30日內開工，開工後75日造竣，我方予以運輸上之協助。付欵分5期：材料運到工場價在6000元以上時，付第一期4 000元；牆平簷口，付4,000元；屋面完成，內外粉刷落地，付4,000元；門窗裝畢，油漆完工，付5,000元；工程完畢，暫時驗收一個月後，付末期餘款，但須扣付1,000元作爲保固費，俟6個月後經廠方正式驗收，認爲滿意後發還。

華中公司於5月14日動工，至8月初完工，未超出限期。房屋佔地共3,800方呎，所有磚牆，均厚15″，四面鋼窗，皆東方公司出品，共72堂。混凝土用1:2:4成分。屋架木製，平屋頂用柏油油毛毡。此屋成後，各方參觀者皆極讚美，謂爲鄭州以西第一工業新建築。

(4)辦公室材料室及職員宿舍工程

辦公室等房屋，設計不宜過於講究，以適合需要與洛陽軍校環境爲原則。辦公室材料室各佔地7,50方呎，合爲一屋；職員宿舍佔地1050方呎，另爲一屋，但相毗連，4月6日在洛陽登報招標，鴻盛長板廠開價最近，得標。5月2日簽訂合同，包價3,930元，合每方154元，限期40天內完工。5月4日動工

發電所房屋(汽輪間及套間)

發電所房屋(鍋爐間及套間)

，至7月8日完工。

（5）機器底脚工程

底脚工程分鍋爐及電機兩部分，鋼筋圖樣均由陳委員中熙設計。鍋爐底脚係交由華中營業公司包做，一部份材料由辦事處供給，總價為2,531元。

鍋爐底脚於8月開始，9月完工。汽輪電機底脚卽由辦事處自行辦理，點工給料。洛陽土質堅硬，澆水泥幾可不用木壳，工作十分順利。總價為2,111元。

涼水塔木架建就釘板條時之情形

汽輪機底脚

清除及修理舊水池

（6）修理水池及建造涼水塔工程

因水之來源為井，故循環於凝汽器中之激冷水，必須保留於池中。又因激冷水從蒸汽方面吸收之熱量必須使其散去，故於「噴水池」及「涼水塔」二法之中，必採用一法。工委會早經決定採用「涼水塔」方法，使含熱之水從高處淋灑而下，四圍遮以木板，以免沙刮入池及水珠飛散；氣囪之建造方式類似煙囪，以利下端冷風之吹入。「涼水塔」之水池面積，可較「噴水池」減少。此池

涼水塔大部完成

（未釘板條處留作通風百葉窗之地位）

本應建於發電所之正對面，惟以廠址內舊有水池一方，寬46′，廣46′，深14′，為昔日吳子玉將軍貯河水以灌溉樹木之用，池雖破敗，建築尚堅，故雖地位稍偏，亦宜設法利用。辦事處旹補殘缺，加以修繕，池底鋪以鋼筋混凝土，四壁粉以水泥，共費去 1,000元。池上建築一離地54′之烟囪式涼水塔，因

鋼架建築估價太高，超出預算，故決定自包小工，改用洋松大柱（8″方），生鐵底脚，洋松釘板，外塗柏油，以防腐蝕。式樣大致參照鞏縣兵工廠之涼水塔，而材料結構之鞏固則過之，雖洛地風大，預計亦可用十餘年。由凝汽器通至水池及涼水塔之8″進水及10″出水水管，本應採取最短捷之路徑，避免灣頭，茲以遷就水池關係，灣頭略多，吸水較難，祇得俟至第二機及第二池設置時，再行改正。水至塔頂後，由水管分四路噴散下落，增進塔之效能不少，其總價爲4,075元。

發電所套間及烟囱

（7）雜項工程

鍋爐之磚牆砌築，材料由萬泰公司供給，人工則由該公司及工委會合作。烟囱底脚，烟道引風機底脚，及套間隔牆之工料總價爲1,350元。

此外關於煙囱者，尚有冷作匠費用176.70元，起重匠費用268,69元，起重工具運費30.40元。

生鐵循環水管，由工委會設計繪圖，交南京機器廠家包做，運往洛陽，其工作成績似不及上海之佳。此外如廠內房屋之排水，鍋爐及汽輪機之排水，水管水溝，總價爲3,308元。

洛陽電廠決算表

科	目	決算數
第一節	土地徵收費	$ 146.35
第二節	發電所房屋建築工程費	19,392.31
第三節	鍋爐機器底脚及水塔水池煙道水泥地坪等土木工程費	9,771.64
第四節	辦公室材料間職員宿舍工房門房廁所圍牆水井等工程費	10,452.45
第五節	電廠內部發電機設備費	£ 9,000.00 $17,500.00
第六節	電廠內部附設二十馬力柴油機及水泵等費	3,931.00
第七節	輸電配電材料費	22,104.58
第八節	電桿椿木等費	4,765.60
第九節	植桿放綫費	1,985.70
第十節	各廠各處室內電燈費	511.66
第十一節	接戶設備費	3.930.19
第十二節	雜項設備費	5.596.05
第十三節	旅運費	12,697.11
第十四節	辦公費	2,142.71
第十五節	工程人員薪工	6,698.21
第十六節	預備費	3,578.37
共	計	$ 125,206.93 £ 9,000.00

中國工程師學會會務消息

◉上海分會常會

上海分會於9月7日星期1，下午5時，在香港路銀行公會開常會，請交通部水綫工程師王柏年先生演講「華文電報機」，該機卽王先生所發明，能自動譯報，當場表演云。

◉中國學術團體聯合會所建築委員會第二次會議會議紀錄

時　間：25年10月1日下午5時。
地　點：南京雙石鼓42號夏宅。
出席人：張劍鳴，胡博淵，韋以黻，朱希尙，汪胡楨，惲　震，夏光宅。
主　席：夏光宇。　紀錄：張照麟。

報告事項：

（1）夏副主任委員報告中國工程師學會董事會通過本會上次會議各決議案情形；

（2）汪委員報告設計本會草圖情形；

（3）惲委員報告關於本會建築經費之接洽情形。

討論事項：

（1）登報徵求設計圖案案。
決議：推汪惲二委員草擬建築需要條件；並推張朱二委員草擬徵求圖案章程，及登報文字，於三日內，彙送夏副主任委員，整理付印，並登報徵求

（2）決議：推應委員，韋委員爲本會財務委員。

（3）決議：聘張照麟，吳梅修二君爲本會文書幹事。

（4）決議：（1）雙十節前，登報徵求圖案；
（2）11月20日，截止接受圖案；
（3）11月底以前，決定圖案中選人；
（4）明年1月10日，登報招標建築；
（5）2月1日開標；
（6）2月15日開工；
（7）雙十節落成。

◉會員通信新址

薛次莘（職）南京全國經濟委員會公路處
胡福良（職）南京水晶台資源委員會
侯德榜（職）浦口御甲甸永利硫酸錏廠
鮑國寶（職）廣州市電力廠
任國常（職）長沙望湘街12號中央電瓷廠
周維幹（職）長沙望湘街12號湖南電器廠
許應期（職）上海牛淞園路建設委員會電機製造廠
胡汝鼎（職）南京建設委員會
張承祜（職）南京水晶台資源委員會
莊秉權（職）南京三元巷2號資源委員會
費　霍（職）南京參謀本部城塞組
李範一（住）南京陶谷村4號
蔣以鐸（職）南京華僑路兵工署
盧　伯（職）河北唐山林西開灤煤礦
霍寶樹（職）上海中國銀行
盧鉞章（職）上海楊樹浦路電力公司
蕭　瑾（職）漢口平漢路江岸工務所
蕭　勉（職）武昌建設廳
蕭子材（住）蘇州西美巷11號
蕭卓顏（職）漢口平漢鐵路工務處
賴　璉（職）南京中央委員會
錢　夔（職）武昌江漢工程局第二工務所
錢永亨（職）南京黨公巷首都電話總局設置股
錢昌淦（職）上海博物園路131號東亞建築公司

18511

錢昌時（職）南京航空學校
霍佩英（職）山西山陰縣岱岳鎮郵局轉桑乾河工程處
閻　偉（職）綏遠教育廳
閻書通（職）天津英租界福發道162 號中國工程司
薛磧曾（職）南京外交部
薛迪彝（職）上海楊樹浦電力公司
韓朝宗（職）南京水晶台資源委員會冶金室
戴壽彭（職）浦口津浦路局車務處運輸課
孫傳儒（職）上海四川路電報局
孫肇鑒（職）南京鐵道部新路建設委員會
孫增能（職）四川公路局工務處
鄺兆祁（職）上海愚園路全國經濟委員會
鄺公立（職）南京市政府自來水管理處
鄺耀原（職）廣州第一集團軍總司令部
鄺榮光（住）天津馬場道39號
竇瑞芝（住）湖南湘潭老育嬰街柳絲巷 2號
賓世爵（職）廣西百色田南廣西道路局田南工程處
羅清濱（職）廣州第一集團軍總司令部
譚天迷（職）廣州勷勤大學工學院
譚葆壽（職）上海曹家渡公安分局
關祖章（住）北平乾麵胡同2號
關蓉麟（職）天津北甯路局祕書處
嚴　晙（職）北平清華大學
嚴之衛（職）上海霖爾鳴路 128號永利化學公司
蘇珊朝（職）河南平漢路黃河南岸工務總段
蘇樂眞（職）上海博物園路34號建委會購料委員會
蘇紀忍（職）石家莊正太路局工務處
顧會祥（職）北平平綏鐵路機務處
龔積成（職）南京兵工署
龔寶仁（住）天津日租界須磨街福綠里丁字5號

工程週刊

中華民國25年11月5日星期4出版
內政部登記證警字788號)
中華郵政特准掛號認爲新聞紙類
(第1831號執據)
定報價目：全年連郵費一元

中國工程師學會發行
上海南京路大陸商場542號
電話：92582
(本會會員長期免費贈閱)

5·15
卷 期
(總號117)

本會編刊

「中國工程紀數錄」緣起

工程師在實地工作時，最重要者爲工具及材料；在計劃估算時，最重要者爲手冊及參考書． 手冊所載多屬學理公式，參考書則包括論文書籍，及工程雜誌．我國工程師應用之手冊及專籍仍多歐美原版，國內出版者倘欠充實．工程雜誌多注重於實施工程之記載，以及學理之探討；本會出版『工程』兩月刊及週刊外，其他工程學術團體及機關之刊物，僅約一二十種．惟最感不便者，爲國內各項工程記載，向未有系統之集刊，隨時須要參考，頗難搜索；尤其對於國內已成工程之數目字，宜我中國工程師可以隨口應答，隨手檢得者，反多茫茫然不知何處可求之．今編『中國工程紀數錄』，正以補此缺憾．

紀數錄相當於英文之 DATA & RECORD，大體注重數字，而亦有一覽表紀錄之性質，故不涉學理，亦非統計，凡工程手冊所已有之表式，槪不列入．祇求國內已成事實，分類列表，作工程界之參考，使不能記憶之數字與名字，一檢即得，無徧覓羣籍，費時費力也．書內分科編列，共14類，所載多爲工程界人士所必需敉之資料．如專門鐵道者固明瞭國內各路線之長度，惟專化工專電信者，亦有時須知粵漢或隴海各站距離；反之，如專門電力者固明瞭首都或漢口電廠之電壓及電流情形，而專其他各科者，在某一地工作，亦不可不知該地之電氣情形；蓋各科自有相互密切關係，及聯絡之需要．此種包羅萬象之中國工程槪要書籍，實屬日常不可缺之一種．今此書所包含者，僅爲我國各專科工程家對於國內其他各科工程事業，最低限度之常識，並資以認識工程界全體工作之成績．望讀者得此書後，先瀏覽一遍，然後置諸手頭，隨時查檢，則在計劃或討論工作時，必大有助於諸君也．

本會去年年會時，曾有議決案，每年須編國內工程建設報告，提出年會．此項工作範圍廣大，一時難以着手．今此書正以備該項報告之根基，庶每年新建設得分門詳錄，而本書得年年擴充，成爲我國工程事業之信標，依此可比較我國工程推進之速率，亦以表彰我工程界同志努力之程度；蓋此『中國工程紀數錄』之造成，非他人之所造，乃我全體工程界之所自造也．編者不過代諸君抄記而已．

此書內容分請本會會員各就專門學科，編訂審校，力就正確詳盡；惟事屬初創，調查未週，會員諸君如有建議補充，倘盼隨時賜函指示，以求完美．此書將來每年訂正重版一次，第一版材料截至25年10月底止，於26年1月1日可出版，以後每年將依此爲準．

版式與本週刊相同。茲將第一版（民國26年）要目預告如下：

鐵道：

全國鐵道站名里程表

各路最小灣度最大坡度表

各路隧道大橋表

鐵道部各路線原價表

鐵道部各項標準

公路：

全國公路里程表

經濟委員會公路標準

水利：

全國各地雨量表

全國各段防潦堤工表

全國新建各水閘表

全國各灌漑渠表

各河流長度及航程表

沿海各埠航程表

長江淺灘表

全國給水事業表

建築：

全國巨大建築表

國產建築材料表

各市建築規則表

電力：

全國電氣事業統計

全國電氣事業表

全國工業電廠表

全國高壓輸電線表

建委會電氣事業標準

建委會電氣事業法規表

電信：

交通部國際電台設備表

交通部國內無線電台設備表

國營有線電報線路表

全國市內電話表

全國長途電話表

交通部無綫電話表

全國廣播無線電台表

機：

全國製造廠表

全國紗廠表

全國麵粉廠表

軍政部兵工廠表

鐵道部機車廠表

海軍部軍艦表

全國輪船表

航空及自動機：

全國飛機式類表

國內航空里程表

全國汽車表

採礦：

全國礦業表

全國礦煤分析表

全國鐵砂分析表

冶金：

全國化鐵爐表

全國鍊鋼廠表

化工：

全國化學工業廠設備表

教育：

全國各工科學校表

全國工程材料試驗所表

國內出版工程參考圖書表

國內出版工程科學期刊表

國內工程學術團體錄

實業部登記技師名錄

商廠：

國內各業工廠行名錄

國外廠商駐華經理行名錄

雜項：

全國各省面積人口表

全國山嶽高度表

實業部核准專利權表

工程材料進出口統計

工程材料進出口稅率表

海軍部自造之飛機

（甲）摩斯式水陸兼用飛機　海軍部以海軍航空處，原有教練機，不敷應用，飭由江南造船所附設之製造飛機處，將舊存之發動機四架，照式仿造摩斯式水陸兼用飛機四架，第一架江鷗飛機完工後，復繼續建造第二架，積極進行，購料興工，於24年 5月間完成，名曰江鶚，第三架於24年 6月完成，名江鵡，試飛成績均甚佳，經撥交海軍航空處，加入航空隊，作爲練習飛行之用。玆將該機製造工程附列尺度重量効能列下：

機之形式　雙人座，摺合翼水陸交換式，教練飛機。翼之構造，單翼柱等長，雙翼上下微有前傾差之摺合翼，翼之切形爲 B.A.F 15，上翼中段裝燃料箱一個，以鋼骨爲樑，杉木爲肋，燃料箱和成翼之曲線形，以倒V形之扁鋼管支撑後樑，分架於機身之上。此種造法，不用邊間牽線，便可堅固，不生動搖。前後翼柱係鋼管，外用杉木和成順

流形，翼樑及肋板皆用杉木，樑爲切形，肋爲結桁式，加以鋼管及鋼線牽接前後樑，故全翼之構造，異常堅固。外蒙麻布，髹以翼油。

機身之構造　機身骨幹皆用杉木，外掩三層膠合板，全部蒙麻布，髹翼油。

尾翼之構造　尾翼全部如方向舵，升降舵，直尾翅，平尾翅等，皆係杉木製成，髹以翼油，其構造方法，與主翼相若，平衡的方向舵平尾翅，附以彈簧式變角器，在地面時可先行調節風角度，使飛行時平穩。

降落架之構造　兩Y式鋼管柱後柱，附以橡皮緩衝器兩個牢軸樞紐紮在機身下之鋼管架使，降落時兩輪可以向外分開，不致損壞輪軸及輪柱。

桴之構造　桴係順流形單階式，桴體完全木質，中分，不透水，艙堵四，各配以驗看洞，以備不時檢驗，桴內外漆雙過生漆，

末後推光漆，光潤悅目，無滲水之虞。與機身接連之N形桴柱，純屬鋼管，外用杉木和成順流形。兩桴之間，前後以橫鋼管及鋼線牽合成一整套堅固之骨架。

發動機　四汽缸氣冷式之英國Gipsy I發動機，100匹馬力，安放於機身頭部，燃料油在上翼中段，裝油86公升，副燃料箱在機身中前座之前，裝油68公升。

配置情形　駕駛座位，在上翼中段之，乘員在前座，物件艙在駕駛座後方，備有

艙蓋，極便啓閉。

(乙)陸地練習飛機　23年 9月間海軍航空處，請製陸地飛機一架，當經海部核准，分向英國滬粵香港各地購辦材料，一切工程設計，概由該處所轄工廠製造，於24年12月間，全部完成，各項動作俱甚靈敏，浮力尤佳，玆將該機工程內容，並型式性能列下：

型式　該機係雙翼雙座拖式，陸上飛機。

機身　機身爲修製便捷起見，横斷面用圓頂長方形，除首端發動機部份外，均以松木之幹骨及撑住，合三層板結構而成，表面緊裹以堅韌之布，然後塗以紅油銀油。前後兩座位，俱配有操縱桿，脚踏桿，汽門桿，電氣開關，及應用各儀器，後座至尾部間，並設有度置箱一個。

動力　機身前端，裝有 120匹馬力之四汽缸直線形氣涼式之 Curtiss Hennes 2 發動機一架。

機翼　上翼比下翼略長，其位置較爲前列，左右兩附翼設在下翼後緣近兩端處，上翼中部爲流線形，汽油箱所在可載汽油30加倫，利用地心吸力方法，將油壓送至發動機。

尾部　尾部之固定本面舵，爲普通平面式，其傾斜度可在地上時較正，尾部下面裝置彈簧性之鋼片尾撬一具。着陸部係分隔式壓力腿，內用橡皮，併有彈簧，容易修理。

以上兩種飛機尺寸如下表：

		水陸教練機		陸地練習機
飛機名稱		江鷗，江鶚		(未定名)
製造廠所		海軍製造飛機處		海軍航空處
製造年月		24年5月，6月		24年12月
價值(國幣)		16,500元		11,000元
型式		雙人座水陸互換式		拖式陸上飛機
翼式		雙翼單柱摺合式		雙翼
		陸機	水機	
幅(公尺)		9.15	9.15	9.010
長(公尺)		7.30	7.59	7.382
高(公尺)		2.68	3.09	2.600
空機重量(公斤)		449	496	454
滿載重量(公斤)		793	793	726
裝油量(公斤)		154	154	100
發動機	名稱	英國 Gipsy I		美國Curtiss Hennes II
發動機	個數	1		1
發動機	汽缸數	4		4
發動機	馬力匹速	100		120
速率	最大(公里)	161	154	105
速率	巡航(公里)	137	130.5	90
乘員數		2	2	2
上升力	上升1,000公尺時間(分鐘)	6.5	10	6
上升力	最大高度數(公尺)	4,450	3,140	5,500
航遠力	時間(小時)	8	8	4
航遠力	距離(公里)	1,096	1,044	340

中央研究院工程研究所玻璃試驗場

賴　其　芳

上海白利南路中央研究院工程研究所爲協助國內學術之研究，與謀自給之便利起見，特於研究可能範圍內，創設玻璃試驗場代製各種科學應用之特殊玻璃器皿，以應各學術機關及工廠之需要。現已試製出品經研究檢驗而著有成效可用者，計有下列各類：

(1)化學儀器玻璃(Chemical Apparatus Glass)；

(2)燈工吹製玻璃　(Lampworking Glass)；

(3)中性藥用玻璃(Neutral Glass and Medical Containers)；

(4)高等火石質玻璃　(High Grade Flint Glass)；及

(5)特種抗禦性玻璃(Special Resistant Glass)。

其他特別儀器有關於化學玻璃上之問題，及特種玻璃，須待研究者，本場無不竭誠歡迎。

化學儀器玻璃能耐熱抗蝕，有堅强之機械强度，遇溫度之驟變，不易破碎，燒時不易着色，亦不易失其透明性，其品質檢驗，與德之Jena，美之Pyrex所得結果頗形相似，如下表所示：

檢驗性質　　品別	本場出品	Pyrex	Jena
在水中沸騰一小時所失重量之百分比	0.026%	0.018%	0.020%
在水中沸騰一小時鹼質性之百分比	0.0020%	0.0016%	0.0018%
在 N½ 炭酸鈉溶液中沸騰一小時所失之重百分比	0.104%	0.274%	0.112%
在 N½ 氫氧化鈉溶液中沸騰一小時所失之重百分比(平均值)	0.514%	0.759%	0.651%
在鹽酸溶液中沸騰一小時所失之重量百分比(平均值)	0.018%	0.017%	0.020%
抗熱試驗中之爆裂溫度	205°—260°C	230°C以上	190—210°C
膨脹係數(27°－350°C)	55×10^{-7}	35×10^{-7}	58×10^{-7}
破裂率(平均值)	$774.4^{kg}/_{cm^2}$	測驗中	測驗中
柔化溫度(平均值)	775.6°C	827.1°C	789.3°C

燈工吹製玻璃　此類玻璃，尙具柔軟之性。在燈工上吹製，極易成形。經多次吹燒，不着色，不顯花紋，且不失其透明性。

中性藥用玻璃　此類玻璃呈中性無游離質，試以 Methyl Red 或 Phenolphthalein 等指示劑均無酸鹼反應。經燈工吹燒不着色，且不易失其透明性。其機械强度亦優。能耐熱，並能抗一般化學藥品之侵蝕。

高等火石玻璃此類玻璃，係高等鉀鈉鈣質玻璃。因其品質較爲純潔而透明，故又名爲高等火石玻璃。具優良之機械强度與透明性，且不易受水與空氣之侵蝕。

特種抗禦性玻璃　此類玻璃，製白色耐酸瓶，琥珀色耐酸瓶，耐壓表尺，耐熱壓表尺等等。

18518

工業標準委員會編訂草案

工業標準規範之擬訂，係根據合理化(Raitionalization)與簡單化(Simplification)之原則，同時並兼顧習慣上之實施(Customary Practice)。各國對於標準之目的，容或間有不同，其以屬於工程方面爲主體者大抵以科學化爲依歸，稱爲工程標準(Engineering Standards)。至以屬於商業方面爲主體，而以經濟化爲依歸者，則稱爲商業標準(Commercial Standards)。統稱之爲工業標準(Industrial Standards)。工業標準之範圍，曾經國際規定，分爲十六門類，惟各國就其急切需要，詳略容亦間有不同。我國工業標準之擬訂，現由實業部組織工業標準委員會主持其事，該會爲避免重復工作，即凡已有其他機關或團體，正在進行，或已進行有成效，或其人才經濟，均較裕如者，則即不再進行，或與之合作，或逕採取其標準以爲標準。此亦各國之通例，我國之新事業，更應本此精神以進行，方足以增加效率。

該會關於標準擬訂之順序，則凡各國及本國之參考材料，已比較齊備者，即依次擬訂之。擬訂之精神則本蘇俄與德國，物物有標準，事事有標準，開始時以屬於商業範圍者居多，其屬於工程範圍者次之。同時對於可以輔助度量衡之澈底劃一者，並擬首先規定。而此項標準之條文，又以簡明爲主。每種標準已聚集有相當之批評或簽註或勘誤後，即行編擬該號之補充標準，補充已至相當次數，可認爲完備後，即行合併爲修訂標準，或臨時標準，或決定標準。現已訂有標準草案45種。

◉各海軍部造船所

海軍部所屬三造船所，歷年工事收入，均不抵事務費及工事費之支出，特錄其民國24年統計數字如下：

	收入	支出
上海江南造船所	3,871,987元	5,311,196元
福州馬尾造船所	45,174	208,938
廈門造船所	92,195	108,078

各所支出中以工資爲最大，如24年計：江南44.27%，馬尾38.90%，廈門34.13%

◉廣東紡織廠擴充

廣東省政府所辦之紡織廠，最近擴充紗綻40,000枚，係向英國Tweedales & Smalley廠訂購，由上海信昌機器公司經理，開値價將近2,000,009元。

又無錫麗新紗廠亦向該廠訂購新機，計紗綻16,000枚，約値400,000元。

◉株韶段通車紀念刊出版

粵漢鐵路株韶段工程局最近編印通車紀念刊一册，全書計200餘頁，內分論文，工作紀要，及附錄三部分，均屬精采之作。本會承淩局長惠贈一册，特此誌謝。定價每册精裝5元，平裝3元。

中國工程師學會會務消息

◉大冶分會第六次常會

25年 9月27日上午12時，大冶分會在源華煤鑛公司開第 6次常會，並聚餐，計到會有張寳華，程行漸等，及來賓共29人，由會長張寳華主席。至下午 5時始散會。玆記會程如下：

1.主席報告本年分會經過情形，及總會在杭州舉行概況。

2.分會會計報告收付存款賬目。

3.分會書記報告第 5次常會在武昌舉行情形。

4.改選分會新職員，結果：

正會長：程行漸　副會長：王野白

會　計：謝任宏　書　記：宋自修

5.新會長演說，略謂鄙人辭職諸會員旣不我許，祇得勉爲其難，但個人能力薄弱，恐有負諸會員雅意，幸新副會長得人，諸賴臂助，且會務之發達，須仗全體會員共同努力，嗣後鄙人力有未逮，倘祈各會員熱心贊助，時加指導爲幸。現本分會成立已屆兩週，從前每次常會大概係就各會員服務廠鑛舉行，刻已遍歷一週，以後常會，鄙意宜擇地分別舉行，不必拘拘於會員所在地，如上次在某處開會，由會員宣讀論文，或舉行學術討論，則下次可擇工業繁盛之區，或名勝地點開會，藉資觀摩，二者輪流舉行，不但多饒興趣，亦可增廣見聞，以符本會聚會之本旨。至每次會期及地點如何規定，仍照舊由上次會預定下次會成例辦理云。

6.來賓講演，鋼鐵專家英人Taylor Gill講演鋼鐵燕火問題，當時有翁會員德鑾，周會員開基，對於燕火法有各種發問，均有簡便答覆，但以時間迫促，講演人不及逐項詳釋，云將來有書面答復，寄交分會。

7.下次常會在黃州舉行，日期由會長酌定。

8.王副會長敍述源華煤鑛公司各種機器，及各項工程設備狀況，並招待參觀鑛場。

◉唐山分會常會

唐山分會定11月 1日在南廠技術員學會開本年度第一次常會，詳情待續。

◉會員通信新址

張善揚（職）上海怡和機器公司
尹國墉（職）上海江西路中國建設銀公司
仲志英（職）衡州粵漢鐵路局衡州材料廠
朱一成（職）南京交通部
吳文華（職）南京經濟委員會
吳保豐（住）南京珞珈路10號
周公樸（職）南京首都電話局
祁玉麟（職）上海白利南路天利淡氣廠
俞汝鑫（職）上海博物院路鐵道部購料委員會
施嘉幹（職）上海江西路上海銀行大樓大昌建築公司
胡瑞祥（職）廣州自動電話管理處
徐大本（職）武昌行營交通處
徐均立（職）南京水晶台資源委員會
馬　傑（職）南京衛生署
張名藝（職）南京鐵道部新路建設委員會
趙祖康（住）南京牯嶺路19號
蔡昌年（職）揚州振揚電器公司
第98頁朱大經誤爲諸大經
駱美輪（職）吳淞張華浜京滬路機廠
嚴恩棫（職）南京三元巷 2號資源委員會
張有彬（職）南京經濟委員會公路處
陳　琮（職）杭州浙江省公路管理處
陸成爻（職）南京中央大學
程孝剛（職）武昌粵漢鐵路局

楊　恆（職）漢口平漢鐵路局
方博泉（住）漢口府北一路大成里31號
王伊復（職）南京三元巷２號資源委員會
王子祐（通）南京玄武門王松華轉
王逸民（住）上海康腦脫路安樂村15號
王孝華（通）上海郵政信箱302號
王又龍（職）湖南衡陽江東岸粵漢鐵路株韶段工程局機務課
王大洪（職）重慶大溪溝曼園華興機廠
史仲儀（職）青島膠濟路四方機廠設計室
朱恩錫（職）湖南湘潭湘黔鐵路工程局
安鳳瑞（住）太原西緝虎營5號
何　銘（職）湖北大冶源華煤礦公司
何昭明（住）杭州橫長路32號
吳新柄（職）上海高昌廟中國汽車公司
吳廷瑋（職）江西淸江秋水塘 2號浙贛路南萍段第三工務段
吳培孫（職）南京中央大學
吳學孝（職）上海福州路30號開灤礦務局
李　育（職）湖南湘潭湘黔鐵路工程局
李昰身（住）上海白塞仲路70號
李繼廣（職）山東博山義德煤鑛
李圭瓚（職）潼關東門裏東大街 4號黃河橋工籌備處
李秉成（通）浙江富陽胡常泰號轉
沈覲宜（職）南京兵工署製造司
沈文泗（職）武昌粵漢鐵路運輸處運轉課
沈智楊（住）成都東城根街多子巷7號
辛文椅（職）濟南市政府
利銘澤（住）香港堅尼地道74號
周維豐（職）太原北門外槍彈廠
邱文藻（職）濟南商埠小緯貳路謙益吉公司
邵從燊（職）四川成都水利局
金問洙（住）上海霞飛路1886號
侯家源（職）湖南湘潭湘黔鐵路工程處
姚肇端（職）濟南膠濟路機務段
姚觀順（職）上海鹽務稽核總所轉稅警科
施洪熙（住）上海小南門外小石橋街9號
施孔常（職）河北邢台縣平漢鐵路工務分段
柴志明（職）杭州江邊浙贛鐵路局
唐堯衢（住）日本東京杉並區阿佐個谷五丁目43番地松月別墅
夏　炎（職）南京小營航空委員會第三處
夏寅治（職）南京東廠街導淮委員會
孫瑞璋（職）衡州粵漢路運輸第二總段
孫其銘（職）浦口津浦鐵路局總務處
徐　策（住）南京中山路韓家巷安樂里１號
徐宗涑（職）重慶美豐銀行四川水泥公司
徐潤三（職）鎮江江蘇省江南水利工程處
秦銘博（住）上海梅白格路平泉別墅4號
耿壽承（職）青島山東大學
耿逸之（職）天津黃緯路河北省立工業學院
袁覲光（住）重慶市新市中區老兩路口筱隱園
張學新（職）南京陵園遺族學校
張彥修（職）濟南山東建設廳交通水利機械製造廠
張海平（職）浙江蕭山城內滬杭甬鐵路杭曹段工程處
張志成（職）成都四川公路局工務處
張大鏞（職）四川內江公園成渝鐵路第五測量隊
曹康圻（職）青島市政府經理委員會監查股
曹鳳山（職）上海交通大學
曹輿祖（職）青島膠濟路總稽核室
梅暘春（職）漢口市政府
淩鴻勛（職）武昌粵漢鐵路管理局
莊秉權（職）南京三元巷2號資源委員會
莫　衡（職）南京鐵道部購料委員會
許行成（住）成都東桂街32號
許景衡（住）上海新西區楓林橋南沈家浜路成賢村4號
郭　彝（職）湘潭湘黔鐵路工程局轉測量隊
郭承恩（住）上海極司非而路53號
郭則溉（職）重慶成渝鐵路工程局
郭恆年（職）山東沂水蘇村郵局轉山東省營

金礦第一礦場
陳永齡（職）天津華北水利委員會
陳佐鈞（通）上海郵政總局信箱第1577號
陳瑜叔（職）南京中華門外兵工專門學校
陳祖琨（住）福建泉州後城
陳寶祺（住）松江章練塘市
陳良輔（職）常州戚墅堰電廠
陳士衡（住）長沙青石井12號
陳壽維（職）北平平漢鐵路工務分段
陶葆楷（住）南京石版橋板橋新村31號
陸承禧（住）江蘇太倉瀏河鎮
陸南熙（住）江蘇南翔東街花樓栅
陸寶愈（職）濟南溥益糖廠
喬文夏（通）天津北洋工學院張洪沅君轉
單炳慶（職）浦口浦鎮機廠
彭會和（職）陝西咸陽中國機器打包公司
曾子模（住）北平箍子胡同
曾養甫（職）廣州市政府
溫文緯（職）遼甯四洮路工務第四分段
溫緯湘（住）北平西道幾道31號
溫毓慶（職）南京交通部
焦綺凰（住）楊州永勝街
程元澤（職）湖南湘潭湘黔鐵路工程局
程耀椿（住）杭州市華藏寺巷內華藏里15號
鈕孝賢（職）南京鐵道部
黃文煒（住）廣州東山啓明路 3號之 1二樓黃宅
黃作舟（職）濟南桿石橋山東工業試驗所
黃潤韶（職）湖南湘潭湘黔鐵路工程局
楊立惠（職）南京交通部電政司
滑德銘（職）天津華北水利委員會
萬 一（職）南京中央大學
葛天回（住）廣州東山德安路11號之 1二樓
葛敬新（職）南京鹽倉樓11號津浦印票所
虞懋南（職）南京市工務局
趙文欽（職）山西太原同蒲鐵路局
趙燧章（職）重慶新街口成渝鐵路工程局
劉峻峯（職）廣州市黃浦商埠籌辦處
劉保禎（職）山西太原同蒲鐵路局工務組
歐陽藎（職）浙江百官鎮龍山滙杭甬鐵路曹娥江橋工程處
蔡世琛（職）雲南開遠縣昆剣公路開箇工程處
蔡民章（職）濟南建設廳
魯文超（職）杭州筧橋中央航空學校
錢志喜（職）上海四川路交通部電報局
錢世基（職）長沙六堆58號湘黔鐵路工程局長沙辦事處
鍾興銳（職）杭州浙江大學工學院
戴爾賓（職）安徽深渡京衢鐵路第九分段
鄺公立（職）南京自來水管理處
魏晉壽（職）湖北石灰窰大冶廠鑛採鑛股
竇瑞芝（職）湖南湘潭湘黔鐵路工程局
洪 中（職）南昌四緯路26號鎢業管理處
顧宗杰（職）重慶新街口成渝鐵路工程局
蕭慶雲（職）江西南昌公路處
范會瀚（住）廣州市小北路105號
劉鍾瑞（職）陝西西安惠渭渠工程處
江超西（職）成都四川大學
（住）成都文廟街孟家巷1號
徐崇林（職）重慶萊園垻濃華油漆印墨廠
王 璡（職）成都四川大學
鍾春雍（職）龍華上海水泥廠
沈錫琳（職）安徽宣城京衢鐵路工程局
何 岑（職）北平度量衡檢定所
胡桂芬（通）西安隴海鐵路西段工程局材料廠轉
龔 棨（職）南京兵工署
孫多羨（職）湖北長辛店機廠
程經遠（職）南市外交部
譚金鎧（職）河南豐樂鎮六河溝煤礦
闕富權（職）南京中央大學工學院
殷開元（職）太原綏靖公署
顧世楫（住）蘇州顏家巷42號
顧穀同（職）武昌武漢大學
龔理珂（職）上海蘭路中國電氣公司

18522

朱瑞節（職）上海浦東電氣公司
朱汝梅（職）上海斐倫路電力公司
沈　諧（住）上海杜神父路新天祥里20號
沈乃菁（職）成都建設廳
姚章桂（職）四川資陽縣郵局留交成渝鐵路第七測量隊
高　彬（職）廈門交通部電報局
陶　鈞（職）上海南京路大陸商場三樓中華無線電公司
翟維澧（職）天津北甯鐵路局工程處
齊壽安（職）高郵運工局江寶段工程事務所
謝作楷（職）上海南京路上海電力公司
鄺兆祁（職）上海愚園路全國經濟委員會
笳光堉（職）上海白利南路中央研究院棉紡織染實驗館
王恩涵（職）山西原平同蒲鐵路太同工務總段
宋鏡清（職）山東張店膠濟鐵路張店站工務第五分段
胡卓衡（職）福州省會工務處
姚　毅（住）南京中正路張府園32號
張延祥（職）南京西華門水晶台資源委員會
謝汝英（職）濟南膠濟站機務第五分段
邢桐林（職）濟南膠濟站工務第二段
張擘亞（職）青島膠濟站工務第一分段
趙甲榮（住）太原新民東街10號
邢傳東（住）上海戈登路685弄嘉樂村29號
許元啓（職）唐山交通大學唐山工學院
吳伯潘（職）西安陝西省營酒精廠
鄭　華（通）上海江灣復旦大學鄭徐華君轉
陳敦儁（職）重慶北碚夏溪口資源煤礦公司
鄒勤明（住）南昌玻璃新村144號
　　　（職）南昌浙贛路杭南三段辦公處
陸學機（職）蘇州吳縣站京滬路錫滬工務段駐吳辦公處
葉　彧（職）陝西武功國立西北農林專科學校
徐愷廷（住）河南孝義河邊村
文樹聲（住）廣州東山黃埔大道南自編9號
王超鎬（職）西安隴海鐵路西段工程局工務課
李明權（職）青島膠濟鐵路機務第一分段
宋麟生（職）南京市政府
孟廣照（職）南京市政府
賴　璉（職）長沙湖南省黨部
黃曾苜（住）南京西華門四條巷四海里1號
李維一（職）陝西大荔縣涇洛工程局
陳　綮（職）滕縣津浦路工務分段
馮天爵（職）杭州中央航空學校
李為駿（職）青島膠濟鐵路局工務處橋樑室
杜殿英（職）南京三元巷2號資源委員會
陳蔚觀（職）汕頭開明電燈公司
余翔九（住）成都九思巷5號
張潤田（職）濟南山東省政府參議廳
史恩鴻（職）濟南山東省政府建設廳
鄧益光（職）四川重慶成渝鐵路工程局
陳祖貽（職）四川重慶成渝鐵路工程局
孫寶墀（職）四川重慶成渝鐵路工程局
顧宗杰（職）四川重慶成渝鐵路工程局
林同棪（職）四川重慶成渝鐵路工程局
黃朝俊（職）四川重慶成渝鐵路工程局
尤寅照（職）四川重慶成渝鐵路工程局
胡競銘（職）四川重慶成渝鐵路工程局
梁其卓（職）四川重慶成渝鐵路工程局
陸爾康（職）四川重慶成渝鐵路工程局
易俊元（職）四川重慶成渝鐵路工程局
翁立可（職）四川重慶成渝鐵路工程局
劉良湛（職）四川重慶成渝鐵路工程局
姚章桂（職）四川重慶成渝鐵路工程局
邵鴻翔（職）四川重慶成渝鐵路工程局
邱志道（職）四川重慶成渝鐵路工程局
劉　霄（職）四川重慶成渝鐵路工程局
曾昭桓（職）四川重慶成渝鐵路工程局
高　銳（職）四川重慶成渝鐵路工程局
張鍾崧（職）四川重慶成渝鐵路工程局
周承濂（職）四川重慶成渝鐵路工程局

鄭海柱（職）四川重慶成渝鐵路工程局
蕭子材（職）四川重慶成渝鐵路工程局
傅　驄（職）四川重慶成渝鐵路工程局
郭則溉（職）四川重慶成渝鐵路工程局
劉擢魁（職）四川重慶成渝鐵路工程局
姚士海（職）四川重慶成渝鐵路工程局
洪嘉貽（職）四川重慶成渝鐵路工程局
周大鈞（職）四川重慶成渝鐵路工程局
吳啓佑（職）南昌中正橋工程處
張祥基（職）南京薩家灣紫金里 3號川湘鐵路工程籌備處
賈榮軒（職）南京薩家灣紫金里 3號川湘鐵路工程籌備處
古　健（職）南京薩家灣紫金里 3號川湘鐵路工程籌備處
曾膺聯（職）南京薩家灣紫金里 3號川湘鐵路工程籌備處
丁瑞霖（職）湖北大冶象鼻山鐵鑛採鑛課
劉勳路（職）江蘇淮陰專員公署
康　緯（職）山東高密膠濟路高密機務分段
林榮向（職）安徽宣城京衢鐵路工程局
王之翰（職）安徽宣城京衢鐵路工程局
毛　起（職）安徽宣城京衢鐵路工程局
梅福強（職）安徽宣城京衢鐵路工程局
徐節元（職）安徽宣城京衢鐵路工程局
許　鑑（職）安徽宣城京衢鐵路工程局
戴爾賓（職）安徽宣城京衢鐵路工程局
吳明聰（職）安徽宣城京衢鐵路工程局
徐寬年（職）安徽宣城京衢鐵路工程局
李　青（職）安徽宣城京衢鐵路工程局
裘奎祥（職）安徽宣城京衢鐵路工程局
牟鏡璇（職）安徽宣城京衢鐵路工程局
章　祓（職）安徽宣城京衢鐵路工程局
黃壽益（職）安徽宣城京衢鐵路工程局
郭　彝（職）安徽宣城京衢鐵路工程局
羅孝鑑（職）安徽宣城京衢鐵路工程局
張　瓚（職）安徽宣城京衢鐵路工程局
歐陽誠（職）安徽宣城京衢鐵路工程局
慶承道（職）安徽宣城京衢鐵路工程局
邵鴻鈞（職）安徽宣城京衢鐵路工程局
黃潤韶（職）安徽宣城京衢鐵路工程局
李圭瓚（職）潼關東門裏東大街 4號潼關黃河橋工籌備處
宋　澎（職）潼關東門裏東大街 4號潼關黃河橋工籌備處
孫肇璽（職）南京鐵道部新路建設委會員
唐子毅（職）南京鐵道部新路建設委會員
高國模（職）四川重慶成渝鐵路工程局
吳普多（職）四川重慶成渝鐵路工程局
沈恩森（職）四川重慶成渝鐵路工程局
陳駿飛（職）武昌兵工建設委員會
陸逸志（住）杭州提督弄20號
周　新（職）湖南衡陽株韶路六總三分段
張含英（職）南京全國經濟委員會水利處
王力仁（住）河南開封示觀街55號
王祖烈（職）蕪湖獅子山江南鐵路工務處
李賦都（職）陝西武功農林專科學校
路敏行（職）上海北站兩路管理局物料試驗所
周萃機（通）江蘇無錫西鄉榮巷轉大張巷張保忠君轉

工程週刊第四卷(79—102期)分類總目

工程雜誌徵稿啓事

本會發行之「工程雜誌」，將自第十二卷第一號（民國二十六年二月一日出版）起，內容大加刷新，增加外論評雋，工程簡訊，書報評論等欄，並訂有潤例，歡迎投稿。稿件請寄上海南京路大陸商場542號中國工程師學會轉交。集稿期本屆爲二十五年十二月底，此後每隔兩月一次。尙祈工程界同志公鑒

工程雜誌編輯部啓

附工程雜誌徵稿辦法

(1)「論著」欄

(甲)徵稿標準

1. 關於國內實施建設工程之報告。
2. 關於國內現有工業情形之報告。
3. 關於國內工程界各種試驗結果之報告。
4. 關於土木工程方面研究心得之論著

每篇字數以二千至二萬爲率

(乙)酬勞辦法

此類稿件擬請工程界工業界同志義務供給，概不酬潤，僅贈雜誌五冊，單行本三十份，但如經投稿人預先聲明，贈送單行本份數，亦可酌加。

(2)「外論評雋」欄

(甲)徵稿標準

凡外國文工程雜誌登載之文字，有關新學理或新設施而刋行尙未逾半年（自投稿時推算）者，均可摘要介紹，每篇字數以不逾二千爲率，投稿人最好附送原稿，以便參考，稿內應註明原著人姓名，及發表刋物之卷號及出版年月。

(乙)酬勞辦法

凡刋登之稿件，每千字酬潤資二元至四元。

(3)「國內工程簡訊」欄

(甲)徵稿標準

1. 關於國內實施建設工程進行情形之簡單報告。
2. 關於國內現有工業有所改進時之簡單報告。
3. 關於國內工程界各種試驗結果之簡單報告。每則字數以不逾二千爲率。

(乙)酬勞辦法

凡直接投登之稿件，（未在其他刋物發表者），每則酬潤資五角至一元五角，或每千字潤酬資一元至三元。

(4)「國外工程簡訊」欄

(甲)徵稿標準

摘譯最近出版外國文報紙雜誌所刋載之國外重要工程報告或新聞。（稿內須註明原刋物名稱及出版年月）。

每則字數以不逾二千爲率。

(乙)酬勞辦法

同(3)（乙）

(5)「書報評論」欄

(甲)徵稿標準

新出版中外重要工程書籍，或中外工程雜誌內有價值作品之批評，或按期介紹。

每則字數以不逾一千爲率

(乙)酬勞辦法

凡刋登之稿件，每則或每千字酬潤資一元至三元。

(6) 備考

(甲)其他辦法，參照「工程雜誌投稿簡章」。

(乙)凡按字數酬給潤資之稿件，附有圖照者，照刋出後所佔地位折合字數，一併計算。

(丙)工程雜誌編輯部得不徵投稿人同意，將稿件轉送其他工程刋物發表，其給酬等辦法，悉依該刋物投稿章則之規定。

中國工程師學會會刊

工程

總編輯：沈　怡
副總編輯：胡樹楫

第十一卷第四，五，六號目錄

零售十一卷四，五號每册四角，十一卷六號每册特價八角另加郵費五分。
預定全年六册二元二角

中國工程師學會發行

上海南京路大陸商場南部五樓五四二號

分售處

上海四馬路作者書社
上海四馬路上海雜誌公司
南京正中書局南京發行所
濟南芙蓉街教育圖書社
南昌民德路科學儀器館南昌發行所
南昌中山路南昌書店
昆明市西華大街[illegible]書店
廣州永漢北路上海雜誌公司廣州分店
重慶今日出版合作社
成都開明書店

工程週刊

中華民國25年12月3日星期4出版
內政部登記證警字788號）
中華郵政特准掛號認為新聞紙類
（第1831號執據）
定報價目：全年連郵費一元

中國工程師學會發行
上海南京路大陸商場542號
電話：92582
（本會會員長期免費贈閱）

5·16
卷 期
（總號118）

太原之工業環境與下屆工程年會之祈望

吳承洛

余於春間在杭州參加中國工程學術團體聯合年會，得了註册第一號之優獎，不勝榮幸．而內人於年會遊藝會時抽彩，亦得同樣獎品，即均為都錦生絲織美術傘，照耀西子湖中，更非偶合可比，實在是自贊命好，欣慰無量．憶其時本會事務會議，有於26年在太原舉行年會之決議，誠恐會員相與競爭下屆註册之第一號，故特提早於今年即先奔赴太原，取得一號之預約．想明年年會籌備諸公，必樂於允諾，而本會董事會議，當先予備案也．

余久有志西北之行，適山西有理化教員暑期講習會之舉，主辦者為省立理化實驗所王主任鍾文，以重酬力邀前往任教．惟需時一個多月，似乎太久，不能應允，只好辜負友誼與金錢．但非於講習期間，做幾次特別演講不可．是尚合余之口味，乃於上月尾由京出發，經杭州浙贛鐵路，趕赴八月一日在山西全省度量衡會議之開幕禮，隨即可夜間與龔建設廳長伯循兄，乘坐半[illegible]，由南昌駛至九江．尚未天明，彼携夫人上山，謁黨國要人，而余則單身隻馬，轉輪漢口，由平漢鐵路，而正太鐵路，以達太原，[illegible]本為余西北視察之起點．太原以後，歷冀，察，綏，包，甯，甘，青，陝，暨所屬蒙藏旗地，囘教中心，及黃河沃壤，不特享受平地泉的景緻，並因避匪之故，多乘歐亞飛機，得真正之鳥瞰．後事若說，愈說愈遠，只好言歸正傳．

照得山西為某方所製造華北範圍五省之一．歷來地方安靖，省政常推模範．自革命元老閻百川先生，以軍事委員會副委員長資格，繼續坐鎮其間，以『造產救國』，『服用土貨』，『十年建設』，『經濟統制』，『主張公道』，『物產證券』，『按勞分配』，『民族負責』，『村政村治』，及『農業機械化』，『土地村公有』，等簡明之目標，使該省之政治，蒸蒸日上．而實行造產，側重工業，尤為具有現代國家雛形之基礎，非他省所可及．余除得與軍政界閻主任，趙主席，蘇廳長，孫廳長，孫軍長，朱參謀長以次，教育界冀廳長以次，建設界樊廳長以次，商界商會王主席以次外，先後在本會太原分會及各工廠，並得與工業界工程界之專家相切磋，所接觸者計有：

(a) 西北煉鋼廠廠長鄭永錫，副廠長董登山，主任柴九思，唐之礁，副主任李銘元，工務委員沈光苾，工務員安玉璋，宋桂，張世德，趙鐸，程永福，姬九韶，張世俊。(b) 西北電化廠廠長曲憲治，總技師陳尙文，技師薛澡。(c)西北紙廠廠長孫文藻。(d) 西北實業公司經理梁航標，協理彭士弘，張書田，營業部副部長徐建邦，技師王惠康。(e) 西北公司研究部長兼火柴廠廠長曹煥文，(f)西北窰廠廠長榮嗣毅，(g)西北皮革廠廠長賈英雲，(h) 西北毛織廠廠長梁鴻裁，(i)西北酒精廠廠長白雨生，技師李柱，萬聖傳，(j)西北槍彈廠長周維豐，(k)西北育才煉鋼機器廠長劉篤恭，(l) 西北鐵工廠長閻樹松，汽車修理廠廠長姜富春，鑄造廠廠長趙逢多。(m)山西工業專門學校校長張樹栻，教授王盛勳，化學專家續光清，趙習恆，李開天。(n) 綏靖公署工程司沈家揩。(o)晉綏兵工築路總指揮部總工程司謝宗周，技師劉光宸，工務員袁昶旭。(p)晉恆紙廠代理經理曾靜沂，技師王作人。(q)西北公司工務部長兼晉綏礦業兵工測探局主任閻錫珍 (r)晉華，晉祁，太檢，紡織染廠工程師王瑞基。(s)省政府委員前工專校長李尙仁。(t) 同蒲鐵路總工程師謝宗周，工程師馬耀先。(u)西北發電廠工程師賈元亮。(v) 西北機械廠長郭鳳朝。(w)大同晉北礦務局長梁曦喬。(x)山西大學工學院長王憲，教授郝三善。(y)綏靖主任辦公室秘書殿開元等，約60人。

分會會長董登山先生，以太原分會會員錄見示，尙有山西大學校長王錄勳，教授蘭錫魁；山西工業專科學校教授羅俊奇，楊超象，唐舉才，李復旦；西北公司技師馬開衍，營業部長張焯福，印刷廠長趙甲榮，職員曲迺俊，煉鋼廠主任張增，技師韓屏周，職員劉以和，喬德振，任興綱，白尙榮，機車廠技師王衡；晉綏兵工築路總指揮部副總工程師，職員趙承綱，徐世炳，家業峻，王崇仁，關慰祖；同蒲鐵路職員田玉珍郝汝虔綏署參事姜承吾，潘連茹，太原經濟委員會技士崔敬承；汾河工務局長田亞英，採運處長邊廷淦；太原新記電燈公司工程師王嘉瑞電氣事業研究會技士王篤，電機修理廠工務員趙鳳鳴又30餘人。講習會同學，科學協會會員，北平各大學同學會同學，各曾參觀之學校教職員，及各機關之職員，端署招待人員，每餐會見之各界人員不與焉。總計10日之間，曾接觸之工學專家一百餘人，而余在民衆教育館演講之市民，與余主管範圍內之度量衡檢定人員，又在其外。在此生產落後之我國，其中最有意義者，蓋莫如中國工程師學會太原分會，於8月11日下午6時，在海子邊晉瀛飯店之一席公宴，與7:30時在省教育會內，本會太原分會之一晚演講也。

分會會長，以余爲本會之最初創辦人，語多恭維，承會員之熱心愛護與盛意，實深銘感。余之講話，即以省爲單位，不藉外力，不受外人庇蔭，不虛耗許多金錢，不采虛聲，以厚聘外賓，使一省內之輕工業及重工業，國防工業與民生工業，同時舉辦，差可使本省自足自給，而漸推及鄰省者，除最近數年之廣東，與最近將來之湖南，四川外，並無其他之省，可與晉省一較『工業獨立』(Industrial Independence)之雌雄。

山西之造產，根據閻公百川之方針。其言曰『建設是救國的要圖，造產是建設的設施。凡國人皆當用國貨，能造產，方可有出路。』故自民國 7年，即首先致力倡導植樹，造林，種棉，蠶桑等事業，並於 8年統一權度。至14年又有煉油，煉鋼，機器，電汽，農業，林業，六項實業計劃之確立。而有育才煉油廠，育才煉鋼廠育才機器廠之創設，以期促進山西工業之發展。及至21年，更認造產爲救國唯一要圖，遂倡十年建設之議，並旋訂山西省政十年建設計劃從事大規模而且普遍的造產建設。迄於今將及 5年，對於紡織，化學，鋼鐵，煤礦，麵粉等工業，確有突飛猛進之勢。

山西造產，以發展公營事業爲目標，分爲兩款：

第一，已有而整理者，計：(1) 山西省銀行，確定公營民營，山省欵出資，十年共撥足六千六百萬元。(2)壬申製造廠，將舊有兵工廠機器，擇適用者製機農具，生產器械，及日常用具。(3)育才機器廠，將舊有機器，盡量製造農具，生產器械，及日常用具。(4)育才煉鋼廠。(5)擴充硫酸廠。

第二創辦而必成者，計：——(1)煉鋼廠(2)肥料廠(3)毛織廠(4)紡紗織布廠(5)紙煙製造廠(6)蘇達廠(7)洋灰工廠(8)印刷廠

第三創辦而期成者，計：——(1)電氣總廠及分廠，(2)電氣機械製造廠，(3)電解食鹽工廠，(4)製糖廠，(5)染料廠，試製染料，於乾溜石炭工業發達後行之，(6)汽車製造廠，(7)飛機製造廠，(8)人造絲廠，(9)農工銀行，(10)商業銀行。

其扶助社會辦理之工業爲：

(1) 油脂事業，如北路胡蔴，河東棉籽等油。(2) 釀造事業，如汾酒，渾酒，潞酒，葡萄酒，醬，醋，火酒，豆油等。(3)製紙工業，(4)各種毛織工業廠(5)製蔴織蔴事業，山陰長治等地尤宜。(6)火柴工業，(7)化裝品工業，(8) 窰瓷工業，如玻璃陶瓷等，(9)電石工業，(10)脚踏車工業，(11) 土布，手工織布，及其他棉織物事業。(12)皮革工業，(13)小鐵工廠，製造五金零用物品等類事宜，(14)油漆事業，(15)罐頭工業，(16)打蛋事業，(17)酒精工業，(18)煉乳事業(19)其他關於特產輸出事項。

爲達到以上工業造產之目的，其中心力量，爲西北實業公司，係於民國21年1月10日，開始籌備。其時重要工作，爲調查及設計兩項，時經年餘，籌備工作，大體就緒，遂於22年 8月 1日，正式成立，依照計劃，積極進行；於是煤鑛第一廠，毛織廠，窰廠，皮革廠，火柴廠，洋灰廠，印刷廠，由建築而開工，由開工而出品營業。煉鋼廠，製紙廠，則開始建築，行將完成。探鑛處，特產經營場，亦先後成立；此外，前兵工廠停止製造軍火，改製社會應用器具後，於23年 9月，劃歸該公司經營，並將該廠分爲10廠，分別製造社會農工器具，及各種機器。如是經過年之努力，規模日大，事務日繁，且分廠既多，管理恐有未周，遂於24年 8月，復經一度改組，將公司本部，改爲總管理處，以增厚經營及管理力量。總管理處下設處3部4課，詳見組織系統表；復於此時，籌備設立電化廠，接收大同興農化學工業社，改名爲興農酒精廠，而事業益繁矣。最近復設立山西人民公營事業整理委員，董事會及監察會，使公營事業，能繼續發展，永久保持爲宗旨。

總管理處：山西省太原市北肖牆

駐津辦事處；天津英租界大沽路52號

資本：共計16,000,000元

職員人數：共計992名

工人人數：共計6505名

西北實業公司所轄各廠，概況如下：

(1)育才煉鋼機器廠

職工人數：職員50名，工人340名。

製品要目：麵粉機，槍彈機，織布機，毛織機，火柴機，暨各種抽水機，內燃發動機，外燃發動機，鍋爐，以及最新式之流洗床，刨床，鑽床，磨床，插床等。

製品特點；對於各種機具之高深設計，與複雜構造，均能承辦。年來製造機器，已達200餘種，製造部數逾2,000部，即製造成套之各種機器，早經省內外各工廠購置，譽爲工精料實，足可與舶來品媲美。

廠中設備：廠房570間，電動機4部，計142馬力，各種機器244部，虎鉗 152部，打鐵爐24部，烤漆，電鍍等設備俱全。

廠址：太原市北門外（前山西育才煉鋼機器廠）。

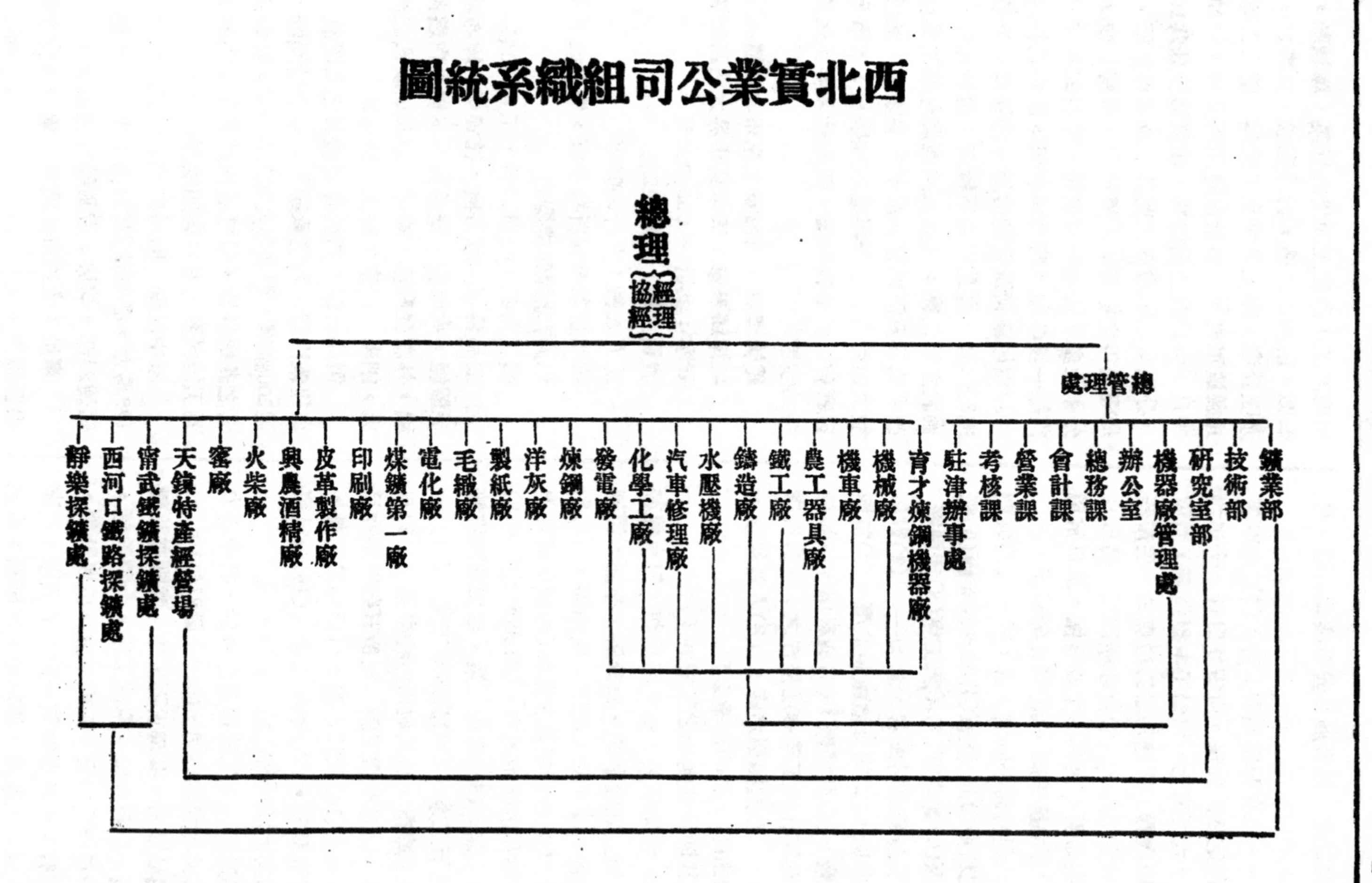

西北實業公司組織系統圖
總理
經理
協經
總管理處
鑛業部
技術部
研究室部
機器廠管理處
辦公室
總務課
會計課
營業課
考核課
駐津辦事處
育才煉鋼機器廠
機械廠
機車廠
農工器具廠
鐵工廠
鑄造廠
水壓機廠
汽車修理廠
化學工廠
發電廠
煉鋼廠
洋灰廠
製紙廠
毛織廠
電化廠
煤鑛第一廠
印刷廠
皮革製作廠
興農酒精廠
火柴廠
窰廠
天鎮特產經營場
甯武鐵鑛採鑛處
西河口鐵路採鑛處
靜樂採鑛處

(2)機械廠

職工人數：職員19名．工人257名．

製品要目：煤油爐，煤氣燈，釘書機，釘書針，燒銲燈，並各種輕水機件．

製品特點：輕便耐用，價值較外貨為廉．

廠中設備：廠房321間，各種機器283部，電動機8部，計 200馬力，虎鉗329部，鐵爐10個．

廠址：太原市小東門內．

創設年月：民國23年 9月，由前壬申製造廠改組．

(3)農工器具廠

職工人數：職員28名．工人274名．

製品要目：農具：銘賢犂，吉田犂，單輪鋤草器，雙輪鋤草器，噴霧器，撒播器，玉蜀黍脫粒機，及水車等多種．工具：各種水泵，大小台秤，天秤，卡尺，分厘尺，繪圖儀器，絲公，絲板及各種虎鉗等多種．普通用品：各種明暗鎖，鐵扣，漆扣，圖釘，輕便鐵櫈，煤油燈，理髮推子，剪子，插鎖，大小鑰匙，切麵機，及大小烙鐵等多種．食品：各種肉類罐頭，及水菓罐頭．

製品特點：上列出品，均係經過多次試驗與研究，特別製造而成，堪稱精良適用，且價值底廉．手續簡便．

廠中設備：廠房748間，機器車床490部，刨床12部　洗床 340部。鑽床32部，電動機8部，計480馬力．

廠址：太原市北門外，（前壬申廠之一部份）．

(4)機車廠

職工人數：職員55名．工人650名．

製品要目：鐵路上各種機車，貨車，客車，壓道車：轉盤車，鋼鐵橋梁，房架等類．各種鑛山農事機器，各式鍋爐，各式大小掛鐘等．

製品特點：質料堅固，工作精細，使用耐久．鍛造使用風力，較人工鍛造者尤為堅固．

廠中設備：廠房 1,567間　，普通機器724部，特種機器58部，電動機24部，又80噸之水壓機鉚工機多件，並設有鐵軌運輸甚便．

廠址　太原市北門外，（前壬申廠之一部）

(5)鐵工廠

職工人數：職員32名．工人600名．

製品要目：各種井筒管子，銼刀，蔴花鑽，及各種洗刀工作機器，抽水機等．

製品特點：尺度準確，經久耐用．

廠中設備：廠房695間，機器則車床207部，洗床 231部，刨床18部，插床13部，鑽床11部，電動機9部，計300馬力．

廠址：太原市北門外．（前壬申廠之一部）

(6)鑄造廠

職工人數：職員48名．工人477名．

製品要目：各種大小機器工具，鍋爐水泵橋樑房架，以及大小螺絲鉚釘，新式木鐵器：

製品特點：該廠係由前兵工廠所屬之機關槍廠，鎔鍊廠，木工廠，鐵工廠等組合而成．對於製造機器之機鑄木鐵等工作設備，應有盡有。近又添設木工機，翻砂機，電焊機，噴漆廠，　鍛造機，壓鉚釘機，　螺絲機等機器，　故所造物品，工料堅實，　價格低廉．

廠中設備：廠房400間，各種機器191部，鐵爐 6個，化鋼爐22部，打鐵爐50部，電動機14部，計275馬力．

廠址：太原市北門外．

(7)水壓機廠

職工人數：職員12名，工人111名．

製品要目：　(1)各種電動機，電鑽，電鈴等．　(2)各種電力水泵，人力水泵畜力水泵，及改良水車等。(3) 各種新式犂，新式鋤，及鐵製皮，殺虫器等。(4)各種鉚釘，螺絲，無縫墨盒，熟銅合頁等。(5)包攬壓造各種鋼鐵機器零件，修理大小電機，安裝各種機器，新式火爐，汽爐，及水管等。(6) 計劃安裝河水或井水澆灌，或排除積水污水等工程。

製品特點：製品多係利用强力水壓機壓成，故質料堅實，又度精確。

廠中設備：廠房 126間，電動機11部，計 400馬力，工作機器46部，各種特別機器19部，各種烘爐5部 自60噸至2,000噸水壓機7部。

廠址：太原市北門外，（前壬申廠之一部）

(8)汽車修理廠

職工人數：職員39名，工人350名。

製品要目：(1)修造：汽車，木炭代油爐，普通社會應用機具等。(2)安裝工程：暖氣，衞生，自來水管。(3) 鑛務機具及灌溉器具：高車，鍋爐，水泵，柴油機，抽水機等。

製品特點：成本低廉，精確耐用。

廠中設備：廠房374間，各種機器320部，熔化爐9部，電動機9部，計210馬力。

廠址：太原市小東門內，（前太原汽車修理廠改組）

(9)化學工廠

職工人數：職員49名，工人358名。

製品要目：硫酸，硝酸，酒精，醚。

製品特點：採用最新方法，專製各種化學用品，成分優良，售價低廉。

生產能力（年產）：硫酸： 500,000市斤，硝酸：150,000市斤，酒精：170,000市斤，醚：45,000市斤。

廠中設備：廠房438間，鉛室2座，提濃爐3座，硝酸爐2座 酒精蒸溜器 1式，醚蒸溜器1式，電動機8部，計180馬力。

廠址：太原市北門外，（前申壬化學工廠）。

(10)發電廠

職工人數：職員18名，工人117名。

廠中設備：為西北唯一之大發電廠，計廠房62間，3,000瓩發電機1部， 1,150瓩發電機 1部，並在蘭村設立分廠，有 550瓩發電機 部。

廠址：太原市北門外，（前壬申製造廠之一部）。

(11)煉鋼廠

現正建造廠房，預計明年可以竣工，現有職員112名。設備計：

煉焦部：預計日產焦煤240公噸。

煉鐵部：預計日產生鐵100公噸。

煉鋼部：預計日產鋼120公噸。

輾鋼部：預計日產鋼軌 80—120公噸。

廠址：陽曲縣古城村

(12)洋灰廠

職工人數：職員35名，工人280名。

廠中設備：最新式洋灰燒成迴轉窰，二支輪型二室迴轉磨，迴轉粘土乾燥機，石炭乾燥機，冷却器，粗碎機，運搬機等，共52部。2—300馬力馬達26部，3000/220伏變壓器1座，300開維愛配電盤2套。

製品要目：獅頭牌高級洋灰。

製品特點：因石灰石，石炭，圩子土，石膏等原料，近在廠旁，故成本較輕，售價極廉，又因使用新式機器，所出洋灰，成分適合，性質優良，凝結迅速，抵抗力强，故成品特別優良。

廠址：陽曲縣西銘村

創設年月：民國23年6月創辦，24年4月開工。

(13)製紙廠

該廠為最近建設，現已竣工，製品要目：各種印刷紙，包裝紙。

製品特點：廠近在蘭村，利用豐富水量

18534

，天然資源，及新式機器，出特種上等紙及報紙，為華北之唯一特種紙廠。

生產能力：日產印刷紙4噸。

廠中設備：長網機 1台，梳解機16部，蒸煮鍋2個，除塵機1部，切斷機2部，鍋爐2部，修理機0部。

廠址：陽曲縣蘭村，

創設年月：民國23年6月創辦。

(14)煤鑛第一廠

職工人數：職員74名，工人713名。

出品要目：煙煤，（分大炭，混炭，煤末）。

出品特點：（1)粘結性小，爐條不受損傷。(2)易於引火。（3)發熱量大。(4)燃燒持久。(5)灰分硫黃較少。(6)長期儲存，亦不變質。(7)定期供給，不誤使用。(8)價格低廉，產煤能力：日產煤1,000公噸。

廠中設備：(1)動力設備：各式鍋爐8座，共450匹馬力。提重捲揚機3座，共需動力250匹馬力。

(2) 運輸設備：有同蒲路西山支線，直達廠中，所有煤炭，皆利用列車運輸，其固定運輸，利用自動轆轤，自動滑車，其他運送，利用人工。

(3) 存煤設備：末煤存場，可容20,000餘噸；塊炭存場，可容10,000餘噸，均可直接裝入列車，運至各處。

(4)井下設備：（A)運送：利用雙軌，在坑內往復運送。(B)排水：電用汽機排水。(C)通風：自然通風法。(D)照明：因無炤氣，故利用電石燈及安全燈兩種。

廠址：太原市白家莊

創設年月：民國23年8月創辦，24年1月出煤。

(15)毛織廠

職工人數：職員38名，工人600名。

出品要目：各種嗶花呢，厚外綫呢，各色厚薄嗶嘰，花達呢，禮服呢，車毯，床毯等。

製品特點：色澤新穎，品質堅固，完全國貨，售價低廉。

生產能力：逐日產嗶嘰約 800公尺，毛呢約400公尺，毛毯20條，針織物200市斤。

廠中設備：(1)動力部：蒸汽鍋爐2部，電動機11部。(2)粗梳部：各種機器10部。(3)精梳部：各種機器11部。(4)機織部：各種機器42部。(5)整理部：各種機器13部。

廠址：太原市小北門外敦化坊。

創設年月：民國22年7月創辦，23年10月開工

(16)印刷廠

職工人數：職員30名，工人230名，

製品要目：電鍍銅版，雕刻鋼板，凹版，凸版，照像銅版，鋅版，三色版，珂瓏版，各種油墨，承印各種有價證券，書報表冊，簿記證書，以及各種五彩膠版，石印影印各種書畫碑帖。

廠中設備：(1)廠房170間。(2)各種印刷機40餘部。(3)電動機12部。

廠址：太原市北門外。

(17)皮革製作廠

職工人數：職員10名，工人80名。

出品要目：光皮公事包，皮包，皮鞋，藍皮底鞋，拖鞋，學士鞋。機器用皮帶。底皮。反光面羊皮。

製品特點：工精料實，堅固耐用。

生產能力：每日靴鞋50雙，紅藍底皮10張，反光面羊皮100張，機器帶皮100市尺左右。

廠中設備：廠房121間，製鞋機6部，製皮機5部，縫級機5台，帶皮機1台，電動機8部，皮缸83個，滾桶6個。

廠址：太原市小北門外敦化坊

(18)興農酒精廠

職工人數：職員15名，工人51名。

製品要目：普通酒精，改性酒精，興農

油（替代汽車用之汽油）。

製品特點：酒精含量爲96%上下。所有醇油及醛等雜質，完全除去。原料馬零薯及高粱，爲附近產物，原料供給旣易，而且價廉，故售價亦極低廉。與農油用於汽車完全適用，爲替代汽油之無上佳品。

生產能力：與卋夜產酒精及與農油60桶，（每桶1°公斤）。

廠址：大同縣北門外。

(19)火柴廠

職工人數：職員45名，工人607名。

製品要目：飛艇牌火柴。

生產能力：每日製造火柴60大箱，（每大箱係14,400小盒）。

火柴特點：根數充足，裝璜整齊，發火敏捷，過夏不變，最適於旅行及家庭使用。

廠中設備：廠房450間，分交城山軸木廠，太原軸木廠，高帝山製木廠。所有各種火柴機，完全新式，排列機25部均係自動。面積200方市里，山林樹木2,000,000株，木料極度豐富，且自行兼製綠酸鉀，足可自給。

廠址：太原市三橋街。

創設年月：民國20年4月創辦8月開工。

(20)窰廠

職工人數：職員32名。工人480名。

生產能力：年產火磚10,000—20,000公噸。

廠中設備：廠房11棟，燒成窰15座，各種機器14部，電動機7部。

製品用途及其特點；各種耐火砂磚，專門供給煉鋼馬丁爐，反射爐，其他煉鋼一切爐中之主要頂底各部，以及煉焦爐之各部。各種耐火堆餞，專門供給煉鐵，煉焦，煉鋼，碾鋼，以及其他洋灰燒成窰各種鍋爐等處之主要材料。

廠址：太原市北門外。

創設年月：民國22年3月創辦，24年1月開工。

以上係屬西北實業公司範圍以內之工業，至其範圍以外之工業，可得而述之。

（第一）紡織工業　山西產棉，民元以前，僅河東屬之幾縣，亦稍有家庭紡織。民國以來，提倡植棉，推廣此項工業。至13年，始開辦晉華紡織公司。他如大益，晉生，雍裕等廠，自16年後始陸續興辦。至毛織工業，雖於17年有商營華北織絨廠之設立，但直至西北公司之毛織廠成立，始有成效，爲西北各省所設毛織廠之冠。玆除西北毛織廠，已於前詳述外，列山西紡織工業一覽表如下。

山西紡織工業工廠一覽表（民國24年調查）

工廠名稱	開設年月	組級及性質	地址	資本數目（元）	工人數
山西平民工廠	民國2年1月	官督商營	太原	40,000	310
晉華紡織公司	民國13年6月	股份有限性質	榆次	4,000,000	2,220
大益成紡織公司	民國16年2月	同上	新絳	2,140,000	1,463
晉生織染工廠	民國17年	同上	太原	1,000,000	750
雍裕紡織公司	民國20年2月	同上	新絳	700,000	920
女子職業工廠	民國21年4月	公營	太原	180,000	1,000
民生模範織布工廠	民國22年	同上	曲沃	15,000	
造產救國社社員消費合作社製造絨廠	民國22年	合作	太原	30,000	105

18536

山西貧民合作工廠	民國23年	官督商營	太原	30,000	287
合		計		8,055,000	7,055

(第二)化學工業　山西化學工業，除舊法釀酒，做醋，煉礬外，以火柴製造業，興辦最早，且有一時頗形發達，全省有四五家，多數皆歸失敗，西北火柴廠，乃以公營而維持此項工業。新式造紙業，始於18年之新華造紙廠，但資本較小，至20年乃開辦晉恆製紙廠，惟只製一面光之紙。西北廠乃添設兩面光之廠焉，捲煙製造，原係私人經營，後由公家接辦公營。其他西北公司之窰廠，革廠，洋灰廠，係屬21年新辦，西北化學廠，原係火藥廠，今改為一般工業上應用化學品之製造，新廠規模甚佳。

山西化學工業工廠一覽表（西北公司所屬在外）

工廠名稱	開設年月	組織及性質	地址	資本數目（元）	工人數
義泉湧釀酒廠	唐時	商營	汾陽縣杏花村		5
新記益華釀酒公司	民國10年	股份有限公司	清源	26,000	5
新華造紙廠	民國18年	同上	太原縣晉祠鎮	30,000	40
晉恆製紙廠	民國20年	同上	省垣	500,000	115
太行料器廠	同上	商營	同上	20,000	40
晉華捲煙廠	民國21年	公營	同上	500,000	391

(第三)鋼鐵工業　山西向有舊式鋼鐵工業，至 6年始有保晉鐵廠之設，由保晉煤鑛公司主辦，於 9年開始製造。至13年又有官辦軍人工藝實習廠之成立，復於14年，成立育才煉鋼廠及育才機器廠，製造普通及軍用各種機械。21年復將舊有之兵工廠，完全改為普通之鋼鐵機械工廠，最近設立之西北煉鋼廠，則完全合於科學之大鋼鐵廠矣。西北各廠，已述於前，保晉鐵廠在平定湯泉鎮，資本 7000,000元，工人 350 名，為公營性質。

(第四)煤鑛業　山西煤產以甲於全球見稱。清末以前，多係土法開採，當時有英商福公司，與清訂約開採，後由晉民出資2,750,000 兩贖回，並集資開設保晉公司，從事機械開採，於光緒32年開辦，其後30年間，煤業漸趨發達，除西北第一廠不計外，列表如下。

山西煤鑛公司暨較大煤廠一覽表（西北煤廠在外）

名稱	鑛區所在地	鑛區數目	鑛區面積 公噸	公畝	公厘
保晉公司	平定縣燕子溝，小南溝，李家溝，巖地港，漢河溝，先生溝，平壇塔，简子溝，桃林溝，賽魚河，龍橋溝，石圪壘。				
	壽陽縣陳家河。				
	晉城縣小張村。				
	大同縣興旺村，石岩村，黑龍王廟。	17	1,252	79	61
建昌公司	平定縣蔡窪溝	1	101	14	38

廣懋公司	平定縣澗家莊，黄沙岩，漢河溝，柳溝村，石嶺，孫家溝，桑堰垴，裏方溝，瓦窰咀，黄沙岩，村石圪壘，	9	338	32	77
平記煤廠	平定縣大垴村，北頭咀，村蒙村，	3	606	21	53
復順煤廠	平定縣甘河村，窰谷洞。	1	18	08	65
富昌公司	平定縣太陽泉，深峪河。	1	80	06	25
永慶煤棧	平定縣大陽泉金圐圙，西峪河。	2	68	95	94
晉華公司	平定縣龍鳳溝。	1	17	13	32
久孚煤棧	平定縣石卜咀西梁。	1	31	77	68
濟生煤廠	平定縣蒙村文昌山。	1	96	65	50
公義煤廠	平定縣小陽泉南深溝。	1	37	01	14
元豐煤鑛	平定縣南莊村城南背坡。	1	28	94	44
永祥煤窰	平定漢河溝。	1	12	88	05
煤業公司	平定縣侯家峪，火窰溝，白野頭。	3	212	10	02
大興公司	平定縣小陽泉張家溝	1	10	59	21
中興煤礦	平定縣石卜咀麻狐垴。	1	45	64	07
萬順煤礦	平定縣太湖石村攀水溝。	1	22	85	08
全順煤礦	平定縣甘河村	1	12	80	80
平順煤廠	平定縣石卜咀百畝梁，水咀水泉溝，	2	63	81	54
義立煤廠	平定縣西河村	1	18	30	66
晉祥煤廠	平定縣石卜咀石垴溝。	1	36	19	44
同記煤廠	晉城縣梨樹溝。	1	165	C3	84
晉北礦務局	大同縣永生莊，水溝坡，紅土嶺，鄭家嶺，蔣家南，寺廟溝，永定莊後溝，瓦渣後溝。	8	1788	83	84
利華公司	晉城縣董堯頭村。	1	15	36	75
寶恆公司	大同縣幸村白土溝。	1	172	85	CO
大興公司	大同縣蘇家堡官地溝。	1	12	09	72
福璽公司	大同縣營華皂三道灣。	1	34	35	87
平旺公司	大同縣拖皮村前門溝。	1	5	75	94
同寶公司*	大同縣蔴地溝，白洞村等14號 懷仁縣老窰溝，大馬林澗等25號 左雲縣張家峚，高駝村等14號。	53	7279	04	49
永昌公司	懷仁縣梧道村炭峪溝。	1	82	60	73
同泰公司	左雲縣長流水村，泉子溝，懷仁縣後廠溝，三道灣。	3	35	01	40
任記公司	陽曲縣丈子頭石會河	1	22	75	75
銀山公司	陽曲縣銀山神溝，孤子窩上。	2	84	10	82
石踏蹬公司	陽曲縣小返村。	1	24	29	24

民生玉記公司	陽曲縣觀家峪青石凹。	1	2	69	09
晉益公司	陽曲縣觀家峪上莊村南山。	1	4	64	10
文恆公司	太原縣虎峪溝，大窰地大窰坡地。	2	23	19	20
勝地公司	太原縣虎峪溝勝地山。	1	19	24	30
德生公司	太原縣高家河桃坡山	1	58	18	72
玉成公司	太原縣風峪溝，魏家店，圪塔村墩子窰。	2	10	44	87
華興公司	孝義縣胡家窰村東北山，賢者村西河來，西南山，北山，元宗山，北村。	6	877	83	21
裕晉公司	長治縣岀村忤溝灣。	1	72	57	08
寶興公司	平遙縣史家溝沙溝口。	1	24	26	82
鼎興公司	襄垣縣五陽村五陽山。	1	2)	27	19
德華公司	潞城縣西溝村，石板坡。	2	34	53	35
晉興公司	洪洞縣左家溝大秤裏。	1	32	43	20

(°該公司因欠鑛區稅款316,500餘元，延不繳納，山西建設廳於24年11月13日，奉實部指令撤消其所領礦權，業經停辦。)

(第五)麵粉工業　山西麵粉工業，始於民國2年之大同麵粉公司，至10年後，晉豐等公司，先後開辦，乃日有進步，列表如下。

山西麵粉工業公司一覽表

名稱	開設年月	組織及性質	地址	資本數目(元)	工人數
大同麵粉公司	民國2年	公營	大同	128,400	60
晉豐麵粉公司	民國10年9月	同前	太原	1,000,000	25
魏榆麵粉股份有限公司	民國18年2月	商營	榆次	70,000	15
晉益麵粉股份有限公司	民國18年12月	同上	臨汾	1,000,000	26
晉生麵粉股份有限公司	民國18年	同上	平遙	100,000	8
合計				1,398,400	134

第六牧畜業　山西農林墾殖事業，除農事改良，普通農事試驗場，改良農具，防除害病蟲，利用肥料，改良種子，獎勵合夥耕種，提倡植棉，種烟，造林，開荒外，關於牧畜，頗有進步，茲列牧場如下。

山西公私立牧場一覽表

名稱	地點	公立或私立
山西省模範牧畜場(1)	太原西關	公立
山西省立山陰牧畜場	山陰縣岱岳鎮	公立
富有牧畜公司	平晉縣大草坪	私立
十生大牧畜場	交城縣柏葉溝	私立
民生牧場	靜樂縣寶泉溝	私立
羣生牧場(2)	陽曲縣蘭村	私立
晉育牧場	嵐縣普明村	私立

(註1)分設靜樂縣大陽坪山場朔縣第一分場安澤縣第二分場

(註2)原創設於陽泉23年移於陽曲縣蘭村

工程年會之希望——本會歷來年會，與最近聯合各專門工程工業團體，舉行聯合年會，自應採取工程與工業環境最適宜之地方．山西已爲國防之最前線，其所負之責任，最爲重大。省政當局，絕對擁護中央，服從指揮，其勵精圖治，訓練民衆之精神，亦足爲他省之表率，差不僅造產救國之實施，爲中流砥柱，而吾工程界同志，每年本在晉努力之結果，凡無機會到晉服務，與有志將來爲晉服務，及致以晉省造產之成功（初步），爲他省之借鏡者，曷興乎來。交通方面，有由平漢鐵路石家莊通太原之正太鐵路，由隴海鐵路風陵渡，通太原之同蒲鐵路，均屬窄軌，由平綏鐵路大同通太原之鐵路公路聯絡線。山西人民，本以經營商業著於世，余至西北各省，以及蒙藏旗地，幾多爲晉商所操縱。今以經營商業，「孳孳爲利」之本能，經營工業可稱爲 Financial Engineering，其成功也必矣。吾儕工程同志，願從事工業成功者，均應趨往來年之太原年會，求得成功之秘訣，爲厚望巳。至將來之一切籌備事宜，只須全權付託太原分會，而請綏靖公署，建設廳，及西北公司多予便利，必能使個個會員心滿意足也。

中國工程師學會會務消息

◉第25次董事會議紀錄

日　期：25年9月27日上午10時

地　點：上海南京路大陸商場542號本會所

出席者：曾養甫（沈　怡代），沈怡，趙祖康（黃　炎代），徐佩璜，任鴻雋，（李熙謀代），李熙謀，韋以黻（胡博淵代），顏德慶（裘燮鈞代），李書田（金問洙代）華南圭（夏光宇代）黃伯樵（鄭葆成代），陳體誠（陳廣沅代），胡庶華（鄭葆成代）胡博淵（徐佩璜代），顧毓琇（張惠康代），梅貽琦（張廷金代）。

列席者：鄒恩泳。

主　席：曾養甫（沈　怡代）；

紀　錄：鄒恩泳。

報告事項：

主席報告：

(1) 本年度董事會議，經第23次董事部會議議決，每三個月舉行一次，計25年 9月，12月，26年3月，6月，各月最後一星期日爲開會日期，今次會議實爲本年度初次常會。

(2) 溫溪紙廠計劃經第22次執行部會議推定丁嗣賢，孫洪芬，葛新敬，湯元吉，唐凌閣，徐名材，徐善祥，審查，業已審查竣事，並編有報告書，函寄該廠籌備處。

(3) 本會上年度收支帳略，經第23次董事部會議推定支秉淵，張延祥審核，現已審核竣事，查核無誤。

(4) 8 月23日臨時董事會議票選之本會國民大會代表候選人，及候補人名單，內胡博淵因已由礦冶工程學會推舉爲候選人，又沈怡因係執行部職員，自動放棄，爰以候補人夏光宇，韋以黻，遞補，造就本會國民大會代表候選人名單，於 9 月25日寄送南京，名單內容如下：

化工：吳蘊初，徐佩璜，

礦冶：胡博淵，王寵佑，

水利；許心武，

紡織：任尙武，朱公權，

建築：莊　俊，

本會：李　協，淩鴻勛，華南圭，惲震，顧毓琇，黃伯樵，楊　毅，胡庶華，夏光宇，韋以黻

(5) 惲震君來函，關於本會工業材料試驗所與鐵道部合作一事，前途頗難樂觀。

夏董事光宇報告：中國學術團體聯合會所建築委員會成立以後，已於 9月20日在南京舉行第一次會議，（紀錄已刋本刊 5 卷13期156頁）

討論事項：

(1) 追認聯合會所建築委員會議決建築地點建築計劃，及選聘建築師三項辦法案。

議決：准於追認。

(2) 審查新會員資格案。

議決：通過下列新會員：

正會員：沈同德，李永慶，湯祥賢，楊珉山，李瑞芸，張嘉聃，陳鐵壽，李仲蕃，張象昶，朱公權，吳鍾秀，周剛，項志達，君等13人。

仲會員，尹國墉，王時傑，龔景綸，劉焯，李慶祥，君等5人。

初級會員：田兆普，張錚，陳光宗，華澤湋，鄭葆祿，樊鼎琦，朱錦康，薛履坦，粟宗嵩，君等9人。

初級會員升仲會員者；劉子琦，張竹溪君等2人。

學術團體聯合會所徵求圖案

本會受管理中英庚款董事會之委託，在首都地方，籌建中國學術團體聯合會所房屋

，爲力求設計完美，工程堅實，足以爲中國現代之代表建築物起見，特公開徵求設計圖樣，業經組織建築委員會專辦其事，假南京鐵道部夏光宇處爲臨時通信處，徵求期至本年11月20日截止云。

◉上海分會常會

上海分會於10月30日下午6:30，假座香港路銀行俱樂部舉行聚餐，請本會會員戴濟先生演講，講題爲『天然燃料之改造』，戴先生赴英出席本屆世界動力協會之化工會議，並考察化學工程，新由歐美返國，詳述游歷歐美經過情形，感想甚多云。

◉南京分會常會

南京分會於11月13日（星期5）下午6時，與中國科學社南京社友會，舉行聯合常會及聚餐，假安樂酒店大廳，並請國內經濟界權威現任立法委員馬寅初先生演講『中國之幣制』及本會前董事，現任四川大學校長任叔永先生演講四川經濟建設情形，至10時散會。

◉南京分會新選職員

南京分會本年改選由司選委員辦理，茲已揭曉，結果如下：

會長 惲 震， 副會長 張可治，
書記 李法端， 會 計 楊簡初。

◉中國土木工程師學會職員錄

（通信處：南京鐵道部新路建設委員會）

會長：夏光宇

副會長：李書田，沈 怡。

總幹事：薛家俊

總會計：鄭肇經

總編輯：沈 怡

董事：侯家源，華南圭，李儀祉，淩鴻勛，茅以昇，杜鎮遠，薩福均，張自立，周象賢，羅英，顏德慶，裘燮鈞，陳體誠，沈百先，李育。

◉介紹翻印西書業

近來原版西書，關於工程科目者，如爲學校課本，參考手册，定期刊物，及辭典叢書，大都均已有翻印本，定價僅在原價對折之下，故特列各印售書局地址如下，以備會員購書時之詢問。

公司	地址	電話
上海圖書公司	上海海格路2122號	
北京圖書公司	上海海格路1934號	
北洋印刷所	天津東馬路襪子胡同27號	
中國通藝社	上海北京路378號	95277
現代書局	杭州迎紫路	
文華印書館	上海嘉爾鳴路303弄	30277
龍門書局	上海西門文廟路303號	22172
Techanical Press		
北平大學工學院圖書館專書流通處	北平	

工程週刊

中華民國26年1月7日星期4出版
(內政部登記證警字788號)
中華郵政特准掛號認爲新聞紙類
(第1831號執據)
定報價目：全年連郵費一元

中國工程師學會發行
上海南京路大陸商場542號
電話：92582
本會會員長期免費贈閱)

6•1
卷 期
(總號 119)

工程年曆

中華民國26年

	1		2		3		4		5		6		7		8		9		10		11		12		
○															1	213									○
1			1	32	1	60									2	214					1	305			1
2			2	33	2	61					1	152			3	215					2	306			2
3			3	34	3	62					2	153			4	216	1	244			3	307	1	335	3
4			4	35	4	63	1	91			3	154	1	182	5	217	2	245			4	308	2	336	4
5	1*	1	5	36	5	64	2	92			4	155	2	183	6	218	3	246	1	274	5	309	3	337	5
6	2	2	6	37	6	65	3	93	1	121	5	156	3	184	7	219	4	247	2	275	6	310	4	338	6
○	3	3	7	38	7	66	4	94	2	122	6	157	4	185	8	220	5	248	3	276	7	311	5	339	○
1	4	4	8	39	8	67	5	95	3	123	7	158	5	186	9	221	6	249	4	277	8	312	6	340	1
2	5	5	9	40	9	68	6	96	4	124	8	159	6	187	10	222	7	250	5	278	9	313	7	341	2
3	6	6	10	41	10	69	7	97	5*	145	9	160	7	188	11	223	8	251	6	279	10	314	8	342	3
4	7	7	11	42	11	70	8	98	6	146	10	161	8	189	12	224	9	252	7	280	11	315	9	343	4
5	8	8	12	43	12*	71	9	99	7	147	11	162	9	190	13	225	10	253	8	281	12*	316	10	344	5
6	9	9	13	44	13	72	10	100	8	128	12	163	10	191	14	226	11	254	9	282	13	317	11	345	6
○	10	10	14	45	14	73	11	101	9	129	13	164	11	192	15	227	12	255	10*	283	14	318	12	346	○
1	11	11	15	46	15	74	12	102	10	13	14	165	12	193	16	228	13	256	11	284	15	319	13	347	1
2	12	12	16	47	16	75	13	103	11	131	15	166	13	194	17	229	14	257	12	285	16	320	14	348	2
3	13	13	17	48	17	76	14	104	12	132	16	167	14	195	18	230	15	258	13	286	17	321	15	349	3
4	14	14	18	49	18	77	15	105	13	133	17	168	15	196	19	231	16	259	14	287	18	322	16	350	4
5	15	15	19	50	19	78	16	106	14	134	18	169	16	197	20	232	17	260	15	288	19	323	17	351	5
6	16	16	20	51	20	79	17	107	15	135	19	170	17	198	21	233	18	261	16	289	20	324	18	352	6
○	17	17	21	52	21	80	18	108	16	136	20	171	18	199	22	234	19	262	17	290	21	325	19	353	○
1	18	18	22	53	22	81	19	109	17	137	21	172	19	200	23	235	20	263	18	291	22	326	20	354	1
2	19	19	23	54	23	82	20	110	18	138	22	173	20	201	24	236	21	264	19	292	23	327	21	355	2
3	20	20	24	55	24	83	21	111	19	139	23	174	21	202	25	237	22	265	20	293	24	328	22	356	3
4	21	21	25	56	25	84	22	112	20	140	24	175	22	203	26	238	23	266	21	294	25	329	23	357	4
5	22	22	26	57	26	85	23	113	21	141	25	176	23	204	27	239	24	267	22	295	26	330	24	358	5
6	23	23	27	58	27	86	24	114	22	142	26	177	24	205	28	240	25	268	23	296	27	331	25	359	6
○	24	24	28	59	28	87	25	116	23	143	27	178	25	206	29	241	26	269	24	297	28	332	26	360	○
1	25	25			29	88	26	116	24	144	28	179	26	207	30	242	27	270	25	298	29	333	27	361	1
2	26	26			30	89	27	117	25	145	29	180	27	208	31	243	28	271	26	299	30	334	28	362	2
3	27	27			31	90	28	118	26	146	30	181	28	209			29	272	27	300			29	363	3
4	28	28					29	119	27	147			29	210			30	273	28	301			30	364	4
5	29	29					30	120	28	148			30	211					29	302			31	365	5
6	30	30							29	149			31	212					30	303					6
○	31	31							30	150									31	304					○
1									31	151															1

(此年曆另印單頁硬紙，每張2分，10張15分，郵費外加)。

工程年曆

編者

中華民國26年元旦，恭賀新禧，預祝全國經濟建設擴展，工程學術猛晉！

本刊新編一種『工程年曆』，刊於本期封面，以貢獻給本會會員及讀者。此年曆有4特點：

(1) 某月某日之右註全年第幾日，可以便利計算工作天數。

(2) 每月日數自上排下，查檢時比週曆爲便。

(3) 每星期中間空留一行，閱讀極爲醒目。

(4) 提倡『星期〇』之名稱，以代『星期日』，蓋〇爲數字，『日』非數字也，全表完全爲數字。

願我儕工程界，在中華民國26年，每天留一個紀念，開一個紀錄！此工程年曆將每年刊印，惟工程與年曆無窮盡，祝中華民國萬年！萬萬年！

武漢大學工學院設備略述

邵逸周

材料試驗室

本院材料試試室設備，計有75噸，15噸，及5000磅，材料試驗機各1架(可作拉力，壓力，剪力，彎力，韌力，及冷彎力，等試驗)，60噸壓力試驗機1架，金屬薄片試驗機1架、夏培式及揆索式衝擊機各1架，布林勒爾式蕭厄式及羅克維爾式硬度試驗機各1架，扭力試驗機1架，鑄鐵試驗機1架，木材試驗機1架，疲勞試驗機1架，另有本校自製之延度指示儀3架，縮度指示儀1架，扭度指示儀1架，及彎度指示儀5架。並有馬廷氏延度儀，及白格斯氏變形儀各1架，關於建築材料部份，有英美標準洋灰試驗各1套，洋灰拉力試驗機2架，洋灰體積變化測驗儀1架，混凝土彎力試驗機1架，流性桌1台，錘模機1架，磚瓦試驗機1架，關於道路材料部分，有衝擊機1架，硬度試驗機1架，耐磨性試驗機1架，錘模機1架，金剛鑽磨床1部，及油類試驗器1套，本試驗室，除平時供學生實習外，並代校外實業機關，作各種試驗。

動力室

動力室爲全校水電之總樞紐，位於東湖之濱，水源純潔，運輸便利，與各院系教室及宿舍，隔離頗遠，絕無瀰漫烟霧，或嘈雜聲息，足以影響師生絃誦，妨礙公衆衛生者。廠內置有(1)拔柏葛水管鍋爐1座，受火面積爲1098平方呎。附設鏈條喂煤機，引風機，吹風機，水管省煤機，氣管省煤機，暨高熱蒸汽管，蒸流加水機等，標準汽壓，每方吋爲265磅，汽溫爲華氏600度，另置錶板1架，裝設風壓表4只，溫度記錄錶5只，汽量錶1只，爐烟分析器卽 CO and CO_2 meter 1只，(2)300匹馬力藹益吉透平機，用齒箱間接200瓩，3相，50週，2300伏，交流發電機1座，附設凝氣機，吸氣機，分水器，暨各部各級油溫油壓表，汽溫汽壓表，水溫水壓表等，標準速率，每分鐘爲8,500轉，(3)92匹馬力黑油機，直接60瓩3相 50週2,300伏交流發電機2座，附設氣壓機貯氣缸，冷油器等，標準速率，每分鐘爲500轉，(4)配電板共8塊，分發電輸電

18544

兩種，附設磁場電壓錶，磁場電流錶，總線電壓錶，總線電流錶，自動電壓調節器，併車錶，週率錶，因數錶，油開關，絕電器暨瓩錶等。(5) 輸電給水，本校幅員遼闊，院系分立，故電力電燈電熱等項，概由高壓線輸送，依各院系需要電量之大小，分別安置變壓器於適當地點，俾易照料，而免危險，統計大小變壓器，3相式者5只，總共負荷量為265 開維愛，單相式者12只，總共負荷約為120開維愛，起水設備，計每分鐘500加侖，電動起水機兩組，能容250,000加侖之沉澱池2隻，每分鐘能濾水200加侖之快濾池 2座，暨六角形貯水塔1座，起水程序可分3部，1,自湖邊井中抽起湖水，存儲於半山亭沉澱池中。2,加化學品（明礬）利用水流衝擊，完成沉澱工作。3,再由沉澱池抽水至山頂，過快濾池而進水塔，因水源之純潔，兼過沉澱清濾手續，故水質清潔，極合衛生，雖與各大都市自來水相較，亦無遜色。

水力實驗室

本室設於湖濱，與工廠相鄰，凡3 大間，其大部份之設備，均在東南角之一間內，計有中部偏西南北向水溝一，道長53呎，溝南部接長方形井一口，面積約30方呎，井下更有徑2呎之圓井1口，深8 呎有餘，井北側置有徑6呎高12呎之恆定水頭水桶2個，並列置於承台上，桶之上方，更置有長12呎，寬6呎，深4呎之水櫃1 具，另以鋼架支承之。井之南側，置有出水管徑3呎及8吋之電動離心式起水機各 1，及12吋電動螺旋式起水機1具，其西有搖式起水機1具，機之水源另由置於室西北角之水桶供給之，室之中部偏北置鋼質水槽 1個，一端可插各式量水堰，槽側通鋼質小櫃 1具，上置自動水位記錄儀，槽北安設5馬力披爾頓水輪，及6.5馬力反動式水渦輪各1，二輪水源即由8吋徑出水之起水機供給之。室之東南角，滿裝各式水表及量水桶。室之南壁置有徑 2呎高12呎之水桶一個，桶接4吋管，由此西伸復沿西壁達於北牆，再折而東以至於末端管嘴。計全長 120呎，上裝畢都管，萬透列表等等，室之北壁，裝有銅質複徑管 1道，用以驗證泊諾列氏之學理者，該室西隔壁之一間內，裝有上下平列而直徑不等之鐵管 4根，以供測驗各該管之阻力者，該室北隔壁之 1間，現作儀器房，計藏有各式流速儀3架，畢都管3套，鉤尺 5支，壓力及真空表10餘只，及其他零星儀器甚多。

本校新水工試驗所，位於工學院之南，為本校與湖北省政府合資建造，定名為華中水工實驗所，該所室內淨空為 60呎寬，242呎長，23呎高（至簷），兩端有樓，樓上為辦公室，教室，繪圖室，暗室，及儲藏室等。底層全部長度計 242呎，可供安置各種儀器，水櫃，水槽，水管，河床模型，及試驗之用，刻正鳩工趕造，大約本年底當可完成，以備遷移也。

交通大學唐山工程學院概況

許元啓 黃壽恆

山海關鐵路學堂開辦於民元前16年，經庚子之變，校址爲墟，至民元前 7年始覓定新校址於工業區之唐山，建設唐山路礦學堂，其後校名數易，民國17年奉交通部令合組（第二次）部轄之北平，南洋，唐山三校爲交通大學，現稱交通大學唐山工程學院，隸鐵道部．向設土木工程及機械工程兩學系，於民國10年第一次合組交通大學時，機械工程系遷往上海，20年增設採冶工程學系．土木系現分鐵路，構造，建築，市政衛生，水利諸門，採冶系暫不分門．校址佔地230 餘畝，面積空闊．先後肄業者約2000人，以往26 班畢業生共 718 人，本年在校學生爲 204人，教員悉係專任，現有 27 人，經費歲約234,000元，薪資佔40%强．

圖書館藏有西文書籍7000册，其中工程書居大半，足供參考，科學書次之．西文雜誌計有80餘種，內中有自出版至今完全不缺者數種，頗堪寶貴．此外有中文書 17,000餘册，雜誌20餘種，多關普通知識．

地質陳列室藏有礦質，石樣，化石各種標本凡2000餘種．工程陳列室有橋樑模型，機器模型，及工程材料標本多種．建築工程繪圖室，藏宮苑式建築模型數種，及西洋圖案．

鐵路及水文測量與礦下測量．均選擇適宜地點，如北平附近之西山南口，前往實習，至地形與大地測量，則就當地設站，以資練習．最精之經緯儀讀二秒，各種測量儀器設備頗豐，足供多數學生實習之用．

除理化實驗室，金木工室，工程材料試驗室，發動電力廠及機械，電機試驗室外，土木系設有水力，道路材料，衛生工程黴菌學各試驗室，採冶系有礦物岩石與冶金諸試驗室，現正計劃充實選礦實驗室，一部分機器已到，正在建立中．自民國20年設置交通大學唐山研究分所以來，承受外界委托，代作下述試驗或研究：

1.建築材料或試驗類——金屬材料，膠土質，混凝土，磚，瓦，石及木材與柏油材料．

2.化學分析類——液體燃料，機器油，工業用水，礦產品與金屬．

3.礦冶方面研究——鑛山之探勘，貴金屬分析，金屬材料之內部組織研究．

4.構造研究——各種不定式構造之應力研究，與模型分析．

詳載該院所刋之交通大學唐山研究分所試驗物品種類說明書．年來委托試驗者以材料者爲多，玆將其工程材料料試驗設備列於下表（英文）．（見第5頁）．

介紹會員新著

本會會員方棣棠先生，任職國立中山大學工學院敎授兼土木工程系主任，最近編著工程構造原理第一册，共613頁，分34章，602圖，中分5部：1,普通基礎，2,材料强度學，3,靜力學公式能定梁，4,構架梁，5,防風梁與格柱．書內各公式皆有證明，使學者無不求甚解之毛病．每章之中多設例題，使學者能融會貫通．文字敍述淺易，使學者無燥謐乏趣之苦．內容充實，搜羅豐富，可爲大學敎本，亦可爲自修之精．特爲介紹．定價國幣3.20元，不另加郵費．發售處：南京國立中山大學土木工程系．

TANGSHAN COLLEGE OF ENGINEERING, CHIAO-TUNG UNIVERSITY.

Material Testing Laboratory Equipment (1936)

Article	Maker	Capacity	Purpose	Size of testing specimen
Universal Testing Machine	Reihle Bros. Co.	35,000 kg.	Tension Test of wood-metals. Compression Test of wood, metals, concrete & Brick. Shear & Hardness Test of wood. Flexure of Brick.	For specimen 2″ to 8″ high.
Universal Testing Machine	Reihle Bros. Co.	400,000 lbs.	Tension, compression and Bending tests of column and Beam, etc.	For column 8′-0″ in length, & Beam 8′-0″ in span.
Flexure Testing Machine	A. & W. Avery Co.	40 cwt.	Bending Test of iron & steel.	For specimen up to 1.20″ dia., span up to 24″.
Hydraulic Compression testing machine.	Reihle Bros. Co.	50,000 lbs.	Compression Test of Cement mortar.	For specimen 2″×4″ cyld. 2″×2″ cube.
Izod's Impact Testing Machine	A. & W. Avery Co.	23 ft. lbs.	Impact Test of metals.	For specimen 3/16″×3/8″×2″ with .05″ V notch.
Wooden Beam Testing Machine	C. Cusson Co.	400 lbs.	Flexure Test of small wooden beams.	For specimen 1″×1″ cross section span 24″.
Flexure Testing Machine	C. Cusson Co.	——	Used for Verifying Law of Bending.	For specimen span up to 40″.
Ductility Testing Machine.	Olsen Testing Machine Co.	——	Ductility test of sheet metals.	For specimen up to 1/16″ thick, size 3″×3″ or 3″ dia.
Tension Testing Machine	Reihle Bros. Co.	1,000 lbs.	Tension Test of cement and cement mortar Briquettes.	A.S.T.M. standard.
Torsion Testing Machine	Olsen Testing Machine Co.	10,000 inch lbs.	Torsion Test of metals.	For specimen up to 3/8″ to 1″ dia. length up to 15″.
Hardness Testing Machine	Olsen Testing Machine Co.	——	Hardness Test of wood.	A.S.T.M. standard.
Wire Testing Machine	Bailey	5,000 lbs.	Tension of wire	——
Complete sets of Cement Testing Apparatus.	——	——	To test sp. gr. of sand and cement, normal consistency, setting, and soundness of cement etc.	A.S.T.M. standard.

材料試驗所調查事項

陸志鴻

（本會編刊『中國工程紀數錄』，擬調查全國材料試驗所設備之情形，請本會會員陸志鴻先生協助進行，承開示備有材料試驗機之機關及學校一表，與調查材料試驗所事項草目一表，當時因趕急出版，未曾詳細分別調查，茲將陸君二表，發表於此，希各機關學校及會員多予盡量通知，庶於『中國工程紀數錄』再版時，全部插入。因本會正在籌備工程材料試驗所，故此項調查十分重要也。——編者。）

備有材料試驗機之機關及學校

實業部中央工業試驗所（不甚完備）
中央研究院工程研究所（較完備）
中央研究院棉業實業館（有織物試驗機）
工程師學會材料試驗所（籌備中）
全國經濟委員會（聞有籌備消息）
兵工署技術司（較完備）
金陵兵工廠（較完備）
兵工署上海鍊鋼廠（僅有舊式試驗機一架）
上海英界工部局（試驗機能力較大）
鞏縣兵工廠（？）
國立中央大學工學院（較完備）
國立清華大學工學院（較完備）
國立北平大學工學院
唐山交通大學（較完備）
國立北洋工學院（較完備）
國立同濟大學工學院（較完備）
國立浙江大學工學院（較完備）
上海交通大學（較完備）
復旦大學土木系
震旦大學理工學院
上海私立萊德氏工業學校
武漢大學工學院
廣西大學工學院
國立中山大學工學院（？）
河南大學工學院（？）
河北省立工專
重慶大學工學院（？）
湖南大學工學院（？）
廣東私立勷勤大學工學院（？）
焦作工學院（？）
香港大學（英）
旅順工科大學（日）

關於材料試驗所應調查事項草目

(1)設備：A試驗機

1. 名稱。
2. 製造公司之名與國別。
3. 式樣。
4. 最大能力(max. capacity)。
5. 試驗何種材料。
6. 所試驗之項目（如拉。壓。彎。疲勞。硬度。衝擊。等等）。
7. 每種試驗機之座數。

B。試驗機之附屬設備（註明名稱，式樣，效用，製造公司名與國別，個數。

1. 有否伸長計 (Extensometer)？
2. 有否撓度計 (Deflectometer)？
3. 其他重要之附屬裝置
4. 有否試驗機誤差矯正裝置？

C。關於試驗金屬材料之重要特別設備。
D。關於試驗非金屬材料之重要特別設備。
E。其他附屬於試驗所之重要設備。

(1)事業

1. 試驗所之主要工作。
2. 對於國產工程材料之試驗研究工作。
3. 關於試驗研究結果之刊物。

18548

中國工程師學會會務消息

◉第26次董事部會議紀錄

日期：25年12月27日上午10:30

地點：上海南京路大陸商場542號本會所

出席者：徐佩璜，胡博淵，趙祖康，李熙謀，裘燮鈞，馬君武，袁以藏（孫傳儒代），沈怡（徐佩璜代），梅貽琦（張廷金代），顧毓琇，（張惠康代），錢昌祚（裘燮鈞代），侯德榜（鄒恩泳代）任鴻雋（李熙謀代），夏光宇（胡博淵代），薩福均（徐佩璜代），淩鴻勛（王繩善代），王星拱（黃炎代），黃伯樵（鄭葆成代）陳體誠（趙祖康代）。

主席：徐佩璜（公推）；紀錄：鄒恩泳。

報告事項：

(1) 第六屆年會論文經複審委員胡樹楫，黃炎，鄭葆成，章書謙，等四君審查，報告結果如下：

第一名　王士倬，馮桂連，華敦德，張徒遷等著：『清華大學機械工程系之航空風洞』，給獎100元。

第二名：沈怡著：『黃河史料之研究』，給獎50元。

第三名　中央研究院工程研究所著：『鑄鐵鑄鋼之研究與試驗』，給獎30元。

(2) 據南京各學術團體聯合會所建築委員會報告，聯合會所徵求圖案，已經評判委員會審定，得第一獎者為基泰公司，並由該委員會聘請基泰公司為工程師。

討論事項：

(1) 推選年會籌備委員案。

議決：推定委員名單如下：

年會籌備委員長：李尚仁。

副委員長：彭士弘，董登山。

委員：謝宗周，田玉珍，馬耀先，劉光宸，王錄勳，王　憲，王嘉瑞，王盛勳，郗三善，趙甲榮，曹煥文，潘連茹，徐建邦，崔敬承，鄭永錫，沈光苾，柴九思，張堉，趙逢冬，周維豐，劉篤恭，李銘元，閻樹松，姬九韶，逯廷淦，殿開元，唐之肅，馬開衍，賈元亮，張則俊，張世德，程永福，任興綱，劉以和，趙　鐸，趙鳳鳴。

(2) 推選年會論文委員案。

議決：請沈怡君為委員長，並請沈委員長擬定各委員名單，由會聘請。

(3) 推選年會提案委員案。

議決：請胡君博淵為委員長，各分會正副會長為委員。

(4) 中美工程師協會擬請加入舉行聯合年會案。

議決：婉辭謝絕。

(5) 會員黃述善著『衛生煖氣工程』一書，草稿業經請由朱樹怡，許照，二君會同審查，認為良好著作，應否由本會刊印為本會工程叢書案。

議決：准由本會刊印為本會工程叢書。

(6) 本會在南京聯合會以內認定辦公室，佔面積8方，所有經費3,200元，三分之一由南京分會担任，三分之二由總會担任，請追認案。

議決：准予追認，由火險賠款項下撥付1,500元，餘由總會經常費積餘項下撥付湊足。

(7) 張君延祥提議編輯『中國工程題名錄』案。

議決：緩辦，另請張延祥君擬就會員詳細調查表，備填存查。

(8) 孔祥鵝請求恢復會籍案。

議決：致函行政院秘書處查明後，再提出下次董事會議核議。

(9) 審查新會員資格案。

議決：通過正會員：梁上桐，李煦綸，沈宗漢，許士髦，鄭逸羣，吳之揆，劉以仁，張書田，君等8人

仲會員：鄭　炳，孫國樑，田培元，王志强，曹鳳藻，常煥文，陳　琦，葉文龍，趙鴻佐，耿秉琮，白美珍，陸宗賢，秦大鈞，王紹祖，張志禮，郭履中，汪敏信，君等17人。

初級會員：龐豐兆，單喆端，劉元敬，王琪，陳志定，楊允成，唐書森，賈銘金，劉銘信，崔　巍，趙之陳，王榮庭，趙爾威，韓春第，君等14人

仲會員升正會員者：李金沂，李富國，᠎岳光塀，君等3人

初級會員升正會員者：劉樹鈞1人

(10) 趙祖康臨時提議，本會應規定本會工程叢書刊印辦法案。

議決：交執行部總幹事擬具辦法，提出下次董事會議討論。

◉南京分會常會

南京分會於 9月30日下午六時半，在太平路安樂酒店大廳，舉行常會，並聚餐。討論重要會務凡兩點：(1) 總會通知擔任聯合會所辦公室建築經費三分之一，決議遵辦。(2) 關於下年度職員選舉，推舉司選委員，結果：倪倘達，杜長明，陳章，三會員當選。餐後由行政院祕書長翁文灝先生演講，對於工程人員在國難時期應行効力各點，發揮盡致。十時散會。

南京分會復於11月13日下午六時半，與中國科學社南京社友會，舉行聯合常會於安樂酒店，並請國內經濟界權威，現任立法委員馬寅初先生演講，各會員震於馬先生之名，到會人數約有六十餘人之多。餐後首由胡會長報告會務，司選委員報告職員通信選舉結果，計正會長惲震，副會長張可治，書記李法端，會計楊簡初。繼由馬先生演講，題為『世界經濟與中國幣制』，先述世界經濟恐慌之原因，與各國應付之方略，繼述中國法幣政策之經過，與今後之出路，最後勉勵全國人民，應盡力擁護現行法幣政策，為民族復興之根基，會員對於馬先生議論之精黨，精神之充足，與辭令之健全，莫不有深刻之印象。講後少數會員起而討論，馬先生俱加以滿意答覆。十時散會。

◉唐山分會常會

唐山分會自上次開會選舉職員後，於11月 1日借南廠技術員學會，開本年度第一次常會。計出席者王濤，路秉元，袁通，關漢光，吳雲綬，鄭家覺，陳汝棻，陳新民，杜濟民，李汝，許元啓，安茂山，張正平，顧宜孫，朱泰信，任鏡湖，黃壽恆，等17人，其中二位陳先生乃最近入會者。許會員元啓乃秋初由滬來唐，現任唐山交通大學機械工程教授職務，此外柏勁直，孫景韓二會員，最近來唐山北寧鐵路機廠供職，惜以事往津，未能出席。正午12時開會，當場報告，分會會員吳學孝現由開灤礦務局調往上海，彭榮閣現往美國 Iowa 大學研究水利工程，并傳觀總會來件，經議決：(1)接受上年度會計報告，(2)下次常會訂於明年2月間在交通大學舉行，(3)函詢總會關於本會選舉國民大會代表事宜接洽情形。會務討論畢後，聚餐，二時盡歡而散。分組參觀南廠，及扶輪學校運動會。

◉廣州分會新選職員

會　長：林逸民

副會長：李　卓

書　記：李果能

會　計：方季良

◉會員通信新址

莊前鼎（職）南京三元巷2號資源委員會
朱玉崙（職）南京水晶台資源委員會
吳鴻照（職）浦口津浦鐵路局
林海明（職）杭州浙江省電話局
俞闓章（職）上海江西路上海銀行大廈中國建設工程公司
程宗揚（職）南京三元巷 2號資源委員會
戚光墀（職）無錫戚墅堰電廠
陳崇武（職）南京鐵道部
黃曾晢（職）江蘇銅山第九區專員公署
夏彥儒（職）南京三元巷資源委員會
張喬嗇（職）南京新街口忠林坊大昌實業公司
丁紫芳（職）南京交通部
于潤生（職）南京交通部
王俠先（職）南京參謀本部城塞組
余翔九（職）四川成都公路局
岑立三（職）四川自流井鹽務稽核所
李宗侃（職）南京白下路農工銀行
李宜予（職）南京鐵道部
汪菊潛（職）上海京滬鐵路局
倪松壽（職）上海中央信託局
徐承祜（職）上海牛淞園路建委會電機製造廠
馬軼羣（職）南京交通部
陳六琯（職）成都航空委員會
陸桂祥（職）浙江黃巖縣政府
湯兆恆（職）重慶模範市場華西興業公司
黃澄淵（職）江西星子軍事教官訓練所
楊立惠（職）南京江蘇郵政管理局
趙以燦（職）上海民國路 56 號國際報話核算處
樓兆緜（職）南京交通部供應委員會
鄭方珩（職）南京交通部
錢崇澍（職）重慶模範市場華西興業公司
錢永亨（職）南京交通部
錢鳳章（職）西安北平大學工學院
馮　簡（職）西安北平大學工學院
鍾　鍔（職）廣州中央銀行
嚴一士（職）上海牛淞園路建委會電機製造廠
顧毓瑔（職）南京下浮橋中央工業試驗所
樂家駿（職）浦口津浦鐵路局
馮　雄（職）成都四川水利局
陸貫一（職）南京航空委員會
陳體榮（職）南京全國經濟委員會
許心武（職）清江浦導淮委員會入海工程處
洪　紳（職）南京鐵道部新路建設委員會
王葆和（職）上海沙遜大廈國際無綫電報局
吳大榕（職）南京中央大學
侯德煊（職）南京下關鮮魚巷40號永利化學工程公司
馬師亮（職）武昌武漢大學
馬師伊（通）武昌武漢大學馬師亮君轉
葉　楷（職）北平北洋大學
蕭之謙（職）南京實業部地質調查所
鄺榮輝（職）江西南昌公路處
羅榮安（職）南京中央大學工學院
羅明燏（職）廣東建設廳
秦元澄（住）江蘇嘉定南門大街唐家柵秦寶善堂
黃受和（住）北平後門福祥寺胡同5號
陳松庭（職）蕪湖獅子山江南鐵路公司
朱漢儁（職）四川自流井鹽務稽核分所工程處
駱繼光（住）杭州清泰門外甘王廟25號
鄧福培（職）上海漢口路大陸大樓棉業統制委員會
張連科（職）上海高昌廟煉鋼廠
劉孝懃（職）武昌粵漢鐵路局
黃季巖（職）上海江西路 361號建華營造公司
李祖賢（職）上海愛多亞路 123號六合公司
周明衡（職）上海福州路郵政儲金滙業局營

業處
裴冠西（職）上海仁記路 120號山海大理石廠
王榮吉（職）上海赫德路1032號普益經緯公司
吳毓驤（職）上海黃浦路 360號太平洋行
宋國祥（職）上海福建路上海電話公司
劉錫晉（職）上海愚園路國光中學
嚴開元（住）太原大鐵匠巷9號
潘履潔（職）上海蒲柏路 381 弄 1 號中華工業化學研究所
陳士衡（職）上海裴倫路上海電力公司
劉正炯（職）上海楊樹浦上海電力公司
曾憲武（職）鄭州隴海路機務處工事課
沈良驊（住）上海中山路大夏新村60號
張樹源（職）南京鐵道部購料委員會
歐陽藻（職）南京水晶台資源委員會電氣室
何遠經（職）南京丁家橋陸軍交輜學校
賈榮軒（職）江西貴谿京贛鐵路贛境工程處第一測量隊
陳昌明（職）本市國和路工務局道路管理處
馮朱棣（住）浙江長安澗上
梁啓壽（職）廣東建設廳技術室
陳　任（住）長沙天鵝塘16號
劉雲書（職）湖南仙株州白鶴常佳大屋湘黔鐵路工程局工務第一分段
汪　煦（職）青島山東大學工學院
劉錫彤（住）天津河北月緯路宜安里4號
阮宗和（職）江西宜春浙贛鐵路第八工段
鄧福培（住）本市麥特赫司脫路227弄12號
林繼庸（住）南京三元巷2號
陳賢瑞（住）湖北蔡甸河街義泰油坊後交
黃鍾漢（通）廣西蒲浦車站轉交
馬君武（住）上海法租界邁爾西愛路34號西二樓和樂邨
皮　鍊（職）濟南陳家橋莊後仁豐紡織染公司
鄺耀厚（職）廣州第四路軍總司令部
錢國鈕（職）上海北京路356號天利洋行
　　　（住）上海姚主教路230 F號
孫慶球（職）漢口漢景街天德里46號孫公安營造廠
史久榮（職）青島大學路國立山東大學
李文驥（職）杭州錢塘江橋工程處
劉峻峰（職）江陰荷蘭治港公司
茅以新（職）湖南長沙允嘉巷2號 鐵道部株州機廠籌備處
沈　亮（職）湘潭湘黔鐵路工程局
沈　劭（職）蕭山滬杭甬路工程處
顧穀同（職）漢口武漢大學工學院
劉良堪（職）江西樂平京貴鐵路贛境工程處第四測量隊
楊公庶（職）重慶都郵街重慶大學辦公處
馬育騏（職）南京工務局下水道工程處
梁永銮（職）湖南湘鄉普安堂湘黔鐵路第五分段
單炳慶（職）青島四方機廠
段毓靈（職）山東濟甯專員公署
汪楚寶（職）武昌兵工建設委員
裴冠西（職）上海福煦路 420號山海大理石廠
毋本敏（職）西安電政管理局
田寶林（職）安徽宣城京貴鐵路工程局
李維一（住）濟南新街50號
梁其卓（職）廣東惠州路城郵局探交廣梅鐵路第二測量隊
吳文華（職）福建漳州漳龍汀區公路工程處
陸貫一（職）南京成賢街沙塘園 7號航空委員會油料研究所
蕭　津（職）安徽休甯萬安京贛鐵路分段
朱延平（職）江蘇灌雲兩淮建坨委員會
林逸民（職）廣州市工務局
李　卓（職）廣州建設廳
方季良（住）廣州豐甯路27號
楊志剛（職）上海南京路哈同大樓四樓西門子洋行

新會員錄

民國 25 年 12 月 27 日第 26 次董事會議通過

姓名	字	通訊處	專長	級位
梁上椿	琴堂	(職)太原晉綏兵工築路總指揮部設計室	建築	正
		(住)太原北倉巷平安里梁宅		
李煦綸	謁丞	(職)唐山開灤鑛務局	電氣	正
沈宗漢	心誠	(職)北平廣播電台	電機	正
		(住)北平紅廟豆芽菜胡同三號		
許士髦	畯夫	(職)上海法租界菜市路176天原電化廠	機械	正
鄭逸擎		(職)上海法租界菜市路176天原電化廠	應用化學	正
吳之援	樹聲	(職)西安建設廳	土木	正
劉以仁	義山	(職)太原西北實業公司機車廠	機械	正
		(住)太原天地壇第二巷29號		
張書田	子紳	(職)太原西北實業公司製造廠	機械	正
		(住)太原北門街頭道巷15號		
鄭炳	及菴	(職)濟南自來水廠	電氣	仲
		(住)濟南院東牛頭巷2號		
孫國樑	謹心	(職)西安建設廳	土木	仲
田培元	中三	(職)太原西北實業公司煉鋼廠	冶金	仲
王志强	新吾	(職)太原晉綏兵工築路測量第二隊	土木	仲
曹鳳藻	芹波	(職)南京全國經濟委員會公路處	土木	仲
常煥文	伯涵	(職)太原同蒲路鐵管理局	電氣	仲
陳琦	景韓	(職)南京建設委員會	機械	仲
荣文龍		(職)太原西北煉鋼廠	冶金	
		(住)太原市五福庵福安里4號		
趙鴻佐	亮甫	(職)太原同蒲鐵路原同工務總段第十二分段	土木	仲
耿秉璋	子奉	(職)太原山西電氣事業研究會	機械電機	仲
白美珍	玉如	(職)山西大同同蒲鐵路大同工務十三段	土木	仲
陸宗賢		(職)上海龍華上海水泥廠	化工	仲
		(住)上海極司非而路中行別業		
秦大鈞	大鈞	(住)天津北洋工學院	航空	仲
王紹祖	繩武	(職)山西大同同蒲鐵路大同工務十三段	土木	仲
張志禮	亦民	(職)山西風陵渡同蒲鐵路南段工務第七分段	土木	仲
郭履中	蹈甫	(職)太原西北實業公司製造廠	機械	仲
汪敏信	滋蕃	(職)上海北京候二號308號協泰洋行	土木	仲
		(住)上海康腦脫路632弄23號		

顧豐兆	瑞卿	（職）太原西北煉鋼廠 （住）太原新成南街五號	土木	初
單喆端	懋	（職）太原西北煉鋼廠	電機機械	初
劉元敬		（職）武進京滬鐵路武進工廠	土木	初
王　琪	仲光	（職）太原山西省電氣事業研究會	電機	初
陳志定	子廷	（職）上海江西路484號上海自來水公司	土木	初
楊允成		（職）太原山西省電氣事業研究會	電機	初
唐書琮	寄平	（職）太原西北發電廠	電機	初
賈銘金		（職）太原山西省電氣事業研究會	電氣	初
劉銘信	鼎言	（職）南京中央廣播事業管理處	電工	初
崔　巍		（職）太原太原電燈公司 （住）太原臨泉府十九號	電氣	初
趙之陳	之傑	（職）太原太原電燈公司 （住）太原新城南街72號	電機	初
王榮庭		（職）太原山西省電氣事業管理處	電機	初
趙爾威		（職）太原西北煉鋼廠	電氣	初
韓春第		（職）濟南建設廳	土木	初
李金沂	祉川	（職）南京鮮魚巷40號永利化學工業公司	機械	仲升正
李富國	子庶	（職）重慶行營交通處	土木	仲升正
孫光墀	希哲	（職）常州戚墅堰電廠	機械	仲升正
劉樹鈞	石衡	（職）河南鞏縣兵工廠	航空機械	初升正

「工程」兩月刊第11卷(民國25年)總目

工程週刊第5卷(總號103-116)總目（民國25年）

中國工程師學會職員錄

（民國25——26年度）

董事會

會　長：曾養甫　　廣州市政府
副會長：沈　怡（君怡）上海市工務局
董　事：馬君武　　梧州廣西大學
顏德慶（季餘）石家莊正太鐵路局
徐佩璜（君陶）上海市公用局
薛次莘（惺仲）南京全國經濟委員會
李　協（儀祉）西安陝西省水利局
李書田（耕硯）天津華北水利委員會
裘燮鈞（星遠）上海市工務局
夏光宇　　南京鐵道部
王寵佑（佐臣）漢口商品檢驗局
陳體誠（子博）福州建設廳
梅貽琦（月涵）北平清華大學
胡博淵　　南京實業部
侯德榜（致本）浦口永利硫酸錏廠
沈百先　　鎮江建設廳
趙祖康　　南京全國經濟委員會
李熙謀（振吾）真茹暨南大學
淩鴻勛（竹銘）武昌粵漢鐵路管理局
胡庶華（春藻）重慶重慶大學
薩福均（少銘）南京鐵道部
韋以黻（作民）南京交通部
黃伯樵　　上海兩路管理局
顧毓琇（一樵）北平清華大學
華南圭（通齋）天津北甯鐵路工務處
錢昌祚（莘覺）南昌航空委員會
陳廣沅（贊清）杭州浙贛鐵路局
王星拱（撫五）武昌武漢大學
任鴻雋（叔永）成都四川大學
基金監：徐善祥（鳳石）上海建華化學工業公司
黃　炎（子獻）上海濬浦局

執行部

總幹事：裘燮鈞（星遠）上海市工務局
文書幹事：鄒恩泳　　上海市公用局
會計幹事：張孝基(克銘)上海市滬閔長途汽車公司
事務幹事：莫　衡(葵卿)上海兩路管理局
總編輯：沈　怡（君怡）上海市工務局
副總編輯：胡樹楫(賓予)上海市工務局
週刊編輯：張延祥　　南京資源委員會
出版部經理：俞汝鑫（恕菴）上海鐵道部購料會

委員會

工業材料試驗所籌備委員會

委員長：惲　震
委　員：夏光宇　薩福均　韋作民　吳保豐
劉蔭茀　吳承洛　楊繼曾　錢昌祚
李屋身　徐佩璜　趙祖康　康時清
施孔懷　沈熊慶　陳體誠　張靜愚
余籍傳　曾養甫　沈百先　李法端
劉貽燕　陳耀祖　陸志鴻　周　仁
各分會正副會長

職業介紹委員會

委員長：夏光宇
副委員長：張惠康

朱母紀念獎學金委員會

委員長：徐名材

18557

中國工程師學會分會會員錄（民國25——26年度）

上海分會

會　長：王繩善（爾綯）
副會長：馮寶齡（愼孫）
書　記：施孔懷（孔範）
會　計：鄭葆成

南京分會

會　長：惲　震（蔭棠）
副會長：張可治
書　記：李法端（木園）
會　計：楊簡初

濟南分會

會　長：林濟青
副會長：朱杜勳（一民）
書　記：俞物恆（覺先）
會　計：曹明鑾（理卿）

杭州分會

會　長：趙曾珏（眞覺）
副會長：周鎭倫（子藩）
書　記：李紹德（範前）
會　計：沈景初（叔成）

青島分會

會　長：邢契莘
副會長：葉　鼎（扛九）
書　記：杜寶田（季均）
會　計：朱　瓛

唐山分會

會　長：王　濤（松波）
副會長：路秉元（佈善）
書　記：黃壽恆（鏡堂）
會　計：伍鏡湖（澄波）

北平分會

會　長：顧毓琇（一樵）
副會長：王季緒（覲廬）
書　記：陶履敦（季宏）
會　計：郭世綰（紼侯）

天津分會

會　長：李書田（耕硯）
副會長：徐世大（行健）
書　記：王華棠
會　計：駱曾慶（頌平）

武漢分會

會　長：邵逸周
副會長：邱鼎汾（幼三）
書　記：徐立誠
會　計：繆恩釗　方博泉

廣州分會

會　長：林逸林
副會長：李　卓
書　記：李果能
會　計：方季良

太原分會

會　長：董登山
副會長：唐之肅（敬亭）
書　記：賈元亮（又滑）
會　計：馬開衍（子敏）

長沙分會

會　長：余籍傳（劍秋）
副會長：周鳳九
書　記：易鼎新（修吟）
會　計：王昌德（守謙）

梧州分會

會　長：李運華
副會長：龍純如
書　記：秦篤瑞（培英）
會　計：何棟材

美洲分會

會　長：張光華
副會長：田鎭瀛
書　記：馬師亮
會　計：蔣葆增（南光）

重慶分會

會　長：盛紹章（允丞）
副會長：傅友周
書　記：
會　計：陸邦興（叔言）

大冶分會

會　長：程行漸
副會長：王野白（季良）
書　記：謝任宏
會　計：宋自修（學醇）

南寧分會

會　長：李運華
副會長：黃鍾瀵
書　記：譚世藩
會　計：陳慶澍（慰民）

西安分會

會　長：李　協（儀祉）
副會長：許行成（孝思）
書　記：李善樑
會　計：毋本敏（燕如）

工程週刊

中華民國25年2月18日星期4出版
（內政部登記証警字788號）
中華郵政特准掛號認為新聞紙類
（第1831號執據）
定報價目：全年連郵費一元

中國工程師學會發行
上海南京路大陸商場542號
電話：92582
（本會會員長期免費贈閱）

6•2
卷 期
總號（120）

箇碧石鐵路路綫概況表

雲南箇碧石鐵路公司總工程師　吳融清

（箇碧石鐵路情形，向乏刊物發表，最近承吳總工程師惠寄該路整理報告書一册及工程狀況表一份，甚為感謝，特先將概況刊錄於下，以備參考）。

綫別	幹綫			枝綫	全路
段別	碧雞	雞臨	臨屏	雞箇	
軌距	600公厘	計劃1000公厘 暫舖 600公厘	仝左	600公厘	暫用600公厘
正綫	39.625公里	62.460公厘	41.235公厘	33.655公厘	176.975公厘
岔道	5.475	3.540	4.525”	2.125	15.665
總長	45.100	66.000	45.760”	35.780	192.640
隧道座數	—	5	5	8	18
總長	—	503公尺	272公尺	1,648公尺	2,423公尺
大橋座數	—	14	6	4	24
總長	—	555公尺	177.9公尺	115.3公尺	848.2公尺
車站	6	7	6	5	24
最深明槽	11公尺	13公尺	11.5公尺	9公尺	13公尺
最高築堤	14	16	17.5	14	17.5
最大坡度	3.0%	2.2%	1.5%	3.0%	3.0%
最小半徑	100公尺	80公尺	120公尺	60公尺	60公尺
上坡	138.42公尺	417.19公尺	148.46	549.70公尺	
下坡	252.81	352.49	33.95	104.32	
首尾高差	−115.56	+64.70	+114.51	+445.38	
通車年月	民國7年11月	民國17年11月	民國24年11月	民國10年11月	

吳淞江虞姬墩段截灣工程

揚子江水利委員會總工程師 孫輔世

1.吳淞江之地位及現狀

太湖跨江浙兩省，汪洋36,000頃，西南受浙西天目之水，兼納皖境宣歙一帶之山洪，瀦積湖中，匯而東流，分道入海。其中最要之洩水道，計有白茆，婁江，吳淞江，澱泖，黃浦等。吳淞江自昔河面寬闊，水流通暢，兩旁港浦紛歧，脈絡貫通，流域所及，跨吳江，吳縣，崑山，青浦，太倉，嘉定，上海，寶山，等八縣，面積約2,590平方公里，爲太湖下游之主要洩水幹道，蜿蜒達125公里，並係蘇滬一帶水道交通之樞紐。農田之賴以灌溉者，在4,000,000畝以上。歷代疏浚，史不絕書，蓋認爲整治太湖水利之主要工程也。迨宋慶歷8年(1048)，吳江建築長橋，元至正9年(1349)，運河石塘告成後，太湖東洩之量，大受阻礙，水流羣趨澱泖。因此吳淞江來源微弱，江口復受潮汐影響，逐漸淤塞，雖屢加浚治，而清不敵渾，淤阻仍舊。下游自江口至徐公港一段，及上游自瓜涇口至江河村一段，均形淤淺。洩水既感不便，而重載船舶，亦不能行駛，須繞道澱泖或長江，致行程遠而運費昂。民國成立後，曾在下游舉行疏浚工程，本擬自黃浦江口外白渡橋起至徐公港止，但因經費不繼，至梵開橋後，即中止進行，迄今淤塞如故，現爲水利計，爲航運計，覺疏浚之舉，似不容再緩也。

2.最近籌劃疏浚吳淞江之經過

歷年以來，各方鑒於吳淞江之淤積日增，病航害農，日以益甚，測量計劃，始終不懈。民國4年前，江南水利局曾詳細測量。民國12年，前太湖水利局又重行複測。民17前太湖流域水利委員會，於是年7月間，派遣測量隊，施測吳淞江自瓜涇口起直至小沙渡止，分段編製計劃。上游瓜涇口至江河村，擬暫不疏浚。下游徐公港至盤龍港一段，即函請江蘇省政府依照計劃。撥款興工。下游虞姬墩至出口一段，因上海市政府已與浚浦局訂約辦理，分6年浚工，業已辦理3年，不久可以完成，毋庸再行舉辦。惟中間盤龍港至虞姬墩一段，暨虞姬墩截灣取直工程，需款巨大，上海市政府一時無此財力，乃由前太湖水利委員會呈請全國經濟委員會撥款興辦。惟因水上交通及其他關係，先行舉辦截灣取直新河工程。24年5月，太湖水利委員會歸併本會，即由本會繼續辦理。局部開始興工。

3.吳淞江虞姬墩段截灣取直工程計劃

1.概要　自原測樁號25+200至樁號28+350止，截去三灣，另闢新河一道，長2,060公尺計可縮短水程1,090公尺，見附圖120。新河底傾斜度，根據前太湖流域水利工程處公佈之計劃，規定爲1:30,000。截灣段起點處新河底高度，在最近水位下2.5公尺。終點高度，在最低水位下2.4公尺。見附圖121。新河底寬規定爲16公尺，岸坡一律爲3:1。

2.資料　吳淞江虞姬墩段最低水位高度，係根據黃渡及北新涇兩水位站之記載，加以推算。

黃　渡　最低水位 1.88公尺 23年7月10日

北新涇　最低水位 0.87公尺 23年3月 9日

北新涇因有潮汐關係，最低水位之時日，未能與黃渡相同。本計劃之最低水位綫，係假定黃渡最低水位1.88公尺時，而北新涇最低潮位爲0.87公尺，兩站水位相差爲1.01公尺，其距離爲 21.25 公里水面斜坡應爲1:21,000。依此推算，截灣起點處最低水位高度，應爲1.14公尺，終點處最低水位高度，應爲1.04公尺。

3.理論

(1)新河底深度：因水文資料不足，且以下游工商業區域事實上之限制，故不能按照流量計劃。茲根據航運之需要，以及下游之最大斷面，加以規定如下：

據19年4月中，前太湖水利委員會吳淞江調查報告，吳淞江貨物運輸，約可分爲糧食，工業原料，日常用品等三大類，其中以工業原料，如煤，水泥，鋼鐵等最爲笨重。查江南一帶，運煤船隻，最大者約長30公尺寬6公尺。可載重90噸，須吃水2公尺。普通小輪大約吃水1.5—2公尺。新河底深度，須在最低水位時，能使是項船隻，得以通行無阻。現規定在最低水位下2.5公尺，對於貨物航輪，均可暢行。

(2)新河底傾斜度：根據前太湖流域水利工程處編訂之治理吳淞江初步計劃，規定河底傾斜度，自徐公港以東，自1/60,000遞增至1/8,000，虞姬墩段應爲1/3,000，本計劃新河底傾斜度，即以此規定。

(3)新河底寬：吳淞江下游，扼於租界，河面寬度，僅有40公尺，狹隘殊甚，難以拓寬。若僅將上游放寬，亦無多利益，且易致淤塞。而最少限度，須使兩只運煤船或小輪，在低水位時，得以交相往來。現在規定新河底寬爲16公尺，足敷上項船隻往來之需要，而與下游寬度，亦可聯成一貫。

(4)岸坡：岸坡大小，須根據其自然趨勢，加以規定。茲依照實測橫斷面圖，岸坡趨勢約爲3：1，故本計劃新河兩岸坡度，亦一律規定爲3：1。

4.施工方法：全用人工辦理，惟與原河銜接處，在平均低水位以下之一部份，則用機船挖掘。

5.工費估計：根據實測圖表及前項計劃，先將人工開挖部份，製成工費估計表，至於機船疏浚部份，另行辦理。

項目	摘要	數量	單價(元)	預算(元)	決算(元)
土方費		300,700公方	0.219	65,853.30	65,582.30
堆土遠步費	堆土在70公尺以外120公尺以內者另給遠步費	60,140公方	0.10	6,014.00	6,395.79
購地費	開闢新河係購民用地	120畝	180.00	21,600.00	21,532.86
遷坟費	新河線範圍內遷移坟墓			1,352.00	1,352.00
堆土處不給地價每畝酌給農作物損失費		600畝	8.00	4,800.00	995.40
新河線內農作物損失費		120畝		960.00	914.75
戽水費	新河部份	300,700公方	0.01	3,007.00	2,994.62
築壩費	新河部份	壩3道	500.00	1,500.00	2,715.00
障礙物遷移費				300.00	
預備費				5,400.00	——
補償費				7,360.00	7,360.00
管理費				8,240.00	8,294.80
共計				126,386.30	118,187.40

4.施工概況

該項工程係由全國經濟委員會列入23年度興辦水利事業費項下勸支，於24年3月9日，通告招標。於同月22日開標結果，以上海鑫記公司標價最低，得標承辦，同時於虞姬墩成立疏浚吳淞江虞姬墩段工程處辦理之。

嗣因其他關係，及民地糾紛，進行遲緩，至6月1日方行正式興工，適當盛暑，工作頗受影響，工人中暑者甚多，一部份工人，並於夜間工作，白晝休息，以避炎熱。每日到工人數，約在千人左右，上海市政府特派保安隊一排，常駐工次，以維治安。至8月中旬，本會與上海浚浦局洽商，所有新河兩端之土壩，及與原河銜接處土方，約42,000公方，由該局用機船免費代挖，至9月21日，該局「海鰻」機即駛往工作。用人工挖土部份，至10月8日，全部工竣，由經委會及本會分別派員驗收，除扣除中段土壩1,238公方外，其餘工作，尚無不合。遠步地方，因(一)兩岸堆土過高，迭令承包人向遠處平攤。(二)附近有土坑數處，已酌量運土填平。(三)新河數段，靠近河岸，附近有道路，為免除妨礙交通起見，不得不繞道堆置等理由，以致稍有超出。工程處於10月底結束，僅留一工程員辦理未了事宜，俟機船開挖部份竣工，新河通航，舊河壩斷後，再行調回。

5.各項統計

(甲)到工及停工人數：本工程自6月1日開工，至10月8日呈請驗收，計及5月，時屆炎暑，工人困於瘧者甚多，故停工人數之百分率甚大，而以8月份為最，蓋是時天氣亦最熱，苟能於冬季施工，當可便利不少也。

(乙)土方數：本工程全部土方共計300,700公方，後因中段兩端所留之壩，於驗收之前，忽被冲陷，計有1,238公方，不能用人工挖掘，實際人工完成之土方數，為299,462公方。茲將逐月完成之土方數，暨逐月每一工人之工作效率，列表如下：

月份	完成土方數	每一工人之工作效率
6	68,640.80公方	5.63公方
7	95,261.20	3.48
8	82,225.40	3.43
9	44,665.30	2.30
10	8,669.30	4.55
總計	229,462.00	3.53

6月份之工作，係在地面，起步甚近，故工作效率特大。7,8兩月，已在河身中部，起步較遠，工作效率亦略小。至9月份，已及河底，工作困難，故效率特小。10月份中，僅係修坡及挑挖土壩之水面以上部份，工作輕易，故效率亦增加。逐月之平均數，則為3.53公方，(合1.25英方)。

(丙)工作日數：按照合同規定100晴天完工，計自6月1日開工，至10月8日呈請驗收，共計130日，除去陰雨18日半，共計工作111日半，超出限期11日半，平均每日可做土方2,685.75公方。

6.結論

吳淞江因虞姬墩段之灣曲淤塞，洩水航運，均感不便，而對於航運，影響尤大。每至冬季水淺之時，船隻擱淺，交通阻斷，時有所聞。現經本會整理後，前項阻礙，已可祛除，所以繞道瀏河或由京滬鐵路運輸之一部份貨物，因路程之短捷，及運費之低廉，均將捨彼求此，航運得益，實非淺鮮。且該段加以整理後，省市所辦工程，可以貫通，不久上海市舉辦之一段工程，即將完成，江蘇省政府，若能按照決議案，將省區一段，提前舉辦，則吳淞江下游淺段，已可全部解決。上游瓜涇口至江湖村一段，距離甚短，土方有限，施工較易，是則吳淞江全部貫通，不難計日以待。

再本會現正計劃開挖東太湖深泓，接通瓜涇口鮎魚口，並拓寬大缺口與深泓銜接，將西太湖之水，分兩路引入東太湖，灌注吳淞江婁江，以利農田灌溉。如是，吳淞江來量旣增，宣洩又暢，附近農田，於旱潦之時，引水洩水，均無所患，對於太湖流域整個水利，亦有莫大影響。此間尚有賴於省區一部份工作之完成，及東太湖整理計劃之早日實施也。

18562

中國工程師學會會務消息

◉第26次執行部會議紀錄

日期：26年1月15日下午5：30

地點：上海南京路大陸商場542號本會所

出席者：沈怡，裘燮鈞，張孝基，鄒恩泳

主席：曾養甫(沈怡代)；紀錄：鄒恩泳

報告事項：——

1.第6屆年會論文經複審委員胡樹楫，黃炎，鄭葆成，韋書謙等 4人，審查結果如下，並經報告第26次董事部會議在案。

第一名：王士倬，馮桂連，華敦德，張捷遷合著，『清華大學機械工程系之航空風洞』給獎100元。

第二名：沈怡著『黃河史料之研究』，給獎50元。

第三名：中央研究院工程研究所著『鎢錳鎢鋼之研究與試驗』給獎30元。

2.前准上海律師公會函稱，該會為所得稅問題有所討論，於去年12月29日，邀集各職業團體參加共同研究，本會已請朱樹怡，楊錫鏐，二君代表出席。

3.中國水利工程學會函知，對於本會與各專門學會聯絡辦法，經該會董事會議決：『原則贊同，惟本會因經濟關係，暫緩加入』云。

4.編印各會聯合會員錄，贊成加入者，有中國電機工程師學會，中國土木工程師學會，中國化學工程學會，中國自動機工程學會，中國水利工程學會，等五團體，尚未復到者，有中國礦冶工程學會，中國機械工程學會，兩團體，不加入者中華化學工業會。

5.本會在南京聯合會所內，認定辦公室佔面積8方，所有經費3200元，中三分之一已經南京分會承認担任，本會所應担負之三分之二，已提經第26次董事部會議，議決在火險賠款項下撥付1500元，其餘由本會經常費積餘項下撥淡足數。

討論事項：——

1.中國紡織學會擬參加聯合年會案。

議決：復請參加，並報告下次董事部會議。

2.與科學印刷公司續訂工程印刷合同案。

議決：續訂一年，准先借付紙張費 3,000元，按年息4厘計算，每期工程出版支付印刷費時，分攤還。

3.行政院秘書處函知本年3月舉行京滇公路週覽會，請本會指派參加人員1人案。

議決：通告會員徵求應徵，報名限 1月23日截止。

4.會員彭開熙，劉文貞，鍾春雍，周公樸，4君請發技師登記證明書，請予追認案。

議決：通過。

◉第27次執行部會議記錄

日期：26年2月3日下午6時。

地點：上海南京路大陸商場 542號本會所

出席者：沈 怡，裘燮鈞，張孝基，鄒恩泳

主席：沈 怡；紀錄：鄒恩泳。

報告事項：——

1.中國電機工程師學會函復參加本屆聯合年會。

2.上海市社會局工業試驗所，近以財政支絀，維持困難，現正從事緊縮，本人因與社會局潘局長商議，將社會局工業試驗所所有全部設備生財，移贈本會工業材料試驗所，即由本會接辦，所有一切試驗照舊進行，經常費用仍由市政府照常撥給，不足之數概由本會籌補。潘局長對此提議，原則上無甚異議，遂又與沈所長熊慶商討辦法5則，如下：

(1) 市政府將該所全部生財，原價約值五六萬元，贈與本會。

18563

(2) 本會接辦之後，在一定期限內，應籌備相當經費，以資擴充設備。

(3) 本會接辦後三年內，如能維持得法，進行順利，市政府即將上述全部生財，作爲正式贈送本會。

(4) 本會接辦後，所有原來工作照舊進行，在三年期內，經常費仍由市政府按照緊縮預算撥給，不足之數概由本會自行籌備。

(5) 本會接辦後，所有收入另行專款存儲，以備擴充試驗設備之用。以上辦法尙須候沈所長商得潘局長同意後，始可決定。

討論事項：——

1. 選派京滇公路週覽會本會參加人員案。

議決：推選張延祥君（本會工程週刊總編輯）參加。

2. 太原中華實業協會擬參加聯合年會案。

議決：授權本屆年會籌備委員會決定。

3. 會員李永慶，張稼益，請發給技師登記證明書案。

議決：照發。

◉中國學術團體聯合會所建築委員會第4次會議記錄

時間：25年12月13日午後1時。

地點：南京新街口起士林西餐館。

出席人：曾養甫，夏光宇，韋以黻，胡博淵，汪胡楨，朱希尙，張劍鳴。

列席人：圖案審查委員——虞炳烈，朱神康，盧奉璋，裘燮鈞，朱希尙。

主席：曾養甫；

報告事項

夏副主任委員報告：

1. 應徵圖案者17人，依限送到圖案17份，自12月 9日起，均經陳列本京香舖營公餘聯歡社樓上，公開展覽。

2. 原定聘請李錦沛，薛次莘，沈君怡，朱遂庬，虞炳烈，裘燮鈞，六位專家組織圖案審查委員會，嗣因李錦沛，薛次莘，沈君怡，三位另有要公，未能來京，故由李錦沛君臨時函委朱神康君爲代表，並由本會另聘盧奉璋君爲審查委員。朱盧二君均係極有經驗之建築專家，共計審查委員五人，爲虞炳烈君（建築）朱遂庬君（土木）盧奉璋君（建築）裘燮鈞君（土木）及李錦沛君代表朱神康君（建築）。

3. 原定就建築專家趙深，奚福泉，關頌聲，范文照，董大酉，等五位中加聘一位爲圖案審查委員，嗣因趙深君無覆函，奚福泉君所委代表楊廷寶君未到，關頌聲，范文照，董大酉，三君均屬應徵圖案之人，不能担任審查，故以上五位專家，均未參加審查。

審查委員會報告：

所委審查貴會陳列公餘聯歡社之建築圖案17份，經於本月12日下午初審完畢，本委員會審定，第17號圖爲最優，第16號圖爲次優，再次爲第15號及第 5號兩圖；其餘十三圖，設計均屬優良，惟不十分完善，故未選擇，並於今晨（13日）經本委員會全體委員覆審一過，僉以昨日審定之第17，16，15，5號，四圖，及評定次序，均屬適當。容將審評草案整理後，再送書面報告。

決議事項

1. 審查委員會評定原列第17號圖（基泰工程司）爲最優，原列第16號圖（基泰工程司）爲次優，原列第15號圖（華基工程司），及第5號圖（哈雄文），爲再次，經本會出席委員重加審核，認爲原列第17號經審查委員會評定爲最優之圖案，確合簡單，樸實，大方，經濟，適用，五大原則，決予採納，審查委員會意見，選定此17號圖案爲建築圖案。

2. 評定之次優及再次優三種圖案，徵求應徵人之同意，留會陳列，再連同最優圖案，送登各工程雜誌，以供研究，並將此次評定結果，送登中央日報，同時用新聞送登各大報，及各學術團體雜誌。

3. 審查委員會報告書，連同本會會議紀錄，及各應徵人名單，自12月23日起，至1月3日止，餘佈陳列圖案地點12天，並分送全體應徵專家，本會各委員，中國工程師學會，聯合會所籌委會，及中英庚款董事會各一份。

4. 請基泰工程司設計繪製記念品圖案，送由本會核定後分贈第二，三，四名圖案之應家，以留紀念而誌感謝。其餘各應徵圖案人，並由本會專函致謝，並送還原圖。」

◉中國學術團體聯合會所建築圖案審查報告書

查中國學術團體，聯合會所房屋，擇定在南京中山東路，水晶台地方，市府所撥基地上建築，建築委員會為集思廣益起見，登報徵求圖案，計應徵者共17家，足見熱心公益，鼓勵學術，至為欽佩。此項建築，僉認為應以簡單，樸實，大方，經濟，適用，五者為原則，但設計上之特殊困難，約有三點。

1. 基地　該會所基地位於中山東路北面，為一狹長方形，而工程又須包括禮堂，圖書室，天文儀器室，三項，在地位分配上頗感困難，非若寬廣基地，可由設計者想像佈置。

2. 經費　該工程經費既有相當限定，設計者若不考慮，最易超出，致全部計劃無從實施。

3. 建築需要　建築條件中，尚包括大禮堂，圖書室，天文儀器室等，性質既殊佈置，益感困難。

茲依據上述三點原則，就應徵各圖案中，選擇四份圖案較為完善，茲就優劣各點，分別評判如後：

第一名　第17號圖案，此項圖案對於簡單，樸實，大方，經濟，適用，五點，均曾顧到，尤以辦公室與宿舍會場，分開佈置，最為便利合用，車馬交通亦極方便，各室均南北向，是於本京氣候相宜，大禮堂光線最佳，面積寬大，惟大樓梯佈置，及穿堂光線，如再予以研究，必能更臻完善。

第二名　第16號圖案，全部交通結構均佳，空氣流通，各室光線充足，樓梯堂奧，式樣新穎，禮堂地位寬暢視線頗佳，天文儀器室地位適宜，具見設計者頗具匠心，惟浴室廁所，各層均感不敷，多加似無餘地，中心穿堂光線尤為不夠，圖書室太小，頗不適用。

第三名　第15號圖案，第一層大會場，入門處不甚便利，天文儀器室地位欠佳，且結構未詳，立面圖樣過於瑣散，倘西面10公尺餘地能收用，則西面所開之門，為有理由，而全部計劃，利用南面馬路東方空曠，確屬優點，否則（即西面餘地不能收用）西面不應有門。

第四名　第 5號圖案，各面立視圖均甚美觀，辦公室各房間分配均佳，惟大禮堂上有三層，結構欠佳，大禮堂與辦公室之間，交通似尚需斟酌，天文儀器室，位置甚好，惟欠高，及結構欠佳。

以上所評，是否有當，統候裁定

審查委員：裘燮鈞，盧奉璋，盧炳烈，宋希尚，李錦沛（朱神康代）
25年12月18日

◉應徵中國學術團體聯合會所房屋建築圖案姓名表

號次	張數	應徵專家姓名
1	14	成鳴鶴（鳴鶴建築公司）
2	11	蘇夏軒
3	8	金陵房產建設社
4	11	金以介
5	5	哈雄文

6	7	孫立巳
7	5	何立蒸，鄭源深
8	11	李興唐建築師
9	8	張遠東
10	15	沈理源
11	13	沈理源
12	8	范文照
13	6	譚垣，黄耀偉，張繼褒
14	10	戴志昂
15	12	華基工程師(林君立，劉友惠)
16	11	基泰工程司-南京(附模型一座)
17	10	基泰工程司(上海)

◉參加京滇公路週覽會

本會接行政院秘書處第8812號箋函云：「查本院前因黔滇公路通車，西南幹道完成，特擬於十一月間舉行京滇公路週覽會，以資促進，嗣據雲南省政府電，以該省公路平彝段尚未完成，請展期至明春舉行，經呈准院長核准，至明年三月舉行，並由院訂定辦法，飭沿途各省市政府，及中央關係各機關，積極籌備各在案。所有各機關團體參加週覽人員名額，亟應分別通知，除分函外，相應檢同行程表一份，函達查照，請貴會指派參加人員一人，並將姓名，年齡，資歷，（以能派技術人員爲佳），開送本院。」

本會當決定，凡會員中願代表本會參加者，應於26年1月25日以前，向會報名。如報名不止一人，由執行部選定指派，惟一經派定，臨時不得託故不往，並須將此行週覽所得，以書面報告本會，俾資觀感。業已專函各會員通知矣。查週覽行程，規定自南京起站，經宣城，南昌，長沙，貴陽，以達昆明，留昆明5日，回至衡陽爲終站，往返日期共爲48天。

◉天津分會年度報告

1.天津工程學術團體除本分會外，有中國水利工程學會天津分會，中國科學社天津社友會，河北省工程師協會，中國化學會天津分會，爲求時間經濟及增進諸團體間相互之聯絡起見，疊次聯合開會，成績極佳，玆將25年重要之聯合集會，簡述如左：

(甲)1月5日在大華飯店新年聯歡，到50餘人，講演有徐世大先生之「董莊黄河決口視察後之觀感」，陳德元先生之「我所看見的日本」，張洪沅先生之「六學術團體在桂舉行聯合年會之經過」，及雲成麟先生之「青年之紅燈」。

(乙)2月6日在國民飯店歡宴美國電氣工程專家傑克遜教授，到會者40人，由傑氏講演「公用事業之財政問題」。

(丙)3月23日在銀行公會聚餐，到40餘人，南開大學林同濟教授講演「中國智識界的覺悟與變質」。

(丁)4月24日爲詹眷誠先生逝世17週年紀念，在六國飯店開會，藉資景仰，由華南圭先生講述詹公平生事蹟，並請彭濟羣先生講演「甘肅水利」。

(戊)6月19日在大華飯店聚餐，由本分會會長李書田先生報告杭州年會經過。

(己)8月7日在大華飯店屋頂聚餐，張含英先生演講「黄河問題」。

(庚)9月19—20日聯合舉行秋季大會，盛極一時，北洋工學院南開大學華北水利委員會河北省立工業學院均有歡宴，兩日下午在青年會舉行公開講演，20日晚間宴會時，請南開大學校長張伯苓先生講演，詞極精警。

(辛)12月1日在國民飯店開會，金濤先生講演「綏遠現狀之一斑」，時綏戰方酣，故會員興趣特別濃厚。

2.陝變突起，舉世共憤，五團體職員於12月16日舉行聯席會議，即用五團體名義，分電京綏陝三方，有所陳述，電文如左：

南京林主席孔代院長馮副委員長何部長

鈞鑒，西安事變，舉國痛憤，公等蕩籌碩劃，必能于最短期間，戡定叛亂，營救蔣公，以安人心，而前敵將士，在公等領導之下，亦必本既定方策，努力禦侮，以竟全功，舉國民衆，誓爲後盾。

綏遠傅主席宜生勛鑒，百靈大廟之捷，方慶始功，突聞陝變，驚憤莫名，我公忠誠衞國，必能仍本既定方策，努力禦侮，以竟全功，舉國民衆，誓爲後盾。

西安張漢卿先生鑒，當玆國難嚴重之際，突聞變起蕭牆，驚憤萬狀，請速護蔣公出險，共挽危局，仝人等身處邊陲，見聞較切，涕泣陳詞，尙希鑒納。

嗣接綏陝方面復電如左：

銑電誦悉，國家多難，變起非常，義分屬軍人職在捍國，自當確遵中央意旨，完成禦侮初衷，任何困難，決不稍渝，遠承勗勉，特佈區區，傳作義效申聯印。

銑電誦悉，蔣委員長對于此間所請求之停止內戰改組政府各事，表示容納，故已於有日由學良親送返京，主持大計，特復，張學良藍亥機印。

3.本分會職員，已屆改選之期，前于12月1日開會時推選嵇銓千桂馨周仁齊爲司選委員，用通信投票法，舉行改選，玆于1月11日開常會，公佈選舉結果如次：

會長： 李書田

副會長： 王華棠

書記： 邱凌雲

會計： 駱育慶

書記邱凌雲堅辭不就，議決由次多數陳端宇遞補。

◉南京分會常會

南京分會于2月5日（星期5）下午6時，假新街口福昌飯店開會聚餐，並請侯德榜先生講「永利錏廠開工之感想」，薛次莘先生講「黔滇川陝等省公路視察感想」。及吳道一先生講「出席世界廣播會議情形」。是日適爲永利錏廠第一天製出阿摩尼亞水，侯博士攜來樣子一瓶，全體會員祝賀其成功，頗爲興奮云。

◉上海分會常會

上海分會於1月8日(星期5)下午6：30時，在香港路銀行俱樂部舉行常會，請Mr. W.J.Yotton 及金芝軒先生演講保險工程構造法，又薛次莘先生講歐美及國內公路之狀況。到者甚爲踴躍，

◉上海西僑工程師演講

上海僑華工程師學會于1月11日及18日下午5:45時，在東熙華德路505號雷士德學校，舉行演講會，其演講人及題目列後，函請本會會員參與，前往聽講，玆錄其講題如下：

1月11日英國機械工程師學會中國分會會員P. Taylor先生講"The Shanghai Boiler Situation & The New S. M. C. Rules for Steam Plant Installations & Other Syst, ein Plant under Pressure"

1月18日英國電機工程師學會中國分會會員 N. L. Anderson 先生講"Modern Practice in Electrical Distribution Systems"

◉會員通信新址

陳樹儀 (住)上海亞爾培路亞爾路坊8號

吳慶衍 (職)南京湖南路516號大昌實業公司

汪啓堃 (職)南京交通部

王子香 (職)成都四川大學理學院

胡天一 (住)上海呂班路巴黎新村14號

黃育貫 (職)鎮江江蘇建設廳公路處

柳德玉 (職)上海南京路哈同大樓四樓西門子洋行

中國工程師學會26年度新職員複選票

敬啓者，查本委員會對於26年度各職員人選，根據本會會章第21條，并參考南京年會議決候選董事之5項標準，提出下列候選人，即請本會會員分別圈定爲荷！

會長： 侯德榜（化工 南京）　曾養甫（礦冶 廣州）　黃伯樵（機械 上海）

請於上列三人中圈出一人爲民國26—27年度之會長

副會長： 李儀祉（土木 西安）　沈怡（土木 上海）　顧毓琇（電機 北平）

請於上列三人圈出一人爲民國26—27年度之副會長

董事：

邵逸周（礦冶 武昌）	戴濟（化工 上海）	吳承洛（化工 南京）	裘維裕（電機 上海）
翟維澧（土木 天津）	徐名材（化工 上海）	吳競淸（機械 杭州）	沈百先（水利 鎮江）
李法端（電工 南京）	趙祖康（土木 南京）	李熙謀（電機 上海）	薩福均（土木 南京）
王星拱（化學 武昌）	杜鎭遠（土木 杭州）	周象賢（土木 杭州）	侯家源（土木 湖南）
蔡方蔭（土木 北平）	董大酉（建築 上海）	王錄勳（土木 太原）	曾昭掄（化工 北平）
李運華（化學 梧州）	鮑國寶（機械 廣州）	支秉淵（電機 上海）	惲震（電機 南京）
徐學禹（電機 上海）	龍純如（電機 梧州）	徐世大（土木 天津）	

請於上列二十七人中圈出九人，被選爲董事，任期26—29年度

基金監： 王繩善（機械 上海）　徐善祥（化工 上海）　李鏗（土木 上海）

請於上列三人中圈出一人爲民國26—28年度基金監

選舉人簽名…………

通信處…………

附註：(一)會長曾養甫，副會長沈怡，董事侯德榜，沈百先，趙祖康，李熙謀，薩福均，黃伯樵，顧毓琇，錢昌祚，王星拱，基金監黃炎均將於本年年會時任滿。

(二)本複選票請即日塡就，寄至上海南京路大陸商場本會收轉，26年3月20日截止開票。

第七屆職員司選委員　趙曾珏，茅以昇，張自立，羅英，丁嗣賢同啓

中國工程師學會編刊

中國工程紀數錄

民國26年——第一版 現已出版

目 錄

鐵道

公路

水利

電力

電信

機械

18569

全國機器鐵工廠表
全國紗廠表
全國毛紡織工廠表
全國麵粉廠表
全國蛋廠表
上海市冷藏公司表
全國註册輪船表
全國外商輪船表
全國造船廠表
全國軍艦表

航空及自動機

全國航空里程表
中美航綫表
中國航空公司飛機表
歐亞航空公司飛機表
全國各省市汽車分類輛數表
十二省市大客車及貨車主要牌名表
上海市乘人汽車牌名表

鑛　冶

全國煤鑛產額表
全國金屬鑛產額表
全國化鐵爐及生鐵產額表
全國石油產額表
全國重要煤礦表
全國各大煤鑛坑井表
全國各煤鑛分析表
全國各鐵礦分析表
全國煉銅廠設備表
全國煉銅廠表
全國煉鉛鋅廠表
全國煉錫廠表
全國焦炭產額表

化　工

全國化工原料產額表
全國酸廠表
全國釀造工廠表
全國火柴廠表

教　育

全國工科學校表
全國工科學校畢業生及學生表
南京中國學術團體聯合會所參加團體表
實業部技師登記分科人數表
全國各機關出版工程參考圖書目錄
全國出版工程期刊表

雜　項

各省面積人口表
全國山嶽高度表
實業部核准專利品表
中華民國海關進口稅稅則
統稅稅率表
全國海關進口工程材料統計
全國海關出口工程材料統計
全國海關進口貨物價值國別表
全國棉產估計
中國歷代年號西曆對照表
中國工業標準草案摘要

附　錄

中國工程師學會職員錄
中國工程師學會各分會職員錄
中國工程師學會「工程」1-11卷總目錄
中國工程師學會工程週刊1—5卷總目錄
中國工程師學會章程摘要
中國工程師學會出版圖書目錄
工程年曆(民國26年)

工程週刊

中華民國26年3月4日星期4出版
(內政部登記證警字788號)
中華郵政特准掛號認爲新聞紙類
(第1831號執據)
報價目：全年連郵費一元

中國工程師學會發行
上海南京路大陸商場542號
電話：92582
(本會會員長期免費贈閱)

6卷 3期
總號(121)

中國工程師學會編刊

中國工程題名錄緣起

工程師是建設國家，防衛國家之主力軍。本會在五年前卽準備工程總動員之計劃，今則政府當軸已將號令實施，正我儕工程界報効國家之最好時機也。

工程師之組織，尤須于平時互相聯絡團結，以備一旦發生意外，克能于最短期間，集中馳驅。顧平時之聯絡團結，國內惟本會二十年來，繼續黽勉，守此目標，成就爲有數之學術團體。今準備工程動員，其所負責任之重大，尤覺未容稍忽。只許前進，不准後退。其應如何貢獻政府，固在本會全體會員晨夕籌畫之中。

工程動員以人爲單位，對於工程人員之姓名，地域分佈，及其學歷經驗，工作職務，均須有極詳明與有系統之紀錄，庶動員之頃，指揮調度得宜。假使此項根本材料，尙未齊集，則枉論訓練，更無論實施矣。

近見各處之工程人才調查統計，多以本會會員錄作藍本。顧本會會員錄原爲通訊便利而編，雖每年重校一次，實未敢冒作其他用途，惟捨此以外，又無其他更完備之參考材料。故「中國工程題名錄」爲急不容緩之刊物，其編印動機，尙有數端：

(一)全國工程界同志，已有一萬二千餘人，每年新畢業之工科學生數逾千人，本會會員，雖佔各事業之重要地位，惟尙有三四倍數目之非會員，亦應調查聯絡，共同團結。

(二)本會會員通信錄以個人爲本位，依姓氏筆畫排列，未能編制通信網，必須有分地，分服務機關之題名錄，並詳註職位，始可組織。

(三)人之行動，隨時變遷，個人若有調動，追蹤訪問比較困難，若以機關爲主體，則調動情形，不難查詢。

(四)工程界平時必有互相磋商接洽之事，若能知某處某事由某人負責者，則函電往返，必較簡捷，而此項調查，亦非本會不能任之也。

(五)國工程團體至今日，在學術上，已分科獨立時期，惟本會尙須總握其樞紐，以免勢力離散，否則對于全體工程界合作效果，必大受影響，故于組織上，本會尤須放大目光，吸收全體工程界同志，徵其入會，增加團結力量，則此「中國工程題名錄」有極大之貢獻也。

綜上五端，本書分類預擬如下：

全國各工程機關重要工程職員錄(中央，

地方，及事業機關）。

全國各工廠商行及自由職業工程界名錄。

全國各工程洋行外人及客卿名錄。

全國工程學術團體職員錄。

實業部技師登記名錄(分科)。

全國各工科學校畢業生名錄(分校,分年)。

(附錄)中國工程師學會會員資歷簡表。

姓名索引。

本書編制及刊載體例之範圍，預定如下：

(一)機關之管轄，系統，組織，地址，電話，電報。

(二)職別，技正，技士，至技佐止。

工程師，副工程師，至助理工程師止，(工務員不列)。

專員，專門委員，至設計委員止。

(三)本會會員加※爲記。

(四)姓名後加別號。

(五)本會會員，現不在工程界服務者，另列一欄。非會員而工科大學畢業，現不在工程界服務者，則難調查，從缺。

此書將與本會所編刊之「中國工程紀數錄」，相輔而行，一則紀數，一則題名，前爲事，後爲人，人事齊全，則攻無不克矣。

此書版式亦與「工程週刊」及「紀數錄」相同，將來每年訂正重版一次，第一版材料，截至26年5月底止，于26年6月出版，以後將依此爲準。

硫酸及開成造酸廠概況

開成造酸公司總工程師　盧成章

硫酸之製造

製造硫酸，有鉛室法及接觸法兩種。敝工廠因鑒國內市場，稀硫酸需用較多，故採用鉛室法。其製造程序，簡單的說，是先將酸化鐵礦石，用人工捶成1吋左右之小塊，然後放入燃礦爐燃燒；燃礦爐僅開工時須用一次焦煤，將爐燒熱，以後礦石燃燒時所發生之化學反應熱，足夠維持爐之熱度，不須再來加煤；將礦石放入燒熱之爐內，因其中含硫黃甚豐，即起燃燒，與空氣中之氧氣化合，成二氧化硫氣體，是爲第一步工程。此種熱氣體及空氣，由爐頂煙道導入硝石爐，將爐中鍋內之硫酸及硝石蒸溜，使發生硝酸氣體，是爲第二步工程。上述之混合氣體中，含有灰塵，故須通入除塵室除去之，是爲第三步工程。經除塵室除塵後，由煙道通入第一鉛塔，同時由塔頂噴下含硝稀硫酸細霧，使一部分之二氧化硫及硝酸變成硫酸及亞硝酸氣，是爲第四步工程。塔中變成之硫酸，由塔底放酸管放去，謂之塔酸，其比重在步梅比重表58度左右；此項塔酸，便是敝公司市上發售之58度稀硫酸。在塔中未及化成硫酸之二氧化硫及亞硝酸氣，順次入第一第二第三鉛室，由各室頂上，噴下清水細霧，使悉變成稀硫酸，是爲第五步工程。鉛室中生成之稀硫酸，謂之室酸，其比重：第一鉛室酸在步梅表52度左右，第二鉛室酸約爲49度，第三鉛室酸約爲46度；敝公司市上發售之48度稀硫酸，即由此三室中生成之室酸，混合配成。經過鉛室之餘氣，再由通氣管，順次通入第二第三鉛塔，由塔頂噴下稀硫酸細霧，吸收餘氣中之亞硝酸，所得之含硝稀硫酸，由塔底放酸管，放入貯酸桶，再用耐酸幫浦，打回第一鉛塔頂上，噴入第一鉛塔中，使其中所吸收之亞硝酸氣，再由鉛塔而入各鉛室。如是，由此三鉛塔之交換作用，可使亞硝酸氣，常在三鉛室中循環，僅少部分之損失，由硝石爐所發生之硝酸氣補充之。敝公司在市上所發售之硫酸，計有48度稀硫酸，58度稀硫酸，66度濃硫酸三種；濃硫

上海開成造酸公司工廠全景

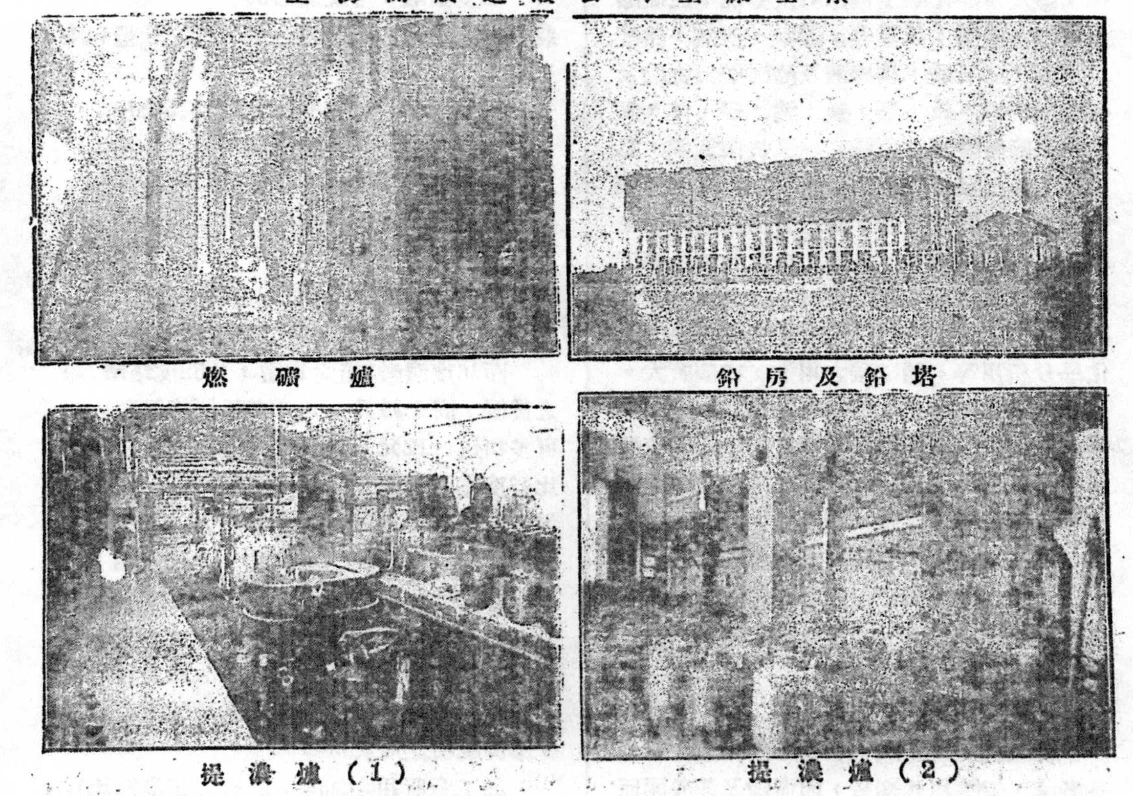

燃礦爐　　鉛房及鉛塔

提濃爐（1）　　提濃爐（2）

酸由室酸或塔酸加熱蒸濃，比之稀硫酸，無別的差異，不過含水多寡不同耳。

硫酸之用途

自鉛室放出之室酸，及自鉛塔放出之塔酸，總稱為稀硫酸，由稀硫酸加熱蒸濃之硫酸，稱為濃硫酸。普通市場上之稀硫酸，其濃度，在步梅比重表48度(室酸)至60度（塔酸）之間，濃硫酸，為步梅65度及66度兩種。硫酸用途，非常之廣，幾乎無論何種工業，莫不需用硫酸。今擇其主要用途，略述之於左：

甲、稀硫酸用途：　稀硫酸最大之用途，製造過燐酸石灰及硫酸錏等人造肥料，幾占全部用途80%。此外，主要用途，為製造芒硝(元明粉)純碱，燒碱，硫化鈉，漂白粉，燐，碘及溴等化學工業原料及藥品；亞硫酸，鹽酸，硝酸，氟氫酸，硼酸，炭酸，鉻酸，草酸，酒石酸，枸櫞酸及醋酸等無機酸及有機酸，鉀，鋇，鈣，鎂，鋁，鐵，鋅，銅及水銀等硫酸鹽之原料。　又於製鍊銅，鈷，鎳，白金及銀等金屬材料，製作電池，精製礦油，製糖及澱粉，製造有機色素，製造羊皮紙，製造汽水，搪瓷，染色及鍍金等工業，稀硫酸亦為主要之原料。　此外，在各種工業方面作沉澱劑，中和劑，養化劑，及化學分析用等。稀硫酸之用途，亦頗廣大。

乙、濃硫酸用途：　濃硫酸之用途，雖不如稀硫酸之廣，而其數量亦頗大，幾及稀硫酸之半。其最重要之用途，為製造脂肪酸，濃硝酸，以脫，有機物之硫磺酸，顏料，火藥，　藥，人造絲及賽璐珞等之原料。此外，精　火油，精製邦辣粉及各種礦油，精製金銀，分別銅銀，及吸收空氣中溼氣等，亦需用濃硫酸。

使用稀硫酸之利益

稀硫酸及濃硫酸，各有各的用途，以前各廠家，皆購用外國貨，因運輸及運費關係，外國來貨，皆為66度濃硫酸，用酸廠家，只好購買濃酸，加水沖稀使用。但濃酸，係由稀酸蒸濃，比之稀酸，多費一批煤炭及人工之費用，如有稀酸可買，自以直接購用稀酸，較為有利。玆舉例比較說明如次：

上海市面上之外國貨硫酸，以日本貨為最多，其交易，以箱為單位，每66度濃硫酸一箱，裝酸淨重90公斤。敝公司依此習慣，亦暫以箱為單位，(以後擬改裝鐵桶)，每箱所裝濃酸及稀酸之分量，計：

66度濃酸，每箱裝酸淨重90公斤；

58度塔酸，每箱裝酸淨重81公斤；

48度室酸，每箱裝酸淨重72公斤。

而濃酸及稀酸所含純硫酸之分量，為：

66度濃酸，含純硫酸95%；

58度塔酸，含純硫酸75%；

48度室酸，含純硫酸60%。

將上列之裝酸淨重，及含純硫酸之分量相乘，得：

66度濃酸，每箱有純硫酸85.5公斤；

58度塔酸，每箱有純硫酸61　公斤；

48度室酸，每箱有純硫酸43　公斤。

由上列裝酸及稀酸每箱所有純硫酸之分量，互相比較，得知：

66度濃酸5箱，約合58度塔酸7箱；

66度濃酸1箱，約合48度室酸2箱。

而66度濃酸5箱之貨價，比58度塔酸7箱之貨價，高十數元，此外多退瓶箱兩套，更可多扣還1.12元。又66度濃酸一箱之貨價，比48度室酸兩箱之貨價，　約高1元，此外多退瓶箱一套，更可多扣還0.56元。是知能用稀酸之廠家，與其購買濃酸，冲稀使用，不如購買稀酸為便，既省金錢，又省手續。

稀硫酸使用方法

一向用慣濃硫酸之工廠，改用稀硫酸時，未免稍有不便之處。玆將稀硫酸使用方法，舉例說明之於次：

如工廠所用之稀酸，其濃度在步梅比重表26度以下，則與其於酸中沖水，不如於水中加酸，手續可較便利。

例如搪瓷廠，用稀酸來洗鐵片，其濃度以在步梅比重表13度左右，最爲適宜。欲得如此之稀酸，須於水中加酸，以省手續。66度濃硫酸中，含水5%，58度塔酸中，含水25%，48度室酸中，含水40%；13度稀酸中，含水86%；(含純酸14%)故由次之三式

$$100+\frac{5}{100}X_1=\frac{86}{100}(100+X_1),$$

$$100+\frac{25}{100}X_2=\frac{86}{100}(100+X_2),$$

$$100+\frac{40}{100}X_3=\frac{86}{100}(100+X_3),$$

得知欲得步梅 13 度之稀酸，須於清水100公斤中，加66度濃酸17.3 (X_1)公斤，或加 58 度塔酸23 (X_2) 公斤，或加 48 度室酸30.4(X_3)公斤。

$$23\div17.3=1.33$$

故知如改用58度塔酸其分量比以前用66度濃酸時須多用33%。

$$30.4\div17.3=1.75$$

故知如改用48度室酸，其分量比以前用66度濃酸時，須多用75%。

用玻璃量杯，或瓦鉢，或飯碗等器具，照上記比例，量定應加之酸量，與水配合，即可得所要之稀酸。譬如：以前用66度濃酸時，須用量杯100杯，今若改用58度塔酸，須用133杯，再若改用48度室酸，須用175杯。初改之時，或稍有不便，稍經指導，當可即能熟悉。

又如絲光及染織等廠，所用中和鹼水之稀酸，濃度極低，在步梅比重度2度左右，其所含水分，達98%。配製如此濃度極低之稀酸，以用48度室酸，較爲便利。由次之

$$100+\frac{5}{100}X_1=\frac{98}{100}(100+X_1)\text{及}$$

$$100+\frac{40}{100}X_2=\frac{98}{100}(100+X_2)$$

兩式得所需濃酸與室酸分量之比，爲 1.6，故知如改用40度室酸，其分量比以前用66度濃酸時，須多用60%。其他需用稀酸各廠，可照上例類推。

硫酸之比重與溫度之關係

吾人平常所稱硫酸之比重，係指在攝氏溫度15度時之硫酸，與其同容積之水之重量之比，如溫度降低，則比重昇高；溫度昇高，則比重減低。玆特附列比重與溫度之關係之對照表，以備諸君之參考。

對照表用法：假如購進一批66度濃硫酸，測得比重爲65.4，又測得溫度爲攝氏10度，則由下表第一橫行65.4之處及攝氏溫度10度之處可查得與其實際比重爲65.2。若在上表以外之比重及溫度，可用比例求之。

58 度酸用對照表

溫度 - 步梅度		65.0	65.2	65.4	65.6	65.8	66.0
華氏	攝氏						
32°	0°	64.36	64.56	64.72	64.92	65.10	65.30
50°	10°	64.80	65.00	65.20	65.40	65.60	65.80
59°	15°	65.00	65.20	65.40	65.60	65.80	66.00
68°	20°	65.20	65.40	65.60	65.80	66.00	66.20
77°	25°	65.40	65.60	65.80	65.00	66.20	66.40
86°	30°	65.60	65.80	66.00	66.20	66.40	66.60
95°	35°	65.90	66.00	66.20	66.40	66.60	66.80

66 度酸用對照表

溫度	步梅度	57.0	57.2	57.4	57.6	57.8	58.0
華氏	攝氏						
32°	0°	56.18	56.42	56.66	56.84	57.02	57.22
50°	10°	56.72	56.94	57.10	57.28	57.52	57.74
59°	15°	57.00	57.20	57.40	57.60	57.80	58.00
38°	20°	57.22	57.46	57.70	57.82	58.02	58.24
77°	25°	57.46	57.70	57.86	58.02	58.24	58.46
89°	30°	57.74	57.90	58.14	58.28	58.46	58.70
95°	35°	57.96	58.14	58.36	58.52	58.64	58.90

48 度酸用對照表

溫度	步梅度	47.0	47.2	47.4	47.6	47.8	48.0
華氏	攝氏						
32°	0°	48.10	46.28	46.48	46.80	46.92	47.10
50°	10°	46.72	46.92	47.10	47.28	47.48	47.72
59°	15°	47.00	47.20	47.40	47.60	47.80	48.00
68°	20°	47.22	47.40	47.64	47.86	48.04	48.22
77°	25°	47.48	47.72	47.92	48.10	48.28	48.46
86°	30°	47.80	47.98	48.16	48.34	48.52	48.70
95°	35°	48.04	48.20	48.40	48.58	48.76	48.94

除砒裝置

機器間

收酸烟塔

化驗室

標準比重表

市上所售之比重表，有標準及普通兩種。標準比重表，係經政府檢查合格，極其準確；其不合格或未經檢查之表，即市上之普通比重表。標準比重表，比之普通比重表，價值幾高10倍。各工廠中平常所用之比重表，概爲普通表。但用酸工廠，買進硫酸時，大概不作化學分析，僅測比重。故廠中至少須備標準比重表1支， 以備普通比重表比較修正之用。

除砒酸

現在敝公司所購用之硫化鐵礦石，含少量砒素，故所出之48度稀酸含微量亞砒酸。對於製作電池，製造酒石酸，枸櫞酸，汽水，澱粉及糖等工業，不合用。敝公司因特設除砒裝置2套， 製造48度除砒稀酸，（木箱上有D.A.二字爲標記）以備上述各廠之用。據美國規定，比重在步梅60度以下之稀酸，若含砒在0.00002以下， 無論對於任何工業，皆可使用。而敝公司之48度除砒酸，含砒在0.00001左右，比美國規定之數更少。

現敝公司只備48度除砒稀酸，將來當更製66度除砒濃酸。除砒酸中，常含微量之硫化氫，除上述各廠外，其餘不須除砒酸之廠家，以用普通酸爲便。

揚子江水系各水位站之零點高度表

（根據揚子江水利委員會民國24年年報）

地點	河名	零點高度（公尺）	地點	河名	零點高度（公尺）
吳淞	揚子江	0.00	太平口	太平河	33.85
鎮江	揚子江	1.51	藕池口	安鄉河	29.36
南京	揚子江	1.67	藕池口	藕池河	29.36
蕪湖	揚子江	2.33	調絃	華容河	27.57
安慶	揚子江	3.87	岳陽	洞庭湖湖口	17.43
九江	揚子江	6.66	湘陰	湘江	22.40
漢口	揚子江	11.94	濠河口	湘江	22.57
城陵磯	揚子江	17.64	臨資口	資江	22.41
沙市	揚子江	32.88	益陽	資江	26.33
宜昌	揚子江	39.69	常德	沅江	
萬縣	揚子江	99.09	澧縣	澧江	
重慶	揚子江	166.54	汨羅	汨羅江	
松滋	虎渡河	36.37			

各水尺零點高度根據吳淞海平零點計算

揚子江各測站歷年最高最低水位表（吳淞海平零點）

（根據揚子江水利委員會民國24年年報）

測站	高水位（公尺）	中水位（公尺）	低水位（公尺）	測站	高水位（公尺）	中水位（公尺）	低水位（公尺）
宜昌	55.02	44.11	39.81	安慶	17.07	10.52	4.42
沙市	43.52	36.42	32.82	蕪湖	11.87	7.01	3.18
城陵磯	33.18	24.35	18.19	南京	9.25	5.75	3.25
漢口	28.28	19.47	12.49	鎮江	7.82	5.19	3.20
九江	20.50	14.13	7.48				

民國24年洪水時期揚子江各測站流量表

（根據揚子江水利委員會民國24年年報）

測站	日期	流量（秒立方公尺）	斷面面積（平方公尺）	流率（秒公尺）	水位高度（吳淞海平零點）（公尺）
九江	7月17日	63,500.26	29,686	2,139	20,589
鄱陽湖湖口	8月10日	10,708.72	37,954	0,282	19,199
八里江口	7月24日	61,103.97	38,981	1,568	19,789
大通	7月28日	62,486.85	35,788	1,746	13,554

洞庭湖水系最大最小流率時之流率橫斷面積及水位高度表

（根據揚子江水利委員會民國24年年報）

測站	最大 年月日	最大 流量（秒立方公尺）	最大 流率（秒公尺）	最大 面積（平方公尺）	最大 水位（公尺）	最小 年月日	最小 流量（秒立方公尺）	最小 流率（秒公尺）	最小 面積（平方公尺）	最小 水位（公尺）
松滋	24，7，5	13661	1,785	7654	11.21	24，1，30	48	0.093	514	0.61
太平口	23，7，30	2729	1,342	2038	9.15	22，5，1	7	0.018	379	0.90
安鄉河	23，7，29	5494	2,226	2468	8.53	22，12，30	19	0.189	101	1.44
藕池河	23，7，29	10025	1,963	5106	8.51	24，2，7	8	0.031	244	0.25
調絃	24，7，3	1477	1,410	1047	8.43	23，1，9	-14	-0.183	75	0.85
岳陽	20，8，4	56540	2,003	28232	14.74	23，2，9	1482	0.238	6216	0.22
汨羅	20，7，30	2578	1,613	1589	7.47	23，9，9	-17	-0.047	355	2.51
湘陰	20，4，24	9863	2,223	4436	8.38	22，10，15	69	0.018	3868	7.14
濠河口	24，4，20	7578	1,806	4196	8.92	23，12，26	-19	-0.016	1158	0.96
臨資口	22，10，12	970	1,140	850	5.79	23，6，19	-1025	-0.924	1110	7.94
益陽	24，10，26	6207	1,768	3512	7.40	23，7，22	12	0.012	1044	2.16
常德	22，6，18	23900	2,443	9783	9.53	20，11，20	224	0.049	4489	1.25
澧縣	20，7，7	10531	2,312	4555	12.89	20，11，15	42	0.039	1080	4.94

太湖水系航程表

（已經精密水準測量者）

（根據揚子江水利委員會民國24年年報）

地點	（公里）
蘇州—常熟	41.908
常熟—福山	20.414
蘇州—無錫	46.994
無錫—宜興	70.554
宜興—長興	53.709
蘇州—平望	37.288
平望—吳興	60.567
吳興—長興	31.705
宜陽—溧陽	39,085
無錫—武進	42.514
武進—丹陽	40.559
無錫—江陰	42.274
蘇州—太倉	54.011
常熟—太倉	40.088
太倉—吳淞	57.519
黃渡—泆涇	46.455
平望—塘棲	95.883
嘉興—章步堰	54,247

太湖水系各水位站表

測站	河名	零點高度（公尺）(W.H.Z.)	最高水位	最低水位
夾浦口	箬溪口	1.55	3.53	1.61
長興	下箬溪	1.47	5.98	1.83
小溪	西苕溪	1.98	7.11	1.98
臨安	南苕溪	28.39		
横畈	中苕溪	33.94		
雙溪	北苕溪	12.42		
餘杭	南苕溪	3.84	9.57	3.98
瓶窰	東苕溪	0.97	7.68	1.63
德清	東苕溪	1.93	5.34	2.33
吳興	東苕溪	1.75	5.15	1.59
大錢口	苕溪口	1.37	4.97	1.97
小梅口	苕溪口	——		
舊館	頔塘	1.53	4.63	1.30
震澤	頔塘	1.46	4.39	1.50
杭州	運河	1.78	5.22	1.67
崇德	運河	1.47	5.70	0.82
嘉興	運河	1.25	3.86	1.59
平望	運河	1.77	4.05	1.67
北坼	運河	1.94	4.06	1.84
吳江	運河	1.58	4.00	1.87
周莊	急水港	——	7.12	5.11
界涇口	斜塘	0.75		
周巷	吳淞江	1.45	3.78	1.83
黄渡	吳淞江	0.65	1.79	1.88
北新涇	吳淞江	1.35	3.79	0.87
青浦	淅蕉塘	0.82	3.74	1.88
木瀆	胥江	2.03	4.36	1.81
蘇州	運河	1.43	4.00	1.82
唯亭	婁江	1.94	3.83	1.58
太倉	婁江	1.37	3.78	0.99
瀏河	瀏河	0.99	5.23	1.87
滸墅關	運河	1.55	4.47	1.81
望亭	運河	2.30	4.34	1.80
南橋	冶長涇	2.26	4.24	2.16
常熟	白茆塘	1.74	3.97	2.05
支塘	白茆塘	1.09	4.03	1.83
白茆口	白茆塘	0.75	4.52	0.26
福山	福山塘	0.69	5.19	1.41
直塘	七浦塘	1.46	3.95	1.94
浮橋	七浦塘	1.11	4.49	0.76
無錫	運河	1.85	4.70	1.92
青暘	澄錫運河	2.03	6.17	1.75
江陰	澄錫運河	1.61	6.16	1.06
鎮江	運河口	0.98	7.82	1.68
丹陽	運河	2.93	7.63	2.70
奔牛	運河	2.11	6.14	2.22
武進	運河	1.61	5.59	2.38
小河	孟河	2.68		
金壇	漕河	2.05	6.41	1.56
東壩	下河	——	8.90	河水乾涸
溧陽	南溪	1.40	5.50	1.88
宜興	西氿	2.14	5.19	1.46
大浦口	大浦港	2.02	4.75	1.82
豐義	滆湖	——	8.24	4.65
和橋	宜常漕河	1.57	5.15	1.58
百瀆口	百瀆港	1.72	5.02	1.90

備考　本表內水位係本地水尺零點以上之高度

（此頁及下頁之表均根據揚子江水利委員會民國21年年報）

太湖流域各測站歷年來最大雨量統計表

測站	最大年雨量(公厘)	最大月雨量(公厘)	一日最大之雨		一次最急之雨		一次最大之雨	
			公厘	時間	公厘	時間	公厘	時間
杭州	2159.2	542.8	176.6	17:00	57.7	0:20	137.1	92:10
杭餘	1977.6	379.9	127.0	——	15.5	0:05	137.0	40:45
黃湖	2167.5	549.0	143.0	20:05	93.5	1:14	235.5	77:55
瓶窰	1270.1	261.3	87.5	8:35	29.0	2:00	105.0	63:30
德清	1457.8	385.7	115.8	23:50	18.3	0:15	178.5	82:40
孝豐	1840.3	527.4	123.7	19:10	30.0	0:40	188.9	57:00
梅溪	1929.2	627.0	103.9	5:10	46.8	0:45	187.0	72:00
吳興	1792.1	606.3	151.6	20:00	43.0	1:00	139.9	31:10
長興	1788.9	579.2	177.3	11:58	16.4	0:10	167.7	57:40
宜興	1584.8	494.0	126.7	20:08	31.6	0:32	155.9	41:59
溧陽	1530.9	499.7	190.6	20:17	16.0	0:10	190.6	20:10
金壇	1484.4	594.8	113.6	18:20	24.4	0:20	174.0	67:05
丹陽	1498.1	585.6	107.5	5:25	62.0	1:25	204.8	66:22
鎮江	2056.6	530.5	231.2	23:40	41.3	0:15	199.7	13:30
武進	1438.8	515.7	130.0	24:00	121.4	1:31	179.6	63:20
江陰	1611.3	586.9	143.0	5:00	19.8	0:30	143.0	5:00
無錫	1365.3	399.2	154.6	9:25	38.2	0:50	154.6	9:25
洞庭東山	1120.3	230.6	74.5	9:00	28.0	0:30	194.0	125:00
洞庭西山	1546.7	502.9	200.0	20:00	29.1	0:20	142.1	51:10
吳縣	1394.2	430.0	143.6	13:09	52.3	0:40	132.9	12:00
吳江	1522.1	464.0	122.6	23:15	21.5	0:40	197.6	30:50
常熟	1694.2	478.3	194.0	24:00	9.5	0:10	151.0	35:00
崑山	1393.0	418.2	216.0	15:02	11.5	0:20	200.0	48:20
堡鎮	1789.9	576.4	225.4	16:00	59.2	1:00	262.8	73:25
雙鎮	1503.9	328.4	130.1	18:00	17.7	0:20	141.0	52:30
青浦	1898.0	556.9	132.9	17:09	17.1	0:23	192.8	106:00
南橋	1295.4	295.0	84.0	3:15	83.0	0:13	108.8	33:00
洙涇	1360.6	289.2	105.0	13:30	42.0	0:20	155.3	96:00
蘆墟	1761.4	472.8	91.6	23:10	50.6	1:40	101.0	43:00
震澤	1521.7	409.8	182.5	5:05	5.1	0:08	163.7	86:10
嘉興	1484.9	375.5	130.0	10:07	8.4	0:15	122.3	48:00
崇德	1831.7	375.0	116.0	24:00	92.0	1:00	168.7	79:00
海鹽	1619.2	333.7	114.3	11:50	7.8	0:05	140.7	47:31
吳淞	1710.0	536.0	137.6	20:10	22.5	0:30	192.4	47:00
浮橋	1151.4	278.4	120.5	17:40	14.4	1:10	120.5	17:10
百瀆口	1682.9	603.6	150.0	24:00	50.0	0:40	192.0	40:00

18580

察哈爾省公路統計表

路別	起點	經過地點	終點	某段之長度	公里數
張庫路(張烏段)	張家口	萬全，張北，化德，四里崩，二連，拍拉悟廟，烏得(蒙)	烏得(蒙邊)	自張家口至烏得	789.21
張百路	張家口	萬全，張德，化北，四里崩，西蘇尼特王府	百靈廟	自四里崩往西至省界	115.20
張貝路	張家口	萬全，張北，化德，四里崩，滂江	貝子廟	自滂江至貝子廟	403.20
張商路	張家口	萬全，張北，公會，尙義	商都縣	自公會至商都	120.00
張康路	張家口	萬全，張北，平保村，滿克圖，赤城子	康保縣	自平保村至康保	125.00
張寶路	張家口	萬全，張北，延候二台，馬拉蓋廟	寶昌縣	自張北至寶昌	125.00
張多路	張家口	萬全，張北，延候二台，別別，大梁底	多倫縣	自延候二台至多倫	230.00
張沽路	張家口	萬全，張北，白廟灘，大圐圙，昌源堡	沽源縣	自張北至沽源	135.00
張平路(本省段)	張家口	宣化，懷來，延慶，南口，昌平	北平	自張家口至狼窩	174.14
張淶縣	張家口	宣化，深井堡，化稍營，蔚縣，馬蹄楳	淶源縣(河北)	自宣化至馬蹄楳	190.00
張柴路	張家口	左衞	柴溝堡	自張家口至柴溝堡	55.75
張懷路	張家口	左衞	懷安縣	自左衞至懷安縣	49.99
宣沽路	宣化縣	趙川堡，龍關，赤城，三山堡，獨石口	沽源縣	自宣化至沽源	180.00
沽多路	沽源縣	平定堡	多倫縣	自沽源至多倫	130.00
赤沙路	赤城縣	鵰鶚堡，長安嶺	沙城	自赤城至沙城	87.95
龍鶚路	龍關縣		鵰鶚堡	自龍關至鵰鶚堡	25.30
蔚來路	蔚縣	西合營，桃花堡，禪房村，桑園	懷來縣	自西合營至懷來縣	128.16
蔚廣路	蔚縣	暖泉鎮	廣靈縣	自蔚縣至暖泉鎮	11.50
懷陽路	懷安縣	化稍營	陽原縣	自懷安至陽原	83.91
花禪路	下花園	涿鹿縣，輝耀堡	禪房堡	自下花園至禪房堡	50.00
延懷路	延慶縣		懷來縣	自延慶至懷來	35.00
延永路	延慶縣		永甯鎮	自延慶至永甯鎮	24.71

(根據察哈爾省統計年報—25年12月出版，建設廳編)

中國工程師學會會員信守規條(民國25年武漢年會通過)

1. 不得放棄責任，或不忠于職務。
2. 不得授受非分之報酬。
3. 不得有傾軋排擠同行之行爲。
4. 不得直接或間接損害同行之名譽及其業務。
5. 不得以卑劣之手段競爭業務或位置。
6. 不得作虛僞宣傳，或其他有損職業尊嚴之舉動。

如有違反上列情事之一者，得由執行部調查確實後，報告董事會，予以警告，或取消會籍。

中國工程師學會會務消息

●本屆聯合年會參加團體

本屆年會，據各工程團體執行部（在杭州）第一次聯席會議議決案，定本年春季，仍約集各該團體，在太原聯合開會，曾由本會分別函邀在案，除中國自動機工程學會，中國鑛冶工程學會，二團體不參加外，復函允參加者，有中國電機工程學會，中國機械工程學會，中國化學工程學會，及中國紡織學會等4團體。玆將年會籌備委員會職員錄下：

聯合年會籌備委員會

委員長　李尙仁

副委員長　彭士弘　唐之肅

委員　謝宗周　田玉珍　馬耀先　劉光宸　王錄勳　王憲　王嘉瑞　王僑勳　郗三善　趙甲榮　曹煥文　潘連茹　徐建邦　崔敬承　鄭永錫　沈光苾　柴九思　張增　趙逢冬　周維豐　劉篤恭　李銘元　閻樹松　姬九韶　邊廷淦　嚴開元　馬開衍　賈元亮　張則儉　張世德　程永福　任與綱　劉以和　趙鐸　趙鳳鳴

大會職員（由籌備委員會聘請）

（甲）會程委員會

主任委員　唐之肅

副主任委員　賈元亮

祕書　姬九韶

參觀組主任　徐建邦

委員　康石崔　田玉珍　孫文藻　曹煥文　王少波　邸瑞槐　李鴻楨　榮嗣毅　劉恃鈞　沈光苾　葉文龍　馬雄　王培才　徐士瑚　閻錫珍　李德銓　燕曉芬　馬桂馥　石素穩

佈置組主任　柴九思　副主任　李銘元

委員　張衡洲　李春芳　閻稅南　宋桂　張世德　程永福　趙鐸　趙鳳鳴　崔巍　趙之陳　王琪　楊允咸　耿秉璋　劉瀛臣　李錫銘　楊祖培

餐務組主任　劉篤恭　副主任　郭鳳朝

委員　范積德　張熙光　范維琛　馬瑞春　趙廷幹　孫汝藍　楊振鐸　趙丕顯　樊濤　石汝鎮　劉翹唐　倘瀛　張志儒　馮倘文　閻秀珍　杜睿臨　劉以和　王衡　張維新　解藎丞

遊藝組主任　沈光苾

委員　白倘榮　張則儉　劉以和　嚴開元

（乙）招待委員會

主任委員　謝宗周

副主任委員　薛重熙

委員　趙甲榮　崔敬承　邊廷淦　關慰祖　閻樹松　賈銘全　王駿發　郝汝虔　王希濬　杜任之　李聯梅　楊德安　張伯紳　徐靖　李俶農　劉紹伊　喬鴻勳　蕭增蔚　唐玉美　李淑清　喬筱仙　崔秀英

（丙）講演委員會

主任委員　王錄勳

副主任委員　王憲

委員　任興綱　姬九韶　張增　鄭永錫　潘連如　蘭錫魁　崔巍

（丁）編輯委員會

主任委員　張樹栻

副主任委員　郗三善

委員　王明夫　沈道五　李湘丞　羅奐若

（戊）總務委員會

主任委員　張會田

副主任委員　馬開衍

註册彙文書組主任　馬開衍

副主任　郭鳳中

委員　王文耀　孫鵬雲　房傑元　王毓樓　任振基　樊汝霖

事務彙糾察組主任 劉以仁

副主任 閻樹松

委員 張世德 張則俊 李慶芳 孫汝蘊 王嘉弼

會計組主任 周維豐 副主任 孫文藻

委員 王聲洪 楊蔭宇 王衡 藍佩珂

(己)論文委員會

委員長 沈君怡

委員 金通尹 祁契莘 趙國華 蔡方蔭 華南圭 茅以昇 林同棪 黃炎 陶葆楷 趙祖康 莊前鼎 陸增祺 徐學禹 顧毓琇 趙曾珏 陳章 周琦 朱一成 柴志明 顧毓珍 王龍佑 沈熊慶 吳屏 盧成章 杜長明 胡庶華 唐英 邵逸周 汪胡楨 李運華 陳廣沅 張延祥 胡樹楫 周倫 凌鴻勛 孫寶墀 黃中 丁嗣賢 惲震 陸志鴻

中國機械工程學會年會籌備委員長 閻樹松

委員 李復旦 周維豐 馬開衍 郭鳳朝 羅倰奇 劉篤恭 羅英俊 唐瑞華

中國電機工程師學會年會籌備委員

房文櫂 周玆緒 裘維裕 周琦 陳良輔 趙曾珏 丁佐臣 鍾兆琳 郁秉堅

中國紡織學會年會籌備委員

朱公權 任尚武 李錫釗 趙國良 聶光堉

中國化學工程學會年會籌備委員長 梁汝舟

委員 趙雲中 嚴開元 顧毓珍

第七屆年會論文委員會啓事

逕啓者，本會第七次年會，已定於四月間聯合各學術團體在太原舉行。會期日程內例有宣讀論文之舉；除由本會委員分別徵集外，深盼各同仁能將平日研究心得，或實際施工情形，撰文提出，以增本會光榮。該項論文，請於3月31日以前，寄上海市中心區工務局沈君怡處彙編爲盼。此啓。

◉京滇公路週覽會代表已選定

本會前准行政院秘書處箋函，爲京滇公路週覽會請各團體指派代表一人參加，定本年4月間自南京站出發，經宣城、南昌、長沙、貴陽，以達昆明，計留昆明5日，而回至衡陽，往返日期共爲48天，詳情已誌本刊，本會爲愼重起見，通告全體會員，如願代表參加者，請向本會報名，截至1月25日止，報名者計有杜德三，甯鵬，周苹徵，張延祥，曹仲淵，王葆先，李仲蕃，繆恩釗，盧賓侯，湯震龍君等10人，經本會第27次執行部會議議決，推定張延祥君代表本會參加，並已函復行政院秘書處查照矣。

◉上海分會交誼會

上海分會沿例於每年春季，有交誼大會之舉，本屆定於3月11日星期4下午7時，假座愛多亞路1454號浦東同鄉會新廈舉行，藉謀暢敍，並備有節目及贈品，以助雅興，入座券每張2.50元，3月1日起至5日止，在南京路大陸商場本會會所發售，但限於地位關係，每會員限購五張，如欲添座，於6日起可接洽，想必有一番盛況也。

◉武漢分會新職員

武漢分會於12月24日寄發職員選舉票，截至1月底爲止，收回35票，結果如次：

會長：邵逸周 21票
副會長：邱鼎汾 4票
漢口會計：方博泉 26票
武昌會計：繆恩釗 22票
書記：徐立誠 21票

◉濟南分會職員錄改正

本刊1期16頁，分會職員錄（誤爲會員錄），濟南分會更正如下：

副會長：曹明鑾(理卿)
會計：周禮(致平)

◉南京分會新印會員通信錄

南京分會于今年2月，新編會員通信錄一册，其編制甚新穎，可供其他各地分會之參考，特錄其編例如下：

(1)總會會員通信錄以姓名筆劃爲序，故本分會會員通信錄以服務機關爲序，取相互對照之意。

(2)總會會員通信錄不詳住宅地址，故本分會會員通信錄，詳註住宅地址及電話，備相互聯絡之意。

(3)篇後附有姓名筆劃次序索引，以備檢查。

(4)本分會會員通信錄以機關爲序，具通信網之編制，每一機關請一會員或二會員担任轉達通知，庶效率增速，如有更動變遷，可以隨時通知本分會書記，以免遺誤。

◉防空專書已到

應用工程研究會向國外訂購下列書籍已到，以備參考，該書現存本會會所。

1. "Gas." The Story of the Special Brigade
2. Pyrotechnics
3. Mustard Gas Poisoning
4. The Lethal War Gases Physiology & Experimental Treatment
5. Pathology of War Gas Poisoning
6. The Air Menage and the Answer
7. Clouds and Smokes
8. The Medical Aspects of Chemical Warfare
9. Leitfaden der Pathologie und Therapie der Kampfstoffer krankungen
10. Rumpf / Brandbomben
11. Ulrich Muller: Die Chemische Waffe
12. Defence Against Gas
13. Flury-Zernik. Schadliche Gase
14. Rudalf Hanslian Der Chemische Krieg

◉中國工程紀數錄分贈永久會員

本會編刊「中國工程紀數錄」民國26年第1版已于2月初出版，詳載上期本刊。本會除分送董事基金監及各分會外，凡永久會員已付全數會費者，亦各贈一册，以備參考。其他會員購買，亦特價優待，每册5角，郵費5分，(原定實價6角)，爲工程界極有用之手册年鑑，望人人各置一編。

◉本會第四種工程叢書「衛生暖氣工程」

會員黄述善新近著有「衛生暖氣工程」一書，交由本會發行，曾請專家朱樹怡，許夢琴二君審查，認爲良好著作，並經第26次董事會議議决，刊印爲本會工程叢書，現在付印中，不久即將出版。

◉會員通信新址

濮登青 (住)上海法租界霞飛路霞飛坊93號

孫瑞璋 (職)湖南衡陽江東岸粤漢鉄路局

李賦都 (職)天津中國第一水工試驗所

黎傑材 (住)浙江紹興西小路武勛橋26號

張延祥 (住)南京上海路北秀村6號

王又龍 (職)湖南長沙允嘉巷2號鉄道部株洲機廠籌備處

李宜光 (住)濟南上新街4號

宋連城 (職)重慶成渝鉄路工程局

李 銳 (職)上海圓明園路慎昌洋行

陳宗漢 (職)常州戚墅堰電廠

陳允冲　(職)上海江西路自來水公司
姚觀順　(職)廣東兩廣鹽務稽核所緝稅警科
張昌華　(職)南京鉄湯池全國經委會公路處
潘履潔　(職)上海白利南路中央研究所
繆蘇駿　(住)上海康腦脫路733弄13號
段　緯　(職)雲南昆明市公路局
張家瑞　(職)南京市地政局
劉保楨　(職)江西樂平縣京贛鉄路工務第二總段
鄭偉三　(職)上海江西路406號興業大樓4樓華中煤業公司
黃寶善　(職)南昌帥家坡南昌水電廠
沈錫琳　(職)安徽黟縣漁亭鉄道部京贛鉄路第十一分段
陶葆楷　(職)北平清華大學
陳樹儀　(住)上海亞爾培路亞爾培坊8號
吳慶衍　(職)南京湖南路516號大昌實業公司
汪啓堃　(職)南京交通部
王子香　(職)成都四川大學理學院
胡天一　(住)上海呂班路巴黎新村14號
黃會百　(職)鎮江江蘇建設廳公路處
田玉珍　(職)太原同蒲鉄路管理局
張大鏞　(職)重慶美豐大樓成渝鐵路工程局
劉篤恭　(住)山西省城南華門西四條3號
李德復　(住)上海白利南路兆豐別墅3號
陶鴻燾　(住)雲南昆明黃河巷20號
秦篤瑞　(職)廣西八步電力分廠
羅孝倬　(職)湖南安化煙溪湘黔鉄路第十四分段
許士鑑　(職)上海周家橋天原電化廠
徐　偷　(職)漢口福煦路八大家七號粵漢鐵路總稽核辦公處
梁　強　(職)貴州三穗縣湘黔鐵路第九工務總段
張勛基　(職)湳圻粵漢鐵路工務第二分段
李克印　(職)廣西桂林廣西公路管理局桂林區辦事處
覃梓森　(職)廣西桂林廣西公路管理局桂林區辦事處
徐寶三　(職)廣西桂林廣西公路管理局桂林區辦事處
李運華　(職)梧州廣西大學
辛文琦　(職)青島膠濟鐵路管理局工務處
宋鏡清　(職)青島膠濟鐵路管理局工務處
鄭　炳　(職)濟南自來水廠
　　　　(住)濟南院東牛頭巷2號
吳錦安　(住)南京珞珈路5號
徐滿琅　(職)湖南郴縣粵漢鐵路機車處
古　健　(職)南京鐵道部新路建設委員會
卓文貢　(職)南京鐵道部新路建設委員會
李祖憲　(職)開封黃河水利委員會
陸君和　(職)漢陽軍政部砲兵技術研究處駐漢辦事處
高則同　(住)漢口居巷惠和里2號
葛天回　(職)廣州石牌中山大學工學院
尹國墉　(住)長沙下殷園嶺附17號
龐積成　(住)江蘇震澤西市王家弄

◉會員哀音

謝作楷　因患肝癌而故
董登山　病故
吳伯潘(原名屏)　飛機墜落故世

本會會員對於「中國工程紀數錄」之批評

華南圭先生 心精力宏，嘉惠甚深。

茅以昇先生 內容充實，朗若列眉，足備檢閱之需。

翁 為先生 我國各項統計，皆感貧乏，為之亦最勞，台端毅然獨任其難，足見卓識高人一等。

陳廣沅先生 內容豐富，補已往工程界之缺憾，遺未來工程界以楷模，繼往開來，誠為中國工程界之福音。

倪尙達先生 搜羅廣博，內容豐富，嘉惠工程界人員，實非微小。

楊景時先生 內容豐富，實為工程界之南鍼。

莊智煥先生 內容美備。

李熙謀先生 淵博詳備。

王文棟先生 內容豐富，正合參考之用，至為可寶。

金肇組先生 內容宏富，命意深遠。

◉粵漢鉄路株韶段工程紀載彙刊出版

粵漢鐵路前株韶段工程局編印之工程紀載彙刊，現已出版，該書係將該路數年來所編之工程月刊內比較有價值之文彙輯，並加整理而成。內分測勘，工程計畫及進展，包工，土石方，橋渠，隧道，禦土及舖軌，電務，材料，運輸等類，對株韶段自測勘以至通車一切工程進行經過，均有詳細之紀錄，計全書450餘頁，約數十萬言，用上等道林紙印刷，並附插各種圖表百數十幅，為鐵路工程有價值之實用參考書，該書原備該路同人參考之用。現提出一部份以供各路及各大學工學院購置，每本定價法幣4元，10册以上8折，郵費在內，（如須掛號，每本另加郵費8分）與漢口粵漢鐵路局總務處接洽。

本會承惠贈一册，特此誌謝，並以介紹

◉介紹中國電力月刊

建設委員會全國電氣事業指導委員會編輯彙發行，內容有電氣工程，經濟，業務方面之論著及電氣法令與國內外電業調查統計新聞等。取材精審宏富，實電氣工程師與服務電界人士參考之良好刊物。

定價每期國幣0.15，全年國幣1.50。

◉介紹「中國電器製造事業一覽表」

南京水晶台資源委員會電工器材廠籌備委員會，最近編印「中國電器製造事業一覽表」一册，列舉各廠資本，地位，人員，出品種類，出品最大範圍，創立年份，商標圖式，共計調查199廠，昨承該會贈送一册，存置本會圖書館，凡本會會員欲索閱該表者，可逕函該會，特為介紹。

◉工程參考圖書館成立消息

工程參考圖書館原為北平國立北平圖書館主辦事業之一，於去年十月間開始籌備，對于工程圖籍，採訪徵集，不遺餘力，幸賴各方贊助，搜集之數甚為可觀。已於三月一日正式開放閱覽。該館除各種工具書籍數百種不計外，現有中外重要工程雜誌四百餘種，國內不可多睹之整套雜誌尤不少，關係研究至鉅，歐美各國製造公司出版發行之出產品目錄，以及其他印刷物，網羅尤為宏富，不下數千册，為國內僅有之收藏，而於研究與購買機械者，以莫大之臂助。該館成立伊始，對於工程界同仁之來館閱覽指導，熱誠歡迎，館址在南京珠江路942號地質調查所內，西大樓樓下。

工程週刊

中華民國26年3月18日星期4出版
(內政部登記證警字788號)
中華郵政特准掛號認為新聞紙類
(第1831號執據)
定報價目：全年連郵費一元

中國工程師學會發行
上海南京路大陸商場542號
電話：92582
(本會會員長期免費贈閱)

6•4
卷 期
總號(122)

浙江省電話工程之進展

浙江省電話局局長兼總工程師　趙曾珏

浙江省電話局最近編刊事業報告一册，詳述該局長途電話，杭州市電話，及廣播無線電台之工程情形，特節錄三段，以備參考—編者。

造線概況

浙江省現有長途電話線路，省中心局與區中心局，及區中心局與區中心局間，除少數外，均有直達線路。計杭州至嘉興有12號銅線2對，杭州至吳興有12號銅線2對，杭州至蘭谿有12號銅線2對，蘭谿至麗水有12號銅線1對，麗水至永嘉有12號銅線2對，臨海至甯波，有12號銅線1對，甯波至杭州有12號直達銅線2對，杭州至臨海有12號銅線1對，永嘉至臨海有12號銅線1對。總計線路自民國17年秋季開始架設，至25年6月止，共完成幹綫及支綫及鄉線8343對公里。邊防話綫，均係單綫，共190公里。建築經費，共約國幣1,291,060元。

本省長途電話與部辦電話接通者，已有京杭、滬杭、蘇嘉、滬嘉、江玉、永福等6線，由上列各線與鄰省之重要縣鎮，均可互相聯絡，轉接通話。江蘇省線與本省接通者，計有長興至宜興，及南潯至吳縣2線，由此2線可以轉接蘇省各縣。又國際間之通話，將藉上海轉接至國際無線電話交換檯。

本局長途話線，在通話時，兩局間距離里程，每嫌太長。如杭州至橋墩門為546.66公里，杭州至龜伏為541.63公里，杭州至慶元為536.38公里，杭州至平陽為504.37公里，杭州至永嘉為487.69公里。在電話傳輸方面，杭州至橋墩門，其輸送衰耗為32.45份佩，杭州至龜伏為37.81份佩，杭州至慶元為22.57份佩。杭州至平陽為22.30份佩，杭州至永嘉為20.49份佩。上述諸線路及其他較長之線路之傳輸衰耗數，均超出標準。本局為減少此項衰耗起見，特採用增音機。現在杭州局內，裝設22式綫路增音機2付，增音效能各為22份佩，早經應用，結果極佳。其他如永嘉及蘭谿等處，今年亦裝增音機。此外復擇業務發達之長途零售處，裝設終端放大器，使由長途傳來之音量提高。在杭州及其他日間有市電之地，終端放大器為交流式。在其他日間無市電各處，則採用直流式。裝設以後，由長途傳來音量可增至16份佩。

增音機係一特種真空管式音頻放大器。先接受電話音波之電能，加以放大，再將放大之同形波電能輸出。故能使綫路經衰耗之電能及時增大，使受話人聞得聲音，不因綫路過長而減弱。本局向德商西門子洋行訂購是機，爲全國倡，較交通部九省長途電話採用增音機爲早，實開我國電信界之新紀錄。機爲雙向兩管塞繩式。計2付。裝於24年2月7日。暫位於測量間內。豎立機面，以及改接長途話線之電路，暨改裝第3檯之塞繩及話務員聽話電路之工作，約計1星期。經2星期之試驗，全部始告完成。該機平時不接入綫路內。話務員可視其需要，將其接入任何2長途或1長途綫1市內中繼綫中。惟線路欲經增音機者，均須裝有固定平衡綫網。本局有長途線20門，裝平衡線網者凡9門。尚有自動中繼線1門，亦裝有平衡線網，俾便與長途線銜接應用。

管理系統

本省現有長途電話線路，分爲幹線、分線及鄉村支線三種，自杭州之轉接中心局至各區中心局，或各區中心局間之聯絡線爲幹線，已完成者共3,400對公里 見附表。自各區中心局分至其本區內各縣城之話線爲分線，已成者共2,155.94對公里。自各縣接至村鎮之話線爲鄉村支線，計有杭州、長安、崇德、硤石、嘉興、武康、吳興，南潯、安吉、蕭山、嵊縣、慈谿、上虞、鄞縣、奉化、鎮海、仙居、黃岩、澤國、溫嶺、樂清、蘭谿、淳安、衢縣、江山、華埠、開化、遂昌、鰲江、臨浦、諸暨、永康、麗水、龍泉、慶元、泰順、紹興、金華、瑞安、義烏及象山等 41鄉線區，已完成之線路共長[illegible],787對公里。幹線、分線及鄉村支線分佈情形，本局有各區線路分佈圖，以資平日修養線路之用。

本局線路遍佈全省，如由總局直接管理巡護事宜，鞭長莫及，勢必困難。爲便於巡護周密起見，乃按照線路情形，劃分爲4管理區。經規定杭州附近杭嘉湖一帶爲第1區，浙東甯紹台屬一帶爲第2區，浙南溫處屬一帶爲第3區，浙西蘭衢嚴屬一帶爲第4區。每區設主任1人，負責處理各該區巡護事宜。另設線路管理員若干人，輔助區主任管理巡護事宜。又重要局所各派線工1人至3人，專司巡修線路。平均每 1線工，所管線路，按照24年統計約92.27對公里，線工薪給平均每人約21.40元。

本局對於已造線路，均有詳細記錄，雖一木一線之微，靡不詳細記載。記錄有木桿詳記、木桿詳圖及各分支局代辦所長途線路進線圖3種。每種繪記方法及所用符號，均經本局規定，並製說明書分發應用，以資劃一。

試驗方法

本局對於長途線路之測試，約有下列數種試驗方法。

(1)絕線試驗(Insulation Test)

按照交通部規定標準長途架空倮線之維持標準，每1線條每公里爲1梅格歐姆，凡在標準絕線程度以下，作爲障礙。杭州總局試線規定，每晨遍試各長途綫之絕線抵抗一次採用伏特表法(Voltmeter method)。

(2)迴路試驗(Loop Test)

(3)傳輸效率試驗。爲平日維護起見，備有傳輸衰耗測量儀器，及成音週率可變振盪器，以測試機件及綫路之傳輸效率。

(4)串語試驗。用以決定綫路與綫路間之串語程度，俾有以改進之。

浙江省電話局已成幹線對公里數表

線別	段別	對公里	合計對公里
杭嘉幹線	杭州—海甯	84	225
	海甯—硤石	51	
	硤石—嘉興	55	
	嘉興—嘉善	22	
	嘉善—楓涇	13	
杭長幹線	杭州—武康	48	146
	武康—吳興	46	
	吳興—長興	31	
	長興—界牌	21	

幹線	區段	里數	合計
杭處幹線	杭州—臨浦	82	
	臨浦—諸暨	43	
	諸暨—義烏	56	
	義烏—金華	48	
	金華—武義	85	
	武義—永康	52	738
	永康—縉雲	73	
	縉雲—麗水	83	
	麗水—雲和	66	
	雲和—龍泉	67	
	龍泉—慶元	83	
杭甬幹線	杭州—蕭山	164	
	蕭山—紹興	134	
	紹興—餘姚	119	548
	餘姚—慈谿	62	
	慈谿—鄞縣	69	
甬温幹線	鄞縣—奉化	63	
	奉化—甯海	46	
	甯海—臨海	79	
	臨海—黃岩	105	527
	黃岩—樂清	89	
	樂清—永嘉	145	
杭衢幹線	杭州—富陽	147	
	富陽—桐廬	133	
	桐廬—建德	142	
	建德—蘭谿	145	784
	蘭谿—龍游	75	
	龍游—衢縣	57	
	衢縣—常山	85	
衢温幹線	龍游—遂昌		
	遂昌—松陽		
	松陽—麗水		432
	麗水—青田		
	青田—永嘉		
總計			3,400

浙江省電話局長途電話與各地民營電話公司聯絡通話概況表

公司名稱	中繼線對數
永嘉東甌電話公司	5對
紹興商辦電話公司	6對
餘姚電話公司	3對
平湖永通電話公司	3對
嘉興中興電話公司	2對
崇德通利電話公司	2對
硤石捷利電話公司	2對
鄞縣四明電話公司	8對
南潯電話公司	2對
海鹽電話公司	2對
吳興電話公司	4對
嘉善電話公司	4對
海甯甯長電話公司	2對
塘棲電話公司	2對
楓涇電話公司	1對
嘉興新塍五福電話公司	1對
吳興雙林電話公司	1對
海甯斜橋電話公司	1對

杭州市內電話收入比較表

民國	總收入	增加
19年	$155,679.57	
20年	165,532.88	6.3%
21年	190,344.27	15.0%
22年	229,064.01	20.4%
23年	251,567.27	9.8%
24年	282,001.00	12.1%

浙江省電話局損益表

項目	22年7月1日—23年6月30日	23年7月1日—24年6月30日
營業進款總額	532,638.45	593,478.85
營業用款總額	295,894.25	356,197.69
營業淨進款	236,744.20	237,281.16
其他進款總額	10,055.78	9,140.37
進益總額	246,799.98	246,421.53
政府資金利息	48,616.00	61,015.92
長途電話線路整理費	17,418.52	8,305.46
資產折舊	120,734.07	132,226.81
其他用款	12,899.99	8,262.68
本屆盈餘	47,131.40	36,610.66

浙江省電話局24年度資產負債表

（民國25年6月30日）

資產科目	國幣
固定資產	
土地	32,624.16
房屋	141,336.69
機械設備	1,060,632.28
綫路設備	1,813,730.69
用戶設備	33,012.21
生財裝修設備	57,509.61
工具設備	27,160.55
其他設備	12,360.81
未完工程	3,529.53
小計	3,181,896.53
流動資產	
現金	1,509.07
銀行存款	6,610.61
應收話費	81,383.52
應收賬	32,256.39
應領未領款	184,621.04
應收票據	174.06
有價證券	40.00
材料	234,365.48
準備金	68,302.22
流動金	13,085.00
小計	622,347.39
其他資產	
暫付款項	30,459.70
預付款項	722.54
押金	2,315.60
繳存建設廳保證金	156,440.00
附屬機關往來賬	24,096.55
小計	214,084.39
合計	$ 4,018,278.31

負債科目	國幣
固定負債	
政府資金	1,916,950.41
政府資金利息	288,269.61
建設專款	158,227.09
長期應付賬	467,132.86
房屋折舊準備	19,92.508
機械設備折舊準備	162,137.56
綫路設備折舊準備	373,412.81
生財裝修設備折舊準備	23,227.15
用戶設備折舊準備	5,338.93
工具設備折舊準備	17,325.24
其他設備折舊準備	5,396.32
長期借款	50,000.00
小計	3,487,343.06
流動負債	
應付賬	43,909.16
呆賬準備	1,981.62
小計	45,890.78
其他負債	
暫收款項	29,083.83
代收款項	11,241.77
保證金	182,777.38
建廳撥款	
應解未解款	121,566.77
經臨費結餘	19,454.94
附屬機關往來賬	
修理部及電台材料往來	1,692.13
廳撥流動金	15,000.00
小計	380,816.82
累積盈餘	104,227.65
合計	$ 4,018,278.31

京滇公路里程表

站名	站間公里	總共公里
南京	0	0
宣城	160	160
黃山	244	404
景德鎮	266	670
南昌	253	923
萬載	171	1,094
長沙	211	1,305
常德	184	1,489
沅陵	195	1,684
芷江	173	1,857
鎮遠	186	2,043
鑪山	116	2,151
貴陽	149	2,308
安順	101	2,409
安南	150	2,559
曲靖	254	2,815
昆明	159	2,974

川滇公路里程表

站名	站間公里	總共公里
昆明	0	0
曲靖	159	159
安南	256	415
安順	150	565
貴陽	101	666
遵義	185	851
綦江	262	1,113
重慶	84	1,197

湘滇公路里程表

（南路）

站名	站間公里	總共公里
昆明	0	0
曲靖	159	159
安南	256	415
安順	150	565
貴陽	101	666
獨山	225	891
六寨	70	961
宜山	212	1,173
馬平	118	1,291
桂林	233	1,524
零陵	173	1,697
衡陽	157	1,854
長沙		

中國工程師學會會務消息

◉聯合會所招標

南京聯合會所建築事，叠誌本刊，玆建築委員會已登報招標，定于3月25日開標，特錄其招標廣告於下：

現須於南京中山路西華門，建築中國學術團體聯合會所一座，凡在南京市或上海市工務局領有甲等建築執照，並曾在京滬一帶承造大規模鋼骨水泥房屋工程之營造廠商，可自3月10日起至16日止，向南京府東大街青年會內基泰工程司登記註册，請交保證金1000元，領圖費10元，領取圖樣章程等件，領圖費將來得標與否概不發還，未得標者之保證金，於開標3日內發還，所有標函均須用火漆固封，加蓋圖章，並於封面註明『中國學術團體聯合會所標函』字樣，限於3月25日12時以前，送到南京青年會內基泰工程司處，過時不收，即定於25日下午4時當衆開標，所有投標各種規章，均載明招標簡章內，特此通告。

◉徵求經濟建設運動會會徽

本會接經濟建設運動委員會總會公函，請代徵求該會會徽圖案，附簡則及參攷圖案式樣各一份，於本年3月31日截止，各會員欲參加應徵者，可至本會索閱原件。

◉本會參加各團體請願所得稅事

本年1月間，各自由職業團體爲所得稅事派代表晉京請願，本會亦參加派齊兆昌君爲代表，特將各代表報告，及財政部批示錄下，以備各會員參攷。

謹報告者，同人等奉派代表自由職業團體，爲所得稅繳納期間及稅率兩點，聯合晉京向主管院部請願，經於1月28日上午9時在首都中央飯店246號會集，計到代表中華民國會計師協會奚玉書，王思方，上海律師公會趙祖慰，李文杰，中國建築師學會趙深，楊錫鏐，中國工程師學會齊兆昌，上海市醫師公會狄耄三，神州國醫學會程迪仁，上海市國醫學會楊仲煊，全國醫師聯合會金鳴宇，中華國醫學會施濟羣等12人，除趙代表深專往立法院接洽到院請願時間外，其餘各代表隨即出發向行政院請願，承楊秘書子英接見，當由奚代表玉書，趙代表祖慰，施代表濟羣，王代表思方，李代表文杰，楊代表仲煊，金代表鳴宇，先後申述晉京請願之目的，楊秘書允爲儘量考慮，並將請願各節發交財政部妥爲核辦，同人等認爲相當滿意，辭出逕赴財政部，蒙所得稅事務處梁副處長，翁委員之鏞，黃委員祖培等迎入招待室，旋高司長隨即趕到，奚代表玉書，楊代表錫鏐，及狄代表耄三，陳述此次請願之重大意義，即由高司長答謂：政府步武先進國家創辦所得稅之主旨，首爲改革徵稅系統，培養稅源，至現時稅收之多寡，殊爲次要，故對於各方供獻之意見，極表歡迎，並希望納稅者與收稅者常能接近，俾減少隔膜之處，諸位代表到部請願之目的，關於納稅期間一節，部中對於暫行條例及施行細則所定按月繳納之辦法，已覺未盡妥善，故於征收須知草案，特訂明以半年平均計算繳納，現各自由職業團體仍認爲未便，要求改爲十二個月平均計算納稅，本部極願重加考慮改善，又關於自由職業者之稅率要求減輕一節，因屬立法範圍，本部未便擅加更動，惟現行條例上既有暫行字樣，即爲將來改善地步，今各代表貢獻之意見，當即稅則委員會及將近組織之設計委員會從長研究，俾於修改條例時提交立法院核議等語。同人等以高司長答復請願各節，極爲詳盡，且時間已屆中午，起而

18592

告辭，復蒙高司長堅邀，以已在桑后飯店設宴招待，請即同往，同人等固辭不獲，相將偕往，席間高司長起立致歡迎詞，並述及十二個月平均計算問題，及與在部所談略有不同，蓋以自由職業團體甚多情形，頗爲複雜，擬先予以研究，當由奚代表玉書起立，代表全體答詞致謝畢，對於請願各點，重行申述，略謂：查自由職業之範圍雖較複雜，但敝代表等所代表之團體，皆爲有組織之正式團體，所屬會員均係智識階級，人數衆多，而收入並不固定，多數僅能勉敷開支，今日各代表請願目的，原爲多數請命，既蒙賢明主管長官深體實情，關於納稅手續方面，因每半年繳納亦爲事實所困難，仍請准予以十二個月平均計算，按年納稅，表示政府愛護智識份子與消除實際困難之至意，又所請減輕自由職業者稅率一項，亦屬公平之要求，俾營利所得與勞力所得，不致有相形偏頗之憾，務祈大部提請立法院修改云云。此外對於所得稅種種問題，復詳加研討，主賓盡歡而散。旋由會計師協會奚王兩代表，工程師學會齊代表，及上海律師公會趙李兩代表，分別至實業部及司法行政部投遞請願呈文，三時返至中央飯店聚集，趨車至立法院，由程秘書元斟代表接見，經奚代表玉書，趙代表深，李代表文杰，程代表廸仁，陳明請願目的，後陳秘書除將呈文接受外，並表示將來修改暫行條例時，當將自由職業團體請願之意旨研究改善云。同人等自立法院退出後，以代表請願任務完畢，遂各自分散，回想當時請願之結果，除減輕稅率一節，須俟暫行條例修改時，或有相當之決定外，至所請按年分月平均計算納稅一項，根據高司長在部談話時之表示，頗有達到目的之望，但亦有待於正式徵收須知之公布。同人等才薄能鮮，代表請願目的未能立時實現，良用負疚。再在京代表膳宿汽車費等，已由奚代表玉書向各代表說明，由會計師協會担任，合併聲明，謹此報告。伏希晉洽。

上海律師公會	趙祖慰 李文杰
中國建築師學會	趙 深 楊錫鏐
上海市醫師公會	狄崟三
全國醫師聯合會	金鳴宇
神州國醫學會	程迪仁
中國工程師學會	齊兆昌
上海市國醫學會	楊仲煊
中華國醫學會	施濟羣
中華民國會計師協會	奚玉書 王思方

財政部批字第12174號內開「會呈已悉，所請第二類自繳所得稅者納稅期限，改爲年終結出，純得之數按十二個月平均計算繳納一節，已發交主管處妥愼研究，至所請改輕稅率一節，事關修改法律，未便率准，仰即知照此批。」

◉本會徵集各機關職員錄

本會編刊「中國工程題名錄」，徵集各機關職員錄，承各地分會協助進行，今已收到下列各機關最近職員錄，暫存南京上海路北秀村6號本刊編輯部。在「中國工程題名錄」未出版之前，若本會會員欲詢問下列各機關技術人員者，本會當可專函奉復。至於其他各處，正在繼續徵求調查中，並盼各地分會熱忱贊助，以期早日完成工作，貢獻於我工程界，備參考之用，計已寄到職員錄者，有：

上海	大昌建築公司
	新中工程公司
西安	隴海鐵路西段工程局
	經濟委員會西北國營公路管理局
	全國經濟委員會涇洛工程局
	陝西省建設廳
	西安市政工程處
	陝西省機器局
	延長石油官廠
	咸榆公路工務所

　　　　湞白公路工務所
　　　　西荊公路工務所
　　　　漢甯公路工務所
　　　　陝西省水利局
南京　　交通部
　　　　建設委員會
　　　　首都電廠
　　　　揚子江水利委員會
　　　　銓敍部
杭州　　浙江省電話局
廣州　　廣州市電力廠管理處

●南京分會會員通信錄出版

南京分會今年新編會員通訊錄，以服務機關爲序，已記上期本刊。該分會於出版後，派員分赴各機關，當面親自遞送各會員，並詳細詢問有無錯誤，有無遺漏，該分會共有會員350人，於一星期內分派完竣，更正錯誤之處甚多，並發覺有會員周淵如劉師向二人，故世已久，而本會會員錄內尙未刪除，並每期寄發刊物，對于本會辦事效力，及經濟支出，均有未合，故深盼各地分會，仿照南京方法，編印以服務機關爲次序之會員錄，並每年派員調査一二次，以免遺漏重複等情。此種以機關爲次序之會員錄，使總會編印會員錄時得有依據，且此種會員錄，具有通信網之性質，如用五號鉛字單張排印，所費甚廉，專派一人每年分赴各處調查一次，亦不困難，而本會與會員間，多一次接觸詢問機會，格外可引起會員對于本會服務之精神。故望各地分會，依樣辦理，至於南京分會此次所印會員通信錄，除已寄各分會備查考外，尙有餘存，各地會員可向函索云。

●會員通信新址

張祥基　(職)南京鐵道部新路建設委員會
曾廣獬　(職)江西京贛鐵路局
賈榮軒　(職)江西京贛鐵路局
蕭滌恩　(職)杭州筧橋飛機製造廠
林繼庸　(職)南京三元巷資源委員會
高長泰　(職)南京紫金山天文研究所
薛硤付　(職)南京鼓樓三條巷1號國際關係研究會
朱　墉　(職)開封黃河水利委員會
陳秉鈞　(職)南京朱雀路潤德里電報收發處機械股
楊立惠　(職)南京江東門電報局無綫電台
莘祿鏞　(職)蕪湖江南鉄路工務段
李金圻　(職)塘沽永利城廠
陳繼善　(職)天津北洋大學
羅世襄　(職)廣州泰康路商品檢驗局
張　堅　(職)南京西華門首都電廠
徐懷芳　(職)津浦路銅山車站車務段
王恢先　(職)開封黃河水利委員會
劉夢錫　(職)南京東廠街導淮委員會
周　倘　(職)上海同濟大學
孫成基　(職)南京市工務局下水道工程處
石　充　(職)湖北陽新牛頭山銅礦探勘隊
王百雷　(職)青島商品檢驗局
司徒錫　(職)廣州二馬路廣東糖廠
程志頤　(職)南京實業部
張志成　(住)江蘇無錫駁岸街41號
孟振庚(少白)　(住)濟南城內平泉胡同8號
宋　磊(晤亭)　(住)高兆城內縣東街45號
張潤田(倬甫)　(住)天津英租界民國西里

●會員哀聞

周淵如　故
劉師向　故

工程週刊

中華民國26年4月1日星期4出版
(內政部登記證警字788號)
中華郵政特准掛號認爲新聞紙類
(第1831號執據)
定報價目：全年連郵費一元

中國工程師學會發行
上海南京路大陸商場542號
電話：92582
(本會會員長期免費贈閱)

6卷 5期
(總號123)

上海市倉庫攝影

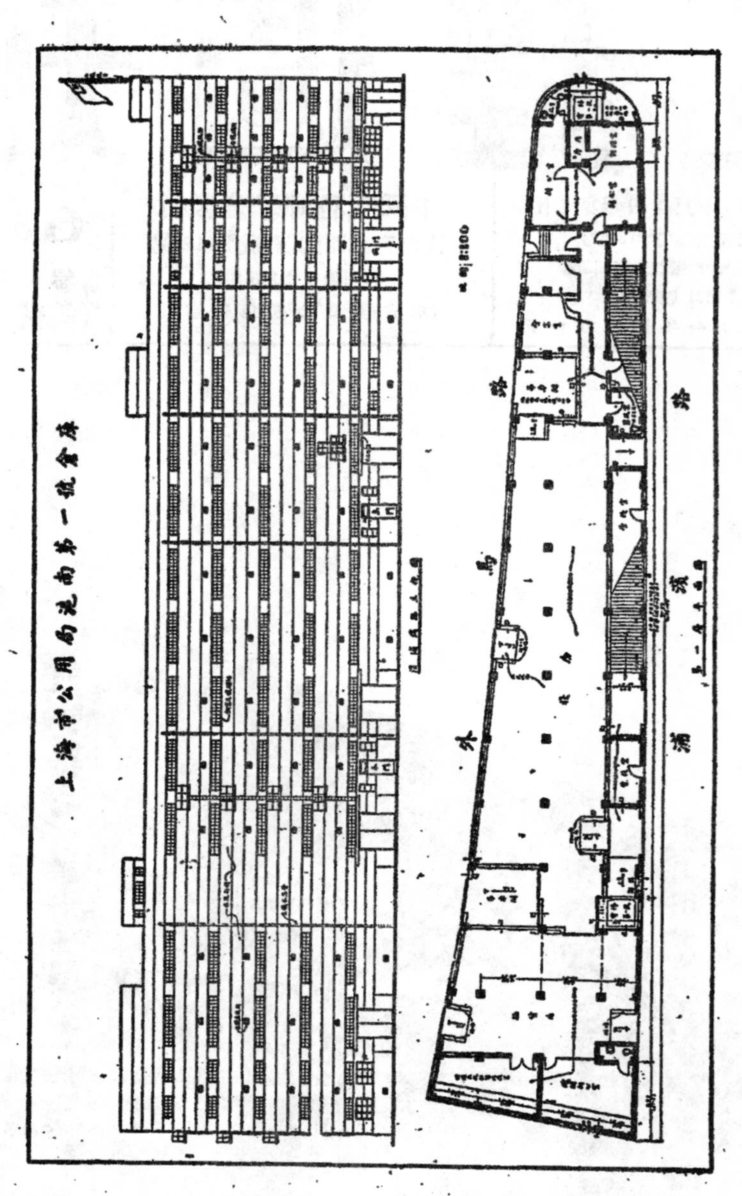

上海市倉庫

上海市公用局局長　徐佩璜

1.籌建經過　上海為我國第一商埠，運輸之煩甲於全國，運輸方法，屬於國際貿易者，均賴海洋巨舶，以為輸送，屬於國內貿易者，雖可由陸路交通，然陸運之值昂於水運，故沿海沿江各省，凡貨物往來於上海者，均由輪船運送，於是為便利客貨起，卸乃有碼頭之設備，爲便利貨物寄存，乃有倉庫之設備。而碼頭與倉庫，尤有密切關係，苟有倉庫而無碼頭，則無貨物之來源；苟有碼頭而無倉庫，則船隻所卸貨物，除一部份立即轉運外，其餘貨物，亦且難於處理，而並泊船隻勢必感受不便，碼頭事業亦將遭受影響。故本市於整理滬南碼頭之始，即決定建築倉庫，以收相輔之效。

滬南碼頭，比年以來，以次興建，計有碼頭21座，其中租定碼頭18座，公共碼頭3座。而此3座公共碼頭，前以駁岸上並無隙地，以致尚未建築倉庫，輪船並泊，貨物儲藏，未盡便利。24年7月，本市收回11號公共碼頭駁岸上公地1方，其面積計1畝5分8厘8毫，爰經市政府令由公用局規劃建造市倉庫1座。維時適有民生實業公司，以公司輪船並泊11,12號碼頭關係，請求公用局建造倉庫，俾便承租使用，並表示願墊付1部份建築費，經簽定墊款合同及租用合同兩種。

2.設計情形　建築市倉庫，地位與經費既已籌有辦法，乃進而謀房屋設計；即經公用局根據民生公司需要情形，並本依照市建築規則，參酌江海關稅務司對於建築倉庫應有設置之意見，及保險業同業公會對於倉庫儲藏輸運貨物之保險章程，規劃建造五層倉庫1座。

倉庫基地，形成狹長，長度南北爲90.49公尺，（296英尺10英寸）寬度北端爲8.5公尺，（28英尺）南端爲16.95公尺，（55英尺7英寸）面積爲1.078平方公尺。（11,600平方英尺）其內部佈置：第1層分海關辦公室、私貨收藏室、驗貨房、民生公司經理室、辦公室、會客室、庫房、管棧室、盥洗室、吊車間、電梯間、棧房等，各室地位如附圖之第1層平面圖所示。第2,3,4,5各層，均爲棧房。總計倉庫內部淨有堆貨面積3,927.5平方公尺，（42,260平方英尺約423方）屋頂淨有露天堆貨面積870平方公尺，（9,370平方英尺約93方）故市倉庫堆貨量約爲5000餘噸。房屋高度，自第1層樓板起至屋頂止總高18,6公尺。（61英尺）第1層樓板高出路面0.61公尺，（2英尺）則大潮水上岸時，室內貨物不致浸濕。

工程與材料，務求堅固，所有柱、梁、基礎、屋頂、樓梯、及各層樓板均用鋼骨混凝土，俾能經久，且可防火。房基樁木均用18.29公尺（60英尺）與21.34公尺（70英尺）長之圓樁木，蓋倉庫地位，係昔年由濬浦局填土而成，距今不過20年，地質鬆浮，不勝重載，故必須打以長樁，以求堅實。又木樁之上，建造地下梁，使各樁木連成一氣，如是則房屋縱有沉陷，亦必全盤平均低落，不致有高低參差，發生裂縫之患。

3.內部設備　市倉庫內部設備對於便利貨物上下與預防火患兩點，最爲注意。關於便利貨物上下者，計有設備3種：1爲扶梯，梯闊2.44公尺，（8英尺）斜度平坦，行走便利。2爲電梯，共有2座，每座載重1,996公斤，（兩噸即4,400磅）速率每分鐘35公尺（115英尺）採用車座控制，裝有自平機，電梯到達每層樓板停止時，能自動與樓板靠平；蓋貨物擁擠時，肩擔背負，行走扶梯，尚不便利，自以電梯最爲合用。3爲卸貨機，亦名吊車，共有2座，裝於5層樓上，專供卸貨之用；載重量爲762公斤（4分之3噸即1,680磅）全部動作均藉人力，製造價廉，在國內倉庫中應用，尚屬創舉。吊車間裝有拉門，運貨汽車可由馬路駛入，在室內裝貨卸貨，故雖在雨日，貨物亦無受濕之虞。

至於防火設計，尤爲周密，倉庫房屋骨架既爲鋼骨混凝土，磚牆外面，又粉以水泥黃沙，故可無着火傳火之虞。扶梯辦公室等，凡與堆貨棧接通之門口，均裝防火門，如遇不測，防火門能自動關閉，火災不致蔓延。房屋四周，更設有救火梯5處，每層設有救火台，以便火警時救火員上台施救。

此外更有消防設備兩種：1 為救火龍頭系統，每1堆貨間設有救火龍頭1個，附有各種配件，如消防水槍皮帶等，一遇火警，水鎗與龍頭接洽，即可放水施救．2 為自動消防滅火器，裝置於各層樓板之下，每 3 公尺見方地位，備有 1 具．滅火器之構造，狀如龍頭，開口處用火險絲封閉，水流不致溢出，倘火警發生，屋內溫度升高至攝氏寒暑表58度時，火險絲即能溶解，水流向外噴射，如泉如雨，撲滅火患，極有效力．至消防用水，另在屋頂置水箱 2座，以備自來水來源不足，壓力太低時應用．

他若電燈設備，則以光綫適度堅固耐用為主．各層電燈，分成若干部份，每 1部份，分別裝置開關，堆藏或起卸貨物時，祗須於工作地點開放燈光；較諸一般倉庫中之電燈設備，每層僅1開關，以致1燈需用，全盤放光者，省費實多．

4.施工大概　市倉庫建築工程及附屬設備，均經分別招標；其房屋工程，由董瑞和營造廠承造；基礎樁木，由震昌木行供給；電梯設備，由沃的斯電梯公司承辦；自來水工程及電氣工程設備，由琪記營業工程行裝設；卸貨機設備，由財利廠承辦．計自本年5月興工，至12月工竣，歷時7月，共費國幣約210000萬圓．至房屋工程，並由工務局派員主持會同監造，工作圓滿，深感助力．

5.結論　本市建築市倉庫，此座尚係第一座，故名上海市第一倉庫，有此倉庫肇端之後，將來由1座而2座而2座，繼續增進，俾滬南各碼頭，舶來貨品，咸有寄存之所，而碼頭設備乃告完成．惟事屬初創，其佈置設計，容有未周，尚希邦人君子進而教之，則幸甚焉！

◉「十年來之中國經濟建設」出版

中央黨部國民經濟計劃委員會主編之「十年來之中國經濟建設」一大冊，已於上月初出版分上下兩編上編屬中央之部分鐵道，實業，交通，財政，水利，公路，蠶棉，電氣事業各章，下編分各省市記載，計八開大本　頁，內容十分詳明，承該會惠贈一冊，特此誌謝，並代介紹，該書由南京扶輪日報社發行定價每冊國幣4元，外埠酌加郵費．

◉礦物學名詞出版

國立編譯館，於民國21年起聘請王恭睦先生專任編輯礦物學名詞，22年 3月初稿呈由教育部聘請各專家組織審查委員會，至23年2月審查完竣，同年3月9日，教育部以部令公佈之，共計6155則，用英德法日四國文字對照，除決定名外，又附舊譯及附註二項，末附索引，全書 536頁，由商務印書館發行，每冊國幣 4元，承該會寄贈一冊，現陳列本會圖書室，特此誌謝．

「工程」第十二卷　第二號目錄

（第六屆年會論文專號下）

18598

中國工程師學會會務消息

◉本屆年會日期決定

本屆聯合年會，業經聯合年會籌備委員會決定本年（廿六年）七月十八日起，在太原舉行，目前參加聯合年會團體，計有中國電機工程師學會，中國紡織學會，中國機械工程學會，中國化學工程學會，中國土木工程師學會，中華實業協會及本會等七團體，屆時歡迎各該學會會員踴躍參加，共襄盛舉．

◉朱母紀念獎金論文

本年度應徵朱母紀念獎金論文計收到下列四篇

一、張忠康著「General Circle Diagram」

二、楊士文著「應力圓」

三、范 九著「自動叉道之原理」

四、袁隨善著「劵拱」

現正由評判委員會評判中

◉中國學術團體聯合會所建築委員籌備委員會聯席會議

時 間：26年3月27日正午

地 點：南京府東街青年會食堂

出席人：吳承洛，魏學仁，汪胡楨，韋以黻胡博淵，馬寅初（徐兆蓀代），陳懋解，宋希尙（朱神康代），張劍鳴（朱神康代），惲震，夏光宇（張熙麟代）

列席人：黃少良（代表基泰工程司）

主 席：惲震； 紀 錄：張熙麟．

報告事項：——主席報告

1，報告京滬營造廠報到建築本會所工程標函8件，及開標經過情形．（標價詳列附表）

2，報告今日改爲中國學術團體聯合會所建築委員會與籌備委員會聯席會議，以資商討籌措經濟辦法．

討論事項：——

1，標函應如何選定案．

決議：（1）選定標價最低之陶記營造廠，承造本會所房屋．

（2）請基泰工程司將陶記營造廠標函內列各項用料，詳爲核減，以期節省造價，並卽日與陶記擬訂承造合同，送會核簽．

2，本會所尙少建築及設備等經費總計110,000元，應如何籌補案．

決議：（從略）

中國學術團體聯合會所建築工程開標一覽

民國26年3月25日

投標人	前部辦公廳	中部大會堂	後部宿舍	大門路墻等	總造價	位次	日限
新仁記	95,800.00	19,500.00	55,200.00	14,200.00	184,70000 + 7,000 191,700.00	3	240

18599

新成記	101,400.00	17,000.00	55,000.00	6,100.00	179,500 + 6,000 185,000.00	2	270
陶 記	105,981.00	20,125.00	46, 84.00	8,230.00	181,220.00	1	245
泰 昌	106,550.00	20,973.00	58,810.00	7,638.00	193,971.00	5	330
陳裕興	121,350.00	21,260.00	62,550.00	10,680.00	215,840.00	8	300
錢梅記	108,600.00	19,700.00	59,200.00	6,340.00	193,840.00	4	360晴天
鈕永記	109,693.00	21,411.00	68,790.00	11,023.00	210,917.00	7	210晴天
順 源	113,055.64	17,282.17	57,629.62	6,714.88	194,682.31	6	330晴天

到場者：基泰工程司，萬國鼎，胡博淵，陳懋解，惲震，夏光宇（張熙麟代）

◉西安分會新職員

西安分會本年職員選舉，業於本年一月底舉行，互選結果：

正會長：李儀祉

副會長：雷寶華

書　記：李善棵

會　計：毋本敏

◉唐山分會常會紀錄

唐山分會於2月28日午12時在唐山交通大學校友會所，舉行常會，出席者王濤，路秉元，李煦綸，柏勁直，陳汝楙，李永之，安茂山，關漢光，鄭家覺，袁通，吳雲綬，羅忠忱，朱泰信，許元啓，張正平，葉家垣，林炳賢，李汶，張維，伍鏡湖，黃壽恆，等21人，由王分會長主席，介紹新會員李煦綸先生，與新到會員柏勁直先生，并傳觀總會來函，且表示希望本分會會員能多數參加本屆年會。後當場議決：

（1）此後本分會開常會時，應加入「學術談話」節目，藉以交換知識。

(2)下次常會定於5月30日，在啓新洋灰公司舉行。

會務畢後，聚餐，二時半散會，分頭參觀交大之材料試驗室，與礦冶館，及交大與開灤之足球比賽。

◉中國工程師學會印行工程叢書辦法

1,本會為提高學術及倡用國文工程教本起見編輯工程叢書

2,凡會員著作能為工業技師之參攷及大學工程教本者得送本會審查經核定後以叢書刊行

3,凡會員未有成稿而擬着手編訂者應將書名及大綱通知本會以免重複

4,各叢書之紙質大小及裝訂均須依照本會規定之式樣辦理

5,凡經本會審查合格之叢書准予用「中國工程師學會叢書」字樣得由著作者自費刊行或由本會刊行

6,甲，工程叢書由本會刊行者應照售價抽取百分之十五版稅給與著作者。乙，工程叢書由著作者自費刊行者本會不取費用，如委託本會經售者應照本會經售章程辦理。

7,本會收到書稿後由本會聘請一人或數人審查之審查結果由董事會核定

8,凡審查合格之書籍倘須校訂者由本會聘請一人或數人校訂之

9,校訂者得由本會酌給校訂費或將校訂者與著作者之名並列於該書其辦法由本會臨時擇定校訂費另定之

10,本辦法自董事部核准之日施行

18600

◉會員通訊新址

丁　崑（職）南京鐵道部
汪菊潛（職）南京鐵道部
吳廷佐（職）南京鐵道部
吳鳳樓（職）南京鐵道部
周迪評（職）南京鐵道部
周　勳（職）南京鐵道部
姚鍾堯（職）南京鐵道部
梁振華（職）南京鐵道部
陳延輝（職）南京鐵道部
錢昌淦（職）南京鐵道部
羅孝威（職）南京鐵道部
顧毅成（職）南京鐵道部
林鳳岐（職）漢口平漢鐵路局機務處
李壽年（職）南京市工務局
盧炳玉（職）上海白利南路30號炳耀工程司
嚴宏滙（職）廣東黃沙黃埔商埠督辦公署
朱詠沂（職）上海吳淞京滬杭甬鐵路機廠轉交浙贛鐵路駐廠工程師
歐陽雲（職）上海江西路181號川黔鐵路公司
馮　簡（職）西安電波研究所
錢鳳章（職）西安電波研究所
郭顯欽（職）西安建設廳
王熙績（職）天津長蘆鹽區改良域地委員會
庾宗滙（職）南京玄武門內百子亭竹蔭新村2號
周慎謀（職）上海京滬滬杭甬兩路管理局機務處
張名藝（職）長辛店平漢鐵路機廠
丁祖震（職）濟南東關青龍後街50號
石鋭磷（職）廣西建設廳
麥錫渠（職）廣西南寧自動電話營業處
朱家炘（職）梧州廣西大學
郭守先（職）武昌市政處
陳　琮（職）杭州建設廳
沈景初（職）杭州浙江省公路局
秦元澄（職）杭州浙江省公路局
崔蔚芬（住）上海法界亨利路亨利村4號
張志禮（職）太原同蒲路管理局
謝世基（職）長沙經武路57號湘黔鐵路長沙材料轉運所
程　壬（職）西安西北國營公路局
邵鴻鈞（職）湖南安化煙溪湘黔鐵路工務第四總段
曾叔岳（職）廣州黃沙車站二樓粵漢鐵路運輸第五段

◉國立武漢大學工科年刊第1卷第1期出版

目　錄

中國工程師學會編刊

中國工程紀數錄

民國26年——第1版

CHINESE ENGINEERING DATA－1937

爲工程界必需備之參考手册，全書分十二類，凡二百頁

定價每册六角，郵費國內及日本五分，香港一角二分國外三角

1.鐵道	5.電信	9.化工
2.公路	6.機械	10.教育
3.水利	7.航空及自動機	11.雜項
4.電力	8.鑛冶	12.附錄

工程單位精密換算表，凡十二表，有精密對數，宜掛牆上，定價每張五分，每十張三角五分，每百張二元五角，郵費在外

中國工程師學會發行

上海南京路大陸商場542號

工程週刊

中華民國26年4月15日星期4出版
（內政部登記證警字788號）
中華郵政特准掛號認為新聞紙類
（第1831號執據）
定報價目：全年連郵費一元

中國工程師學會發行
上海南京路大陸商場542號
電話：92582
（本會會員長期免費贈閱）

6・6
卷　期
（總號124）

低溫提油煉焦試驗報告

建設委員會礦業試驗所

（一）淮南煤　本所用兩種形式不同之蒸餾，分別試驗。一為管形平置式，一為鍋形直立式，溫度均在攝氏600°左右，加熱時間，3至6小時，所得焦與油之結果，幾全相同。

管形蒸餾，仿照英國燃料研究所Gray-King之儀器，略加變更。照原來儀器蒸餾之容量，每次試驗，僅能裝煤15克，所得之油為量太微，雖累積10次亦不足供分餾試驗之用，本所改用較大之蒸餾，每次可用50克之煤。試驗時頗為便利。

鍋形直立式蒸餾，每次試驗，可裝煤5000至6000克，惟本所為便於計算起見，每次用2240或4480克，蓋假定1克為1磅，使適成1噸或2噸之數也。餾內有攪動器，蒸餾時，自始至終，不絕攪動，使溫度上下調勻，油與氣亦易於發出。

淮南各槽之煤，經逐一試驗，結果均佳，尤以西井北一槽之煤，產油特多，粗油有15.20%，每噸煤中可提純汽油約6.2加侖。

淮南半焦之佳，在國煤中，似可首屈一指。煤在蒸餾時，先漲後縮，故即用管形蒸餾，蒸餾完畢後，一倒即出，成一完整之圓柱形炭條，質堅硬，擊之發金屬聲。豎式蒸餾中之焦，因用攪動器，略有碎末，惟十之八九，均為堅塊，其硬度未經試驗，惟人立其上，雖旋轉，亦不破裂。

至於煤氣，氨及其他副產品，質量均佳，故若用淮南煤以提油製焦，必為一有利之事業，茲將西井北一槽煤之試驗結果，分別列表於下：

(一)蒸餾所得各種產物：

產物名稱	百分數	以一噸煤為單位
半焦	67.00	1509磅
粗油（比重0.998）	15.20	334磅（41加侖）
煤氣（用比差法計算）	8.72	4650立方呎
氨(Ammonia)	0.08	7.06磅(硫酸錏)
水	9.00	

（二）粗油分餾：

溫度階段	照粗油百分計算	照一噸煤計算	比重(20°C)
57°-180°	18.5	61.8磅	0.8307
180°-230°	15.7	52.4磅	0.9393
230°-270°	13.8	46.1磅	0.9709
270°-330°	22.9	76.5磅	1.0794
油渣	21.5	71.8磅	
水及損失	7.6		

附註：攝氏57°為第一滴油墜落時之溫度。

（三）從輕油（沸點在180°以下之油）中提出之純汽油，其數量及性質如下：

純汽油	6.2加侖（以一噸煤爲單位）
比重	0.76
顏色	無
硫質	0.12%
碘數	9.6
熱量 B.T.U.	19800

（四）從各段分餾油中，所提出之斐諾爾(Phenols)及燈油(Kerosene)之數量：

粗斐諾爾、	35.7磅（以一噸煤爲單位）
粗燈油	26.2磅

（五）煤質分析（以百分計算）

水	2.14
揮發物	39.53
固定炭	48.58
灰	9.75
硫	0.64
熱量B.T.U.	12840

（六）半焦分析(以百分計算)

水	0.87
揮發物	6.52
固定炭	79.32
灰	13.29
硫	0.37
熱量B.T.U.	12510

（七）煤氣分析（以百分計算）

CO_2+H_2S	8.8
O_2	0.4
CnH2n, CnH2n-6	3.1
CO	5.7
H_2	41.2
CH_4	39.1
N_2	1.7
熱量B.T.U.	681（每立方英尺）

（八）淮南各槽煤之油量　（百分數）

西井北一槽	15.2
西井北三槽	14.8
西井南1½槽	10.3
西井南二槽	10.9
西井南三槽	10.4
西井南四槽	10.1
西井南六槽	11.3
西井南七槽底區	10.7
西井南七槽頂區	9.6
東井南一槽A800M	10.6
東井南一槽大行180M	8.9
東井南二槽	10.4
東井南五槽	10.1
東井南六槽	11.1
東井南七槽	13.9
東井南八槽	7.6
一號井東一道石門(No.1)	11.9
一號井東一道石門(No.2)	10.1
一號井南一槽	12.3
二號井南一槽	12.1
二號井南二槽	11.6
二號井南五槽	9.6
二號井南七槽	11.2
二號井南八槽	10.0

（二）長興煤　試驗時所用之蒸甑，與淮南煤同。最高溫度600°C.每次煤量2240克，時間5至6小時。

試驗結果頗佳。粗油有百分之11.5，每噸煤中，可提純汽油約6.7加侖。

蒸餾後，所得之半焦，團結而堅硬，惟在成焦時，黏性甚大，黏結於攪動器及蒸甑之上，不易取下。如用管形蒸甑，則幾無法取出。

茲將結果列表於下。

（一）蒸餾所得各種產物：

產物名稱	百分數	以一噸煤爲單位
半焦	71.7	1606磅
粗油（比重0.974）	11.5	258磅(32.5加侖)
煤氣(用比差法推算)	13.8	4670立方呎
氨（Ammonia）	0.08	6.9磅(硫酸錏)

水　　2.92

（二）粗油分餾

溫度階段	照粗油百分計算	照一噸煤計算	比重(20°C)
57°-180°	18.4	47.5磅	0·798
180°-230°	9·7	25.0磅	0.864
230°-270°	9.1	23.4磅	0.908
270°-330°	24.8	64·0磅	0.939
油渣	36.8	95.0磅	
水及損失	1.2		

附註：攝氏57°爲第一滴油墜落時之溫度·

（三）從輕油（沸點在180°以下之油）中提出之純汽油，其數量及性質如下：

純汽油	6.7加侖(以一噸煤爲單位)
比重	0.748
顏色	無
硫質	—
碘數	14.4

（四）煤之分析：（以百分計算）

水	0.44
揮發物	35.24
固定炭	41.45
灰	22.87
硫	4.63
熱量B.T.U.	11720

（五）半焦分析（以百分計算）

水	—
揮發物	6.18
固定炭	63.12
灰	30.70
硫	3.68
熱量B.T.U.	10040

（三）樂平煤　試驗時所用之蒸甑，與淮南煤同·最高溫度600°C，每次煤量2240克，時間5至6小時·

樂平煤含油甚富，較淮南長興均多，粗油有20.80%，每噸煤中，可提純汽油約10加侖·

蒸餾後，所得之半焦，團結而堅硬，惟在成焦時，黏性甚大，黏結於攪動器及蒸甑之上，不易取下·如用管形蒸甑，則幾無法取出·

茲將試驗所得各種結果，列表於下：

（一）蒸餾所得各種產物：

產物名稱	百分數	以一噸煤爲單位
半焦	61.8	1384磅
粗油(比重=0.942)	20.8	455磅
煤氣(用比差法求得)	12.28	6300立方呎
氨(Ammonia)	0.12	10.7磅(硫酸錏)
水	5.0	112磅

（二）粗油分餾：

溫度階段	照粗油百分計算	照一噸煤計算	比重(20°C)
44-180°	18.9	87磅	0.784
180-230°	15·8	72磅	0.907
230-270°	10.7	48磅	0.961
270-330°	22.4	102磅	0.990
油渣	28.6	130磅	—
水及損失	3.6		

附註：攝氏44°爲第一滴油墜落時之溫度·

（三）從輕油（沸點在180°以下之油）中提出之純汽油，其數量及性質如下：

純汽油	10加侖（以一噸煤爲單位）
比重	0.748
顏色	無

（四）煤質分析：（以百分計算）

水	0.91
揮發物	48.44
固定炭	42.56
灰	8.09
硫	1.92
熱力B.T.U.	14100

（五）半焦分析：（以百分計算）

水	0.99
揮發物	8.68

固定炭	80.19
灰	10.14
硫	1.84
熱力B.T.U.	14090

（六）煤氣分析：（以百分計算）

CO_2+H_2S	12.5%
O_2	0.5%
CnH2n, CnH2n-6	2.8%
CO	3.6%
H_2, CH_4,	80.6%

附 錄

本所曾將淮南煤委託英國低溫煉焦提油廠（Low Temperature Carbonisation Limited）試驗，所得結果幾完全相同。茲將該廠去年4月1日來函暨所附試驗報告節譯附錄於此，以資比較。

(一)1936年4月1日來函

（上略）送來淮南煤樣，業經試驗完畢。該煤含灰8.38%，照本廠標準，似覺稍高，惟經炭化後，所成之無烟燃料，品質既佳，塊狀亦極適中。

該煤在試驗時，不發生任何困難，蒸餾中所成之半焦，極易取出，所產焦油，為量甚豐，每噸煤中可有33.20 加侖之多。（下略）

(二)試驗報告

煤質分析：

固定炭	48.90%
揮發物	40.14%
灰	8.38%
硫	0.43%
水	2.58%

蒸餾時所得各種產物：

粗油 15.20% 33.20gal/ton 比重1,026(60°F)

氨液 8.80% 19.50gal/ton

煤氣 7.40% 3266 C.F./ton 熱量808B.T.U.

半焦 68.70% 13.74cwts/ton

半焦中揮發物 10.20%

半焦性狀：

塊狀	適中
脹性	無
出甑	極易
脆性	不脆

附註：

每噸煤所產煤氣之熱量 26.39 therms

煤氣比重 0.6647

中國工程師學會會務消息

◉第27次董事部會議紀錄

日　期　26年3月28日上午10時

地　點　上海南京路大陸商場五樓本會所

出席者　李書田　黃伯樵　李熙謀　裘燮鈞　徐佩璜　薛次莘　薩福均（黃伯樵代）　華南圭（李書田代）　任鴻雋（李熙謀代）　顏德慶（裘燮鈞代）　韋以黻（孫傳儒代）　趙祖康（黃　炎代）　梅貽琦（張廷金代）　沈　怡（徐佩璜代）　胡博淵（薛次莘代）　李儀祉（張延祥代）

基金監　徐善祥　黃　炎

列席者　鄒恩泳

主　席　沈　怡（徐佩璜代）

紀　錄　鄒恩泳

報告事項

主席報告

（一）本屆聯合年會會期經由聯合年會籌備委員會決定七月十八日起舉行，其理由爲太原地北天寒，三春不暖，待入夏季，則南國苦熱之日，正晉省氣候適中之時云。

（二）本屆聯合年會除中國自動機工程學會，中國鑛冶工程學會及中華化學工業會三團體不參加外，復函允參加者：有中國機械工程學會，中國電機工程師學會，中國化學工程學會，及中國紡織學會等四團體。尙未復到者：有中國土木工程師學會，中國水利工程學會兩團體。

（三）本會以國家建設事業突飛猛進，需要工業材料試驗所甚切，適值上海市社會局所屬之上海市工業試驗所因經費支絀，難以維持，爰由本會商得社會局潘局長及吳市長同意，擬訂合作辦法五項，已由本會書面向社會局提出徵求同意：

1 上海社會局（以下稱甲方）願以所屬工業試驗所全部生財，包括一切機械儀器圖籍傢具等，捐贈與中國工程師學會（以下稱乙方）。

2 捐贈之行爲，應自雙方訂立合約滿三年後，經甲方認爲乙方確能維持時，卽實行之。

3 自訂立合約後乙方接受甲方全部生財時，對於工業試驗所之事業，應卽負責繼續維持，並於開始接辦一年內籌劃相當經費，擴充內部設備。

4 在未實行捐贈以前，所有試驗所之經常費，如由甲方仍按月照常補助八百七十九元外，其不足之數，由乙方設法籌措之。

5 自訂立合約後所有試驗所之收入，概行專款存儲，作爲擴充該所事業之用。

（四）京滇公路週覽會，本會於第27次執行部會議議決，推定張延祥君代表本會參加。

裘董事報告：

（五）本會工業材料試驗所全部開辦費預算約 160,000 元，其中房屋與基地佔60,000元，試驗設備費須 100,000元，除已募到20,000元，擬再繼續捐募30,000元外，尙缺50,000元，已於二月底函請北平中華文化教育基金董事會捐助50,000元，聞該會將於四月開會云。

張延祥先生報告：

（六）南京中國學術團體聯合會所建築委員會與籌備委員會聯席會議議決，關於會所招標結果，選定標價最低之陶記營造廠，計181,220元，但與預算120,000元之數相差尙多，擬請基泰工程司將陶記標函內列各項用料詳爲核減，大約可減省至 160,000元，故關於建築連同設備費等斷額頗大，經議決請籌備委員會照下列辦法分別進行。

1 請求中英庚款董事會增撥60,000元，中美庚款董事會撥助90,000元，中比庚款董事會撥助50,000元。

2.捐募材料。

3.請各學會及外界有力量及熱心者捐助，聞一面進行籌款，一面決將先行動工云。

討論事項：

（一）際此物價日漲，幣價日跌，可否將基金投資案。

議決：原則通過，授權執行部及黄董事伯樵將基金全部設法投資於中國自辦之公用事業及其他可靠之事業。

（二）廣州分會函稱廣東土木工程師會擬與本會歸併，並提出（1）廣東土木工程師會會員全體接納爲中國工程師學會會員。（2）豁免會員入會費等兩項辦法請討論決定案。

議決： 准予歸併，並豁免入會費，惟請該會將全體會員資格分別依照本會入會志願書所列各項詳細填送本會，以便依照本會會章審定各會員級位。

（三）本會各地分會擬改名爲某地工程師公會案。

議決：無須改名，惟會員中如有認爲便於取得自由職業團體之法益必須組織工程師公會者，本會並無意見。

(四)推定朱母獎學金論文評判委員案。

議決： 推定徐名材，李謙若，潘承梁，裘維裕，楊培琫五君爲評判委員，並請徐君負召集之責。

（五）加聘唐之肅君爲年會籌備委員會副委員長請予追認案。

議決：通過。

（六）加聘王猷丞君爲年會論文委員會副委員長請予通過案。

議決：通過。

（七）惲震君等十二人提議贈給淩鴻勛先生榮譽金牌案。

議決： 推舉沈怡，李書田，夏光宇，茅以昇，薛卓斌五君組織審查委員會，由沈怡君召集，並將審查結果報告下次董事部會議。

（八）審議印行工程叢書辦法案。

議決： 修正通過，條文如下：

中國工程師學會印行工程叢書辦法

1.本會爲提高學術及倡用國文工程教本起見，編輯工程叢書。

2.凡會員著作能爲工業技師之參攷及大學工程教本者，得送本會審查，經核定後以叢書刊行。

3.凡會員未有成稿而擬着手編訂者，應將書名及大綱通知本會，以免重複。

4.各叢書之紙質大小及裝訂，均須依照本會規定之式樣辦理。

5.凡經本會審查合格之叢書，准予用「中國工程師學會叢書」字樣，得由著作者自費刊行。

6.甲．工程叢書由本會刊行者，應照售價抽取百分之十五版稅給與著作者。乙．工程叢書由著作者自費刊行者，本會不取費用，如委託本會經售者，應照本會經售章程辦理。

7.本會收到書稿後，由本會聘請一人或數人審查之，審查結果由董事會核定。

8.凡審查合格之書籍，尚須校訂者，由本會聘請一人或數人校訂之。

9.校訂者得由本會酌給校訂費，或將校訂者與著作者之名並列於該書，其辦法由本會臨時擇定，校訂費另定之。

10.本辦法自董事部核准之日施行。

（九）中華實業協會擬參加本屆聯合年會，應否准其參加案。

議決：准予參加。

（十）孔祥鵝會籍應否准其恢復案。

議決：准予恢復會籍。

（十一）新會員請求入會案。

議決：通過：正會員：

楊維浚　畢近斗　毛克生　彭祿炳　謝有熙　陳裕堅　白郁筠　朱健飛　裘燮華　蕭揚勛　秦大鈞君等11人。

仲會員：

吳克學　趙延豐　張志華　栗培英　張國瑛　楊幹邦　李濬源　蘇學維　汪超中君等9人。

初級會員：

劉瑞　陳思桀　鍾伯元　何其達　章儀根　楊訪漁　韓寶源　熊保恆君等8人。

團體會員：

公茂機器造船廠。

仲會員升正會員：

孫延盤　高遠春　盛任吾　李鑑民君等4人。

新會員錄

姓名	字	通訊處	專長	級位
楊維浚	子深	（職）昆明市雲南製革廠	化學	正
畢近斗	仲垣	（住）昆明市鐵局街敬節堂巷15號	土木	正
毛克生		（職）昆明市雲南航空處	機械航空	正
彭祿炳		（住）雲南府太和街5號	土木	正
謝有熙	純儒	（職）天津河北五馬路北頭心田新里41號	土木	正
陳裕堅		（職）廣州廣州市電力管理處電機廠	電氣	正
白郁筠		（職）武昌武漢大學	機器	正
朱健飛		（職）雲南昆明紡織廠	紡織	正
裘燮華	忻圃	（職）京滬路龍潭中國水泥廠	機械	正
蕭揚勛	敬業	（職）昆明市大綠水河7號	電氣	正
秦大鈞		（職）天津北洋工學院	理科	正
吳克學	化宇	（職）山西平遙同蒲路平磧工務第一分段	土木	仲
趙延豐	寄吾	（職）河北省靈壽縣仁壽渠管理局	土木	仲
張志華	劍霄	（職）上海南京路哈同大樓建明建築師事務所	土木	仲
栗培英	菊植	（職）山東曹縣縣政府	土木	仲
張國瑛	琴如	（職）山西平遙同蒲路平磧工務第一分段	機械	仲
楊幹邦	梓堅	（職）長沙湖南建設廳	採冶	仲
李濬源	匯川	（職）四川重慶大溪溝華興機廠	電機	仲
蘇學維		（住）廣州西關多寶坊19號	電機	仲
汪超中		（職）上海博物院路14號新和興鋼鐵廠	土木	仲
劉瑞	雲書	（住）太原開化市街88號	採鑛	初級
陳思桀		（職）廣西籐縣太平鎮公所轉荔梧路工程局	土木	初級
鍾伯元		（職）廣西蒙山縣荔梧路工程局	土木	初級
何其達		（職）廣西籐縣太平墟郵局轉荔梧路工程局	土木	初級
章儀根	申賢	（職）四川江津成渝鐵路第二測量隊	土木	初級
楊訪漁		（職）安慶建設廳	土木	初級
韓寶源		（職）湘黔鐵路株州第一分段	土木	初級

熊保恆 士能 （職）太原晉綏兵工築路總指揮部 土木 初級
孫延藎 詒謀 （職）山東聊城周家店黃運聯運工程監工處交 土木 仲升正
高遠春 （職）廈門交通部電報局工務課 電工 仲升正
盛任吾 （職）上海公用局 電機 仲升正
李鑑民 （住）成都焦家巷17號 機械 仲升正
公茂機器造船廠 （住）上海北京路506號 團體

◉會員通訊新址

范濟川 天津英租界工部局電燈廠
徐善祥 上海九江路大陸大樓810 號建華化學工業公司
王 柢 萍鄉峽山口浙贛鐵路南萍十二工段
方 剛 湘潭下攝司電工器材廠辦事處
陳 璋 上海憶定盤路中央一村3號
張景文 漢口模範區霱吉里12號
姚章桂 四川資陽成渝鐵路工務第六總段
吳稚田 江蘇崑山縣縣後街14號
曹省之 上海閘北新民路京滬滬杭甬鐵路管理局
劉晉鈺 上海殷行區閘北水電公司電廠
趙祖庚 廣州黃浦督辦公署工務處
聶光堮 浦口浦鎮津浦鐵路電廠
楊樹仁 武昌武漢大學工學院
邢傳東 漢口平漢鐵路機務處
關慰祖 太原國師街10號
蔡邦霖 廣州正南路黃埔開埠督辦公署
裘 榮 南京止馬營17號
連 濬 四川石門場成渝路工務第二總段
沈鎮南 上海南市萬裕街110號
王純俊 湖南湘潭湘黔鐵路局工務課轉第七總段
周賢育 廈門市中山路大華飯店轉
司徒錫 廣東番禺廣東省營糖廠
王 璡 南京中央大學建築系王秉沈君轉
周 新 湖南衡陽粵漢鐵路工務第七分段
曲鵬新 濟南運河工程局
徐鳴鶴 東海縣專員公署
竇瑞芝 衡陽粵漢鐵路工務第二總段轉湘桂鐵路測量隊
章 祓 湖南新化湘黔鐵路工務第三總段
彭中立 四川內江成渝鐵路第四總段
戚葵生 山東牟平第七行政督察專員公署第三科轉
曾 璟 天津法租界56號路福順里63號
郭養剛 四川重慶川滇工程處
王敬立 南京湖北路二三八號
張其學 南昌南昌水電廠
王大洪 四川渠縣三匯四川水泥公司老龍�石膏廠採買辦事處
陳育麟 南京攝山渡江南水泥廠
金維楷 杭州英士街54號
王恩涵 海南島海口市瓊崖鐵路籌備處
楊 毅 南京鐵道部
黃鍾漢 廣西蒙山荔梧路工程局
黃炳奎 本市圓明園路97號合衆企業公司
劉文藝 江西南昌四緯路26號鎢業管理處
程宗陽 江西南昌四緯路26號鎢業管理處
卓 樾 廣州廣東省政府

◉書籍介紹

本會會員黃昌穀先生現著有鋼鐵金相學及三民主義之科學性兩書，每册國幣三角，代售處廣州石牌國立中山大學出版部。

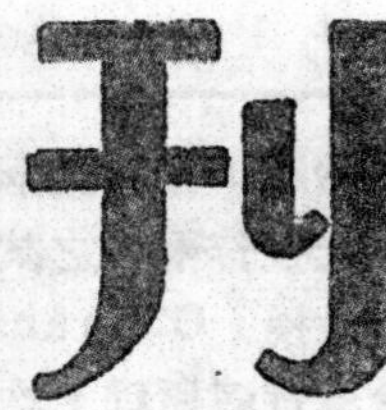

工程週刊

中華民國26年5月6日星期4出版
(內政部登記證警字788號)
中華郵政特准掛號認為新聞紙類
(第1831號執據)
定報價目：全年連郵費一元

中國工程師學會發行
上海南京路大陸商場542號
電話：92582
(本會會員長期免費贈閱)

6卷7期
(總號125)

中央水工試驗所全景

中央水工試驗所籌備紀要

鄭肇經

（一）緒言　現代科學之成功，類皆經過長期間之觀察及試驗，歸納其觀察及試驗之所得，乃能致之於實用．水利工程，自亦不能例外．蓋河流之性質，既各不相侔，而所施之工事，效能亦將互異，如於治導之方法，不經過觀察與試驗，而貿然施工，小之則耗時費財，大之則僨事貽禍，其幸而成功者鮮矣．故近世學者，對於水工試驗，莫不異常重視．水工試驗可分四類：一曰學理探討之試驗，二曰實施工程之試驗，三曰研究水工機器之改良，四曰研究河渠航運之發展，其重要可見一斑。

水工試驗於十九世紀已有倡議之者，至1893年，德國薩克遜大學教授恩格思氏（Hubert Engels）乃首創水工試驗所，以解决水利工程之實際問題．於是關於河工渠工海港各方面之發明，乃日見增多，而歐美各國遂望風興起，繼恩氏而創設水工試驗所與水工巨型試驗場者，實繁有徒．我國河流縱橫，性質互異，治導之術，端待研究．關於黃河之治導，曾於民國21年及23年委託恩格思教授先後作兩次之試驗。德國漢諾佛大學方修斯教授（O. Franzius）亦嘗自動試驗，對於治導黃河原理，均多所貢獻。將來吾國興辦各項水利工程，有待於試驗者甚夥，是則水工試驗所之建設，誠當今之要圖也。

（二）籌備經過　全國經濟委員會於民國23年統一水利行政及事業以後，對於全國河流，統籌規劃，首擬創設中央水工試驗所，以爲實施工程之助。適管理中荷庚款水利經費董事會亦有指撥經費，供給辦理水工試驗所之議，乃由雙方協議，就荷蘭退還庚款中，指撥400,000元爲中央水工試驗所之建築及設備經費。其餘不敷之數，及經常試驗等費，統歸經委會担任，並由經委會組織中央水工試驗所籌備委員會籌備進行，一面從事設計施工，一面舉辦臨時水工試驗事宜，中央水工試驗所之基地，幾經選擇，始確定在清涼山附近收兵橋之伏龍山麓，面積約23畝，25年春，着手測量基地，鑽驗地質，並試驗土質，與石層之載重能力。同年6月房屋設計完成，遂即招商投標承包，於8月15日正式開工，預計26年底全部落成。

（三）建築與設備　中央水工試驗所之設施有二；（甲）房屋建築，（乙）試驗設備。茲摘要略述如下：

甲、房屋建築　試驗所之房屋，內分三部；（一）試驗室，（二）工廠，（三）辦公室。試驗室主要部分，爲模型試驗場，長70公尺，寬20公尺，可同時舉行數種試驗。場之中央，既無墩柱，亦無其他固定之建築物，故試驗模型之佈置，不受限制。試驗場之四周，爲抽水機室，玻璃水槽室，分析室，攝影室，儲藏室，電氣室等，以應試驗之需要。工廠部分分金工間，木工間，及模型間，以供製造模型及修理儀器機件之用。辦公室部分分辦公廳，講演廳，研究室，圖書室，陳列室，應接室等。

乙、試驗設備　試驗重要設備，爲水流之循環，係採用單位循環式，分爲六組，以便在同一時間內，舉行性質不同之試驗，但亦可將各組聯合供給一種試驗之用。試驗所用之水，由抽水井經抽水機，輸送至高壓水箱後，再由進水管，流入模型，復由模型末端，流回蓄水池。蓄水池在試驗室之下層，與抽水井相通。試驗場內並裝設活動起重機，以便觀測及運輸材料。又置交流直流電機，供給電力。

上列房屋建築及裝修等約需費 200,000元，試驗設備約需費 120,000 餘元，連同基地園林及工廠用具設備等，共約需四十萬元。

（四）臨時水工試驗　中央水工試驗所之建築，完成尙須時日，而水工方面，亟待經過試驗而後實施之計畫，爲數甚多。乃先假中央大學隙地，設立臨時水工試驗所，於24年12月建築工竣，25年1月開始試驗工作。設備方面，有試驗室，長36公尺，寬16公尺。室之西端爲蓄水池，與回水渠相接，池旁裝置馬達連抽水機一座，輸水至外之高壓水箱。試驗用水，自高壓水箱經進水管，通入模型，或試驗槽再經回水渠，流入蓄水池，成爲循環水流。試驗槽有玻璃槽與木槽兩種，以爲試驗各種水力問題之用。試驗重要儀器，有測水針，測速儀，分析儀，壓力管，潮汐儀等，多爲臨時水工試驗所設計自製。其他並備有攝影室與金工木工等機械，以應試驗之需。茲將已經完成，及正在進行之各項試驗略述如左：

甲、楊莊活動壩試驗　導淮入海水道之楊莊壩試驗，係導淮委員會委託辦理。目的在研究壩下河床之冲刷情形，及其保護方法。自25年2月開始試驗，至6月完畢。試驗結果，於壩墩之間，加設消力檻，減低壩下之河床，並利用引水牆，減小迴溜。對於原計畫有重要之改進，現該會已依據施工。

乙、馬當水道試驗　揚子江馬當段水道之整理，前由揚子江水利委員會擬具計畫，乃先行舉行試驗，研究整理方法，及如何維持低水時之航運。本年3月開始試驗工作，

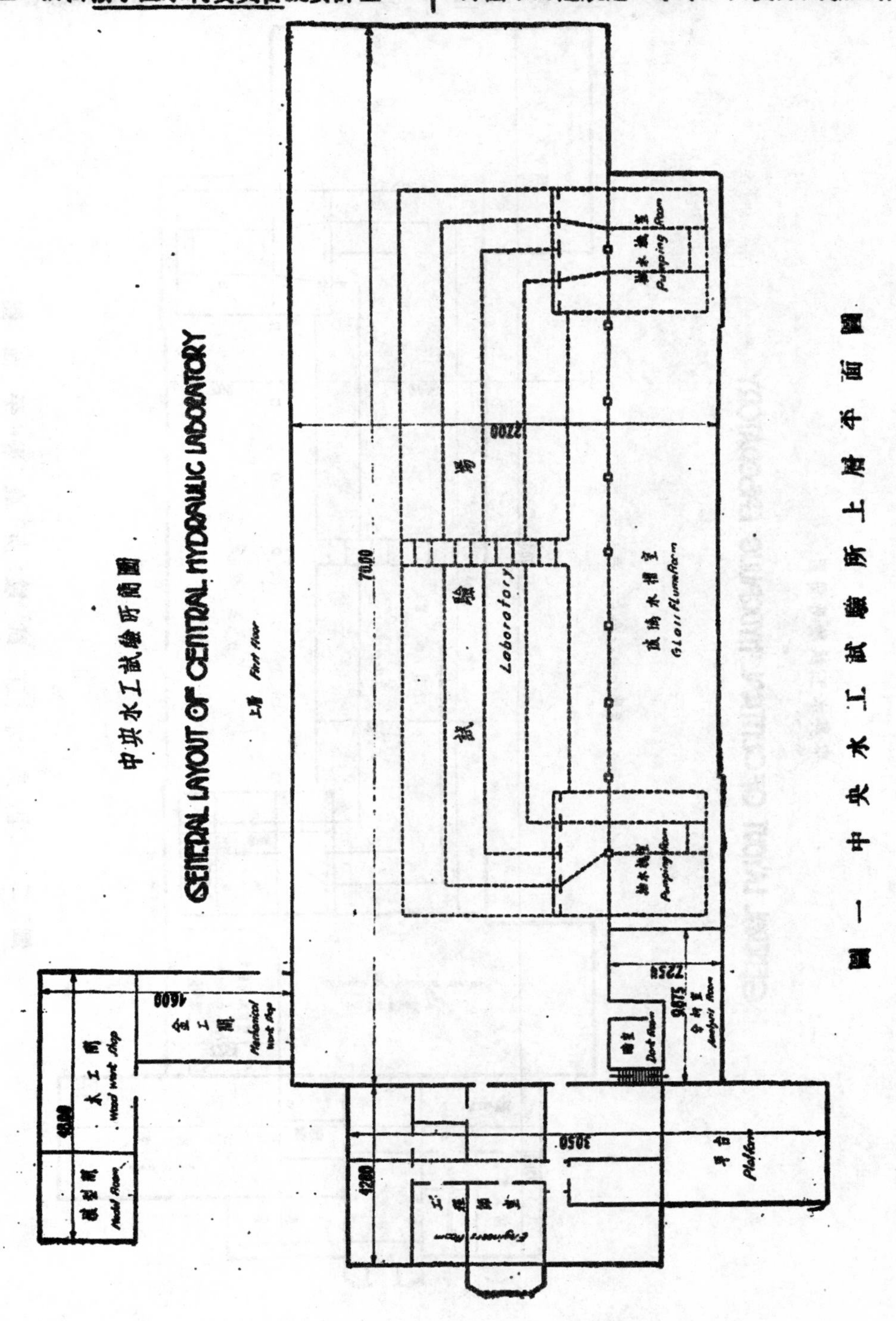

圖一　中央水工試驗所上層平面圖

正在進行中。

丙、三河活動壩試驗　導淮計劃內之三河活動壩，爲最重要之部分，由導淮委員會委託驗試。於25年8月間開始驗試，正在進

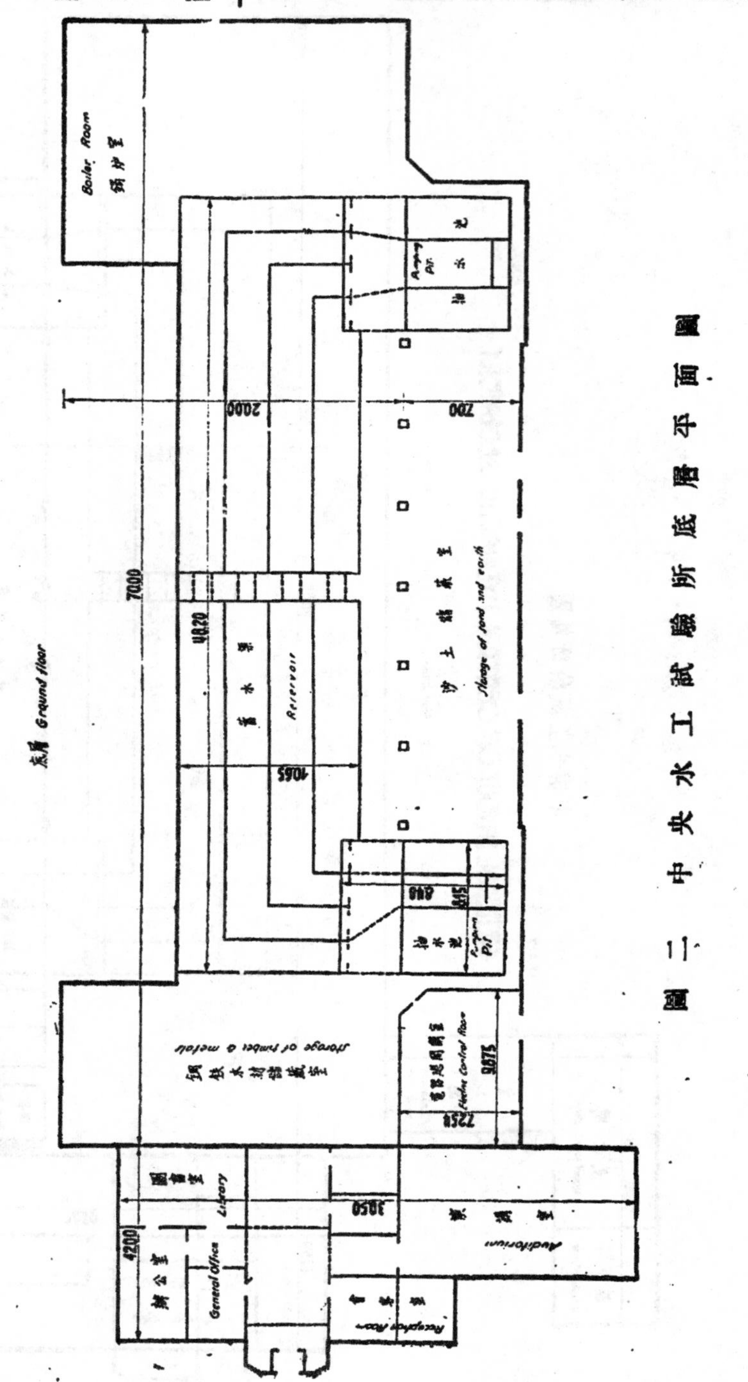

圖二　中央水工試驗所底層平面圖

行中 • 丁、沙礫移動驗試 此項驗試之目的有

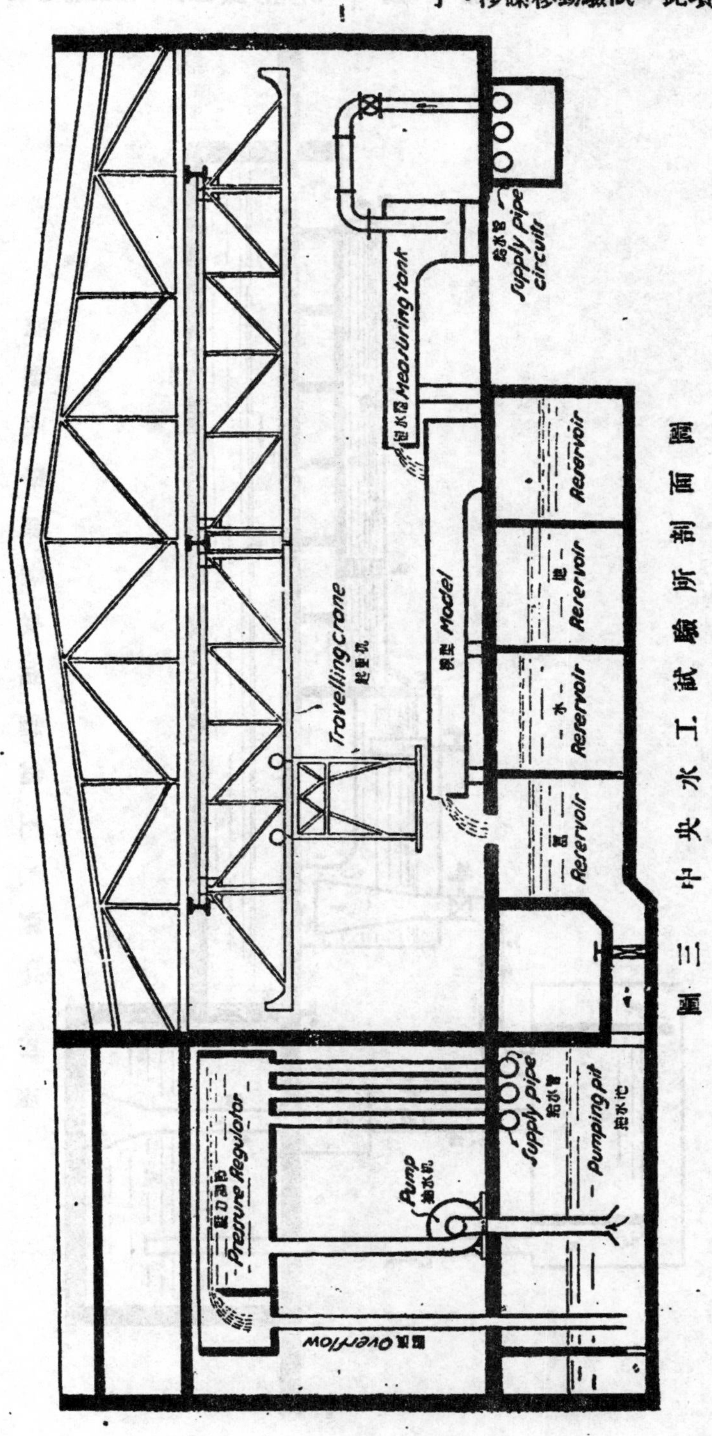

圖三 中央水工試驗所剖面圖

二，一為選擇模型試驗之沙礫替代品，一為研究沙礫在水中移動之定理，正在試驗中者

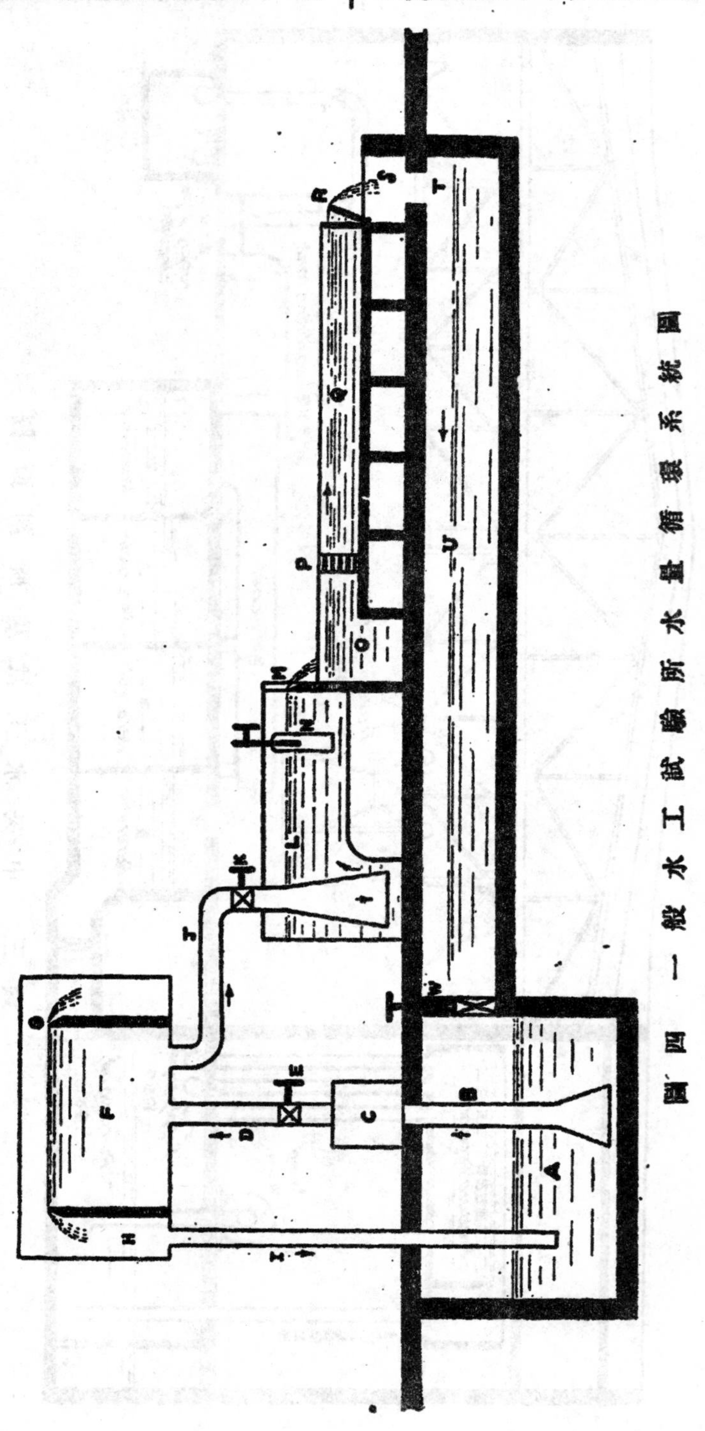

圖四 一般水工試驗所水量循環系統圖

爲紅木屑，焦煤屑，及白煤屑等數種．

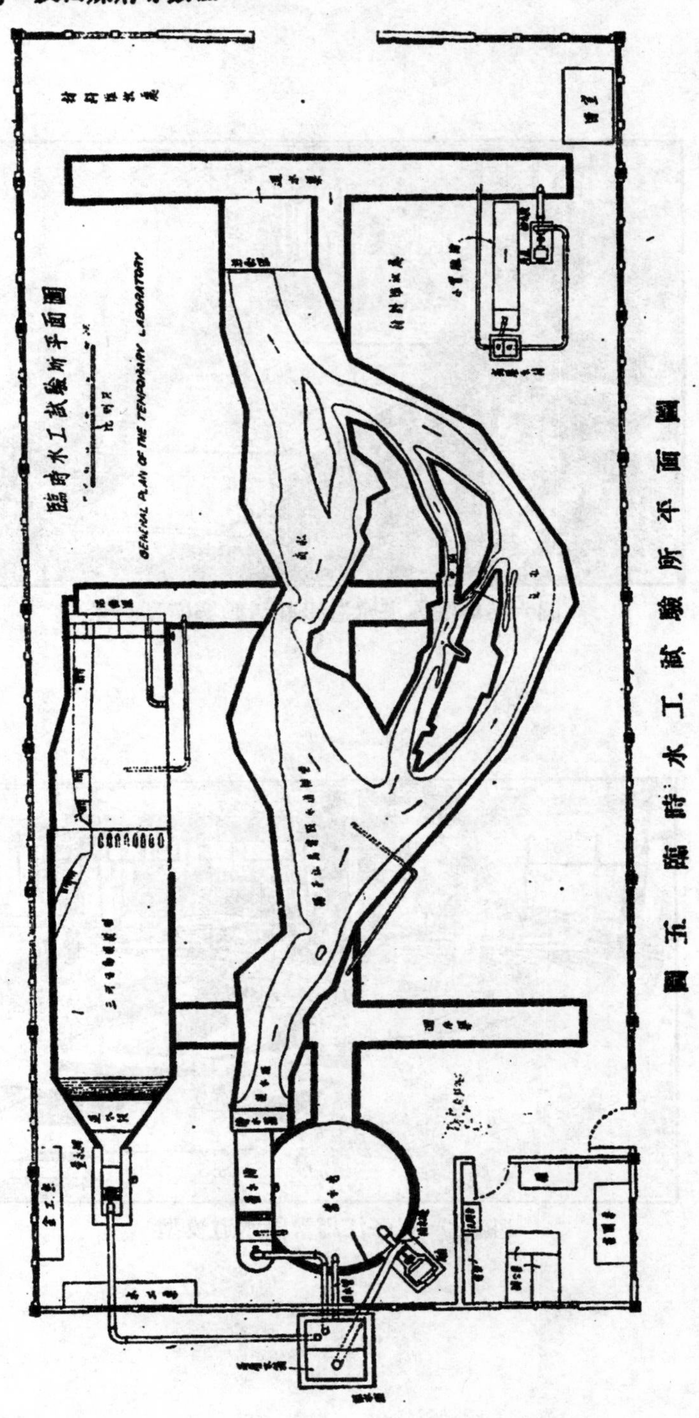

圖五 臨時水工試驗所平面圖

圖六　導淮入海水道楊莊活動壩模型全景

圖七　揚子江馬當段水道模型

圖八　導淮入江水道三河試驗場情形一

圖九　恩格思第二次黃河試驗河槽模型

中國工程師學會會務消息

◉二十六年度新職員選舉揭曉

本司選委員會，於三月二十日，任杭州正式開票，茲將開票結果照錄於下：

會長：	曾養甫	一九五票	當選
副會長：	沈怡	一九二票	當選
董事：	惲震	二九八票	當選
	薩福均	二六九票	當選
	吳承洛	二五四票	當選
	侯家源	二一六票	當選
	趙祖康	二一三票	當選
	裘維裕	一九六票	當選
	周象賢	一九六票	當選
	杜鎮遠	一八九票	當選
	鮑國寶	一八五票	當選
基金監：	王繩善	一八四票	當選

第七屆職員司選委員 趙曾珏 羅英 茅以昇 張自立 丁嗣賢 仝啓

廿六年四月廿八日

◉昆明分會組織成立

本會駐昆明會員，鑒於雲南省近年銳意建設，延用工程人員，日漸增加．查會員現在昆明服務者，不下有十餘人之多．爰於去年由陶鴻燾君等開始籌備，正在辦理正式手續中，適值京滇週覽團到滇．該會員等特於五月二日在昆明大觀園樓外樓設宴歡敍，計到董事薛次莘，會員張延祥，王世圻，林士模，俞同奎，吳廷佐，季炳奎，李啓乾等十餘人及團員等，席間甚為歡洽，宴畢，並用抽籤方法分贈該省工藝出品，以資紀念，而助餘興．該分會卽於是日作為成立紀念日．

◉年會消息

本屆聯合年會已決定七月十八日起在太原開會，所有籌備委員人選，除前已推定外，茲將最近加聘籌備委員人選計開於下：

(一)閻百川趙次隴兩先生已允為聯合年會名譽正副會長．

(二)年會籌備副委員長董登山君逝世茲聘請唐之肅君為籌備副委員長．

(三)加聘徐建邦君，崔巍君，宋桂君，趙之陳君，王琪君．楊允成君，郭鳳朝君，張熙光君，王衞君，白倘榮君，關慰祖君，賈銘金君，郝汝虔君，蘭錫魁君，張書田君，郭履中君，劉以仁君等為年會籌備委員．

(四)聘請王猷丞君為年會論文副委員長．

◉26年各工程團體聯合年會第一次籌備會議紀錄

日　期　26年5月22日下午3時

地　點　上海南京路大陸商場542號中國工程師學會

出席者　沈　怡（中國工程師學會）
夏光宇（中國土木工程師學會）沈　怡代
黃伯樵（中國機械工程學會）
任尚武（中國紡織學會）
裘維裕（中國電機工程師學會）

列席者　裘燮鈞　李熙謀

主　席　沈　怡　　紀錄　裘燮鈞

報告事項：

主席報告：

聯合年會籌備委員會副委員長唐敬亨先生日前來會報告年會籌備情形如下：

(一)日期　7月18日會員註冊，19日至

22日開會參觀及遊覽太原附近名勝，23日至25日分組遊覽太原以外名勝各地。

（二）會場　借用前山西省議會，現正在修葺。

（三）會員住宿　住宿在省議會宿舍，攜帶眷屬者住旅館或劃出宿舍一部份爲帶眷屬者專用，赴會者毋須帶舖蓋，臥具及一切日用器具均係山西省辦各工廠所製造。

（四）經費　會員到達太原之後，一切招待均由山西省政府負担。

（五）氣候　七月間太原天氣涼爽，可爲避暑之處。

（六）通告　年會通告正在編印中，約六月初可以分寄各會員。

由上所述，可見山西方面此次籌備年會，異常認真，希各學會通告會員踴躍參加，以襄盛舉。

討論事項：

（一）歷年年會均有公開演講，本屆年會擬預定演講題目及演講人案。

議決　請茅以昇君演講『錢塘江橋工程』惲震君演講『工業電氣化』顧毓琇君演講『工程教育』。請各學會擬就其他題目及演講人報告下次會議決定。

（二）在年會時擬放演工業或工程教育影片案。

議決　請各學會迅即調查影片材料報告下次會議。

（三）在年會發表一年來全國各種工程之進展狀況案。

議決　請各學會各就專門範圍編輯國內一年來各該項工程之進展狀況。

（四）辦理赴會會員乘車優待證案。

議決　呈請手續及發給乘車優待證，均托中國工程師學會辦理，惟各學會須開具赴會會員姓名，年歲，籍貫，經行鐵路，起訖車站，於6月2日以前送交中國工程師學會彙編報部。

（五）年會主席團人選案

議決　請各學會推定主席一人於7月5日以前報告中國工程師學會。

◉徵求煤質化驗師

某公司現需聘化驗師一位，担任化驗煤質，如欲應徵者，請開明詳細履歷逕寄本會，合則函復云。

◉戰時工程備要出版

本書係本會總編輯沈怡先生譯自Zahn, Pionier-Fibel, Verlag "Offene Worte", Berlin，刻已出版，內容編制新穎圖解明晰，蓋本書彼邦軍事專家所新編，以供工程界戰時之參考，今國難益亟，有此譯本，足資借鑑，每册布面精裝六角，紙面五角，另加寄費一角一分，代售處本會。

◉代徵稿件

本會前接上海大公報館來函，以每週發刊「工程專刊」，請予以合作，供給材料，俾實內容。等由。除函復外，會員諸君如有擬交該報發表關於工程之稿件，請逕寄上海愛多亞路181號大公報館工程專刊編輯部可也。

◉會員通訊新址

劉霄亭　瓊州海南島環海鐵路工程處
戴　華　濟南南關小靑龍街17號
武維周　漢口特三區怡和機器公司
周迪評　南京三元巷2號
金華錦　湖南長沙允嘉巷2號鐵道部株洲機廠籌備處
孔賜安　天津元緯路河北省立工業學院
高　彬　廣州市豐甯路交通部無線電話台
何　瑞　昆明雲南大學
金龍章　昆明全國經濟委員會
柴世琛　昆明雲南省公路總局

趙家邇 昆明雲南省電話局
王 晫 昆明雲南大學
李良訓 昆明雲南大學
李熾昌 昆明雲南省公路總局
段 緯 昆明雲南省公路總局
陶鴻巖 昆明雲南礦務公司
楊克嶸 昆明兵工廠
高 昨 江西樂平京贛鐵路贛境工程處工務第二總段第六分段
陸爾康 四川內江公園成渝鐵路第四總段
蕭濬恩 杭州筧橋中央飛機製造廠
張祥基 南京鐵道部新路建設委員會
曾膺聯 江西京贛鐵路局
高常泰 南京紫金山天文研究所
薛璜曾 南京鼓樓三條巷1號國際關係研究會
朱 墉 開封黃河水利委員會
陳秉鈞 南京朱雀路潤德里電報收發處機械股
楊立惠 南京江東門電報局無線電台
張昌華 安徽績溪京貴鐵路局第二總段
何之泰 杭州浙江省水利局
王樹芳 浦口浦鎮鐵道部浦鎮機廠
田 澈 江灣殷翔路閘北水電廠
葉桂馨 南京江東門中央廣播電台
王善爲 南京江東門中央廣播電台
龔振庚 濟南城內平泉胡同8號
周仁齋 嘉定合作路合作五金製造公司工廠
陳厚高 漢口特三區湖南街松柏里丁裕豐汽車材料行樓上
張雲升 廣西貴縣縣政府
哈雄文 南京內政部

◉南京工程參考圖書館

館藏西文日文工程雜誌目錄

工程參考圖書館，假南京珠江路九四二號，開放閱覽消息，業誌本刊6卷3期·近日工程界同人前往閱覽，頗形踴躍·該館佈置管理，甚爲得法，關於外國文工程雜誌，收羅尤富·茲探錄如下，以備參考·該館正在編輯此項雜誌之分類目錄，詳載已有之卷冊，將來編成，查考當更便利也·

(一)英文部分

Aero digest.
Agricultural engineering.
Aircraft engineering.
Airspeed bulletin.
American chemical socicty.
  Journal.
American concrete institute.
  Journal.
American gas association.
American gas association monthly.
American gas journal.
American institute of chemical enginners.
  Proceedings.
American institute of electrical enginners.
  Standards.
American railway engineering association.
  Bulletin.
—— Proceedings.
American society for testing materials.
  Bulletin.
American society of naval engineers.
  Journal.
American water works association.
  Journal.
Armour engineer and alumnus.
Asea journal.
The associated state engineering societies, Inc.
  Bulletin.

Association of engineers.
Journal.
Australia. Council for scientific and industrial research.
Journal.
Automatic electric review.
The automobile engineer.
Aviation.
Bakelite review.
Baldwin locomotives.
Bell laboratories record.
Bell system technical journal.
Bell telephone quarterly.
Bitumul spenetration pavements.
Blast furnace and steel plant.
Boston society of civil engineers.
Journal.
The "Bristol" reivew.
British Thomson-Houston activities and developments.
Brookln. Polytechnic institute.
Brooklyn. Polytechnic institute.
Canadian society of technical agriculturists.
Review.
Canadian transit association committees.
Report.
Chemical abstracts.
Chemical industries.
Civil engineering.
Civil engineering and public works review.
Clemson agricultural college. Engineering experiment station, South Carolina.
Bulletin.
Concrete,
Concrete and constructional engineering.
Cotton.
Craven machine tool gazette.
Dock and harbour authority.
The du pont magazine.
Edgar Allen news.
Electrical communication.
Electrical engineering.
The electric journal.
Electric world.
The electrical reveiw.
The electrician.
Electrochemical society, New York.
Bulletin.
Electronics.
The engineer.
Engineering: an illustrated weekly journal.
Engineering experiment station record.
The engineering journal.
The engineering journal. (The jl. of the eng. inst. of Canada)
Engineers' bulletin.
Esso oil-Ways.
The explosives engineer.
Factory mutual record.
Faraday society, London.
Transactions.
Flight: the aircraft engineer and airships.
The foundation.
Franklin institute, Philadelphia.
Journal.
Gas age-record and natural gas.
The gas world.
General electric company journal.
Heating and ventilating.

Heating, piping and air conditioning.
The Hunter counselor.
Illinois. Armour institute of technology.
Bulletin. New Series.
Industrial and engineering chemistry.
Analytical edition.
—— Industrial edition.
—— News edition.
Industrial arts index.
Industrial standardization and commercial standards monthly.
The institute for advanced study, New Jersey.
Bulletin.
Institute of chemistry.
Contributions .
Institute of marine engineers, London.
Transactions.
Institute of metals, London.
Monthly journal.
Institute of mine surveyors.
Transactions .
Institution of automobile engineers, London.
Journal.
Institution of civil engineers, London.
Engineering abstracts. New Series
Institution of civil engineers, London.
Journal.
Institution of electrical engineers, London.
Journal.
The institution of structural engineers.
The technical reports.
International institute of refrigeration, Paris.
Bulletin. English edition
International railway congress association, Brussels.
Bulletin.
Iowa state college of agriculture and mechanic arts. Iowa engineering experiment station.
Bulletin.
Iron age.
Japan nickel review .
Journal of applied mechanics.
The journal of engineering education. New series
Journal of the aeronautical sciences.
Kansas state agricultural college, Manhattan. Engineering experiment station.
Bulletin.
Kansas water and sewage works association, Lawrence.
Report.
Lehigh university. Institute of research.
Circular.
The locomotive.
Locomotive, railway carriage and wagon review .
London. Patent office.
Official journal.
Lubrication: a technical publication devoted to the selection and use of lubricants.
Machine-tool review.
Marine engineering and shipping review.
Masschusetts institute of technology.
Bulletin.
Mechnical engineering.
Metals and alloys.

Metropolitan vickers gazette.
Michigan state college of agriculture and applied science, East Lansing. Engineering experiment station.
Bulletin.
The military engineer.
Missouri. University. School of mines and metallurgy.
Bulletin. Technical series
Monthly abstract bulletin.
National aeronautic magazine.
National research council of Japan. Radio research committee.
Report.
Nature.
New York railroad club, New York.
Official proceedings.
New Zealand journal of science and technology.
Nickel cast iron news.
Nickel steel topics.
Ohio State university. Engineering experiment station.
News.
Oil and gas journal.
Oregon State agricultural college. Engineering experiment station.
Bulletin.
The osram general electric company bulletin.
Packagine.
Petter's monthly news.
Pomona college bulletin.
Popular aviation.
Popular mechanics magazine.
Power plant engineering.
Professional engineer.
Public roads.
The Purdue engineer.
Purdue university, Lafayette, Indiana.
Bulletin.
Purdue university. Engineering extension series
Engineering bulletin.
Quarterly bulletin of Chinese bibliography.
Quarterly review of Chinese railways.
Radio amateur.
Radio news and short wave radio.
Railway age.
Railway electrical engineer.
Railway gazette.
—— Supplement.
Railway mechanical engineer.
Refrigerating engineering.
The reinforced concrete association.
The review.
The rochester engineer.
Royal aeronautical society, London.
Journal.
Ryojun college of engineering, Ryojun.
Rubber age.
Ryojun college of engineering, Ryojun.
Memoirs.
Science abstracts. Section B: Electrical engineering.
Shipbuilding and shipping record.
Short wave craft.
The Shure technical bulletin.
Siemens review.
Snowcrete bulletin.
Society of automotive engineers.
Journal.
Society of chemical industry, London.
Journal.

Society of chemical industry Japan.
　Journal.
Stain technology.
Structural engineer. new series.
Sulzer technical review.
T. and R. bulletin: a journal for radio experimenters.
Technical bulletin.
Technology review.
Television and short-wave world.
Television society, Berks, England.
　Journal. Series 2
Terrestrial magnetism and atmospheric electricity.
Texas. University, Austin.
　Bulletin.
Textile Institute Manchester, England.
　Journal.
Textile manufacturer.
Textile world.
Tokyo. Imperial university. College of agriculture.
　Journal.
Tokyo. Imperial university. Aeronautical research institute.
　Report.
U. S. air services.
U. S. Bureau of agricultural engineering.
　Current literature in agricultural engineering.
U. S. Bureau of air commerce.
　Air commerce bulletin.
U. S. Bureau of standards.
　Circular.
—— Journal of research.
—— Miscellaneous publication.
—— Technical news bulletin.
U. S. Department of agriculture.
　Technical bulletin.
U. S. Highway research board.
　Highway research abstracts.
U. S. Office of experiment stations.
　Experiment station record.
United States patent office.
　Official gazette.
War in the air.
Washington. University. Engineering experiment station.
　Bulletin.
Washington (State college. Engineering experiment station.
The wireless engineer: a journal of radio research and progress.
The wool record and textile world.
The Yale scientific magazine.

198 titles (Eng.)

(二)法文部份

L'Aeronautique; revue mensvelle illustree.
L'Aerophile: la revue d'aeronautique la plus ancience du monde.
Anales de ingenieria.
Annales des ponts et chaussees.
Bulletin officiel de la propriété industrielle.　(未完)

◉中國工業發達之現象

據建設委員會全國電業指導委員會之統計，今年一月份全國各電廠發電度數，比較上年度同月增加29.6%，工業用電亦較上年同月增加34.6%，實爲全國工商業復興之象徵。

工程週刊

中華民國26年5月27日星期4出版
(內政部登記證警字788號)
中華郵政特准掛號認爲新聞紙類
(第1831號執據)
定報價目：全年連郵費一元

中國工程師學會發行
上海南京路大陸商場542號
電話：92582
(本會會員長期免費贈閱)

6·8
卷 期
(總號 126)

雲南全省經濟委員會紡紗織布動力三廠概況

衣爲人生四大需要之一，民生無論如何困難，章身不可無衣，雲南省棉紗布疋，每年輸入達國幣千餘萬元，流溢金額如此之巨，誠足驚人，倘果省內確無此項原料，是亦無可如何，惟本省宜棉之地，根據調查有20餘縣之多，約有棉田50餘萬畝，祗以外貨傾銷以來，土布實難立足，棉業因而中衰，近復積極振與棉業，廣設試驗棉場，以資提倡，並定獎勵方法，除農民直接借貸資金，及無價給領棉種外，同時復籌設紡織工廠，爲其預謀銷路，以示收買決心，以紗廠促進植棉，以種棉助成紗廠，蓋原料與市場兩者均有相互之維繫也，最近次第將成各廠概況分述於下：

1. 建築　現有廠房可容紗錠10,000枚，布機192台，採取鋸齒式平房，因上層無建築物屋頂裝鋸齒式窗戶，不但光線充足，且可使工場得同樣之光線，工作固便利又能節省燈費，而斷頭穿經穿筘等，尤非光線充足不可，惟其平房溫濕度調節較易，運輸便利，減少震動，機械壽命，得以延長，至於建築材料，以本省出產，盡量採用，除水泥鐵料等，無法避免者，酌量用之，故屋頂樑柱，完全爲本地木料，外觀雖差，價則特廉，此所謂就地取材者也。

2. 紗廠　本省農民，皆以織布爲副業，故土布業在農村中佔有相當地位，爲適應需要起見，故出品以10支紗爲主，原定計劃，係10000錠，惟因缺乏熟練工人，乃暫裝設紗錠5,200枚，俟俟開工後，再行增加，所有機器，均係最新式，其效率在普通一般以上，除搖紗機成包機爲我國大隆鐵工廠承造外，餘均英國紗谷羅威廠出品，其配置如下：

打粗紗頭機　1台；　打垃圾花機　1台；　喂棉機　4台；　鬆花機　2台；　直立式開棉機　2台；　一道清花機　2台；　鋼絲機　24台；　三角機　2台；　五羅拉併條機　3台；　頭道粗紗機　3台；　二道粗紗機　6台；　精紡機　13台；　搖紗機　40台；　成小包機　2台。

各機傳動，除鋼絲機，搖紗機爲皮帶傳動外，餘均爲單獨馬達傳動，設有障礙發生停機減少影響產量者尤巨，至於本省氣候乾燥，裝有最新式噴霧機，以資調節，對於防火設備，除裝有自動蓮蓬頭救火機外，另設水喉及太平桶等，以防萬一，爲謀澈底改革，增進效率起見，全部工友，加以充分訓練，目下已招得男女工人約200名，俱係小學畢業，程度整齊，逐日講授工廠常識，機械工作方法，工人應有道德，及避免危險事項等，定名爲講習期，攷試及格後，乃入實習期，就機練習，再經甄別，方爲正式工人，每期定爲二月，期內酌予津貼，如此訓練，使工人澈底覺悟，不僅技術增進，且能愛護工廠，一切惡習可免，而勞資糾紛，自亦無從發生，不拔之基，或可立於此矣！

3.織布廠　查輸入衣料中，首棉紗，次疋頭，而布又居疋頭中之最多數，依普通情形觀之，紗廠出品，卽應為布廠原料，惟本省需要獨異，紗為粗紗，民間購以織布，而輸入之布，多為細布，茲為統籌兼顧起見，故在紡紗廠仍紡粗紗，售與民間，以維持男耕女織之美風，第一步先買外棉紡紗，以抵制粗紗輸入，第二步改用省棉，始抵制外棉輸入，至於織布廠為避免與農民土布衝突起見，第一步先購外紗，製織細布，以抵制細布輸入，第二步俟纖維較長之滇棉生產增加時，再行自紡細紗，以抵制細紗之輸入，必如此按步就班，方能完成衣料自給，原設計192名，亦因工人困難，先暫設 60 台，以資訓練，所有機器俱為英國勃特瓦斯(Butter Woth & Dickinsen)製造，其配置如下：

筒子機　4台；　經紗機　4台；
緯紗機　2台；　漿紗機　1台；
織布機　60台；　摺布機　1台。

依照目前布機數量，所有準備機械特多；其所以多購者，擬代人民經紗漿紗，藉謀土布業之進步，因一般農民，資本有限，對於織布前之經紗漿紗等工程，俱用人工，沿守舊法，和漿不勻，斷頭增加，以致品質不良，不能與外貨抗爭，將來準備工程解決，取同自織，成本固省，售價必高，最近雖在籌備期內，要求者已不暇接，預料援助結果，定能美滿，亦卽政府設廠之苦心也。

4.動力廠　昆明市現有電力，係用水力發電，其出量供全市照明已感不足，因水量供給時有短少，故供電亦常間斷，雲南全省經濟委員會為提倡本市輕工業起見，特創設蒸汽發電廠一所，先置鍋爐 2 座，透平發電機 1 座，發電量為1250基羅瓦特，廠房建築寬大，預備將來擴充，可容現置之鍋爐及透平發電機各 3 座，建築材料除洋灰及少量鐵料外，概採用本市材料。

本廠設備概要（一）

鍋爐　英國拔柏葛鍋爐公司 (Babcock & Wilcox, Ltd., England)製水管式鍋爐2座，規範及工作狀況如下：——

受熱面積3580英方尺
普通蒸發量每小時為12700磅
最高蒸發量每小時為16200磅
蒸汽壓力　每英方寸為265磅
用煤分析　固定炭質65%揮發物質12%
水分5—15%　硫磺4—5%
灰分15%

每座鍋爐之蒸汽出量足供透平機及附屬機件之用，其他一座留作備用。

加熱管　英國拔柏葛鍋爐公司製加熱管2付，每付能加熱至華氏260度。

燒煤機　英國拔柏葛鍋爐公司，製煉床自動燒煤機 2座，每座寬 6英尺，長13尺半，床面81英方尺，用電馬達拖動。

打風箱　打風箱 1部，用電馬達拖動，其出風量足供鍋爐1座之用。

吸風箱　吸風箱 1部，用電馬達拖動，其吸風量足供鍋爐 1座之用，使烟道閘門處之吸風壓力為¼英寸水壓。

餽水機　英國拔柏葛鍋爐公司製直立式餽水抽水機 1 部，每部出水足供鍋爐 1 座之用。

餽水化軟器　英國賴生荷(Lassen Hgort) 氏自動餽水軟化器，每小時能調整餽水200英加侖。

本市水源含硬性過重，不宜用作鍋爐餽水，故本廠採用此種軟化器，加化學藥料以調整之。

熱水缸　熱水缸長6英尺，寬6英尺，高8英尺，可容餽水1.450英加侖。

烟囱　鐵烟囱 1 座，對徑 3 英尺半，距地面高70尺。

本廠設備概要（二）

透平電機室

英國茂偉電機廠（Metropoliton-Vickers Electrical Co., Ltd., England）製連座透平發電機1部，細目如下：

透平機　高汽壓推動式八級蒸汽壓力每方英寸250磅，加熱至華氏表244度，速度5000分轉。

變速齒輪　雙人字形式由5000分轉變至1000分轉。

凝汽機　冷面式凝汽機與透平機同汽部份相接，備有直連冷水循環抽水機凝水抽水機及雙級式蒸汽排氣機。

冷却面積　980方英尺

冷水用量　每分鐘2330英加侖

冷水溫度　平均華氏表65度

眞　　空　在最經濟負荷時，透平回汽後眞空爲282水銀寸（在氣壓30寸時）。

發電機　交流發電機直連於慢速齒輪，并連動引電機發電機，出量爲1250基羅瓦特，3300伏而次三相50週波1000分轉。

蒸汽消耗量

製造廠方擔保下列蒸汽消耗量，包括透平機，變速齒輪發電引電機，冷水抽水機，及凝水抽水機等所消耗之動力。

負荷（基羅瓦特）1250,1000,750,500,

每度電力蒸汽消耗（磅）12.32, 12.05, 12.9, 15.05,眞空（在氣壓爲30英寸時）28.2水銀寸。

配電板　1250基羅瓦特發電機及引電機控制板1部，

750基羅瓦特，分線饋電板2部。

500基羅瓦特分線饋電板1部。

皆裝有應用設備及電表等。

廠內用變壓器及控制板　75開維愛變壓器1部，作供廠內電燈及電力之用。3300/220/380伏而次三相50週波附控制板1部。

起重機　架空橫行雙欄柱螺旋式起重機1部。

載重量　7.5噸

中心距離　34英尺

起重距離　20英尺

噴水池　噴水池長180英尺，寬100英尺，深6英尺，容水量爲675,000英加侖。

噴水頭共44只，每分鐘可冷水2330英加侖。

中國汽車製造公司中國號柴油汽車用各種植物油行駛參加京滇公路週覽由滬至滇行車紀錄

緣起　中國汽車製造公司爲國人自營，曾養甫先生所主持者，籌備數年，與德國朋馳汽車廠訂立技術合作辦法，規定5年計劃，自製適合國情之柴油汽車，逐年自製一部份機件，5年以後，全車皆係自造，自26年一月起，公司正式成立，按照原定計劃，逐步實施，汽車工程專家張世綱君，受任該公司總工程師，鑒於柴油汽車平時維持費用雖能較汽車節省 86 %，但以柴油來自國外，仍須仰求於人，乃謀利用國內農村出產之各種植物油代替柴油，作爲燃料，試驗數百次，費時年餘，得告成功，根據歷次試驗結果

上圖係中國汽車製造公司總工程師張世綱先生及中國號柴油汽車

．從新設計．將原車機件．根本改良．除適合國內公路使用之實際需要外．並使柴油或植物油均能作爲燃料．依此原則．製成新車．定名爲中國號柴油汽車．此次經行政院特許．參加京滇公路週覽．由張君親自駕駛．自4月1日由滬廠出發．迄4月29日隨團到達昆明．同人等自南京出發卽搭乘該車．見聞較確．茲將該車沿途行駛情況．分別記錄於下．

車輛型式　中國號2噸半柴油汽車．軸距爲3800公厘．車身係鋁製流線型式．車頂銀白色．下段深綠色．車廂內裝置克羅米鋼管皮墊沙發座位．柴油發動機爲朋馳廠預燃室式4汽缸4行程汽缸．直徑爲100公厘．活塞行程爲120公厘．氣容量爲3.77公升．在每分鐘2,000轉時實發馬力55匹．噴油壓力爲每平方公分85氣壓．各汽缸預燃室內裝置有2伏爾特低電壓之電熱塞．專爲冷車起動前烘熱汽缸之用．發電機電壓爲24伏爾特．起動電機有4匹馬力．儲油箱2只．分別裝置於左右車架上．容量共爲80加崙．嚙合子爲雙乾片式變速箱．有前進排檔4．後退排檔1．後軸齒輪比例爲1：6.16．轉灣直徑爲14.3公尺．雙後輪車胎.32至6．爲上海大中華橡膠公司出品．車重2,000公斤．淨載重2,700公斤．

行駛路程　4月1日晨8時．由中國汽車製造公司上海分廠出發．當日下午3時到達南京．曾在南京軍事委員會．軍政部．陸軍交輜學校．經委會公路處．資源委員會．勵志社等處表演．4月5日隨團由南京至宣城．6日由宣城至黃山．7日由黃山至景德鎮．8日在景德鎮招待各界．公開表演．9日由景德鎮至南昌．因途中過渡失愼．將前輪拚桿碰灣．旋卽修復．惟因總油管受震盪後．微漏空氣．致每行10數公里．卽須停車將油內之空氣放出．至南昌後．將油管焊好．遂不復發生此現象．10日在南昌建設廳及公路處等機關表演．11日在南昌公共體育場公開表演．12日由南昌至萬載．13日由萬載至長沙．14,15兩日在長沙公路局等處公開表演．16日由長沙至常德．17日由常德至沅陵．18日由沅陵至芷江．19日由芷江至鎮遠．20日在鎮遠招待各界公開表演．21日由鎮遠至重安江候船過渡．22日過重安江至鑪山．下午在鑪山公開表演．23日由鑪山至貴陽．24,25兩日在貴陽分別招待各界公開表演．26日由貴陽至安順．27日由安順至安南．因使用桐油．油管常受阻塞．每行約50公里．須將油管拂拭淸潔．方能順利進行．但桐油力量較大·故行車速率亦高·雖沿途耽擱·仍能與大隊同時到達目的地· 28 日由安南至曲靖· 29 日由曲靖到達昆明·全程共行4,109公里·經過沿途高山峻坡·未生故障·

燃料消耗　該車在上海起行時·裝花生油 200 斤·在南京添購花生油 100 斤·宣城購添菜籽油 36 斤·徽州添購菜籽油 100 斤·南昌添購棉子油 200 斤·長沙添購花生油200斤·芷江添購菜籽油100斤·鎮遠添購桐油 60 斤·貴陽添購桐油 124 斤·罌粟油 66 斤·菜籽油 200 斤·直抵昆明·油箱內尚存油約10加崙·統計先後裝用植物油 6 種·共計1,486斤·除加油時遺棄地上·及每次棄去之油脚·連同箱內所存10加崙·合計約爲86斤外·實際消耗僅1,400斤·每100斤折合15加崙·實共消耗210加崙·按照全程4,109公里計算·每加崙計行19.6公里·其中以花生油最爲清潔合用·再次則爲茶油菜油等·又桐油發力最大惟油管易受阻塞·由上海至常德一段·道路平坦·每加崙油約行23.7至25公里·湘西經貴州至滇境一段·道路曲折·山高坡大·用低速率進行之時較多·每加崙約行12.5至13公里·

機油消耗　在上海出發時·車內均係添加之新機油·在江西境內柏扦曾換油一次·其餘沿途零星添加·總數共爲機油 2 加崙·故每加崙機油約可行2000公里·

水量消耗　汽車行駛時·水箱內之平均溫度·約爲攝氏表69度·最高時亦不過攝氏表80度·未達沸點·水量不易蒸發·故在上海出發時灌入之水·使用直至昆明·途中未加點滴·斯爲該車之特點·一般汽油車所不及者也·

機件耐用　該車因製造堅固·工作準確·由滬至滇 4,000 餘公里·所有機件均未發生故障·雖一釘之微·亦無損壞者·

行車速率　該車速率每小時60公里·但車機推動扭力强大·即用 4 檔排每小時亦能行10公里至15公里之低速進行·故轉小灣時無須更換排檔·

上坡能力　該車雖僅55匹馬力·但其推動之扭力·均勻强大·上小坡或上短坡時·無須換排檔·長坡如貴州境內之盤山觀音山等處·坡度在10%左右·曲折數十盤旋·均能應付自如·從容超越·

冷車起動　直接用植物油·無須另加他種油料·冷車起動·先將電熱塞開放數分鐘·其時間長短視油類之黏度而異·平時用柴油約爲 1 分半鐘·菜籽油約爲 2 分鐘·茶油棉子油約爲 4 分鐘·桐油約爲56分鐘·將汽缸內及預燃室先行烘熱·然後踏動啓動電機·手續迅捷可靠·若停車再動·則毋須先斷放電熱塞·即可立時發動·

結論　中國汽車製造公司中國號柴油汽車並能用各種植物油作燃料·經此次京滇長途行駛·益足爲事實之證明·且不變更機構之任何部份·能隨時酌量情形使用柴油或植物油·其爲適合經濟原則·國防意義·毋待贅言·至其使用之便利與穩妥·不亞於任何柴油車或汽油車·又爲同人等所敢負責證明者·用特據實紀錄如下：

駕駛人　85號團員中國汽車製造公司總工程師張世綱

乘車紀錄人　86號團員軍政部技正李介民

87號團員憲兵司令部書記長胡光𪻐

88號團員交通兵團副團長錢宗陶

89號團員江西府政省代表季炳奎

92號團員銓敍部司長楊宙康

93號團員廣西省政府代表闞錫琨

43號團員考試院秘書龍潛

115 號幹事中國旅行社倪光勳

廣州市政府創辦無軌電車

廣州市爲華南最大商埠，人口逾百萬，百業繁盛，交通輻輳，馬路亦臻寬敞完善。惟市內公共汽車辦理欠佳，民衆交通，甚感不便。市政府有鑒及此，爲改良民衆交通，整飭市容起見，決即開辦無軌電車，行駛市區。查無軌電車可利用電力，免除汽油；乘坐舒適，最合衛生；開辦費較有軌電車爲低，維持費較汽車爲少，故當局乃樂於採用。去年10月中，曾市長養甫即令派曾心銘、鮑國寶、林逸民、曹壽昌、劉乾才5人爲籌備委員，成立籌委會，專事計劃籌建。一切工程計劃，由該會擬妥後，所需設備材料及借款，即招商投標承辦。至本年3月乃由曾市長與英商通用電器公司簽訂承辦合約。

電車路線5條，連貫全市，每條長約5英里，共長35公里。訂購電車共計70輛，每輛裝置80馬力之直流馬達，備有坐位35個，站位15個，可容乘客50人。

供電分站，共計10所，電力將由廣州市廠供給，用13,200伏交流高壓新電力地下電纜，送至各分站，分站內設變壓器，水銀整流器，將電流變爲550伏之直流電。直流電自分站送出，經過地下鐵電纜至架空接觸線，再經收電器而傳至車中馬達。架空線正負2條，每路線上來往雙軌，共計有架空線4線。其支持物在直線上擬用三合土電桿，其他灣曲、轉角、終點等重要地帶，則擬用鋼桿，以保安全。各分站設有私有電話，可與路線各段互通消息。

車廠將設在西村，連車庫、辦公室、及職工住宅等所需地面，約計30,000方公尺。車庫擬容車100輛，車廠擬設車身車盤裝修機件，其他材料倉庫等建築，俱包括在內。

關於經濟方面，共需建設費在國幣40,000元以上，材料設備由市府向通用公司借款購置，將於6年內分期償還，籌備費由電力管理處借支。預擬車費，每乘客不論遠近，付國幣5分，可謂低廉。預算全年收入約國幣2,000,000元，除開銷國幣1,000,000餘元外，其餘利益擬作償債及準備之用。

關於電力費，每車行1公里約需電1.27度。每車每小時約行16公里，每天行290公里，每年行100,000公里。以63輛計之，每年共得6,300,000公里，銷耗電力約爲8,000,000度。若電力價以每度國幣3分計之，每年電費240,000萬元。此項電力，若代以汽油，其費用將三倍於此。故舉辦電車後，在電力廠方面，固可增加收入，即在國家經濟立場而言，每年節省汽油費數100,000元，塞一漏卮，不無小補。

關於工程進度，預備工程如收買地基，建築車廠及供電分站，購置電桿等均在分別辦理中。俟七八月間大批建築材料運到，須另組工程處，設置一切。預料明年開正，即可試車，全部工程完成之期，尙在試車後四五個月內。將來仍須添設郊外路線，展至黃埔等埠，以謀市區之發展。

中國工程師學會會務消息

◉歐亞航空公司優待年會會員

本屆聯合年會已決定7月18日起在太原舉行，已誌本刊，本會鑒於會員散處各地，以道遠需時，欲乘飛機往返者，想不乏人，爰商得歐亞航空公司特許，凡會員在十人以上可按九折優待，如會員欲乘飛機赴會者，請先向本會報名，並須敍明出發地點，以便彙報該公司轉飭各站知照。

◉上海分會常會

上海分會以中國電機工程師學會為歡迎美國麻省理工大學教授 Karl L. Wildes 氏來華之便，特於6月10日下午7時，假座香港路銀行俱樂部與該會合開常會，並請該氏演講"Super-P. wer Development in the United States"兩會會員到者甚為踴躍云。

◉唐山分會25年度第3次常會紀錄

本分會於6月6日12時在啓新洋灰公司王技術長住宅舉行常會，共到22人，先行聚餐，肴饌精美，縱談極樂，席中有自北平來唐山交大教授之胡壯猷會員與由開灤礦務局自秦皇島調來唐山總礦服務之劉錫嘏會員，各述經驗，倍增興趣，至以往開會必到之張維會員，則已於前二日離唐，將於本年秋間以庚款留英，更求深造，聞將專攻水利，本分會會員惜別之餘，對於張君頗多期望云。席散後開會，出席者：王濤、路秉元、安茂山、柏勁直、闞澂光、劉錫嘏、鄭家覺、李煦綸、吳雲綬、楊溪如、陳汝彬、茹譽務、羅忠忱、顧宜孫、胡壯猷、葉家垣、張正平、朱泰信、許元啓、李汶、伍鏡湖、黃壽恆、計22人，由王會長主席，選舉下年度職員結果如下：

會長　王濤（唐山啓新洋灰公司）
副會長　闞澂光（唐山開灤礦務局）
書記　黃壽恆（唐山交通大學）
會計　伍鏡湖（唐山交通大學）

旋繼續討論分會會務，3時散會。

◉廣西考察團報告書出版

本會前應廣西當局之請，由董事會慎選專才組織廣西考察團，入桂分組考察，並將考察所得，編纂廣西考察團報告書，刻已出版。內容有電力．電訊（附錄）．機械．化工（附錄）．桐油．水利．鑛冶．公路．橋樑．市政工程．土地測量等十組，插圖數十幅，全書二百餘頁，悉用潔白道林紙，精裝一厚册，每册酌收印刷費弍元五角，另加寄費三角。

◉徵求土木工程師

某校需聘土木工程師二位，其學歷經驗及待遇開列於下：

一．須在國內外大學土木工程科畢業，曾服務三年以上，對於房屋道路等設計監工，有普遍之經驗者為合格，待遇自壹百六十元至二百元，應聘者請將履歷照片投寄本會。

二．須在國內大學土木工程科畢業，曾服務一年以上，擅長打樣繪圖測量者為合格，待遇自壹百元至壹百四十元，應聘手續同上。

◉新會員錄行將出版

本會會員錄，每年訂正重印，力求準確，以利檢查，此次新編會員錄根據上屆（在杭州）年會決議，將各工程學會聯合編製，名為聯合會員錄，計參加者有中國電機工程學會，中國自動機工程學會，中國化學工程學會，中國機械工程學會，中國土木工程學會，中國鑛冶工程學會，中國水利工程學會，連本會八個團體，編製方法(一)封面(二)各學會職員錄附分會職員錄（三）姓氏總索引，各學會姓氏索引以筆劃爲序，號碼指頁數，會員級位另以記號識別以利檢查（四）會員姓名（亦以筆劃爲序），字，通訊處，屬於何會會員之下列有各專科學會簡明名稱，例如電機，卽指明中國電機工程學會會員，自動，卽中國自動機工程學會會員，工程，卽中國工程師學會會員（五）茲爲限於篇幅，槪列職址，如無職址，則列住址．末附各學會永久會員題名錄．現正在排校中，不久卽將出版分寄各會員．

◉經售戰時工程備要

本書係本會總編輯沈怡君譯自德國 Zahn, Pionier-Fibel, verlag "Offene Worte", Berlin 內容編製新穎．圖解明晰，蓋本書係彼邦軍事專家所新編，以供工程界戰時之參攷．今國難益亟，有此譯本，足資借鑑，每册布面精裝六角，紙面五角，另加寄費一角一分．

◉會員通訊新址

唐慕堯　桂林廣西建設廳

潘翰輝　桂林廣西建設廳

蒙新機　桂林廣西建設廳

何昭明　江蘇東台財政部兩淮建坨委員會淮南工程處

黃會苜　鎮江中正路文德里4號

朱延平　江蘇東台財政部兩淮建坨委員會淮南工程處

盛祖鈞　浦鎮浦鎮機廠

李德復　南京牯嶺路18號

田亞英　湖南辰谿湘黔鐵路第六總段

潘學勤　廣東海南島海口市瓊崖鐵路籌備處

謝　仁　青島福山支路18號

覃修典　南京三條巷六合里7號轉

白郁筠　武進戚墅堰戚墅堰機廠

劉錫琨　河北省唐山開灤礦務總局工程處

劉崇瑾　南京揚子江水利委員會第二查勘隊

楊志剛　南京鐵道部五號鐵道部總機廠管理處

楊衍恩　上海北四川路北豐樂里北1弄31號

陳國琦　四川重慶民生公司

陳賢瑞　湖北蔡甸河街83號

張景文　平漢鐵路花園車站橋工區

王世偉　福建崇安縣武夷中正公園工程處

朱漢爵　上海城內喬家柵27號轉

沈智楊　湖南安化藍田湘黔鐵路工務第二總段

王昌德　長沙高級工業學校

余伯傑　湖南湘潭下攝司資源委員會

易鼎新　長沙電燈廠

程孝剛　長沙株州機廠籌備處

國立武漢大學土木工程學會會刊

國立武漢大學

土木工程學會會刊

第一期

國立武漢大學土木工程學會印行

民國二十三年十二月三十日出版

國立武漢大學

土木工程學會會刊

第一期目錄

(一)著述

(二)講演

(三)通信

(四)報告

(五)本會會員姓名錄

DESIGNING OF SKEW BRIDGES

俞 忽

The designing of skew bridges by means of the exact theory recently developed by American engineers is very lengthy, and is very distasteful to average engineers. The simplest way to get out of this difficulty is to build the bridge with a number of closely spaced longitudinal girders, then the stresses must follow the girders to the abutments instead of taking the shortest routes to the two obtuse corners. Another way is to divide the bridge into two equal trapezoids, as shown in Fig. 1. When the width B of the bridge is comparatively big, angle α may equal to

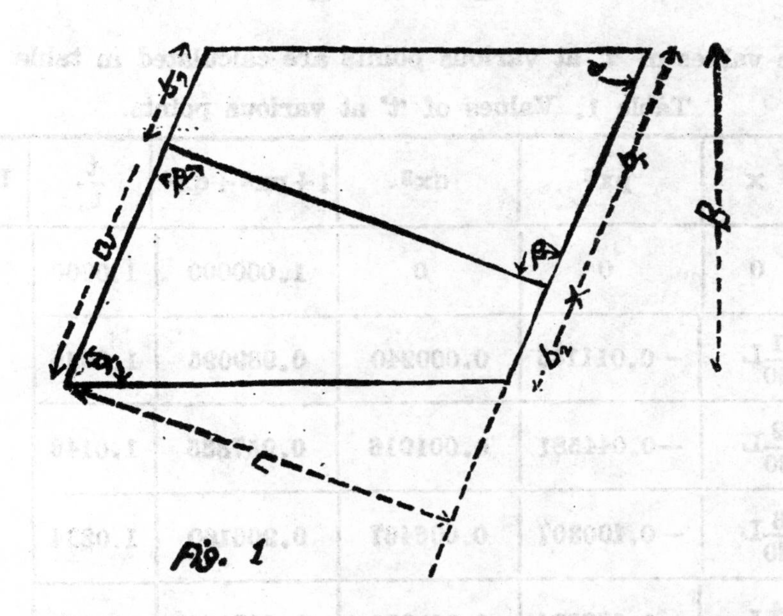

Fig. 1

angle β. Otherwise we may make $b_1=2b_2$ or $3b_2$ After the bridge being thus divided up, each half is then designed as a bridge having a width equal to b_2 at one end and a width equal to 'a' at the other end.

Dimensions of the bridge.——Let thickness at the centre of the span, at quarter points and at ends be t_o, $1.1t_o$, and $2t_o$ respectively. Let the thickness 't' at any points be given by

$$t = t_o (1+px^2+qx^3)^{-1/3} \cdots\cdots\cdots\cdots (1)$$

where x = distance from the center of the span. At quarter point and the ends, the volues of 'x' are $\frac{1}{4}$ L and $\frac{1}{2}$ L respectively. Substituting these values in equation (1), we have

$$(1.1t_o)^3 = t_o^3 \left(1+\frac{1}{16}PL^2 + \frac{1}{64}qL^3\right)$$

$$(2t_o)^3 = t_o^3 \left(1+\frac{1}{4}PL^2 + \frac{1}{8}qL^3\right)$$

Solving these equations, we obtain $P = -4.4581/L^2$, $q = 1.9162/L^3$. Substituting these values in equation (1), we have

$$t = t_o \left(1 - 4.4581\frac{x^2}{L^2} + 1.9162\frac{x^3}{L^3}\right) \cdots\cdots\cdots\cdots (2)$$

The values of 't' at various points are calculated in table 1.

Table 1. Values of 't' at various points.

Points	x	px^2	qx^3	$1+px^2+qx^3$	$\frac{t}{t_o}$	Difference
0	0	0	0	1.000000	1.0000	
						0.0036
1	$\frac{1}{20}$L	−0.011145	0.000240	0.989095	1.0036	
						0.0110
2	$\frac{2}{20}$L	−0.044581	0.001916	0.957335	1.0146	
						0.8108
3	$\frac{3}{20}$L	−0.100307	0.006467	0.906160	1.0334	
						0.0277
4	$\frac{4}{20}$L	−0.178324	0.015330	0.837006	1.0611	
						0.0389
5	$\frac{5}{20}$L	−0.270631	0.029941	0.751310	1.1000	
						0.0541

6	$\frac{6}{20}L$	−0.401229	0.051737	0.650508	1.1541	
						0.0769
7	$\frac{7}{20}L$	−0.546117	0.082157	0.536040	1.2310	
						0.1158
8	$\frac{8}{20}L$	−0.713296	0.122637	0.409341	1.3468	
						0.1969
9	$\frac{9}{20}L$	−0.902765	0.174617	0.271852	1.5437	
						0.4563
10	$\frac{10}{20}L$	−1.114525	0.239525	0.125000	2.0000	

From the last column of table 1, we see that the difference between two successive values of 't' is always increasing towards the end, the curve of the lower side of the bridge has no point of inflection with the limits of the bridge, so equation (2) is satisfactory.

Illustrated Example——We shall assume that our bridge is 50 feet in span length, 28 feet in width carrying a double track railroad (Fig. 2). We shall make $b_1=3b_2$. If $\alpha=\beta$ we have

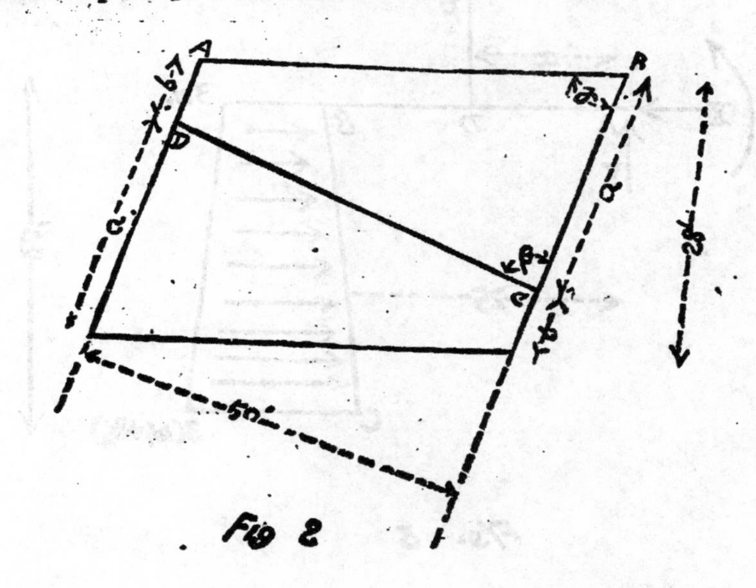

Fig 2

$$50 \times 2\cot\alpha = 2b = \frac{28}{2\sin\alpha}$$

$$\text{or } \cos\alpha = \frac{28}{200} = \cos^{-1}81°57'.$$

When $\alpha < 81°51'$, then $\beta > \alpha$. In our case, we have assumed $\alpha = 52°$. For the trapezoidal shaped slab bridge ABCD, let I_o be the moment of inertia at the centre of span, then the moments of inertia 'I' for other points are given by

$$\frac{1}{I} = \frac{1 - 4.4581\frac{x^2}{L^2} + 1.9162\frac{x^3}{L^3}}{\left(1 + \frac{x}{L}\right)I_o}$$

$$= \frac{1 - 4.4581\frac{x^2}{50^2} + 1.9162\frac{x^3}{50^3}}{\left(1 + \frac{x}{50}\right)I_o}$$

$$= \frac{1 - 0.0017832x^2 + 0.00001533x^3}{(1 + 0.02x)I_o}$$

$$= \frac{1}{I_o}\left(6.374 - 0.12748x + 0.0007665x^2 - \frac{5.374}{1 + 0.02x}\right) \cdots\cdots\cdots\cdots (3)$$

Fig. 3

Let Fig. 3 represents the right half of the bridge. Let X, Y and Z be respectively the horizontal thrust, the vertical shear and moment at point A, the centre of the span. Let this half of the bridge be under a vertical load P and side pressures as shown. Let Δx, Δy and Δz be respectively the horizontal, the vertical and the angular deflections of the point A in the directions of X, Y and Z. Taking origin at A, with y-axis downwards, we have.

$$(4)\cdots\cdots E\Delta x=\int_A^C \frac{(Xy+Yx+Z)yds}{I}-P\int_D^C \frac{(x-a)yds}{I}-\int_B^C \frac{\left(\frac{3}{2}w_1y^2+\frac{3}{120}w_2y^3\right)yds}{I}$$

$$(5)\cdots\cdots E\Delta y=\int_A^C \frac{(Xy+Yx+Z)xds}{I}-P\int_D^C \frac{(x-a)xds}{I}-\int_B^C \frac{\left(\frac{3}{2}w_1y^2+\frac{3}{120}w_2y^3\right)xds}{I}$$

$$(6)\cdots\cdots E\Delta z=\int_A^C \frac{(Xy+Yx+Z)ds}{I}-P\int_D^C \frac{(x-a)ds}{I}-\int_B^C \frac{\left(\frac{3}{2}w_1y^2+\frac{3}{120}w_2y^3\right)ds}{I}$$

The values of the integrals in the above expressions are evaluated as follows:——

$$\int_A^B \frac{ds}{I}=\frac{1}{I_o}\int_0^{25}\left(6.374-0.12748x+0.0007665x^2-\frac{5.374}{1+0.02x}\right)dx$$

$$=\frac{1}{I_o}\left[\left\{6.374x-\frac{0.12748x^2}{2}+\frac{0.0007665x^3}{3}-268.7\log(1+0.02x)\right\}\right]_0^{25}$$

$$=\frac{1}{I_o}\{159.35-39.838+3.9922-108.95\}$$

$$=\frac{1}{I_o}\times 14.554$$

$$\int_A^B \frac{xds}{I} = \frac{1}{I_o}\int_0^{25}\left(-268.7+6.374x-0.12748x^2+0.0007665x^3+\frac{268.7}{1+0.02x}\right)dx$$

$$=\frac{1}{I_o}\Big[\Big\{-268.7x+\frac{6.374x^2}{2}-\frac{0.12748x^3}{3}+\frac{0.0007665x^4}{4}$$

$$+13,435\log(1+0.02x)\Big\}\Big]_0^{25}$$

$$=\frac{1}{I_o}(-6,717.5+1,991.9-663.96+74.854+5,447.5)$$

$$=\frac{1}{I_o}\times 132.8$$

$$\int_A^B \frac{x^2ds}{I} = \frac{1}{I_o}\int_0^{25}\Big(13,435-268.7x+6.374x^2-0.12748x^3+0.0007665x^4$$

$$-\frac{13,435}{1+0.02x}\Big)dx$$

$$=\frac{1}{I_o}\Big[\Big\{13,435x-\frac{268.7x^2}{2}+\frac{6.374x^3}{3}-\frac{0.12748x^4}{4}+\frac{0.0007665x^5}{5}$$

$$-671,750\log(1+0.02x)\Big\}\Big]_0^{25}$$

$$=\frac{1}{I_o}(335,875-83,969+33,198-12,449+1,497.1-272,374)$$

$$=\frac{1}{I_o}\times 1,778.1$$

$$\int_D^B \frac{(x-a)ds}{I} = \frac{1}{I_o}\Big\{132.8+268.7a-3.187a^2+0.042493a^3-0.00019163a^4$$

$$-13,435\log(1+0.02a)\Big\}$$

$$+\frac{1}{I_o}\Big\{-14.554a+6.374a^2-0.06374a^3+0.0002555a^4$$

$$-268.7a\log(1+0.02a)\Big\}$$

$$=\frac{1}{I_o}\Big\{132.8+254.15a+3.187a^2-0.021247a^3+0.00006387a^4$$

$$-268.7(50+a)\log(1+0.02a)\Big\}$$

$$\int_D^B \frac{(x-a)xds}{I} = \frac{1}{I_o}\Big\{1,778.1-13,435a+134.35a^2-2.1247a^3+0.03187a^4$$

$$-0.0001533a^5+671,750\log(1+0.02a)\Big\}$$

$$+\frac{1}{I_o}\Big\{-132.8a-268.7a^2+31.87a^3-0.042493a^4$$

$$+0.00019163a^5+13,435a\log(1+0.02a)\Big\}$$

$$=\frac{1}{I_o}\Big\{1,778.1-13,568a-134.35a^2+1.0623a^3-0.010623a^4$$

$$+0.00003833a^5+13,435(50+a)\log(1+0.02a)\Big\}$$

Let the thickness of the vertical walls be also $2t_o$, the width of the wall BC is $1\frac{1}{2}$ times the width of the bridge at the centre of the span. The evaluations of integrals along the wall BC are as follows:——

$$\int_B^C \frac{ds}{I} = \int_0^{20}\frac{dy}{8I_o\times1.5} = \int_0^{20}\frac{dy}{12I_o} = \frac{20}{12I_o} = \frac{5}{3I_o},$$

$$\int_B^C \frac{yds}{I} = \int_0^{20}\frac{ydy}{12I_o} = \frac{400}{12I_o\times2} = \frac{50}{3I_o},$$

$$\int_B^C \frac{y^2ds}{I} = \int_0^{20}\frac{y^2dy}{12I_o} = \frac{8,000}{12I_o\times3} = \frac{2,000}{9\,I_o},$$

$$\int_B^C \frac{y^3ds}{I} = \int_0^{20}\frac{y^3dy}{12I_o} = \frac{160,000}{12I_o\times4} = \frac{10,000}{3\,I_o},$$

$$\int_B^C \frac{y^4ds}{I} = \int_0^{20}\frac{y^4dy}{12I_o} = \frac{3,200,000}{12\,I_o\times5} = \frac{160,000}{3\,I_o}.$$

Substituting the values of the integrals thus obtained in equations (4), (5), and (6), we have

$$EI_o\,\Delta x+25EI_o ct = \frac{2,000}{9}X+25\times\frac{50}{3}Y+\frac{50}{3}Z-P(25-a)\times\frac{50}{3}$$

$$-\frac{3}{2}\times\frac{10,000}{3}w_1-\frac{1}{40}\times\frac{160,000}{3}w_2\cdots\cdots\cdots(7)$$

$$EI_o \Delta y = 25\times\frac{50}{3}X+\left(1,778.1+25^2\times\frac{5}{3}\right)Y+\left(132.8+25\times\frac{5}{3}\right)Z$$

$$-P\left\{1,778.1-13,568a-134.35a^2+1.0623a^3-0.010623a^4+0.00003833a^5\right.$$

$$\left.+13,435(50+a)\log(1+0.02a)+(25-a)\times25\times\frac{5}{3}\right\}-\frac{3}{2}\times25\times\frac{2,000}{9}w_1$$

$$-\frac{1}{40}\times25\times\frac{10,000}{3}w_2$$

$$=416.67X+2,819.8Y+174.47Z-P\{2,819.8-13,610a-134.35a^2$$

$$+1.0623a^3-0.010623a^4+0.00003833a^5+13,435(50+a)$$

$$\log(1+0.02a)\}-8,333.3w_1-2,083.3w_2 \cdots\cdots(8)$$

$$EI_o \Delta z = \frac{50}{3}X+\left(132.8+25\times\frac{5}{3}\right)Y+\left(14.554+\frac{5}{3}\right)Z-P\{132.8+254.15a$$

$$+3.187a^2-0.021247a^3+0.00006387a^4-268.7(50+a)\log(1+0.02a)$$

$$+(25-a)\times\frac{5}{3}\}-\frac{3}{2}\times\frac{2,000}{9}w_1-\frac{1}{40}\times\frac{10,000}{3}w_2$$

$$=16.667X+174.47Y+16.221Z-P\{174.47+252.48a+3.187a^2$$

$$-0.021247a^3+0.00006387a^4-268.7(50+a)\log(1+0.02a)\}$$

$$-333.33w_1-83.333w_2 \cdots\cdots(9)$$

The term 25 EI_o ct in equation (7) is increase in span length on this half of the bridge due to increase in temperature multiplied by EI_o.

Fig. 4 represents the left half of the bridge with loadings as shown. With X measured towards left, we have, on this half of the bridge

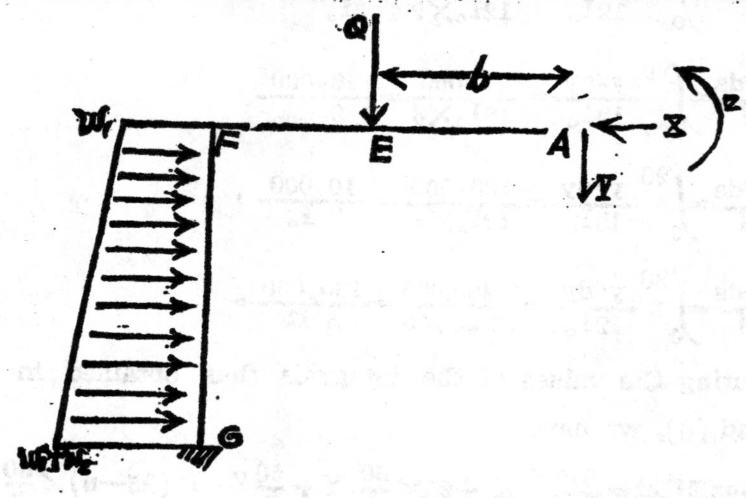

Fig 4

$$\frac{1}{I}=\frac{1-0.0017832x^2+0.00001533x^3}{(1-0.02x)I_o}$$

$$=\frac{1}{I_o}\left\{2.5418+0.050835x-0.0007665x^2-\frac{1.5418}{1-0.02x}\right\}\cdots\cdots(10)$$

The width of left wall FG is only one third of that of the right wall, so the side pressure is reduced accordingly. The deflection equations are

$$E\triangle x-2\delta Ect=\int_A^G\frac{(-Xy+Yx-Z)yds}{I}+Q\int_E^G\frac{(x-b)yds}{I}$$

$$+\int_F^G\frac{\left(\frac{1}{2}w_1y^2+\frac{1}{120}w_2y^3\right)yds}{I}\cdots\cdots(11)$$

$$E\triangle y=\int_A^G\frac{(-Xy+Xx-Z)(-x)ds}{I}+Q\int_E^G\frac{(x-b)(-x)ds}{I}$$

$$+\int_F^G\frac{\left(\frac{1}{2}w_1y^2+\frac{1}{120}w_2y^3\right)(-x)ds}{I}\cdots\cdots(12)$$

$$E\triangle z=\int_A^G\frac{(-Xy+Yx-Z)ds}{I}+Q\int_E^G\frac{(x-b)ds}{I}$$

$$+\int_F^G\frac{\left(\frac{1}{2}w_1y^2+\frac{1}{120}w_2y^3\right)ds}{I}\cdots\cdots(13)$$

The integrals in the above expressions are evaluated as follows:—

$$\int_A^F\frac{ds}{I}=\frac{1}{I_o}\int_0^{25}\left(2.5418+0.050835x-0.0007665x^2-\frac{1.5418}{1-0.02x}\right)dx$$

$$=\frac{1}{I_o}\left[\left\{2.5418x+\frac{0.050835x^2}{2}-\frac{0.0007665x^3}{3}+77.09\log(1-0.02x)\right\}\right]_0^{20}$$

$$=\frac{1}{I_o}(63.545+15.886-3.9922-53.435)$$

$$=\frac{1}{I_o}\times 22.004,$$

$$\int_A^F\frac{xds}{I}=\frac{1}{I_o}\int_0^{25}\left(77.09+2.5418x+0.050835x^2-0.0007665x^3-\frac{77.09}{1-0.02x}\right)dx$$

$$=\frac{1}{I_o}\left[\left\{77.09x+\frac{2.5418}{2}x^2+\frac{0.050835}{3}x^3-\frac{0.0007665}{4}x^4\right.\right.$$

$$\left.\left.+3{,}854.5\log(1-0.02x)\right\}\right]_0^{25}$$

18647

$$=\frac{1}{I_o}\times 239.83$$

$$\int_A^F \frac{x^2ds}{I}=\frac{1}{I_o}\int_o^{25}\left(3,854.5+77.09x+2.5418x^2+0.050835x^3-0.0007665x^4\right.$$

$$\left.-\frac{3,854.5}{1-0.02x}\right)dx$$

$$=\frac{1}{I_o}\left[\left\{3,854.5x+\frac{77.09}{2}x^2+\frac{2.5418}{3}x^3+\frac{0.050835}{4}x^4-\frac{0.0007665}{5}x^5\right.\right.$$

$$\left.\left.+192,725\log(1-0.02x)\right\}\right]_o^{25}$$

$$=\frac{1}{I_o}(96,363+24,091+13,239+4,964.4-1,497.1-133,587)$$

$$=\frac{1}{I_o}\times 3,573.3,$$

$$\int_E^F \frac{(x-b)dx}{I}=\frac{1}{I_o}\left\{239.83-77.09b-1.2709b^2-0.016945b^3+0.00019163b^4\right.$$

$$\left.-3,854.5\log(1-0.02b)\right\}$$

$$+\frac{1}{I_o}\left\{-22.004b+2.5418b^2+0.025418b^3-0.0002555b^4\right.$$

$$\left.+77.09b\log(1-0.02b)\right\}$$

$$=\frac{1}{I_o}\left\{239.83-99.094b+1.2709b^2+0.008473b^3-0.00006387b^4\right.$$

$$\left.-77.09(50-b)\log(1-0.02b)\right\}$$

$$\int_E^F \frac{(x-b)xds}{I}=\frac{1}{I_o}\left\{3,573.3-3,854.5b-38.545b^2-0.84727b^3-0.012709b^4\right.$$

$$\left.+0.0001533b^5-192,725\log(1-0.02b)\right\}$$

$$+\frac{1}{I_o}\left\{-239.83b+77.09b^2+1.2709b^3+0.016945b^4\right.$$

$$\left.-0.00019163b^5+3,854.5b\log(1-0.02b)\right\}$$

$$=\frac{1}{I_o}\left\{3,573.3-4,094.3b+38.545b^2+0.42363b^3+0.004236b^4\right.$$

$$\left.-0.00003833b^5-3,854.5(50-b)\log(1-0.02b)\right\}$$

$$\int_F^G \frac{ds}{I} = \int_0^{20} \frac{dy}{4I_o} = \frac{5}{I_o},$$

$$\int_F^G \frac{yds}{I} = \int_0^{20} \frac{ydy}{4I_o} = \frac{50}{I_o},$$

$$\int_F^G \frac{y^2ds}{I} = \int_0^{20} \frac{y^2dy}{4I_o} = \frac{2,000}{3I_o},$$

$$\int_F^G \frac{y^3ds}{I} = \int_0^{20} \frac{y^3dy}{4I_o} = \frac{10,000}{I_o},$$

$$\int_F^G \frac{y^4ds}{I} = \int_0^{20} \frac{y^4dy}{4I_o} = \frac{160,000}{I_o}$$

Substituting the values of the integrals in equations (11),(12) and (13), we have

$$EI_o\Delta x - 25EI_o\, ct = -666.67X + 25\times 50Y - 50Z + Q(25-b)50 + \frac{1}{2}w_1\times 10,000 + \frac{1}{120}\times 160,000\, w_2 \quad \text{(14)}$$

$$\begin{aligned} EI_o\Delta y = {} & 25\times 50X - (3,573.3 + 25^2\times 5)Y + (239.83 + 25\times 5)Z \\ & -Q\{3,573.3 - 4,094.3b + 38.545b^2 + 0.42363b^3 + 0.004236b^4 \\ & -0.00003833b^5 - 3,854.5(50-b)\log(1-0.02b) + (25-b)\times 25\times 5\} \\ & -\frac{1}{2}w_1\times 25\times\frac{2,000}{3} - \frac{1}{120}w_2\times 25\times\frac{10,000}{3} \\ = {} & 1,250X - 6,698.3Y + 364.83Z - Q\{6,698.3 - 4,219.3b + 38,545b^2 \\ & +0.42363b^3 + 0.004236b^4 - 0.00003833b^5 - 3,854.5(50-b) \\ & \times\log(1-0.02b)\} \\ & -8,333.3\, w_1 - 2,084.3\, w_2 \quad \text{(15)} \end{aligned}$$

$$\begin{aligned} EI_o\Delta z = {} & -50X + (239.83 + 25\times 5)Y - (22.004 + 5)Z \\ & +Q\{239.83 - 99.094b + 1.2709b^2 + 0.008473b^3 - 0.00006387b^4 \\ & -77.09(50-b)\log(1-0.02b) + (25-b)\times 5\} \\ & +\frac{1}{2}w_1\times\frac{2,000}{3} + \frac{1}{120}w_2\times 10,000 \\ = {} & -50X + 364.83 - 27.004Z + Q\{364.83Y - 104.09b + 1.2709b^2 \\ & +0.008473b^3 - 0.00006387b^4 - 77.09(50-b)\log(1-0.02b)\} \\ & +333.33w_1 + 83.333w_2 \quad \text{(16)} \end{aligned}$$

18649

Eliminating Δx, Δy, and Δz among equations (7), (8), (9), (14), (15) and (16), we obtain

$$888.89X-833.33Y+66.667Z-16.667P(25-a)-50Q(25-b)$$
$$-10,000w_1-2,666.7w_2-50EI_0ct=0.$$

$$-833.33X+9,518.1Y-190.36Z$$
$$-P\{2,819.8-13,610a-134.35a^2+1.0623a^3-0.010623a^4$$
$$+0.00003833a^5+13,435(50+a)\log(1+0.02a)\}$$
$$+Q\{6,698.3-4,219.3b+38.545b^2+0.42363b^3+0.004236b^4$$
$$-0.00003833b^5-3,854.5(50-b)\log(1-0.02b)\}=0$$

$$66.667X-190.36Y+43.225Z$$
$$-P\{174.47+252.48a+3.187a^2-0.021247a^3+0.00006387a^4$$
$$-268.7(50+a)\log(1+0.02a)\}$$
$$-Q\{364.83-104.09b+1.2709b^2+0.008473b^3-0.00006387b^4$$
$$-77.09(50-b)\log(1-0.02b)\}-666.67w_1-166.67w_2=0.$$

Solving the last three equations, we obtain

$$X=P\{0.49265-1.5724a-0.016475a^2+0.0001236a^3-0.00000098549a^4$$
$$+0.0000000031674a^5+1.5631(50+a)\log(1+0.02a)\}$$
$$+Q\{0.49265+0.45767b-0.0053274b^2-0.000049289b^3-0.0000002424b^4$$
$$+0.0000000031674b^5+0.44846(50-b)\log(1-0.02b)\}$$
$$+12.166w_1+3.2627w_2+0.066441EI_0ct \quad \cdots\cdots (17)$$

$$Y=P\{0.44402-1.5377a-0.014886a^2+1.1929a^3\times10^{-4}-1.2528a^4\times10^{-6}$$
$$+4.6129a^5\times10^{-9}+1.5087(50+a)\log(1+0.02a)\}$$
$$+Q\{-0.55598+0.46175b-0.0041272b^2-4.7572b^3\times10^{-5}-5.3554b^4$$
$$\times10^{-7}+4.6129b^5\times10^{-9}+0.43284(50-b)\log(1-0.02b)\}$$
$$+1.0947w_1+0.28743w_2+0.004132EI_0ct \quad \cdots\cdots (18)$$

$$Z=P\{5.232+1.4944a+0.033583a^2-1.5682a^3\times10^{-4}-2.5197a^4\times10^{-6}$$
$$+1.543a^5\times10^{-8}-1.9829(50+a)\log(1+0.02a)\}$$

$$+Q\{5.232-1.0805b+0.019443b^2+6.254b^3\times10^{-5}-3.4622b^4\times10^{-6}$$
$$+1.543b^4\times10^{-8}-0.56897(50-b)\log(1-0.02b)\}$$
$$+1.481w_1+0.0895w_2-0.08427EI_oct$$

The valus of $(50+a)\log(1+0.02a)$, X, Y and Z for unit load at various points are evaluated in Tables 2, 3, 4 and 5.

The valus of X', Y' and Z' are obtained from the corresponding values of X, Y and Z by multiplying the latter values by $(1+0.02a)$ for the right half span, and by $(1-0.02b)$ for the left half span. This is done to agree with the actual condition, since at a definite distance from the right or left abutment, the trapezoid having a greater width should carry a greater portion of the load that comes upon the bridge, that is to say, the load that may come over any point of either of the trapezoid-shaped bridges is proportional to the width of the bridge at that point.

Table 2. Evaluation of $(50+a)\log(1+0.02a)$

Points	a	50+a	1+0.02a	log(1+0.02a)	(50+a)log(1+0.02a)
−10	−25	25	0.5	−0.69315	−17.329
−8	−20	30	0.6	−0.51083	−15.325
−6	−15	35	0.7	−0.35668	−12.484
−4	−10	40	0.8	−0.22314	−8.926
−2	−5	45	0.9	−0.10536	−4.741
0	0	50	1.0	0	0
2	5	55	1.1	0.09531	5.242
4	10	60	1.2	0.18232	10.939
6	15	65	1.3	0.26236	17.053
8	20	70	1.4	0.33647	23.553
10	25	75	1.5	0.40547	30.410

Table 3. Evaluation of Values of X.

Right Half Span

Points	a	-1.5724 a	$-0.016475a^2$	1.236 $a^3\times10^{-4}$	-9.8549 $a^4\times10^{-7}$	3.1674 $a^5\times10^{-9}$	$1.5631(50+a)\times\log(1+0.02a)$	X	X'
0	0	0	0	0	0	0	0	0.493	0.493
2	5	−7.862	−0.412	0.015	−0.001	—	8.194	0.427	0.470
4	10	−15.724	−1.648	0.124	−0.010	—	17.099	0.334	0.401
6	15	−23.586	−3.707	0.417	−0.050	0.002	26.656	0.225	0.293
8	20	−31.448	−6.590	0.989	−0.158	0.010	36.816	0.112	0.157
10	25	−39.310	−10.297	1.931	−0.385	0.031	47.534	0	0

Left Half Span

Points	b	$0.45767b$	-5.3274 $b^2\times10^{-3}$	-4.9289 $b^3\times10^{-5}$	-2.424 $b^4\times10^{-7}$	3.1674 $b^5\times10^{-9}$	$0.44846(50-b)\times\log(1-0.02b)$	X	X'
−2	5	2.288	−0.133	−0.006	—	—	−2.126	0.516	0.464
−4	10	4.577	−0.533	−0.049	0.002	—	−4.003	0.483	0.386
−6	15	6.865	−1.199	−0.166	−0.012	0.002	−5.599	0.384	0.269
−8	20	9.153	−2.131	−0.394	−0.039	0.010	−6.873	0.219	0.131
−10	25	11.442	−3.330	−0.770	−0.095	0.031	−7.771	0	0

Table 4. Evaluation of values of Y.

Right Half Span

Points	a	$-1.5377\,a$	$-1.4886\,a^2\times10^{-2}$	$1.1929\,a^3\times10^{-4}$	$-1.2528\,a^4\times10^{-6}$	$4.6129\,a^5\times10^{-9}$	$1.5087(50+a)\times\log(1+0.02a)$	Y	Yi
0	0	0	0	0	0	0	0	0.444	0.444
2	5	−7.689	−0.372	0.015	−0.001	——	7.909	0.306	0.337
4	10	−15.377	−1.489	0.119	−0.013	——	16.504	0.188	0.226
6	15	−23.066	−3 349	0.403	−0.063	0.004	25.728	0.101	0.131
8	20	−30.754	−5.954	0.954	−0.200	0.015	35.534	0.039	0.055
10	25	−38.443	−9.304	1.864	−0.489	0.045	45.880	0	0

Left Half Span

Points	b	$0.46175\,b$	$-4.1272\,b^2\times10^{-3}$	$-4.7572\,b^3\times10^{-5}$	$-5.3554\,b^4\times10^{-7}$	$4.6129\,b^5\times10^{-9}$	$0.43284(50-b)\times\log(1-0.02b)$	Y	Y'
0	0	0	0	0	0	0	0	−0.556	−0.0556
−2	5	2.309	−0.103	−0.006	——	——	−2.052	−0.408	−0.367
−4	10	4.618	−0.413	−0.048	−0.005	——	−3.804	−0.268	−0.214
−6	15	6.926	−0.929	−0.161	−0.027	0.004	−5.404	−0.147	−0.103
−8	20	9.235	−1.651	−0.381	−0.086	0.015	−6.633	−0.057	−0.034
−10	25	11.544	−2.580	−0.743	−0.209	0.045	−7.051	0	0

Table 5. Evaluation of values of Z

Rignt Half Span

Points	a	1.4944 a	3.3683 $a^2 \times 10^{-2}$	1.5682 $a^3 \times 10^{-4}$	−2.5197 $a^4 \times 10^{-6}$	1.543 $a^5 \times 10^{-8}$	−1.9829(50+a) × log(1+0.02a)	Z	Z'
0	0	0	0	0	0	0	0	5.232	5.232
2	5	7.472	0.840	−0.020	−0.002	——	−10.394	3.128	3.441
4	10	14.944	3.358	−0.157	−0.025	0.002	−21.691	1.663	1.996
6	15	22.416	7.556	−0.529	−0.128	0.012	−33.814	0.745	0.969
8	20	29.888	13.433	−1.255	−0.403	0.049	−46.703	0.241	0.337
10	25	37.360	20.989	−2.450	−0.984	0.151	−60.300	0	0

Left Half Span

Points	b	−1.0805 b	1.9443 $b^2 \times 10^{-2}$	6.254 $b^3 \times 10^{-5}$	−3.4622 $b^4 \times 10^{-6}$	1.543 $b^5 \times 10^{-8}$	−0.56897 (50-b) × log(1−0.02b)	Z	Z'
−2	5	−5.403	0.486	0.008	−0.002	——	2.697	3.018	2.716
−4	10	−10.805	1.944	0.063	−0.035	0.002	5.079	1.480	1.184
−6	15	−16.208	4.375	0.211	−0.175	0.012	7.103	0.550	0.385
−8	20	−21.610	7.777	0.500	−0.554	0.049	8.719	0.113	0.068
−10	25	−27.013	12.152	0.977	−1.352	0.151	9.860	0	0

The moments at points F, G, B and C are evaluated in Tables 6 and 7.

Table 6. Evaluation of M_F and M_G

Points	Z'	−25Y'	−(1−0.02b) ×(25−b)	M_F	(1−0.02 b)+Y	20X'	M_G
−8	0.068	0.850	−3	−2.082	0.566	2.620	0.538
−6	0.385	2.575	−7	−4.040	0.597	5.380	1.340
−4	1.184	5.350	−12	−5.466	0.586	7.720	2.254
−2	2.716	9.175	−18	−6.109	0.533	9.280	3.171
0	5.232	−11.100		−5.868	0.444	9.860	3.992
2	3.441	−8.425		−4.984	0.337	9.400	4.416
4	1.996	−5.650		−3.654	0.226	8.020	4.366
6	0.969	−3.275		−2.306	0.131	5.860	3.554
8	0.337	−1.375		−1.038	0.055	3.140	2.102

Table 7. Evolution of M_B and M_L

Points	Z'	25Y'	−(1+0.02a) ×(25−a)	M_B	(1+0.02 a)−Y	20X'	M_C
−8	0.068	−0.850		−0.782	0.034	2.620	1.838
−6	0.385	−2.575		−2.190	0.103	5.380	3.190
−4	1.184	−5.350		−4.166	0.214	7.720	3.554
−2	2.716	−9.175		−6.459	0.367	9.280	2.821
0	5.232	−13.900		−8.668	0.556	9.860	1.192
2	3.441	8.425	−22	−10.134	0.763	9.400	−0.734
4	1.996	5.650	−18	−10.354	0.974	8.020	−2.334
6	0.969	3.275	−13	−8.756	1.169	5.860	−2.896
8	0.337	1.375	−7	−5.288	1.345	3.140	−2.148

From Tables 6 and 7, we see that point F is the most stressed point, since the width of the bridge there is only one third of that at point B, while the average value of moments at the former point is greater than one third of that at the latter point.

If $t_o=3$ ft., the dead load moment, thrust and shear at point A, the moment at F and left end vertical reaction R are evaluated in Table B, in which P is given by

$$P=\left\{\frac{14}{\text{Sin}52^\circ}\times 3\times 150\times\left(1-\frac{4.4581a^2}{50^2}+\frac{1.9162a^3}{50^3}\right)+\frac{14}{\text{Sin}52^\circ}\times 160\right\}\times 5$$

$$=\{7,995\,(1-0.0017832a^2+0.00001533a^3)+2,843\}\times 5$$

where the last term is the weight of ballast and track work.

Table 8. Dead Load Moments, Thrust, Shear and Reaction

Points	P (lbs.)	X' (lbs.)	Y' (lbs.)	Z'(ft. lbs.)	M_F(ft. lbs.)	R(lbs.)
−10	47,100	0	0	0	0	23,600
−8	68,100	8,900	−2,300	5,000	−142,000	38,500
−6	60,400	16,200	−6,200	23,000	−244,000	36,000
−4	56,700	21,900	−12,100	67,000	−310,000	33,200
−2	54,800	25,400	−20,100	149,000	−334,000	29,000
0	54,200	26,700	−15,100 } 12,000 }	283,000	−318,000	24,100
2	54,800	25,700	18,500	188,000	−273,000	18,500
4	56,700	22,700	12,800	113,000	−207,000	12,800
6	60,400	17,700	7,900	58,000	−139,000	7,900
8	68,100	10,700	3,700	23,000	−71,000	3,700
	Sum	175,900	−0,900	909,000	−2,038,000	227,500

Earth Pressure——The weight of earth backing behind the vertical wall will be taken as 100 lbs. per cu. ft. The equivalent surcharge load due to dead load and live load is about T feet in height. As usual, we shall assume the angle of repose for the earth backing $\phi = \tan^{-1}\frac{10}{15}$.

With this data, we have

$$w_1 = 7\times100\times\frac{7}{\text{Sin}52^\circ}\times\frac{1-\text{Sin}\phi}{1+\text{Sin}\phi} = 4,900\times1.269\times0.286 = 1,860 \text{ lbs. per ft.}$$

$$w_2 = 20\times100\times7\times0.286\times1.269 = 5,080 \text{ lbs. per ft.}$$

$$X_e = 12.166\times1,860+3.2627\times5,080 = 22,600+16,600 = 39,200 \text{ lbs.}$$

$$Y_e = 1.0947\times1,860+0.28743\times5,080 = 2,040+1,460 = 3,500 \text{ lbs.}$$

$$Z_e = 1.481\times1,860+0.0895\times5,080 = 2,760+450 = 3,210 \text{ ft. lbs.}$$

$$M_{Fe} = 3,210-25\times3,500 = 3,210-87,50 = -84,300 \text{ ft. lbs.}$$

Temperature——we shall take $c=0.000055$, $E=2,000,000$ lbs. per sq. in. The momcnt of inertia at centre of the span is

$$I_o = \frac{14}{\text{Sin}52^\circ}\times\frac{3^3}{12} = 40 \text{ ft.}^4$$

Therefore $EI_o\,ct = 2,000,000\times144\times40\times0.000055t = 63,360t$.

$$X_t = 0.066441\times63,360t = 4,210t \text{ lbs.}$$

$$Y_t = 0.004132\times63,360t = 262t \text{ lbs.}$$

$$Z_t = -0.08427\times63,360t = -5,340t \text{ ft.-lbs.}$$

$$M_{Ft} = -5,340t-25\times262t = -11,890t \text{ ft.-lbs}$$

We shall assume $t=+30°F$ for increase in temperature, and $t=-45°F$ for drop in temperature and shrinkage.

Live Load and Impact.——The live load will consist of E 50 railway loading, and the impact is to be calculated by $I = S\frac{300}{300+\frac{L^2}{100}}$

By plotting the influence lines of X', Z', M_F and R and by trying several positions of the loading on the diagrams, the live load and impact stresses are found to be as follows:

At center of span, the moments are

$$Z_e = 1,013,000 \text{ ft. lbs.},\quad Z_i = 937,000 \text{ ft.-lbs.}$$

18657

The corresponding thrusts are

$$X_e = 155,000 \text{ lbs.}, \quad X_i = 153,900 \text{ lbs.}$$

At point F, the moments are

$$M_{Fe} = -1,772,000 \text{ ft. lbs.}, \quad M_{Fi} = -1,758,000 \text{ ft.-lbs.}$$

The corresponding thrusts are

$$X_e = 160,400 \text{ lbs.}, \quad X_i = 159,600 \text{ lbs.}$$

$$R_e = 174,900 \text{ lbs.}, \quad R_i = 174,100 \text{ lbs.}$$

The moments and thrusts at the center of the span and at the point F are tabulated in Table 9.

Table 9. Moments and Thrusts

	Z (ft.lbs.)	X (lbs.)	M_F(ft.lbs.)	X (lbs.)	R (lbs.)
Dead Load	909,000	175,900	−2,038,000	175,900	227,500
Earth Pressure	3,210	39,200	−84,300	39,200	3,500
Temperature	210,300	−189,450	−356,700	126,300	7,860
Live Load	1,013,000	155,100	−1,772,000	160,400	174,900
Impact	937,000	153 900	−1,758,000	159,600	174,100
Sum	3,102,510	334,650	−6,009,000	661,400	587,860

Stresses of Concrete and Steel——The stresses of concrete and steel at the center of the span and at point F are calculated by means of diagrams given in "Hool's Reinforced Concrete Construction, Vol. 1."

At the centre of span. we have

$$d = 34'', \quad b = 14 \times 12 \div \text{Sin}52° = 213''.$$

$$e' = \frac{3,102,510 \times 12}{334,650} = 111''$$

$$\frac{e'}{d} = \frac{111}{34} = 3.27$$

$$k = \frac{3,102,510 \times 12}{213 \times 34^2} = 151.$$

From diagram 28, we find, for $p=0.0086$, $f_c=800$ lbs. per sq. in. and $f_s=15,000$ lbs. per sq. in.

At point F, we have

$$d=68.5'', \quad b=106.5''.$$

$$e'=\frac{6,009,000\times 12}{587,860}=123''$$

$$\frac{e'}{d}=\frac{123}{68.5}=1.80,$$

$$k=\frac{6,009,000\times 12}{106.5\times(68.5)^2}=144.$$

With $p=0.0054$, we find that $f_c=790$ lbs. per sq. in., and $f_s=16,000$ lbs. per sq. in.

(The End.)

用牛頓第二定律以解釋水力學中某種問題

陸 鳳 書

此篇主要目的，係應用牛頓第二運動定律以解釋水力學中某項問題。該問題在水力學中，似未能言之詳盡。牛頓第二運動定律，按物理學中解釋，即運動量之變化率與發生該項變化力成正比例，其變化即發生於力所作用之方向上。該定律若以公式表示之，則得下列微分方程式。

$$\frac{d(Mv)}{dt} \propto P \text{ 即 } \frac{d(Mv)}{dt} = KP. \qquad (1)$$

式中 d＝微分數記號

M＝質量

v＝速度

t＝時間

P＝力

K＝常數

式中單位之選定，以能適合常數K＝1爲標準。今令K＝1，求公式(1)之微分。得

$$v\frac{dM}{dt} + M\frac{dv}{dt} = P \qquad (2)$$

式中第一項 $v\frac{dM}{dt}$ 之意義，包含甚廣。牛頓第二運動定律之所以能應用於某種水力問題者，實基於此。其最明顯之解釋，即表示在極小時間（dt）內，因極微質量獲得至微速度而產生之運動量是也。

試以盛水器中之凹進流水管（re-entrant tube）爲證。（閱圖一）＊（該項盛水器之面積與水管之面積相較，異常寬廣）若M爲一微而有定值之質量，則

$$M = \frac{Adsr}{g}。$$

＊請參閱此篇後之附圖

A＝截面面積

ds＝極微距離

r＝水之密度

g＝重力加速度

又令P爲與運動同一方向之力。(＝－Adp.) dp＝水壓之微分。此力之作用，係使質量之全部在一極微時間（dt）內，獲一速度之微增。故

$$M\frac{dv}{dt}=-Adp。$$

以$M=\frac{Adsr}{g}$之值，代入上列公式，得

$$-\frac{g}{r}\cdot\frac{dp}{ds}=\frac{dv}{dt}。$$

即 $$-\frac{g}{r}\cdot\frac{dp}{dv}=\frac{ds}{dt}=v。$$

$$\int_0^v vdv=-\frac{g}{r}\int_{hr+p_a}^{p_a}dp。$$

$$0-\frac{v^2}{2}=-\frac{g}{r}\left[hr+p_a-p_a\right]。$$

$$\therefore v=\sqrt{2gh}。\quad (3)$$

今以公式(2)証之於水之全部。篇中所謂凸進管者，即管有充分縱長，足使水由管內自由射出，不受管之四周束縛。故在c與d點附近之速度，可以不計。換言之，即該二點之壓力，等於靜水高。如此，則水之全部壓力，除對AB面且與其面積相等之一部份不計外，均得平衡。其未平衡者，即Ahr，即公式(2)中P之値也。該力之作用，並不使水之全部質量，在dt時內，得一速度之微增。但於極微時間內，由孔中射出之極微質量，則繼續不斷，給以速度之增加。其增量爲$v=\sqrt{2gh}$. 故

$$v\frac{dM}{dt}=Ahr。$$

但 $$\frac{dM}{dt}=\frac{d\left(\frac{vr}{g}\right)}{dt}=\frac{r}{g}\cdot\frac{dv}{dt}=\frac{Qr}{g}。$$

故　$$\frac{Qvr}{g}=Ahr。\quad (4)$$

若c爲收縮系數，$Q=cAv$，公式(4)可變爲

$$\frac{cAv^2r}{g}=Ahr。\quad (5)$$

將$v^2=2gh$之値，代入公式(5)，再求c之値，則得

$$c=.50。$$

由是可知該項系數，除由實驗以求之外，亦可由理論以測之。其學理上之根據，即牛頓之第二運動律是也。

試再以尖口孔爲證。(thin-edged orifice)所謂尖口孔者，即盛水器之牆甚薄，而孔隙處之沿邊，未經磨光，並指定孔之直徑與盛水器之截面直徑相較，異常微小。且其位置不與水面相近，亦不接近盛水器之底部。故A,B點之水流速度，不能不計。今假定水線之行動軌迹係半球形，其半徑由無限大而逐漸縮至等於AB之值，如第二圖中用虛線所繪成之同心半圓形所示者，於是因AB孔之存在，致左邊壓力超出右邊壓力之值，可以計算矣。

在AB孔右邊之任何一點，其壓力之減少，即等於該點之速度高。其總値可以積分法求得之。令$AB=2r$

$$\int_{\infty}^{\pi r^2} pdA=\int_{\infty}^{\pi r^2}\frac{v^2rdA}{2g}=\int_{\infty}^{r}\frac{Q^2r}{8\pi^2r^4g}\cdot 2\pi rdr=\frac{Q^2r}{4\pi g}\int_{\infty}^{r}r^3dr\ 。$$

$$=\frac{Q^2r}{4\pi g}\left[\frac{1}{2r^2}\right]_{\infty}^{r}=\frac{Q^2r}{8\pi gr^2}\ 。$$

若以求公式(5)之方法應用於本題上，則得

$$Ahr+\frac{Q^2r}{8\pi r^2g}=\frac{cArv^2}{g}。\quad (6)$$

又令$Q=cAV=\phi\sqrt{2gh}$，ϕ=由實驗中所得之速度系數，$A=\pi r^2$，公式(6)可變爲

$$1+\frac{c^2\phi^2}{4}=2c\phi^2。$$

若$\phi=.95$，則得$c=.60$。其結果與實驗所得之值，又屬相符。

牛頓之第二運動定律，更可推之於其他關於水流之疾速變更諸問題。例如水管截面面積忽然變大或縮小，及水槽中因水流忽遭停止，致激起高大水波等。此種問題，可以功與能之定理（Work and Energy）或中心衝擊定理（Direct Central Impact Method）以解之。但根據功與能所得之結果，似有背謬之處。不若用衝擊原理以求之，較爲妥善。試解之於下。

功與能之原理，係根據下列微分方程式。

$$vdv=ads。 \tag{7}$$

又

$$\frac{dv}{dt}=a=\frac{P}{M}。 \tag{8}$$

第七式係一純粹算學式。第八式係一不完備之牛頓第二定律方程式。若以 $a=\frac{P}{M}$ 之值，代入第七式，則該微分方程式可變爲

$$Mvdv=PdS。 \tag{9}$$

若速度之兩極限爲V_1與V_2，距離之兩極限爲S_1與S_2，求第九式之積分，則得

$$\frac{M(v_2^2-v_1^2)}{2}=P(S_2-S_1)。 \tag{9a}$$

但上列公式，似與該項問題之事實不甚相符。因水流經倉卒變更後，其運動量之變化，係使極小質量dM，在極小時間dt內，發生一極大之速度變化。並非使有定值之質量M，在極小時間dt內，發生一極小之速度變化。故功與能之原理，似未可用之於本題上。當以根據衝擊原理之方程式代之。該式即

$$v\frac{dM}{dt}=P \tag{10}$$

式中V爲　　$v=v_2-v_1$，　$\frac{dM}{dt}=\frac{Qr}{g}$。

故

$$\frac{Qr(v_2-v_1)}{g}=P。 \tag{10a}$$

試以水管內流體因管徑忽然放大所得之影響爲証。（閱圖三）欲使該項問題有解決方法，必須假定大管密接小管處之斷面水壓，係屬均佈性質。名其值謂p_2。並專就AB部份之水流至BC時中間經過之變化立論。（AB之體積$=A_1\times l_1$，BC之體積$=A_2l_2$）。若援用第9a公式計算，其結果爲

$$\frac{A_1l_1r(v_2^2-v_1^2)}{2g}=A_1p_1l_1-A_2p_2l_2。$$

或 $$\frac{p_1-p_2}{r}=\frac{v_2^2-v_1^2}{2g}。\tag{11}$$

在管徑忽然放大處，雖有劇烈衝撞，但公式內並未將該項水頭消損列入，殊與由實驗所得之結果不符。若用公式 10a 以求之，則得下列公式。

$$\frac{Qr(v_2-v_1)}{g}=\frac{A_1v_1r(v_2-v_1)}{g}=A_1p_1+(A_2-A_1)p_2-A_2p_2。$$

式中 A_1p_1 係小管斷面之總壓力，$(A_2-A_1)p_2$ 係大小管連接處之空心面之總壓力，A_2p_2係大管斷面之總壓力，該公式又可變為

$$\frac{p_1-p_2}{r}=\frac{v_1(v_2-v_1)}{g}。\tag{12}$$

上列公式，係水利專家所公認者，且屬於中心衝擊問題之一。因水身之重心，隨流動方向移動。換言之，即水身在斷面放大處衝撞時，其重心恆在一直線上移動，並隨水之流動方向。故本題可以公式 10a 求之。

茲復以水身在河床中遇阻後，忽然膨脹，致激起高浪為證。(閱圖四)該題若根據功與能之定理計算，〔即用公式(9a)〕則得下列結果。

$$\frac{bh_1^2rl_1}{2}-\frac{b(h_1+x)^2rl_2}{2}-\frac{bh_1rl_1x}{2}=\frac{bh_1l_1r}{g}\cdot\frac{(v_2^2-v_1^2)}{2}。$$

公式中左邊一二兩項，係兩端力所作用之功。第三項係將表明全部水身之重心升高 $x/2$時所作之功。

又$bh_1l_1=bh_2l_2=b(h_1+x)l_2$。因在本題中，係假定在相當時間內 CDE'E 部份之水可達到FEE'GH者，於是可得下列結果。

$$x=\frac{v_1^2-v_2^2}{2g}=\frac{v_1^2}{2g}\left(\frac{1}{2}+\sqrt{\frac{1}{4}+\frac{2gh_1}{v_1^2}}\right)-h_1。\tag{13}$$

此式亦未見有何水頭消損存在，殊與事實不符。若援用公式10a，則得下式。

$$\frac{bh_1^2r}{2}-\frac{b(h_1+x)^2r}{2}=\frac{bh_1rv_1(v_2-v_1)}{g}。$$

再合$h_1+x=h_2$，又$bh_1v_1=bh_2v_2$，故

$$h_2-h_1=x=\frac{2v_1v_2(v_1-v_2)}{g(v_1+v_2)}。\tag{14}$$

上式除將該題假定為中心衝撞，（即兩端之力$\frac{bh_1^2r}{2}$及$\frac{b(h_1+x)^2r}{2}$同在一直線上移動）略有錯誤外，實一合理之公式。其式可化為下式。

$$x=\frac{2v_1v_2(v_1-v_2)}{g(v_1+v_2)}。$$

$$\because\ v_2=\frac{v_1h_1}{h_2}=\frac{v_1h_1}{(h_1+x)}\ ;\ \therefore\quad x=\frac{\frac{2v_1{}^2v_1h_1}{h_1+x}-\frac{2v_1v_1{}^2h_1{}^2}{(h_1+x)^2}}{g\left(v_1+\frac{v_1h_1}{h_1+x}\right)}。$$

解x，得

$$x=h_1\left[-\frac{3}{2}+\sqrt{\frac{1}{4}+\frac{2v_1{}^2}{gh_1}}\right]。\qquad(14a)$$

該式與 Gibson 氏之公式相符。

水在槽中，因下端之門忽然關閉，致水面有驟然增高等問題，亦可用上法解決之。(閱第五圖)今令水身原有之長爲l_1，其深爲h_1，隔相當時間後，其地位假定爲CA'C'B'B，如圖中用虛線所示者，並假定斷面A之水抵斷面 A' 之後，即停留不進，其已經升高之水面，仍爲一平面而有固定之位置者。於是

$$xl_2=h_1(l_1-l_2)。$$

即
$$l_1-l_2=\frac{xl_1}{h_1+x}=\frac{xl_1}{h_2}。$$

又
$$t=\frac{l_1-l_2}{v_1}=\frac{xl_1}{h_2v_1}。$$

若用公式9a（即根據功與能之原理所得之式）引之於本題上，並不計水頭之衝擊消損，則得

$$\frac{bh_1{}^2r(l_1-l_2)}{2}-\frac{bh_1l_1rx}{2}=\frac{bh_1l_1r}{g}\cdot\frac{(-v_1{}^2)}{2}。$$

式中b＝槽之寬，x＝水面之升高度，解x，得

$$x=\frac{v_1{}^2}{2g}\left(1+\sqrt{1+\frac{4gh_1}{v_1{}^2}}\right)。\qquad(15)$$

若令波浪之傳布速度爲C，水之速度爲v_1，則

$$\frac{C}{v_1}=\frac{l_2}{l_1-l_2}=\frac{h_1}{x}。$$

故
$$C=\frac{h_1v_1}{x}。\qquad(16)$$

用公式(10a)於本題上，可得下列結果。

$$\frac{bh_1^2r}{2}-\frac{b(h_1+x)^2r}{2}=\frac{-bh_1v_1r(-v_1)}{g}。$$

令$h_1+x=h_2$，解$x(=h_2-h)$之值，得

$$x=h_1\left(-1+\sqrt{1+\frac{2v_1^2}{gh_1}}\right) \tag{17}$$

以上諸題，所以能援用牛頓第二定理，以求解決之方者，乃根據力在直線上動作之唯一假定。此種假定，雖不能謂其絕對無錯誤，但其所得之結果，實屬最爲合理。

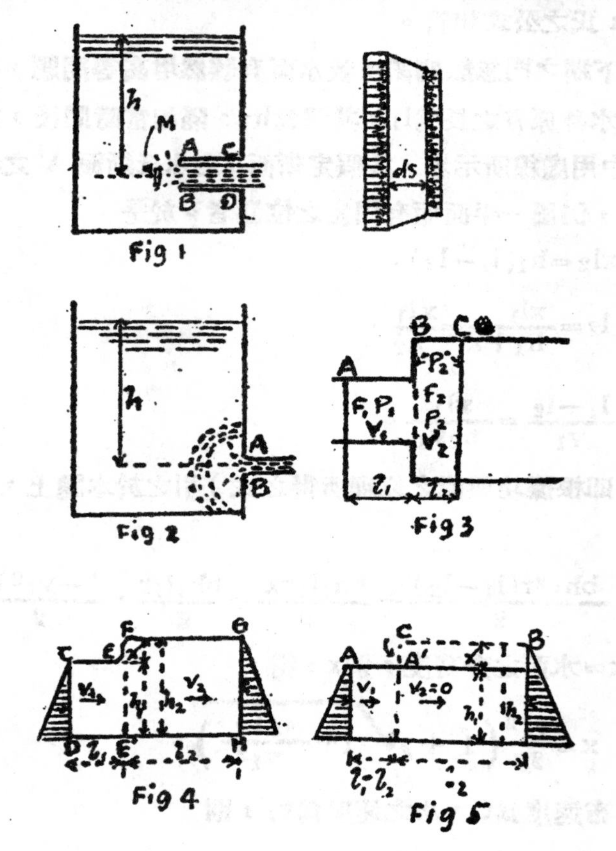

特性點之理論及應用

丁 燮 和

近數年來，關於彎曲理論（Theory of bending）討論者甚多，當樑(Beam)上之荷載及支架情形複雜時，其中各部應力分佈，不易計算，吾人教本中所常見者，即所謂三旋量定律(Theorem of three moments)，但得出結果，有時不十分精確。當樑有若干架徑（Span）或其惰率(Moment of Inertia)不等時，應力及撓度（Deflection curve)計算，更感困難。

1833年，英國 T. Claxton Fidler 教授對於樑之分析曾有一圖解法，稱爲特性點(Characteristic points)(註一)，以後德人 H. Müller Breslan（註二)以及 Ostenfeld(註三)對於特性點理論，曾有若干改革，1925年，英人 E. H. Salman(註四)復將此理論，加以普遍之討論，証示在樑彎曲理論中，特性點能用之範圍甚廣，例如樑爲連續支架而架徑不等，惰率不等，堅固門桁(Rigid portals)，暨柱支托載重(Bracket load on stanchion)以及其他性質複雜之結構物，皆能用特性點方法，求得較精確解答。

普通材料力學教本中，論及特性點者甚少，因三旋量定律，在普通情形之下，已足够應用。惟特性點方法，既簡便而易於應用，本文乃擇 Salman 文中較普遍之實例，加以註述，對於初學材料力學者，可增加一方法，以解決彎曲理論中之各問題。

(一)特性點理論

樑之彎曲理論中，吾人知

$$M = IE\frac{d^2y}{dx^2} \quad \cdots\cdots\cdots\cdots(1)$$

上式中M,I,與E爲樑之旋量(Moment)惰率及楊氏係數(Young's modulus)

設第一圖(a)〔頁30〕中AB爲連續樑之任何一架徑，樑上載有均佈及垂直兩種荷載，當樑負重後即發生彎曲，〔第一圖(b)〕。設 $\Theta a, \Theta b, \Theta s$ 爲 A,B,S 三點處樑之撓度，而 M_a, M_b 爲A,B 兩端之旋量，則樑之旋量圖(Bending moment diagram)爲第一圖(c)。

設S為樑上任何一點，距A為x，則由(1)

$$\int_a^x IE\frac{d^2y}{dx^2}dx=\int_a^x Mdx$$

即
$$IE\left[\frac{dy}{dx}\right]_a^x=\int_a^x dA$$

或
$$IE\left[\Theta\right]_a^x=\int_a^x dA$$

$IE[\Theta x-\Theta a]$＝A與S兩點間旋量之面積。

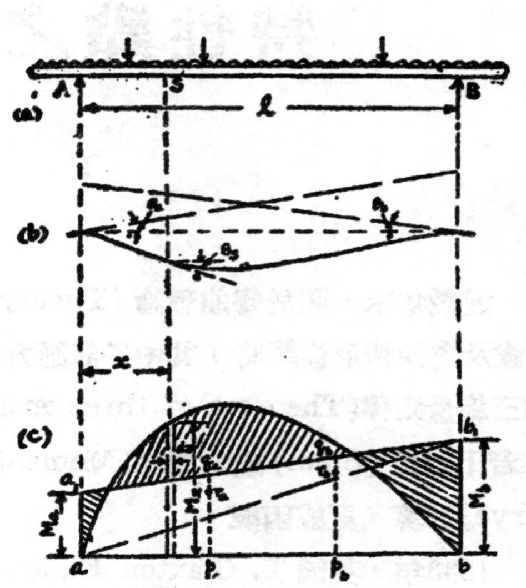

設指AB架徑全長而言

$IE[\Theta b-\Theta a]$＝A與B兩點間旋量之面積

＝(asb之面積)－(aa_1b_1b之面積)…………(2)

再設A,B兩點間旋量圖重心距A為$\bar{x}$,y_a,與y_b為樑在AB兩點處之垂度(deflection)，而l為AB架徑之長度，則由(1)

$$IE\int_a^b\frac{d^2y}{dx^2}x\cdot dx=\int_a^b Mx\cdot dx$$

$$IE\left[x\frac{dy}{dx}-y\right]_a^b=A\bar{x}$$

或
$$IE\left[(l_b\Theta b-y_b)-(l_a\Theta a-y_a)\right]=A\bar{x}$$

現因，$l_a=0$, $y_b=0$, $y_a=0$, $l_b=l$; 故

$$IEl\Theta b=A\bar{x}$$

$$\therefore\ \Theta b=\frac{1}{IEl}\left\{\text{A,B兩點間旋量圖面積繞A之旋量}\right\}$$

$$=\frac{1}{IEl}\left\{(asb\text{面積繞A之旋量})\right.$$

$$\left.-(aa_1b_1b\text{面積繞A之旋量})\right\}\cdots\cdots(3)$$

現將aa_1b_1b分爲aa_1b_1與ab_1b兩三角形，則

aa_1b_1 之面積$=\frac{1}{2}M_al$；　該面積繞A之旋量$=\frac{1}{2}M_al\cdot\frac{1}{3}l$.

ab_1b 之面積$=\frac{1}{2}M_bl$；　該面積繞A之旋量$=\frac{1}{2}M_bl\cdot\frac{2}{3}l$.

代入(3)，
$$\Theta b=\frac{1}{lEl}\left\{\int_0^l M_x\cdot xdx-\left(\frac{1}{2}M_al\cdot\frac{1}{3}l+\frac{1}{2}M_bl\cdot\frac{2}{3}l\right)\right\}$$
$$=\frac{1}{2lEl}\left\{2\int_0^l M_x\cdot xdx-\left(\frac{1}{3}M_al^2+\frac{2}{3}M_bl^2\right)\right\}$$
$$=\frac{1}{2lE}\left\{\frac{2}{l^2}\int_0^l M_x\cdot xdx-\left(\frac{1}{3}M_a+\frac{2}{3}M_b\right)\right\}\quad\cdots\cdots\cdots(4)$$

上式M_x爲asb圖內距A點x處之縱坐標。

設於第一圖(c)中ab上取兩點p_a,p_b而令$ap_a=bp_b=\frac{1}{3}ab$；再由p_a,p_b作垂直線與a_1b_1相交於q_a,q_b則

$$p_aq_b=\frac{1}{3}M_a+\frac{2}{3}M_b$$

于p_bq_b垂直線上定一點r_b，而令

$$p_br_b=\frac{2}{l^2}\int_0^l M_x\cdot xdx$$
$$=\frac{2}{l^2}\left\{\text{asb 面積繞A之旋量}\right\}\quad\cdots\cdots\cdots(5)$$

是故
$$q_br_b=p_bq_b-p_br_b$$
$$=\left(\frac{1}{3}M_a+\frac{2}{3}M_b\right)-\frac{2}{l^2}\int_0^l M_x\cdot x\cdot dx$$

以上式代入(4)，則

$$\Theta b=-\frac{1}{2lE}\cdot q_br_b\quad\cdots\cdots\cdots(6)$$

上式中之r_b點，Fidler教授稱之爲特性點。該點之位置，與兩端旋量M_a,M_b無關係，可直接由樑上荷載所造成之旋量圖決定之。當撓度爲正號時，卽其方向與上節中Θb相反，則r_b之位置須由q_b向上而非向下矣。

同樣，以上各節所述之理論，亦可應用于樑之他一端，即

$$\Theta a = -\frac{1}{2IE} q_a r_a \cdots\cdots (7)$$

而 $$p_a r_a = \frac{2}{l^2}\left\{a\,s\,b\ \text{面積繞B之旋量}\right\} \cdots\cdots (8)$$

(二)特性點之應用

樑之支架情形簡單者，僅須決定特性點之位置，即可解決一切問題。例如第二圖AB爲一橫樑，其中點負一集中荷載(Concentrated load)P，則旋量圖即爲一二等邊三角形acb，面積$=\frac{1}{2}M_c l$；該面積繞B之旋量$=\frac{1}{2}M_c l \times \frac{1}{2} l = \frac{1}{4} M_c l^2$；故由(5)

$$p_b r_b = \frac{2}{l^2} \times \frac{1}{4} M_c l^2 = \frac{1}{2} M_c.$$

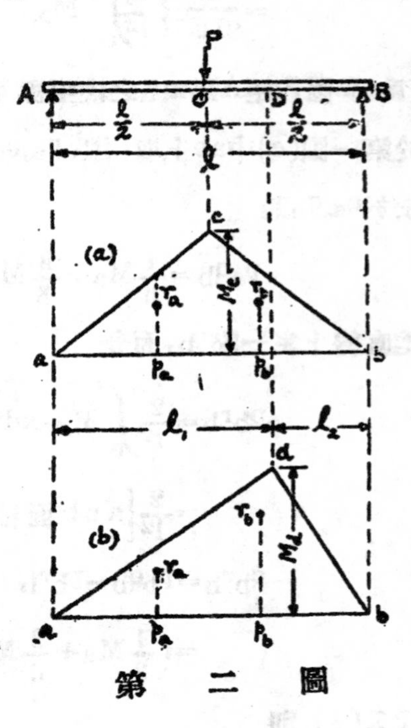

第二圖

因旋量圖爲對稱，故

$$p_a r_a = \frac{1}{2} M_c$$

現因Ma＝Mb＝0；故由(6)或(7)

$$\Theta a = \Theta b = -\frac{1}{2IE} q_a r_a$$

$$= \frac{1}{2IE} \times \frac{1}{2} M_c$$

$$= \frac{1}{16} \frac{Pl^2}{IE}$$

設P施加于D點，則旋量圖即爲不等邊三角形adb〔第二圖(b)〕面積$=\frac{1}{2}M_d(l_1+l_2)$該面積繞B之旋量爲$\frac{1}{6}M_d(l^2+3l_1l_2+2l_2^2)$

$$\therefore\ P_a r_a = \frac{2}{(l_1+l_2)} \times \frac{1}{6} M_d (l_1^2+3l_1l_2+2l_2^2)$$

$$= \frac{M_d}{3l}(l_1+2l_2)$$

同樣可得 $p_b r_b = \frac{M_d}{3l}(2l_1+l_2)$

故 $\theta_a = \frac{1}{2IE} \times \frac{M_d}{3l}(l_1+2l_2) = \frac{Pl_1l_2}{6IEl}(l_1+2l_2)$

$$\theta_b = \frac{1}{2IE} \times \frac{M_d}{3l}(2l_1+l_2) = \frac{Pl_1l_2}{6IEl}(2l_1+l_2)$$

設AB上之荷載爲平均分佈，則旋量圖爲一拋物線〔第三圖(a)〕，面積$=\frac{2}{3}M_c l$，而該面積繞B之旋量$=\frac{2}{3}M_c l \times \frac{1}{2}l = \frac{1}{3}M_c l^2$；故

$$p_a r_a = \frac{2}{l^2} \times \frac{1}{3}M_c l^2 = \frac{2}{3}M_c = p_b r_b$$

而 $\theta_a = \theta_a = \frac{1}{2IE} \times \frac{2}{3}M_c = \frac{1}{24}\frac{pl^3}{IE}$

設樑之兩端爲絕對固定，〔第三圖(b)〕，則兩端之撓度必爲零即$\theta_a = \theta_b = 0$，由(6)(7)兩式，可知$q_a r_a = q_b r_b = 0$；換言之，即連結a_1b_1之直線必經過特性點r_a與r_b。由此可知凡樑兩端固定時，特性點之位置與第三圖(a)同，即

$$p_a r_a = p_b r_b = \frac{2}{3}M_c$$

$$\therefore \quad M_a = M_b = \frac{2}{3}M_c = \frac{2}{3} \times \frac{1}{8}pl^2 = \frac{1}{12}pl^2$$

故全樑之旋量圖即如第三圖(b)所示。

由上述結果，可知當樑僅一端A固定時，因$\theta_a=0$；即$q_a r_a=0$；故a_1b_1之連線經過r_a，此結果用于作旋量圖，甚稱簡便。

設樑上荷載，性質複雜，則可分別決定各種荷載特性點之高度，然後相加，其和即爲全體荷載特性點之高度，現作一簡單例題如下，證示特性點之便利。

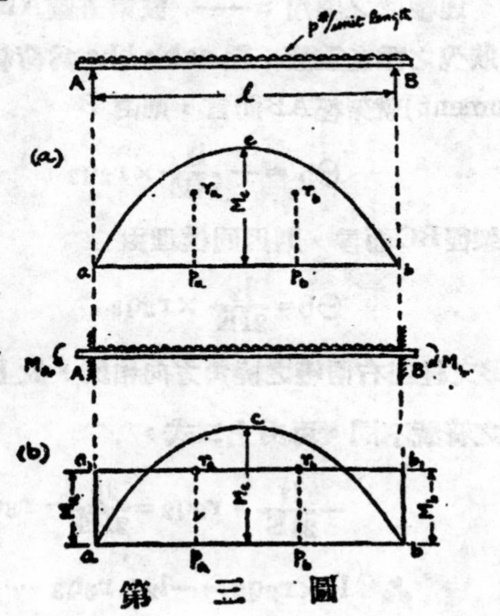

第三圖

例題：—— CAB爲一橫樑，負重情形如第四圖。A處爲簡單支架，B端絕對固定。現先分別將AB上均佈荷載與集中荷載之旋量圖分別作成〔第四圖(a)與(b)〕各個之特性點，即依照上節所述結果決定。惟所用之比例尺，須與旋量圖所用者同。

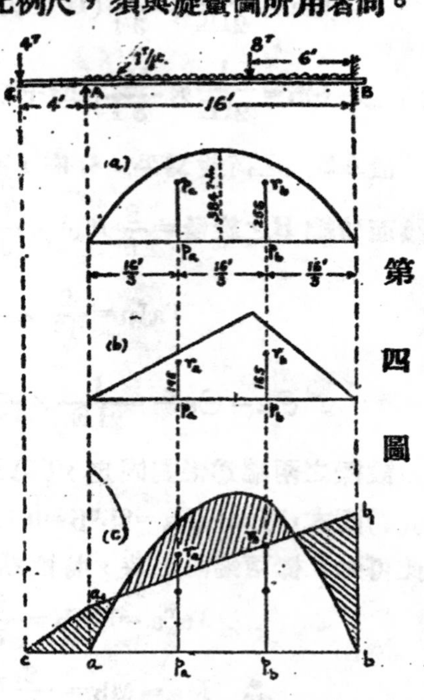

第四圖(a)中

$$r_a r_a = r_b r_b = \frac{2}{3} M_c = 256$$

第四圖(b)中

$$r_a r_a = \frac{M_d}{3l}(l_1 + 2l_2) = 165;$$

$$r_b r_b = \frac{M_d}{3l}(2l_1 + l_2) = 195$$

是故(a)(b)兩圖之合圖即爲(c)該圖中

$$r_a r_a = 256 + 165 = 421;$$

$$r_b r_b = 256 + 195 = 451.$$

現因a_1b_1之連線必經過r_b；$M_a = 4 \times 4 \times 12 = 192$ ton-in；故a_1即可決定，由a_1作直線經過r_b，即可決定b_1之位置。換言之，即可決定M_b之値。

連續樑之應用：—— 設第五圖ABC爲一連續樑中任何二架徑，所負荷載，爲任何狀況之垂直重量；設agb，bhc爲荷載之旋量圖，$aa_1b_1c_1c$爲支柱旋量圖(Support moment)就架徑AB而言，則由B

$$\Theta b = -\frac{l_1}{2IE} \times r_2 q_2$$

就架徑BC而言，則因同樣理由

$$\Theta b = \frac{l_2}{2IE} \times r_3 q_3$$

因B支柱左右兩邊之撓角方向相反，故上兩式之符號不同。再由上二式，

$$-\frac{l_1}{2IE} \cdot r_2 q_2 = \frac{l_2}{2IE} \cdot r_3 q_3$$

$$\therefore \quad l_1 \times r_2 q_2 = -l_2 \times r_3 q_3 \cdots\cdots\cdots (9)$$

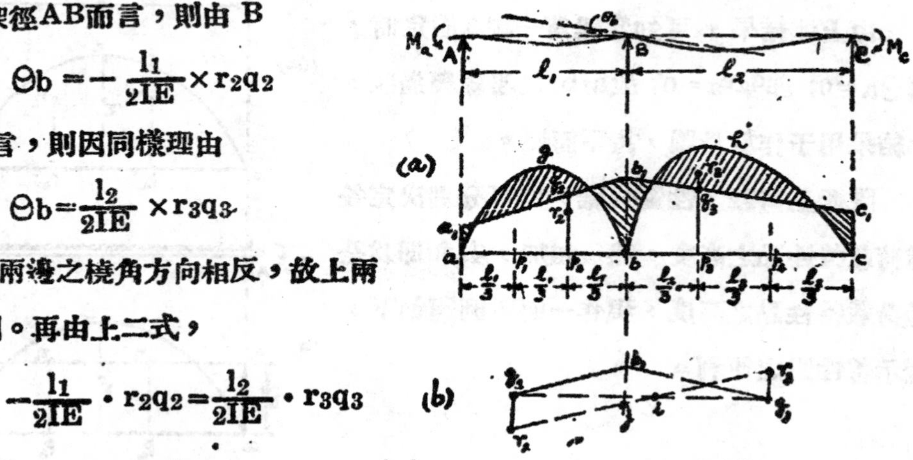

第 五 圖

因(9)式之關係，可得一簡單幾何作圖法如下：

第五圖(b)爲(a)中部之放大，連結r_2r_3與bb_1相交于j，令$r_3i=r_2j$，或$r_2i=r_3j$，則連結q_2q_3之直線必經過i，此點稱爲相交點(Intersection point.) q_2，q_3爲a_1b_1；$_1c_1$與經過p_2，p_3兩點作垂直線相交之兩點，其証明如下：

$$\frac{l_1}{l_2}=\frac{bp_2}{bp_3}=\frac{r_2j}{r_3j}=\frac{r_3i}{r_2i}=-\frac{r_3q_3}{r_2q_2}$$

$$\therefore \quad l_1\times r_2q_2=-l_2\times r_3q_3$$

上式與(9)式相同。

是故由agb，bhc兩旋量圖可決定r_2，r_3；再用上述之作圖法決定i點位置。

凡欲求支柱旋量，必先決定$a_1b_1c_1$之位置，而q_2，q_3必在a_1b_1，b_1c_1兩線上。此結果在連續樑任何支柱處，必皆相同。

以上之幾何作法，在若干問題中，應用頗覺便利。例如第六圖，(a)ABC爲一橫樑支架三支柱上；r_2，r_3爲特性點，i爲相交點，因$ap_2=\frac{2}{3}ab$; $p_2q_2=\frac{2}{3}bb_1$; 同樣$p_3q_3=\frac{2}{3}bb_1$，故$p_2q_2=p_3q_3$；卽q_2q_3爲一水平線，是故欲決定ab_1c必先經過i作水平線q_2q_3，再作aq_2b_1及cq_3b_1，如此即完成全旋量圖。由此可知凡樑有一中柱時，此爲最簡便之方法。

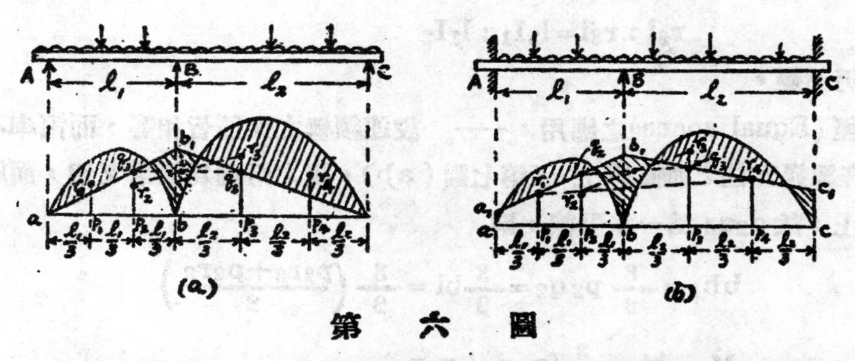

第　六　圖

設樑之兩端爲絕對固定，亦可應用上述之方法〔第六圖(b)〕連結r_1r_4，作q_2q_3與r_1r_4平行而經過i點，$a_1r_1q_2b_1$與$b_1q_3r_4c_1$完成整個旋量圖。此作法由兩相似三角形$b_1q_2q_3$與$b_1r_1r_4$而得，因樑之兩端方向固定，故a_1b_1，c_1b_1必經過r_1及r_4。

架徑之惰率不等：—— 設連續樑支點處之切面變換，則各個架徑之惰率I不等，應用特性點亦可簡捷求一切結果。

假設第五圖架徑l_1之惰率I_1，而l_2爲I_2則方程式(6)與(7)中θ_b之值爲。

$$\theta_b=-\frac{l_1}{2I_1E}\times r_2q_2=\frac{l_2}{2I_2E}\times r_3q_3$$

此可改寫爲

$$\frac{l_1}{2I_1E}\times r_2q_2=-\frac{l_2'}{2I_1E}\times r_3q_3$$

上式中 $$l_2'=\frac{l_2I_1}{I_2}$$

$$\therefore\quad l_1\times r_2q_2=-l_2'\times r_3q_3$$

此與(9)式相仿。

第五圖架徑BC之旋量圖若以l_2'代l_2，則特性點理論，即可完全應用，惟須將各個架徑之比例尺，變更適合于上式所得之結果。(即$l_2'=\frac{l_2I_1}{I_2}$。例如作l_1之比例尺爲一寸等于$\alpha_1 l_1$寸，則l_2之比例尺須爲一寸等于α_2寸，而α_2等于$\frac{\alpha_1 I_2}{I_1}l_2$。第n架徑之比例尺須爲一寸$=\alpha_n$,而$\alpha_n$等于$\frac{\alpha_1 I_n}{I_1}l_n$。

設I_1與I_2相差之倍數甚大，上述方法，即不便利，但于作各個架徑長度時可仍用同一比例尺將r_2而r_3分爲：

$$r_2i:r_3i=l_2I_1:l_1I_2$$

其結果將仍不變。

等架徑(Equal spans)之應用：—— 設連續樑之架徑皆相等，而惰率不變，則相交點i在經過支柱之垂直線上。〔第七圖(a)〕，樑之兩端爲簡單支架，而連續支架于一中柱上，故q_2q_3爲一水平線，則

$$bb_1=\frac{3}{2}p_2q_2=\frac{3}{2}bi=\frac{3}{2}\left(\frac{p_2r_2+p_2r_3}{2}\right)$$

故 $$M_b=bi=\frac{3}{4}(p_2r_2+p_3r_3)$$

設此樑爲連續三架徑，且爲對稱荷載〔第七圖(b)〕，b_1c_1將爲一水平線，故

$$bi=\frac{1}{2}\left(p_2q_2+p_3q_3\right)=\frac{1}{2}\left(\frac{2}{3}bb_1+bb_1\right)=\frac{5}{6}bb_1$$

但 $$bi=\frac{1}{2}\left(p_2r_2+p_3r_3\right)$$

故
$$\frac{5}{6}bb_1=\frac{1}{2}\left(p_2r_2+p_3r_3\right)$$

$$M_b=bb_1=\frac{3}{5}\left(p_2r_2+p_3r_3\right)$$

第七圖

竪柱支托荷載：—— 特性點方法，用以解答托荷載之柱，亦能便利，柱之兩端可爲任何支架情形，第八圖(a)加于柱上旋量M之旋量圖，即爲第八圖(b)之形狀。

特性點位置，可由下二式决定。

$$p_1r_1=\frac{M}{3L^2}\left\{L^2-3(L-l)^2\right\}=M\left\{\frac{1}{3}-(1-n)^2\right\}$$

$$p_2r_2=-\frac{M}{2L^2}(L^2-3l^2)=-M\left(\frac{1}{3}-n^2\right)$$

上式中$l=nL$。

由以上兩式，可决定p_1r_1及p_2r_2之符號，正數晝于ab之左，負數卽在ab之右。

第八圖(e)爲當n爲若干不同值時p_1r_1與p_2r_2之變化。設頂點B爲絞端(Hinged end)而底端爲固定方向，則ba_1經過r_1，整個旋量圖，即成(c)之形狀，設兩端皆爲固定方向，則b_1a_1將經過兩特性點如(d)。

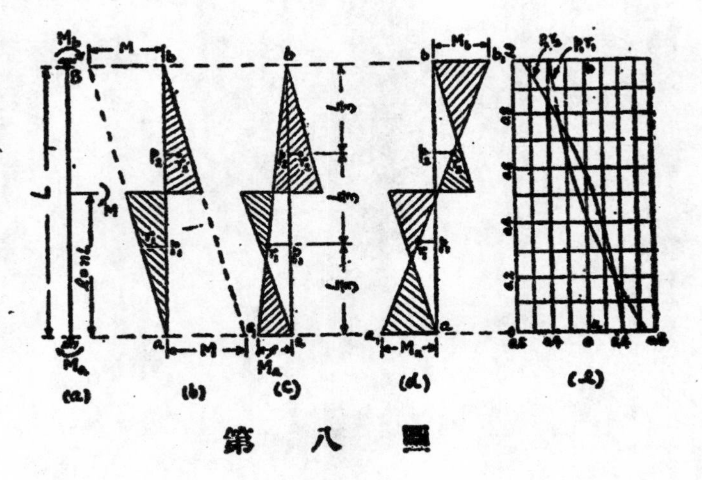

第八圖

18675

結　論

特性點之應用，範圍頗廣，上述各節，僅爲彎曲理論中情形較簡單者，當樑在同一架徑內而惰率不等，或樑之支柱，負荷載後支柱不能保持有水平時，特性點理論，亦可應用，惟作圖方法，比較複雜，計算亦不若上述各節簡單。近數年中，研研此理論者，亦復不少，并推廣其範圍，Salmon 原文，舉例甚多，而其應用，較(Fidler)教授所述，更成普遍之形式焉。

註一 Munites of Proceedings. Inst. C. E. of Great Britain Vol. 74 (1883). p.196.

註二 Zeit. f. Bauwesen. Vol. 41 (1891).

註三 Zeit. f. Architektur. U. Ingenieurwesen, Vol. 51 (1905) and Vol. 54 (1908). also his "Teknish Statik," Vol. 2, p.87. 4th. ed. 1925.

註四 Selected Engineering Papers. Inst. C. E. No.46, "Characteristic points" 1925, London.

水泥與水重量比率之應用及討論

陳　厚　載

(一)弁言

水泥用途之廣大，無待贅述。孫總理嘗云：「鋼鐵與士敏土，爲現代建築之基。且爲今之物質文明重要份子。…………吾擬欲沿揚子江岸建無數士敏土廠。」可知吾國今日需要之一班矣！夫水泥本爲灰質，滲之以水；調之以石；糊之以沙。不數日而堅硬似鐵。惟混和之比率不同，其硬度各異，苟一不愼，即使堅硬無比之三合土，一變而爲散亂之沙礫！抑尤有進者，運式不同。有便利阻滯之別，持理途歧，價値之廉昂以分。吾輩於此，不可不察也。

世人治三合土之法，自一九一八年後，皆沿用亞比倫(Abrams)氏水與水泥體積之比率，定其和合原則。數年前，法國雜誌，(如Le Groupement Professional des Fabricantes de Cimemt Portland Artificiel De Belgique. 1930等。)曾論及此，然多不詳盡。本篇所述者，多爲賴斯(I. Lyse)敎授之作(請參看Engineering News Record U. S. A. 107,108,109數卷)其中所論『直線公式』，旣簡且易，誠堪注意！至若價値廉昂，關係建築尤切，殊不可忽也，編後重以討論，藉資留心此問題者，一研究焉。海內明達，幸有以敎我！

(二)直線公式

運用亞氏公式調治之三合土，可與一對數方程式表其强度。今以水泥與水重量比率，代亞氏之水與水泥體積比律，作代表三合土之强度曲線，該線殆與直線近似。如第一圖(頁40)所示，係取水泥與水重量比率，作亞氏暨日茄(Jalbat-Richart)氏曲線，其結果近於直線，且與曲線之傾斜方向適反。

第一圖(自Slater's Paper"Designing Concrete for High Strength, Low Permeability and Low Shinkage"——New International Association for Testing Materials, 1931)，左者爲亞日二氏曲線之比較，右者爲同樣方程式，用水泥與水重量比率所作。

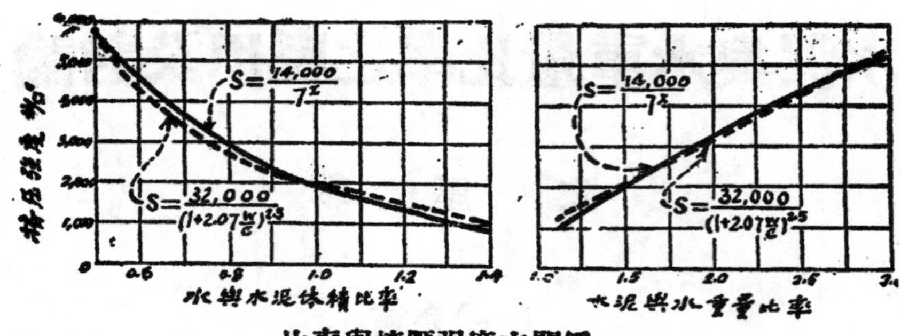

比率與擠壓强度之關係。

（第一圖）

如第二圖所示（自 Honnerman and Woodswooth's Paper "Tests of Retempered Concrete" Proceedings American Concrete Institute. Vol.25，1929），爲三合土浸於水中，在不同時間內，强度不等，左者爲取水與水泥體積比率之强度變更梗概。右者爲水泥與水重量比率之强度關係。由此觀之，於不同時間內，水泥與水重量比率之强度爲一直線也明矣。

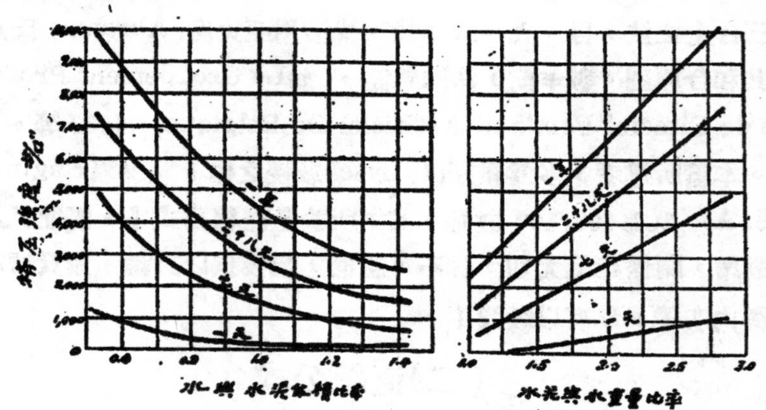

比率不同，其在不同年齡下之擠壓强度。

（第二圖）

設三合土之强度爲

$$S = A + B(c/w)$$

A，B均爲常數，依試驗情形及材料而變。c/w 爲水泥與水重量之比。在一定密度下，單位三合土所需之水量，必爲常數。故

$$S = A + B(c/w) = A + Kc$$

A，K均爲常數，c爲水泥之量，故三合土之强度，繫於單位水中水泥密度大小耳

。如此，則三合土之强度，必與單位水中所含水泥密度成正比。設單位三合土，其中水之容積不變，則强度依水泥容積之增減爲定奪。

水泥既爲三合土之堅硬要素，其最少分量，亦須能維持三合土之灣曲，灣曲之大小，與水泥分量多寡爲正比，此不言而喻也。又就事實言之，泥糊(Paste)之比重，幾依水泥與水重量比率而變。故取用泥糊之比重，終不如取用水泥與水之重量關係爲愈也。故水泥與水重量比率，在所必取，其强度既可以直線表之，吾人可精求二點，即得整個强度關係，視乎亞日二氏，非求五點，不足濟事，其便利爲何如耶！

(三)直線公式之應用

採用水泥與水重量比率，知三合土之强度，既可以一直線代表之，則混和之各量，亦顯而易得。從事工程事業者，採用此法，對於時間極爲經濟。蓋此只須計算一混合量足矣！不若應用亞日二氏之法，須通盤計算其混合量之繁難也，請待余述之：

第三圖所示，爲三合土中各量之百分比。

每線之斜度不同，於等級結合下（沙石之比爲1：2），混合物必須保持一定濃度，故單位三合土所需之水量，必爲常數。若所用之沙石爲乾燥者，水量務需增加。蓋乾燥沙石，將吸入相當水分也。此種特別滲入之水量，依沙石重量而定。圖中所示者，係除乾燥沙石吸收外，應加入之純水量，爲每立方碼三合土之17.8%。（約等於36加倫）。

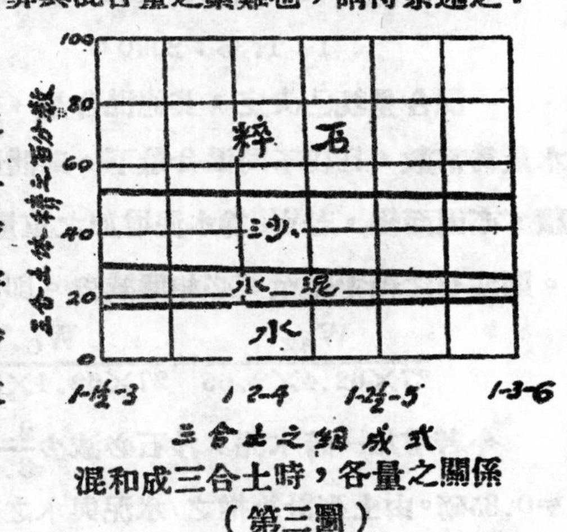

混和成三合土時，各量之關係
（第三圖）

當計劃混合各量爲三合土時，必有三種步驟：首定某種沙石爲選用材料。次定混合物之濃度，而每單位三合土，所需水量。最後則爲所需各量之多寡。玆斷之如下：

假定需要之三合土爲一立方碼。則

1 立方碼三合土＝水之絕對體積＋水泥之絕對體積＋沙石之絕對體積。

$$=\frac{W_w}{27\times 62.4}+\frac{c}{w}\frac{W_w}{27\times 62.4\times 3.10}+\frac{W_{ag}}{27\times 62.4\times 2.65}。$$

W_w＝水之重量(磅)； W_{ag}＝沙石之重量(磅)； c/w＝水泥與水重量比率。

27×62.4＝1立方碼水之重(磅)； 3.10爲水泥之比重； 2.65爲沙石之比重。因W_w爲已知，而水泥與水之比，任憑選擇，故式中之未知數，只W_{ag}而已。

水泥與水之重量比率，以應用1.0及2.5二數爲最廣，今設c/w＝1.0，水量＝36加倫＝300磅（每立方碼），上式即成

$$1=\frac{300}{27\times62.4}+\frac{1.0+360}{27\times62.4\times3.10}+\frac{W_{ag}}{27\times62.4\times2.65}；或：$$

$$W_{ag}=(1-0.178-0.057)4,460=3,410磅。$$

設沙石重量之比爲1：2，則沙重必爲$\frac{1}{3}\times3,410=1,140$磅；石重爲$\frac{2}{3}\times3,410=2,270$磅。混合物之成分爲：水泥300磅；沙1,140磅；石2,270磅。此三種重量之比爲1：3.8：7.6。

設c/w＝2.5則

$$1=\frac{300}{27\times62.4}+\frac{25\times300}{27\times62.4\times3.10}+\frac{W_{ag}}{27\times62.4\times2.65}；或：$$

$W_{ag}=(1-0.178-0.144)4,460=3,030$磅，其混合重量之比爲

1：1.35：2.70。

一混合量既已決定，其他混合量，亦可推知。蓋吾人已知每單位三合土中所需之水量爲常數，且在不同混合量下，其體積必爲一定。混合量既爲不同，水泥之絕對體積，亦因而變，若W_c爲水泥增加之重量，其絕對體積，亦必增加$\frac{W_c}{27\times62.4\times3.10}$(磅)。則沙石之絕對體積，必相應減少。即：

$$\frac{W_{ag}}{27\times62.4\times2.65}=\frac{W_c}{27\times62.4\times3.10}。$$

今若增加一磅水泥，沙石必減少$\frac{2.65}{3.10}=0.85$磅。由上列計算推之，水泥與水之重量比率，自1.0加至2.5時，而每立方碼三合土中水泥之重量，亦至300增至750磅。故水泥增加750－300＝450磅。沙石減少之量必爲0.85×450＝380磅。此與3,410磅－3,030磅＝380磅相埒，

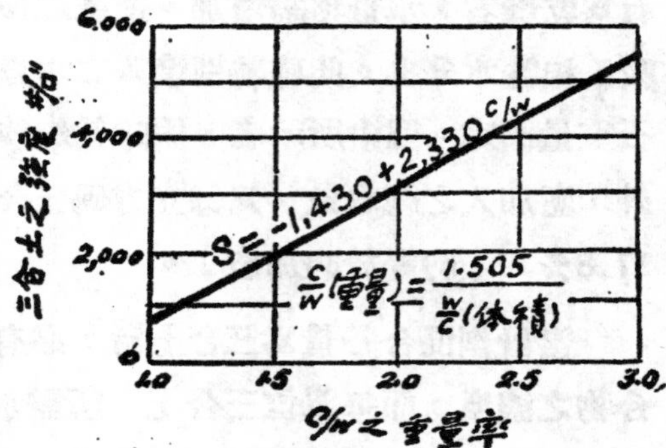

三合土在均一情形上，亞日二氏曲線所表之强度，今可以一直線代之。（第四圖）

因水泥與水重量比率，及其與强度之關係，爲一直線。則比率在1.0--2.5間之各種不同混合量，其殆與亞氏之$\frac{14000}{7^x}$式，及日氏之$\frac{32000}{\left(1+\frac{v}{c}\right)^{2.5}}$式所求者相近。

應用此式，若欲更動强度。亦爲易事：三合土在一定需要水量下，其强度因水泥與水量比率而變，今在兩種不同强度間，以比之差乘水泥之重量即得。例如水泥增加一磅，沙石减少0.85磅，故第二混合物之濃度仍爲相等。可知强度之增减問題，爲極簡單，即每立方碼三合土，欲增减一磅水泥時，只需减增0.85磅沙石是己。

(四)應用直線公式之經濟問題

三合土之總價＝材料之價＋工價，混合價，修理價等。工價，混合，修整諸價，不依水泥之濃度而變，數其總價，視材料之價爲轉移，即繫於水泥暨沙石之價而已。設P爲一方立碼三合土之價格，則：

$$P=P_1a+P_2c$$

P_1，P_2爲每單位沙石及水泥之價值。a,c爲每立方碼三合土沙石及水泥之價值。三合土之絕對體積，必爲沙石，水泥及水三者絕對體積之和。故：

$$V=V_a+V_c+V_w$$。

絕對體積爲材料重量與比重之商，故上式可書爲

$$V=\frac{1}{27\times 62.4}\left(\frac{a}{g_a}+\frac{c}{g_c}+\frac{W}{1.0}\right)$$

$$=\frac{1}{27\times 62.4}\left(\frac{a}{2.65}+\frac{c}{3.10}+\frac{W}{1.0}\right)=D+\frac{W}{27\times 62.4}$$。

$$D=\frac{1}{27\times 62.4}\left(\frac{a}{2.65}+\frac{c}{3.10}\right)$$；或書爲：

$$A=4,460.D-0.85c$$。

27×62.4爲每立方碼水之重量，g_a與g_c爲沙石與水泥之比重，D爲三合土之濃度

$$\therefore P=P_1a+P_2c=P_1\times 4,460.D-P_1\times 0.85c+P_2c$$

$$=4,460.DP_1+(P_2-85P_1)c$$。

所以每立方碼材料之價值，在一定三合土濃度下，依單位沙石，水及水泥之價值之而變。

三合土之價値，亦可以强度求得之。如前所云：

$$S=A+KC$$，或：$$C=\frac{S-A}{K}$$；

$$\therefore P=4,460\cdot DP_1+(P_2-0.85P_1)\left(\frac{S-A}{K}\right)$$。

∴若各種材料之强度爲已知。可就吾人之便，而定混合後强度之高低，所値多寡，因之而異。下列列題，闡發此理匯詳。

設計劃一種濃度，其每立方碼所需之水爲303磅。故三合土中水之體積爲 $\frac{303}{(27\times62.4)}$；或云水之體積佔三合土百分之十八。因水之密度與三合土之密度不等，∴$D=1.0-0.18$，或云佔三合土總體積百分之八十二。用此諸數，而得價値方程式：

$$P=4,460\times0.82\times P_1+(P_2-0.85P_1)C。$$

若沙石之價，每噸値2元，水泥每桶値1.88元，故三合土每立方碼之價値爲：

$$P=4,460\times0.82\times0.10+(0.50-0.85\times0.10)C$$

$$=3,660+0.415C\text{厘}=3.66+0.000415\text{元}。$$

C爲水泥之磅數。

第五圖所示，爲水泥與三合土之價値關係，沙石之價爲每噸二元，水泥每桶之價爲1.10元，1.88元。及2.60元三種。第六圖所示，爲每桶水泥之價爲1.88元，而沙石之價爲每噸1.50元，2.00元及2.50元三種。

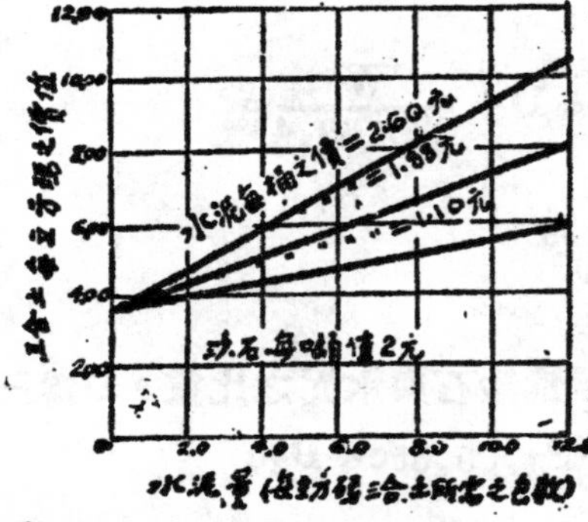

沙石之價爲不變，以不同價之水泥，混成之三合土，水泥之量與價値之關係。

（第五圖）

水泥之價爲不變，以不同價之沙石。混成三合土，水泥之量與價値之關係。

（第六圖）

建築物中，以三合土爲棟樑，且爲支持壓力之用，棟樑所能支持壓力之大小，繫乎三合土强度之高低，由此而知，三合土混合時之經濟與否．視每立方碼三合土材料之强弱而定。設E爲單位强度之價値。則：

$$E=\frac{P}{S}=\frac{1}{S}\left\{4,460DP_1+\left(P_2-0.85P_1\right)\frac{S-A}{K}\right\}$$

若各種材料及建築情形爲已知，E之値亦必爲已知。第七圖所示，爲在已知材料及建築情形下，三合土價値與其單位强度之關係。

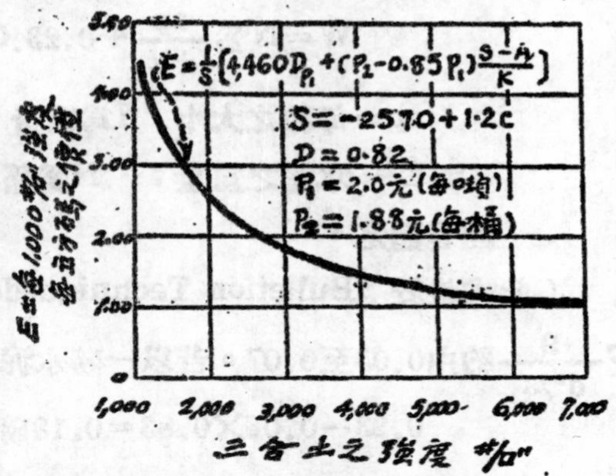

單位强度下，(1,000磅/吋^2)
三合土之强度增加，而其價値減少。
（第七圖）

由此圖中，可知每單位强度之價値降低時，三合土之强度反增加。用三合土爲棟樑，其所支持之壓力愈大，所費愈廉，日常所用之波特（Portland）及高强(High-early-Strength）諸水泥，皆可以此法應用之。棟樑所負之力旣定，水量之加入，亦爲常數。三合土之强度，及水泥與水重量比率之關係，旣爲直線。則不拘何種棟樑，無論是否鋼筋，其最經濟之混合分量，一籌卽得。

(五)討論

褚郞（Dorant）教授，嘗以各種等量沙石，加以不同之水泥量，繼續滲入以水。且隨時注入，使不能吸收之水量相等。(此試驗載於“Revuedes Mate'riux de construction” 1930）其精確結果如下：

沙石種類	每立方公尺，水泥及水之公斤數		水泥與水之比	被吸收的水之百分數
	水泥	水		
雲斑石沙石及石灰	236—452	246—263	0.96—1.72	7
粹礫沙	199—482	163—187	1.21—2.57	15
雲斑石河沙	243—487	196—219	1.24—2.19	12
冐塞礫沙✽	244—379	163—189	1.50—2.01	19

✽（冐塞Meuse爲法國西部之河流）

由此可知，水泥與水重量比率，雖由1.5增至2.0，而水之需要，可增至百分之十九。顧斯教授擬水泥與水重量比率，由1.0增至2.5時，而吸水之量仍爲常數，似不盡符合。又波羅(Bolomen)教授，表明三合土所需要之水量爲：

$$W=N\Sigma\frac{ap}{d^{2}/3}+0.23.C$$

ap＝每粒之大小　d爲重量；　p＝沙石之總重量；

C＝水泥之重量：　N爲係數，依三合土之濃度，顆粒之形式及表面凸凹等而定。

（此式載於“Bulletion Techniquede la Suisse Romande” 1931）。而 $N\Sigma\frac{9}{d^{2}/3}$ 約由0.05至0.07。若以一磅水泥，代以一磅沙石，則水量亦必增加如下：

$$0.23-0.06\times0.83=0.18\text{磅}。$$

若水泥與水之重量比率，由1增至2.5時，（或水泥由300磅增至750磅。）水之需要必由300增至381磅矣。故類斯教授之所持，必需再加改進也。

惟直線公式，無甚差誤，今應用亞氏 $S=\frac{14000}{7^{\frac{w}{c}}}$ 式，製成一曲線，再以c/w之重量率作一曲線，如第八圖。

設以亞氏之强度關係爲標準，在一定水及泥水量之下。以c/w之率爲橫座標，得

$$S=\frac{A}{B\left(\frac{1.504}{x'}\right)};$$

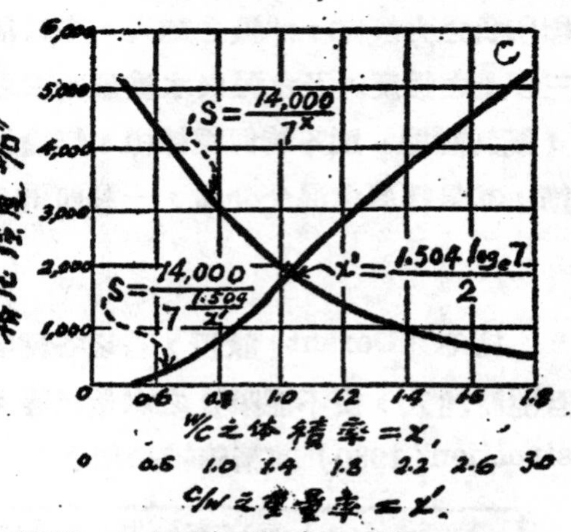

設以w/c之强度關係爲準繩，再以c/w之值作線，此線非爲直線，其所示之强度，較一直線所得者，約大百分之八。

（第八圖）

x'爲c/w之重量率，A，B爲兩曲線之共同常數。c/w線由灣曲點x'向下灣曲。

$x'=\frac{1.504}{2}\log_e B$，　值x'＝1.463時，與w/c曲線x＝1.463時相當。應用直線公式，其强度爲300磅時，必較w/c率之强度高出百分之八。且w/c率之强度，亦不過爲一近似値而已，故直線公式可應用也無疑矣。

總理逝世九週年紀念日初稿於武昌珞珈山。

全部或一部埋於土中之構材與一側力

渥而夫著　　樊錫梁譯

決定全部或一部埋於土中之構材(Member)當受一側力時所施諸其四圍土堆之壓力，這是我們在設計上常常發生的一個問題。例如受架空線之拉力的柱(Poles)，用以擋土的板樁，其作用似一肱木(Cantilever)以及用以固定板樁之木樁等。

土之被動抵抗力(Passive resistance)，在此種情形下，有一最大之值。即

$$qh\frac{1+\sin\phi}{1-\sin\phi}$$

其中 'h' 爲構材在地面下之深度，'q' 爲每立方呎土質之重量，及 'φ' 爲土堆之安眠角(Angle of repose)。

並有以下三種之假定：

(1) 欲發生被動抵抗力，則構材必須有一移動，其量雖微然在構材前面之土堆必受壓縮。

(2) 因此移動而生之被動抵抗力之强度，與構材埋在地下之深度爲正比例。

(3) 被動抵抗力之强度，與構材向前之移動爲正比例。

以上諸假定，似有過斷之嫌，但在(1)與(3)兩假定中，乃假設土堆與一彈性物體有同様之作用。土堆最後之崩潰是由構材前面土堆斜楔之升起，這是表示超過在一平面上之摩擦力，在崩潰之前，土質在伸縮狀態中，故假設其與一彈性物體受同様之定律，並無不合之處。組成土堆之細粒，因緊擠而生壓力，土質因此壓力所有之壓縮度，固値得吾人之考慮，即如此，以上之假定亦可謂合理之假定並可導入於合理之結果。

第二假定則與朗肯公式(Rankine's formula)中所表示的被動抵抗力極限强度(Ultimate strength)之散佈一致。

現假定一垂直構材，一部埋於土堆中而在頂部受一水平之拉力(第一圖)(頁48)。構材之頂部，在拉力P勢力之下，則向前移動，〔不計因旋勢(Moment)引起之偏斜(Detlection)〕。因此使土堆中發生必要之抵抗力，構材本身之傾斜比較土堆中構材之移動甚小，故可不計。換言之，在土堆部份中之構材始終保持十分的平直也。

土堆中之抵抗力發生一偶力，以平衡因拉力所引起之顛覆旋勢（Overturning moment）。所以在土堆中之一部樁材繞一定點'O'旋轉，由此旋轉發生一壓力施諸樁材前面 A 與O兩點之間，以及樁材後面'O'與B兩點之間。（圖二圖）

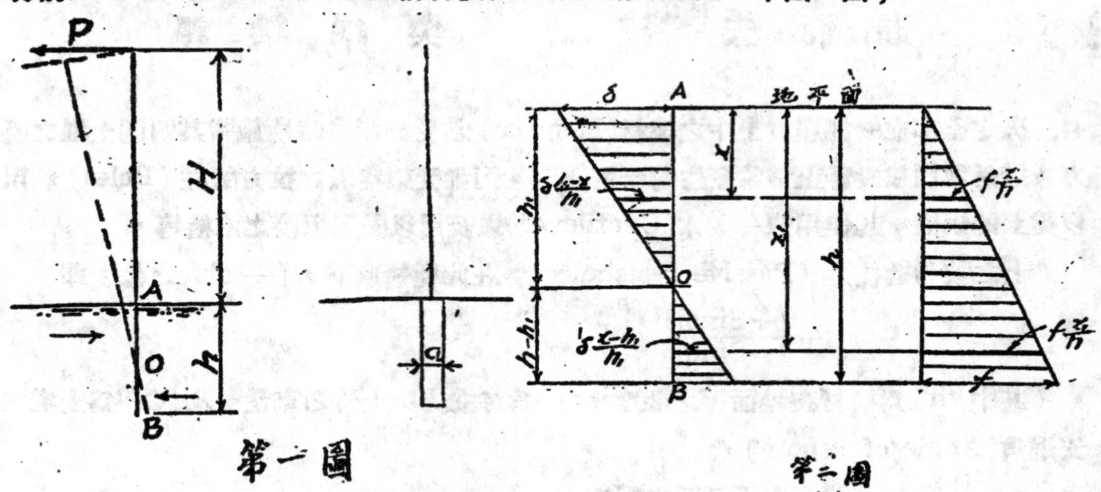

設δ爲樁材在地平面上向前移動之距離，

h_1爲旋轉點'O'在地平面下之深度。

f 爲樁材在深度'h'時單位移動所發生土堆抵抗力之强度。

h 爲樁材埋於土堆中之深度。

在任何深度，單位移動所發生之抵抗力之强度，故可以三角形壓力圖(第二圖)表示之。

在地面下任何深度x處，A與O兩點之間，樁材向前之移動爲

$$\delta x=\frac{h_1-x}{h_1}\delta$$

而每單位移動，所生之壓力强度爲

$$f_x=\frac{x}{h}f$$

設樁材之寬爲a，在深度x處，每單位高之壓力爲

$$p_x=a\delta f\frac{x(h-x)}{h\,h_1}=a\delta f\left(\frac{x}{h}-\frac{x^2}{h\,h_1}\right)\cdots\cdots\cdots\cdots(1)$$

x之値如大於h_1，則樁材向後之移動爲

$$\delta x=-\delta\frac{x-h_1}{h_1}$$

而每單位移動之壓力爲

$$p_x = a\delta f \frac{x(x-h_1)}{h\,h_1}$$

$$= a\delta f\left(\frac{x}{h} - \frac{x^2}{h\,h_1}\right)$$

此與(1)式所示者同。

此式所代表者爲一拋物線，吾人已熟知之矣，當$x=0$與$x=h_1$，p_x之値爲零$x<h_1$則爲正値，而$x>h_1$則爲負値。

在多數情形中，h_1自少須爲h的三分之二，吾人假設在O與B兩點間之曲線部份爲一直線，幷與拋物線在O點相切，此假設並無絕大錯誤，至於壓力之散佈則明示於第三圖。

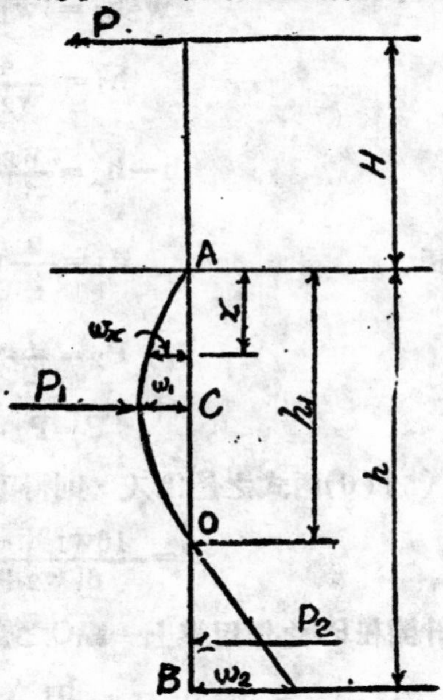

現在所欲決定者則爲在任何深度時$\frac{h_1}{h}$與p_x之値是也。設

P_1爲作用於AO部份之合力，作用點在O上面$\frac{h_1}{2}$處.，

P_2爲作用於OB部份之合力，作用點在O下面$\frac{2}{3}(h-h_1)$處.，

w_1爲AO部份最大壓力之强度.，

w_2爲OB部份最大壓力之强度。

第三圖

由(1)式得

$$w_x = \frac{p_x}{a}$$

$$= \delta f\left(\frac{x}{h} - \frac{x^2}{hh_1}\right) \quad \cdots\cdots(2)$$

$x=\frac{h_1}{2}$，$wx=w_1$ ∴ $w_1 = \delta f\left(\frac{h_1}{2h} - \frac{h_1}{4h}\right)$

$$= \delta f \frac{h_1}{4h}$$

或

$$= \delta f \frac{4hw_1}{h_1}$$

代入(2)式

$$w_x = \frac{4hw_1}{h_1}\left(\frac{x}{h} - \frac{x^2}{h\,h_1}\right)$$

$$= \frac{4hw_1}{h_1}\left(x - \frac{x_2}{h_1}\right)$$

對x微分之，則

$$\frac{dw}{dx} = \frac{4w_1}{h_1}\left(1 - \frac{2x}{h_1}\right)$$

如 $x = h_1$，則上式變為$-\frac{4w_1}{n_1}$此即為拋物線上O點處切線之斜度，就該圖下部之壓力三角形而言，則有

$$w_2 = \frac{4w_1}{h_1}(h-h_1)\text{（不計正負號）。}$$

$$w_2h_1 = 4w_1(h-h_1)$$

$$h_1 = \frac{4w_1h}{w_2+4w_1} \cdots\cdots(3)$$

而

$$h-h_1 = \frac{w_2h+4w_1h-4w_1h}{w_2+4w_1} = \frac{w_2h}{w_2+4w_1} \cdots\cdots(4)$$

現在

$$P_1 = \frac{2}{3}w_1h_1a = \frac{8w_1^2ha}{3(w_2+4w_1)} \cdots\cdots(5)$$

$$P_2 = \frac{1}{2}w_2(h-h_1)a = \frac{w_2^2ha}{2(w_2+4w_1)} \cdots\cdots(6)$$

而

$$P = P_1 - P_2$$

以(5)(6)兩式之值代入，則得下式

$$P = \frac{16w_1^2h - 3w_2^2h}{6(w_2+4w_1)}a \cdots\cdots(7)$$

現計繞在P_1之作用線上一點C之旋勢，則得

$$P\left(H + \frac{h_1}{2}\right) = P_2\left[\frac{h_1}{2} + \frac{2}{3}\left(h-h_1\right)\right]$$

或

$$P\left(H + \frac{2w_1h}{w_2+4w_1}\right) = \frac{w_2^2ha}{(w_2+4w_1)}\left[\frac{2w_1h}{(w_2+4w_1)} + \frac{2w_2h}{3(w_2+4w_1)}\right]$$

$$= \frac{w_2^2h^2a}{3(w_2+4w_1^2)}\left(3w_1+w_2\right)$$

兩邊除以P幷以(7)式所示之值代入

$$H + \frac{2w_1h}{w_2+4w_1} = \frac{2w_2^2h(3w_1+w_2)}{(w_2+4w_1)(16w_1^2-3w_2^2)}$$

$$\left[H\left(w_2+4w_1\right)+2w_1h\right]\left(16w_1^2-3w_2^2\right)-2w_2^2h\left(3w_1+w_2\right)=0$$

以$\alpha=\frac{w_1}{w_2}$並除以h_1，則有

$$\left[\frac{H}{h}\left(w_2+4w_2\alpha\right)+2w_2\alpha\right]\left(16w_2^2\alpha^2-3w_2^2\right)-2w_2^2\left(3w\alpha_2+w_2\right)=0$$

此式又可變爲

$$-\alpha^3\left(64\frac{H}{h}+32\right)-\alpha^2\left(16\frac{H}{h}\right)+\alpha\left(12\frac{H}{h}+12\right)+3\frac{H}{h}+2=0\cdots\cdots(8)$$

以此方程式找出$\frac{H}{h}$與α之關係，如第四圖。

並由(3)式

$$h_1=\frac{4w_2\alpha h}{w_2+w_2\alpha}$$

或
$$\frac{h_1}{h}=\frac{4\alpha}{1+\alpha}\cdots\cdots\cdots\cdots(9)$$

$\frac{h_1}{h}$與α之關係，亦如第四圖所示。

第四圖

由(7)式得

$$P=\frac{16w_2^2\alpha^2h-3w_2^2h}{6(w_2+4w_2\alpha)}a$$

$$=\frac{w_2h(16\alpha^2-3)}{6(1+4\alpha)}a$$

或
$$w_2=\frac{6p(1+4\alpha)}{(16\alpha^2-3)ah}\cdots\cdots\cdots\cdots(10)$$

於此更有重要的一點，即在任一點上w之值不能超過同點土堆被動抵抗力之極限値，或以下語表之，尤爲明確；即任一點w之增加率不能超過土堆被動抵抗力之增加率是也。此兩種增加率均可以以壓力曲線上正切之値表之，如第五圖中，w之値爲一拋物線形狀，而被動抵抗力爲一直線是也。

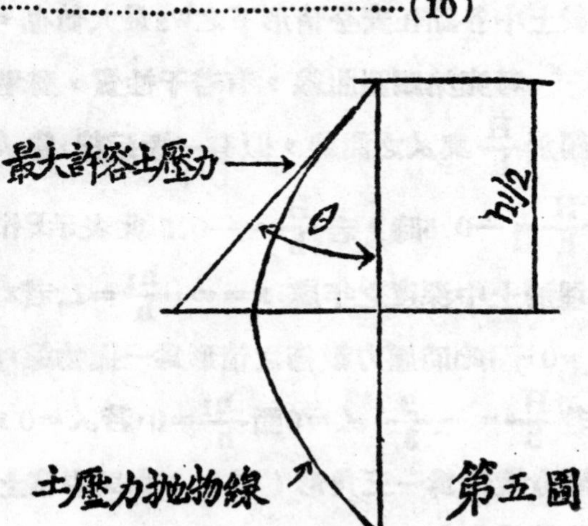

第五圖

如欲證實此種情形，可以ㄑ表

$$\delta q\frac{1+\sin\phi}{1-\sin\phi}$$

其中δ為抵抗土堆崩潰之安全因數（Factor of safety）的反數，在平常多以δ

$$=\frac{1}{2}\text{為合理。}$$

在任何深度，最大許容被動抵抗力為κx，而被動抵抗力曲線斜度之正切為

$$\frac{\kappa x}{x}=\kappa$$

在任何深度，施諸構材之土壓力拋物線上切線之斜度為

$$\frac{4w_1}{h_1}\left(1-\frac{9x}{h_1}\right)$$

最大值（正）須$x=0$，則為

$$\frac{4w_1}{h_1}=\kappa$$

為安全計故使$\frac{4w_1}{h_1}=\kappa$

或 $$w_1=\frac{\kappa h_1}{4}=\frac{4\kappa\alpha h}{4(1+4\alpha)}=\frac{\kappa\alpha h}{1+4\alpha}$$

或 $$w_2=\frac{\kappa h}{1+4\alpha}\cdots\cdots\cdots\cdots\cdots\cdots(11)$$

由(10)式求出 w_2 之值，必須以(11)式校證之，以証明土堆能發生相當之被動抵抗力。

在任何深度，最大許容單位被動抵抗力，不能以(11)式求之，此式僅可示構材埋於土中各點在安全情形下之w_2最大值也。

考究第四圖曲線，有若干性質，殊堪注意，關於$\frac{H}{h}$與α之曲線，似有一漸近線，當$\alpha=\cdot433$同$\frac{H}{h}=-0.5$時，若$\frac{H}{h}=-0.5$此表示P作用於構材埋於土中深度之半處，$x=\infty$，$\frac{h_1}{h}=1$。若$x=\infty$，$w_2=0$，而此時壓力散佈之情形為一拋物線，如第六圖，若$\frac{H}{h}=-\frac{2}{3}$，$\alpha=0$而$\frac{h_1}{h}=0$，若$\alpha=0$，$w_1=0$而壓力散佈為一三角形（圖七）此與平常土壓力之理論甚為吻合。

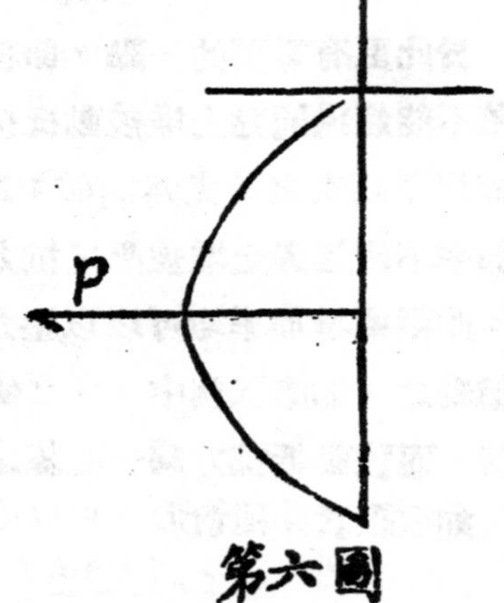

第六圖

若$\frac{H}{h}$之值在－0.667與－0.646之間，λ之值則在0與0.25之間，如此則不能解。當$\frac{h_1}{h}$有一負值時，則無意義可言。

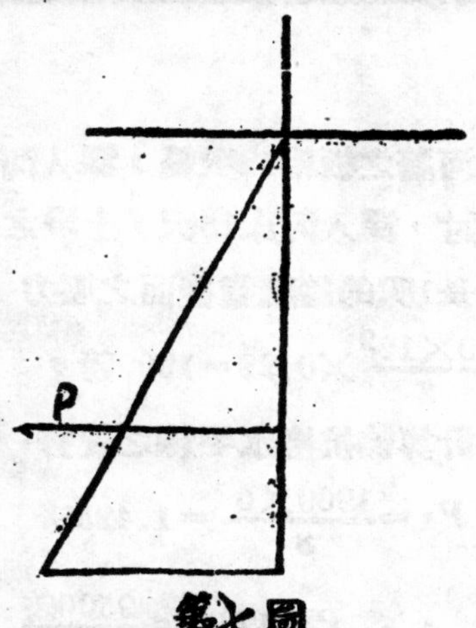

第七圖

此處必須說明者，即以樁材底部壓力拋物線狀之散佈而代以三角形之假設，三角形之重心爲高之三分之一，因拋物線之變形，該高度可於其極限中變化也。

若$\frac{H}{h}$之值在－0.646之外，則壓力之散佈爲倒置於第八圖。$\frac{H}{h}$之值在－1之外，此種情形在實際上甚難得到，第八圖中之斷線所示者即此種情形也。

設有一樁，穿過均勻之土堆而達於堅實之地層，此時僅能插入地層極小部份，可假設該樁材在一水平勢力作用之下，繞其埋在地層中之一端而旋轉，如此，$\frac{h_1}{h}=-1$，則該樁材底部壓力之散佈爲一拋物線並有一集中力作用於尖端。（第九圖）

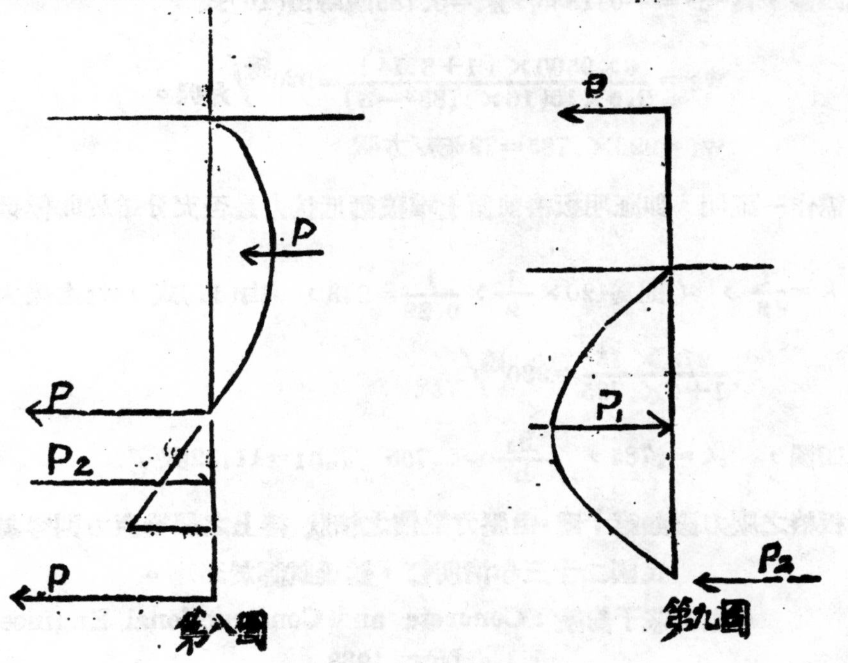

第八圖　第九圖

例題

河牆之板樁12呎長，深入河床6呎，此板復繫於相距20呎之若干抗樁上，其寬為2呎6吋，深入河床15呎，土堆之安眠角為40°。

長1呎的牆施諸後面之壓力為$\frac{120\times12^2}{2}\times0.22=1900$磅，

計算繞抗樁水平線之旋勢，則有$P_1=\frac{1900\times6}{8}=1.425$磅

$\therefore P=475$磅$=\frac{9500\text{磅}}{20\text{方呎}}$

假設板樁并不露出地平面，則$H=-2$ft，而$h=15$呎，

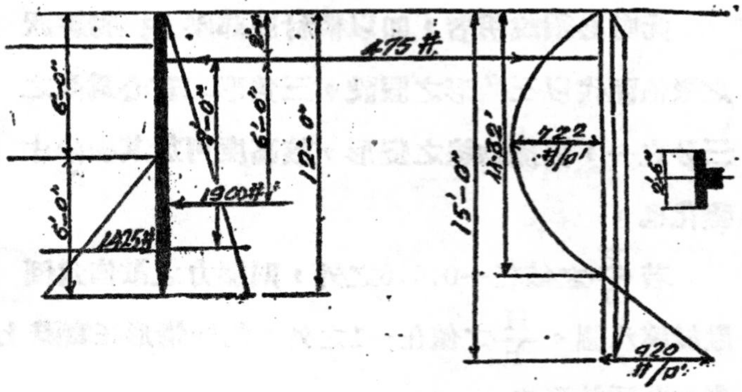

第十圖

$$\therefore \frac{H}{h}=-\frac{2}{15}=-0.1335$$

由第四圖，當$\frac{H}{h}=-0.1335$，$\alpha=0.785$同時由(10)式

$$w_2=\frac{6\times9500\times(1+3.14)}{2.5\times15(16\times.785^2-3)}=920\text{磅}/\text{方呎}。$$

$$w_1=926\times.785=722\text{磅}/\text{方呎}。$$

現在需作一証明，卽証明板樁前面土堆被動抵抗力是否充分達於此種抵抗力。

以　$\delta=\frac{1}{2}$，κ則為$120\times\frac{1}{2}\times\frac{1}{0.22}=273$，　由(11)式，$w_2$之最大許容值為

$$\frac{273\times15}{1+4\times.785}=990\text{磅}/\text{方呎}$$

由第四圖，　$\alpha=.785$，　$\frac{h_1}{h}=0.755$　$\therefore h_1=11.32$呎。

施諸板樁之壓力圖如第十圖，由壓力散佈之情狀，樁上之屈撓應力則容易決定矣。

民國二十三年清明節，錫梁試譯於珞珈。

原文載于倫敦：Concrete and Constructional Engineering, Nor. 1933

計算連續樑各支持點上能率公式的導出法

方　璜

當連續樑（Continuous girder）的跨徑（Spans）上僅受有均布重量（Uniformly distributed load）時，各支持點上的能率（Moments）可由下面的公式算出：

$$M_m = \frac{pl^2}{4C_{n+1}}\Big[\underbrace{\Sigma(C_r + C_{r+1})C_{n-m+2}}_{\text{重量在支持點m左邊的各跨徑上時用之}} + \underbrace{\Sigma(C_{n-r+2} + C_{n-r+1})C_m}_{\text{重量在支持點m右邊的各跨徑上時用之}}\Big] \quad \cdots\cdots(1)$$

若跨徑上僅受有集中重量（Concentrated loads），則計算各支持點上的能率的公式變爲

$$M_m = \frac{l}{C_{n+1}}\Big[\underbrace{\Sigma\Big\{\Sigma P(2k-3k^2+k^3)C_r + \Sigma P(k-k^3)C_{r+1}\Big\}C_{n-m+2}}_{\text{重量在支持點m左邊各跨徑上時用之}}$$

$$+ \underbrace{\Sigma\Big\{\Sigma P(2k-3k^2+k^3)C_{n-r+2} + \Sigma P(k-k^3)C_{n-r+1}\Big\}C_m}_{\text{重量在支持點m右邊各跨徑上時用之}}\Big] \quad \cdots\cdots(2)$$

(1),(2)兩式載在Johson, Bryon與Turneaure所編的近世結構學（Modern Framed Structures）第2冊第35頁及第36頁上。兩式中的C_{n+1}在該書均寫作一$(C_{n-1}+4C_n)$，實則二者相等（觀後面的證明便知其爲然）。因前者形式略簡，如備有常數表，使用時亦較方便，故改用之。

上兩式中各符號所代表的事項如下：

l ＝跨徑的長度（各跨徑的長度須相等）

P ＝集中重量

p ＝單位長度上的均布重量

n ＝連續樑上所有跨徑數

m ＝所求能率所在之支持點的次第數目，（係從連續樑的左端數起）

r ＝受有重量的跨徑的次第數目，（亦係從左端數起）

C＝常數，詳下表：

$C_1 = 0$	$C_5 = -56$	$C_9 = -10,864$
$C_2 = +1$	$C_6 = +209$	$C_{10} = +40,545$
$C_3 = -4$	$C_7 = -780$	$C_{12} = -151,316$
$C_4 = +15$	$C_8 = +2,911$	$C_{13} = +564,719$

(此表載在前書第35頁上)

設有任何三相鄰常數 C'_{p-2}, C_{p-1} 與 C_p，則此三數常保持下面關係 $C_p = -4C_{p-1} - C_{p-2}$

上表與上式的由來均詳後面的證明中。

茲先述(1)式的導出法。

命 $M_1, M_2, M_3, \cdots M_m, \cdots M_r, \cdots M_n, M_{n+1}$ 各表第 $1,2,3,\cdots m,\cdots r,\cdots n, n+1$ 個支持點上的能率。先就第1,2,3,三個支持點上的能率而論，如第一，第二兩跨徑上受有均布重量，則由三能率定理(Theorem of three moments)可得

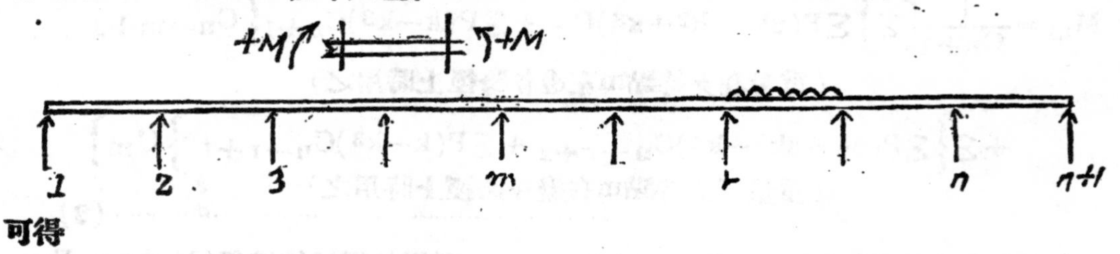

可得

$$M_1 + 4M_2 + M_3 = -\frac{1}{4}pl^2 - \frac{1}{4}pl^2$$

現設連續樑上，除第 r 個跨徑承受有均布重量pl外，其餘各跨徑均未有重量加於其上，且 r 在m的右邊，如上圖所示。於是上式變爲

$$M_1 + 4M_2 + M_3 = 0$$

引用同一定理，更可得下列諸式：

$$M_2 + 4M_3 + M_4 = 0$$

$$M_3 + 4M_4 + M_5 = 0$$

....

$$M_{m-2} + 4M_{m-1} + M_m = 0$$

....

$$M_{r-2} + 4M_{r-1} + M_r = 0$$

18694

$$M_{r-1}+4M_r+M_{r+1}=-\frac{1}{4}pl^2$$

$$M_r+4M_{r+1}+M_{r+2}=-\frac{1}{4}pl^2$$

$$M_{r+1}+4M_{r+2}+M_{r+3}=0$$

………………………………

$$M_{n-2}+4M_{n-1}+M_n=0$$

$$M_{n-1}+4M_n+M_{n+1}=0$$

若連續樑的兩端係鉸鏈(Hinged)裝置，則M_1與M_{n+1}皆等於零。今將各個M之值均寫成M_2的函數，而命$M_1=C_1M_2, M_2=C_2M_2, M_3=C_3M_2,\cdots\cdots, M_m=C_mM_2\cdots\cdots, M_r=C_rM_2, M_{r+1}=C_{r+1}M_2+K_{r+1},\cdots\cdots, M_n=C_nM_2+K_n$. 解上列諸式，使均變爲$M_2$的函數，以與常數C比較，便得

$M_1=0=C_1M_2$ $\therefore C_1=0$

$M_2=M_2=C_2M_2$ $\therefore C_2=+1$

$M_3=-4M_2=C_3M_2$ $\therefore C_3=-4$

$M_4=-M_2-4M_3=-M_2-4(-4M_2)=+15M_2=C_4M_2$ $\therefore C_4=+15$

$M_5=-M_3-4M_4=4M_2-4\times15M_2=-56M_2=C_5M_2$ $\therefore C_5=-56$

設任一跨徑的次第數目爲p，便可引出下面的論斷：

$$\because (C_{p-2}+4C_{p-1}+C_p)M_2=M_{p-2}+4M_{p-1}+M_p=0$$

$$\therefore C_p=-4C_{p-1}-C_{p-2}$$

繼續解出前列諸式，可得

$$M_m=C_mM_2 \cdots\cdots\cdots\cdots(A)$$

………………………

$$M_r=C_rM_2$$

$$M_{r+1}=C_{r+1}M_2-\frac{1}{4}pl^2=C_{r+1}M_2-(0+1)\frac{pl^2}{4}$$

$$=C_{r+1}M_2-(C_1+C_2)\frac{pl^2}{4}$$

$$M_{r+2}=-4M_{r+1}-M_r-\frac{1}{4}pl^2$$

$$=-4\left[C_{r+1}M_2-\frac{1}{4}pl^2\right]-C_rM_2-\frac{pl^2}{4}$$

$$=C_{r+2}M_2-(1-4)\frac{pl^2}{4}$$

$$=C_{r+2}M_2-(C_2+C_3)\frac{pl^2}{4}$$

$$M_{r+3}=C_{r+3}M_2-4\left[-(C_2+C_3)\frac{pl^2}{4}\right]-\left[-(C_1+C_2)\frac{pl^2}{4}\right]$$

$$=C_{r+3}M_2-\left\{-[4(C_2+C_3)+(C_1+C_2)]\right\}\frac{pl^2}{4}$$

但由 $C_p=-4C_{p-1}-C_{p-2}$, $C_{p+1}=-4C_p-C_{p-1}$

可得 $4(C_{p-1}+C_p)+(C_{p-2}+C_{p-1})=-(C_p+C_{p+1})$

∴ $M_{r+3}=C_{r+3}M_2-(C_3+C_4)\frac{pl^2}{4}$

同理，

$$M_{r+4}=C_{r+4}M_2-(C_4+C_5)\frac{pl^2}{4}$$

....

$$M_n=M_{r+(n-r)}=C_nM_2-(C_{n-r}+C_{n-r+1})\frac{pl^2}{4}$$

$$M_{n+1}=C_{n+1}M_2-(C_{n-r+1}+C_{n-r+2})\frac{pl^2}{4}$$

但 $M_{n+1}=0$

∴ $M_2=\frac{pl^2}{4C_{n+1}}(C_{n-r+2}+C_{n-r+1})$

代入(A)式，

$$M_m=\frac{pl^2}{4C_{n+1}}(C_{n-r+2}+C_{n-r+1})C_m\text{..........................}(A')$$

自左至右 1　2　3　r　r+1　m　n　n+1

n+1　n　r'=n+1-(r+1-1) =n-r+1　n+1-(m-1) =n-m+2　2　1 自右至左

若受有重量的跨徑在m的左端，則可將各支持點的次第數目改由連續樑的右端數起，如上圖所示，而用(A')式求在第n—m+2個支持點上的能率，可得

$$M_{n-m+2}=\frac{pl^2}{4C_{n+1}}(C_{n-r'+2}+C_{n-r'+1})C_{n-m+2}$$
(由右端數起)

由上圖知 $r'=n-r+1$，且由右端數起時之第 $n-m+2$ 個支持點即為由左端數起時之第m個支持點。將各值代入上式，便得由左端數時第m個支持點上的能率，即

$$M_m=\frac{pl^2}{4C_{n+1}}(C_r+C_{r+1})C_{n-m+2}\cdots\cdots\cdots\cdots(B)$$

若承受重量的跨徑，其個數甚多，且m點的左右均有，則可將(A'),(B)兩式綜合使用，而取其和，是即(1)式。

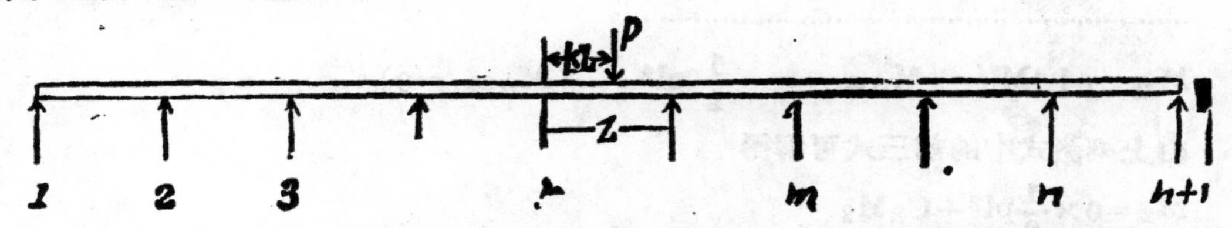

(2)式的導出法與上大致相同。先假設連續樑上，除第r個跨徑承有集中重量P_1，P_2,P_3,……外，其餘各跨徑均未承有重量。引用三能率定理，由上圖可得

$$M_{r-1}+4M_r+M_{r+1}=-\Sigma Pl(2k-3k^2+k^3)$$

$$M_r+4M_{r+1}+M_{r+2}=-\Sigma Pl(k-k^3)$$

其他各式同前，即各式中等號的右邊均等於零。用上兩式為根據，同前法即可導出(2)式。

若連續樑所有跨徑上均受有均布重量，則計算各支持點上的能率的公式變為

$$M_m=\left[\frac{C_m(C_n+1)-C_{n+1}(C_{m-1}+1)}{C_{n+1}}\right]\frac{pl^2}{12}\cdots\cdots\cdots\cdots(3)$$

或 $$M_m=\left[\frac{C_{n+1}(C_{m+1}-1)-C_m(C_{n+2}-1)}{C_{n+1}}\right]\frac{pl^2}{12}\cdots\cdots\cdots\cdots(3')$$

〔(3')式載在前書第36頁上〕

上兩式外表雖不同，其值則一，應用 $C_{m-1}=-4C_m-C_{m+1}$ 及 $C_n=-4C_{n+1}-C_{n+2}$ 兩關係，就可將(3)變成(3')式。

18697

今將(3)式附証於下。

引用三能率定理，可得下列各式：

$M_1+4M_2+M_3=-\frac{1}{2}pl^2$ $(M_1=0)$

$M_2+4M_3+M_4=-\frac{1}{2}pl^2$

$M_3+4M_4+M_5=-\frac{1}{2}pl^2$

……………………………………

$M_{m-2}+4M_{m-1}+M_m=-\frac{1}{2}pl^2$

……………………………………

$M_{n-1}+4M_n+M_{n+1}=-\frac{1}{2}pl^2$ $(M_{n+1}=0)$

由上列諸式中的前三式可解得

$M_2=0\times\frac{1}{2}pl^2+C_2M_2$

$M_3=-\frac{1}{2}pl^2+C_3M_2$

$M_4=-\frac{1}{2}pl^2-4M_3-M_2$

$=-\frac{1}{2}pl^2-4\times(-\frac{1}{2})pl^2-4C_3M_2-C_2M_2$

$=+3\times\frac{1}{2}pl^2+C_4M_2$

同樣可解出其他依次遞升各式。

試考察上三式中pl^2的係數與常數 $C_1,C_2,C_3,\cdots\cdots$ 等是否有一定的關係，且此種關係於適合上三式外能否適合所有其他依次遞升各式。如此種關係可以求得，則公式(3)即不難導出。

就上第三式觀察，從

$(C_4-C_3-1)\times\frac{1}{12}pl^2=[15-(-4)-1]\times\frac{1}{12}pl^2=3\times\frac{1}{2}pl^2$ 可知$(C_4-C_3-1)\times\frac{1}{12}$ 可作此式中 pl^2 的係數。

又在第二式中，可有

$(C_3-C_2-1)\times\frac{1}{12}pl^2=(-4-1-1)\times\frac{1}{12}pl^2=-\frac{1}{2}pl^2$

又在第一式中，亦可有

$$(C_2-C_1-1)\times\frac{1}{12}pl^2=(+1-0-1)\times\frac{1}{12}pl^2=0\times\frac{1}{12}pl^2$$

於此不妨假定一關係，即在第p－1個如上的公式中，pl^2的係數恆爲

$$(C_p-C_{p-1}-1)\times\frac{1}{12}$$

此關係適合上三式，已無疑義；然是否適合所有其他各式，則尙須繼續考察．就M_5而論，

$$M_5=-\frac{1}{2}pl^2-4M_4-M_3$$

$$=-6\times\frac{1}{12}pl^2-4\left[(C_4-C_3-1)\times\frac{1}{12}pl^2+C_4M_2\right]$$

$$-\left[(C_3-C_2-1)\times\frac{1}{12}pl^2+C_3M_2\right]$$

但 $-6-4(C_4-C_3-1)-(C_3-C_2-1)$

$$=-4C_4-C_3-(-4C_3-C_2)-1$$

$$=C_5-C_4-1,$$

$$-4C_4-C_3=C_5$$

∴ $M_5=(C_5-C_4-1)\times\frac{1}{12}pl^2+C_5M_2$

可知所定關係在此式又適合。

更由$M_p=-6\times\frac{1}{12}pl^2-4M_{p-1}-M_{p-2}$及$C_p=-4C_{p-1}-C_{p-2}$可推知所定關係適合所有其他各式。於是有

$$M_m=(C_m-C_{m-1}-1)\times\frac{1}{12}pl^2+C_mM_2$$

....

$$M_{n+1}=(C_{n+1}-C_n-1)\times\frac{1}{12}pl^2+C_{n+1}M_2$$

但 $M_{n+1}=0$，由上式可解得

$$M_2=-\frac{C_{n+1}-C_n-1}{C_{n+1}}\times\frac{1}{12}pl^2.$$

∴ $M_m=(C_m-C_{m-1}-1)\times\frac{1}{12}pl^2-C_m\frac{C_{n+1}-C_n-1}{C_{n+1}}\times\frac{1}{12}pl^2$

$$=\frac{C_{n+1}(C_m-C_{m-1}-1)-C_m(C_{n+1}-C_n-1)}{C_{n+1}}\times\frac{1}{12}pl^2$$

$$=\frac{C_m(C_n+1)-C_{n+1}(C_{m-1}+1)}{C_{n+1}}\times\frac{1}{12}pl^2$$

撞擊力計算圖表

胡錫之

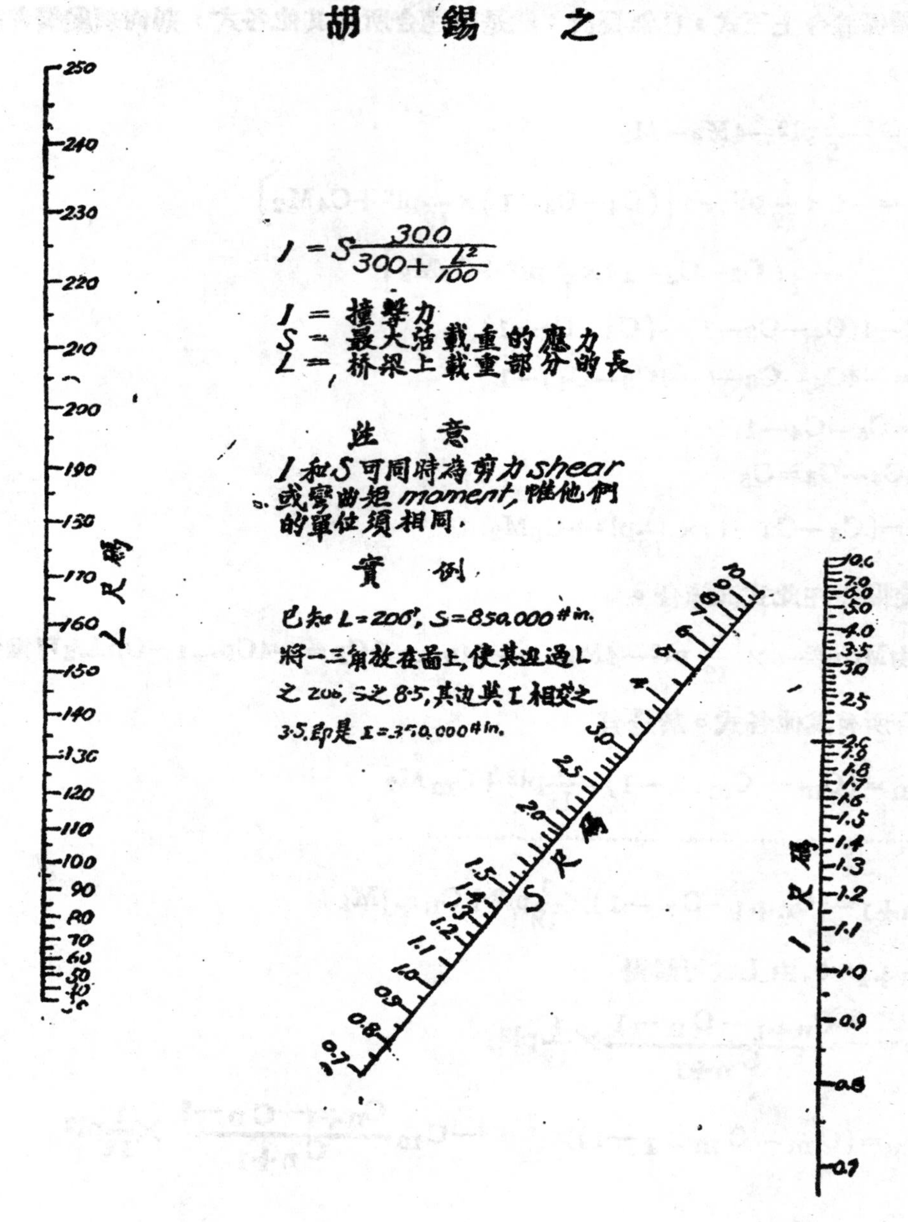

爪哇之灌漑建設

龔一波 譯

爪哇，人口稠密之國也；西曆一九二五年，人口總數爲三六，四〇三，八八三，每英畝（以後簡稱嘛）所居人數，約等於紐約州每嘛所居者，平均人口密度爲每嘛一·一二人，最密居之農區每嘛約二人·全國人民，多從事於農藝，其收獲品，以稻及糖爲大宗，而落花生，珍珠粉，玉蜀黍，參茨，馬鈴薯，黃豆及烟草等次之；關於耕耘陸地，有百分之四十專於種稻，百分之十專於種糖·稻地之受灌漑者在百分之九十左右，其面積雖廣，然所產米稻，仍供不應求，尚須仰給於外國·幸糖爲輸出品大宗，國家興旺，實利賴之·

爪哇人口，每十年增百分之十二人；增加如此其速，事實上，糧食已不够分配，又稻田之灌漑，雖行自遠古，然尚待灌漑以適合於種植甘蔗及稻之陸地，仍有極大面積，故政府決計墾植陸地，以救急需，而裕民生·

圖一·爪哇之灌漑計劃

A.——克拉汪(Krawang)計劃　　B.——班潭姆(Bantam)計劃

C.——西巴塔維亞(West Batavia)計劃　　D.——東爪哇(East Java)計劃

註：——波里（Bali）　馬達拉（Madoera）　希馬蘭（Semarang）
索拉克塔（Soerakarta）　巴丁座（Buitenzorg）　班杜因（Bandoeng）
索拉巴亞（Sourabaya）　爵捷克塔（Djokjakarta）

所有關於灌漑事業，皆由工務部灌漑局統轄·爪哇行政區有五，即西爪哇區，東爪哇區，中爪哇區，爵撓克塔王區及索拉克塔王區是也·（見圖一）前三區之灌漑工程，由區工程師管理，唯須聽命於巴塔維亞之總工程師·新設計劃，恆由區工程師呈報，所擬圖樣，估價條陳等，則由相當機關轉送工務部長，而呈達總督，經總督及議會批准後，由普通課稅項下準備付欵，在受益之地域內，並無特稅；此乃行政系統之大概，亦即政府承認糧食缺乏，獎勵生產之立意也，產額旣增，課稅遂多，是又灌漑投資之收益矣。

土地所有權多屬於國人，因荷資或外資之大地權，均爲法所不許之故。惟不宜於小規模之種植物，如蔗糖等，政府則准外人承租土人之土地十八閱月。期滿仍令歸還地主，由地主專於種稻。

大地面之享有權，僅政府於進行灌溉工程時有之；每畝灌漑費約三，四十金元，山地之建設費，則較平地爲昂，而平地之排水費，則又不可同語矣。除田臺與枝渠外，政府負責建築全部灌漑工程；田臺由土人自築，堤防位置及水位，均以眼測爲準，此類工程，嘗極偉大，望若谿谷，既高且潤，峻嶺之上，復棕櫚叢叢，頗壯觀瞻。至於直接灌漑耕地之枝渠，則由自願不索工資之工人，受政府派工程師之指示而建築之。

爪哇之雨量，因地而異。在西爪哇高約二千三百六十呎之托姆保 (Tombo) 地方，每年雨量平均數爲二百七十三吋；又近東部海港之亞桑柏哥斯 (Asmbogoes) 地方，每年雨量平均數爲三十六吋；在中爪哇高約一千又二十呎之克蘭建(Kranggan)地方，曾於二十四小時內積雨達十三吋。灌漑工程設計中，估計水之蒸發量每年爲三十吋，又乾季期間，每日爲四分之一吋；所有雨量幾係全在五月至十月內所降積。常以雨期短，降量速，致河流升落馳驟，故計劃節河與灌漑諸工程時，當注意及之。

灌漑之容量，視乾季之需求而定。稻之成長，約六閱月至八閱月之久，而有四五月必需水分，稻苗長時，須以水掩蓋稻田，水深約三吋至六吋之譜。以每畝每分鐘需水量十至十三加侖計算，其多寡則以降雨，土性及其他狀況爲斷。甘蔗之生長，爲期頗久，約計十八月，其最初六月內的普通雨量，尙感不足，在乾季中，需水尤多；幸稻田適於此時不需灌漑，致二者均能豐收。惟一切設計，均以稻之需水量爲準則。

灌漑工程之建設期間，包工與日工二制並行。而工程師則樂於雇用日工，蓋以日工既便於指揮，復節省費用也。乾季作工頗便，故工人亦易雇獲，濕季中則以農事繁忙，如甘蔗之種植，穀米之收獲，均需工甚急，農民自顧不暇，何能言及他事，故在工程方面作工者亦大爲減少。至於工價，殊爲低廉，普通工人（苦力）之工資，每日計一角二分至一角六分金元，人口繁華之區，則工價較高；婦人工資尤賤，其工作不外碎石，負重及其他小事；而技藝工人，如木匠，泥水匠與機械匠等，則每日可得工資五角。工作時間，統爲每週六日，每日八，九小時。爪哇土人，雖不十分建强，亦無任何奢望，惟克勤克儉，盡心盡力，洵屬難能可貴。且秉性忠厚，天賦才智，苟敎以專門之學問，授以精巧之技藝，必望有成，實際上，全國高級職位，則全係荷蘭工程師，土人無與焉．此又不得不爲爪哇土人嘆息者也．爪哇築堤之法與美國迥異，蓋爪哇工人多，工價低，甯捨機械，而用人工也．

爪哇灌漑工程，可分三種方式，其一係利用聚水池之水以行灌漑者，其二係賴河水之氾濫以行灌漑者，其三係藉汲取河水或溝水以行灌漑者．灌漑耕地之緊要方法，爲利用水之重力而分布．諸大灌漑工程，尤其位於高原者，均採取第一種方式，因乾季中有川流停止之慮，而聚水池正可供迫切之需也．是以現在進行中之較大灌漑工程，統屬此類．至於第二種之灌漑法，僅通行於私人間，公共機關，則罕有採用之者．

據爪哇一九三〇年三月統計，其進行中之灌漑工程，已四十有二處，經經預算共約四千萬金元，中有三百五十萬金元，指定一九三〇年支用．下表所列乃已施工計劃中之最大者；

爪哇已施工之灌漑工程及其預算表

名稱	位置(見圖一)	估價
克拉汪(Krawang)或塔爾旦(Tardem)河	A	8,000,000金元
班潭姆(Bantam)	B	4,400,000金元
西巴塔維亞(West Batavia) 或團格蘭(Tangerang)	C	4,000,000金元
東爪哇(East Java)	D	3,200,000金元
解坡提拉(Tjipoenajara)		2,400,000金元
西解門必諾(West Tjimanoekbevloeung		960,000金元

建造中之最大工程，有提薩頓(Tjisadane)，泊提爾(Parjal)，及索爾巴亞(Sourabaya)諸河堤河閘等．灌漑局對於控制河流，素負重責，故有改良索爾巴亞河閘之擴大計劃，估價七十二萬元．提薩頓河閘，乃築於桅灣內，如圖二所示；閘工自始至終，未嘗遮斷水流，實其地勢使然．水閘與節制河流之工程，既經成就，河水將導經其間，而原來河流之B點，亦將築以土提；而水閘與B點間自易塡積，因河水含有多量之沙泥也．此閘可供灌漑五萬二千五百畝稻地之用．池爲一重力式，用粗石砌成，以其基脚之地層不堅，故本水流度原理建築

A B

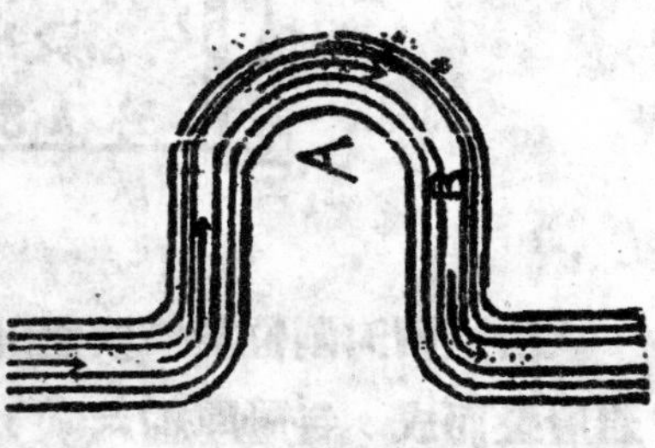

圖二．提薩頓河閘地形略圖

之，閘寬（橫截水流）爲四百又二呎，長（平行水流）爲二百九十五呎，閘後之水，最深達三十呎；有十大節制石門，其八均寬三十二呎又十吋，高二十三呎又九吋，此十門可容全部河流；閘基疎鬆，故設有上下流擋水坡，坡長之設計，以閘下水力度線在淺水時期恰與閘流線相交或過之爲根據，坡厚則以其重能抑制向上之水壓爲鵠的；下流擋水坡之長，等於上流深度之十至十五倍；此項建築估價，約六十萬至八十萬金元。

粗石之用於灌溉建設中者，爲量頗巨，以其價廉故也。混凝土雖較堅固，但粗石工價既較廉，而反適於大量之結構，遂爲普通之採用品；水泥混凝土，間亦採用，在提薩頓河閘上下流擋水坡之下部及其他結構，即採用水泥混凝土者。

泊提爾河閘，乃一有趣之建築，全部採用岩石，其主要截面之尺碼，略如圖三所示；閘頂寬三百六十呎，總需材料十萬四千立方碼，其所成蓄水池，可容水量一百三十億加侖，其排水池地域爲三十二又二分之一平方哩，全湖面積約一千二百三十五畝，可灌溉三萬五千畝田地；此閘本身之價額，約值四十八萬金元。

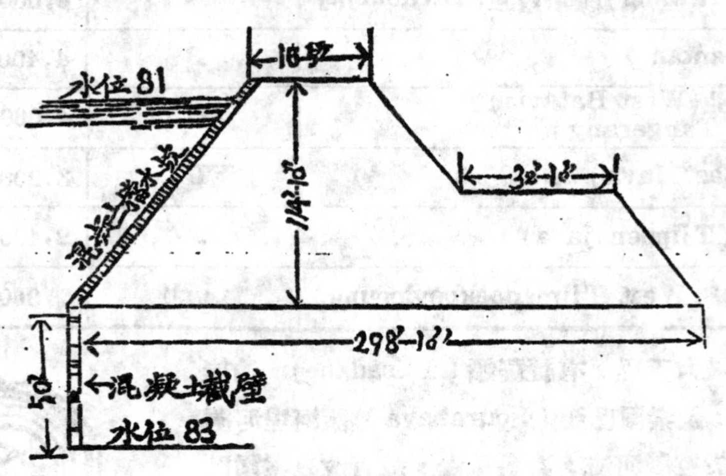

圖三．　泊提爾河閘詳圖

泊提爾河閘位於窄狹之山空間，閘位之上，則極遼闊，閘基爲破碎泥灰岩及石灰岩層叠而成，每層厚約六呎，向上游傾斜十度；水之於泥灰岩若潤滑之油然，石灰岩則擊成小塊，使僅需微力，即可活動自如；復以其滲透性甚高，欲使閘基不致透水，須將其底部及邊坡，護以不透水之粗石構造，並將此粗石工恰與深入五十餘呎之混凝截壁土相結。

截壁之建造，異常艱難，其法；於截壁中線兩邊，各六呎至十呎之處，鑽井一排；每井先鑿達六呎深，繼用一，二氣壓之壓力，將水門汀膠泥壓入，至膠泥不復被吸爲止，膠泥壓入四十八小時後，並以水壓試之，如僅需低壓即能壓水入洞，每分鐘超過一又二分之一加侖者，則尙須較大氣壓，增壓膠泥；準此行之，至井容水低於限量乃已；然後續鑿六呎深，鑿後，行以前法；如是返復數次，至達所需之深度止．此兩排井既經鑿就，即可着手掘挖截壁溝，其中燥而無水，溝內實以混凝土，以築成截壁．壓塞膠泥入井時，曾試用每方吋四百五十磅之高壓，結果不獨透水，且因高壓掀碎石灰石而漲開裂口．閘內所塞之物甚多，意欲增厚阻力，以免在潮濕土層之上滑動；水閘之穩定，極宜注意，蓋閘塌之結果，災害異常；普通注粗石於閘中，均以人工爲之，排成墻形，亦云苦矣．

索爾巴亞河閘之預算，總計五十六萬金元；閘有二，各寬二十五呎，長一百三十五呎，深二十九又二分之一呎，升高十六呎，有水門二，門孔各高十八呎，可容流量五千六百秒呎，河之最大流速，約二萬秒呎．

西曆一九三〇年中爪哇之灌溉工程，尙未興工，所擬兩大計劃，預料下年(1932)可以動工，即堅姆邦(Gembong)計劃與旦哥斯(Dongos)計劃是也；前者之預算，爲念四萬八千金元，後者爲十二萬八千金元；又前者包有一土閘，高百呎，長千六百四十呎，需料念八萬八千立方碼，能灌溉二萬五千畝耕地，後者乃一水力塡運之土閘，高六十四呎，長五百四十呎，需料念二萬八千立方碼，能灌溉耕地八千二百畝．

西馬蘭地方之灌溉局，設有水力實驗所，專爲實驗各種節流，測量，通溝等用．計劃水溝時，常用巴金(Bazin)公式及其原係數，並無需若何之精確也．惟溝內之淤塞，既不固定，則安全率不可不高，未砌土之溝內之水速，限定最大不得過三秒呎．

夫爪哇灌溉工程之浩巨，及其安全之完成，要皆荷人之功，觀乎此，吾人不得不敬佩荷人能力之偉大，工作之澈底，與乎眼光之宏遠．對於計劃，必求成功，對於建築，必期穩定，此人之常情也；而荷人尤愼審爲之，蓋匪特避免生命之危險，預防財產之損失已矣，尤恐有敗荷蘭工程師之聲譽也．爪哇國民之於荷蘭工程師，素即信任無比，唯其若此，而爪哇諸大事業之能成功，政府與人民之得安謐，始有保證．

——完——

譯自 Engineering News Record

July, 1931.

Harold E. Babbitt 著．

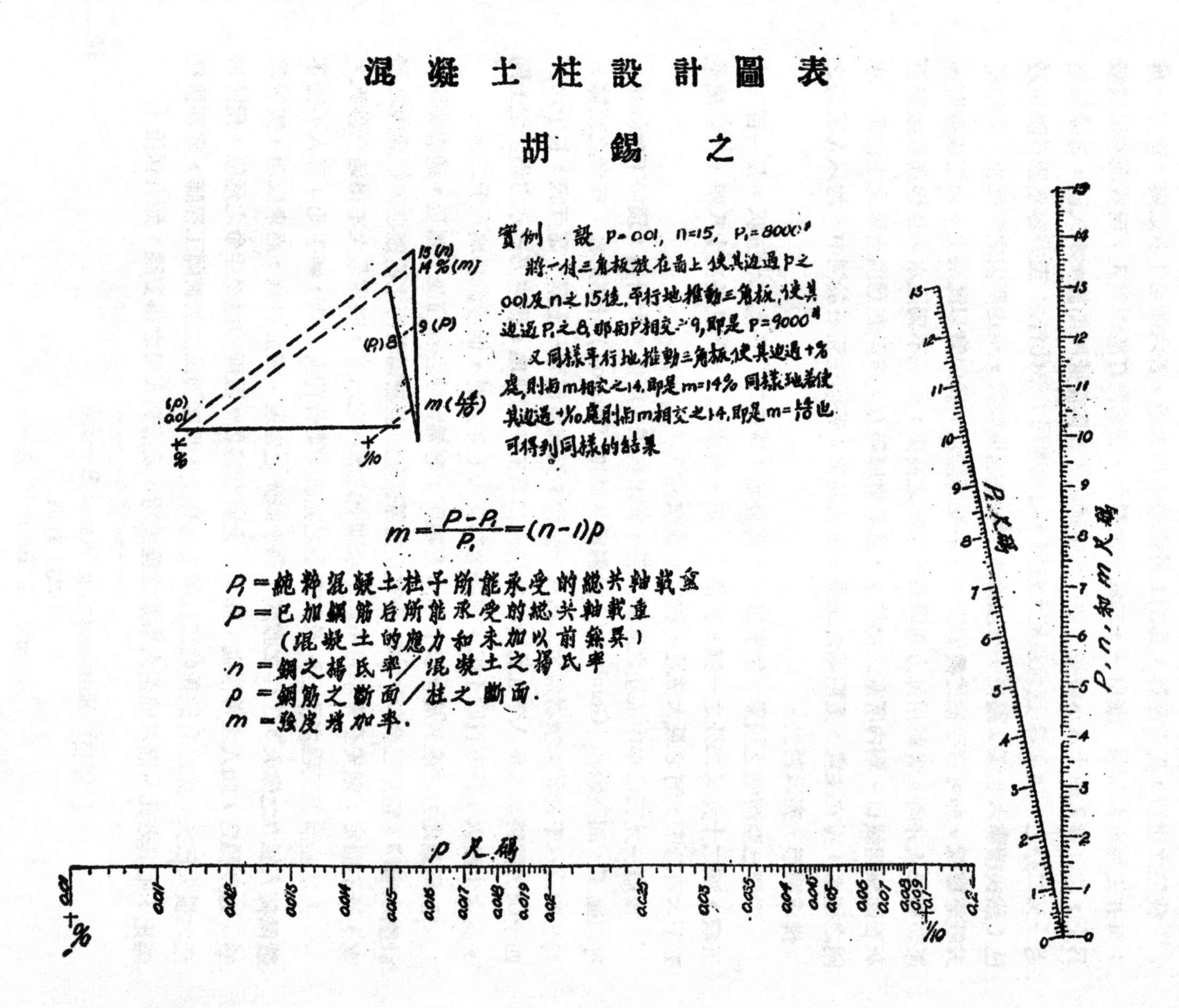
混凝土柱設計圖表
胡錫之
實例 設 p=0.01, n=15, P₁=8000#
將一付三角板放在圖上使其邊過p之0.01及n之15後,平行地推動三角板,使其邊過P₁之8,那與P相交之9,即是P=9000#
又同樣平行地推動三角板,使其邊過+%處,則與m相交之14,即是m=14% 同樣地若使其邊過+‰處則與m相交之1.4,即是m=‰也可得到同樣的結果
m=(P-P₁)/P₁=(n-1)p
P₁=純粹混凝土柱子所能承受的總共軸載重
P=已加鋼筋后所能承受的總共軸載重
(混凝土的應力和未加以前無異)
n=鋼之楊氏率/混凝土之楊氏率
p=鋼筋之斷面/柱之斷面.
m=強度增加率.
15 (n)
14% (m)
9 (P)
(P₁) 8
m (%)
(p) .001
+%
+‰
P, n, 與 m 尺碼
P₁ 尺碼
p 尺碼

18706

十年來揚子江漢口流量之推算

胡　慎　思

(一)引言

揚子江爲世界有數之大河流，其流域面積之廣與雨量之多，實可驚人。根據最近統計，揚子江流域之受水總面積爲1,959,333平方公里，除漢口以下區域不計外，尚有1,445,819平方公里。其分配情形如下。

區域	面積以平方公里計
敘府以上揚子江流域	479,974
岷江及瀘河區	133,152
敘府重慶間揚子江南部雲南，四川，貴州區	69,676
嘉陵江區	163,737
龍灘江區	85,858
揚子江中部自重慶至漢口	85,371
漢江區	175,754
洞庭湖(湖南區)	252,297

茲將漢口上游（包括漢江在內）各地歷年來之平均雨量列表如下：

測站地名	平均年數	全年總數	每月平均雨量
四川打箭爐	民國十三年至二十一年	944.5公厘	78.7公厘
四川寧遠	民國十三年至二十一年	1125.3公厘	93.8公厘
四川成都	光緒三十三年至民國卄一年	806.8公厘	67.2公厘
四川敘府	民國十三年至二十一年	1164.5公厘	97.0公厘
四川重慶	光緒十七年至民國卄一年	1094.4公厘	91.2公厘
雲南東川	民國十三年至二十一年	936.7公厘	78.1公厘
貴州貴陽	民國十三年至二十一年	1287.0公厘	107.3公厘
湖南王村	民國十三年至二十一年	1389.5公厘	115.8公厘
陝西興安	民國十三年至二十一年	638.7公厘	53.2公厘
湖北宜昌	光緒九年至民國二十一年	1103.7公厘	92.0公厘
湖南長沙	宣統元年至民國二十一年	1339.3公厘	111.6公厘
湖南岳州	宣統二年至民國二十一年	1311.1公厘	109.3公厘
湖北漢口	光緒六年至民國二十一年	1245.3公厘	103.8公厘

上述各地流域面積之雨量均以漢口爲尾閭而注入揚子江下游，如以民國二十年八月間最大雨量計算之，則在漢口以上，揚子江流域內之流量可達每秒850,000公尺，而當時漢口之最高流量爲每秒67200立方公尺，倘非沿途蒸發滲透，則漢口災情之重當不止百倍於當時矣。

今有一最好之例可表示揚子江漢口流量之大與含沙量之重。據史篤培(Stroebe)氏謂，揚子江漢口流量若以每秒53000立方公尺計算，欲將此巨量之水用打水機吸至牯嶺之巔需1,000,000,000馬力，其所需之煤量應爲每點鐘1,500,000噸。平均含沙量每秒鐘可有三十噸下注，若每年合計，可將全上海掩埋二十五英呎深而有餘。以上所述之估計雖不甚精確。其數量之大亦足以使吾人注意矣。

按揚子江漢口之流量，以前各學者曾有推算，就所知者，如費奇氏(Richard Fritzsche)謂揚子江每年平均總流量爲685000000000立方公尺，即21800(公尺)^3/秒，根據費禮門氏(Freemen)之調查謂揚子江每年之平均流量爲30000(公尺)^3/秒，以上二者不過均就注海之量而言，若就漢口言之，宋希尙氏則謂漢口最大與最小之平均流量爲38000公尺^3/秒。此諸數值，僅可作爲大略之臆度，而不能眞確代表揚子江流量之平均數值。然欲探討揚子江之流量，漢口實居揚子江流域最重要之位置。蓋以其地處中游之要衝，會合揚子江，洞庭湖，漢口及湘鄂各支流湖泊之水以此爲總出口，並承中游之宣洩，東啓下游之發軔，其流量可影響於整個之江流。今僅就最近十年(民國十三年至二十二年)漢口之流量加以推算，以供商榷，其結果雖不能如實測者正確，然由此求其平均値，亦近似矣。

就揚子江漢口測站最大最小流量(漢水會入後之正幹流量)之記錄，而其數値均與推算者幾相符，比較如下。

實測日期	當時水位	實測流量	推算流量
民國十二年一月廿六日	12.42公尺	5208(公尺)^3/秒	5220(公尺)^3/秒
民國二十年八月三日	27.16公尺	59980(公尺)^3/秒	60000(公尺)^3/秒

由此可証由水位推算之結果，較諸可靠。

(二)推算方法

本篇之推算，全根據漢口江漢關歷年之水位記錄，其記錄之數値均以英呎計算，而其水標尺零點亦係以本地之零點作爲標準。爲求適合揚子江水道整理委員會漢口測站揚子江之流量流率及橫斷面諸曲線圖(附圖)起見，須將漢口水位之英呎數字化爲公尺再加上漢口江漢關水標尺零點高於吳淞零點之常數，(即11.94公尺)由此所得之値即爲漢口水位高出吳淞海平零點以公尺計算之値。爲便利計，故先製成水位換算表(見附表)。此表中之第一行爲英呎以漢口海關零點爲標準者，第一列爲一英呎十分之一數値。而表中之數値均爲公尺而高出吳淞零點者。故由漢口海關所記出英呎水位數値欲換爲高出吳淞之公尺數値，無須計算，可由此表一尋即得。

求得高出吳淞零點之水位後。本可由流量，曲線圖直接尋得。但不若由表上尋得便利。故根據此曲線圖而製成水位與流量換算表(Discharge Rating Table)(見附表)。此表中之第一行與第一列代表高出吳淞零點以公尺計之水位，其餘各數値均爲推算所得之流量，其單位以每秒立方公尺計。如揚子江民國二十年洪水漢口最高水位爲八月十九日，其水位記錄，爲高出漢口海關零點53'-6"，由水位換算表査出爲28.28公尺高出吳淞零點，故其流量應爲67200(公尺)^3/秒。

查揚子江水道整理委員會之流量曲線圖乃根據民國十一年至十四年及二十年實測橫斷面積與流率相乘之積而得流量，再與相當流量之水位高度所繪而成，故此曲線圖甚合於推算近十年來之流量，蓋在此時期江床即爲其實測水流面積之根據也。

歷年推算之記錄列表如下：

揚子江漢口水位換算表

（以漢口海關零點英呎之水位換爲吳淞零點公呎之水位）

英尺	0	.1'	.2'	.3'	.4'	.5'	.6'	.7'	.8'	.9'
—3	11.025	10.995	10.964	………	………	………	………	………	………	………
—2	11.330	11.300	11.296	11.239	11.208	11.178	11.147	11.116	11.086	11.055
—1	11.635	11.604	11.574	11.544	11.513	11.483	11.452	11.421	11.391	11.361
—0	11.949	11.910	11.879	11.849	11.819	11.788	11.757	11.726	11.696	11.666
0	11.940	11.971	12.001	12.031	12.062	12.092	12.123	12.153	12.184	12.214
1	12.245	11.276	12.306	12.336	16.327	12.397	12.428	12.458	12.489	12.519
2	12.550	12.581	12.611	12.641	12.972	12.702	12.733	12.763	12.794	12.824
3	12.854	12.885	12.915	12.945	12.676	13.006	13.037	13.067	13.098	13.128
4	13.159	13.189	13.220	13.250	13.281	13.311	13.342	13.372	13.403	13.433
5	13.464	13.495	13.525	13.555	13.586	13.616	13.647	13.677	13.708	13.738
6	13.769	13.799	13.830	13.860	13.891	13.921	13.952	13.982	14.013	14.043
7	14.074	14.105	14.135	14.165	14.196	14.226	14.257	14.287	14.318	14.348
8	14.378	14.409	14.439	14.469	14.500	14.530	14.561	14.591	14.622	14.652
9	14.683	14.714	14.744	14.774	14.805	14.835	14.866	14.896	14.927	14.957
10	14.988	15.019	15.049	15.079	15.110	15.140	15.171	15.201	15.232	15.262
11	15.293	15.324	15.354	15.384	15.415	15.445	15.476	15.506	15.537	15.567
12	15.598	15.629	15.659	15.689	15.720	15.750	15.781	15.811	15.842	15.872
13	15.902	15.933	15.963	15.993	16.024	16.054	16.085	16.115	16.146	16.176
14	16.207	16.238	15.268	16.298	16.329	16.359	16.390	16.420	16.451	16.481
15	16.512	16.543	16.573	16.603	16.634	16.664	19.695	16.725	16.756	16.786
16	16.817	16.848	16.878	16.908	16.939	16.969	17.000	17.030	17.061	17.091
17	17.122	17.153	17.183	17.213	17.244	17.274	17.305	17.335	17.366	17.396
18	17.426	17.457	17.487	17.517	17.548	17.578	17.609	17.639	17.670	17.700
19	17.731	17.762	17.792	17.822	17.853	17.883	17.914	17.944	17.975	18.005
20	18.036	18.067	18.097	18.127	18.158	18.188	18.219	18.249	18.280	18.310
21	18.341	18.372	18.402	18.432	18.463	18.498	18.524	18.554	18.585	18.615
22	18.646	18.677	18.707	18.737	18.768	18.798	18.829	18.859	18.890	18.920
23	18.950	18.981	19.011	19.041	19.072	19.102	19.133	19.163	19.194	19.224
24	19.255	19.286	19.316	19.346	19.377	19.407	19.438	19.468	19.949	19.529

25	19.560	19.591	19.621	19.551	19.682	19.712	19.743	19.773	19.804	19.834
26	19.865	19.896	19.926	19.956	19.987	20.017	20.048	20.078	20.109	20.139
27	20.170	20.201	20.231	20.261	20.292	20.322	20.353	20.383	20.414	20.444
28	20.474	20.505	20.535	20.565	20.596	20.626	20.657	20.687	20.718	20.748
29	20.779	20.809	20.840	20.870	20.901	20.931	20.962	20.992	21.023	21.053
30	21.084	21.115	21.145	21.175	21.206	21.236	21.267	21.297	21.328	21.358
31	21.389	21.419	21.450	21.480	12.511	21.541	21.572	21.602	21.633	21.663
32	21.694	21.725	21.755	21.785	21.816	21.846	21.877	21.907	11.938	21.968
33	21.998	22.029	22.059	22.089	22.120	22.150	22.181	22.211	22.242	22.272
34	22.303	22.334	22.364	22.394	22.425	22.455	22.486	22.516	22.547	22.577
35	22.608	22.639	22.669	22.699	22.730	21.760	22.791	22.821	22.852	22.882
36	22.913	22.944	22.974	23.004	23.035	23.065	23.095	23.126	23.157	23.187
37	23.218	23.249	23.279	23.309	23.340	23.370	23.401	23.431	23.462	23.492
38	23.522	23.553	23.583	22.613	23.644	23.674	23.705	23.735	23.766	23.796
39	23.827	23.858	23.888	23.918	13.949	23.979	24.010	24.040	24.071	24.101
40	24.132	24.163	24.193	24.223	24.254	24.284	24.315	24.345	24.376	24.406
41	24.437	24.468	24.498	24.528	24.559	24.589	24.620	24.650	24.681	24.711
42	24.742	24.773	24.803	24.833	34.864	24.894	24.925	24.955	24.986	25.016
43	25.046	25.077	24.107	25.137	25.168	25.198	25.229	25.259	25.290	25.320
44	25.351	25.382	25.412	25.442	25.473	25.503	25.534	25.564	25.595	25.625
45	25.656	25.687	25.717	25.747	25.778	25.808	25.839	25.869	25.900	25.930
46	25.961	25.992	26.022	26.052	26.083	26.113	26.144	26.174	26.205	26.235
47	26.266	26.297	26.327	26.357	26.388	26.418	26.449	25.479	26.510	26.540
48	26.570	26.601	26.631	26.661	26.692	26.722	26.753	26.783	26.814	26.844
49	26.875	26.906	26.936	26.966	26.997	27.027	27.058	27.088	27.118	27.149
50	27.180	27.211	27.241	27.271	27.302	27.332	27.363	27.393	27.424	27.454
51	27.485	27.516	27.546	27.576	27.607	27.638	27.668	27.699	27.729	27.760
52	27.791	27.822	27.852	27.882	27.913	27.944	27.974	28.005	28.035	28.066
53	28.097	28.128	28.158	28.188	28.291	28.250	28.280	28.311	28.341	28.372

註：表中之數值均爲公尺

漢口水位與流量換算表

（其水位以高於吳淞零點計算）

公尺	11.	12	13	14	15	16	17	18	19	20	21	22	23	24	25	26	27	28
·00	2450	4400	6390	8450	10600	12950	15430	18030	20890	24300	28400	32650	37250	42250	47405	52905	59000	65400
·02	2470	4450	6430	8500	10650	13000	15490	18090	20940	24370	28470	32750	37450	42350	47550	53070	59120	65470
·04	2500	4500	6470	8540	10700	13050	15540	18150	21000	24450	28550	32850	37550	42450	47650	53200	59250	65550
·06	2550	4530	6500	8570	10740	13100	15590	18200	21070	24520	28620	32920	37650	42550	47770	53320	59370	65750
·08	2600	4570	6530	8600	10790	13150	15640	18250	21150	24600	28700	33000	37750	42550	47900	53450	59500	65950
·10	2630	4590	6580	8640	10820	13200	15690	18300	21200	24670	28800	33100	37850	42750	48020	53550	59620	66050
·12	2670	4600	6630	8680	10850	13250	15730	18360	21260	24750	28900	33200	37940	42850	48150	53650	59750	66150
·14	2700	4650	6670	8710	10910	13300	15780	18410	21360	24820	28970	33300	38020	42950	48250	53750	59870	66300
·16	2720	4700	6700	8750	10980	13360	15230	18460	21420	24900	29050	33400	38100	43050	48350	53860	60000	66450
·18	2760	4750	6750	8800	11010	13400	15880	18510	21480	24980	29120	33470	38170	43150	48450	54000	60120	66570
·20	2800	4800	6800	8850	11050	13450	15940	18560	21500	25060	29200	33550	38250	43250	48550	54150	60250	66700
·22	2850	4820	6840	8900	11100	13500	15990	18610	21570	25130	29300	33650	38350	43850	48650	54270	60370	66820
·24	2900	4850	6880	8960	11150	13550	16040	18660	21650	25200	29400	33750	38450	43450	48750	54400	60500	66950
·26	2940	4900	6910	9000	11200	13600	16100	18730	21700	25300	29470	33850	28550	43550	48850	54520	60620	67070
·28	2980	4950	6950	9040	11250	13650	16150	18800	21750	25400	29550	33950	38650	43650	48950	54650	60750	67200
·30	3010	4980	7000	9070	11300	13700	16200	18860	21800	25470	29620	34050	38750	43760	49050	54770	60900	
·32	3050	5000	7050	9100	11350	13750	16250	18920	21860	25550	29700	34150	38850	43870	49150	54900	61050	
·34	3090	5050	7080	9150	11400	13800	16300	18980	21950	25650	29770	34220	38950	43970	49270	55000	61120	
·36	3130	5100	7100	9200	11450	13850	16350	18050	22040	25750	29850	34300	39050	44070	49400	55100	61300	
·38	3170	5150	7140	9240	11500	13900	16400	19100	22100	25850	29950	34400	39150	44180	49500	55220	61420	
·40	3200	5200	7180	9280	11550	13950	16450	19150	22150	25940	30050	34500	39250	44300	49600	55350	61550	
·42	3250	5220	7210	9330	11600	14000	16500	19200	22220	26000	30150	34600	39350	44400	49700	55450	61670	
·44	3300	5250	7250	9380	11650	14050	16550	19250	22300	26050	30250	34700	39450	44500	49800	55550	61800	
·46	3340	5270	7270	9410	11670	14100	16600	19300	22370	26150	30320	34800	39550	44600	49920	55670	61920	
·48	3390	5300	7300	9450	11700	14140	16650	19360	22450	26250	32400	34900	39650	44700	50050	55800	62050	
·50	3410	5360	7360	9500	11750	14190	16700	19420	22500	26300	30470	35000	39700	44820	50170	55920	62200	
·52	3430	5420	7420	9540	11800	14240	16750	19480	22550	26350	30550	35100	39850	44950	50300	56050	62350	
·54	3470	5460	7460	9580	11850	14290	16800	19560	22600	26450	30650	35170	39950	45050	50420	56170	62470	
·56	3510	5500	7500	9620	11900	14340	16850	19640	22650	26550	30750	35250	40050	45150	50550	56300	62600	
·58	3550	5540	7550	9670	11960	14390	16900	19680	22720	26650	30620	35350	40150	45250	50650	56420	62720	
·60	3600	5580	7600	9720	12030	14440	16960	19730	22800	26750	30900	35450	40250	45350	50750	56550	62850	
·62	3650	5610	7650	9760	12070	14490	17010	19780	22870	26800	30970	35550	40350	45450	50850	56650	62970	
·64	3700	5650	7700	9800	12100	14530	17070	19840	22950	26860	31050	35650	40450	45550	50950	56750	63100	
·66	3740	5670	7740	9850	12160	14590	17120	19890	23020	26960	31150	35750	40550	45650	51070	56870	63220	
·68	3790	5700	7780	9900	12220	14640	17170	19950	23100	27050	31250	35850	40650	45750	51200	57000	63350	
·70	3820	5760	7810	9940	12260	14690	17220	20000	23170	27120	31350	35950	40750	45850	51300	57120	63470	
·72	3840	5820	7850	9980	12300	14740	17270	20050	23250	27200	31450	36050	40850	45960	51400	57250	63600	
·74	3870	5860	7900	10010	12350	14790	17320	20100	23320	27280	31520	36120	40950	46070	51520	57370	63750	
·76	3900	5900	7950	10050	12400	14840	17380	20160	23400	27260	31600	36200	41040	46180	51650	57550	63900	
·78	3950	5950	7980	10100	12440	14890	17430	20220	23470	27460	31670	36300	41140	46290	51750	57620	64020	
·80	4000	6000	8000	10150	12490	14940	17480	20280	23550	27550	31750	36400	41240	46400	51850	57750	64150	
·82	4050	6030	8050	10210	12540	14990	17540	20340	23620	27620	31800	36480	41340	46500	51950	57870	64270	
·84	4100	6070	8100	10280	12590	15040	17600	20400	23700	27700	31950	36560	41440	46600	52050	58000	64400	
·86	4120	6110	8140	10310	12640	15090	17650	20470	23770	27080	32020	36660	41540	46720	52150	58120	64520	
·88	4150	6150	8180	10350	12680	15130	17700	20550	23850	27860	32100	36750	41640	46850	52250	58250	64650	
·90	4170	6180	8210	10390	12730	15180	17750	20600	23920	28000	32170	36850	41740	46950	52370	58270	64770	
·92	4200	6220	8250	10430	12780	15230	17800	20650	24000	28050	32250	36950	41840	47050	52500	58500	64900	
·94	4250	6260	8300	10470	12830	15280	17860	20700	24070	28150	32350	37050	41940	47150	52620	58620	65020	
·96	4300	6300	8350	10500	12880	15330	17920	20760	24150	28250	32450	37150	42050	47250	52750	58750	65750	
·98	4350	6340	8400	10550	12920	15380	17970	20820	24220	28320	32550	37250	42150	47350	52850	58870	65270	

註：表中之數值均爲(公尺)³/秒

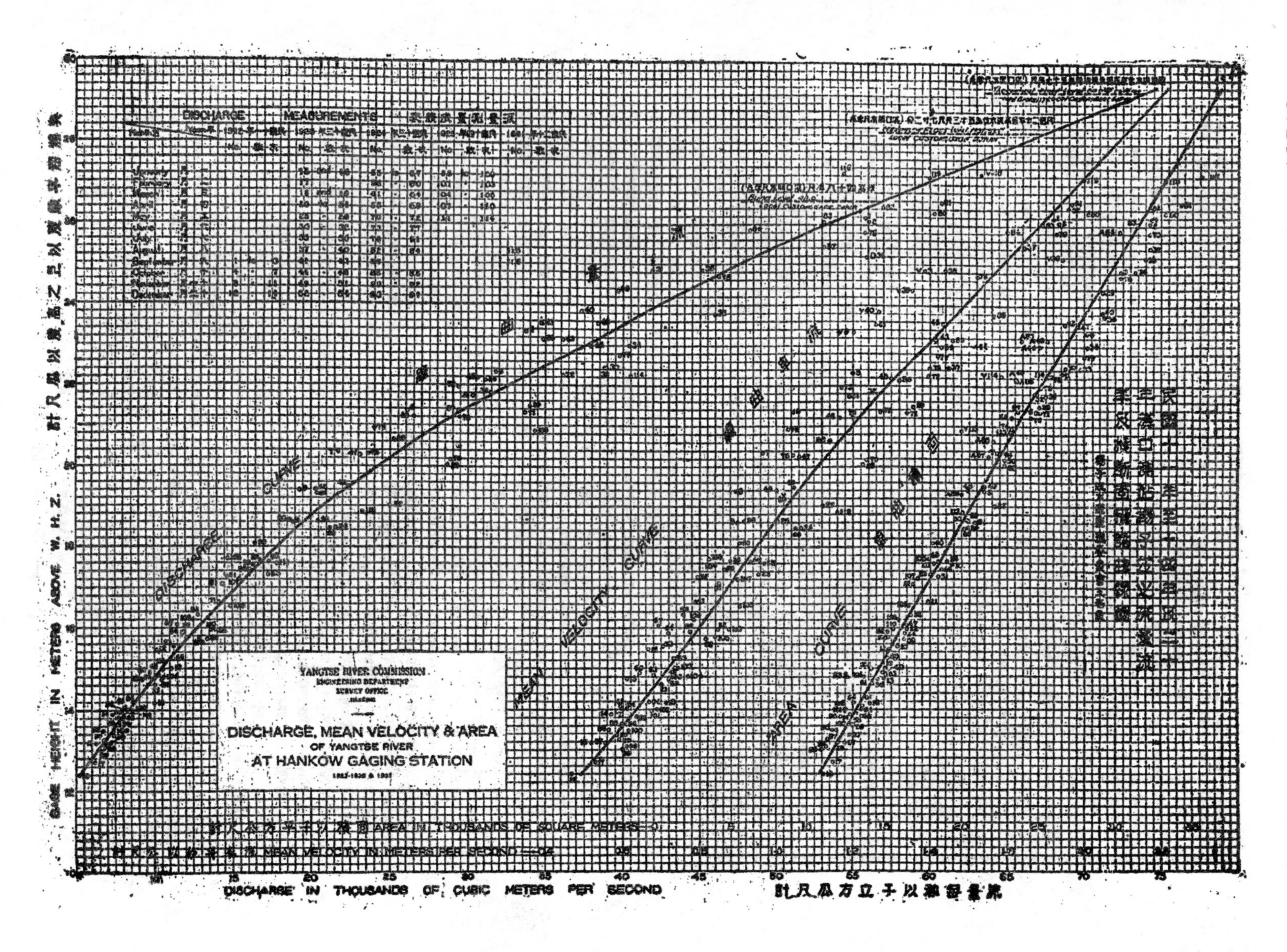
GAGE HEIGHT IN METERS ABOVE W. H. Z.
YANGTSE RIVER COMMISSION
DISCHARGE, MEAN VELOCITY & AREA
OF YANGTSE RIVER
AT HANKOW GAGING STATION
DISCHARGE CURVE
MEAN VELOCITY CURVE
AREA CURVE
DISCHARGE MEASUREMENTS
AREA IN THOUSANDS OF SQUARE METERS
MEAN VELOCITY IN METERS PER SECOND
DISCHARGE IN THOUSANDS OF CUBIC METERS PER SECOND

十三年	一月	二月	三月	四月	五月	六月	七月	八月	九月	十月	十一月	十二月
單位/日期	(公尺)^3/秒	(公尺)^3/秒	(公尺)^3/秒	(公尺)^3/秒	(公尺)^3/秒	(公尺)^3/秒	(公尺)^3/秒	(公尺)^3/秒	(公尺)^3/秒	(公尺)^3/秒	(公尺)^3/秒	(公尺)^3/秒
1	8500	7040	8470	10020	19780	33650	40950	56550	49700	36480	25850	11450
2	8340	7080	8450	10880	19780	32650	42300	56800	49500	36200	24940	11300
3	8250	7250	8250	11750	20000	31850	43870	56800	49000	35800	24260	11200
4	8000	7360	8140	12450	21000	30900	45450	56550	48700	35100	23250	11010
5	7960	7360	8080	12950	22500	30050	46720	56360	48400	34800	22500	10650
6	7960	7550	8000	13300	24940	29140	47900	56000	47900	34800	21940	10340
7	7800	7820	8000	13700	27550	28250	48850	55800	47300	34600	21460	10280
8	7780	8220	8000	14100	29400	27550	[illegible]	55550	46720	34300	20830	10100
9	7700	8540	8080	14840	30400	26800	51080	55450	46300	33900	20160	9980
10	7700	8750	8400	15180	31200	26450	51750	55180	45900	33750	19640	9720
11	7700	9100	9380	16200	31600	26250	52200	54900	45450	33480	18890	9430
12	7700	9760	10150	16450	31150	25850	52750	54400	44950	33350	18300	9240
13	7650	10000	10830	16450	31680	25440	53320	53960	44500	33000	17650	9100
14	7530	12220	11580	16200	32350	25440	53450	53750	44180	32750	17140	8900
15	7280	12950	12160	15730	33650	25850	53650	53450	43350	32350	16600	8720
16	7180	13300	12520	15040	34230	26210	53750	53300	42750	31350	16150	8640
17	7180	13400	12680	13950	34500	26940	53960	53080	42150	30400	15670	8540
18	7180	13400	12730	13100	34800	27960	54770	52950	41340	30400	15280	8400
19	7180	13150	12730	12880	35210	28480	55100	52560	40950	30150	14840	8250
20	7180	12880	12590	13000	35350	28980	55610	52200	40150	30150	14100	8000
21	7180	12520	12380	14290	35450	29480	55800	51850	40050	29950	13540	7820
22	8130	11900	11850	15590	35650	30330	55800	51520	39550	29700	13250	7700
23	7080	11300	11600	16350	35650	31130	55550	51400	39100	29630	13200	7550
24	6950	11500	11120	16750	35450	32180	55450	51200	38750	29200	12830	7550
25	6880	10500	10790	17220	35350	33480	55250	51200	38350	29130	12680	7420
26	6770	10150	10430	17460	35350	34800	55450	51200	37940	29130	12370	7270
27	6770	9760	10280	17800	35210	36200	55610	50850	37650	28980	12160	7180
28	6770	9430	10020	18540	35100	37650	55610	50850	37350	28250	11900	7180
29	6840	9040	9830	19250	34900	38750	56170	50550	37050	27550	11750	7050
30	6890		9620	19640	34500	39850	56500	50170	36750	27050	11600	6950
31	6950		9620		34[illegible]50		56500	49800		26550		6840
平均值	7420	10110	10220	15040	31230	30280	52300	53430	43100	31640	17160	8510

十四年	一月	二月	三月	四月	五月	六月	七月	八月	九月	十月	十一月	十二月
單位 / 日期	(公尺)^3/秒	(公尺)^3/秒	(公尺)^3/秒	(公尺)^3/秒	(公尺)^3/秒	(公尺)^3/秒	(公尺)^3/秒	(公尺)^3/秒	(公尺)^3/秒	(公尺)^3/秒	(公尺)^3/秒	(公尺)^3/秒
1	6700	7780	10850	15430	13700	27460	25470	24670	34900	33950	24980	17970
2	6630	8000	10650	15730	14740	26750	25470	24980	34900	33650	24450	17380
3	6580	8140	10510	15730	15830	26000	26250	25200	35100	33750	23770	16750
4	6580	8250	10430	15330	16750	25060	27050	25300	34900	34050	23770	16200
5	6500	8400	10310	15330	17480	24220	26250	25300	34800	34500	23700	15690
6	6470	8400	10150	15830	17860	23700	28150	25060	34800	34500	23550	15180
7	6390	8350	10010	16350	18300	23100	28400	25300	34800	35170	23700	14690
8	6260	8350	19760	16900	18800	22650	29120	25470	35100	35170	23770	14240
9	6390	8350	9580	17380	20160	22550	29620	25300	35450	35170	24000	13750
10	6470	8250	9500	17700	21860	23100	29950	25300	35750	35100	24000	13150
11	6470	8210	9850	17970	24600	23700	30320	25550	35950	35100	23770	12680
12	6580	8140	10390	17860	27460	24220	30650	26250	36400	34800	23470	12160
13	6580	8000	12820	17700	29200	24370	30650	26800	36660	34500	23470	11700
14	6580	8000	11350	17380	30400	24000	30400	27860	36950	33750	23470	11450
15	6500	8000	12030	16900	31350	24000	29850	29120	37050	33200	23320	11010
16	6500	8000	12400	16500	32170	24150	29400	30050	36750	32350	23320	10550
17	6470	8140	12540	16040	33000	24370	28720	30820	36750	31670	23100	10280
18	6630	8250	12400	15540	33650	24670	28250	31600	36950	30820	22800	9850
19	6840	8400	12160	14990	34050	24980	27550	32100	37050	29850	22300	9500
20	7050	8640	12300	14440	34300	25200	26960	32750	36950	28900	22100	9380
21	7180	9040	12730	13850	34050	25470	26300	33400	36750	28400	20750	9150
22	7270	9500	13150	13450	33950	25550	25750	33950	36480	27800	21400	9000
23	7360	9900	13850	13100	33650	26000	25060	34220	36200	27550	21000	8850
24	7360	10310	14240	12830	33200	26250	24600	34300	35950	27280	20760	8600
25	7360	10550	14690	12400	32450	26300	24150	34500	35650	27460	20340	8400
26	7360	10850	14890	12160	31600	26250	23700	34600	35350	27280	20100	8210
27	7360	11010	14890	12160	30820	26000	23470	34600	35100	26960	19840	8100
28	7360	11050	15040	12160	30320	25550	23550	34300	34900	26750	19480	7810
29	7360		15130	12220	29470	25300	24000	33950	34800	26250	19150	7700
30	7360		15040	12730	28900	25300	24300	34220	34300	25750	18610	7550
31	7500		15040		28250		24370	34300		25300		7650
平均值	6840	8810	12220	15140	26880	24870	27360	30740	35780	31200	22470	11420

十五年	一月	二月	三月	四月	五月	六月	七月	八月	九月	十月	十一月	十二月
日期＼單位	(公尺)3/秒	(公尺)3/秒	(公尺)3/秒	(公尺)3/秒	(公尺)3/秒	(公尺)3/秒	(公尺)3/秒	(公尺)3/秒	(公尺)3/秒	(公尺)3/秒	(公尺)3/秒	(公尺)3/秒
1	7780	6390	11650	13250	14990	30150	43970	56170	52750	34300	32450	16040
2	7780	6220	11700	12680	14530	31050	45450	56420	52150	34050	31800	15940
3	7780	6300	11900	12220	14100	31670	47350	56550	51850	34300	31450	15690
4	7180	6260	12160	11900	13850	32170	49800	56550	51520	34500	30900	15590
5	7180	6220	12160	11650	13850	32350	51520	56420	51200	34500	30400	15730
6	7780	6110	12440	11200	14100	32350	52620	56550	50750	34300	29850	15880
7	7700	6030	12950	10850	14890	32100	53650	56550	50170	34600	29200	15540
8	7650	6030	13770	10500	15590	31670	54900	56550	49700	34800	28620	15330
9	7500	6110	13900	10390	16200	31600	55800	56750	49150	35170	28000	15590
10	6360	6150	14740	10310	17220	31600	55800	56870	48550	35650	27460	15730
11	7250	6340	15130	10390	18660	31800	56050	56870	47550	36120	27050	15830
12	7140	6700	15540	10390	19840	32170	56170	57120	46950	36400	26450	15940
13	7050	6950	15730	10310	20760	32750	56420	57120	46400	36480	24820	15830
14	6910	7250	15830	10150	21700	33470	56550	57120	45750	36660	23700	15690
15	6840	7500	15540	9980	22300	34220	55800	57120	44950	36600	23320	15430
16	6910	7780	15130	9850	22800	34900	55450	57120	44300	36660	22650	15180
17	7080	7950	14990	9980	23250	35450	55220	57250	43350	36660	22150	14990
18	7140	8400	14740	10390	23250	35650	55100	57550	42950	36660	21570	14740
19	7140	9000	14440	11010	22870	35950	54770	57620	42150	36750	21150	14530
20	7250	9500	14240	12070	22650	36400	54770	58000	41340	36660	20760	14390
21	7250	9760	14100	13300	22650	36950	54770	58250	40350	36480	20280	14140
22	7270	9760	14140	14590	22870	37250	54900	57870	39250	36400	19680	14240
23	7270	9900	14590	15690	23100	37650	55100	57550	38450	36200	19150	14140
24	7250	9900	15130	16500	23320	37940	55220	57120	37850	35950	18660	14140
25	7250	10150	10330	16960	23550	38350	55800	56750	37550	35950	18300	14140
26	7140	10550	15330	17070	23770	38950	56170	56170	36750	35650	17860	14440
27	7140	11010	15130	16900	24220	40050	56550	55800	35750	35170	17480	14530
28	7080	11350	14890	16500	25470	41040	56550	55200	34800	34800	17170	14440
29	7050		14590	16040	26550	42150	56420	53650	35100	34050	16750	14290
30	6840		14100	15540	28000	42950	56550	53450	34800	35400	16450	14100
31	6500		13750		29120		56170	53070		35000		13600
平均值	7240	7730	14190	12620	20810	35090	54250	56430	44140	35580	23850	15030

十六年	一月	二月	三月	四月	五月	六月	七月	八月	九月	十月	十一月	十二月
單位 / 日期	(公尺)3/秒	(公尺)2/秒	(公尺)3/秒	(公尺)3/秒	(公尺)3/秒	(公尺)3/秒	(公尺)3/秒	(公尺)3/秒	(公尺)3/秒	(公尺)3/秒	(公尺)3/秒	(公尺)3/秒
1	13150	8900	14590	17070	24000	34050	39700	47650	36750	31450	22300	11350
2	12730	8640	14530	17480	23470	33000	39400	47250	36400	31600	21400	11200
3	12370	8500	14290	17970	23100	32100	39400	46720	35650	31600	20650	11050
4	12070	8210	14100	18200	23100	30900	39550	46290	34900	31450	19950	10910
5	11700	8070	13750	18510	22800	29700	40150	45750	34600	31350	19250	10650
6	11300	8000	13540	18920	22300	28900	40650	45250	34500	31350	18460	10280
7	10790	7950	13300	19150	21860	28150	42450	44820	34600	31350	17700	9850
8	10130	7900	13000	19480	21750	27460	43970	44180	34600	31350	17150	9620
9	10010	7810	12680	19640	21700	27200	45150	43650	34500	31150	16750	9720
10	9900	7780	12440	19950	21860	27050	46290	43350	34500	30820	16350	9700
11	9980	7650	12220	20340	22500	26960	47050	43050	34300	29700	16040	9700
12	10100	7650	11750	21150	23470	26800	47550	42750	34050	28970	15730	9560
13	10100	7550	11600	21570	24940	26550	47900	42450	33650	29200	15520	9500
14	10150	7550	11350	22100	26550	26550	48250	42600	33200	29470	15180	9410
15	10010	7420	11200	22550	28100	26450	48250	42600	32920	30280	14840	9410
16	9980	7360	11350	23250	29200	26450	47900	42600	31450	30280	14440	9380
17	11100	7270	11700	23700	30150	26800	47600	42300	31600	30150	14070	9240
18	10280	7360	12070	24000	31050	27820	47600	41840	31800	29950	13700	9000
19	10500	7550	12220	24220	32170	28970	47350	41540	32100	29700	13300	8750
20	10550	8000	12160	24220	33350	30280	47550	40950	32450	29470	13000	8710
21	10500	8900	12370	24000	34300	31600	47900	40450	32750	29200	12680	8710
22	10430	10100	12220	25220	34900	32750	48250	40150	32920	28700	12370	8600
23	10280	11450	12070	26000	35350	33200	48550	39850	33000	28250	12030	8500
24	10280	12590	11900	26050	35350	34500	48650	39450	32920	27700	11750	8350
25	10100	13450	11700	26250	35350	35650	48850	39100	32800	27200	11600	8210
26	9980	13920	12030	26300	35450	36660	49000	38350	32450	26550	11500	8070
27	9760	14390	12590	26300	35450	37850	49150	38350	32100	26000	11600	7970
28	9620	14530	13300	26000	35450	38950	49150	38350	31670	25300	11500	7780
29	9500		14140	25750	35350	39550	49000	38350	31600	2 220	11350	7650
30	9280		15180	24820	35170	39700	48550	37650	31350	23700	11350	7550
31	9100		16200		34900		48020	37050		23020		7550
平均值	10520	9160	12820	22370	28850	31090	46090	42090	33400	29050	15130	9220

十七年	一月	二月	三月	四月	五月	六月	七月	八月	九月	十月	十一月	十二月
單位 / 日期	(公尺)^3/秒	(公尺)^3/秒	(公尺)^3/秒	尺尺)^3/秒	(公尺)^3/秒	(公尺)^3/秒	(公尺)^3/秒	(公尺)^3/秒	(公尺)^3/秒	(公尺)^3/秒	公尺)^3/秒	公尺)^3/秒
1	7550	5300	5470	6900	13540	21950	28000	21500	32750	25060	18300	9500
2	7500	5300	5300	6630	15130	22150	28250	23920	32100	25300	17860	9100
3	7270	5300	5270	6580	16200	22150	28600	26300	31600	25470	17220	8640
4	7180	5300	5220	6700	17150	21950	28970	28250	30550	25300	16900	8350
5	6950	5300	5100	6950	17800	21760	29400	30400	29700	25300	16500	8250
6	6630	5220	5100	7700	18360	21570	29700	32100	28900	25170	16150	8070
7	6390	5050	5200	8070	18510	21950	29850	33470	27820	25060	15730	7950
8	6030	5050	5270	8500	18610	22650	29850	34900	26750	24820	14840	7780
9	6000	4850	5610	8600	18610	23470	29620	36000	25550	24600	14140	7550
10	5900	4820	6340	8750	18360	23770	29200	36660	24370	24370	13920	7270
11	5700	4750	7140	8850	18150	24000	28720	36950	23250	23920	13750	7140
12	5860	4700	7950	8850	17800	23550	28250	37250	22300	23700	13600	6950
13	6030	4700	8640	8640	17070	23250	27700	37650	21750	23820	13400	6750
14	6260	4700	9100	8540	16350	22800	27280	38100	21700	23100	13300	6630
15	6630	4750	9500	8350	15990	22370	27200	38350	21700	22800	13150	6500
16	6900	4820	9620	8250	16040	21950	27200	28350	21860	22370	13100	6470
17	7050	4650	9620	8210	16200	21500	26960	38450	22150	21950	12950	6390
18	6950	4950	9500	8140	16450	21200	26750	38650	22550	21760	12880	6340
19	6900	5100	9240	7950	16600	20730	26250	38650	22980	21500	12830	6220
20	6750	5300	9000	7780	16800	20470	25750	38750	23320	21200	12590	6150
21	6630	5540	8710	7700	16900	20570	25170	38650	23550	20920	12300	6030
22	6410	5700	8540	7810	16960	20920	24600	38500	23550	20650	12070	6030
23	6390	5700	8500	8300	17070	21760	23770	38350	23770	20470	11850	6000
24	6150	5700	8400	8900	16960	23000	23000	38100	23920	20160	11650	5900
25	6030	5650	8350	9240	16960	24220	22300	37650	23470	19950	11350	5800
26	5900	5650	8250	9410	16960	25060	21570	36950	23770	19680	11050	5800
27	5700	5650	8210	9760	17300	25850	20920	36200	24000	19640	10650	5760
28	5650	5610	8000	9800	18030	26450	20340	35650	24370	19250	10310	5700
29	5470	5540	7810	10910	18980	27050	20160	34900	24600	18800	10100	5650
30	5420		7500	12160	20160	27550	20000	34220	24670	18660	9850	5600
31	5300		7180		21400		20280	33470		18610		5470
平均值	6380	5180	7550	8430	17340	22950	25990	34940	25110	22380	13480	6830

十八年	一月	二月	三月	四月	五月	六月	七月	八月	九月	十月	十一月	十二月
日期＼單位	(公尺)³/秒	(公尺)³/秒	(尺公)³/秒	(公尺)³/秒	(公尺)³/秒	(公尺)³/秒	(公尺)³/秒	(公尺)³/秒	(公尺)³/秒	(公尺)³/秒	(公尺)³/秒	(公尺)³/秒
1	5420	4200	5270	5050	6840	24220	33650	41240	34050	34600	19600	11700
2	5270	4200	5300	5540	7140	23550	33650	41240	33200	34300	20160	11200
3	5220	4250	5540	5860	7780	23020	33750	41540	32170	33750	19840	10390
4	5200	4250	5760	5860	8350	22500	33950	42350	31350	33400	19680	10150
5	5200	4250	6030	5760	8750	21750	34300	42750	30550	32750	19480	10150
6	5100	4350	6220	5700	9100	21150	35100	43350	29700	32350	19300	10100
7	5100	4400	6340	5650	9380	20600	36200	43870	29200	31950	19150	9850
8	5050	4400	6260	5610	10100	19780	36750	44180	28700	31950	18980	9620
9	4980	4350	6150	5610	10500	18980	37250	44180	28470	31950	18660	9580
10	4950	4250	5860	5650	10850	18200	37850	44180	28250	31950	18460	9410
11	4850	4350	5610	5700	11150	17860	38170	43970	28000	31670	17860	9240
12	4820	4050	5420	5760	11850	17860	38950	43970	27860	31670	17650	9040
13	4750	3950	5200	5860	13100	18150	39850	44180	27700	31670	17320	8850
14	4600	4050	4980	5760	14360	18800	40150	44300	28050	31450	16960	8640
15	4500	4100	4820	5760	15330	19840	40050	44300	28400	30820	16600	8350
16	4350	4150	4700	5760	15730	21150	39850	44500	28470	30320	16200	8140
17	4200	4250	4590	5860	16040	22500	39700	44600	28620	29620	15830	8100
18	4150	4400	4500	6110	16750	23700	39550	44600	29200	28970	15430	8000
19	4150	4590	4350	6470	17700	25200	39150	44300	29850	28400	15040	7950
20	4100	4750	4350	6700	18610	26450	38100	44180	30550	27550	14690	7900
21	4100	4950	4250	6700	19780	27280	38170	43550	31050	26800	14240	7810
22	4100	5100	4200	6700	20760	29050	38170	43050	31800	26050	13750	7810
23	4050	5220	4200	6700	21570	30320	38100	42450	32350	25300	13450	7950
24	4050	5200	4100	6700	22300	31600	38170	41940	33400	24820	13300	7950
25	4050	5200	3900	6700	23020	32450	38750	41240	33950	24150	13250	7950
26	4050	5100	3740	6750	23700	33400	39700	40450	34300	23320	13150	7950
27	4100	5200	3700	6750	24370	33750	40350	39250	34600	22650	13000	7950
28	4150	5220	3600	6750	24820	33750	40650	38350	34900	22450	12730	8000
29	4150		3700	6750	24980	33650	39850	37550	34900	21750	12400	8210
30	4200		3840	6750	24980	33750	39850	36660	34600	21400	12030	8400
31	4200		4200		24670		39850	35350		20940		8540
平均值	4720	4530	4860	6030	15950	24810	38000	42310	30940	28730	16270	8880

十九年	一月	二月	三月	四月	五月	六月	七月	八月	九月	十月	十一月	十二月
單位／日期	(公尺)^3/秒	(公尺)^3/秒	(公尺)^3/秒	(公尺)^3/秒	(公尺)^3/秒	(公尺)^3/秒	(公尺)^3/秒	(公尺)^3/秒	(公尺)^3/秒	(公尺)^3/秒	(公尺)^3/秒	(公尺)^3/秒
1	8600	7780	9380	13250	32450	27700	48850	25470	34220	39150	26960	15280
2	8600	8000	9280	13400	34800	28760	49050	25550	37050	39450	27460	15330
3	8500	8140	9150	14000	35450	28400	48850	26250	37850	39550	28000	15180
4	8350	8140	9100	14690	36120	28400	48550	27050	38100	39550	28000	15430
5	8100	8100	9240	15330	36200	28250	48250	28700	38170	39250	28150	15540
6	7950	8140	9500	15830	36480	28900	47900	30400	38650	38750	28150	15590
7	7810	8210	10010	16040	36660	29700	47350	31950	38950	38450	28150	15690
8	7780	8350	10500	16300	36750	29850	46950	32920	39450	38100	27860	15690
9	7650	8500	10910	16750	37050	29950	46290	33400	39700	37850	27280	15540
10	7650	8640	11200	17320	37250	30550	45450	33400	39250	37250	26550	15430
11	7700	9000	11450	18030	36660	30900	44600	33470	39150	36660	25750	15330
12	7780	9410	11700	18920	36400	31150	43970	33470	39700	34220	25300	15130
13	7780	10010	12070	20000	36400	31450	43550	33000	40350	35350	24670	14740
14	7700	10550	12590	20820	36400	31350	43250	32750	40950	34800	24000	14530
15	7650	10910	12950	21950	36200	31350	42450	32650	41340	33750	23320	14290
16	7500	11150	13300	23100	35750	31800	41940	32170	41940	33200	22550	14000
17	7360	11200	13950	24000	34800	32650	41840	31950	42450	32650	22150	13700
18	7180	11300	14440	24600	34220	33650	41540	31670	42750	31670	21750	13450
19	7050	11200	14840	24600	33400	34800	40950	31670	42750	31050	21400	13150
20	6840	11200	14990	24220	32750	36480	39700	31670	42450	30400	20940	12680
21	6700	11010	14990	23550	32170	38170	38750	31800	42450	29700	20470	12220
22	6580	10790	14840	22870	31600	40150	37650	32350	41840	29200	20000	11900
23	6500	10500	14690	22500	30900	41640	36480	33470	42650	28900	19480	11750
24	6470	10280	14530	22800	30320	42650	35350	33650	41240	28400	18800	11650
25	6260	9980	14290	22500	29620	43550	34050	33650	41240	28150	18300	11500
26	6260	9720	14000	23100	29120	44950	32920	33000	40950	27860	17650	11300
27	6390	9500	13750	24220	28700	46290	31670	32450	40450	27550	16960	11010
28	6500	9380	13540	25550	28400	47250	30320	32450	49950	27200	16600	10700
29	6750		13600	28150	28250	47900	38900	32920	39700	26800	16200	10390
30	7140		13450	30820	28150	48550	27460	33750	30550	26800	15830	10010
31	7420		13300		280·0		26450	34300		27050		9850
平均值	7370	9610	12420	20640	33480	35210	41980	31700	40170	33180	22960	13810

二十年	一月	二月	三月	四月	五月	六月	七月	八月	九月	十月	十一月	十二月
日期 \ 單位	(公尺)³/秒	(公尺)³/秒	(公尺)³/秒	(公尺)³/秒	(公尺)³/秒	(公尺)³/秒	(公尺)³/秒	(公尺)³/秒	(公尺)³/秒	(公尺)³/秒	(公尺)³/秒	(公尺)³/秒
1	9500	7360	9760	11150	25750	39450	41340	59500	64270	52370	35750	16350
2	9380	7550	9620	10910	26450	39550	41540	59750	63600	52050	35100	161[illegible]0
3	9150	7650	9620	10790	27220	40150	41340	60000	63100	51750	34220	15880
4	9040	7650	9980	10650	28620	40450	41640	60370	62850	51400	33350	15730
5	8750	7360	10550	10500	29850	40650	41640	60120	62720	51400	32170	15830
6	8500	7250	11350	10310	30650	40450	42000	60370	62470	50850	31350	15830
7	8210	7180	12590	10100	31850	40450	42600	60680	62350	50750	30650	15730
8	8070	7080	13850	9850	32650	40450	42950	61120	62470	50170	29700	15430
9	7950	7050	14990	9760	32920	40950	44500	61300	62470	49400	28970	15130
10	7810	6840	15690	10100	33000	41240	45600	61550	62470	48850	28250	14890
11	7780	6700	16150	10500	32920	41640	47050	61550	62050	48350	27550	14740
12	7700	6580	16350	11300	33650	41940	48550	61550	61670	48020	26800	13920
13	7550	6470	16500	12300	34050	42150	49700	62470	61550	47650	26050	13850
14	7500	6470	16450	13150	34600	42300	50750	63470	61300	47350	25300	13700
15	7500	6470	16350	13850	34800	42300	51750	64520	60310	47050	24450	13600
16	7500	6500	16040	14140	34900	41900	52520	65400	59870	46720	23920	13540
17	7360	6630	15590	14590	34900	41840	52950	66450	59370	46070	23470	13450
18	7270	6750	15130	15430	34800	41540	53260	66820	58750	45600	22650	13400
19	7180	7080	14690	16150	35170	40750	53450	67200	58250	44600	22100	13100
20	7080	7420	14290	16800	35650	40450	53650	66630	57750	44180	21570	12880
21	6950	7950	13850	17540	36090	40350	54000	66840	57120	43650	20730	12680
22	6750	8400	13450	17970	36200	40450	54770	66820	56550	43250	20280	12370
23	6700	8850	13150	18510	36660	40750	55800	66570	56050	42750	19780	12160
24	6400	9150	13150	19780	37050	41040	56750	66570	55450	42300	19300	11850
25	6400	9560	13000	21000	37250	41340	57250	66050	55100	41240	18660	11600
26	6340	9760	12730	22100	37650	41340	58000	66050	54520	40150	17970	11300
27	6470	9900	12370	23020	37940	41540	59000	66050	54150	39700	17380	11150
28	6630	9900	12070	23770	38100	41640	59870	65550	53750	38950	17070	10790
29	6750		11750	24450	38350	41640	60120	65400	52950	38170	16900	10550
30	6950		11500	24940	38450	41540	59750	65020	52750	37550	16660	10310
31	7180		11350		38950		59370	64650		36660		10280
平均值	7560	7680	13350	15150	33970	40410	50760	64720	59270	47370	28270	13490

18720

廿一年	一月	二月	三月	四月	五月	六月	七月	八月	九月	十月	十一月	十二月
日期＼單位	(公尺)^3/秒	(公尺)^3/秒	(公尺)^3/秒	(公尺)^3/秒	(公尺)^3/秒	(公尺)^3/秒	(公尺)^3/秒	(公尺)^3/秒	(公尺)^3/秒	(公尺)^3/秒	(公尺)^3/秒	(公尺)^3/秒
1	10280	7810	12680	12950	14890	36080	46400	40950	38100	43870	29950	13950
2	10280	7810	12730	12540	15830	36200	46600	40750	48450	43870	29400	13450
3	10280	7810	12730	12220	16350	36200	46600	40450	38900	43550	28470	13510
4	10150	7810	11800	12030	16960	35750	46600	40350	39550	43250	27550	12730
5	10100	7810	12300	12030	17220	35170	46600	40350	40150	42950	26750	12370
6	10100	7900	11900	11850	17700	34600	46400	40150	40650	42450	25850	12160
7	9720	8070	11500	11700	18200	34050	46600	39850	41040	42150	24600	11900
8	9760	8400	11050	11600	18360	33650	46950	39700	41240	41640	24000	11750
9	9620	8640	10790	11350	19250	33200	46950	39450	41240	41040	23320	11650
10	9560	9100	10430	11150	20730	32750	47050	39100	41240	40750	22800	11450
11	9560	9760	10150	11010	21860	32750	47550	39100	41340	40350	22370	11150
12	9380	10390	9900	10910	22200	32170	48250	38950	41240	40050	21950	11010
13	9150	11050	9760	11350	23320	32100	48850	38750	41240	39700	21860	10830
14	9040	11650	9980	11850	23700	31800	49400	38450	41040	39250	21860	10700
15	8900	12070	10550	12160	24370	31670	49050	37940	41040	38650	21200	10550
16	8710	12370	11300	12540	25470	31670	49650	37550	41040	38170	21150	10430
17	8540	12590	11850	12730	26800	31950	49500	37050	41540	37550	21150	10310
18	8350	12880	12300	12830	28250	32100	49150	36660	41540	36480	20820	10100
19	8140	13150	12590	12880	29470	32450	48650	36200	41840	36400	20340	9760
20	7950	13250	12950	12830	30400	32920	48250	35950	42300	35950	20000	9500
21	7810	13150	13100	12680	31350	33750	47650	35700	42450	35650	19480	9240
22	7700	12950	13300	12370	32170	34500	47250	35700	42650	35170	18890	9000
23	7650	12590	13300	12070	33000	35170	46600	35700	42650	34800	18300	8750
24	7650	12070	13300	11700	33650	36200	45960	35700	42950	34220	17700	8640
25	7650	12070	13400	11500	34050	37850	45250	36200	43350	33650	16960	8600
26	7650	12070	13400	11450	34300	37900	44600	36200	43550	33470	15900	8500
27	7650	12160	13400	11450	34300	41640	43970	36660	43650	33200	15430	8400
28	7650	12370	13450	11750	33470	43350	43250	37250	43870	32750	14990	8400
29	7700	12440	13540	12300	34500	44700	42450	37650	43970	32170	14690	8540
30	7700		13540	13450	35350	45750	41640	37850	43970	31600	14290	8600
31	7780		13400		35650		41240	37850		30900		8640
平均值	8760	10770	12140	12040	25930	35340	46620	38070	40160	37990	21400	10460

廿二年	一月	二月	三月	四月	五月	六月	七月	八月	九月	十月	十一月	十二月
日期 \ 單位	(公尺)³/秒	(公尺)³/秒	(公尺)³/秒	(公尺)³/秒	(公尺)³/秒	(公尺)³/秒	(公尺)³/秒	(公尺)³/秒	(公尺)³/秒	(公尺)³/秒	(公尺)³/秒	(公尺)³/秒
1	8600	7270	10500	7780	18150	38170	53750	45750	28250	20280	29120	14890
2	8540	7180	10390	7550	19480	39450	53320	45250	28000	20650	28250	14690
3	8500	7050	10280	7500	18980	39850	52750	44950	27460	21360	27200	14440
4	8500	6950	9980	7360	18890	40050	52750	44300	27200	21570	26450	14140
5	8400	6900	9560	7270	18610	40150	51400	43870	26750	22300	25550	137[illegible]0
6	8350	6840	9410	7270	18610	40350	50550	43550	26300	23320	25600	13300
7	8350	6700	9150	7250	19250	40450	50050	43050	25850	24670	23920	12330
8	8400	6500	9100	7140	20000	41040	5[illegible]050	42650	25300	26750	23320	12590
9	8400	6500	9040	7180	20730	41540	50050	41640	24600	28250	22800	12300
10	8400	6500	9040	7270	21360	41940	50750	40950	23920	29850	22300	12030
11	8250	6630	9280	7950	21570	42650	51200	40350	23250	31050	22100	11700
12	8070	6950	9720	8750	21570	43350	1750	39550	22370	32650	21860	11600
13	7950	7420	10310	9500	21400	43650	2150	38750	21750	34220	21570	11500
14	7950	7810	11010	10150	21000	44180	2750	38100	21360	35350	21150	11450
15	7950	8140	11500	10850	20650	44600	52950	37250	20940	36080	20470	11500
16	7900	8350	11750	11850	20470	44950	53070	36480	20940	36660	19950	11650
17	7900	8650	12030	12950	20570	45750	53070	35950	21200	37050	19640	11750
18	7900	9100	11900	14140	21150	46720	52950	35170	21360	37250	19250	12030
19	7900	9720	11650	15520	21860	47900	52950	34600	21360	37250	18800	12070
20	7900	10280	11300	16960	23320	49[illegible]00	2[illegible]60	33750	21500	37050	18460	12030
21	7810	10700	10830	18030	25470	51070	52150	33350	21570	36900	18150	11900
22	7810	10910	10100	18660	28400	52150	51750	32750	21570	36160	17800	11750
23	7780	11050	9720	19150	30900	3070	1070	32250	21570	35170	17480	11650
24	7780	11050	9100	19420	32170	54150	0550	31800	21500	34800	17220	11350
25	7700	11050	8640	19680	32750	54900	50050	31350	21200	34300	16900	11200
26	7700	10910	8350	20000	33000	54900	49150	30900	20940	33650	16600	10910
27	7650	10790	8140	20280	33350	54900	48650	30550	20570	32750	16200	10430
28	76[illegible]0	10650	8000	20160	34050	54900	48020	30150	20160	31950	15830	10150
29	7550		8000	20100	35350	54520	47350	29620	20000	31350	15430	9760
30	7500		8000	20000	36480	54150	46720	28900	20000	30400	15130	9410
31	7420		7950		37250		46070	28250		29700		9240
平均值	7890	8520	9800	12920	24740	46170	50810	36970	22960	35830	20820	11920

(三)推算結果

茲將推得結果計算列表如下：——

年數 \ 月份	一月	二月	三月	四月	五月	六月	七月	八月	九月	十月	十一月	十二月	年平均值
十三年	7420	10110	10220	15040	31230	30280	52300	53430	43100	31600	17160	8510	25870
十四年	6840	8810	12220	15140	26880	24870	27360	30740	35780	31200	22470	11420	21140
十五年	7240	7750	14190	12620	20810	35090	54250	56430	44140	35580	23850	15030	27250
十六年	10520	9160	12820	22370	28850	31090	46090	42090	33400	29050	15130	9220	24150
十七年	6380	5180	7550	8430	17340	22950	25990	34940	25110	22380	13480	6830	16420
十八年	4720	4530	4860	6030	15950	24810	38000	42810	30940	28730	16270	8800	18830
十九年	7370	9610	12420	20640	33480	35210	41980	31700	40170	33180	22960	13810	25170
二十年	7560	7680	13350	15150	33970	40410	50760	64720	59270	47370	28270	13490	31830
廿一年	8760	10770	12140	12040	25930	35340	46620	38070	40160	37990	21400	10460	24970
廿二年	7890	8520	9800	12920	24740	46170	50810	36970	22960	35830	22820	11920	24110
月平均值	7470	8210	10960	14060	25920	32620	43420	43140	37500	33290	20180	10950	24000

根據上表之結果，求得常年之平均流量爲每秒 24000 立方公尺，月平均值則以七八兩月爲最大，約爲 43000 秒立方公尺，幾爲總平均值之二倍。若查前每年之流量表，大多數每年五月中旬及十一月上旬末之流量，即可代表當年之平均流量。蓋揚子江漢口常年水位曲線在此二時期均爲順次上漲與下落，但間亦有例外。

上述所得每秒 24000 立方公尺平均流量，臆度當不致太少，因在此十年來含有六十年所一見之洪水年（民國二十年）。此亦不過大概之數值，其精確數量，當有待於長時間之實測也。

本推算參考材料：

1. 漢口江漢關水位記錄（民國十三年至二十二年）
2. 揚子江水道整理委員會第十，十一兩期年報合編（1931——1932）
3. 揚子江防汛專刊
4. 揚子江漢口測站歷年最大最小流量推算表（全國經濟委員會江漢工程局民國二十二年度業務報告）
5. 國府水災救濟委員會工程報告（二十二年度）
6. 鄭肇經著： 河工學
7. Hoyt and Grover: River Discharge
8. Stroebe: The Yangtze (Central China Post, July 14th. 1933)
9. 宋希尙：揚子江之概要與其性質（中國建設：第一卷第四期）
10. 鄭子政：揚子江流域之雨量與雨災（科學：第八卷第十期）

中國運輸之經濟觀
(Economics of Transportation for China)

樂　樂譯　(原著者：華特爾博士)

中國運輸約分爲四大類，依其重要性之次序可表列如下：

甲・水運(Water)

乙・鐵路(Railway)

丙・公路(Highway)

丁・空運(Aerial)

水道運輸較諸鐵路及公路尤爲重要，蓋其爲交通之天然方法，以其修養之費殊低，且輪船在同一單位燃料之消耗下，較火車所載之貨物爲多，自爲水道運輸在經濟上之優點也。但中國北部河湖港灣，入冬皆結冰，於是藉舟楫以運輸者悉爲之阻，而嚴寒地帶，勢必有賴諸鐵路及公路相輔而行，互補短長，愼勿謂冰炭之不相容也。後者以載笨重之貨而可稍緩時日者爲宜，而前者則以載輕便之貨而須迅速傳達者爲宜，旅客暨快遞郵件等，此其大者也。

河流結冰地帶，多量貨物如穀粟之類，須以水運爲宜者，各主要商埠宜設法破冰，以延長結冰期之降臨。

在常期陷於紛忙狀態中之美國人民，對於水道運輸每多漠視；但觀夫政府倡造巨大水渠之規劃，可知其對水道運輸上之經濟價值亦漸始覺醒矣。

在中國則不然，水運恆爲行旅及載貨之要法。故昔日耗費於隄防及疏濬者，亦至巨矣。

篇首余曾謂鐵路不可被視爲水道之敵，惟水道與鐵路相交處而未有隧道之設，則無相助之利。美之水運業者曾爲主要水道上架橋橫交(Crossing)事，起而作劇烈之反抗。鐵道團體亦持其所有理由作頑强之爭執。事爲美國工程師學會所評判，該會顯有袒護水運之傾向或以水道修養爲其正常義務之一也。凡橋樑之建造者或鐵道公司或需用公路橋樑之公民必須繳納重稅甚至有超建築費而上之——往往建築工事因之中輟。類此難解難分之橫交問題發生時，多以此爲解決之妙法。頗可沿用。橋樑不得妨害舟楫航行而梗塞水道之暢流，或因橋樑之建築，使夾岸及航路生冲洗及遷移之現象，致影響水道之整理皆所不許，惟水運業者亦不得作分外無理之奇求，非僅公理難全，亦將危及國家之前途。

凡此橫交問題，他日必須發生於中國，今以雙方未來之利害關係，請申論之。水運業者鑒於隧道式之橫交與航運全無障碍，乃主此項辦法，但隧道之穿鑿所費較架橋工程爲鉅。且其修養亦至不易，故鐵道當局亦嚴拒之，公路主持者拒之尤甚，使用者又不能操之自如，倘非地勢之限制，誰欲捨平坦之道路而行地中哉。

設水運業者無建隧道之要求則必力爭一長跨度(Span)之高水位(High level)橋樑，該建築之使用者及所有者皆得起而反對之。一則以初築費(Initial cost)鉅，一則以耗財於高峻之攀援。

鉄道及公路之團體則求一短跨度之低水位(Low level)橋樑，彼等以爲此種意見或可見納於當局矣。水運業者則根據前所述者——許有充分之理由，謂此種低水位之橋樑可損及一完整之河漕與夫船隻之不經意之衝擊，橋身致雙方皆受重創，凡此種種，皆足爲航運者之恫嚇。此誠極有意義之警告，然終非强使鐵道及公路高援一非常高度之充分理由。最公正之判決，當爲一低水位橋樑其固定跨度之垂直淨空(Vertica Clearence)，足容帆船通行，且設有移動跨度(Movable span)供船隻之有桅檣者通行。跨度須有可被免阻碍水流及冲洗河岸之寬度。

北美洲之初設汽車道也，與之平行之鐵道所有者曾經一度爭訟。爲自衛計，鐵道所有者可要求汽車道有其自身之路線。然目前此種車道爲鐵道之良好供應者(Feeder)爲不可諱言之事實；惟須相互交叉，焉可並道而馳？依中國現狀言之，以興築巨長鐵道爲幹線及數支線，兩旁佐以公路之供應，載運遠方之貨物。造鐵道之於中國所費殊鉅，碎石公路(Macadamized highway)較之低廉甚多，故後者當代鐵道支線之使命而爲其供應者。如是則洵屬經濟矣。

至於鐵道管理之經濟方面須待討論者尙多，今限於篇幅，僅將其主要數點略述如下：

(甲)取小件包裹及行李等代以大量之輸運實爲經濟，管理鐵道者當夙悉之，大量貨物之運費平均較少量者小，因以獲其利焉。

(乙)須覓回頭貨(Return freight)免使車輛空空而返也，表面觀之，頗似爲不經濟者，其實則否。

（丙）列車在可能範圍內須集合於某預定之車站，免使羈延時刻及增加耗費於轉轍(Switching)也。煤或其他礦產物應另備列專載之。

（丁）高速率(High Speed)列車雖有耗煤，磨損車輪諸弊，然可節省時間，亦合經濟之道。每種列車有其最經濟之速率固不待言，其駕御者須善自運用之，經濟速率依燃料之品質而定。故所用之燃料宜經一番試驗而後可。

（戊）不堅固之橋梁，不完整之軌道及一切足使列車緩行之設備皆不經濟，蓋此種設備恆將行駛之時間加增也。駕車之所耗與其平均速率（包括停車時間）成反比，故凡足促短其靜止時間，或阻止其緩行之趨向者，皆足導入經濟之一途。

（己）修理完善之軌道，可導入經濟之途，不僅速率爲之增大，且車輪亦致不易於磨損也。

（庚）加意保護機車及車廂，亦可導入經濟之途，因一旦破損則誤時刻，難免不耗費金錢矣。

（辛）善良之團體精神(ESPRIT DE CORPS)及鐵道路員之忠誠態度亦可導入經濟之途。緣彼等可爲效力之增長，出口之加多及耗費之減削等而傾心向上也。

（壬）路員怠惰因而時間浪費皆非經濟。無論何時彼等稍形疎懈則當提出責察之。

依中國目前公路之興築，管理及修養等之經濟方面言之，當推碎石舖面者較爲經濟，混凝土路及地瀝青路之善美早爲世人所稱道，然今爲其財力所限，不克興造，誠憾事也。中國人工甚賤，合度工事(Grading)需費無多。除坡度之大於許可範圍者外宜力避截鑿(Cut)，其路床須以重輾壓機輾平，填積(Em- bankment)土層之厚至少須爲六英吋，碎石面之厚不得少過十二英吋（以十二英吋者爲佳）其構造法可參照拙著『橋梁工程學』(Bridge Engineering)1837頁 所載之第一類條規。面寬二十呎，使兩車相逢時安然通過，旁設有餘地（Shoulder），除水一事爲建築鐵道及公路時極須考慮者，此點關係重大，當有專篇論述之，未便喋喋於此也。

（一）中國碎石路上之任何車輛，其最大荷重（包括其本身重量）可規定爲五噸，敷面完美之道路上除乘人之人力車外，輪盤窄狹之車輛概禁通行。夫貨車所負之重誠以愈大爲愈經濟，然非有堅實之路面不足以承其重，倘荷重過大致路面爲之破裂或路床（Road-bed）爲之震動，其損失實未能與大量貨車所得之經濟相償也。

再者，車輛輪緣之寬窄亦値得爲吾人注意者，若輪緣之闊度（Width)足載無損於路面之重量，則勿庸考慮矣。

玆將各種公路上運用之原動力依其經濟之程度列表於下：

A. 機械力(Mechanical power)
B. 獸力(Animal power)
C. 人力(Man power)

舊式大道上之運輸方法亦基於經濟之觀點表列如下：

A. 馬曳(Horse-drawn)
B. 駱駝負(Camels)
C. 馱貨之馬(Pack horses)
D. 人力車(Jinrikishas)
E. 人曳雙輪貨車(Man-pulled carts)
F. 單輪土車(Wheel barrows)
G. 肩輿與單桅帆船(Sedan-chairs and dandies)
H. 二人或二人以上之合槓貨物(Freight-poles for two or more men)
I. 人背負重(Back loads for men)

水道之運輸方法亦依其經濟之次序列表如下：

A. 大輪船(Large steamers)
B. 小輪船(Small steamers)
C. 小汽船(Motor launches)
D. 沙船(Sailing junks)
E. 民船(Small boats operated by rowing, poling, or dragging)

上表中C項確否待考，蓋小汽船須有特殊條件始得自由航行也。沙船及民船自屬經濟然在深水中小汽船必較勝前者一籌也。

對於構造及使用經濟諸端亦未可忽視，覓有對建造者及使用者適合爲最經濟之結構，對懷疑於社會國家未必有利可獲。此點余將於『中國勞工之經濟』(Economics of labor for China)一書中論之。

新成之公路可使馬車、人力車等通過，緩行之車且其車輪甚狹者勿使之通行，可於大道旁另設專道，爲此種車輛之用。

空運將爲近十年中之最重要建設之一，亦爲不可諱言之事實。待至全國鐵道及公路完成後，飛機運輸之重要，始稍遜於今日。就現時而論，須備多架飛機飛航各大埠間，傳遞快郵及轉載航空警察，洵爲不容或緩之建設也。凡此種種，旣可以彈壓一切反動行爲，且可維持國中之長期和平及秩序也。

中國工程教育之實施

邵逸周講演
胡愼思筆記

諸位同學：今天承土木工程學會盛意，邀我講演，而所講的題目也是預先指定了的。開始我本來是不願意來講，因爲我是每天同諸位同學見面的，我許多意見或許在平時已經談過許多，也用不着我在此地演講。再者這個所指定的題目範圍太大，國內的意見也很多，一時也不容易將這許多意見集中，而我個人也沒有多的新的貢獻。但是我對于這個全國都在重視的問題頗感覺興趣，所以不肯放掉這個研究的機會，結果還是來講了。

工程教育在中國新的認識之下，已有三四十年的歷史，這三四十年來的工程教育，雖然在鐵路，水利，電工，機工，化工，採冶等等方面，都有優秀人材成就，國內的工程專家，亦復一天多一天；不能說不是幾十年來的工程教育的真實成績。但是從整個中國的工業的觀點上看來，則不免令人失望。別的不說，單就一般工業所需的重要物品，如鋼鐵，硫酸等，一直到現在，還是仰給于外人。我國自鴉片戰爭以後，受外人的經濟剝削，一天比一天的利害，本國人民一般物質上的需要，供不能應求；遂致每年入超，一年一年的增加，竟達六七萬萬之多，因之經濟破產。我們推究這種現象的根本原因，就是工業落後，由此我們就不能不聯想到工程教育的本身了。

自九一八事變以後，種種抗日的經過，無論經濟方面，或是爭鬥方面，事實上逼着我們承認：工業不發達乃爲一切失敗的原因。理工教育遂一躍而入國人視線的水平，全國上下，都主張提倡理工教育，甚至有極端的提議，要停辦文法學院，俾理工教育更加擴進。但是，算起舊賬來，所經過種種失敗，以及目前物質上的缺陷，也都要歸罪到以往辦理工程教育的不良。議論龐雜，主張偏廢，並且『生產教育』，『職業教育』，『停辦教育，專開工廠，以應急需』，『航空救國』，『馬達救國』等等，都變爲轟動一時的名詞。而辦工程教育的人，也似乎失了重心，有的以爲仍須抄襲外人的制度，才會有美滿結果；有的認定從前整個抄襲外人制度就是失敗的主因，必須另外創立一種合乎我國需要制度，方能收效；有的以爲不要唱高調，只要研究關於我們切身需要的學科，就是够把基礎立好；以上種種的議論，各有各的見地，但是今天晚上，我既沒有時間在這些結論裏爬梳一個結論，同時亦不願意批評他們的得失。況且以往工程教育的失敗，假定是失敗的話，亦不是那獨單一樁事可以負全責的。比喻理工教育的設備需要大宗款項，是人人知道的，但現實際上除了一二個學校因爲特種關係，經費比較充裕，成績也就比較顯著以外，政府又何嘗顧到事實的需要呢？就是整個的教育經費，又佔到國家的預算多少？所以今天晚上我主張不談以往的得失，但把我個人的意見，分成兩方面與大家商榷一下：工程教育，應該如何實施？再，學工的人，應該具有什麽態度？

在未討論這兩點以前，我們似乎應該把工程教育在我國歷史上的地位，拿來檢查一下：長城與運河，中外都視爲偉大的工程而値得永久羨慕的。其他如橋梁，交通，建築等等，也有不少的成績。拿建築來說，秦始皇造阿房宮專爲搬運蜀荊的木材，就有運夫七十萬之多；隋煬帝營造宮室，曾用二千運夫拖運一根柱頭，而所用的方法，在現在中國還是可以見到的，就是把木頭放置在木輪鉄軸的大車上，要避免輪軸折斷而損失時間，另外用人拖着空車跟隨，以備調換。建築規模的偉大，看這兩個例子，也就可想而知。漢朝對于地方交通事業極其重視，往往以地方建設的優劣，就可鑑識地方官吏的賢與不肖。舉個例子看，當薛惠做彭城令的時候，他的父親薛宣去看他，薛宣初到彭城，看見橋梁與郵站都沒有修葺，如是他認定他的兒子的無能，氣得沒有與他的兒子見面，就回去了。這可見交通事業在我國的重要不自今日始。就是工程知識，在古代已確有基礎，譬如河北眞定府(即趙縣)的安濟橋，一名大石橋，在城南五里洨河上，製造奇特，乃是隋代匠人李春所遺的古跡，經過一千三百餘年，仍是堅固完好。再山東益都縣靑陽橋，乃是一千五百年以上的晉代古物，至今仍可供用。其他尙有同樣的例子，不勝枚舉。由此我們可見古代的工程學識，確是可觀。不過這些學理，並不爲當時或後代所注重。試看府縣誌書，關于城池，橋梁建築等等，都有記載年代可考，但從是來沒有注意到建築的方法和計劃的原理，這種記載的性質，便失去了學術的意義。孜其原因，就是把這些工程事業完全只認爲『匠的動作』，換句話講，只認承他是技藝，只是一種匠心訓練，不承認他是學問。說到這裏，有一個最好的故事，可以表現這一點：晉武帝的時候，有個大將，名叫杜預，他有個綽號，叫做『杜武庫』，言其事事精通。當時在孟津的地方，水勢險惡，渡船常常出事，杜預就請建橋于平津，當時大家都攔阻，以爲前人沒有做過的事，是不可能的，但他却力爭，嗣後果然成功，大家都去慶祝，晉武帝從百僚臨會舉觴屬預說：『非君此橋不立』，杜預乃回答道：『非陛下之明，臣亦不敢施其微巧』。他說這句話，雖是謙虛，但工程的知識，認爲小技，的確是歷來的態度。因爲工程在學術上沒有地位的緣故，就只能憑藉藝徒的制度而遞傳，而藝徒學得點技藝，就是生活的保障，就不得不保守秘密，作爲個人與別人競爭的法寶。在這種情況之下，怎能談到工程學術的發揚光大，至多只能收點『熟能生巧』的進步，而且就是偶然有點新發明，亦是漸失眞傳，一天退化一天。工程所以歷來不被重視，還有一個重大的原因，就是工程在每一個發達的時期上，朝代就有了興替的變故。後人不分析事實就認大興土木爲不詳之事，遇了建設計劃，照例的，好官必須出來諫議方得留個淸名。本來在專制淫威之下，不獨國家建設所需的材料，都要責之人民無代價的供給，沿途運輸，亦是不用給錢的，人民除了正當的徭役，還有督責官吏的敲詐，所以在那種情勢之下。國家有建設，人民就離亡，想來這樣屈死于秦始皇的阿房宮，和埋在隋煬帝的離宮與西苑裏的，眞不知有多少萬萬。然而這是制度的罪惡，不是工程的罪惡，這樣遷怒到『工程』身上，可謂倒果爲因，再看今日的歐美，都以國家的建設工程爲補救失業的一種辦法，更證『工程』不應被鄙視！

我們結論以上所說的，『工程』在我國歷史上，只視爲『匠的技能』，沒有當作學術的研討，因爲是一種技能訓練，所以沒有生氣，降成一種呆板的『動作』，就一班的說，是沒有進步，而日益退化的，現代的工程教育，可說毫無基礎。

所以中國工程教育在新的學術的認識之下，完全是由平地上建造起來的，在這三四十年過程中，只能做模仿的功夫，對于學術的貢獻，的確無可自豪。我們對于學術事業，期望固然不應太奢，但是目標則不可不遠，計劃則不可不完整。我個人對于實施方面意見，有下列四點：

（一）中國工程教育的實施，必須脫去舊的束縛，而爲有生氣的學術的灌輸。歐洲在十五世紀以前，學術上的進步非常的慢，其所以遲慢的原因，就是一種崇拜經傳的心理及當日教皇的愚民政策所致。前人所說的話，後人都認爲天經地義，不敢絲毫抗議，否則就等于大逆不道，所以意大利雖然在第九世紀就有了薩爾諾醫科大學，但經過了三四百年，到了十四紀，還是個陳腐學術團體。洛傑培根因著作科學論文，傾向于擺脫束縛而自由發展思想，遂被教皇禁錮十餘年；實爲殉身科學第一人。歐洲的這種故步自封的態度，値至路德的努力（十五至十六世紀），才漸擺脫。路德原是德國教士，雖然在魏登堡大學當過物理敎授，但不是以科學而得名，却是以他提倡自由思想，及反對敎皇束縛而影響學術自由發展的一個功臣。在那個時候，從事於眞理的認識的一般傾向，很是明顯都在奮鬥。例如：Agricola(礦物學的鼻祖)，對于化學，冶金，地質，都有豐富的著作。而我們今日的崇拜他，决不是他的著作，乃是他能在那變質化學盛行環境之下，竟能鑑別礦物化合的原理，而創設現在礦物學的基礎。歐洲的科學自從脫去舊的束縛以後，就能勇往邁進，應用與純粹兩方面都能發達得很快。所以中國工程敎育實施，第一要有生氣，不要俯拾舊說，引經據典的盲目順從，不要忘自菲薄，專以崇拜有勢力的意見爲萬能，凡是沒有證實的學說，總要提出問題來研究，而使其改進。我們的工程敎育，固然要脚踏實地的，不唱高調的去幹，但不是那整個抄襲別人的陳套之謂，我們必須顧到我們的環境，我們的需要，換句話說，從制度到分系，從課室到設備，從選課本到研究，我們必須時時刻刻防避舊勢力的束縛，而變成呆板的工程敎育。所以我認爲中國實施工程敎育的第一要點，就是『將死的知識，變成有生氣的學問』，那樣，纔能有眞正有敏快的進步。

（二）捐除個人成見，承認事實。這個條件，無論什麼學問，都應保持，尤其是在應用科學，更爲特別重要。我們都知道在化學的發展歷史上，有一個時期，盛行一種燃素學說(Phlogistic Theory)。據燃素學說的解釋，凡是可燃的物質，都含有燃素(Phlogiston)。雖然一般的可燃物質，燃燒以後，都是失去重量及體積，獨鉛經燃燒以後，不獨未失去重量與體積，而反增加重量與體積。一般維護『燃素說』的學者，對於這個發現，竟強詞奪理的妄擬解釋，維護惟恐不力。所以史他耳(Stahl)爲信仰他的老師波克耳(Bocher)，就不承認這『加重與加體』有重要性。所以奧徒泰陣(Otto Tachen)爲取對峙的地位作意氣的爭執，就硬說這個『加重與加體』乃係柴火的酸素加入。所以麥約(John Mayo)强指這個『加重與加體』的變態，係太陽光線的秘物加入(Spin'tus)。這樣固執的成見，無意識的阻碍科學進程一二百年，直到十八世紀，方由拉法塞(Lavoisier)用定量分析纔証明是氧的加入。燃素說不獨使純粹科學誤入歧途，即在應用科學亦爲害不淺。譬如熱鋼驟冷，可以增硬，培根(Francis Bacon)認爲係金屬靈魂的作用，燒之則去，冷之則來，而史他耳認爲鋼即是鉄含有燃素，即爲特鉄。這種意氣之爭，乃歐洲十一世紀至十八世紀各大學之陋習，也就是在那數百年當中，科學沒有進步的大原因之一。我國現在的建設很多，水利，公路，鉄路，基本化學工業等等，都是必不可少的，我們絕對的不能固執成見，而狂性偏向，偏向而不顧事實决，結果的。在工程敎育的實施，亦復如是，若是我們不顧現實，偏執成見，結果是要蹈歐洲的覆轍，也要阻碍進程的。

（三）理論與實習並重。實驗在科學上的重要，雖是公認的事實，但不能澈底爲此主張的，也還不少。理工學校所有的設備，也就是測量那個學校的寒暑表，試把國內各個專門學校的情況調查一下，就可以認明這話的眞實。但是學工的人怕動手實驗，或做實驗而不注重準確，也就可以勿須學工。若欲在應用科學上有偉大的成就，固然不能專憑實驗的工夫，但一意注重理論，也是徒然。學習兩個字的關係，在工程敎育上不能須臾分開。實驗的價值有法拉第的一段軼事做個很好的敎訓：法拉第(Faraday）一八三一年英國皇家學會演講他的『電磁感應』發明的時候，做了許多實驗，當時有一位老太太就站起來問：『你作這個實驗有什麽用？』法拉第很滑稽的回答道：『太太，一個小嬰兒生出來有什麽用？』的確，實驗的功效，正如嬰孩一樣，是不可限量的。有了法氏實驗的發明，不過一百年的光景，就促成了無線電，電燈，電車，電動機等等的應用，這豈不是實驗的功效嗎？記得去年有幾個很知己的朋友，到武大來參觀，就很關心的對我說，武大的理工科歷史不久，若想與一些先進的國內各大學去比較，恐怕不是短時期內所能趕得上的。倒不如完全注重實用，效能還來得大一點。這句話在表面上看來，倒覺得不錯，若仔細一想只重實際不重理論，也是不妥的。方纔由法拉第的試驗已經認明實驗的重要，現在還可以舉一個例子，認明理論也是要緊的。我們大家都知道工業革命的成功，是由于瓦特蒸汽機的發明，當他十九歲的時候，在倫敦做一個修理試驗器械的學徒，一年後回到格拉斯哥大學爲修理工人。在一七六四年，學校命他修理一舊蒸氣機，當時就覺得那個舊機器消耗熱量太多，因爲在每一動作之後，必須冷却圓筒，然後纔可以使氣凝密，他遂立意改良，并從不乃克(Joseph Black)物理敎授讀熱學及蒸氣的變態，結果纔知道欲減少蒸氣機的消耗，必定要進氣圓筒的溫度，愈高愈好，而凝氣的溫度則愈低愈好。雖然知道了這兩個必須的條件，但是想能在一個圓筒內得到這兩個背馳的條件，却想不出，後來無意中在花園散步，纔想到:『若是一個圓筒不能同時又冷又熱，那末就用兩個圓筒：熱的專爲進氣，冷的專爲凝氣，對於兩個條件，豈不都符合了嗎？』。這樣纔成功了蒸氣機的改革，並且是先有理論，而後纔有應用，這豈不是理論的功效嗎？同時鐵非替克(Richard Trevithick)所研究的高壓蒸汽機與瓦特的低壓機並重於世，說到他的創造力似比瓦特還要大，在一八零七年，他駛蒸汽火車于倫敦，一八零八年，行駛蒸汽火車於五十英尺的半徑的曲線上，並能保持着每小時十五英里的速度，並且還用蒸汽機包挑太姆斯（Thames）河底泥滓，每年挑五十萬噸，每噸包價六便士。之後他周遊南美，亟圖以機械發展，但是理論太不注重，結果還是失敗了。他因為只重實習，所以不能有瓦特那般偉大的成功。以上所講的，足証理論與實習同時重要，我們對於工程教育的實施，必定要使學的人，學習並重，纔能使他得着偉大的收獲。

（四）須預定計劃，迎頭趕上。中國以往的教育實施，尤其是工程教育實施，大半為頭痛醫頭，脚痛醫脚的辦法。開了一個鑛，就設鑛務學堂；造了一條鐵路，就辦一個鐵路學校；還有關稅學校；水產學校；河海工程學校；可謂應有盡有。這些都是時會湊合的成品，不問經費來自公家或來自私人，只要關係人的勢力存在，學校亦就存在；或關係人勢力消滅，學校也就停歇；政局只是敷衍，遂造成了一種各自為政的局面，今日開，明日停，完全當為兒戲。學校復限於經費，都只能注意到一班的普通課程。在這種重複設置和紊亂系統的狀態之下，不獨成績優良為不可能，而且非常不合經濟的原則。再就學生的出路來說，有了專門學識而覓不着適當的工作，不得已改變職業的，固然非常之多，但是有了專門的位置，而找不着適當的人材，這種事情也有。所以我們要避免以上隨便舉出的幾項由於不合理的實施而產生的弊端，我們就得要『預定計劃迎頭趕上』。何謂『預定計劃』？就是我們工程教育的實施，必須與我們進行的或準備進行的國家建設，有密切的聯絡。何謂『迎頭趕上』？就是人家已經實驗過的失敗，我們要避免；人家已証明的成功，我們要利用。為明瞭我的意思起見。試舉蘇俄的經過來看：蘇俄在第一次五年計劃中，建築了許多的工廠，在那些需要高等技術的工廠，就發生了運用的困難。例如下諾甫哥羅大汽車工廠，有年產十五萬輛貨車與客車的能力，是在一九三〇年落成的。開工之後，不到兩個月就停了工。因為缺乏有學術及有經驗的指導工程師和技能純熟的工人，不但不能利用設備來製造汽車，而且還把許多精細的機器都弄壞了。於是停了一年半工，在這停工的期內，就設了許多小工廠，去訓練指導工程師以及工人。這樣的事實，有好幾處的發現，完全是他們以前沒有想到的困難。他們經過這樣打擊之後，纔知大工廠可以隨時用錢設備，但是運用技術，必須有預定的訓練計劃，方能辦到。所以『運用技術』就成了各大學各工廠的流行語，並且在他們第二五年計劃裏，就規定一個工程教育的實施方案。據一九二九年的統計，蘇俄有大學訓練的工程師和專家，共計五萬七千人，。照新方案的規定，四年之後，蘇俄預計有大學出身的工程師二十一萬六千人，專門學校畢業生二十八萬八千人。由此可以看到國家建設與工程教育的連鎖性。中國固然不宜有那般偉大的計劃，但是人家經過的困難，若不預防，未見得臨到我們自己的頭上，就會沒有；况且我們還有前段所舉的弊端尙未釐革呢？我們至少要定一個適當的實施步驟，是無疑義的。

上面所說的四點，是僅就個人想到的說說，當然對於工程教育的意見，決不僅此而已，現在我再將受教育者應具的態度說說：

我們知道工程學問是屬於應用科學的，雖然是屬於應用方面，但必定要與純粹科學並重，因為在工程上一般運用的原理，有許多是從純粹科學得來的，這種例子，實舉不勝舉，我們學習一種科目的時候，一定要注重：

1.觀察力——我們對於某一學理或現象等等之演進與動作，尤當特別注意。對於觀察，在學的時候，應時時練習着，這對學習工程，是必備的能力。

2.分析力——我們仔細的觀察以後，就應當對於觀察所得的事實，加以分析，研究觀察之所得，到底是常態的或是有理的發現；還是偶然的或無規律的，我們必須逐一步驟的去分析。

3.歸納力——我們將上面的事時分析了以後，然後再加以綜合，定一有系統的規律。

上面所說的三點，無論習純粹科學與理論科學的，在學習的時候都是應當要練習着；尤其習工程的人，非要練習有這幾種能力不可，不然就不能應付當前的困難，尤其是見所未見的事實發生。

我們為了將來服務起見，還有幾點也是受工程教育者應當注意的：

1.誠實——習工程的對於一切都應當誠實，譬如一件材料能受多少力就是多少，絕對不能勉强，絕對不能說謊虛報，以致將來建築發生危險。某一件工程需要多少時間，除了可能的加速工作以外，也是有一定的，三十天纔能完工的工程，絕對不能說是二十五天，以致失掉了社會上的信用。總之，我們對於某一事件，能做得到就做，假若做不到，就不要輕易答應。『信近於義』實是學工的人，時時刻刻要牢記的。

2.判斷——我們對於這一點，平常要多多的訓練，因為平常時間充分，可以與我們充分的考慮，以判斷某一事件發生的因果關係，但是有一意外工程上的事件發現，我們要即時判斷，以圖補救，假使我們平常練習有素，到了臨時也只能望着沒有辦法，所以這一點是很要緊的。

3.創造——社會上一般的人，總是認為學工的人，腦筋簡單，只能作死板的工作，；其實我們關於一切設計方面，我們必須有充分的幻想能力，將自己的幻想，變成事實，就是創造能力。每一種工程有他的特點，如地點，財力，材料，使命等等的不同，這些很難在書本上或經驗上尋得着成例，那就不得不需要我們自己去創造。

4.領導能力——工程師與服務員工的關係，可以拿軍官與士兵的關係來比。縱然有很好的工程及計劃，倘若你缺乏領導的能力，不能統制一切，結果不僅工程進行遲緩，甚至所有的計劃完全失敗，所以我們在受教育的時候，除研究學問外，有時有機會也得對於作事方面，領導能力有相當的注重纔行。

在今晚的講演結束以前，我可以將本校工學院實施的情形作一個簡單的告報。本院的頭四年，僅辦了土木工程一系，直到土木工程系第一期畢業之後，纔加設機械工程系。雖然自設了工學院以來，本校儘量的充實圖書儀器，在普通一般的實習設備上，也可說够用了，但比較外國各著名工程學校的設備，當然還不能盡滿人意，所以本校在本學年內，又定購了不少的測量，水力，電工和材料試驗的加增設備（編者按：現在材料試驗的設備大部完成，其他的都在努力進行中）；而且鑒於華中地域建設的緊要，預備逐漸的將材料試驗設備，充分完成，以便除教育以外，還可以實際上輔助建設，并為華中試驗材料的中心。因為土木工程與機械工程彼此相關聯的地方很多，所以於本學年起，機械工程系也開班了（編者按：現在已有一，二年級兩班）。本來機械工程系與電機工程系同時設立，經費並不增加很多，但是我們抱定了『辦一系即將一系辦好』的宗旨，所以電機工程系須候機械工程系設備完竣之後，纔得開辦。英國劍橋大學工學院，在一八七五年就聘請斯塔堤(James Stuart)，設立機械與應用力學講座，直到一九一三年纔發展到有學生二百七十人，而現在有學生五百人，新近完工的工院與設備，竟能超乎好多的著名的工程學校以上。所以我們絕不願意濫竽充數的多辦學系，這不僅僅關乎財力的限制，還有人材亦是要緊。

關於機械工程設備，最重要的是原動力機。最近所擬蒸氣透平廠設備的計劃，正在進行中(編者按：現在機器已運到，房屋正在建築中，大約最近期間即可設備完成)。如此廠成功，可謂機械系設備，大部分都已解決。關於土木工程系分門的事，有種種的困難，因為我們只習一門，對於一般的工程知識不能普及，那也是不好的。我們為了顧及各個同學的興趣起見，擬在下年級多設選科，但不分成數門專科，免得顧此失彼。

爲着應付地方的需要，本校對於水利工程，很是注重，湖北省政府已在本校設立水利講座，每年補助經費一萬二千元，。本校聘請担任水利講座的邢維棠先生，下學年就可以歸國，從事設施，并擬有設立水工試驗塲，研究長江水利問題的計劃（編者按：本校下年度擬辦工程研究所，土木工程研究部，專爲研究水利問題）。再者國防委員會因鑒於航空之緊要，特在本校設立航空講座，研究飛機構造，發動機，及關於航空各學科。這個講座也擬定下學期開始（編者按：現在還沒有開班，但是講座已經聘定了。下年度定可開始）。關於其他工院的發展，我們當看經費的來源，斟酌進行，並且可以隨時發表報告。

Prismoidal Correction Diagram

胡錫之

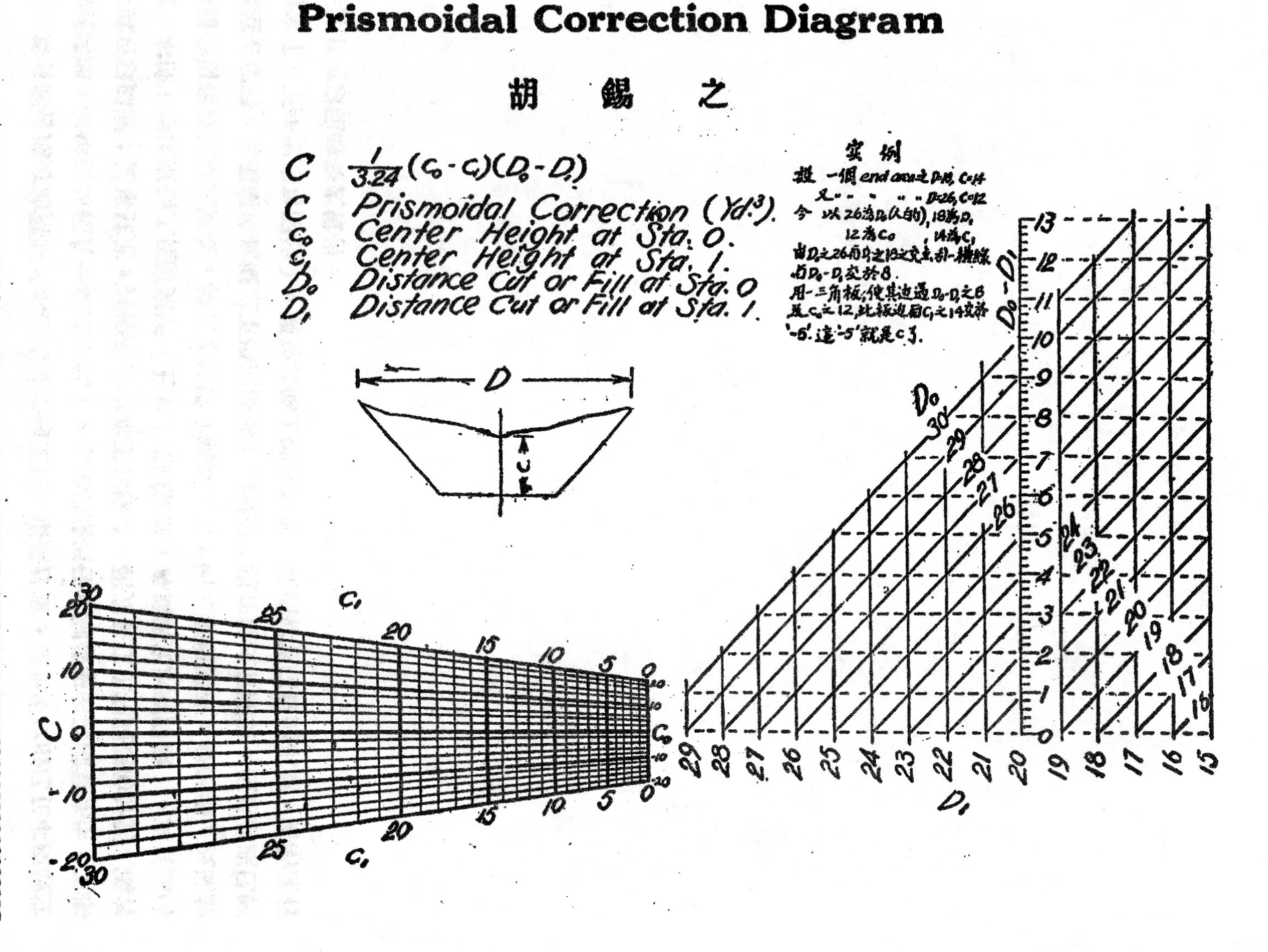

半年來的生活

陳亞光

在這忙得不亦樂乎的時候，土木工程學會來信說要出會刊，並徵求一點生活狀況；這對我的確是件苦事。朋友們的信總是忙着沒有空兒答復，更那裏抽得出時間來應付這項工作。但是一個學生離開了學校，應當把他的工作狀況報告給師長；一個會員分散到某處去服務，應當把他的生活情形報告給其他的會員，尤其在校的會員。所以顧不了工作的忙碌和文字的簡陋，我不得不借一點睡眠時間來把離開學校以後的工作生活概況約略的報告一下：

工作的開始

從學校攜着邵院長的介紹信到了安慶，雖然在旅館裏候了幾天，但一見到建設廳長第二天就把我派往省公路局去工作。局長是廳長自兼，但局內的公務大半是副局長担任。副局長把我交給一位技術股主任，我就跟隨着到了一間房子裏，門框上掛了一塊小木牌寫着「工程司室」。那屋子不過三十平方公尺左右，裏面到裝着八九個人。主任為我介紹了一下，大家都生生的望着我，自然啦，一個新來的人他們應該注意着打量着。在這情形之下我接受了第一張圖在一張桌上描 (trace) 起來。心理好像是說着：『我是開始做事了』！

trace 一張圖本是依樣葫蘆去描一描的是最簡單而可算最容易的工作。但粗心浮氣的人絕不能繪出一張滿意的圖來。這裏有個很好的例子如粵漢鐵路去年新用了一位職員，據說是日本某大學工科畢業。到局第一件工作是請他 trace 一張圖。一張很簡單的圖他 troce 了兩天毀了三張紙終竟沒 trace 出來。在第三天上他自動的請假回家去了。照這樣看起來 tracing 又似乎不是一件容易事。那 trace pape很光滑，你要畫得細。尤其用 free hand trace 一張圖時，一條線畫得粗細不勻那是最難看不過。紙張也極薄，稍不留心即會擦破。其實若能不慌不忙的，心細細兒的，留意你的用具和衣袖，縱使第一張第二張不大滿意，畫到第三第四張總有相當的效果。

當第一張圖畫完了的時候，不但直接上司要找出錯誤似的注意，即是同事的也要乘機對這張圖端詳幾下。在他們不過是看看某人繪的圖怎樣，某校的學生究竟怎樣。在這張圖上他們可以在心理得到批評的標準。所以第一張圖是給他們的第一個印像。他們可以絲毫不加思索底忖度着：某人繪圖還好(或不行)，某校辦得還認眞(或是太馬虎)。好像這張圖就可以代表這人，這個人就可以代表學校一樣。雖然說不定是某人不行就是某學校不好，但是一個疏忽而懶惰的學生，很可以連累到他所在學校的名譽。尤其這第一批離開他們學會的會員，當負有重大之使命向前努力做出一點成績來。

繪圖第一件事要清楚乾凈，設使圖繪得不好，若能清清楚楚乾乾凈凈尙不致有壞的印像。一張圖弄得斑斑點點，塗的塗開，抹的抹壞。縱使圖畫得好，也要使人看了蹙眉頭。要乾凈是很便宜的事，只要常常洗手，擺穩了墨水瓶，注意手上用着的儀器。

字(Lettering)是圖上主要的部分，與全圖之美觀有密切的關係。現在各種圖樣都規定用本國字，除非不得已的記號才用外國字來代替。外國字只要把二十六個字母練好，就可以寫出很漂亮的字來。阿拉伯字母(數目字)只有十個更容易練習。惟有中國字既多且難，雖有相當的訓練也少有滿意的結果。往往一幅畫得很漂亮的圖，因句話為字寫得不稱，全圖皆為之減色，甚至於變成難看。換說，字寫得好，可以增高圖的價值。最近通行的是仿宋體字，寫得合乎規矩的確是好看，並且也是很容易練習的字體。

小小試驗

是第三天吧！主任出了一個題目給我做。一個新來的人自然不免要受一種試探。題目是很簡單的，他只說了兩句並沒有寫出。他大概是這樣說：「一根 Reinforced Concrete Pile 橫擺在地上。切斷面 12"×12"，長 30'。我們要把牠拿起來，有現在三種方法：(1)用繩子緊着兩端。(2)用繩子緊着1/4和3/4的地方。(3)用繩子單緊着1/4的地方。要找出Reinforced Bar 的大小和多少」。只要讀過Reinforced Cocnrele 的人，我想不會有問題。

消閒的苦悶

一個初離開學校的青年對於工作總是切望着的。不單是為生活問題，那只是工作目的之一部分，而是自信能工作的自尊心和實現所學得的理論能獲用於實際的切望。於是這件事要想做一做，那件事也想試試，這正是一種慾望。會做的想做的再好一點，不會做的想多學得一點。在這熱誠的切望中，一旦發現了什麽事都沒有得做的時候，他要感覺失望，他就覺得不安，他就會感受到痛苦！到差幾天以後我感到一種閒悶的無聊。對於工作我總希望能於最短期間完成，所以做完了一項工作就希望有第二件新鮮工作。寧可多休息一刻，若拖延時間爲習慣所不耐。有一位同事帶着諷刺的口吻對我講：『你忙什麽，畫完了還不是坐在這裏發癡』？確實他是畫一筆休息一筆。除兩位嫩資格在慢吞吞的畫圖而外，其餘的人都在各司其巳事：寫信者寫信，看小說者看小說。資格再老一點，請人在簽名簿上代簽一下，大可人影不見也可照領一天薪金。甚至還有人匆匆忙忙的跑得來，禮帽也沒有一息離開頭的空兒在簽名簿上飛了幾筆就走。這種種情形我大大看不慣。爲什麽沒有事做要用這許多人呢？

我是住在市政處，距路局不過二百公尺左右。只費四五分鐘就可趕到辦公室。工作時間在早晨七點鐘開始。新近到局的練習工程司有震旦的，有復旦的，有中大的，有武大的。沒有事做的時候自然是發癡了。想看一點書但總不願意那樣做，在工作時間以內自己不應做私事。我常時麻煩那位主任問他要工作做，這次他給我一份南京自來水機器裝置圖，無論是關於公路或不關於公路，至少我免去枯坐無聊之苦。當我悶坐着的時候，我確實希望太陽轉得快一點。所謂「韶光似箭」簡直不能使我相信，牠不是像一位老太婆在蹣跚着麽？一到十一點鐘鈴聲叮噹我立刻跳出門外去。

午後工作一點至五點。有一次我又去要工作做，上司給我一份段上送來的呈文，因爲裏面有幾個數目字教我校核一下，不要五分鐘就看完了。但我不敢再去嚕蘇，那樣最令人討厭的，從清閒中感到的寂寞那是最難受了。同班從各處來信都說些工作如何緊張，事務如何忙繁的話，每次接到他們的來信總多少增加我的不安。他們每個人都負有一種使命在工作着在努力着，惟我似廢人一般留在安慶。自然我冀求一個工作的機會。

晚間到可以自己復習一點舊課，因爲安慶大街沒有什麽可遊。孤獨的一個人只有看看書或寫寫信。其餘還可以聽那同房間的老頭兒大發牢騷不是駡「那王八旦什麽事也不做，每月要拿八十元」。就是說「那小子眞沒用，年紀輕輕兒的，寫了三五百字要喊腰痛。像我這五十七歲的老頭兒接連寫幾千字的公事也不曾聽一聲『呀』字！」。

在這消閒得不安的時光中，得到以前母校教授吳先生說鐵路上有工作機會的信，我就決定離開安慶。雖然也想到對於邵院長介紹我盛意覺得不安，但爲求工作而去，想可得到相當的宥恕！我很直率的寫了辭呈爲無工作而他去。出乎意外要再辭一下才得離開。安徽公路局的事從此告一結束，爲期一月有半！

美麗的山和水

這裏——鐵路上的事在事前雖然發生了一點意外困難，但終於有了工作做。學校師長愛護他們的學生好像父兄之於子弟。這種愛護正是鼓勵他們工作的原動力。粵漢鐵路株韶局在衡州。我是被派往淥雷段測量隊工作。這一段是醴陵縣的淥口到衡山縣的雷溪，共長七十四公里，測量隊是隨着測量工作的進展而遷移。我到湘潭縣的朱亭才找到他們的住址。那是一座育嬰堂，房子很少。屋裏濕氣太重，事先雖舖了些石灰，但終竟是陰濕濕的樣子。天井太小光線無法射進屋裏去。白天是點着燈工作的。

大概各機關都是如此，一個學生開始工作總是描圖。初做事對於繪圖的工作多做一點到是很相宜。一方面藉以練習，一方面在圖上多少可以學得一點。做事做久了的人，往往對於繪圖機械的工作不大願意做。這時正是一個繪圖的機會。在學校裏每天至多只能費一兩小時來繪圖，而且原爲別的功課的繁重，每次繪的圖都是很馬虎的。現在有各種圖可繪，有整天的時光可用。不僅要繪得好，並且要繪得快，這自然要在多練習了。

此地沒有規定的工作時間，從早晨到晚間，從晚間到二更都是在繼續工作中。隊裏的人沒有一個不在埋頭努力着，很容易使我有這樣的疑問，爲麽什公路局那樣清閒？爲什麽鐵路上要這樣緊張？在我住久以後我知道是人多於事和事多於人的關係。這裏每項工作都是限定日期要繳的，所以白晝的時光有限，不得不繼以晚間和夜間，每日平均工作在十小時以上，沒有聽到一聲怨言。大家都認爲完成奧漢鐵路的四年中是一個非常時期，就得非常的努力。這條路線固負有文化，交通和工商業重大之使命，而要應付一九三六年的世界大戰，這條路必須早日完成。中國任何海口可以被日本海軍封鎖，惟有香港附近的廣州灣是日本勢力所不及。那麽這條路的重要可想而知。要成就得非常的工作，就得非常的努力。所以這裏當局有這樣兩句話「在這非常時期中，一人要做兩人的事，一日要做兩日的工作，一錢要當兩錢用」。在這風雨飄搖國勢頻危的中國， 更應當全國一致的埋頭苦幹十年或八年， 那時或許可以給日本一點顏色！

這育嬰堂我們住的地方是在大街旁。每天早晨四點鐘的光景就被那喨喨的搗臼聲和猪臨刑的嗚嗚聲吵醒，再也睡不着，只有候到天亮起床。一吃過早飯就各自工作去。我是一向做的繪圖工作。繪圖室內很簡單，幾張大板用櫈子支着就是繪圖桌子。另外幾隻圖箱而已。四面的墻很齷齪，我們的衣服只得在墻上磨來磨去，因爲屋子委實不寬敞。白天整天點着燈，除洋油燈外還有一盞汽油燈。長久住在這非自然的光線下，一跑到室外去總覺得眼睛張不開。誰都知道這對於眼睛不利，但沒有辦法。我們是很肅靜的在這環境中工作，沒有一個人故意荒廢他的時間。一直聽到僕人來請吃飯，大家才圍到膳桌上去。這時可以幫助食物的消化。隊長說外國有一句格言「One mile a day keep doctar away」。這散步是我們惟一的運動。除非雨天大家都得出去逛一逛。朱亭的風景令人嘆止。湘江走到這裏成一大灣，擁抱着獅子嶺。山高要高過珞珈幾倍。湘水的碧綠幾乎和東湖一樣的美麗。在這幽美的環境裏更使懷念到可愛的珞珈和東湖，那時生活的自由只得置諸回憶之中了！湖南的緯度較低，所以氣候也較高。雖到秋冬時季，松，竹，樟，茶，猶復葱鬱蒼翠，山多重叠，水亦曲折，沿江有石山突出，上有行人過道。一面是陡坡，一面是峭壁。路上間有行人，有騾有轎。此情此景宛如畫中。美麗的山河使人流連忘返！

午後的時光很容易把黃昏帶來。十二月後的天時白晝固然比較短些，不過那狹小的天井確是逼得室內早早黑暗下去。惟有燈光，但那精細的圖在這暗淡的光線終是不清楚，除非把腦袋移得更低使視線的距離更短些。每個人心中總希望能早一天搬家或者可以過到一所光線較好的房子，所以更得加工使這一部工作可以早些時完成。

晚飯後閒談幾句又坐到燈下去繼續白天的工作。並沒有什麼規定或命令，都是自動的跟到工作面前去。大概到九點鐘或十點鐘才停止。整天的工作，上了床是很容易睡着的。

許多紀念日都忘記了

我到朱亭的第十天全隊又向前移動着，因爲測量的人已超過朱亭幾公里了。搬家時許多東西都要裝箱子，這給我們惟一的停止工作的一天。可是測量的人還是照常向前測量，晚間不回到朱亭而回到新家石灣去。我們路綫差不多是溯湘江而上，朱亭臨江，石灣也臨江。我們的行李是從水路運往石灣，人是沿山路步行。二三十里路程在我們看起來是很短的。一路視察樁號和地形。這種步行在我看來是很有意思的。

當我們跑進新的家時，迎門就是三口棺材，這是一所祠堂。地方仍不寬闊，四張帆布床排在一個很小的房間裏。有些房間上有很大的洞，沒有玻璃，也沒有覆蓋。繪圖室比朱亭還要小，不過光線好得多。三面是墻一面完全敞着。光線誠然可以自由射入，可是隆冬的寒風是沒有辦法遮攔。這裏有一點使我們滿意，祠堂離鎮市有三里路，是一所很必靜的房子，清早至少可以安睡一會。

隊裏同事有十幾位，他們都是被太陽蒸炙久了的紅而黑的面皮。雖不是個魁梧大漢，但身體總是很結實的。手上都有厚的皮，衣履也極其樸素，而精神皆極活躍。當我們走到一個生疏的地方時誰也知道我們是鐵路上的。不一定是這異樣的裝束，確是受過風霜的面孔使他們特別意識到。

這條路綫——粵漢路綫在光緒末年就請了一位外國人測過。到了民國八九年又請了另一位外國人復測。前者名Cox Line,後者名Carroll's Line.現在我們測的就是後一條綫。本隊所担負的一段計有七十四公里。測量工作分四組。一組測中線，一組測水平，兩組測地形及橫斷面。担任中線的一組是一位副工程師，中線比較重要必須有長久的工作經驗。担任水平是一位幫工程師，也是一件重要工作。測地形和橫斷面的事，大概是實習生和工程學生做，工作也比較次重要。測中線者是打衝鋒，測水平者緊緊追上，測地形及橫斷面者遙遙在後。現在單說測地形與橫斷面，這是屬於我們的事。

出發前檢查應有的用具。領測伕二三人和小工二三人，午飯也是預備好了帶出去，一直到晚間才可以回來。樁號每隔二十公尺有一個，變坡度的地形自然有副樁。中線每邊多則測八十公尺，少則測三十公尺。這裏每隔四十公尺則每邊測八十公尺，其餘的樁號每邊測三十公尺足矣。我們是用手平儀測，並不用經緯儀。這兩種方法自各有其利弊。我們取用手平儀，因為牠有相當準確，工作很快，計算亦少。自己在外面的責任是記錄和指點測伕們工作。手平儀是命測伕使用，他們都有相當的訓練和經驗，所以能使得很純熟。記錄他們所讀的距離和高度，另外還要畫一個地形簡圖以便繪圖時作參考。河流道路雖在範圍以外，但也須注意，小若坟墓古樹亦有記載。不但要留心地勢高低，就是土石地質亦必詳細觀察。這種種都與路線有直接或間接的關係。每日大概測二三百公尺，測畢就在野外把剛才所記錄的數字一點一點的送到圖上去去所以一直到天黑才得回來。晚飯後還得費許多時間把牠完成。設使地形複雜麻煩，雖到夜半亦須趕完，因為有了明天就有明天的工作呀！

繪圖室一面是敞開，這隆冬嚴厲的冷風是任性的侵入，雖升了火爐但終敵不住寒風的淫威。的確我那時是用手掌握着筆在寫字。不然就得去烤火，但那是不應當。

但是湖南的晴天也非常可愛。午膳後的一剎那，我們是利用去散步，或爬山或涉水就和發狂一樣的高興。

禮拜日和紀念日是學生時代最寶貴的日子，可是到了此地以後，「今日禮拜」這四個字從沒聽到過，誰都忘記了牠——禮拜。什麼佳節，什麼紀念日與我們毫無關係。往往過了好多天才有人想起已經過去的節日甚至於有人在雙十節那天會忘記國慶日。細想起來我們就和睡在鼓裏一樣。外界的事只能從過去五六天的報紙頭號字上溜過一眼。

沒有機會洗澡

在石灣住了兩個禮拜又搬到衡山縣城對河（湘河）的楓塘一所家祠。四面皆山的一個山谷裏一所房子。無隣無侶，孤單單的伴着四棵大桂樹。稱之曰「獨家村」可也！房屋旣少又小，且復簡陋不堪。風可以自由出入，雨可以隨意漏濕。這一所房子還費了許多時才找到。有屋子住總算好，沒有屋住還不是要測量。幸而學工程的人都是一種隨遇而安的精神，十五位並沒有一人嫌屋壞而跑走。

到了楓塘正是極冷的時候。在室裏雖然閉着門升着火，然而那銳利的風還是鑽得進來。在外面的人晴天是舒服事。不過像這雨雪交加的時候誰都該有點畏縮。可是隊長把工作分派好了，個個都披着雨衣冒雨雪而出發。苦不在雨和雪，而是西北風的難嘗。測伕是拚命的奔跑着，不然他們就會冷得不支。可是當記錄的人，不僅手指發硬不能做主，就是膀子也不聽話，脚好像不是自己的。但是今天的工作必須要做完繳上，從沒有一個人空着手回來。風颼颼雨淅淅聲中黑晚帶回來的是半身濕衣和一腿爛泥，紅了的鼻子和失去知覺的手和臂。但這經驗我却沒有嘗到，因爲隊長把我派到外面去工作的話忘記了，雖然他曾對我講過一次。所以我總是悶在室裏工作。十分之九是繪圖，有平面圖，橫面圖，縱面圖。計算方面有土方和面積。幾種圖當以平面圖最複雜最精細，我費了一個月繪完一卷。因爲紙太大，而設備又不周，所以繪起來有時伏在圖上有時坐在圖上。這工作什麼人都怕做，但初做事者也當訓練一下。量面積算土方是最平常的工作。橫斷面的面積大都是不規則。應用課本上的公式求面積則時間太不經濟。普通是用 Planimeter, 自然比較快些。設使沒有 Planimeter, 通常都是把不規則的多角形分成三角形和長方形兩種而求其面積。這方法比代那繁雜的公式要方便些，但也很慢。我們隊裏有一位工程師對於量面積還有一個比較簡單而便當的方法，有時比 Planimeter 還快。此法附之於文後。其餘的事雖很多，但在這開始的六月裏似乎只得做這一部份簡單而機械的工作。這一類工作無須用腦筋，只用手和眼，整日的工作也覺得有點疲倦，因繪這大圖終天是站着的。睡覺前寫一點日記這是自己惟一的私事。不過這一點時間還不能就安然寫着。有時會有人跑來：『Mr. Chen 請你再把那圖趕一趕』。那就要立刻拋開日記去工作，使我不遲疑的是我們隊長每晚十二點多鐘才睡早晨六點鐘就起床的精神使然！

七八個禮拜不剪頭在我沒有什麼，設使十天二十天不洗澡那是很苦的事。一路是鄉村小鎮沒有浴室。現在是住在楓塘距衡州城不過一江之隔，路途不過二三里。並且聽說城裏有一家澡堂。我是候着機會過江去洗澡。不幸得很，住了一個多月這小小盼望亦不能如願！二月裏又搬到雷溪市去了。

可怕的雷溪

雷溪市是這一段的終點。風景的幽美不亞於朱亭。湘江衝斷了金龍山腰，水流湍急，多成渦形。登上石磯可以遠矚衡峯，一粟庵前能聽松竹清音。從廟前門楹對聯上我們又發現到雷溪更負有月色的雅名。這樣幽雅而富有詩意的山環水抱的雷溪偏偏發生許多不幸的事。雷觀段測量隊隊長到此地工作未數日就死了。交大剛畢業的實習生也死在一個破廟裏。他們的棺柩在不久以前才運回原籍去。我自信身體尙稱健壯，可不是麼?工作了兩個禮拜，感到不適。雖想力支，但終於臥倒。脈搏90次，體溫 103 F。謝謝天，第五天就能起床工作。總之雷溪是可怕的！

我的盼望

我盼望測量工作早日完畢，到了開工的時候生活可以變換一下。那時可以看着工人挑土填地基，可以看到大石塊被炸開從山上滾下，可以看到鑽洞機器鑽探河底，也可以看到架設橋樑舖設路軌。所以在這緊張的工作中並沒有覺到如何的痛苦。現在我們都搬回淥口，測量隊的名義已經取消，成立了粵漢鐵路第七總段工程處，準備開工。

小小感想

（一）在大機關裏服務不若在小機關裏工作地位的重要。像這裏了不得的事是畫畫Culverts, Station, Retaining wall.有標準圖樣可作參考。卽使這類事也派不到我們。現在所做的工作是不重要性的，如繪圖校對抄寫等事。

（二）所屬的上司如善於指導的話，好像自己什麼事都能做。不幸遇到一位馬虎先生，在一個開始練習工作的人則各事皆有無從下手之苦。一個練習工作的人對於他職務以內的事不是不會做，而是不知依什麼次序去做。居於指導地位的人只要簡單的指點或說明幾句。我相信他們一定立刻做起來，好像再做一件已經做過的事一樣容易和高興。

（三）對於一項工作自己要有一種判斷力，設使無所適從就得問個明白。可是一個人在外面工作（或是派出去視察或是鑽地）遇到困難只有自己立時解決。從前記得有一位派出去測量一塊地面，他領了一班測伕在外面一整天，帶回來的是空手。他說：『不知測那裏是好』。像這樣情形不僅白費了時間還要遺笑大方。

（四）學土木工程的人身體第一要好。我們所到的都是處境荒僻交通梗塞的地方。他們在湘粵邊界測量的人說在深山中幾天遇不見一個人。歇宿都是在船上。石彬段測量隊的人幾乎全隊的人都病了，身體抵抗力强的人總佔一點便宜。

（五）在這裏好像感到一點不平，但不平之點在那兒我又說不出來。每當交大同學相值時，那種「老王」「老李」親熱的口氣的確使我羨慕。爲什麼除交大而外的大學生學很難有機會來工作呢？

（六）還有一樁事終使我無法解决。記得行畢業典禮時校長的訓詞有這樣兩句：「無論他的如何忙碌，每日至少要抽出一兩小時來看書」。這句話很使我担心將來會變成一個工人，簡直沒有時間給我接觸書本呀！

我現在拿一段日記來結束。「我不要再嫌自己的境遇不好，現在的環境還算壞麽？要工作有工作做，要吃苦有苦吃。試看國內每年土木科畢業的學生何止數百，而在鐵路上獲得工作機會的又能有幾人！國家培植我們是爲的什麽？師長殷勤的訓導是爲的什麽？只要稍加思索，我更應當努力工作起來。現在每日工作都在十小時左右，初次自然不慣，但做了幾天並不以爲苦。好，從此努力吧！不要怕人家說我是在賣力，不要怕人家說我是想得上司的歡心。我，我是應當努力的！自己拿出全付精神來做工吧！」沒有時間讓我多寫，並且極無次序。倘望原諒。

附求面積之又一法

玆有面積如圖ABCD ……L，爲一不規則之多角形。如能使其變爲一規則之三角形則面積可立刻求出。原理簡單，述之如下：

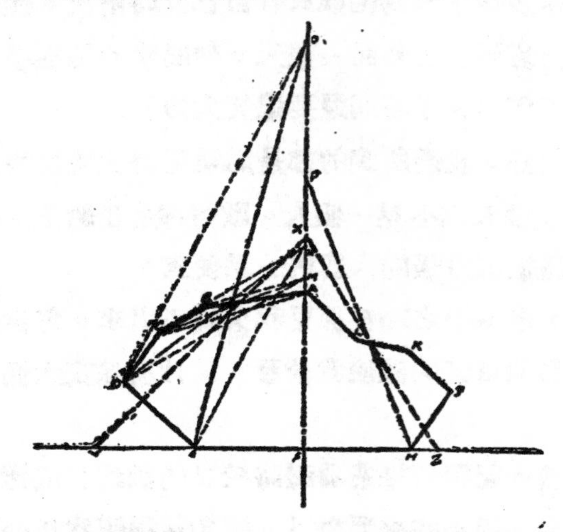

作BM ∥ AC，

則△AMC＝△ABC；

作CN ∥ DM，

則△MCD＝△MND；

再作 DO ∥ NE，

則△NOE＝△NDE；

故△OEF＝ABCDEF。

若以中線爲底線可取適當之長XF爲底而使 △XYF＝△OEF（連XE直線，作OY ∥ XE，復連接X，Y）

同理右半邊FHJKLA＝△FPP.亦以XF爲底可使△XFZ＝△HFP.所以原有不規之面 積可使其變成一規則之三角形。平時畫橫斷面圖紙都是有小方格，那麽數一數底和高則三角形之面積可立時求出。應用起來亦很方便用小三角板兩塊則可一步一步的推到結果之三角形，如能推得純熟確實很便當。

——亞光寫於淥口粵漢路第七總段工程處

『很感謝亞光同學，在他們工作繁忙而艱苦的時候，能夠寫給我們這麽長而且有趣味的一篇通信。因爲本刊延期出版，上面雖然有許多都是過去一年過的事實，然而我們由這篇通信可以知道修築粵漢路困苦的情形，仍然有一讀的價值，並且希望他以後有消息繼續報告給我們，使我們能夠多得點工作的教訓。——編者』

民二三級畢業會員參觀報告

三月廿九日

同學十五人，教授一人，下午六時半，由本校出發。九時半，在漢口循禮門登車。

三月三十日

下午八時過鄭州。八時十分過黃河鉄橋。全橋一百零二孔。兩端各二十四半頂開式桁架橋。中間為上行桁橋。橋墩均以鉄架構成，下舖以蠻石。聞其下乃釘於螺旋樁上。河水不深，但甚寬泛。水流遲緩無波，在朦朧月下觀之，其狀如油，可見其含沙量之重矣。車行甚緩；且係改用輕機車拖拽。蓋此橋久已過保險期，如不及早設法更換，對於行車，影響甚大。

三月卅一日

下午五時半，抵北平前門車站，六時，至北平大學工學院。

四月一日 休息

四月二日

上午十時至交通博物館。該館陳列關於交通上用品及模型，如鉄軌及角鉄之斷面，小型之軌道及站台，均一一陳列，品類繁多。尤以平綏鉄路登山機車及其他各路所用橋樑之模型，均小巧精緻。所有各部構造，能使一見瞭然，雖即參觀原物，其效益或未能及此。

出館後，旋即至北平圖書館。其中分前中後三部：前部為輿圖室，Hay 氏紀念室，普通閱覽室，及模型陳列室。因 Hay氏對於退還庚款，興辦文化事業，頗具勛勞，因特闢一室，將其生平所用書藉，藏置其內，以為紀念。須攜有特殊閱覽証者，始能入內觀書。模型陳列室，陳列各宮殿模型，均依實際尺寸縮小，飾以彩色，至為精美。如圓明園等處之建築，現已毀滅無存，而猶能於此模型室中，一覩當時景象，何快如之。此室非有相當公函介紹，亦不能隨意入內參觀。中部為研研室，供給各專門問題研究資料。凡人欲研究某專門問題，只需得相當介紹，即可專闢一室，在內研究，後部為書庫。凡四層。存有中書二十八萬册。凡書架皆鉄製，以防火險。更有四庫全書一部，係新從熱河文淵閣移來。中國原有此書六部，均為寫本，自東省淪陷後，我國所餘，連此不過三部矣。適因例假，未得參觀。全年經常費十四萬元。購書費為五萬美金。

四月三日

上午七時，至西直門登車。經三站至南口，過此坡度漸增，乃改用買呂式(Mallet)機車，推車前進。沿途曲綫甚多，循山谷蜿蜒而上。前望高峯壁立，疑若無路，而車能於每一轉折中，發現前面道路。計自南口至青龍橋，凡三十二華里，而地平面相差一千五百餘英尺，平均坡度爲百分之二點六，最大坡度有時至百分之三。曲線之多，坡度之大，實爲其他各路所罕見。此線當時建造，費用頗廉，然每年養路之工作，與煤量之消耗，實甚鉅。近來擬改築他線，亦實以此。沿途脫軌叉道（Derailing Switch）甚多，坡度均與主路相反。因恐中途掉落車箱，沿坡馳下，不易阻止，可導進支線，令其自止。此亦特殊設備也。

中途經五桂寺居庸關等三山洞，其長度十餘尺及數百尺不等，內用士敏土，麻石砌成。至青龍橋，下車。有詹天佑先生銅像立於站旁。詹先生修築平綏路，譽騰中外，吾輩欽仰良久。旋僱驢往觀長城。墻爲巨磚砌成，沿山峯起伏，數千年不毀，乃世界希有之巨大工程。古代築此以禦匈奴，吾民族得以屏藩生息，吾華文化，亦得從容發展，厥功偉矣。今則科學昌明，炮火日厲，人咸挾其優越戰具以臨我，今日長城，已失當年功效。非提倡科學無以圖存，吾華胄子孫，急起直追，此其時矣。同人等攀登許久，終感山勢峻高，朔風野大，飛沙走石，撲面而來，未達最高峯頂而回。

四月四日

上午七時，乘火車至清華大學。首參觀其工學院，內設各種實驗室，如材料道路，衛生各實驗室，以及機械電工木工廠等，設備均極完善。更有水力實驗室，另建一屋。四週製置各種水管，中設水槽二個，可作水閘及測定水流速儀(Current Meter)用。規模較其他實驗室爲宏大。屋外更有洋灰水槽一個，尚未竣工，將來亦擬作水流速儀試驗之用。隨後往參觀大禮堂，圖書館及體育館。其建築外觀均極平常，而內部頗華麗，禮堂之建築，四週爲四大拱形屋樑，上連成一半球形頂。內多爲軟木花石等舖砌。圖書館一處，前後共用去建築費約五十餘萬。內藏有書二十二萬冊。體育館分前後二部，各有運動場一個，中部闢爲游泳池，以藍色磁磚舖砌，水極明潔，誠一良好游泳泉。有氣象台一所，矗立場中。有螺旋梯可上其塔頂，上有風速，風向，日照等自計儀。隨後至其化學館，生物館參觀而出。

四月五日

本日自由參觀故宮，三殿諸處建築。

四月六日　休息

四月七日

下午二時二十五分離平，五時三十分抵津。寓北洋大學。

四月八日

上午至天津總站。參觀車道場(Yard)。該處所用叉道，信號等，概非任意可以轉動。其轉動樞鈕，乃以鉄桿連至一信號室。室內有槓桿五十餘個。每個槓桿各司一個叉道或一個信號。各個槓桿中亦有機械互相連鎖。如欲開放一叉道，必須其餘有危險行車之各叉道以及信號，都板動至適當位置，始能板動該道機桿。設備至為機巧。更有掉車裝置，如車不依法行走，必致出軌。其設備之完善，為其他區有鉄路所鮮有，以後運輸發展，機務日繁，此種裝設，將亦為其他各路所採用，是可預想也。

下午往參觀鉄吊橋。天津市共有吊橋兩座：一名金鋼橋，在城北；一名萬國橋，在法租界。形式均大同小異，皆為兩個肱臂式橋桁(Cantilever Trusses)合成。有船經過時，可用電機轉動齒輪，將兩邊橋向上分開。船過後則仍放下。惜吾儕未遇其時，未一睹開橋情形也。

四月九日

上午參觀北洋大學。該校建於光緒廿九年，係西沽武庫舊址。三年前，一部校舍毀於火，復建新房一所，所為教舍。內分土木，機械，冶金三系，去年復添電機一系。尚有高中一班。共有同學三百餘人。設備有木工，機械工廠，及理化，材料，電機，水力，運鑛等實驗室。除電機實驗室係新近籌設，尚未完備外。餘均十餘年前創設。規模略較陳舊。如水力實驗室之裝置，較之清華，略遜一籌，益亦因創設時期，有先後不同也。測量儀器有經緯儀十二具，水平儀八具，尚够應用。更有採鑛與建築兩模型室。均係該校自製。內有各種鑛山縱剖面；橋樑屋架等模型。頗豐富可觀。圖書館藏書約三四萬冊，以屬於工程者為最多。

下午二時許，雇汽車抵北倉，參觀該處灌溉工程。該處有二水閘門，河流至此，分為二道：一道流入新開河，乃人工掘成，引入淤田，作灌溉用；一道經運河入海，作航運用，當水渾濁時，則開西閘門，導入灌田；當水清時，則開東閘門，以便冲洗運河內泥沙。另有船閘(Ship Lock)一個，以備西閘門閉時，船舶往來用。水閘均為下開式(Under Shot Type)，係鉄製閘板以滑車與平均錘(Counter Balance Weight)相連。開閉時，以人工絞動鉄鍊，惟頗費時耳。

夜，移居泰安棧。

四月十日

晨六時，由天津總站登車。夜九時，過濟南。

四月十一日

上午八時，過徐州。夜八時廿分抵浦口。渡江寓下關鉄路旅館。

四月十二日

上午十一時，移居中央大學。下午休息。

四月十三日

上午雇汽車往謁總理陵。陵地寬廣，斜倚紫金山腰，石級數百，上有廟堂一座，狀至雄偉。內部用大理石舖砌，四壁均刻有總理遺言。正中有一鉄門，上題「浩氣長存」四字。同人持公函向該總務處交涉，得允開放。內面爲半球形屋頂，電燈由四壁發出，回光至屋頂反射，滿室通明。中間圍以石欄，總理石棺，即放其處。有孫先生石塑像，端臥棺上，令人一見生敬。

謁陵畢，往公共體育場。有大動塲一個，四週均係運動員宿舍，屋頂向塲中傾斜，上作看台，建造頗經濟適用。另有各種球塲及游泳池，四週各圍以土山，山坡砌以石級，作爲看台。參觀畢，經明孝陵，雞鳴寺諸處。建築雖不及總理陵之盛，亦別具風味焉。

下午至教部，晋謁王前校長。校長詢問校內近況頗詳盡，會談良久始出。

四月十四日

上午至市政府，謁石瑛先生。談及大學生求學不務實際，爲各學校通病。武漢大學爲較有希望之學校，近聞漸趨貴族化，殊爲可惜。並敎吾輩學習工程，尤宜注重實習學科云。

旋由市政府備汽車，至自來水廠。該廠在下關上游。有江心洲分水爲二道，大船多走外江，故內江水較清潔。由十四吋水管導至岸上水井，復經過一銅絲網而至於躋井。由三個五十基羅瓦特電動機轉動三個打水機，將水送至沉澱池。明礬水亦利用吸入作用(Suction action)於此時輸入打水機內。池底每方丈均作漏斗形，中一孔，下連水管，備污泥洗出用。水經沉澱後，即由池旁一小口流入沉澱池下層蓄水池內。由是用三套三百三十基羅瓦特轉動打水機，輸送至清涼山儲水塔。再由是輸送至運戶。水之衛生檢查，則委托衛生署管理。每日用水約七百萬立方公尺。每月水費可收二萬元，除開支費一萬元外，尚有一萬元可作添裝新管用。

至下關，參觀輪渡碼頭，乃新建作旅客過江用。舊有碼頭則可專作起卸軍用危險品用。全部均爲鋼筋混凝土所作。平行倚靠江岸，爲避雨站台。有三垂直平台，突出江中，由是可用橋樑連至躉船。作基脚時，最爲困難，係用1:1:2之混凝土，因水流甚急，多數洋灰，被水冲走，臨時無法補救，乃依當時情況，隨即作成標樣（Specimen），後經試驗結果，其力恰符二千磅，於是乃敢繼續上造。

下午，往觀火車輪渡。兩岸各有引橋四個。斜出江中。各橋均以釘針互相連接，懸於橋墩之高架上，可用電機自由升降，使其與渡船上軌道平面相合。渡輪上有軌道三行，每行可容車七輛。船後有移車台（Transfer Table）可移機車至任何軌道。烟囪則豎於船之兩側，舵房則置於跨過軌道之橋上。船之左右前後，均設有穩水櫃，當車輛裝載不平衡時，可用打水機灌水，以免傾側，設計至完善。

旋屡汽車至陸地測量學校。該校共分四組：測量組爲在地面設許多控制點，並測其相互位置；航攝組則用飛機在一定高度飛過，用轉片將地形拍照；因飛時機身每易傾斜，故照片常欠正確；糾正組遂將原來照片重晒一次，令原片作同樣傾斜，而使片內各點與實測控制點相符，此次所得照片，便可併成地圖；製圖組則將其插進自動繪圖儀，兩眼自鏡筒內直視，儼若立體圖形；中有一小圓點，將像片移動，令小圓點沿山坡走過，便有儀器自動在紙上繪出等高線（Contours Lines），構造概精好。聞此儀初出僅有四架，其中三架爲中日美三國分購，價值爲八萬五千元。據云此法測量，可製萬分之一軍用地圖，既正確又無遺漏；較之普通測量，時間可節省五倍，經濟與人力亦可大節省。

夜十一時，乘車赴滬。

四月十五日

上午八時抵滬，十一時至交通大學。下午休息。

四月十六日

上午汽車至龍華寺，參觀該地水泥廠。適無人接洽而還。

四月十七日

參觀濬浦局。由該局派小輪送至各挖泥船參觀。有梯式(Ladder Tape)挖泥船三艘，每艘價約廿七萬元，每小時可挖泥八百立方碼；蛤殼式（Clam-shell Type）挖泥船八艘，每艘價約五萬元，每小時各可挖泥二百立方碼。每年能將黃浦江全挖挖掘一次，挖去泥約千二百萬立方碼。泥沙均用駁船載至浦東，參和以水，用打水機送至岸上窪地沉澱。浦口未挖浚前，水深約三十呎。往挖浚後，約深四十呎。全年經費約一千萬元，均由征收往來船舶之浚浦稅而得。

四月十八日

上午參觀交通大學。該校共分六個學院，有同學四百餘人，每年經常費六十萬元。有工程館一所，爲三年前新建，共費約五十萬元。電機工程與機械工程實驗室，均設其內。電機設備較爲完備。各種電表及開關，均裝置壁上，用時甚便利。惟嫌過於方便，裝置不需學生動手，用時亦可不假思索，殊欠實習精神。機械工程之實驗室有各種形式之蒸氣機及柴油機。更有木炭汽車一架，因其濾缸裝置，不甚雅觀，擬將其改裝於車旁。尙有遼寧迫擊砲廠所製第一輛汽車，亦陳列其處。蒸氣鍋鑪有二隻：一爲五十馬力，一爲七十馬力。水力及材料實驗室，均未參觀，故無可述。金木工廠亦與我校大同小異。所可異者，上午亦發見同學作工廠實習，恐其時間支配，未能盡符教育原理。圖書館有五萬餘册，西書萬二千册，以應用科學書爲最多，每月購買費約四千元。各教員指定參考書，均各置一櫃，同學可隨時取閱，體育館建有游泳池，有溫水管裝置。惟池地嫌狹小，近擬設法擴充云。該校以前體育名將甚多，近年因功課加嚴，書本多崇尙背誦，體育聲譽，亦漸衰微云。

下午，運行李至江新輪

四月十九日

晨四時，離滬。

四月二十日

晨六時，過京。

四月廿一日

晨四時，抵安慶。下午時，抵九江。

四月廿二日

上午八時抵漢。十一時到校。

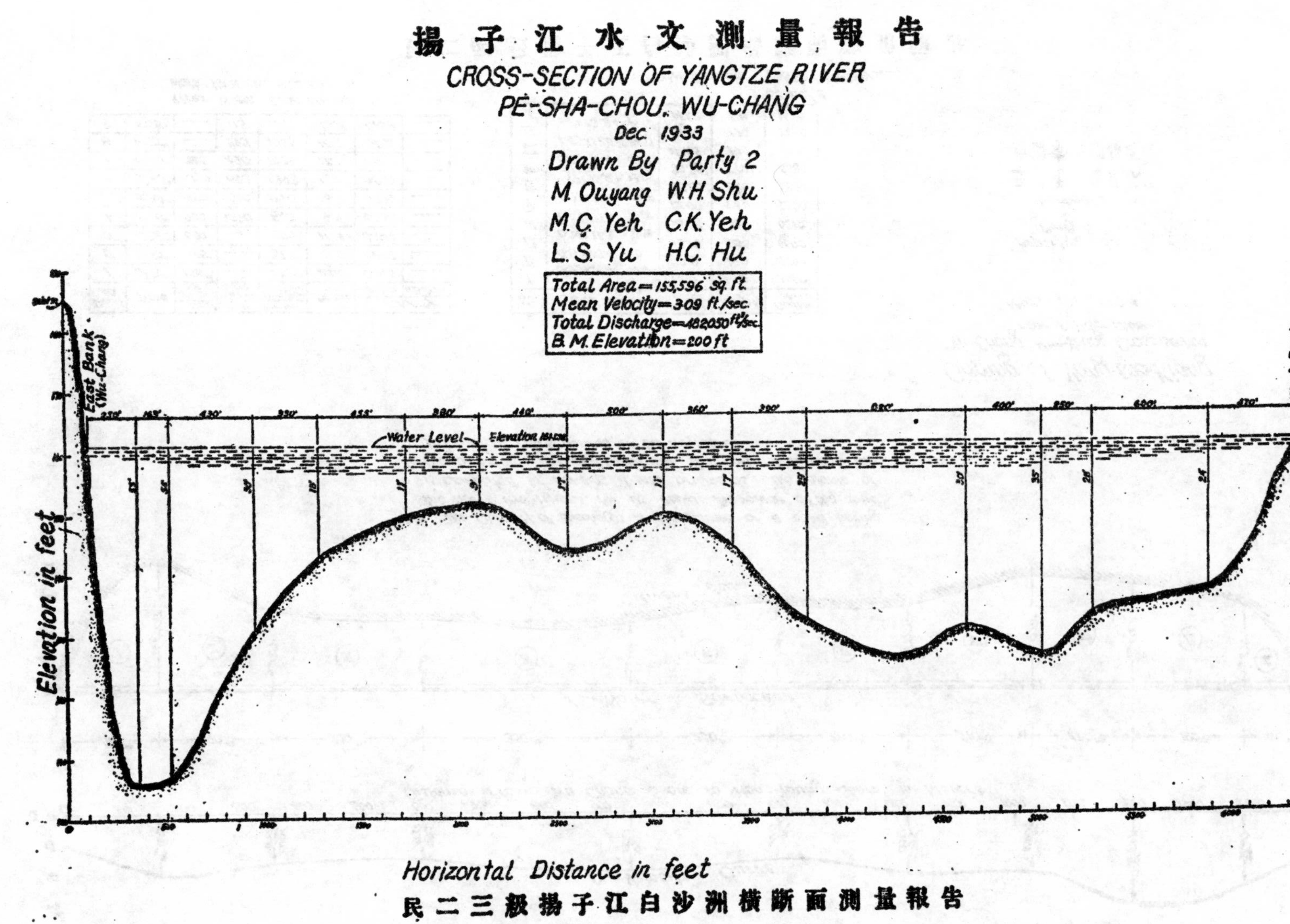

民二三級揚子江白沙洲橫斷面測量報告

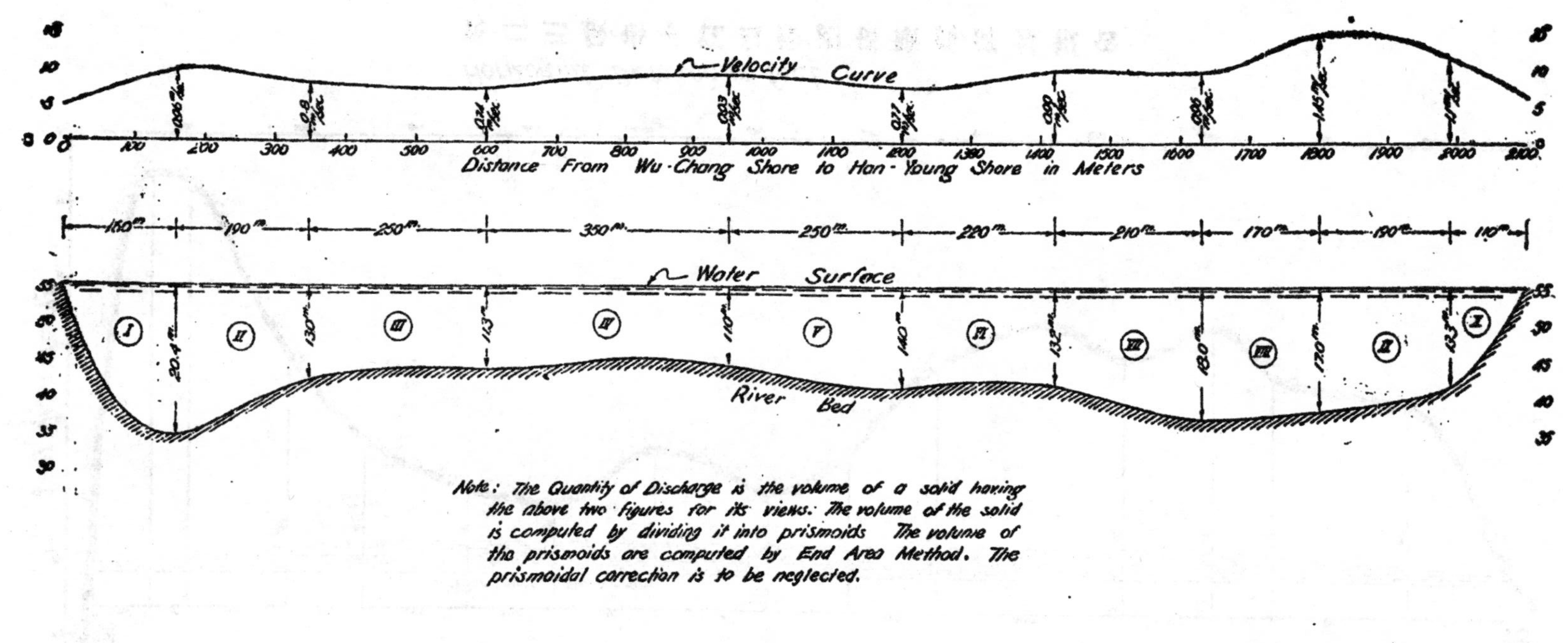

Note: The Quantity of Discharge is the volume of a solid having the above two figures for its views. The volume of the solid is computed by dividing it into prismoids. The volume of the prismoids are computed by End Area Method. The prismoidal correction is to be neglected.

Gaging of Yang-tse-Kiang

Wu-Chang Han-Young Cross-section near Pei-Sar-Chow

May, 10, 1934

Reported By Party 8

Partners.

王 光　董世恭

唐樹孝　胡錫之

Read no.	Time	Distance from			Depth	Velocity	
		Wu-Chang Shore	Han-Young Shore	Corr. from Wu-Chang		0.2 dep.	0.8 dep.
1	6h 8m	156m	——	156m	20.6m	0.945	——
2	6h 10m	345	——	345	13.0	0.807	——
3	6h 22m	600	——	600	11.4	0.740	——
4	6h 28m	900	1270	865	9.9	0.950	——
5	6h 34m	1220	840	1210	13.7	0.770	——
6	6h 40m	1380	693	1393	13.6	0.930	——
7	6h 46m	1025	490	1032	17.7	0.905	——
8	6h 53m	——	295	1805	16.7	1.428	——
9	6h 58m	——	113	1987	13.7	1.158	——

River Width 2100 Meters.
Water level elev. 55.2 Meters.

No.	End Bases		Sum of bases	height	Double Volume
I			19.6	160	3140
	0.96×20.4	19.6			
II			30.0	190	5700
	0.8×13.0	10.4			
III			18.76	250	4690
	0.74×11.3	8.36			
IV			18.58	350	6510
	0.93×11.0	10.22			
V			21.00	250	5250
	0.77×14.0	10.78			
VI			23.86	220	5250
	0.99×13.2	13.08			
VII			30.38	210	6380
	0.96×18.0	17.3			
VIII			41.95	170	7130
	1.45×17.0	24.65			
IX			39.27	190	7460
	1.1×13.2	14.62			
X			14.62	110	1610

53120/2

Total discharge 26560 Cu. Meters/sec.

民二四級揚子江白沙洲橫斷面測量報告

本會會員姓名錄

(一) 甲種特別會員(本系教員)

姓名	籍貫	職務
邵逸周	安徽休甯	工學院院長兼教授
陸鳳書	江蘇無錫	土木工程系主任兼教授
郭霖	湖北當陽	機械工程系主任兼教授
俞忽	安徽婺源	教授
余熾昌	浙江紹興	教授
趙師梅	湖北巴東	教授
丁燮和	江蘇泰興	教授
孫雲霄	江蘇高郵	教授
譚聲乙	安徽合淝	教授
羅樹聲	江蘇泰興	助教
石琢	湖南邵陽	助教
文斗	湖南寧鄉	助教
郭仰汀	福建閩侯	助教
孟昭禮	山東臨清	助教
方㨗	安徽定遠	教授
孟嘉德	美國	講師
齊成基	河北昌黎	助教

(三) 乙種特別會員(本系畢業同學)

民二二級畢業會員

姓名	籍貫	服務機關
顧文魁	江蘇如皋	南京國防設計委員會
唐家湖	安徽桐城	南京市政府工務局
陳亞光	江蘇東台	粵漢鐵路株韶段工程局第七總段工程處
陳正權	湖北武昌	湖北建設廳
辛煥章	湖北安陸	湖北建設廳
黃守楷	湖南湘潭	粵漢鐵路株韶段工程局
彭文森	湖北鄂城	湖北建設廳
賀俠	湖南安化	湖北建設廳省會工程處

沈瓊芳	湖北天門	湖北建設廳
閻克製	湖南岳陽	南京市政府工務局
胡仁杰	湖北大冶	湖北建設廳
趙文軒	河南濬縣	湖北建設廳
王守先	湖北武昌	湖北建設廳
吳興朝	湖南新化	湖北建設廳省會工程處
羅崇光	廣東南海	山西同蒲鐵路工程局

民二三級畢業會員

熊道琨	湖北漢川	湖北建設廳
張世俊	湖北漢陽	南京市政府財政局土地科
沈瑾芳	湖北天門	湖北省立職業學校土木工程科
涂卓如	湖北黃陂	湖北建設廳
胡休唐	湖南武崗	南京市政府工務局
李定魁	陝西南鄭	陝西全國經濟委員會西蘭公路工務所
舒文翰	湖北崇陽	湖北建設廳
余聯壽	江蘇興化	江蘇溧水縣政府技術科
歐陽鳴	江西興國	江西省立臨川中學土木工程科
葉明哲	湖北蒲圻	湖北建設廳
胡和競	江西湖口	杭江鐵路南玉段工程局
趙鴻	湖北沔陽	湖北建設廳
王道隆	江西南昌	杭江鐵路南玉段工程局
姜于淮	江西南昌	南京市政府財政局土地科
楊訪漁	安徽懷甯	南京國防設計委員會
單成騏	江蘇懷寧	南京市政府工務局
王言綬	江蘇鹽城	南京金陵兵工廠
王哲	廣西賓陽	廣西梧州廣西大學
趙方民	湖南長沙	南京衛生署
鄧志瑞	廣東南海	漢口全國經濟委員會江漢工程局
余洞	四川威遠	漢口全國經濟委員會江漢工程局
黃作	江蘇泰縣	南京金陵兵工廠

（三） 普通會員（在校同學）

四年級

楊長榮　唐儲孝　汪承鈞　方璜　方璧　何世珍　陳化秦
劉定志　陳厚載　米谷生　梁湜訓　周宗士　余傳周　朱吉麟
劉宗周　陳良智　封祖祐　鄧先仁　王光　樊錫梁　袁吉武
杜時敏　吳以斆　蔡仲華　陽漢膺　樂樂　黃景曦　胡慎思
尤德梓　方宗岱　張鼎生　胡錫之　董世春

三年級

李希靖　鄭恆興　王開闓　陳和鳴　胡家仁　李均平　劉相堯
劉永彥　蔡鍾琦　鍾綽　方睦　胡玉璠　李希曾　黃德榮
段幹　龔志鴻　崔可仁　周懷璜　宋克繼

二年級

耿大定　趙邦達　毛景能　張溶　楊賢溢　趙爾璂　蕭人存
雷大晉　周文化　蔣宗松　項學漢　王泰　樊哲晨　龔一波
汪兌　章泰報　周臣　周祜　黃雍純　王道勝　朱恩泉
何彥青　熊守禮　鄧鋭輔　尹肇元

一年級

鄒思齊　黃言亮　宋壽安　田庚錫　鄧志揆　李毓芬　李慕蘇
王治樑　馬賚元　喻伯良　黃民澤　黃彰任　李伯屏　周永康
劉守純　陳文彪　呂道華　沈晉　陳道弘　常振擷　尹先思
童光燦　包惠敏　吳治華　林祥威　陳炳輝　歐明波　王修官
潘基碩　舒慶禾　鄭瑞林

編後

本刊籌備已久，祗因種種困難，延至今日始得出版，以事屬草創，舛誤之處，在所難免，海內明達，幸指正焉！

本刊籌備期中，承本院教授予以經濟上之援助及內容之指導；與諸同學之踴躍投稿始克有今日，謹書此致謝。

——編　者——

勘 誤 表

頁	行	字	誤	正
2	18	7	0.8108	0.0188
7	3		31.87	3.187
7	14		160.000	160,000
8	1		1,7781	1,778.1
8	8	1	F	E
11	14		38,545	38.545
19	11		−87,50	−87,500
31	10	1	p_a	p_b
37	第七圖下		解答托荷載	解答支托荷載
38	4	30	研	究
42	3		1.0+360	1.0×360
43	20		$-85p_1$	$-0.85p_1$
46	16—17		水及泥水	水泥及水
48	3	24	圖	第
48	圖下12行	p_x式	$x(h-x)$	$x(h_1-x)$
49	2	=式右	$a\delta$	$-a\delta$
49	末行		$=\delta f$	$\delta f=$
50	2		$\frac{4hw_1}{h_1}$	$\frac{4w_1}{h_1}$
51	2	8	h_1	h
51	3	第二項	$3w\lambda_2$	$3w_2\lambda$
51	8	分母	$+w_2\lambda$	$+4w_2\lambda$
51	9	分母	$+\lambda$	$+4\lambda$
52	19	10及17	x	λ
54	7		1.425	1,425
54	14		926	920
64	8	16	潤	閘
84	12	16	前	下

本刊徵稿條例

一・本刊定名爲國立武漢大學土木工程學會會刊。
二・本刊登載有關土木工程之稿件。
三・文體不拘，但須繕寫清楚，並加新式標點符號。
四・翻譯請附寄原文或說明原著來處。
五・來稿得由本刊編輯部酌量增刪，不願者請預先聲明。
六・來稿無論登載與否概不退還，但預先聲明者，不在此例。
七・來稿請直寄本刊編輯部。
八・來稿登載後，概以本刊致酬。

廣告價目表

大小／地位	全頁	半頁	四分之一	八分之一
後封面	三十元	十五元	八元	五元
前內封面	廿五元	十二元	七元	四元
後內封面	廿五元	十二元	七元	四元
正文前後	二十元	十元	六元	二元

國立武漢大學

土木工程學會會刊

第一期

民國二十三年十二月三十日出版

編輯者　國立武漢大學土木工程學會編輯部
發行者　國立武漢大學土木工程學會出版部
印刷者　武昌李榮眞印書館
定價　每册大洋三角，外埠另加郵費五分

國立武漢大學
土木工程學會會刊
第二期

本期目錄

國立武漢大學土木工程學會印行

中華民國二十六年五月三十日出版

六合公司

承造房屋橋樑以
及其他一切工程

總公司：上海愛多亞路一二三號

電話　八〇〇三〇

電報掛號　六一三九

辦事處：漢口　武昌　長沙

南京　成都　杭州

A PROBLEM OF TALL BUILDING FRAMES.

俞 忽

The problem described in Messrs. Witmer and Bonner's paper, proceedings of the American Society of Civil Engineers, 1936, p. 1 can be easily solved by analytical method. In the building shown in Fig. 1, let us give the footing A an upward vertical deflection Δ_a, determine the horizontal deflection Δ_{na} of the building at the level of the nth. floor beam; then, by the well-known Maxwell reciprocal theorem, the vertical reactton at footing A for unit horizontal load at the nth. floor level is equal to $\frac{\Delta_{na}}{\Delta_a}$.

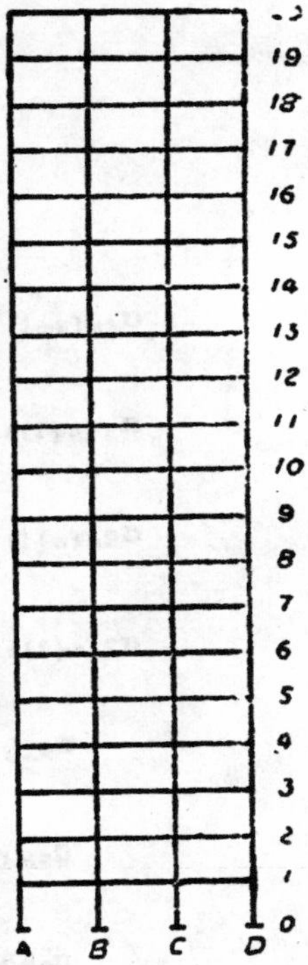

In order to have the advantage of symmetry, for buildings with a vertical axis of symmetry as in the case of our problem, instead of giving an upward deflection Δ_a to the footing A, we may give an upward vertical deflection $\frac{1}{2}\Delta_a$ to the footing A and a downward vertical deflection $\frac{1}{2}\Delta_a$ to the footing D. The horizontal deflection Δ_{na} at the nth. floor level will remain unaltered, so the vertical reaction at the footing A for unit horizontal load at the nth. floor level is again equal to $\frac{\Delta_{na}}{\Delta_a}$.

In a similar manner, we may give an upward vertical deflection $\frac{1}{2}\Delta_b$ to the foothing B and a downward vertical deflection $\frac{1}{2}\Delta_b$ to the footing C, then determine the horizontal deflection Δ_{nb} of the building at the nth. floor level, and the ratio $\frac{\Delta_{nb}}{\Delta_b}$ will be equal to the vertical reaction at footing B for unit horizontal load at the nth. floor level.

Fig. 1.

For convenience, we shall designate each joint of the building by a letter and a number; for example, the point of intersection of column X and the nth. floor beam will be known as joint Xn. Let $M_{Xn(n+1)}$ and $M_{X(n+1)n}$ be the moments at the ends of column Xn–$X(n+1)$. Let M_{nXY} and M_{nYX} be the moments at the ends of beam Xn–Yn. Let

l_1 = length of outer beams,

l_2 = length of centre beams,

h = length of all the columns,

I_1 = moment of inertia of outer columns,

I_2 = moment of inertia of inner columns,

I_3 = moment of inertia of outer beams,

I_4 = moment of inertia of centre beams,

$$K_1=\frac{I_1}{h},\ K_2=\frac{I_2}{h},$$

$$K_3=\frac{I_3}{l_1},\ K_4=\frac{I_4}{l_2},$$

$$\alpha_{An(n+1)}=\frac{1}{6K_1}\left(2\ M_{An(n+1)}-M_{A(n+1)n}\right),$$

$$\alpha_{A(n+1)n}=\frac{1}{6K_1}\left(2\ M_{A(n+1)n}-M_{An(n+1)}\right),$$

$$\alpha_{Bn(n+1)}=\frac{1}{6K_2}\left(2\ M_{Bn(n+1)}-M_{B(n+1)n}\right),$$

$$\alpha_{B(n+1)n}=\frac{1}{6K_2}\left(2\ M_{B(n+1)n}-M_{Bn(n+1)}\right),$$

$$\alpha_{nAB}=\frac{1}{6K_3}\left(2\ M_{nAB}-M_{nBA}\right),$$

$$\alpha_{nBA}=\frac{1}{6K_3}\left(2\ M_{nBA}-M_{nAB}\right),$$

$$\alpha_{nBC}=\frac{1}{6K_4}\left(2\ M_{nBC}-M_{nCB}\right)=\frac{1}{6K_4}\ M_{nBC}.$$

Then

$$M_{An(n+1)}=2\ K_1\ (2\ \alpha_{An(n+1)}+\alpha_{A(n+1)n}),$$

$$M_{A(n+1)n}=2\ K_1\ (2\ \alpha_{A(n+1)}+2\ \alpha_{A(n+1)n}),$$

$$M_{Bn(n+1)}=2\ K_2\ (2\ \alpha_{Bn(n+1)}+\alpha_{B(n+1)n}),$$

$$M_{B(n+1)}=2\ K_2\ (\alpha_{Bn(n+1)}+2\ \alpha_{B(n+1)n}),$$

$$M_{nAB}=2\ K_3\ (2\ \alpha_{nAB}+\alpha_{nBA}),$$

$$M_{nBA}=2\ K_3\ (\alpha_{nAB}+2\ \alpha_{nBA}),$$

$$M_{nBC}=6\ K_4\ \alpha_{nBC}.$$

It may be proved that

$$\alpha_{An(n+1)}-\alpha_{nAB}=\alpha_{Bn(n+1)}-\alpha_{nBA}=\alpha_{A(n+1)n}-\alpha_{(n+1)AB}=\alpha_{B(n+1)n}-\alpha_{(n+1)BA}=\beta_{n+1}.$$

For upward deflections $\frac{1}{2}\Delta_a$ and $\frac{1}{2}\Delta_b$ at footings A and B and similar downward deflections at footings C and D, we may prove that

$$\alpha_{A10}-\alpha_{1AB}=\alpha_{B10}-\alpha_{1BA}=\beta_1,$$

$$\alpha_{A01}=\alpha_{B01}=\beta_1+E\left(\frac{\Delta_a-\Delta_b}{2\,l_1}\right),$$

$$\alpha_{nBA}-\alpha_{nBC}=E\left(\frac{\Delta_a-\Delta_b}{2\,l_1}-\frac{\Delta_b}{l_2}\right),$$

$$\begin{aligned}\Delta_{na}+\Delta_{nb}=\frac{h}{E}\Big\{&n\,\alpha_{A01}-n\,(\alpha_{A10}-\alpha_{A12})\\&-(n-1)(\alpha_{A21}-\alpha_{A23})\\&-(n-2)(\alpha_{A32}-\alpha_{A34})\\&-\cdots\cdots\\&-(\alpha_{A(n-1)(n-2)}-\alpha_{A(n-1)n})\Big\}\\=\frac{h}{E}\Big\{&n\left[\beta_1+E\left(\frac{\Delta_a-\Delta_b}{2\,l_1}\right)\right]\\&-(n-1)\left[\alpha_{1AB}+\beta_1-(\alpha_{1AB}+\beta_2)\right]\\&-(n-2)\left[\alpha_{2AB}+\beta_2-(\alpha_{2AB}+\beta_3)\right]\\&-\cdots\cdots\\&-\left[\alpha_{(n-1)AB}+\beta_{n-1}-(\alpha_{(n-1)AB}+\beta_n)\right]\\=\frac{n\,h}{2\,l_1}&\left(\Delta_a-\Delta_b\right)+\frac{h}{E}\left(\beta_1+\beta_2+\beta_3+\cdots+\beta_n\right),\end{aligned}$$

where E = elastic modulus.

For convenience, we may make $E=1$, and make h as unit of length, then

$$\Delta_{na}+\Delta_{bn}=\frac{n}{2\,l_1}(\Delta_a-\Delta_b)+(\beta_1+\beta_2+\beta_3+\cdots+\beta_n)$$

The moment equations at joints An and Bn are

$$\begin{aligned}&2\,K_1(2\,\alpha_{nAB}+\alpha_{(n-1)AB}+3\,\beta_n)+2\,K_3(2\,\alpha_{nAB}+\alpha_{nBA})\\&\qquad+2\,K_1(2\,\alpha_{nAB}+\alpha_{(n+1)AB}+3\,\beta_{n+1})=0\quad\cdots\cdots(1)\end{aligned}$$

$$\begin{aligned}&2\,K_2(2\,\alpha_{nBA}+\alpha_{(n-1)BA}+3\,\beta_n)+2\,K_3(2\,\alpha_{nBA}+\alpha_{nAB})\\&\qquad+6\,K_4\left(\alpha_{nBA}-\frac{\Delta_a-\Delta_b}{2\,l_1}+\frac{\Delta_b}{l_2}\right)\\&\qquad+2\,K_2(2\,\alpha_{nBA}+\alpha_{(n+1)BA}+3\,\beta_{n+1})=0\quad\cdots\cdots(2)\end{aligned}$$

18769

The shear equations for the columns below the nth. and the $(n+1)$th. floor beams are

$$6K_1(\alpha_{(n-1)AB}+\alpha_{nAB}+2\beta_n)+6K_2(\alpha_{(n-1)BA}+\alpha_{nBA}+2\beta_n)=0 \cdots\cdots (3)$$

$$6K_1(\alpha_{nAB}+\alpha_{(n+1)AB}+2\beta_{n+1})+6K_2(\alpha_{nBA}+\alpha_{(n+1)BA}+2\beta_{n+1})=0 \cdots\cdots (4)$$

From equations (1) to (4), we obtain

$$\alpha_{nAB}=\frac{1}{8K_2K_3-K_1K_3+6K_1K_2}\Big\{-[2K_2^2+7K_2K_3-2K_1K_3-4K_1K_2 -3K_4(K_1-2K_2)]\alpha_{nBA}+K_2(K_1+K_2)(\alpha_{(n-1)BA}+\alpha_{(n+1)BA}) -3K_4(K_1-2K_2)\Big(\frac{\Delta_a-\Delta_b}{2l_1}-\frac{\Delta_b}{l_2}\Big)\Big\} \cdots\cdots (5)$$

$$\alpha_{nBA}=\frac{1}{\{K_1(6K_2+8K_3+9K_4)-K_2K_3\}}\Big\{-(2K_1^2-2K_2K_3+7K_1K_3 -4K_1K_2)\alpha_{nAB}+K_1(K_1+K_2)(\alpha_{(n-1)AB}+\alpha_{(n+1)AB}) +9K_1K_4\Big(\frac{\Delta_a-\Delta_b}{2l_1}-\frac{\Delta_b}{l_2}\Big)\Big\} \cdots\cdots (6)$$

The equations corresponding to equations (5) and (6) for the bottom story are

$$\alpha_{1AB}=\frac{1}{8K_2K_3-K_1K_3+6K_1K_2}\Big\{-[2K_1^2+7K_2K_3-2K_1K_3-4K_1K_2 -3K_4(K_1-2K_2)]\alpha_{1BA}+K_2(K_1+K_2)\Big(\alpha_{2BA}+\frac{\Delta_a-\Delta_b}{2l_1}\Big) -3K_4(K_1-K_2)\Big(\frac{\Delta_a-\Delta_b}{2l_1}-\frac{\Delta_b}{l_2}\Big)\Big\} \cdots\cdots (7)$$

$$\alpha_{1BA}=\frac{1}{\{K_1(6K_2+8K_3+9K_4)-K_2K_3\}}\Big\{-(2K_1^2-2K_2K_3+7K_1K_3 -4K_1K_2)\alpha_{1AB}+K_1(K_1+K_2)\Big(\alpha_{2AB}+\frac{\Delta_a-\Delta_b}{2l_1}\Big) +9K_1K_4\Big(\frac{\Delta_a-\Delta_b}{2l_1}-\frac{\Delta_b}{l_2}\Big)\Big\} \cdots\cdots (8)$$

Let m be the total number of stories of the building, the equations corresponding to equations (5) and (6) for the top story are

$$\alpha_{mAB}=\frac{1}{8K_2K_3-K_1K_3+3K_1K_2}\Big\{-[K_2^2+7K_2K_3-2K_1K_3-2K_1-K_2$$

$$-3K_4(K_1-K_2)]\,\alpha_{mBA}+K_2(K_1+K_2)\,\alpha_{(m-1)BA}$$

$$-3K_4(K_1-K_2)\left(\frac{\Delta_a-\Delta_b}{2l_1}-\frac{\Delta_b}{l_2}\right)\Big\}\cdots\cdots(9)$$

$$\alpha_{mBA}=\frac{1}{\{K_1(3K_2+8K_3+9K_4)-K_2K_3\}}\Big\{-(K_1^2-2K_2K_3+7K_1K_3-2K_1K_2)\,\alpha_{mAB}$$

$$+K_1(K_1+K_2)\,\alpha_{(m-1)AB}+9K_1K_4\left(\frac{\Delta_a-\Delta_b}{2l_1}-\frac{\Delta_b}{l_2}\right)\Big\}\cdots\cdots(10)$$

Take Messrs. Witmer and Bonner's Case A1, we have

$$K_1=K_2=0.4,\qquad K_3=K_4=0.25$$

$$h=1\quad,\quad l_1=l_2=1.6$$

Substituting in equations (5) to (10), we obtain

$\alpha_{1AB}=0.19277\,\alpha_{2BA}-0.28916\,\alpha_{1BA}+0.11672\,\Delta_a-0.22967\,\Delta_b$,

$\alpha_{1BA}=0.125\,\alpha_{2AB}-0.070313\,\alpha_{1AB}+0.14898\,\Delta_a-0.36865\,\Delta_b$,

$\alpha_{nAB}=0.19277\,(\alpha_{(n-1)BA}+\alpha_{(n+1)BA})-0.28916\,\alpha_{nBA}+0.05648\,\Delta_a-0.16943\,\Delta_b$,

$\alpha_{nBA}=0.125\,(\alpha_{(n-1)AB}+\alpha_{(n+1)AB})-0.070313\,\alpha_{nAB}+0.10986\,\Delta_a-0.32959\,\Delta_b$,

$\alpha_{mAB}=0.27119\,\alpha_{(m-1)BA}-0.54237\,\alpha_{mBA}+0.07945\,\Delta_a-0.23835\,\Delta_b$

$\alpha_{mBA}=0.15385\,\alpha_{(m-1)AB}-0.16346\,\alpha_{mAB}+0.13522\,\Delta_a-0.40565\,\Delta_b$

The values of α_{nAB}'s and α_{nBA}'s are evaluated in Tables 1 and 2. The detail calculation of the value of α_{2AB} is as follows:—

		0.05648
0.19277(0.10986+0.01367+0.10986)−0.28916×0.10986=	0.04499−0.08177=	0.01322
0.19277(0.00206+0.01090)−0.28916×0.01149	= 0.00250−0.00332=	−0.00082
0.19277(−0.00011+0.00153)−0.28916×0.00149	= 0.00027−0.00043=	−0.00016
0.19277(−0.00002−0.00010)−0.28916(−0.00013)	=−0.00002+0.00004=	0.00002
	Total	0.06874

Check: $0.05648+0.19277(0.12547+0.12217)-0.28916\times0.12269$

$$=0.05648+0.04774-0.03548=0.06874.$$

The other values of α's are calculated in a similar manner. Above the 6th. floor level the values of α_{nAB}'s and α_{nBA}'s will remain constant, those for the few top stories being excepted. The values of $\frac{\Delta_{na}}{\Delta_a}$ and $\frac{\Delta_{nb}}{\Delta_b}$ are evaluated in Table 3 and 4.

TABLE 1. EVLUATION OF α_{nAB}'S AND α_{nBA}'S: VERTICAL DEFLECTIONS $\frac{1}{3}\Delta_a$ AT A AND D.

α	Equation	II	III	IV	V	Total	Check
α_{1AB}	$0.19277\ \alpha_{2BA}$	0.02118	0.00264	0.00040	0.00002		0.02418
	$-0.28916\ \alpha_{1BA}$	−0.04306	−0.00011	−0.00060	−0.00005		−0.04373
	0.11672	−0.02188	0.00253	−0.00020	0.00003	0.09720	0.09717
α_{1BA}	$0.125\ \alpha_{2AB}$	0.00706	0.00227	−0.00017	−0.00001		0.00918
	$-0.070313\ \alpha_{1AB}$	−0.00667	−0.00018	0.00001	—		−0.00683
	0.14893	0.00039	0.00209	−0.00016	−0.00001	0.15124	0.15123
α_{2AB}	$0.19277\ (\alpha_{1BA}+\alpha_{3BA})$	0.04996	0.00262	0.00026	−0.00003		0.05280
	$-0.28916\ \alpha_{2BA}$	−0.03177	−0.00395	−0.00060	0.00003		−0.03628
	0.05648	0.01819	−0.00133	−0.00034	0	0.07300	0.07300
α_{2BA}	$0.125\ (\alpha_{1AB}+\alpha_{3AB})$	0.01892	0.00197	−0.00013	−0.00002		0.02074
	$-0.070313\ \alpha_{2AB}$	−0.00525	0.00009	0.00002	—		−0.00513
	0.10986	0.01367	0.00206	−0.00011	−0.00002	0.12546	0.12547
α_{3AB}	$0.19277\ (\alpha_{2BA}+\alpha_{4BA})$	0.04499	0.00250	0.00027	−0.00002		0.04774
	$-0.28916\ \alpha_{3BA}$	−0.03177	−0.00332	−0.00043	0.00004		−0.03548
	0.05648	0.01322	−0.00082	−0.00016	0.00002	0.06874	0.06874
α_{3BA}	$0.125\ (\alpha_{2AB}+\alpha_{4AB})$	0.01639	0.00143	−0.00014	−0.00002		0.01767
	$-0.070313\ \alpha_{3AB}$	−0.00490	0.00006	0.00001	—		−0.00483
	0.10986	0.01149	0.00149	−0.00013	−0.00002	0.12269	0.12270
α_{4AB}	$0.19277\ \alpha_{3BA}+\alpha_{5BA}$	0.04457	0.00238	0.00027	−0.00003		0.04720
	$-0.28916\ \alpha_{4BA}$	−0.03177	−0.00315	−0.00044	0.00003		−0.03583
	0.05648	0.01280	−0.00077	−0.00017	0	0.06834	0.06835
α_{4BA}	$0.125\ (\alpha_{3AB}+\alpha_{5AB})$	0.01577	0.00148	0.00011	−0.00002		0.01712
	$-0.070313\ \alpha_{4AB}$	−0.00487	0.00005	−0.00001	—		−0.00481
	0.10986	0.01090	0.00153	−0.00010	−0.00002	0.12217	0.12217
α_{5AB}	$0.19277\ (\alpha_{4BA}+\alpha_{6BA})$	0.04446	0.00239	0.00028	−0.00003		0.04709
	$-0.28916\ \alpha_{5BA}$	−0.03177	−0.00314	−0.00045	0.00003		−0.03582
	0.05648	0.01269	−0.00075	−0.00017	0	0.06825	0.06825
α_{5BA}	$0.125\ (\alpha_{4AB}+\alpha_{6AB})$	0.01572	0.00149	−0.00012	−0.00002		0.01707
	$-0.070313\ \alpha_{5AB}$	−0.00486	0.00005	0.00001	—		−0.00480
	0.10986	0.01086	0.00154	−0.00011	−0.00002	0.12213	0.12213
α_{6AB}	$0.19277\ (\alpha_{5BA}+\alpha_{7BA})$	0.04445	0.00239	0.00027	−0.00003		0.04708
	$-0.28916\ \alpha_{6BA}$	−0.03177	−0.00314	−0.00045	0.00003		−0.03581
	0.05648	0.01268	−0.00075	−0.00018	0	0.06823	0.06825

α_{6BA}	$0.125(\alpha_{5AB}+\alpha_{7AB})$ $-0.070313\ \alpha_{6AB}$ 0.10986	0.01571 -0.00486 0.01085	0.00149 0.00005 0.00154	-0.00012 0.00001 -0.00011	-0.00002 — -0.00002	0.12212	0.01706 -0.00480 0.12212
α_{7AB}	$0.19277(\alpha_{6BA}+\alpha_{8BA})$ $-0.28916\ \alpha_{7BA}$ 0.05648	0.04445 -0.03177 0.01268	0.00239 -0.00314 -0.00075	0.00027 -0.00045 -0.00018	-0.00003 0.00003 0	0.06823	0.04708 -0.03531 0.06825
α_{7BA}	$0.125(\alpha_{6AB}+\alpha_{8AB})$ $-0.070313\ \alpha_{7AB}$ 0.10986	0.01571 -0.00486 0.01085	0.00148 0.00005 0.00154	-0.00012 0.00001 -0.00011	-0.00002 — -0.00002	0.12212	0.01706 -0.00480 0.12212

TABLE 2. EVALUATION OF α_{nAB}'S AND α_{nBA}'S: VERTICAL DEFLECTIONS $\frac{1}{2}\Delta_b$ AT B AND C.

α	Equation	II	III	IV	V	VI	Total	Check
α_{1AB}	$0.19277\ \alpha_{2BA}$	-0.06354	-0.00573	-0.00100	0.00006	0.00001		-0.07020
	$-0.28916\ \alpha_{1BA}$	0.10660	0.00233	0.00141	-0.00004	-0.00002		0.11028
	-0.22967	0.04306	-0.00340	0.00041	0.00002	-0.00001	-0.18959	-0.18959
α_{1BA}	$0.125\ \alpha_{2AB}$	-0.02118	-0.00511	0.00016	0.00008			-0.02605
	$-0.070313\ \alpha_{1AB}$	0.01312	0.00024	-0.00003	—			0.01333
	-0.36865	-0.00306	-0.00487	0.00013	0.00008		-0.38137	-0.38137
α_{2AB}	$0.19277\ (\alpha_{1BA}+\alpha_{3BA})$	-0.13615	-0.00728	-0.00089	0.00008	0.00001		-0.14424
	$-0.28916\ \alpha_{2BA}$	0.09530	0.00859	0.00150	-0.00008	-0.00002		0.10580
	-0.16943	-0.04085	0.00131	0.00061	0	-0.00001	-0.20837	-0.20837
α_{2BA}	$0.125\ (\alpha_{1AB}+\alpha_{3AB})$	-0.04451	-0.00511	0.00033	0.00007			-0.04922
	$-0.070313\ \alpha_{2AB}$	0.01479	-0.00009	-0.00004	—			0.01465
	-0.32959	-0.02972	-0.00520	0.00029	0.00007		-0.36415	-0.36416
α_{3AB}	$0.19277\ (\alpha_{2BA}+\alpha_{4BA})$	-0.13280	-0.00726	-0.00083	0.00007	0.00001		-0.14081
	$-0.28916\ \alpha_{3BA}$	0.09530	0.00952	0.00138	-0.00009	-0.00002		0.10609
	-0.16943	-0.03750	0.00226	0.00055	-0.00002	-0.00001	-0.20415	-0.20415
α_{3AB}	$0.125\ (\alpha_{2AB}+\alpha_{4AB})$	-0.04746	-0.00460	0.00035	0.00006			-0.05165
	$-0.070313\ \alpha_{3AB}$	0.01455	-0.00016	-0.00004	—			0.01435
	-0.32959	-0.03291	-0.00476	0.00031	0.00006		-0.36689	-0.36689
α_{4AB}	$0.19277\ (\alpha_{3BA}+\alpha_{5BA})$	-0.13341	-0.00719	-0.00083	0.00007	0.00001		-0.14135
	$-0.28916\ \alpha_{4BA}$	0.09530	0.00939	0.00134	-0.00009	-0.00002		0.10592
	-0.16943	-0.03811	0.00220	0.00051	-0.00002	-0.00001	-0.20486	-0.20486
α_{4BA}	$0.125\ (\alpha_{3AB}+\alpha_{5AB})$	-0.04705	-0.00447	0.00035	0.00006			-0.05111
	$-0.070313\ \alpha_{4AB}$	0.01459	-0.00015	-0.00004	—			0.01440
	-0.32959	-0.03246	-0.00462	0.00031	0.00006		-0.36630	-0.36630
α_{5AB}	$0.19277\ (\alpha_{4BA}+\alpha_{6BA})$	-0.13333	-0.00716	-0.00083	0.00007	0.00001		-0.14124
	$-0.28916\ \alpha_{5BA}$	0.09530	0.00941	0.00134	-0.00009	-0.00002		0.10595
	-0.16943	-0.03803	0.00225	0.00051	-0.00002	-0.00001	-0.20473	-0.20472
α_{5BA}	$0.125\ (\alpha_{4AB}+\alpha_{6AB})$	-0.04712	-0.00448	0.00035	0.00006			-0.05120
	$-0.070313\ \alpha_{5AB}$	0.01459	-0.00016	-0.00004	—			0.01439
	-0.32959	-0.03253	-0.00464	0.00031	0.00006		-0.36639	-0.36640
α_{6AB}	$0.19277\ (\alpha_{5BA}+\alpha_{7BA})$	-0.13334	-0.00716	-0.00083	0.00007	0.00001		-0.14126
	$-0.28916\ \alpha_{6BA}$	0.09530	0.00940	0.00134	-0.00009	-0.00002		0.10594
	-0.16943	-0.03804	0.00224	0.00051	-0.00002	-0.00001	-0.20475	-0.20475

α_{6BA}	$0.125(\alpha_{5AB}+\alpha_{7AB})$	−0.04711	−0.00447	0.00035	0.00006			−0.05118
	$-0.070313\ \alpha_{6AB}$	0.01459	−0.00016	−0.00004	—			0.01440
	−0.32959	−0.03252	−0.00463	0.00031	0.00006		−0.36637	−0.36637
α_{7AB}	$0.19277(\alpha_{6BA}+\alpha_{8BA})$	−0.13334	−0.00716	−0.00083	0.00007	0.00001		−0.14125
	$-0.28916\ \alpha_{7BA}$	0.09530	0.00940	0.00134	−0.00009	−0.00002		0.10594
	−0.16943	−0.03804	0.00224	0.00051	−0.00002	−0.00001	−0.20475	−0.20474
α_{7BA}	$0.125(\alpha_{6AB}+\alpha_{8AB})$	−0.04711	−0.00447	0.00035	0.00006			−0.05119
	$-0.070313\ \alpha_{7AB}$	0.01459	−0.00016	−0.00004	—			0.01440
	−0.32959	−0.03252	−0.00463	0.00031	0.00006		−0.36637	−0.36638

TABLE 3. EVALUATION OF $\frac{\Delta_{na}}{\Delta_n}$

n	α_{nAB}	α_{nBA}	β_n	$\frac{\Delta_{na}}{\Delta_a}$
1	0.09717	0.15123	−0.21835	0.0942
2	0.07300	0.11547	−0.11172	0.2949
3	0.06874	0.12270	−0.09748	0.5100
4	0.06835	0.12217	−0.09549	0.7270
5	0.06825	0.12213	−0.09523	0.9442
6	0.06825	0.12212	−0.09519	1.1615
7	0.06825	0.12212	−0.09519	1.3789
10				2.0308
15				3.1173

TABLE 4. EVALUATION OF $\frac{\Delta_{nb}}{\Delta_b}$

n	α_{nAB}	α_{nBA}	β_n	$\frac{\Delta_{nb}}{\Delta_b}$
1	−0.18959	−0.38137	0.29899	−0.0135
2	−0.20837	−0.36416	0.28587	−0.0401
3	−0.20415	−0.36689	0.28589	−0.0668
4	−0.20486	−0.36630	0.28555	−0.0937
5	−0.20472	−0.36640	0.28557	−0.1206
6	−0.20475	−0.36637	0.28556	−0.1476
7	−0.20474	−0.36638	0.28556	−0.1745
10				−0.2553
15				−0.3900

Above the 5th. floor level, the general values of $\frac{\Delta_{na}}{\Delta_a}$ and $\frac{\Delta_{nb}}{\Delta_b}$ are given by

$$\frac{\Delta_{na}}{\Delta_a}=0.94423+(n-5)\left(\frac{1}{2\times1.6}-0.09519\right)=0.21731\,n-0.14232,$$

$$\frac{\Delta_{nb}}{\Delta_b}=-0.12063-(n-5)\left(\frac{1}{2\times1.6}-0.28556\right)=-0.02694\,n+0.01407.$$

Additional calculations are necessary, when the vertical reactions for unit horizontal load at the top few floor levels are required.

This methad can also be used for the determination of the horizontal reactions and moments at the footings of the building.

Let

$$R_A=\frac{\Delta_{na}}{\Delta_a},$$

$$R_B=\frac{\Delta_{nb}}{\Delta_b},$$

$$R_i=\frac{R_B}{R_A}$$

The approximate values of R_i for various values of K's may be determined as follows:

Let α_{AB}, α_{BA} and β be the constant values of α_{nAB}, α_{nBA} and β_n for the intermediate stories. Let β_a and β_b be respectively the values of β for vertical deflections $\frac{1}{2}\Delta_a$ at A and D, and vertical deflections $\frac{1}{2}\Delta_b$ at B and C. By equations (3), (5) and (6), we have

$$K_1\alpha_{AB}+K_2\alpha_{BA}+(K_1+K_2)\beta=0 \qquad (11)$$

$$\alpha_{AB}=\frac{1}{8K_2K_3-K_1K_3+6K_1K_2}\Big[-\{2K_2^2+7K_2K_3-2K_1K_3-4K_1K_2$$

$$-3K_4(K_1-2K_2)\}\alpha_{BA}+K_2(K_1+K_2)\times 2\alpha_{BA}$$

$$-3K_4(K_1-2K_2)\left(\frac{\Delta_a-\Delta_b}{2l_1}-\frac{\Delta_b}{l_2}\right)\Big]$$

$$=\frac{1}{8K_2K_3-K_1K_3+6K_1K_2}\Big[-\{7K_2K_3-2K_1K_3-6K_1K_2$$

$$-3K_4(K_1-2K_2)\}\alpha_{BA}-3K_4(K_1-2K_2)\left(\frac{\Delta_a-\Delta_b}{2l_1}-\frac{\Delta_b}{l_2}\right)\Big] \qquad (12)$$

$$\alpha_{BA}=\frac{1}{\{K_1(6K_2+8K_3+9K_4)-K_2K_3\}}\Big[-(2K_1^2-2K_2K_3+7K_1K_3-4K_1K_2)\alpha_{AB}$$

$$+K_1(K_1+K_2)\times 2\alpha_{AB}+9K_1K_4\left(\frac{\Delta_a-\Delta_b}{2l_1}-\frac{\Delta_b}{l_2}\right)\Big]$$

$$=\frac{1}{\{K_1(6K_2+8K_3+9K_4)-K_2K_3\}}\Big[-(-2K_2K_3+7K_1K_3-6K_1K_2)\alpha_{AB}$$

$$+9K_1K_4\left(\frac{\Delta_a-\Delta_b}{2l_1}-\frac{\Delta_b}{l_2}\right)\Big] \qquad (13)$$

From equations (11) to (13), we obtain

$$\beta=\frac{A}{B}\left(\frac{\Delta_a-\Delta_b}{2l_1}-\frac{\Delta_b}{l_2}\right),$$

where

$$A=-K_4\begin{vmatrix}-18K_1K_2 & 6K_1K_2-K_1K_3-K_2K_3\\ K_3-2K_4 & K_2\end{vmatrix},$$

$$B=(K_1+K_2)\begin{vmatrix}18K_1K_2 & 12K_1K_2+K_1K_3+K_2K_3\\ K_3+2K_4 & K_4\end{vmatrix}$$

Hence $$\beta_a=\frac{A\Delta_a}{2Bl_1},\quad \beta_b=-\frac{A\Delta_b}{B}\left(\frac{1}{2l_1}+\frac{1}{l_2}\right).$$

Now $$\Delta_{na}+\Delta_{nb}=\frac{n}{2l_1}(\Delta_a-\Delta_b)+\beta_1+\beta_2+\beta_3+\cdots\beta_n$$

$$=\frac{n}{2l_1}(\Delta_a-\Delta_b)+n\times\text{aver. }\beta_n$$

$$=n\left(\frac{\Delta_a-\Delta_b}{2l_1}+\beta\right)$$

$$=n\left\{\frac{\Delta_a-\Delta_b}{2l_1}+\frac{A}{B}\left(\frac{\Delta_a-\Delta_b}{2l_1}-\frac{\Delta_b}{l_2}\right)\right\}\text{ approximately.}$$

Hence $$R_A=\frac{\Delta_{na}}{\Delta_a}=\frac{n}{2l_1}\left(1+\frac{A}{B}\right),$$

$$R_B=\frac{\Delta_{nb}}{\Delta_b}=-n\left\{\frac{1}{2l_1}+\frac{A}{B}\left(\frac{1}{2l_1}+\frac{1}{l_2}\right)\right\},$$

$$R_i=\frac{R_B}{R_A}=\frac{-n\left\{\frac{1}{2l_1}+\frac{A}{B}\left(\frac{1}{2l_1}+\frac{1}{l_2}\right)\right\}}{\frac{n}{2l_1}\left(1+\frac{A}{B}\right)}$$

$$=-1-\frac{2Al_1}{(A+B)l_2}.$$

The approximate values of R_i for the various cases in Messrs. Witmer and Bonner's paper are calculated in Table 5. For comparison, the values of R_i taken from the paper are given in the last column of the Table under the heading R_i'.

TABLE 5. CALCULATION OF R_i.

Case	K_1	K_2	K_3	K_4	$\frac{2l_1}{l_2}$	A	B	R_i	R_i'
A-1	1.6	1.6	1	1	2	$1.6^2 \times 21.2$	$-1.6^2 \times 69.6$	−0.124	−0.15
A-2	1.6	1.6	1	2	2	$1.6^2 \times 2 \times 21.2$	$-1.6^2 \times 96.8$	0.559	0.33
A-3	1.6	1.6	1	3	2	$1.6^2 \times 3 \times 21.2$	$-1.6^2 \times 124.0$	1.106	0.89
A-9	1.6	1.6	1	9	2	$1.6^2 \times 9 \times 21.2$	$-1.6^2 \times 287.2$	2.959	1.69
A-17	1.6	1.6	1	17	2	$1.6^2 \times 17 \times 21.2$	$-1.6^2 \times 504.8$	3.952	2.30
A-1*b*	12.8	1.6	1	1	2	$1.6^2 \times 637.2$	$-1.6^2 \times 2{,}316.6$	−0.241	−0.33
A-1*c*	1.6	12.8	1	1	2	$1.6^2 \times 826.2$	$-1.6^2 \times 2{,}316.6$	0.109	−0.03
D-1	0.8	0.8	1	1	2	$0.8^2 \times 11.6$	$-0.8^2 \times 40.8$	−0.205	−0.18
D-2	0.8	0.8	1	2	2	$0.8^2 \times 2 \times 11.6$	$-0.8^2 \times 58.4$	0.318	0.21
D-3	0.8	0.8	1	3	2	$0.8^2 \times 3 \times 11.6$	$-0.8^2 \times 76.0$	0.689	0.46
D-9	0.8	0.8	1	9	2	$0.8^2 \times 9 \times 11.6$	$-0.8^2 \times 181.6$	1.705	0.56
D-17	0.8	0.8	1	17	2	$0.8^2 \times 17 \times 11.6$	$-0.8^2 \times 322.4$	2.150	—
B-1	2.4	2.4	2	1	1	$2.4^2 \times 32.8$	$-2.4^2 \times 176.0$	−0.771	−0.76
B-2	2.4	2.4	2	2	1	$2.4^2 \times 2 \times 32.8$	$-2.4^2 \times 220.8$	−0.577	−0.46
B-3	2.4	2.4	2	3	1	$2.4^2 \times 3 \times 32.8$	$-2.4^2 \times 265.6$	−0.411	−0.33
B-9	2.4	2.4	2	9	1	$2.4^2 \times 9 \times 32.8$	$-2.4^2 \times 534.4$	0.234	0.13
B-17	2.4	2.4	2	17	1	$2.4^2 \times 17 \times 32.8$	$-2.4^2 \times 872.8$	0.663	0.46
B-1*a*	2.4	2.4	16	8	1	$2.4^2 \times 8 \times 60.8$	$-2.4^2 \times 8 \times 400.0$	−0.821	−0.56
C-1	1.8	1.8	1	1.5	3	$1.8^2 \times 35.4$	$-1.8^2 \times 91.6$	0.890	0.76
C-2	1.8	1.8	2	1.5	3	$1.8^2 \times 38.4$	$-1.8^2 \times 158.8$	−0.043	—
XC-1	1	1	$\frac{40}{69}$	$\frac{20}{27}$	$\frac{69}{27}$	9.7474	−27.58	0.397	0.29

建築工廠房屋之商榷

孫雲霄

建築工廠房屋,一切佈置,全視各個工廠需要特殊情形而定,計劃時,須與富有經驗建築工程師,詳加考慮,以求實際合用,並須顧及各種要點,計須加考慮者,可分爲五端。

一.房屋佈置,須從便利工作方面着想,以節省廠內材料移動之費用。

二.房屋本身,有可以改作他用之價值,應力求保存之。

三.建築之種類,以及詳細建築之各點。

四.預備擴充之餘地。

五.建築之美觀。

一.房屋佈置,須從便利工作方面着想,以節省廠內材料移動之費用——凡製造工業,自原料進廠起,至製成貨品出廠止,中間須經過若干製造手續,其先後皆有一定程序,廠內所裝機器,大致爲固定不便移動者,其所移動者,惟材料耳,移動材料,在在需費人工與金錢,最經濟辦法,乃將各種固定機器,按照製造手續之先後,依次排列,俾原料進廠後,逐步移動,經過各種機器製造手續,至製成貨品出廠止,中間無須經過額外周折,機器之地位旣定,然後就各項機器佈置,及各處所留堆放材料地位,上蓋房屋以遮蔽之,如是則廠內對於材料之移動,可以節省人工與金錢不少,至于此項節省之重要,則又視所需移動材料之數量而定,數量大者,當屬重要,若數量不大,亦可毋庸過慮也。

二.房屋本身,有可以改作他用之價值,應力求保存之——蓋各種工業出品,其製造方法,日新月異,有時爲改良起見,須變更製造程序,或換用新式機器,則原有房屋,須求其能適應新法,至少亦須求其能勉強應付,若不能適用,須另行建築新廠,甚有因營業關係,或其他種種原因,須遷移廠址者,則原有工廠房屋,須求其能改作他用,或可以脫售,屆時其房屋本身之價值,甚爲重要,大概房屋之佈置,合于普通用途者,其價值較大,其佈置過于特殊者,其價值較低,故建築工廠房屋,爲便利工作節省廠內材料移動費用計,固宜加以特別佈置,然亦須同時顧及房屋本身可以改作他用之價值,如能兩者兼顧,固屬最善,否則須權其輕重而决定之,以免發生變動情形時,原廠房屋之價值,不易收回,而受損失也。

三.建築之種類以及詳細建築之各點——建築工廠房屋,或用磚瓦,或用木料,或用鋼鐵,或用鋼骨混凝土,無論用何種材料,總以合乎應用及經濟爲原則,各項機器設備所佔地位之面積,各處柱子相隔距離之遠近,各層樓面載重之大小,各種機器震動之情形,均爲選擇建築種類之要點,而地價之高低,又爲决定建築樓面層數所必須考慮者,再有廠址所在地政府法律之規定,以及保險公司所定關于消防各點,亦須遵照設備,以策公共安全,其他如光線,空氣,及一切衛生設備,均須顧及,對于工人衛生及工作效率,均有莫大關係也。

四.預備擴充之餘地——預備擴充之餘地,雖在當初建築時,多出費用,然於將來需要擴充時,可節省經費不少,且可節省時間,方便甚多,眼光遠大者,應事先顧及於此也,至於預備擴充餘地之範圍,則須預測將來營業發達之程度,並視當時經濟之能力而定,或將預備擴充之房屋,一次建成,或先完成打樁及地下基礎,暫緩地上建築,或僅預留空地,以備將來建築之用,凡此均視各廠特殊情形而定也。

五.建築之美觀——建築工廠房屋,對于美觀方面,亦須顧及,蓋房屋外觀,能略求富麗,無形中有廣告價值,俾參觀者可得良好印象,則廠中出品,不期然而然可以推廣銷路,其稗益良非淺鮮,只須在當初建築之時,稍事注意,所費無多,而成效甚巨也。

以上各點,孰爲最要,孰爲次要,全視各個工廠特殊情形而定,不可一概而論,吾人祇須兼顧各點再參酌實情,加以變通,庶近善矣。

公路竪曲線之計算法

丁人鯤

凡公路線在平面上設置平曲線(Horizontal Curve)時,其計算與設置方法,與鐵路平曲線毫無差別,故無須討論。但在縱斷面坡度。以下皆簡稱坡度。相交處,如欲求行車之安全舒適及路形之美觀,鐵路與公路均須設置竪曲線(vertical curve)以達此目的。此項宗旨雖同,但對於計算竪曲線之長度,鐵路與公路所引爲根據者,則大相逕庭矣。玆分述之於下。

凡計算鐵路竪曲線之長度,多以每百英尺中坡度變更率之大小作爲根據,此種變更率,各國鐵路均有規定,例如美國鐵路規定在幹線上每百英尺之變更率爲百分之十。在支線上爲百分之二十。故竪曲線之長度,以英尺計,卽等於兩相交坡度之代數差除坡度變更率乘百英尺也。

至計算公路上竪曲線之長度時,其所根據者,乃爲前視距離,又名安全視距(Sighting Distance)及視線高度前視距離者,乃係兩汽車在相對方向駛至坡頂時雙方司機者可得互相瞭望之距離也。視線高度者,乃係司機者兩目之地位高出公路路面之距離也。前視距離與行車速度適成正比例。速度愈快,則前視距離須愈長。此項距離之決定,須以試驗得之,其法爲當汽車駛在每種速度時,用車閘(Brake)

停輪。然後量得用車閘處至停輪處之距離。是爲汽車衝進距離以二乘之。卽爲該項速度之前視距離，如此則兩汽車之司機者，在此距離時，互相望見後，卽用車閘停輪。則兩車決無衝撞之危險矣。在一九三〇年前，據美國公路上試驗之結果，凡行車速度在每點鐘五十英里時，汽車衝進距離爲二百五十英尺。故定前視距離爲五百英尺。但目今汽車式樣自採用流線型後，空氣阻力，大爲減小。行車速度日益增加。加之路面建築日益進步，故現今美國重要公路上之前視距離，已增至八百英尺。將來進至一千英尺，爲期亦必不遠矣。（吾國經濟委員會公路處規定前視距離爲 330 英尺，未免過小。）至視線之高度，在美國各種汽車上，量得平均數爲五英尺至五英尺半。吾國人民身材較短，此項高度，可定爲五英尺也。

計算豎曲線長度法：—若前視距離及視線高度經切實決定後。則在任何相交坡上，可用弧線之理論，求得下列方式。

設下列英文字母代表各種名詞（一律用英尺制）

C ＝前視距離

H ＝視線高度

G_1 ＝向上坡度，以百分數計。

G_2 ＝向下坡度，以百分數計。

△＝兩相交坡度之交角。

G_1-G_2 ＝兩相交坡度之代數差，常爲正數。

R ＝豎曲線之半徑。

D ＝豎曲線之彎度角。

L ＝豎曲線之長度。

$\angle\alpha$B 及 $\angle\beta$ ＝ G_1 及 G_2 與水平線之交角 「參考圖(一)」

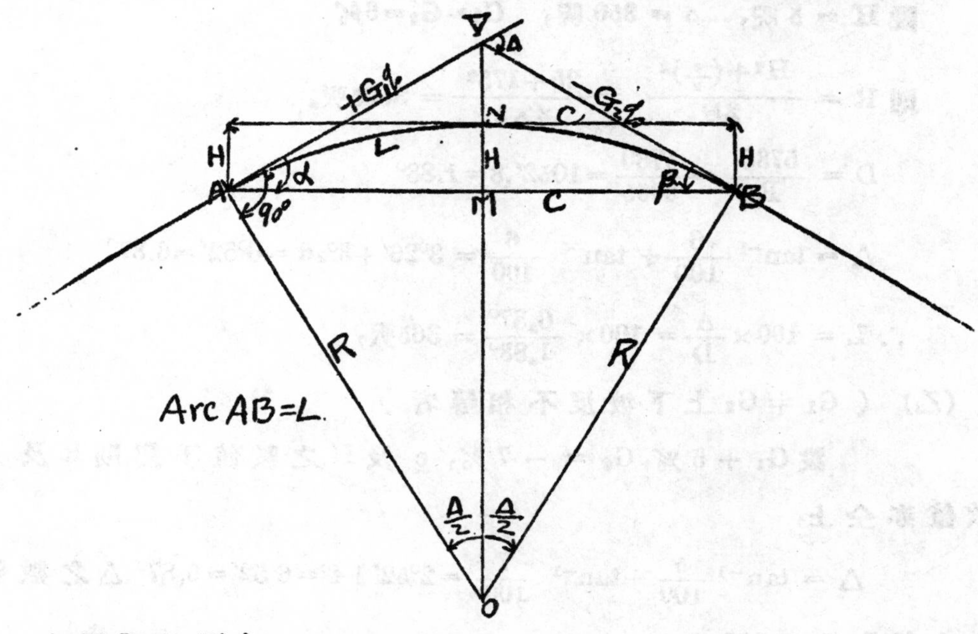

由圖觀之,可知。

$$\angle\Delta=\angle\alpha+\angle\beta=\tan^{-1}G_1+\tan^{-1}G_2 \cdots\cdots(1)$$

又在ANO三角形中,

$$R^2=(\tfrac{C}{2})^2+(R-H)^2 \text{ 或 } R^2=(\tfrac{C}{2})^2+R^2-2RH+H^2$$

$$\therefore R=\frac{H^2+(\frac{C}{2})^2}{2H} \cdots\cdots \text{公式}(2)$$

在鉄路公平曲線理論中,吾人知。

$$R=\frac{5730}{D} \cdots\cdots \text{公式}(3)$$

$$l=100\times\frac{\Delta}{D} \cdots\cdots \text{公式}(4)$$

玆舉數例以證明之。

(第一例)一若坡度之代數差不變,前視距離及現視線高度均不變者。

(甲) $G_1=G_2$(相交坡度相等者,)

設 H = 5 呎， c = 350 呎， $G_1 = G_2 = 6\%$

則 $R = \frac{H^2+(\frac{c}{2})^2}{2H} = \frac{25+175^2}{2\times5} = 3065$ 呎。

$D = \frac{5730}{R} = \frac{5730}{3065} = 1052'.8 = 1.88°$

$\Delta = \tan^{-1}\frac{6}{100} + \tan^{-1}\frac{6}{100} = 3°26' + 3°26' = 6°52' = 6.87°$

$\therefore L = 100\times\frac{\Delta}{D} = 100\times\frac{6.87°}{1.88°} = 365$ 呎，

(乙)（$G_1 \neq G_2$ 上下坡度不相等者）

設 $G_1 + 5\%$，$G_2 = -7\%$，c 及 H 之數值不變，則 R 及 D 之數值亦仝上，

$\Delta = \tan^{-1}\frac{5}{100} + \tan^{-1}\frac{7}{100} = 2°52' + 4° = 6°52' = 6.87°$ Δ之數值亦仝上，故 L 仍爲 365 呎。

(丙) 如兩坡度中，其一等於零度者。

設 $G_1 = 12\%$ $G_2 = 0\%$ c 及 H 均如前不變。則

$\Delta = \tan^{-1}G_1 + \tan^{-1}G_2 = \tan\frac{15}{100} + 0 = 6°52' + 0° = 6.87°$ 因 Δ 及 D 均不變，故 L 仍爲 365 呎。

由上述第一例中(甲)(乙)(丙)三種情形觀之，吾人可知前視距離及視線高度決定後，無論在何種相交坡度上，若其代數差不變者「上述三種情形，$+G_1-(-G_2)$ 均爲 12%」則竪曲線之長度亦始終如一也。

(第二例)—若兩坡度之代數差及視線高度不變，而前視距離變動者。

設 $G_1 - G_2 = 12\%$ H = 5 呎， c 由 350 呎增至 500 呎。

則 $R = \frac{H^2+\left(\frac{C}{2}\right)^2}{2H} = \frac{25+\overline{250}^2}{2\times5} = 6252$ 呎

$\therefore D=0.916°$

Δ 仍爲 6.87°

則 $$L=100\times\frac{\Delta}{D}=100\times\frac{6.87°}{0.916}=750\text{ 呎。}$$

由此例觀之,當坡度代數差及視線高度不變時,前視距離愈大,則豎曲線之長度亦愈長也。

(第三例)——若前視距及視線高度不變,而坡度之代數差變動者。

由前第二例觀之,當 $C=500$ 呎, $H=5$ 呎,若 $G_1-G_2=12\%$ 則 $L=750$ 呎,

如 $G_1-G_2=16\%$, c 及 H 仝上,R 仍爲 6252 呎,D 仍爲 0.916°,

但 $$\Delta=\tan^{-1}\frac{16}{100}=9.1°$$

$$\therefore L=100\times\frac{9.1}{0.916}=995\text{ 呎。}$$

如 $G_1-G_2=8\%$,c 及 H 仍仝上,則 D 仍爲 0.916°。但

$$\Delta=\tan^{-1}\frac{8}{100}=4°34'=4.57°$$

$$\therefore L=100\times\frac{4.57°}{0.916°}=500\text{ 呎}$$

即 $L=C=500$ 呎,吾人用此法計算L,僅可算至 $L=c$ 爲限。(在圖上觀之,L必較大於c,不能相同;但若按諸實際情形,R爲 6252 呎;H僅爲5呎;R較H大千餘倍,而在圖上,R較c僅大十餘倍耳。)若 G_1-G_2 小於 8%,則計算之L將較 c 爲小。例如:c 及 H 數值仍如前。

若 $G_1-G_2=6\%$,則 $\Delta=\tan^{-1}\frac{6}{100}=3.44°$

$$L=100\times\frac{3.44°}{0.916°}=376\text{ 呎。}$$

若 $G_1-G_2=4\%$,則 $\Delta=\tan^{-1}\frac{4}{100}=2.3°$

$$\therefore\quad L=100\times\frac{2.3°}{0.916°}=250\text{ 呎。}$$

此兩項長度之計算,均不合理,不可應用;因L較c爲小,其視線高度,實際並不等於5呎。若就第二圖觀之,即可知之矣。

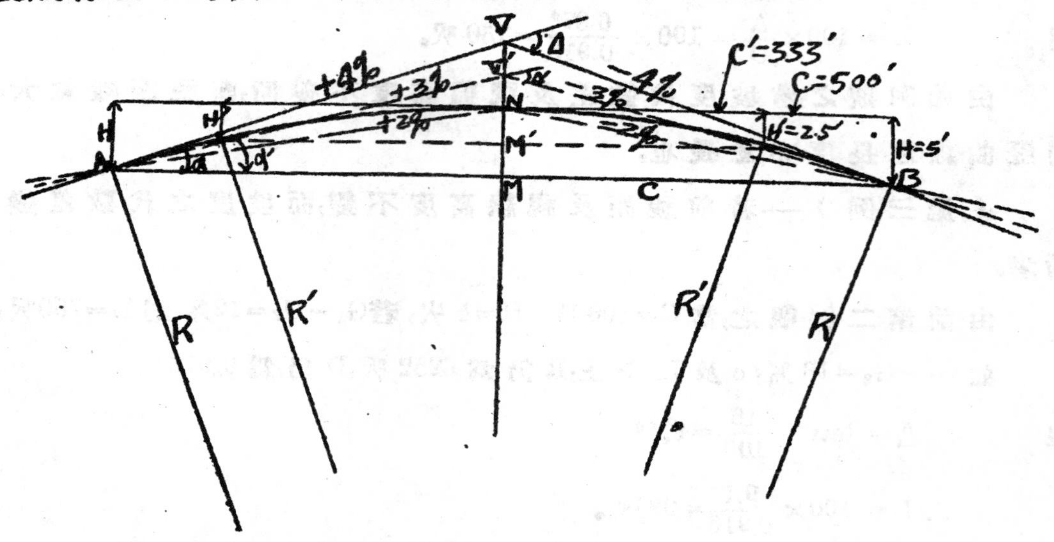

當$G_1=G_2=4\%$,或$G_1-G_2=8\%$時,若H=5呎,

$VM=4\%\times\frac{c}{2}=4\%+\frac{500}{2}=10$呎。$\because H=NM=5$呎,$\therefore VN=5$呎,

若$G_1=G_2=3\%$或$G_1-G_2=6\%$時,欲使前距離爲500呎,視視高度爲5呎則竪曲線必通過N點。現$V'M=3\%\times\frac{500}{2}=7.5$呎,$V'N=7.5-5=2.5$呎,故$V'N<NM$。吾人如依弧線或拋物線之原理而言之,欲使曲綫經N點,VN之限度須等於NM,決不可較小於NM。就$G_1=G_2=3\%$時情形觀之,欲使曲線經過N點,非將視線高度減至2.5呎與V'N相等不可。

$$\because\ \alpha=\frac{G_1}{100}=\frac{2H}{\frac{c}{2}}=\frac{4H}{c},\qquad \beta=\frac{G_2}{100}=\frac{4H}{c}$$

$$\therefore\ \Delta=\alpha+\beta=\frac{G_1-G_2}{100}=\frac{8H}{c},$$

$$\therefore\ c=\frac{8H}{G_1-G_2}\times100,$$

新前視距離 $=c'=\frac{8H'}{G_1-G_2}\times 100=\frac{8\times 2.5}{6}\times 100=333$呎,(非爲500呎,)於是

$$R=\frac{H'^2+\left(\frac{c'}{2}\right)^2}{2H'}=\frac{2.5^2+\left(\frac{333}{2}\right)^2}{2\times 2.5}=5556\text{呎}\ (\text{非爲}6252\text{呎})$$

$$D=\frac{5730}{5556}=1.03^\circ$$

$$\therefore L=100\times\frac{3.44}{1.03}=334\text{呎}\ (\text{非爲}376\text{呎})$$

當 $G_1=G_2=2\%$,或其代數差 $=4\%$ 時,$V''M=2\%\times\frac{500}{2}=5$呎,V″點適與N點相合,是則汽車在500呎前視距離內已可望見,不必再用豎曲線矣。故 $L=0$ 而非250呎也。

總而言之,如 $\frac{G_1-G_2}{100}$ 等於或大於 $\frac{8H}{c}$ 時,卽可用H及c之數值以計算L。如 $\frac{G_1-G_2}{100}<\frac{8H}{c}$ 時,則須另行算出H及c之新數値($C'H'$)以計算L。(如上例 $G_1=G_2=3\%$, $\frac{G_1-G_2}{100}=\frac{6}{100}<\frac{8\times 5}{500}<\frac{8}{100}$)如 $\frac{G_1-G_2}{100}=\frac{8H}{2C}=\frac{4H}{C}$ 時,則 $L=0$,不必計算矣。(上例 $G_1-G_2=4\%$, $\frac{4\times 5}{500}=4\%$)

全部計算完成後,可繪一總圖以表明之。見第三圖。得此圖後,則豎曲線之長度,可在任何坡度代數差及前視距離中立卽指出,應用上異常便利也。

以上所述之計算法,係屬理論的。至在實際上,除對於最小坡度稍有變動外,亦無大差別。

美國對於設置公路豎曲線,各省均有實施規定,玆錄其最著者如下:

(一)凡坡度代數差小於4%者,可以不必採用豎曲線。

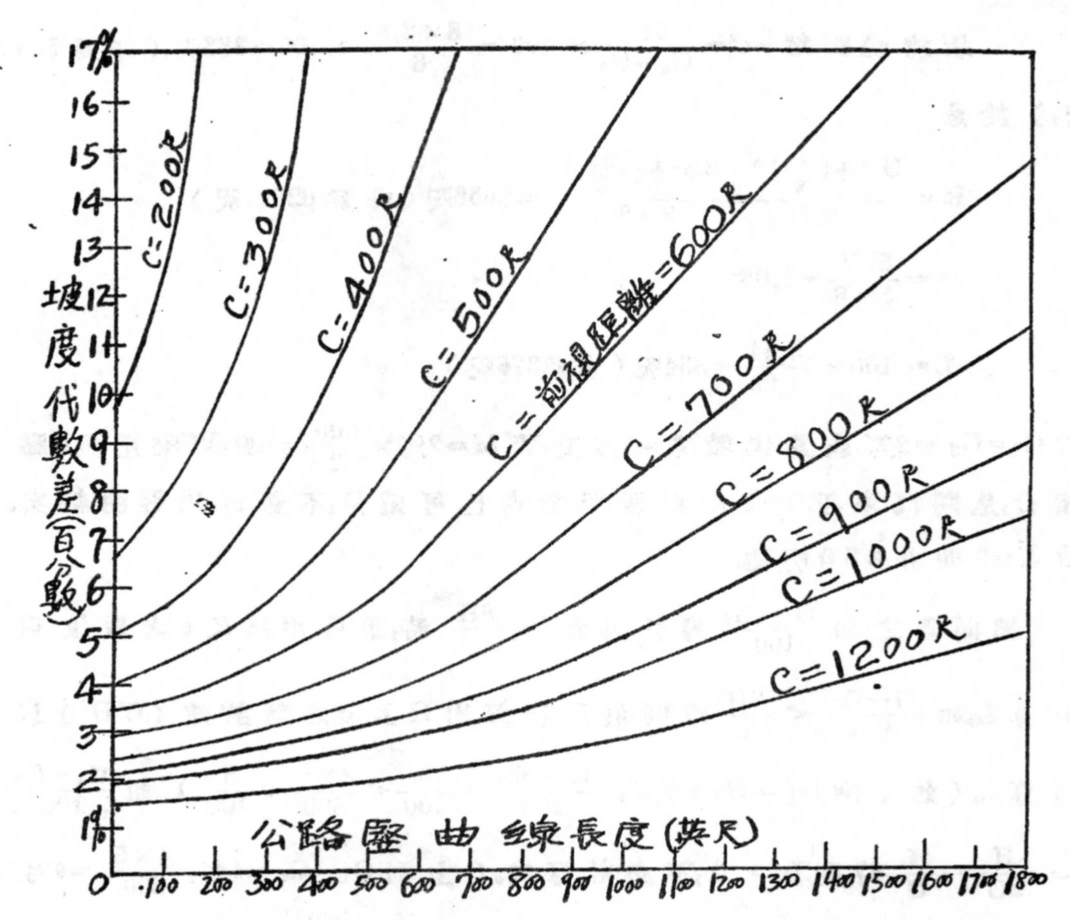

(二)取用 100 英尺,作爲豎曲線之最小長度。凡計算之長度小於 100 英尺者,爲求路形美觀起見,一律作爲 100 英尺。

(三)豎曲線之長度,不得小於前距離之半數。如採用 400 英尺爲前視距離者,爲求路形美觀起見,豎曲線至少須有 200 英尺之長度,餘類推。

豎曲綫之形式,通用者僅有圓弧線及拋物線兩種。由理論上言之,圓弧線最爲適宜,因在曲線上任何地點,兩相對方向汽車上之司機者可得相當之前視距離也。由實際上言之,工程師爲求設置時便利起見,頗喜採用拋物線形之竪曲線,因拋物線上各點之高度,均可以比例法計算之,不必計算其公式也。(按拋物線之設置法頗爲簡便,可參鐵路曲線學書籍,本篇故不論及。)總之設置竪曲線時,無論採用圓弧線或拋物線,其形式極相像,相差極小。蓋因公路上通用之最大坡度,不得超過百分之八也。

石油

邵逸周

一· 引言

吾國近年之建設工程,其最惹人注目者,厥惟公路。興築公路——卽適合現代交通之道路或名汽車路——發軔於民二湖南設立之軍路局,但第一段通汽車之公路,據著者所知似爲北平至通州改官路而成之十英里汽車道。按道路協會于民十九二月發表之數字,全國有通汽車公路84,488里約合46,715公里;全國經濟委員會於民二五年三月公佈,已通車之鋪有路面及土路,爲96435公里。兩者相較,己增加一倍有餘,況前者爲估計,後者爲精測,其實增里數,當更大於此。

公路造價之變更因素頗多,如施工。管理。石工。路面。永久橋樑等,且發表數字甚少,故不易得一精確計算,浙省鋪有路面之公路每公里造價,高者達萬元以上,低者亦需三千四百元,平均以五千元計之,似尙適當。執此以衡其他各省,當亦相近。現全國已鋪路面之路公里,18,355公里計需九千餘萬元,土路78,100公里,以每公里兩千元計之,計需壹萬五千餘萬元,兩總二萬數千萬元。此外,在興修中者,16,040公里已計劃者50,543公里,故公路建設,謂爲吾國近代最大建設之一,誰曰不宜?惟公路網愈密,運輸卽愈便利;運輸愈便利,行車費亦愈多。行車費中尤以汽油爲大宗,吾國公路進展未已,汽油之銷量亦方興未艾,據海關統計,一九三四年汽油進口達39,650,000加侖,合94,4

萬桶,價値一千七百七十萬餘元,國人見此數字,大多口吐舌舉,但與其他工業發達國家相較,仍屬渺小,英美固不待言,卽日本同年亦銷耗汽油647.2萬桶,意大利400.3萬桶,比利時27.59萬桶,故中國銷量繼續增加,勢所必然,是石油將爲吾國最需要原料之一,殆無疑問.且夫公路屬於土木工程範圍,故石油不能謂與土木工程毫無關係也.土木學會同人爲會刊,徵文于余,特書玆篇以應,藉促注意而已.

二• 石油之化學組織

石油經過蒸餾,在各級高溫下可以凝成比重不同之分溜液(fractional distillates).大致低溫餾液比重輕,黏度小,引火點溫度低;高溫餾液比重高,黏度大,引火溫度亦高.第一表爲一般煉品之物理性質,第二表乃俄佛曼氏(Offermann)所作蒸餾試驗之結果,兩者均足以表示分餾情形.

第一表

普通石油煉品之物理性質

煉品名	乾餾限	引火點(開杯法)	比重	熱値 calories.
苯油	150°C止	−58°至+10°C	0•68至0•72	11160至11225
光油	150−280°C	21°至23°C	0•76至0•86	11011至11101
柴油	——	80°以上	0•83至0•[illegible]0	10000至8800
潤油	——	135°至270°C	0•87至0•94	——

第二表

原油 比重0•936, 沸點168°c, 黏度(Engler),在50°=11•5.

乾餾百分產數	比重	溫度	黏度(恩氏50°).
32•37	0•905	142°c	1•61

18•37	0•931	204°c	4•50
23•03	0•946	218°c	10•30
13•15	0•958	225°c	26•30
10•38	瀝青	312°c	——
2•7	損耗	——	——

由此可知石油之化學成分,至爲複雜,主要部分爲各種煙體(碳氫化合物)之積聚,其餘爲硫•氧•氮•化體。第三表爲美俄等地石油及波利維亞瀝青之原子分析,除瀝青之高硫分爲一特點外,此種分析若用於表示性質,固不足恃也。

第三表

石由與瀝青之原素分析

石油產地	原素百分比					
	碳	氫	氧	硫	氮	分析者
美:賓夕非尼亞	86.06	13.89	……	0.06	……	恩格勒
得撒	85.05	12.30	……	1.75	……	里卡遜 Richardson
俄:哥羅斯尼	86.41	13.00	0.40	0.10	0.07	查利斯可夫 Cheritsckkoff
羅馬尼亞:柏斯拉里	86.30	13.32	……	0.18	……	Janascu
波利維亞瀝青	82.33	10.69	……	6.16	0.81	膐姆孫 B.Thompson

石油之性質,當視其所含煙體之公式及氧氮硫化各體之結合而異,研究石油組織之工作固多,但現已確定者,僅其低溫分餾液部分,至高溫分餾液之組織仍未詳悉。石油所含煙體有四:曰飽煙,未飽煙,芳香煙,烯屬煙;此外,氧則成爲酸根,氮硫均與煙化合而成氨基或硫化物。玆將各體分別簡述於次。

<u>飽烴或曰烷屬烴</u>公式爲C_n+H_{2n+2},賓夕非尼亞石油含烷屬烴最顯著,據F. w. Clarke下列烷烴體,均曾由該油內分出:—

1,氣體　　自甲烷CH_4至丁烷C_4H_{10}

2,液體　　自戊烷C_5H_{12}至十六烷$C_{16}H_{34}$

3,固體　　自十八烷$C_{18}H_{38}$至三十五烷$C_{35}H_{72}$(內十九,二十一,二十二,二十七,三十,三十三各烷體未分出)。

<u>未飽烴或曰炔屬烴</u> 此類有C_nH_{2n-2}及C_nH_{2n-4}兩公式代表之。美國得撒(Texas)及俄海俄(Ohio)石油含其上級異構物,如$C_{17}H_{36}$,$C_{20}H_{40}$,$C_{17}H_{30}$,$C_{18}H_{32}$等體,均經分出。

<u>芳香烴</u>　公式爲C_nH_{2n-6}。各處石油均含少許,但含量最多者爲羅馬尼亞及加利細亞石油,前者含24%後者22%。

<u>烯屬烴</u>　公式爲C_nH_{2n}。此亦爲石油之緊要組織分子,加利細亞,日本諸地之石油,均含顯著分量。哈佛(Hö Fer)氏已不將下列之烯烴異構物由石油內分出:—

1,氣體　　乙烯(C_2H_4)至丁烯(C_4H_8)

2,液體　　戊烯(C_5H_{10})至二十烯($C_{20}H_{40}$)—但十四,十五,十七,十八,十九各烯體未分出。

3,固體　　廿七烯($C_{27}H_{54}$)及三十烯($C_{30}H_{60}$)

<u>氧化體</u>含於石油者,有時爲複雜酸根,有時爲酚體。據Mabery之分析,美之加州石油含酚量頗重,而產於東部者則無。

<u>氮化體</u>在石油內之構造,迄今尚不甚詳。據Mabery稱,已在加州石油內分出$C_{12}H_{17}N$至$C_{17}H_{21}N$各體,但以上公式尚待証實,至含氮量可由痕迹而至1%以上。

<u>硫體</u>　石油幾無不含硫分少許,惟分量過多,頗足爲害。俄海

俄之利瑪石油,含有C_2H_6S至$C_{12}H_{26}S$諸體,此外復有$C_nH_{2n}S$公式之硫化物。得撒石油且含有自由硫璜。

由液體石油而至固體瀝青,有多種不同構造之烴質礦物,聯鎖其原有關係。石油經天然界內之氧化與蒸餾二項作用,逐漸增其黏度,而成軟固體如臘石(Ozokorite),脆固體如脆瀝青(Gibsonite),半溶體如天然油膏(Maltha),硬固體如硬瀝青(Hand asphalt)。此類聯鎖礦物,以成分言,固可視爲石油之變體,但產狀極不一致,與金屬礦脈同生者有之,由石油之溢漏而成者有之,附生於煤層者亦有之,故成因不能作一致之論也。

三. 石油之成因

此爲學者爭執最力之問題,若純粹以化學爲出發點,將實驗室之製法,擬比爲石油之天然成因,似甚簡易;惟地質家必須顧到天然界內之環境,尤其是地殼中環境,綜合一切地質資料,以求與化學室試驗之適合,而後方能下最後之斷語,因之對於石油成因,立論雖多,而兼合化學地質之條件者,不過一二學說而已。其主張可概分爲二:一曰無機成因學說,一曰有機成因學說。茲將各家緊要立論,撮要略述於下:—

1. 無機學說派

甲. Mendeleyeff之主張。當酸熔解鑄鐵時,除氫向外揮溢,尙有有機酸及類似石油之烴嗅發出,此事記載甚早。Colez氏於1900—1911年曾作一詳細試驗,其法用稀硫酸化解鑄鐵,先以溴提出烯烴(Olefines),再將剩餘物洗潔後,處以分餾,於是分出辛烷($C_{10}H_{22}$)以至十六烷($C_{16}H_{34}$)各烴體。Moissan用水在尋常溫度,浸入鈣炭,乃得甲炔(C_2H_2);浸入鋁炭得甲烷(CH_4);浸入鈾炭或稀金屬炭化物,得多種烴體之混液。根據以上事實,Mendeleyeff氏於是認爲石油係因過熱蒸氣,與地殼深層內所含之鐵化炭,發生化學作用之結果,且以鐵炭溫度極高,所成烴體乾餾上升,冷凝於低溫較高之處。

乙。Berthelot與Goudechon氏之理論。Ipatjew氏在1911年亦作一試驗,將乙烯(Chtrylene)或丁烯(Butylene)置於高壓下,幷熱至325°C至400°C,乃得一烴聚液(Polymerization),極似石油。此液之沸點爲24°C,其低溫分餾部分,含烷屬烴達百分之五十,稍高溫度之分餾則含駢苯體(Naphtheres)及低氫烴。280°C以上之分餾重行與水蒸餾,則產一黏油,有百分之二十,可以溶解於濃硫酸。根據此項試驗結果,柏高二氏認爲地殼中之烯屬烴或相同之物,因受太陽紫外線之輻射,而成各種烴聚體,遂爲石油。

丙。薩巴蹄(Sabatier)及森德羅斯(Séndereus)之理論。薩森二氏之創說,有下述事實之根據,實無機學說中最緊要者。用甲烯爲基本試驗材料,氫爲還原品,但變更試驗情形,可得多種類似石油而成分不同之產品。若用鎳爲媒觸,在180°C以下,氫與乙烯化合,成一淡黃色液體,有石油嗅,發螢光,比重0.791,分析之烷烴爲主要成分,與本夕菲尼油相似。設以甲烯熱至200°C,使之單獨與鎳粉接觸,乃得一溶解於硝酸之油體。如再蒸餾之,使其蒸氣合氫流過210°C之鎳粉,則所得油體有抵抗硝酸溶解之能力,且含駢苯爲主要成分,極少烷烴,類似科喀細安(Caucasian)石油。如將上項氣體,續復流過熱至300°C之鎳粉,則產油含芳香烴與不飽烴爲主要成分,而似加拿大石油。地殼深層中,鹼金屬及鹼金碳化物均有存在,薩森二氏因以上之試驗,乃認爲地殼因運動開裂,使水浸達,於是水與鹼金屬發生作用而產氫,與碳化物發生作用而生烯,氫烯二氣混合而與深層中鐵鎳鈷等接觸,乃產生各種石油。

2. 有機學說派

此派中主張最力而工作最有價值者,可推恩格勒(Engler)氏。恩氏曾將鯨油置於十倍氣壓之下,處以492℃之蒸餾,乃有烷烴。芳香烴。烯烴駢苯氮化物。及一49℃融點之石臘分餾而出。故恩氏以爲石油係動物與植物之化解遺體,與泥砂同時沉積水底,細菌分解之,覆層高壓之,地殼深溫之,於是石油乃脫變而成。有機學派復以基本材料問題—爲動物抑爲植物;及化解之方法—先經熱與壓力作用成單純烴體,再聚合而成石油,抑經煤之階段及其他體而成,紛爭頗烈,主張不一,且各有憑依,頗不易是此非彼,本篇故略之。

無機與有機二派學說,均各倡盛一時,惟前者在化學方面固有根據,而在地質方面尙嫌欠缺,故已漸被廢棄,玆將其與地質不附重要各點,縷舉於下:—

1,據無機說,石油所含之萘酸,爲氧化結果。若然,則深處因氧化可能性少,萘酸亦應少;反之,淺處因氧化可能性多,萘酸亦應多;不甯唯是,松脂瀝青均由石油氧化而成,故含松脂瀝青豐富之石油,含萘酸亦應豐;反之,含松脂瀝青嗇,含萘酸亦應嗇。但考之事實,俄之巴庫石油產層極深,而含萘酸多,其相近之色拉昌厄(Surc hang)油田,油層甚淺,而含萘酸少,再日本石油素豐於松脂瀝青者,而酸價僅等於0.036%。此均爲無機學說之所不許,而有機學說,則視萘酸爲脂肪酸之分解物,故解釋無困難,此其一。

2,據漢(Hahn)與斯具斯(Strutz)之試驗報告,水或飽和蒸氣與碳化物之作用可產烴,但過熱蒸氧與碳化物之作用則產自由炭:—

$$\underset{(\text{過熱蒸氣})}{CaC_2+H_2O} \longrightarrow CaO+H_2+\underset{(\text{自由炭})}{2C}$$

此爲無機說難以解釋者又一也。

3.舉凡現代所知一切人製石油,其用無機材料製成者,均無偏光活動性(Optical Activity),卽裝石油於玻管置於偏光中,將其旋動一週,無光暗分別之謂。天然石油或有機體製成之石油,若置在偏光內,則經過一定旋度,卽有由暗而明或由明而暗之現象。石油之偏光活動性,原爲Biot發明於六十年前,嗣以不知應用而被蔑棄,現則視爲油田成因之最有關係點,而爲無機學說之致命傷焉。

根據以上犖犖數端,無機學說實難以自圓其說。惟已發展油田間有一二處,其情狀與無機成因甚合,似難否認。例如瑞俄姆(Riom)油田,深度達1200公尺,其與噴岩同生關係,不容否認,故吾人平心考審油田成因,似應兼採兩說,惟無機成因之例少,有機成因之例多,似又爲明顯之事實也。

四· 油田地質之構造

岩層無論爲結晶或爲沉積,均有空隙,惟空隙體積,佔全體積之若干成分,當視組織之疎密,結粒之大小,及地壓地動之種種情形而異。石油爲流體,有者原生於本層,有者由他處移聚,故含油層均爲沉積岩,尤以砂岩最普徧,蓋其空隙最大,而與有機成因亦最近也。此外,灰岩亦可爲含油層,蓋灰岩變質爲白雲石時,體積縮$\frac{1}{11}$,故其空隙甚合儲油之用加拿大得撒之白雲石油層,均產油甚豐。

砂岩或灰岩固爲儲油緊要之岩層,但無頁岩在其上下,一遇地動卽破裂而漏溢,故頁岩本身雖不能含油,而於保藏油量,則功效極大,蓋賴其柔性以護閉之也,油層組織,是以以砂.灰.頁. 三種岩石爲主要。

岩層空隙雖小，而其總容積則甚大。砂岩空隙最多者達38％，若以20％空隙計，則每英畝當有空隙體積8700立英方尺，可含油207噸合1550桶。假設一百英尺厚地層，含油1％，則每平方英里地面，可含油670,000噸合500萬桶，是可飽和3235英畝尺20％空隙之砂岩惟實際之採率，僅能及含量$\frac{1}{5}$至$\frac{1}{10}$

油層之組織，不獨有頁砂灰岩之限，且使儲油不滅不減，尚賴乎岩層之特殊地質構造。油，火氣，鹽水。均相附生存，故一地質構造能適水之存留者，亦可適油之存留，至若有否石油存留其間，則關係成油因素及油體移動，當另成一問題，固與地質構造無關也。油。火氣。鹽水。三者，均遵流體動律而行動，惟比重互差，故火氣居上，，居中，而水居下也。圖一表示一極普通油田構造，及氣油水三者所佔地位。

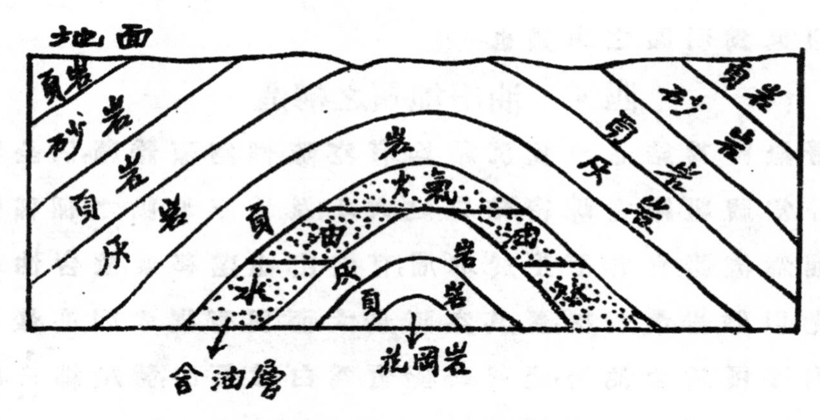

第一圖——背斜油田構造

背斜拱頂爲油田最普通之構造，但砂岩或有孔之他種岩層，如上下有不透層爲其底蓋，且因地壓而致摺縐或斷層者，均能爲含油之構造，其類別可由第四表觀。

第四表——油田地質構造之類別

類別			油田實例	含油層地質時期
1.背斜	對稱	簡單摺縐---拱頂式	緬甸 葉南江	中新時期
		裸心式 DIAPER	羅馬尼亞摩瑞尼	最新時期
		重單斜	美國加州Coodinga	中新時期
	不對稱	簡單摺縐—拱頂式	俄蘇 格羅斯尼	中新時期
		裸心式	羅馬尼亞巴那	
		覆摺縐、逆斷層	美國加州羅山基	中新時期
2.單斜	簡單單斜	氧化物封口		
		迭置層封口	蘇俄梅郭	
	侵蝕背斜	氧化物封口		
		不整合覆層封口	蘇俄梅郭 Shirausky	漸新時期
		走向斷層封口	美國加州羅山基	中新時期
	台地構造		美uppalachian油田	…………
3.內斜	正內斜		美國加州 Mckittnik	中新時期
	墜背斜		…………	…………
	峽谷構造		…………	…………
4.折斷岩層	交义斷層所成之拱頂		加利細亞,波瑞斯啫	古新時期
	內迸發脈		墨西哥南部	玄武岩迸入白堊紀
	網繞構造		…………	…………

理想油田構造,當為一頂斜形,具有長而徐緩之斜坡,蓋非此不

足以貯豐富油量;但此種天然形勢頗不多見,僅有背斜與其稍似。油田產油量之豐嗇,固以地質之構造形勢爲轉移,但與構造之規模亦有關係。範圍廣大,且中無間斷或擾亂之構造,含量亦大;若中有破裂分割等情,則徒將地面形勢,不能預測也。

五• 油礦之地面徵象

油田之發現,常因無意得之,其最顯之例,一爲阿根廷,一爲科克威之油礦,前者因鑿泉井而發見,後者因築鐵路而橫穿,當此皆可視爲例外,蓋石油之物理性質,化學組合及儲藏岩層內之狀況,既如上述,則油層露頭之處,自有其物理與化學的特殊徵象,礦人遂利用之以爲覓探油田之初步工作。茲擇其緊要者數項,簡述如下:-

1. 地面徵象

石油既爲流體,在露頭或較淺處地面自被浸潤,故地形平坦,雨水稀少之區,因受石油浸潤影響,草木枯寂而爲長廣不毛之地,如上緬甸及波斯波斯油田是;倘雨水均勻,而露頭復在高處,其浸潤油質,偏積偏冲,故草木不受影響,如中美及波牛油田是;如露頭處現有砂層,則更易研究矣。

2. 火氣

煙氣常與石油共生在開敞處隨溢隨散,不易嗅覺;泉井或河流之旁,氣泡冲水上騰,自易覺察。火氣含80-90%甲烷其餘爲二氧化碳,二氧化硫,氫二硫。甲烷可以燃燒,如四川自流井之火井,俄人二千五百年來爭相禮拜之巴庫神火,均含甲烷極多。二氧化硫,與氫二硫,不獨氣味易別,且以氧化作用,沈澱硫黃於氣眼或泉井四周。

3. 泥火山

油層上覆之泥層或冲積層,或因厚度太薄,不足以遏氣之上透;

或因地勳開裂,令氣上升;受水浸潤之後,則當火氣透過時,其浸水軟土則被衝堆於氣口之四周;在雨水稀少之處,則愈積愈厚,竟有達數百尺者,此種中有氣孔之土丘,稱之爲泥火山。舉今所知之第三紀油田,莫不有此現象,僅其高度不等而已。

4. 油泉

含油地層大都因摺縐或斷層影響,受有損裂,其離地層較近之處,則油氣沿隙溢漏而至地面,遂成油泉,或到達地面即受氧化作用,失其揮發部份,剩留一黏軟體,名之曰地瀝青。有時此種地瀝青之積聚,體量極大,如南美波利維亞之曲尼達 (Trinidad) 地瀝青湖 (Pitch lake), 爲世界最大之地瀝青產地。

5. 鹽液與硫液

油田附近之水,莫不含有若干鹽硫成分。第五表乃俄巴庫油田水份之分析,可以見其成分之一般,故泉水含有硫黃或鹽質時,亦應亦檢查附近儲藏石油之可能。

第五表—俄巴庫(Baku)油井水份分析

	每加侖粒數。
固體總量(乾至130°C)	3269.50
氯(Cl)	1680.00
硝酸(NO_3)	0.90
硫酸(SO_4)	Trace.
碳酸(CO_3)	138.37
鐵	0.91
鈣	5.88
鎂	17.53

鈉	1155.85
鋁	12.81
鹽(NaCl)	2768.45=4%.

B. Thompson: Oil Field Development, P.202.

油田地面徵象,有者後來試探結果失望而蔑視之,有者因能發現大油田而重視之,故對其價值意見紛紜。現在科學日進,吾人固不應妄信地面徵象,而作擴大宣傳,加之淺油田早經發展,深藏油田完全須賴科學作探勘,故地面徵象之重要,亦不復如前之盛大,此不僅爲科學倡進之影響,亦天然之演進也。吾人對於地面徵象,只宜認爲石油之一種天然的理化變遷,有佐吾人尋覓石油產地之效能,但不應憑其指徵妄作產量之推測也。

六. 石油之替代問題

石油成因既受地質與化學之限制,成後,復需適合之地質構造以保全之,此外,資本.科學.工業.亦爲人發展條件,於今日世界之石油業,聚於少數國家手,良有以也。惟消耗則極普遍,無論強弱交野之邦,均有相當年銷量,參閱第六七八九表當知此中梗概。

第六表——世界石油總產銷量

(每桶=42美加侖)

年份	世界產量(千桶)	世界銷量(千桶)	過剩產量(千桶)
1931	1,432,142	1,417,374	14,768
1932	1,362,039	1,348,407	13,632
1933	1,467,128	1,406,923	60,205
1934	1,562,834	1,510,360	52,474
1935	1,690,420	1,592,585	97,835
合計	7.514,563	7,275,649	238,914

第七表——緊要產油國家產油量(百萬桶爲單位)

國別 \ 年別	1928	1929	1930	1931	1932	1933	1934	1935
羅馬尼亞	30.77	34.69	41.62	49.13	54.16	58.84	63.50	61.97
美	901.47	1007.32	898.01	906.10	838 64	838.23	946.30	1035.15
蘇　俄	87.80	103.00	125.55	162.84	155.25	149.90	169.20	176.68
荷蘭東印度	32 12	38.07	41.73	35 54	39.00	44.96	49.46	50.90
墨西哥	50.15	44.69	39.53	33 04	32.80	34.00	38.00	40.08
波　斯	43.46	42.14	45.83	44.34	49.47	54.73	52.76	56.90
非尼錐拉	105 75	137.47	136.67	116.61	116.30	120.34	139.38	148.89
其　他	73.21	90.15	81.60	84.93	76.73	80.13	104.23	119.85
總產量	1324.73	1497.53	1410.54	1432.53	1362.04	1467.13	1562.23	1690.42
七國產量和佔全額百分數	94.47	94.00	94.78	94.07	94 12	93.18	93.34	92.32

第八表——中國銷耗石油煉品之數量

（以下數字均以千桶計,每桶＝42美加侖）

年份 \ 煉品名	光油	氣油	潤油	氣及柴油	其他	總千桶數
1920	4515	62	137	……	……	……
1925	6156	210	168	……	……	……
1930	4419	……	310	……	……	……
1	4120	715	247	1633	92	6807
2	3674	675	194	1530	85	6158
3	4460	744	264	2276	93	7837
4	2855	94 5	270	3728	102	7900
5	2666	1,034	281	3010	111	7102

本表係根據美國礦冶工程師學會會刊第107及108卷并參用中國海關報告表製就………爲不詳數。

第九表——1935年世界銷耗石油煉品之數量

(以下數字均以千桶爲單位每桶＝42美加侖)

——轉載美國礦冶工程師學學學刊第118卷210頁——

煉品名／國名	光油	氣油	氣及柴油	潤油	其他	總銷量
美國	47,500	435,300	346,400	19,900	126,900	976,000
蘇俄	28,555	13,565	56,112	8,150	16,888	123,270
英國	6,015	37,454	25,894	2,692	2,121	74,176
法國	1,890	22,200	14,210	2,110	2,000	42,610
加拿大	1,750	16,650	14,700	830	1,690	35,620
德國	1,010	15,810	8,850	2,660	2,010	30,340
阿根廷	1,180	5,710	13,700	320	850	21,760
日本	1,130	7,122	13,800	1,602	1,220	24,874
墨西哥	610	2,100	11,400	160	2,580	16,850
羅馬尼亞	1,380	790	11,900	220	1,700	15,990
印度	6,200	2,300	3,700	950	1,080	14,230
意大利	1,502	4,563	7,600	615	1,660	15,940
荷屬東印度	2,390	1,600	4,900	540	1,480	10,910
大洋洲	1,090	6,600	2,990	400	500	11,580
荷屬西印度	25	180	11,800	130	2,400	14,435
中國	2,666	1,034	3,010	281	111	7,102
伊蘭	1,380	710	3,600	610	1,510	7,810
荷蘭	1,680	3,410	2,110	400	810	8,410
委內瑞拉	22	520	900	28	5,200	6,670
巴西	750	2,400	3,200	70	50	6,570
瑞典	750	3,200	1,890	360	420	6,620
西班牙	150	3,700	2,500	220	430	7,000
比利時	248	2,662	1,202	397	114	4,623
丹麥	680	2,290	1,802	217	260	5,249
埃及	2,100	560	2,150	190	140	5,140
古巴	75	560	3,800	44	80	4,559
南菲聯邦	710	2,800	610	210	180	4,570
挪威	270	970	2,240	78	90	3,648
菲律賓	600	900	1,900	110	120	3,636

捷克	550	2,050	810	240	180	3,830
瑞士	200	1,892	1,140	147	25	3,404
夏威夷	130	940	1,760	50	65	2,945
牛西蘭	120	1,900	1,240	75	100	3,435
波蘭	1,040	815	370	410	370	3,000
波利維亞	73	124	2,300	32	300	2,829
馬來	310	730	1,700	50	200	2,990
智利	60	680	1,500	40	25	2,305
烏拉圭	220	620	1,510	35	25	2,410
巴拿馬運河帶	28	95	2,100	15	30	2,278
伊拉克	210	390	1,780	50	650	3,080
愛爾蘭自由邦	500	1,060	240	65	170	2,203
奧國	299	981	916	141	129	2,403
亞爾吉爾	400	1,250	326	115	100	2,185
秘魯	580	460	570	40	220	1,870
匈牙利	445	442	590	80	90	1,647
希臘	150	370	1,000	55	40	1,615
波爾多黎各	70	480	900	30	30	1,510
葡萄牙	460	520	300	35	60	1,375
芬蘭	299	682	161	64	92	1,298
法屬摩洛哥	110	780	100	45	100	1,135
其他	5,594	6,942	17,527	968	1,838	32,869
分量	126,156	621,863	617,704	47,429	179,433	1,592,585

石油之工業用途日廣,尤爲國防及交通事業不可須臾離開之料原,故今之列強,對於自有之油田,則積極發展之;對於弱國之儲藏,則鈎心鬥角運用經濟政治武力,以求握持之權;吾國自公路航空二事發展以來,年銷量激增,已不止倍蓰,若以吾國人口面積而言,其繼續增長之勢,固可預測,苦現所年銷者,僅及美之十四分之一年耳。

吾國負有產油期望之區,爲川之自流井,陝之延長縣,此二處雖尚在探勘中,然爲供給全國之需,頗爲事實所不許,因此,國內有心之士,亦埋首研究石油替代問題,如木炭汽車。製煉火酒。採用柴油汽車。摻用棉油高温蒸餾低溫蒸餾,等等試驗,最近復以氫化製油,在英德兩國,已由試認而進入產製故亦爲國人注目。英國在畢林吞所設之氫化廠,自去歲產油後,更爲人製石油立一新紀元。質的方面;自經英航空隊大量採用後,已刷去一切懷疑,惟成本稍高現尙須政府給以特別津貼,以資競售,但此爲暫時現象;可斷言也。一九三一年美之美孚石油公司,德之顏料工業會社及英之皇家化學工業會社;共同組織氫化研究合作,彼此公開關於人製石油研究結果,此後氫化製油法將有更大更速之進步,可斷言也。石油替代問題;端緒甚多,從學術方面立論,自不宜窄狹門限,應獎勵廣泛的探討,惟吾國煤藏貯量,爲世界第二最大之單位,僅次於美國,計有 232,287 兆噸,故從原料作出發點,蒸餾與氫化二者最宜。然高溫蒸餾係以製冶金所需之焦炭爲主要使命,油爲副產;低溫蒸餾產油雖加,但仍有焦炭剩留須另覓用途;此二者均不若氫化製油目標之單純也。故著者以爲從實用方面立論,吾國誠宜集全力於氫化製油之探討,然探勘油藏。與替代石油,不容有緩急之分,此點則又吾人習工者,更宜注意及之。

用圖解法以求木質水櫃外圍鐵箍之間距

陸鳳書

木質水櫃,恆以預製狹板集合而成,外面再箍以條鐵。至條鐵在某種高度下,其間距應爲若干,則視水壓之大小,及鐵箍之安全耐力而定之。但當最高箍在水櫃之極頂,最低箍在水櫃之底部時,則各箍之間距,可以下法求之。

今假定中間各箍所受之應力均相等,而首尾兩箍所受之應力,僅爲中間各箍所受者之半數。於是箍之總數,較以每箍之許可拉力除水櫃之總壓力所得者多一。此理甚明。因水櫃之側面壓力,隨水深而漸增。質言之,在頂爲零,在底爲hw,h係水櫃之高,w係水之密度。若水櫃之半徑爲r,則其直剖面上之全壓力爲$\frac{hw}{2}\times h\times 2r=h^2wr$,於是箍之總數(T),可書成下列公式。

$$T=N+1=\frac{h^2wr}{2f}+1 \qquad (1)$$

式中f係箍之許可拉力。實際上f之值必在許可範圍之內,以策安全。且調整之,務使$\frac{h^2wr}{2f}$之値成一整數。

上式中N爲頂以下箍之總數。(在極頂之一箍不計)。並由此可知若以二櫃箍數相較,頂以下箍之總數與水櫃高度平方成正比例。若就一櫃而論,則由頂至任何深處,頂以下箍之總數,與其至頂之距離之平方成正比例,設y爲由頂至任一箍之垂直距離,n爲頂以

下該箍之號數,(亦卽代表頂以下箍之總數,)例如頂箍以下之第一箍其號數爲一,第二箍爲二,則

$$y=\left(\frac{n}{N}\right)^{\frac{1}{2}}h \qquad (2)$$

若x爲毗近兩箍之間距,則第n箍與第(n+1)箍相隔之距爲

$$x=y_{n+1}-y_n=\left[\frac{(n+1)^{\frac{1}{2}}-n^{\frac{1}{2}}}{N^{\frac{1}{2}}}\right]h \qquad (3)$$

以位在兩箍間距中心之平均壓力乘公式(3)之左邊,幷以與平均壓力相等之值乘該式之右邊,則下列結果。

$$\frac{(y_{n+1}+y_n)}{2}w\times(y_{n+1}-y_n)=\left[\frac{(n+1)^{\frac{1}{2}}+n^{\frac{1}{2}}}{N^{\frac{1}{2}}}\right]h\times\frac{w}{2}\times\left[\frac{(n+1)^{\frac{1}{2}}-n^{\frac{1}{2}}}{N^{\frac{1}{2}}}\right]h$$

相乘得

$$\frac{(y^2_{n+1}-y^2)w}{2}=\left[\frac{(n+1)-n}{N}\right]\times\frac{h^2w}{2}=\frac{h^2}{N}\times\frac{w}{2} \qquad (4)$$

由此可知箍之間距乘間距中心之平均壓力,其積不變。

又 $N=\frac{h^2wr}{f2}$,(閱第一式便知)若令平均壓力之値爲 $y'w$,則x(卽兩箍之間距)爲

$$x=\frac{h^2w}{N2y'w}=\frac{h^2w}{\frac{h^2wr}{2f}\times 2y'w}=\frac{f}{wry'} \qquad (5)$$

此式係等腰雙曲線,(Eguilateral hyperbola)故箍之間距,可以下列圖解法求之。

作直角坐標系軸線二。幷自原點起,作一貫相似兩等邊三角形,其三角形之繪法,係自原點作一與水平線成一α角($\alpha=\tan^{-1}\frac{1}{2}$)之直線,使之交於雙曲線,再由該交點作一邊長相等之線,其傾斜度亦爲 $\alpha=\tan^{-1}\frac{1}{2}$,該線與直軸相交之點,卽各箍之所在地也,因按圖之作法,每三角形之高,係等於位在任何兩箍之中點之間距,卽 $x=\frac{f}{wy'r}$ 也,

（參閱下圖）

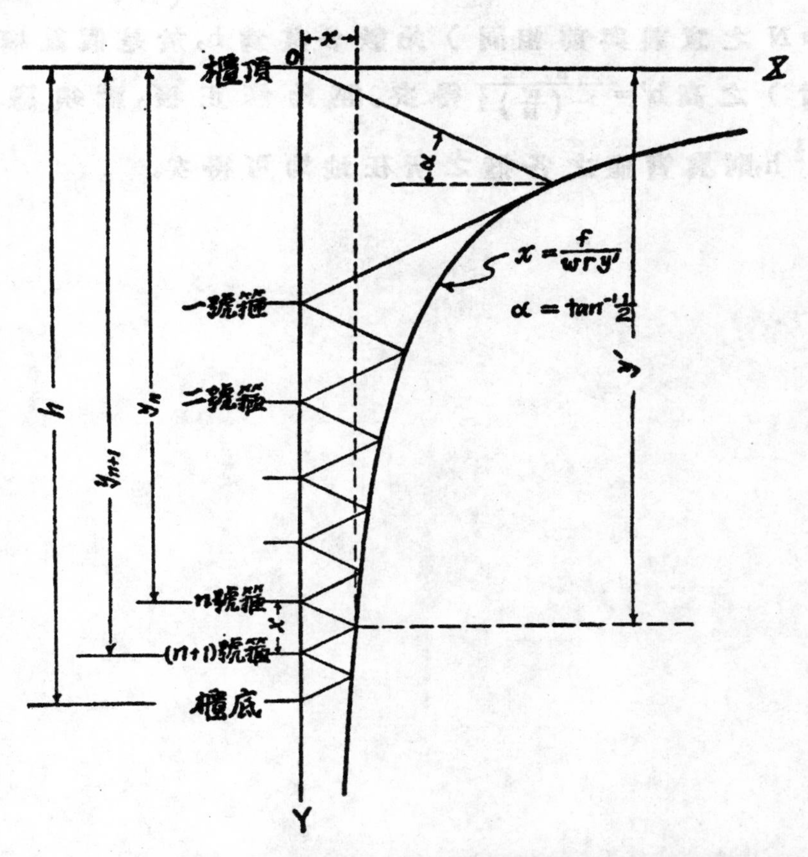

此種解法，頗適用於設計水櫃時，須預防櫃之頂部受高大壓力，例如鐵箍受木條之澎漲力是也，其解法可先假定一h'高之水櫃，其在離櫃底 h 高之點(h = 櫃之眞高)之水壓，可令其等於眞實櫃頂點已知之壓力，於是可用上述圖解法以求各箍之所在地，而眞實櫃僅作假設櫃之底部。

用上述圖解法以求各箍之所在地，須適合眞實櫃之最高箍應在該櫃之極頂之條件。故當眞實櫃之頂介於兩箍之間時，則須作以下之修正。其修正法係先求位於眞實櫃頂之上之第一箍號數n'然後再計算一較低之假設櫃。其算法可用公式$h'-\left(\frac{n'}{N}\right)h'$求眞實櫃之高。（式中N之意義與前相同）此數令其爲h，於是假設櫃（第二次假設者）之高$h'=\frac{h}{1-\left(\frac{n'}{N}\right)^{\frac{1}{2}}}$得矣。經此修正後，祇須應用公式$y=\left(\frac{n}{N}\right)^{\frac{1}{2}}h$，則眞實櫃之各箍之所在地均可得矣。

用彈性重量法計算桁架橋樑的偏垂

胡　錫　之

I. 彈性重量是什麽?

假想圖一樑AB在C點的地方,因爲材料或某種關係,特別生出了一個i的角度。這角度我們可用初等幾何學的方法,証明和偏垂y有下式的關係:

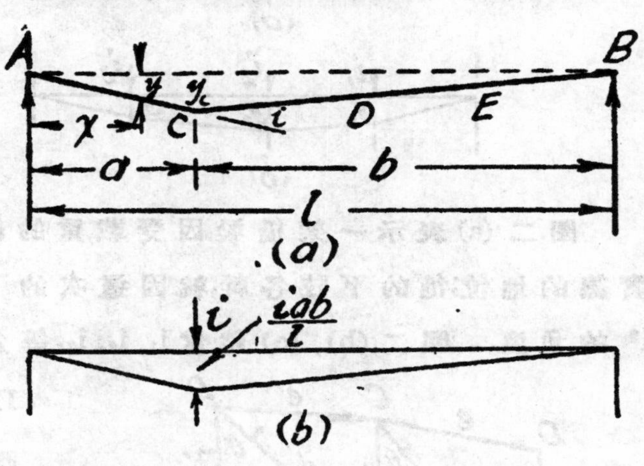

$$y=\frac{ib}{l}x\text{。}\cdots\cdots\cdots\cdots(1)$$

如果在C點的地方,我們加一個重量P;那末在任何一點的地方,應該有一個旋量M如下式:

$$M=\frac{pb}{l}x\cdots\cdots\cdots\cdots\cdots\cdots\cdots\cdots\cdots\cdots\cdots\cdots\cdots\cdots(1a)$$

把(1)式和(1a)式比較一下。我們可以得到下面的結論:在任何一點地方的偏垂,就等於在c點載有i重量時所發生的旋量(Bending moment 圖一(b))。這角度i,實際上是個角度,可是我們設想牠是個載重load,所以我們簡直就稱牠爲彈性重量。

II. 怎樣用彈性重量計算桁架橋樑的偏垂?

如果AB樑上不僅在c點一處地方,發生了一個角度,D,E,……各點都發生了一個i_d, i_e……角度。那末(1)式就該寫成

$$y=\sum\frac{ib}{l}x\cdots\cdots(2)$$

此時我們不必用像式子上所告訴我們的步驟,分別計算,我們就可以很簡便的用funicnlar polygon來各點的偏垂了。

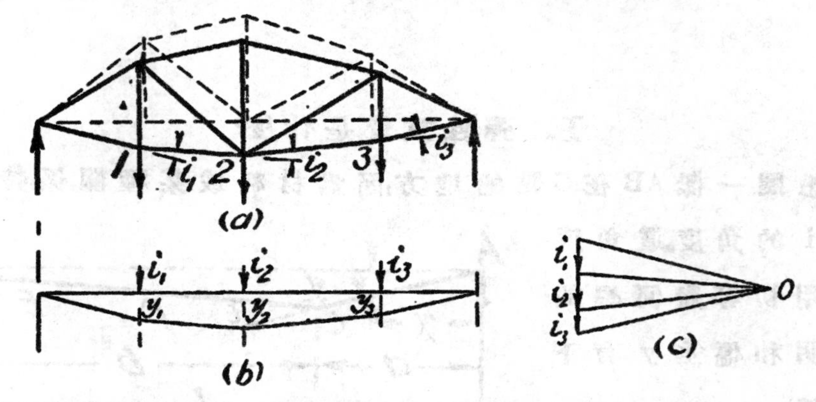

圖二(a)表示一架橋梁因受載重的結果,從虛線的位置,下垂到實線的地位;牠的下弦各幹,就因這次的下垂,相對的發生一個i^1, i^2, i^3的角度。圖二(b), (c)就當i_1, i_2, i_3,等爲載重,所畫fmicular polygon.

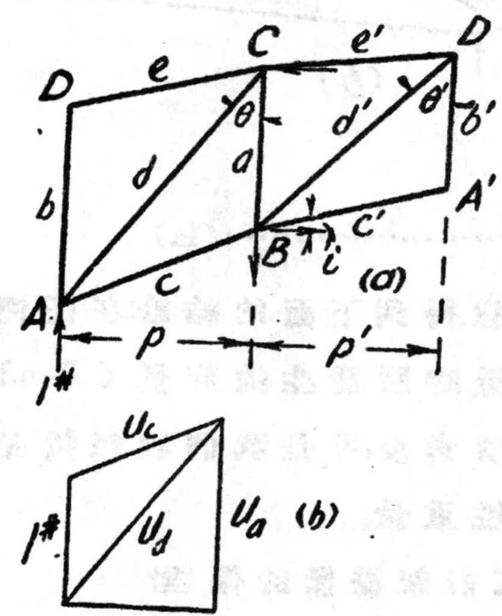

III. 彈性重量i怎樣求法?

圖三(a)表示某個桁架樑上兩個接聯的節或段(panel); a, b, c, d, e, a′, b′, c′, d′, e′等表示各幹的長; δ_a, δ_b……代表各幹的伸長或縮短; S_a, S_b,……代表各幹內的應力。假使B的位置固定, B c的方向也不變那末一個單位向上的力,作用在A點的時候, a, c, d等

幹各發生 u_a, u_c, u_d 等應力(圖三[b])。

$$u_c : 1 = c : a,$$

$$u_d : 1 = -d : a,$$

$$u_a : 1 = d\cos\Theta : a$$

$$\therefore \quad u_c = \frac{c}{a},$$

$$u_d = -\frac{d}{a},$$

$$u_a = \frac{a\cos\Theta}{a}.$$

A點對於B點向上的偏垂

$$\Delta_{ab} = \sum \frac{Sl}{AE} u$$

$$= \delta_a u_a + \delta_c u_c + \delta_d u_d$$

$$= \frac{c}{a}\delta_c - \frac{d}{a}\delta_d + \frac{d\cos\Theta}{a}\delta_a$$

以 w 代 $d\cos\vartheta$

$$\Delta_{ab} = \frac{c\delta_c - d\delta_d + w\delta_a}{a} \cdots\cdots\cdots\cdots (3)$$

A′點對於B點向上的偏垂

$$\Delta_{a'b} = \delta_a - \text{B點對於C點向下的偏垂} - \delta_{b'}$$

$$= \delta_a - \Delta_{d'c} - \delta_{b'}$$

$$= \delta_a - \frac{e'\delta_{e'} - d'\delta_{d'} + w'\delta_a}{a} - \delta_{b'} \cdots\cdots\cdots\cdots (4)$$

所以

$$i = \frac{\Delta ab'}{b} + \frac{\Delta a'b}{p'} \cdots\cdots\cdots\cdots (5)$$

Ⅳ. AD對于BC所轉的角度。

圖四(a)表示兩個單位旋量作用在ABCD上,圖四(b)就表示a,b,c,d,e,各幹內所發生的應力。

$$u_c : \frac{1}{a} = c.p; u_e : \frac{1}{b} = e:p;$$

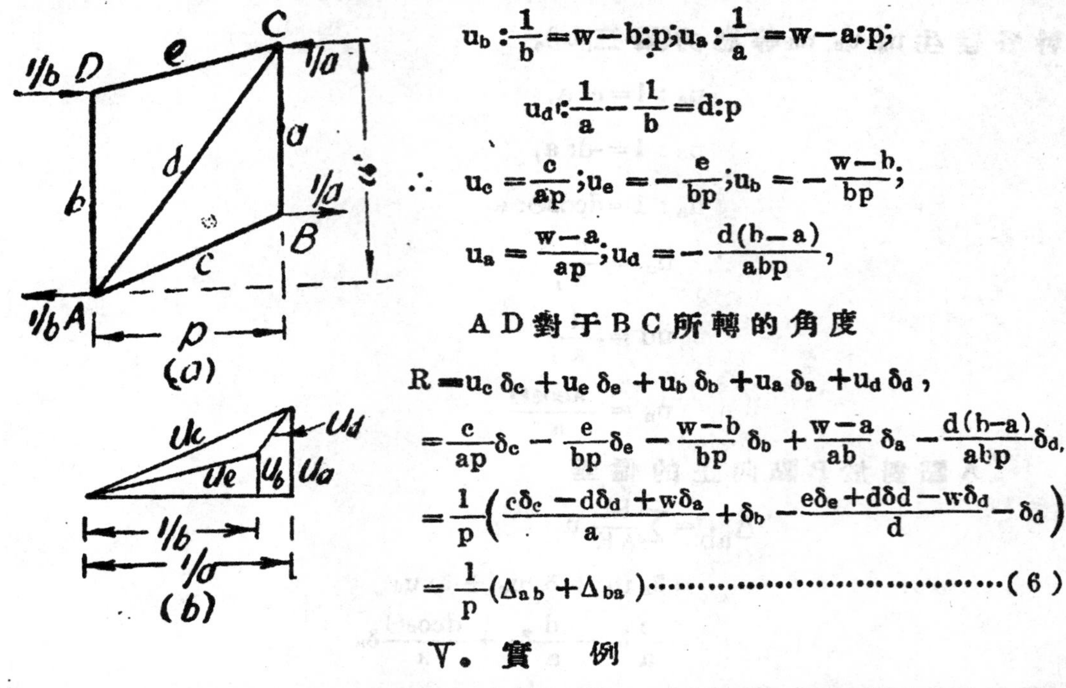

$$u_b:\frac{1}{b}=w-b:p;\quad u_a:\frac{1}{a}=w-a:p;$$

$$u_d:\frac{1}{a}-\frac{1}{b}=d:p$$

$$\therefore\quad u_c=\frac{c}{ap};\quad u_e=-\frac{e}{bp};\quad u_b=-\frac{w-b}{bp};$$

$$u_a=\frac{w-a}{ap};\quad u_d=-\frac{d(b-a)}{abp},$$

AD對于BC所轉的角度

$$R=u_c\delta_c+u_e\delta_e+u_b\delta_b+u_a\delta_a+u_d\delta_d,$$

$$=\frac{c}{ap}\delta_c-\frac{e}{bp}\delta_e-\frac{w-b}{bp}\delta_b+\frac{w-a}{ab}\delta_a-\frac{d(b-a)}{abp}\delta_d,$$

$$=\frac{1}{p}\left(\frac{c\delta_c-d\delta_d+w\delta_a}{a}+\delta_b-\frac{e\delta_e+d\delta d-w\delta_d}{d}-\delta_d\right)$$

$$=\frac{1}{p}(\Delta_{ab}+\Delta_{ba})\cdots\cdots\cdots\cdots\cdots\cdots(6)$$

V. 實 例

圖五(a)表示一架桁架橋樑，牠各點的偏垂，是我們所要求的。表一裏就告訴我們怎樣計算各點的彈性重量，和 a, b 兩幹相對所轉的角度。在這張表裏，第四行的數值，是事先早就算好了的。(＋表示

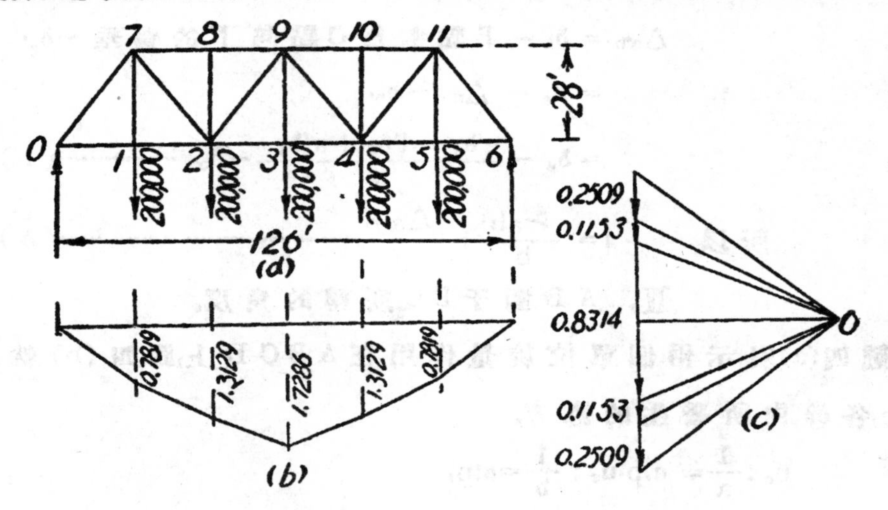

伸長,—表示縮短)其他的各行,我想用不到說明了。

表一 ip, Rp的計算

節或段的名稱 Panel (1)	幹的名稱 Member (2)	公式記號 Symbol (3)	長度 length (吋) (4)	$\frac{Sl}{AE}$ (5)	$\frac{(4)\times(5)}{a或b'}$ (6)	Δab或Δa'b (7)	ip (8)	Rp (9)	ΣRp (10)
0-1	0-1	c	252	+0.0905	+0.0679				
	0-7	d	420	-0.1393	-0.1742				
	1-7	a,w	336	+0 2317		+0.4738			
2-1	1-2	c	252	+0.0905	+0.0679				+0.3082
	2-7	d	420	+0.4178	+0.5225				
	1-7	a,w	336	+0.2317		—0.2229	+0.2509		
1-2	2-8	a,w	336	0					
	7-8	e'	252	—0.1003	—0.0752				
	2-7	d'	420	+0.4178	+0.5225				
	1-7	b'	336	+0.2317		+0.3660		+0.1431	
3-2	2-8	a,w	336	0					+0.1651
	8-9	e'	252	—0.1003	—0.0752				
	2-9	d'	420	—0.0754	—0.0942				
	3-9	b'	336	+0.2317		—0.2507	+0.1153		
2-3	2-3	c	252	+0.1197	+0.0898				
	2-9	d	420	—0.0754	—0.0942				
	3-9	a,w	336	+0.2317		+0.4157	+0.8314	+0.1651	0

下弦各點的縱向偏垂,請看圖五(b), (c)。 其他各點的向偏垂,請看表二。 所有各點橫向偏垂,請看表三;橫向偏垂是拿〇點作為固定點的。

其實在這種對稱的情形之下,縱向偏垂的計算,用不着畫funicnlar polygon的直接用計算旋量的法子計算各點的偏垂也許比較方便些;不過這是代表一般的方法的。

表二 縱向偏垂

結點	縱幹名稱	$\frac{Se}{AE}$	縱向偏垂
0,6			0
1,5			+0,7819
7,11	1−7	+0,231	+0,5502
2,4			+1,3129
8,10	1−8	0	+1,3129
3			+1,7286
9	3−9	+0,2317	+1,4969

表三 橫向偏垂

結點	幹的名稱	$\frac{Se}{AE}$	ΣRp	aΣR	橫向偏垂
0					0
1	0−1	+0,0905			+0,0995
7	1−7		+0,3082	+0,4109	+0,5014
2	1−2	+0,0905			+0,1810
8	2−8		+0,1651	+0,2201	+0,4011
3	2−3	+0,1197			+0,3007
9	3−9		0	0	+0,3007
4	3−4	+0,1197			+0,4204
10	4−10			−0,2201	+0,2003
5	4−5	+0,0905			+0,5109
11	5−11			−0,41g9	+0,1000
6	5−6	+0,0905			+0,6014

本篇所舉的例子,有兩點非得提出來說一說;一,所有的一切均成對稱,二,下弦各點均在同一水平線上。關於第一點,我們果然計

到了一半的便宜,算了一邊就可曉得他邊,可是不對稱的時候,同樣做法,也能直接得到答案,用不到另外的麻煩。關於第二點,除了計算橫向偏垂的時候,少許得到一些便宜外,一些也沒有幫助;因爲如果不在一條水平線上的時候,如拱橋等,所有的數學計算,還是那些。

VI. 結論

彈性重量法,或許是所有桁架橋樑的偏垂計算法中的一個最簡便的法子,因爲牠用不到一個個的分別計算 u 的數值,也用不到像 & Mohr Diagram 一類的校正,一次的計算牠也能給我們所有各點的偏垂。

這裏須得聲明:就是沒有縱向桁幹的橋樑,不適用以上的公式。可是這也不要緊,新的公式,無論如何總能導出,反正我們的原理沒有問題。

參考書: Parcel & Manney—Elementary Treatile on Statically Indeterminate Stresses.

俞忽教授 H. Yu—Stresses in Statioallg Inde terminate Structures.

Proceeding. American Society of Civil Engineeirs.
Vol. 61 No. 9—Vol. 62 No. 2
Truss deflections; the Panel Deflection Method.

水工模型試驗之基本理論

方 宗 岱

(一) 符號

面積	A
長度	L
體積	V
重量	W
比重	r
質量	m
勴加速度	g
線速度	v
線加速度	a
角速度	w
角加速度	ω
時間	T
比數	n
力	F
能	E
功	K

動率	M
馬力	H
撓度	d
物理量	Q
無量數	Π
質度	ρ
流體類性	μ
志面張力	σ
容積彈性係數	K
坡度	S

(二)引言

研究任何科學,專將學理之探討,實不足使該項科學有疾速之進步,因實際情形複雜,而理論範圍有限,重此輕彼,往往與實際情形不合;似非做試驗不足以竟全功;此項定則;可推諸百端,尤其于情形複雜,連帶關係繁多之水工問題,更應有試驗之必要,隨舉一例,即可明悉,更證此言之不虛也。先前橋墩造就時,即拋石於其四圍,以防水之侵刷,而因拋石位置,頗引起多數工程師互相爭執;有謂水流至橋墩時,發生衝擊,應於上游拋石,以減其勢;有謂水流至橋墩以下,必生渦流(eddy currnt)遂被浸蝕,故應拋石下游,以防其浸,尚有其他說法,各執一辭,議論紛紛,莫衷一是;故於四圍皆拋之以石,甚堅且固,頗合工程原則;但虛耗巨款,殊有違工程原則也。嗣後德國學者恩格爾(Engel)教授,在1893對此問題,作一精細之試驗,所得結果,則與第一說互相適合,僅橋墩兩旁,略。拋少許石塊以掩護之可也;自其結果發表後,嗣後關於掩護橋墩工程,或其他類似工程,僅拋石於其上游,足以掩護其浸蝕也。聞當時恩氏之試驗經費尚不足華幣三千元,及至今日,因此試驗之成功而節省經費,何止在三萬萬元以上,單此一項,卽可證明試驗之價值矣。而試驗之眞正價值尚不在此,其最大者,卽更正理論公式之錯悞,或增進理論公式之準確性,再舉一淺近之,卽可證明,如河水流動之速度,按理而言,與濕水半徑及坡度之平方根成正比。卽 $V=C\sqrt{RS}$,倘等成普通公式則 $V=CR^xS^y$ 此式中之 c, x, y 均爲變數,與河床之粗糙率及其他項件有密切之關係,倘吾人未作精之細之試驗,此 c,x,y, 之值,無法求得,隨之 V 之值亦難求得矣,換言之,此公式卽無存在之價值,果此,則水工上大部問題,將無法推進矣。由此兩例,可知試驗在科學上,實佔有重大價值也。

(三) 模型試驗之相似性

模型試驗者,卽以原型中(prototype)之各項量度(dimension)按比縮小,蓋以此可以節省經費,減少時間故也。今欲將模型所得結果,而施諸示原理,其間關係甚繁,而撮其要者,可略分以下三項:

(A)幾何相似性

吾人方習幾何學時,卽知相似性之關係,如謂兩三角形 a, b, 互爲相似,則兩三角形之三角必互爲相等,倘知三角形 a 之面積爲 A, 其某一邊之長爲 l, 及三角形 b 之某一邊長爲 l′(相當於 Δa 之 l 邊)由相似性之關係,卽可求得三角形 b 之面積 $A'=\left(\frac{l'}{l}\right)^2A$, 換言之,倘

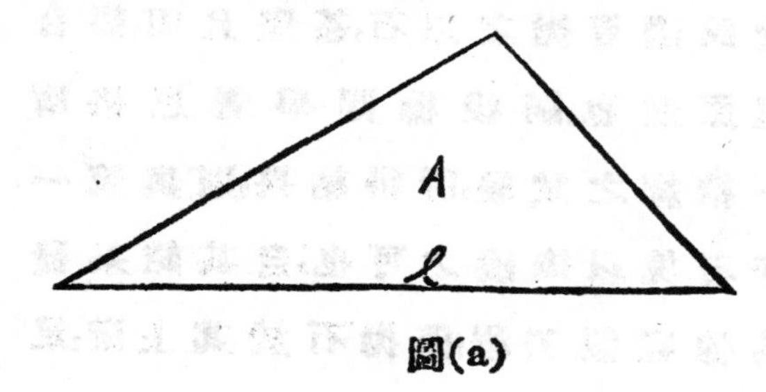

圖(a)

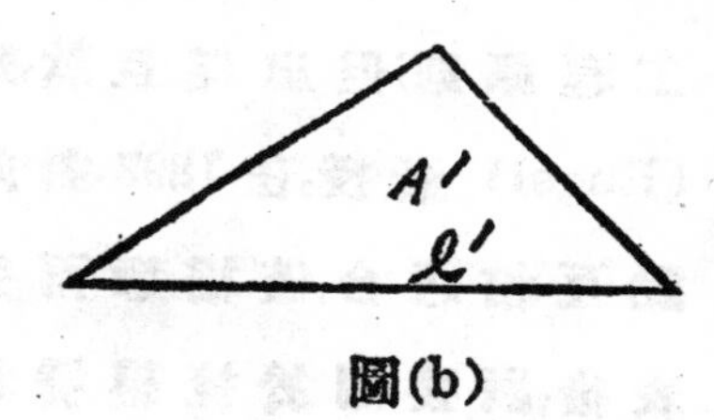

圖(b)

之相似性之關係,吾人欲求A′之值。單恃 l′之值,决不能得之!倘須其他條件之輔助也。同理,水工試驗之一部分基本理論卽基於此,如河長10000呎可縮成100呎,寬1000縮10呎,深100呎可縮成1呎,倘有其他物體,均可按比縮小!惟單恃幾何相似性之關係,實不足以解决水工上之一切問題。今舉一例,卽可明了,設一長10呎闊厚各1呎之木樑,其比重爲0.6,自由支持于其兩端,則木樑中心之撓度(deflection)應爲$\frac{5\times7200}{384\ \ E}$,倘以模型試驗之,設原型與模型之比爲10,而求出之撓度爲$\frac{5}{384}\times\frac{72000}{E}$,而模型中所求之值,則非$\frac{1}{10}$原型之值,此因其明,蓋由于木材之比重不能按比縮小故也。在水工試驗方面,亦有類似之困難,如水,泥等等之重量均不能按比縮小也。幸此項困難倘可用力之相似性,動之相似性之各項關係,足以改正也。

(B)動之相似性,

物體運動通常可分爲四種,卽直線均速運動;直線加速運動,曲線運動,與曲線加速運動是也,今將動相似性之關係,分別說明于後

a,直線均速運動;

此項運動,在水工方面可分水射(water jet)與河水流動二種。

水射之速度之公式爲 $V=\sqrt{2gh}$

河水流動之速度之公式爲 $V=C\sqrt{RS}$

以m註其旁,卽表明模型中之一切事物,無字註者,卽表明 原型中之一切事物。

故 $$\frac{V}{V_m}=\frac{\sqrt{2gh}}{\sqrt{2g_mh_m}}=\frac{\sqrt{h}}{\sqrt{h_m}}=\sqrt{n}\ \left(\text{因地心吸力不能按比縮小故 } g=g_m\right)$$

$$\frac{V}{V_m}=\frac{C\sqrt{RS}}{C\sqrt{R_mS_m}}=\frac{\sqrt{R}}{\sqrt{R_m}}=\sqrt{n}.\ \left(\text{設C之值爲一常數,坡度亦相同。}\right)$$

由以上兩式,吾人知原型與模型中之速度不論其爲水射或河水流動均成$\sqrt{n}$與1之比。

因時間$=\frac{L}{V}$

故 $\frac{T}{T_m}=\frac{\frac{L}{V}}{\frac{L_m}{V_m}}=\frac{L}{L_m}\times\frac{V_m}{V}=\frac{n}{\sqrt{n}}=\sqrt{n}$

同理線加速度

$$a=\frac{dv}{dt}$$

故 $\frac{a}{a_m}=\frac{dv}{dT}\times\frac{dT_m}{dV_m}=\frac{dV}{dV_m}\times\frac{dT_m}{dT}=\frac{\sqrt{n}}{1}+\frac{1}{\sqrt{n}}=1$。

故原型與模型中之加速度應爲相等,

同理知原型與模型中之角速之比爲$1:\sqrt{n}$而角加速度之比爲$1:n$

(C)力之相似性

如每一立方公分泥沙之重爲2•6,故其重量

$$W=V\times 2{\cdot}6=V\times r$$

若在模型試驗,因各項長度既按比縮小,其比亦應縮小,始能適合真正相似之理論!

故 $\frac{r}{r_m}=n$

若$n=20$則$r_m=0{\cdot}13$其數之微,實不值一氣體之重!而原型中係用固體之沙粒,在模型中豈能以氣體之沙以代之乎?故實際上,用於原型之沙粒仍用於模型中則其重量爲

$W_m=V_m\times r_m$ 而$r_m=r$

故 $\frac{W}{W_m}=\frac{Vr}{V_m r_m}=\frac{V}{V_m}=n^3$

故原型中之物體重量與模型中之重量成 n^3 與 1 之比,同理則質量之比爲 n^3 與 1 之比。

$$\frac{m}{m_m}=\frac{\frac{W}{g}}{\frac{W_m}{g_m}}=\frac{W}{W_m}\times\frac{g_m}{g}=\frac{W}{W_m}=n^3$$

今將動與力相似之各項關係,相互貫通,名之曰動力相似性如力(force)能 (Fnergy)功(work)動率(moment)馬力 (Horse power) 等等,其間之關係,均可由同理之如下表所示

名稱	記號	縮比
長度	L	n
面積	A	n^2
體積	V	n^3
坡度	S	I
時間	T	$\sqrt{n}$
線速度	v	$\sqrt{n}$
線加速度	a	I
角速度	ω	$n^{-\frac{1}{2}}$
角加速度	ω	n^{-1}
重量	W	n^3
質量	m	n^3
力	F	n^3
能	E	n^4
功	K	n^4
動率	M	n^4
馬力	H	$n^{3.5}$

(四) 模型試驗之條件

試驗所得結果,似可由上表中之各項關係,施於原型,但事實上則不若如此簡單,蓋原型與模型之間尚有其他關係之存在,即模型試驗需在某種條件爲之,方能合用,否則,仍不能施用也,關於其中之各項關關,可由裴理論 (Pi-theorem) 而推演之

(A)裴理論 (Pi-thorem)

吾人知自然界任何現象,均可以用方程式以表明之,所不同者,僅該方程式是簡單與複雜而已!如一物體自田灌下,若以方程式表之,則

F(地心吸力,物體實度,大小,空氣實度……)=0(1)此公式中之"F"即在數學上函數之意義也。關於此種公式,白論海氏(E, Buckingham)曾作深切之研究,所得結果,應用於科學上,甚廣且大,尤其於模型試驗方面,更屬重要,今將此項理論,作一簡單之介紹,以便讀者易於了解也。

設一物理方程式 (physical eqaation)

$F(Q_1\ Q_2\ Q_3 \cdots\cdots\cdots\cdots Q_n)=0 \cdots\cdots\cdots(2)$

(2)式中之 $Q^1\ Q^2\ Q^3 \cdots\cdots\cdots Q_n$ 爲各不同之物理量 (phyrieal quantih) 相當於(1)式中之地心吸力,物體比重等等,由數學上之關係,(2)式可變成

$$\Sigma R\ Q_1^{a_1}\ Q_2^{a_2}\ Q_2^{a_3} \cdots\cdots\cdots\cdots\cdots Q_n^{a_n} = 0 \cdots\cdots\cdots\cdots\cdots\cdots\cdots(3)$$

(3)式中尺係各項之係數, $a_1\ a_2 \cdot - \cdot\ a_n$ 係各物理量指數,倘以(3)式中之任何一項,以除(3)式,其所得之商,爲

$$\Sigma N\ Q^{b_1}\ Q^{2\,b_2}\ Q_3^{b_3} \cdots\cdots\cdots\cdots\cdots Q_n^{b_n} + 1 = 0 \cdots\cdots\cdots\cdots\cdots(4)$$

(4)式中之N,亦係各項之係數,惟其值不與(3)式中之R相等耳。

由量度調和定理(Theorem of Dimsnsional Homogeneity)之推論,凡一物理方程式,其各項量度應互爲相等,而(4)式中之末項爲1,而1爲一無量數(Non-dimensional number)也。故(4)式中各物理是之指數 $b_1\ b_2\ b_3 \cdots b_n$ 應有下列關係存在之必要,即

$$\left[Q_1^{b_1} Q_2^{b_2} Q_3^{b_3} \cdots\cdots\cdots\cdots Q_n^{b_n}\right] = 1 \quad \cdots\cdots\cdots\cdots (5)$$

換言之,(5)式中各物理量之乘,必爲一無量數。設

$$II = Q_1^{b_1} Q_2^{b_2} Q_3^{b_3} \cdots\cdots\cdots\cdots Q_n^{b_n} \cdots\cdots\cdots\cdots (6)$$

(6)式中之II係一希臘字母音裴式(pi);將(6)式代入(4)式,則得

$$\Sigma NII + 1 = 0 \cdots\cdots\cdots\cdots (7)$$

(7)式與(4)之形狀完全相似,吾人同理可將各種物理量互相分配,組成各種不同關係之無量數如,$II_1 II_2 II_3 \cdots\cdots\cdots IIi$ 則

$$\psi\ (II_1\ II_2\ II_3 \cdots\cdots\cdots\cdots IIi) = 0 \cdots\cdots\cdots\cdots (8)$$

玆將(8)式與(2)式作比較,所不同者,爲函數"F"改成"ψ"有量數之物理量($Q_1\ Q_2\ Q_3 \cdots\cdots Q_n$)變成不同之無量數($II_1\ II_2\ II_3 \cdots\cdots\cdots IIi$)尙有最大之區別,即物理量之項數爲"n".而無量數之項數爲"i",此中"n"與"i"之關係,實値吾人探討者。因物理量之多寡,吾人可從先決定,故"n"爲已知數,欲求"i"之値可由下法得之。

今舉若干例題,加以歸納,則"i"之値可求得,設k爲基本單位(fundamrutal units)之數,通常k=3即長度,質量,時間 l. m. T)例(1)一直線之長短,可由方程式表之,

$$f(x) = 0 \cdots\cdots\cdots\cdots (9)$$

(9)式中僅一物理量(長度) 故 n=1

而亦僅一基本單位(長度) 故 $k=1$

欲求Π(無量數),則不可能,換言之,即無Π之存在也 故 $i=0$

例(2)面積之大則

$$f(xy)=0 \quad\cdots\cdots(10)$$

同理 $n=2$

$k=1$

而 $\Pi=\frac{x}{y}=$無量數 故 $i=1$

$$f(xyz)=0 \quad\cdots\cdots(11)$$

同理 $n=3$

$k=1$

而 $\Pi_1=\frac{x}{y}\quad \Pi_2=\frac{x}{z}$ 故 $i=2$

(注意: $\Pi_3=\frac{z}{y}$亦係一無量數,但此數爲由Π_1 Π_2中求得,如$\Pi_3=\frac{\Pi_1}{\Pi_2}=\frac{z}{y}$,故不能計入)

例(4)設某項現象,僅與線速度及線加速度有關係,則方程式應爲

$$f(va)=0 \quad\cdots\cdots(12)$$

同理 $n=2$

但有兩基本單位,即時間長度 故 $k=2$

使用任何方法,在(12)式不能求出一無量數

如 $\frac{v^x}{a^y}=\frac{(l/t)^x}{(l/t_2)^y}=L^{x-y}T^{-x+2y}$

使x與y爲任何數,$L^{x-y}T^{-x+2y}$仍爲有量數 故 $i=0$

例(5)設某項現象與線速度,線加速度角速度有密切關係,則

$$f(vaw)=0 \quad\cdots\cdots(13)$$

同理　$n=3$

$k=2$

僅有一無量數存在卽 $\Pi=\frac{vw}{a}$　故　$i=1$

例(6)設某項現象與線速度,線加速度,角速度,及角加速度,有密切關係

則　$f(v\,w\,a\,\omega)=0$ ……(14)

同理　$n=4$

$k=2$

而　$i=2$

卽 $\Pi_1=\frac{vw}{a}$　$\Pi_2=\frac{v\omega}{aw}$ 是也。

由例(1)至例(6)之各種說明,此 n, k, i, 之關係爲由一公式表之卽

$i=n-k$

故(8)式吾人可改寫爲

$\psi(\Pi_1\,\Pi_2 \cdots\cdots \Pi_{n-k})=0$ ……(15)

(B)裴公理(Pi -theorem)對模型試驗之應用

(甲)類,(凡流體黏性(visosity)之影響較大者均于屬此類)如一木板浮於水面,順水而流,其間有關係之物理量爲力,密度,長度,流速及流體之黏性,雖尙有其他之物理量,因其影響微小,均從略之,故

$f(F\,\rho\,L\,v\,\mu)=0$ ……(16)

由裴定理(Pi -theOrem)知　$n=5$　$k=3$

故　$i=n-k=5-3=2.$

今取任何之物理量,作爲基本組合,如 $v\,\rho\,L$ 再配以其他物理,則得

$\Pi_1=v^{p_1}\rho^{q_1}L^{r_1}F$ ……(17)

$\Pi_2=v^{p_2}\rho^{q_2}L^{r_2}\mu$ ……(18)

先將各物理量改成基本單位之形式，則

$$\Pi_1 = L^{p_1} T^{-p_1} \times m^{q_2} L^{-3q_1} \times L^{r_1} \times mLT^{-2}$$

因 Π_1 為一無量數，故

$$L^{p_1} \times L^{-3g_1} \times L^{r_1} \times L = L^{p_1-3q^1+r_1+1} = L^0 = 1$$

所以　$p_1 - 3q_1 + r_1 + 1 = 0$ ……………………………………(19)

同理，　$q_1 + 1 = 0$ ……………………………………(20)

$-P_1 - 2 \quad = 0$ ……………………………………(21)

解(19)(20)(21)之聯立方程式則得

$$p_1 = -2 \qquad q_1 = -1 \qquad r_1 = -2$$

代入(17)式則得 $\Pi_1 = \dfrac{F}{\rho L^2 v^2}$ ……………………………………(19)

同理得　$\Pi_2 = \dfrac{\mu}{\rho L v}$ ……………………………………(18)

將 Π_1 Π_2 代入(7)式則得

$$\psi\left(\frac{F}{\rho L_2 v_2}; \frac{\mu}{\rho L v}\right) = 0 \text{……………………………………(19)}$$

(19)式可寫成

$$\frac{F}{\rho L^2 v^2} = \phi\left(\frac{\mu}{\rho L v}\right)$$

故　$F = \rho L^2 v^2 \ominus\left(\dfrac{\mu}{\rho L v}\right)$ ……………………………………(20)

在(16)式所示，僅知此等物理量與木板浮水面運動有密切之關係其中若輕若重，仍為不悉，今由(20)式所示，即可知其中互相之關係也。倘直接以此方程式，施用於模型試驗，尚有重大困難他。

今以"m"註於旁者，即指係模型中者則

$$F_m = \rho_m L_m^2 v_m^2 \phi\left(\frac{\mu_m}{v_m l^2 \rho_m}\right) \text{……………………………………(21)}$$

故
$$\frac{F}{F_m}=\frac{\rho L^2 v^2 \phi\left(\frac{\mu}{\rho L v}\right)}{\rho_m l_m^2 v_m^2 \phi\left(\frac{\mu_m}{\rho_m l_m v_m}\right)} \cdots\cdots\cdots\cdots(22)$$

將上表之各項關係代入(22)式則得

$$\frac{F}{F_m}=\frac{\rho}{\rho_m}\times\frac{l^2}{n^2 l^2}\times\frac{v^2}{n v_n^2}\quad\frac{\phi\left(\frac{\mu}{\rho L v}\right)}{\phi\left(\frac{\mu_m}{\rho_m l_m v_m}\right)}$$

$$=\frac{1}{n^3}\times\frac{\phi\left(\frac{\mu}{\rho L v}\right)}{\phi\left(\frac{\mu_m}{\rho_m L_m v_m}\right)} \cdots\cdots\cdots\cdots(23)$$

(23)式所示,雖模試驗中之力"F_m"縮比"n"均爲已知數,而因$\phi\left(\frac{\mu}{vL\rho}\right)$與$\theta\left(\frac{\mu_m}{\rho_m L_m v_m}\right)$爲未知數,故原型中"F"之值,仍不能求得,換言之,在模型中所得之各項現象,仍不能施用於原型也。欲求解決此項困難,必須將$\left(\frac{\mu}{\rho L v}\right)$之值,在模型與原型中互爲相等

則
$$\frac{\mu}{\rho L v}=\frac{\mu_m}{\rho_m L_m v_m}=R \cdots\cdots\cdots\cdots(24)$$

此數R名曰萊諾爾達數(Reynoler number),

(乙)類(凡以地心吸力之影響較大者)如水流由堰而下,其物理方程式,可寫成

$$f(v\ \rho\ L\ F\ g)=0 \cdots\cdots\cdots\cdots(25)$$

同理得

$$\Pi_1=v^{p_1}\rho^{q_1}L^{\gamma_1}F=\frac{F}{\rho L_2 v_2}$$

$$\Pi_2=v^{p_2}\rho^{q_2}L^{\gamma_2}g=\frac{gL}{v^2 t}$$

18831

代入7式則

$$f\left(\frac{F}{\rho L^2 v}\quad\frac{gL}{v^2 l}\right)=0$$

$$F=\rho L^2 v^2\left(\frac{gL}{v^2 l}\right)$$

同理 $\frac{gL}{v^2}=\frac{g_m L_m}{v^2_m}=F$ ……………………………………(26)

此數"F"名曰福勞特數(Fronde number)

(丙)類(凡以微細管運動之影響較大者)如堤岸浸潰,大多由水之浸濕自下而上,至沙泥筯之凝聚力減低時,則逐漸潰圮矣,故此類現象,不能以水流之關係而推測,蓋由表面張力,微細管運動之所致也,故物理方程式應寫成

$f(v\ \rho\ L\ F\ \sigma)=0$ ……………………………………(27)

同理得 $\Pi_1=\frac{F}{\rho L^2 v^2}$

$$\Pi_2=\frac{\sigma}{v^2\rho L}$$

代入(7)式則得

$$F=\rho L^2 b^2\,\varrho\,\eta\left(\frac{b}{v^2\rho L}\right)$$

同理 $\frac{b}{v^2\rho L}=\frac{b_m}{v^2_m\rho_m L_m}=W$ ……………………………………(28)

此數W名威爾日數(Weber number)

(丁)類,倘水流之速度甚大,大至與音之速度相等,斯時水流之動能(Kinetic energy)甚大,故水之容積彈性係數(Balk modulue of elasiticity of water)K必需顧及,同理吾人亦可求一公式,即

$\frac{v^2\rho}{K}=C$ ……………………………………(29)

此數名曰庫舍數(Conchy number)因河流速度不大,故此數在河工上並無用處,但在拜浦(Pump)等等疾速現象,實有應用之價值也。

(五) 由數學式上得測模型試驗之困難

(甲)種:以上諸例,如木板浮動,堰水落下,其較精確之物理方程式爲

$$f(v\,\rho\,L\,F\,u\,b\,g)=0 \quad \cdots\cdots(30)$$

此式中之　$n=7$

$k=3$

故　$i=4$

同理　$\Pi_1=\dfrac{F}{\rho L^2 v^2}$

$\Pi_2=\dfrac{\mu}{\rho L v}$.

$\Pi_3=\dfrac{gL}{v^2}$

$\Pi_4=\dfrac{b}{v^2\rho L}$

代入(7)式,則得

$$\Phi\left(\frac{F}{\rho^2 L v^2}\quad \frac{u}{\rho L v},\ \frac{gL}{v^2},\ \frac{b}{v^2\rho L}\right)=0$$

故　$$F=\rho L^2 v^2 \varphi\left(\frac{\mu}{\rho L v},\quad \frac{gL}{v^2},\quad \frac{b}{v^2\rho L}\right) \quad \cdots\cdots(31)$$

由(31)式,吾人知此項現象與萊諾爾達數$\left(\dfrac{\mu}{\rho L v}\right)$福勞特$\left(\dfrac{gL}{v^2}\right)$及威白爾數$\left(\dfrac{b}{v^2\rho L}\right)$有密切之關係,因$\Phi\left(\dfrac{u}{\rho L v},\ \dfrac{gL}{v^2},\ \dfrac{b}{v^2\rho L}\right)$爲未知數,同理此三數在原型與模型中應各自相等,即

$$\frac{\mu}{\rho Lv}=\frac{\mu_m}{\rho_m L_m v_m} \cdots\cdots\cdots\cdots\cdots\cdots (a)$$

$$\frac{gL}{v^2}=\frac{gL_m}{v_m^2} \cdots\cdots\cdots\cdots\cdots\cdots (b)$$

$$\frac{b}{v^2\rho L}=\frac{b_m}{v_m^2\rho_m L_m} \cdots\cdots\cdots\cdots\cdots\cdots (c)$$

由(a)式可得 $\frac{v}{v_m}=\frac{\mu_m L_m \rho_m}{\mu_m L \rho}=\frac{L_m}{L}=\frac{1}{n}$ ……………………(a)'.

［設模型與原型之流體與溫度完全相同則 $\mu=\mu_m$ $\rho=\rho_m$］

由(b)式得 $\frac{v}{v_m}=\frac{\sqrt{gL}}{\sqrt{g_m L_m}}=\sqrt{\frac{L}{L_m}}=\sqrt{n}$ ……………………(b)'

［設模型與原型之地位,相差無幾則 $g=g_m$］

由(c)式得 $\frac{v}{v_m}=\frac{\sqrt{b\rho_m L_m}}{\sqrt{\rho L b_m}}=\sqrt{\frac{L_m}{L}}=\sqrt{\frac{1}{n}}$ ……………………(c)'

設模型試驗之速度,v適合於萊諾爾達數,同此速度,決不能適合於福勞特及威白爾數,由(a)'(b)'(c)'之式所示,吾人知其一速度適於一者決不能合其他二數也。此種困難,旣無法改正,祇有委曲求全,捨其二而取其一,蓋聊此以求近似值也。

(乙)種:如吾人欲論河中之挾沙局題,因其黏性關係較大,通常用萊諾爾達數 $\left(\frac{\mu}{\rho Lv}\right)$ 作爲基本條件倘原型與模型所用之流體相同,試驗之溫度相差無幾,則 $\mu_m=\mu$, $\rho=\rho_m$

由(24)式則得 $vL=v_m L_m$

吾人知 $L>L_m$ 故 $v>v_m$

若 $n=20$ 則 $v_m=20v$

倘原型中之v爲慢流(lamina flow)而模型之 $v_m=20v$ 將成爲一直流(Shooting flow)之速度,易慢流而爲直流,其能相似乎?關於此種困難,通常以變態模型,(dis tor teo-scale model)以改正之,所謂變態模型者,即河床之長闊與深之比尺互相不等之謂也。但最近美國學者萊因教授(propessor E Lane)在美國工程學會會刊(Proceeding of A.R.C. NOV. 1935)比深(wielth-depth ratis)有密切之關係,此論發表後,則變態模型,無異受一重大打擊。設原型之河床之闊深比為20,而模型高床之闊深,比通常必小於20,故模型所得結果仍不能施於原型也。

(六) 結 論

由以上各節所述,吾人知模型試驗,實有促進學術有疾速之進步,其功效之大,實超出於理論,而困難之多,亦係不諱言之事實!多數模型試驗理論上之困難,無法更正,尚有其他實際上或技術上之困難更層出不窮,今之模型試驗者,往往顧此失彼,僅求近似之值!殊感美中不足也。

一年來在錢塘江橋工程處之工作紀要

唐　儲　孝

（一）來橋工處之動機

當二十四年六月畢業之後，爲謀學以致用，請求學校當局介紹適宜之工作，是時適錢塘江橋工程處，有訓練橋梁人材之計劃，本年度招收各大學畢業生共十名，來處工作，具函致武大，可保送二三名，邵院長即召我等去談話，藉以垂詢意見，其中有因工作已定不願更改，更有因欲繼續研究，以資深造，結果自告奮勇者，僅我一人，決定以後，學校便函覆橋工處，辦理一切手續，同時邵先生因我等離開學校，到社會服務，很剴切的對我說：『錢塘江橋乃國內近年來之鉅大工程，到彼處工作，亦一難得之機會，去後作事須勤謹，態度宜溫和，牢記斯言，必得良果。』聽了這番勉勵的話後，爲着自己之前途及師友之期望計，遂鼓着勇氣，很高興的來到杭州。

（二）報到時之經過與感想

報到日期是九月一日，恰爲例假，（星期日）各機關均停止辦公，僅派員值日，而橋工處因工作緊張，仍照常辦事，我持學校公函前來報到，在會客室等候接見，室內懸木橋各種式樣之設計，以資比較，更有朱家驊先生之開工典禮祝詞，詞云：『浙之梁，經之營之，經始勿亟，不日成之。浙之梁，兀若貫虹，跨彌天塹，綰轂南東。浙之梁，爲政之惠，萬祀千春,爲民之謳思。』閱後,更覺錢塘江橋於交通之重要,工程之艱鉅,工作之緊張,少頃總工程師羅英先生,便來接見,問明之後,遂勉勵一番,卽派至設計室工作,一月之後,已明晰全橋情形,再派往施工地點工作,本橋計分一設計室,四工區,第一工區係建築北岸引橋,第二工區正橋,第三工區沉箱工場,第四工區南岸引橋,各工區人員,爲使其明晰整個之工程進行起見,時常互調,藉廣見聞。

(三) 打樁工程

本橋橋墩採用樁基者,計北岸引橋三座,南岸引橋五座,正橋橋墩近南岸九座,(由第七至第十五墩)其近北岸之六座,(由第一至第六墩)因石層較淺,使墩座築至堅石,不用木樁,全橋均用Dovglos Fir之圓筒木樁,引橋樁長自五十呎至一百呎不等,正橋係用七十呎至一百呎者,五十呎長之樁,大頭平均直徑約十四吋,小頭約十吋,一百呎長者,大頭平均直徑約二十吋;小頭約九吋,各種木樁須經「太平洋木料檢查處」負責檢驗證明,確與規範書所規定之質料相符後,方得起運,運到橋址後,如發現折裂,彎曲,過小,或其他損壞時,卽行剔退。

正橋與引橋,一居陸地,一在水中,打樁時情形各異,玆分述於下:

南北兩岸引橋,均在陸地,其樁架係木製,移動甚便,汽錘計Britishsteel Piling co."9B₂""11B"雙擊式汽錘(Double octing steam hommer)二具,(見表一)2¼噸單擊式汽錘(Single acting steam hommer)一具,同時採用射水管,(Woterjet)打樁時,先定樁位,使樁架就位,弔好樁木,適在架旁,先開動打水機,將射水管插入樁位處,徐徐冲水,如木樁之小頭高度,(Tip Elevotion)須至黃浦－130呎,射水管管尖(Jet Elevotion)只可至－90 ⟶ 100呎處,卽將管拔出插入樁木,放下汽錘,開始敲擊,當打平地面時,再加送樁(Follower),打至所需要之高度爲止,卽將送樁拔

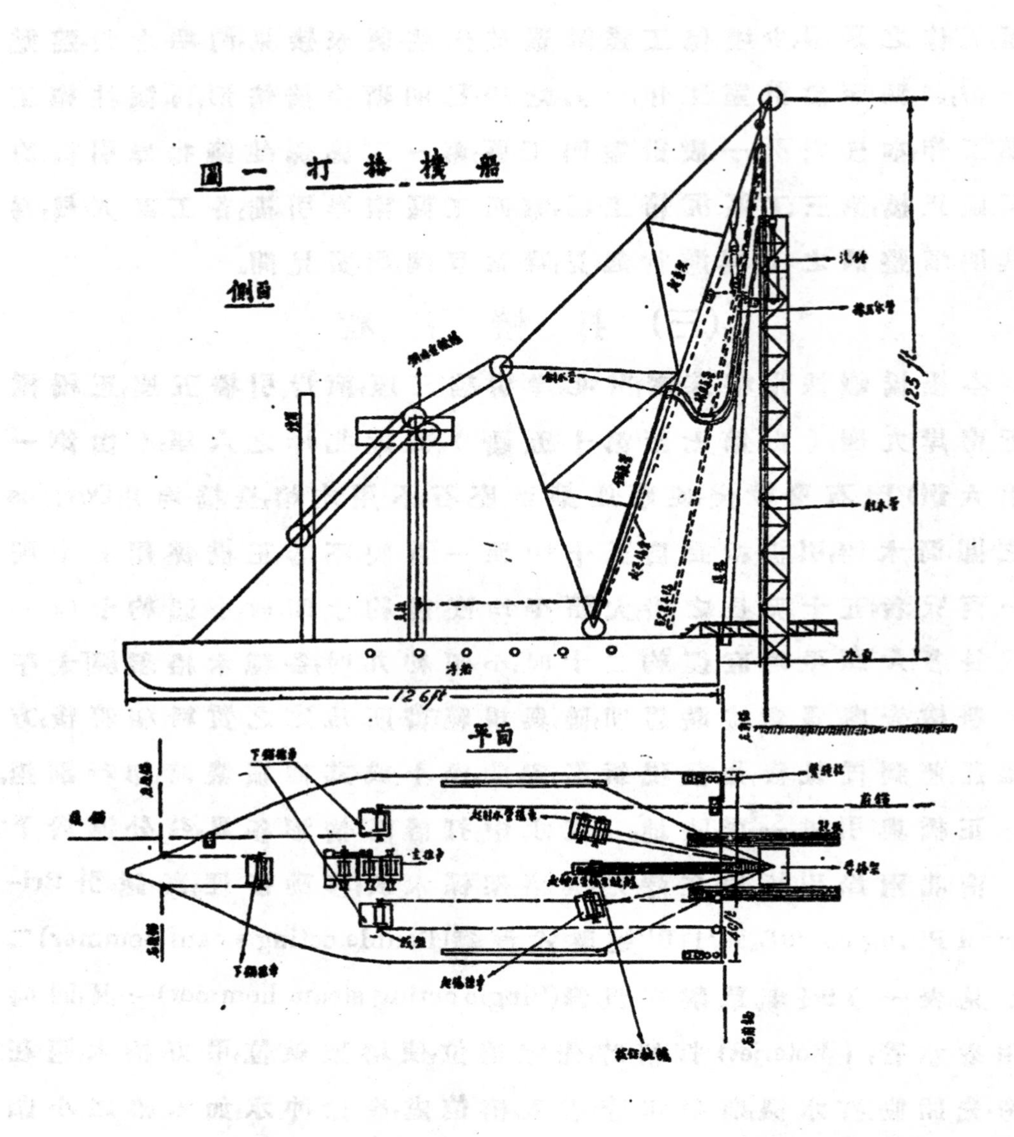

出。工程進行時，日夜開工，每班工人計工頭一名，機匠一名，火夫二名，挑水夫二名，木工二名，小工十二名。

表一: No. Kiernan - Terry: Double - acting steam Pile Hammers British steel Piling Co.

Size Numbers	$9B_2$	11B
Net Wt. of hammer lbs.	6760	13185
Ts.	3	5.9
Wt of Piston or Rom. lbs.	1500	3625
Over - all dimensions height, from top of eye bolt to bottom of jaws	7′-8″	10-0″
Cylinder dia. (in.)	$8^1/2$	$12^3/8$
Cylinder Stroke (in.)	16	20
Strokes or blows per min.	140	120
Evaporation of water Per hr. reo. from boiler to actuate hammer at max. speed (lbs.)	1200	2400
Compressed air reo. (of free air per min.) Cu. ft.	400	800
Siz of base(in.)	$1^1/2$	2

正橋打樁工作,因在水中進行,較爲困難,故製造方船(Pontoon)一艘,名"Knold".機件及裝置,見圖一,旋轉纜錨繩,可以使船前後左右移動,至於決定樁位,則另置樑台,長18呎,寬44呎,固定於橋磁上游,高出水面約十餘呎,上置量水呎,(Water goge)以定水位,方船停泊樑台下游,定位時,於台上取二點,連樁位共三點,成一直線,用尺量準距離,以定位置,完畢後,將樁引好,射水管放下,開動打水機,徐徐射水,水之壓力(Water Pressure)約140 井/口″,(打水機之最大水壓力可至200 井/口″,)射水管直徑三吋,出水管尖(Jet)約一吋,射水時間經過十五分鐘,其出水管尖之高度,約至黃浦高度一90呎上下,卽將射水管取出,將樁插下,再將5½噸之單擊式汽錘放下敲擊,錘落高度(Height of drop)約5

呎,待樁頭與水面平時,因水流湍激,樁頭容易搖動,須用鐵鍊將樁頭牢繫於樁架下部,然後將汽錘弔上,加上長56呎,直徑20吋之圓筒鋼質送樁,套好於樁頭上,解除鐵鍊,再將汽錘放下再擊,大約經過十分鐘,至最後十六錘打入深度約爲一呎時,(Penetrotion of last 16 blows/ft.)或小頭高度至黃浦水位一130呎時,再將汽錘弔上,送樁拔出,該樁即完全打好,平均每樁只需40——60分鐘,打樁人數,計工頭一名,火夫二名,機匠二名,小工八名。

打樁時若發生樁頭破裂,位置變更或傾斜打入深度(Penetrotien)停止後,忽大忽小,汽錘敲擊樁頭時聲音不對等情形,監視時,宜細心研究,恐發生折斷之危,倘認爲不滿意時,最好用射水管在旁冲動泥土,將其拔出檢查,若入地太深,難於拔出時須設法在旁再打下木樁一根,以資補救。

先是橋工處未採用射水管打樁之前,不獨工程進行甚慢,(每日約打一根)而且樁木易折斷裂開,採用之後,進行頗速,樁基亦固,弊害減少,要知射水管於打樁時,雖有甚大之幫助,但須利用得當,如水管出水量與水壓力之適當,冲孔之大小,樁工技術之優良,工作進行之敏捷,均宜注意,不然,困難發生,難得其利。

(四) 護礅蘆蓆(Mottress)

兩岸引橋橋礅,木樁打好後,即可彎紮鋼筋,澆灌混凝土,正橋橋礅,因錢塘江自浙省西南奔赴東北入海,流經杭州市,漸入海灣,故兩岸遼闊,江潮洶湧,據閘口站水文記載,自民四以來,最高水位達黃浦零點+9•45公尺,最低水位+3•79公尺,通常在五公尺至七公尺之間,除每年六七月間水位較高外,終年無鉅大變化,惟有應顧慮者,厥爲水流冲刷問題,其最厲害之處,在五個月內可刷深5•5公尺,足徵泥沙淤厚,斷面時有變遷,於橋基設計,影響殊鉅,本橋爲防患於未來計,故沉下護礅蘆蓆,(沉排)再於蓆上拋下蠻石,以防河床泥沙,被水流漩渦冲刷。

造蘆蓆之程序與方法……本橋之護礅蘆蓆,初次編時,長120呎,寬100呎,中留64×44呎之空隙,沉好後,預備沉箱適安置在空處,以後沉箱挖掘土石向下沉落時可免除砍鋸壓在其下部蘆蓆之梢組,此於理論甚善,但蘆蓆下沉時,其空處不能拋石,僅能拋於四角,於是其沉速度難於一致,至河底後,易生皺裂,而且其空處未必適在橋礅中央,倘有偏移,則沉箱就位後,其下部邊緣(Cutting edge)一部份在空處,一部份壓於蘆蓆上,一高一低,以致傾斜,後乃設法改良,用長140呎,寬100呎,全排厚度一致,不留空隙之蘆蓆,沉時尚覺便利,至於其編塡方法,於錢塘江橋址南岸,闢柴排工場,在場內選揀山柴之枝粗葉少者,編成梢龍,直徑6吋,每隔6吋用No. 12鉛絲緊縛,再用圓筒木料聯結排座,浮於水面,其結構,下層每隔三呎置圓木梁,均平行,再於兩端橫置木梁一根,互用麻繩縛牢,排座大小比蘆蓆稍大三四呎,排座既成,乃開始編造蘆蓆,但因錢塘潮汐及山洪暴發,水流湍激,正在編造或浮駛就位時,若蘆蓆過重,易被湮沒,故須於編造蘆蓆之先,在木梁上加縱橫竹龍各一層,其直徑大約6 ⟶ 8吋,每龍距離三呎,彼此正交,再以梢龍橫鋪其上,復用與排長相等之梢龍加於其上,距離約爲三呎,彼此正交,構成方格網,每一十字交點,用鉛絲或麻繩紮牢,再打來木橛一根,以鉛絲或蔴繩之末端,暫繫於橛頂,於是着手橫鋪梢組或蘆葦,(增加浮力)一層,次縱鋪梢組,三又橫鋪梢組,每層須用脚壓實,使其緊密,厚度亦須相等,(約8 ⟶ 10吋),鋪設梢組係用退廂法,梢根在下梢枝在上,梢組長約六呎,鋪設完畢,然後再用梢龍構成方格網於其上面,須與下面之方格網平行,使各交點上下相當,每一十字交點,用鉛絲或蔴繩緊縛,並拔去樁,將暫繫於橛頂之鉛絲或蔴繩,結於上格子之交點,使上下梢龍連結,再於蘆蓆之四周加梢龍兩匝,每格中央打下長三呎直徑二吋之小木樁一根,四角各打一梅花樁,預備浮運及沉下時纜錨之用,編製既畢,用浮運法,由汽輪連排座拖至橋墩位置,進行沉下工作蘆蓆既就位,用帆船裝載石塊,備作壓料,停錄蘆蓆之四周,與蓆邊之纜環聯繫,沉蘆蓆之先,船須下錨,並用長桿竪立蓆之中央,用經緯儀測定蘆蓆之地位,以免偏倚,然後令潛水夫泅至河底,考查地形,再將排座之纜繩逐一解除,用汽油船將排座之木梁,依次由排底拖出,乃開始拋石沉排,最初在蘆蓆四周兩匝編籬之內,同時拋石,使其四邊同時下沉,蓆邊將沉至水面時,乃漸向蓆心拋石,如蓆心沉過水面,急速放鬆裝石船上之弔纜,各船須同時進行,待蘆蓆落實之後,速再拋石,以免蘆蓆之位置爲水流所移動,蓆受水石壓力之後,沉至河底,拋石完畢後,再用潛水夫泅至河底,解除蓆上纜錨之繩,考查沉後之情形,據云:有全部埶陷者,或僅存原高之半者,此則依河牀泥沙之情形而定。

護礅蘆蓆之利益……質輕不易下陷。山柴在水中歷久不朽。其間空隙不久便爲泥土塡塞,成爲實體。蘆蓆編織便利,可造成任何大小,使其適合地形。編織緊密,不易衝散,可防水流冲刷橋礅周圍土石。

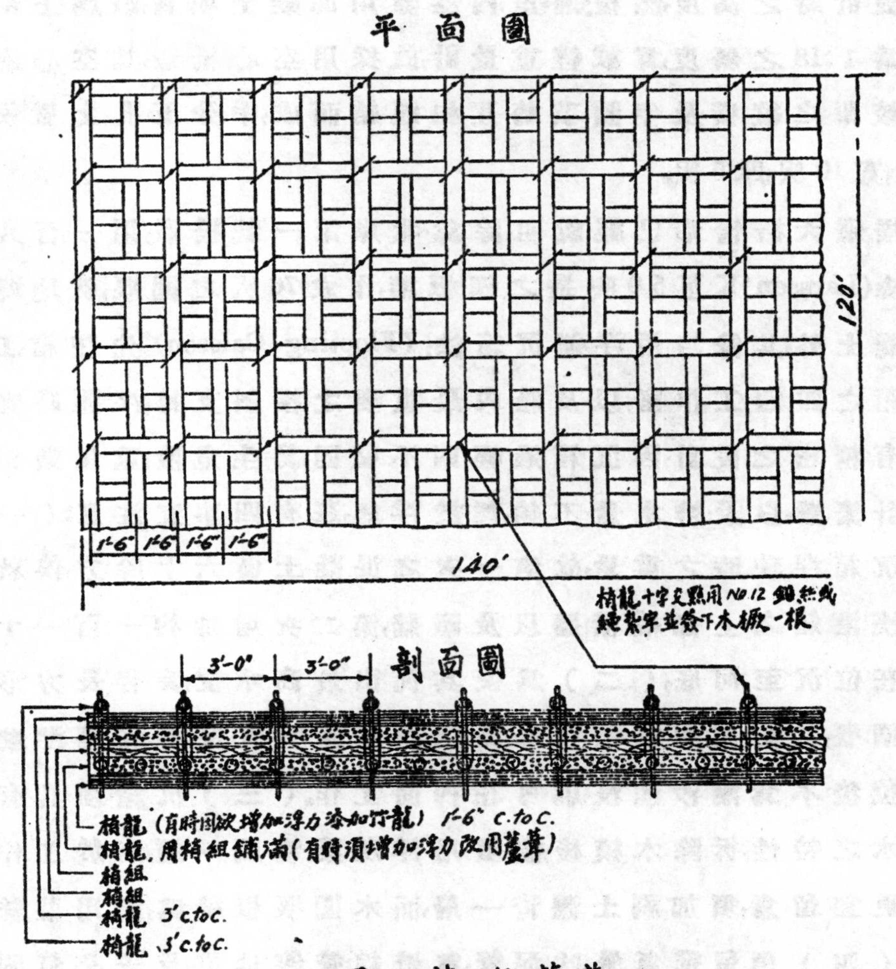

圖二　護礅蘆席

（五）沉箱工程

本橋正橋計橋礅十五座，分爲十六孔，每孔長220呎，橋礅之建築，均採用氣壓沉箱法，(Pneumatic Caisson)沉箱係長方形，長58呎，寬37呎，高20呎，上下開口，中隔板梁，上部建築礅牆以及縱橫牆。下部爲工人作室，(Working chamber)高 7 呎，工人卽在室內挖掘泥土沙石，使箱下陷,至設計時之高度,然後,將室內空隙用混凝土塡實,礅牆上部比下部小,爲 1:18 之斜度,爲減輕重量計,故採用空心橋礅,其空心礅牆以若干較薄之縱橫及半圓環牆互相連結而成,中分五孔,上置礅蓋,長33•5呎,寬 10 呎,厚 5 呎。

橋礅大概情形已經說明,除靠北岸第一號橋礅,用一百八十四塊拉森(Larssen)K Ⅲ 50 呎長之鋼板樁,作成 76 呎之圍堰,就地澆築鋼筋混凝土外,其餘均用浮運沉箱法,(Flooting Caisson) 先在箱工場僅澆築箱之四週,工作室,以及箱內最重要之横斜支撑,浮運時宜顧慮周到,有精密之設計,因沉箱過輕,則不堅固,易生危險,重量過鉅,則弔架設計繁難,以及排水量不夠,難於浮起,玆有四事宜注意:(一)爲減輕沉箱浮駛時之重量,故第一次之混凝土僅六十餘方,俟就位後,再行澆灌箱之上部縱横牆以及礅牆,第二次增加約一百一十餘方,才能在位沉至河底,(二)爲使其高出最高水位,裝有長方形之臨時木圍堰,其高度視橋礅江底深度而定,圍堰可保持沉箱浮駛水面,及就位後不爲潮汐湮沒,庶可在內面工作。(三)沉箱須具有絕對不漏水之特性,拆除木模後,概須用洋灰漿塗刷一遍,至於工作室之四周,更宜留意,須加刷土瀝靑一層,而木圍堰板縫處,須用蔴絲油灰嵌塞。(四)預留進氣管,吹泥管,電燈線管等地位,及安全氣閘之裝置。

沉箱築成,木圍堰裝好,各種工作均完善後,即於箱底敷設輕軌二道,用平車載工字梁八根,運至箱之下部,即由吊架頂放下吊桿十二根,與之連接,如是則沉箱已吊於吊架之上,將沉箱澆築時所用之支撑,概行拆除,則整個沉箱連同臨時木堰,全部吊起,(約重700噸)吊架即可開始運輸吊架係鋼製,分四座框架組成,下端共有鐵輪28

只,即每座框架下7只,每鐵輪上裝有手輪一只,用人工轉動手輪,則鐵輪在軌道上徐徐旋轉,吊架向前進行,軌道一端臨江,外接木橋,伸長至水深處,沉箱在橋上行至水深地點,即停止前進,用螺絲機使之徐徐下降,至能浮於水面為止,其下降之原理,卽吊架垂下之拉桿上端與架頂工字梁所裝之螺絲相接,搖動輪臂,螺絲套隨之旋轉,則吊載沉箱之拉桿,亦因之下降。

沉箱既浮定水中,略將拉桿稍向下沉務使箱底之工字托梁,脫離箱,使無阻礙,卽可將沉箱拖曳出架,其法(見圖三)先用一方船在江抛錨定位,再在船上用鋼索與沉箱木圍堰內之手搖絞車連接,搖動絞車,沉箱乃浮出吊架矣。

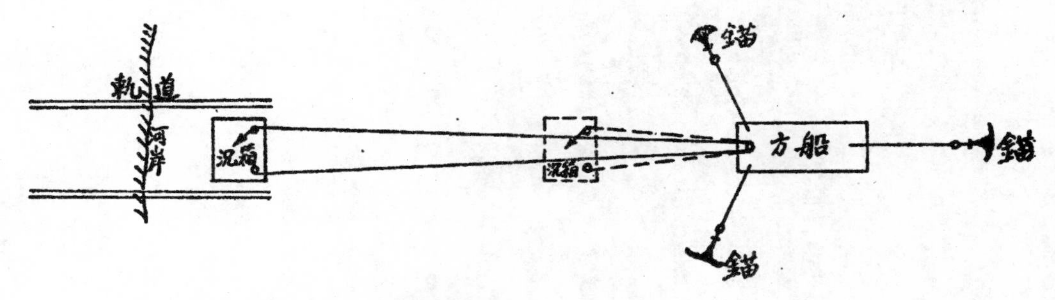

圖三　沉箱浮駛

沉箱一經拖出,卽可用汽輪抛至橋礅處抛錨定位,澆灌混凝土,俟礅牆高出水面,折除木圍堰,安裝氣閘,(Airlock)沉箱內打入高壓之空氣,抵制箱外之水浸入,以便在箱內挖掘土石,使箱下陷,直至設計時之高度為止,挖掘之方法,因地質之情形而異,有由人工挖掘,用吊桶將土石吊至氣閘內,然後傾倒者,有裝置 Hydraulic Ejector,將泥沙夾在水中冲出者,有用Blow out方法,使土石因氣壓的關係,宜管中吹出者,上述三種方法中,以用 Hydraulic Ejector 方法,沉箱下陷最為迅速,工作結果,甚爲圓滿。

附記:錢塘江橋工程,日夜趕造,工作進行甚爲緊張,現在南北兩岸引橋行將竣工,正橋橋礅完竣者計四座,正在挖泥者計三座,沉箱就位正在預備挖泥者六座,橋梁裝鉚完畢者五座。

二五,十一,九。於杭州六和塔

STRESSES IN SINGLE SPAN RIGID FRAME BRIDGE WITH FIXED ENDS

胡 家 仁

CONTENTS

I. INTRODUCTION:—For the convenience of designers, analysis are made for bridges with-different height-span ratios. Moments, thrusts and shears at various points due to live load, dead load, earth pressure and temperature are calculated and plotted as curves.

All the bridges analysed have vertical members of uniform cross sections. On the other hand, the cross section of the horizontal member is variable, being smallest at the centre, and biggest at the ends. The cross sections of the horizontal member at different points are to be determined by equations (1) to (3), so the axis of the top member is a curved line. In the course of analysis the curvature of this axis has been neglected.

As time is not available, only the bridges with $m=2$ are analysed.

II. DIMENSIONS OF THE BRIDGE:—Let the thickness at the center

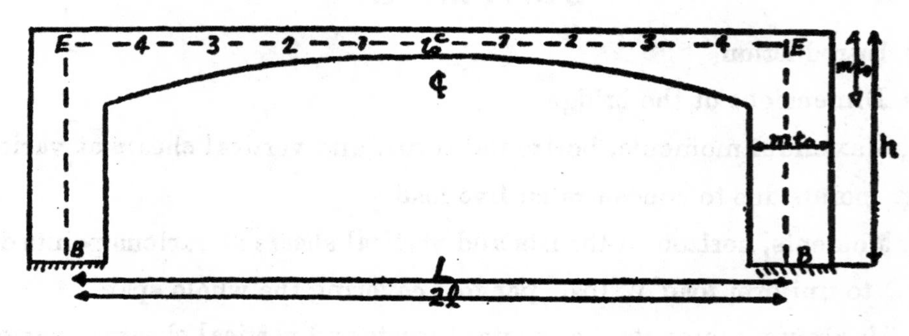

Fig. 1.

of the span, at quarter points and at the ends be t_0, $[1+\frac{1}{10}(m-1)]$ t_0 and $m\ t_0$ respectively. Let the thickness at any points be given by

$$t=t_0\ (1+Px^2+Q\,x^3)^{-\frac{1}{3}} \qquad \cdots\cdots(1)$$

where x=distance from center of span.

at quarter point and at the end, we have

$$[1+\tfrac{1}{10}(m-1)]^3\ t_0^3=t_0^3\ (1+\tfrac{1}{16}\ L^2\ P+\tfrac{1}{64}\ L^3\ Q)^{-1}$$

and $$(m\ t_0)^3=t_0^3\ (1+\tfrac{1}{4}\ L^2\ P+\tfrac{1}{8}\ L^3\ Q)^{-1}$$

where L=span length,

m=ratio of the thickness at the end to that at the center.

solving these equations, we obtain

$$P = -\frac{4}{L^2}\left[7 + \frac{1}{m^3} - \frac{8000}{(m+9)^3}\right] \quad \cdots\cdots\cdots\cdots\cdots\cdots\cdots (2)$$

and

$$Q = \frac{16}{L^3}\left[3 + \frac{1}{m^3} - \frac{4000}{(m+9)^3}\right] \quad \cdots\cdots\cdots\cdots\cdots\cdots\cdots (3)$$

Now, we take the value of m to be equal to 2, then,

$$P = -4.4581/L^2$$

and

$$Q = 1.9162/L^3$$

Substituting in equation (1), we have

$$t = t_0\left(1 - 4.4581\frac{x^2}{L^2} + 1.9162\frac{x^3}{L^3}\right)^{-\frac{1}{3}} \cdots\cdots\cdots\cdots\cdots (4)$$

The values of t at various points are calculated in Table 1.

TABLE 1. VALUES OF t AT VARIOUS POINTS

Point	$\frac{x}{L}$	Px^2	Qx^3	$1+Px^2+Qx^3$	$\frac{t}{t_0}$	Difference
C	0	0	0	1	1	
1	0.1	−0.044581	0.001916	0.957335	1.014600	0.014600
2	0.2	−0.178324	0.015330	0.837006	1.061100	0.046500
3	0.3	−0.401229	0.051737	0.650508	1.154100	0.093000
4	0.4	−0.713296	0.122637	0.409341	1.346800	0.192700
E	0.5	−1.114525	0.239525	0.125000	2.000000	0.653200

From the last column of Table 1, we see that the difference between two successive values of t is always increasing towards the end of the span, so the curve of the lower side of the bridge has no point of inflexion within the limits of the bridge and equation (4) is satisfactory.

Let I_0 be the moment of inertia at the centre of span, then the moment of inertia for other points are given by

$$\frac{1}{I} = \frac{1}{I_0}\left(1 - 4.4581\frac{x^2}{L^2} + 1.9162\frac{x^3}{L^3}\right)$$

or

$$\frac{1}{I} = \frac{1}{I_0}\left(1 - 1.1145\frac{x^2}{l^2} + 0.239525\frac{x^3}{l^3}\right)$$

where

$$l = \frac{L}{2}$$

18849

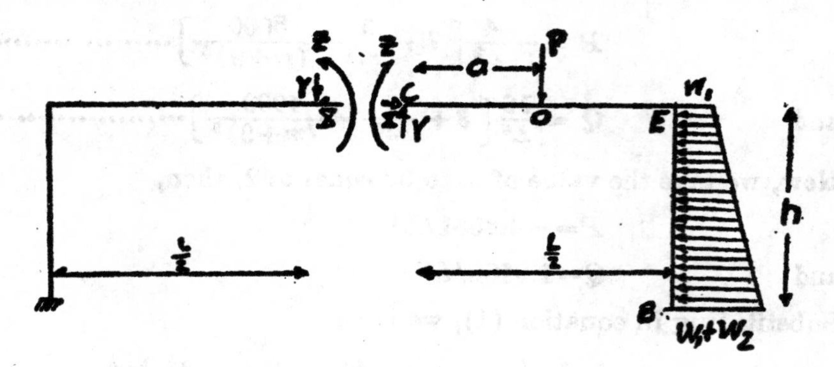

Fig. 2.

Let Fig. 2 represent the elevation of the bridge divided up into two parts at centre of span and loaded as shown. The bridge is symmetrical about the vertical line through O. Let X, Y and Z be respectively the horizontal thrust, vertical shear and moment at point C, the centre of the span. Let Δ_x Δ_y and Δ_z be respectively the horizontal, vertical and angular deflections of point C. Taking the origin at C and $y-$ axis downwards, from the right half of the bridge, we have

$$E\Delta_x = \int_C^B \frac{(Xy+Yx+Z)y\,ds}{I} - P\int_D^B \frac{(x-a)y\,ds}{I}$$

$$-\int_E^B \frac{(\frac{1}{2}y^2 w_1 + \frac{1}{6h}y^3 w_2)y\,ds}{I} \quad \cdots\cdots (5)$$

$$E\Delta_y = \int_C^B \frac{(Xy+Yx+Z)X\,ds}{I} - P\int_D^B \frac{(x-a)x\,ds}{I}$$

$$-\int_E^B \frac{(\frac{1}{2}y^2 w_1 + \frac{1}{6h}Y^3 w_2)x\,ds}{I} \quad \cdots\cdots (6)$$

$$E\Delta_z = \int_C^B \frac{(Xy+Yx+Z)\,ds}{I} - P\int_D^B \frac{(x-a)ds}{I}$$

$$-\int_E^B \frac{(\frac{1}{2}y^2 w_1 + \frac{1}{6h}y^3 w_2)ds}{I} \quad \cdots\cdots (7)$$

The values of the integrals in the above equations are evaluated as follows: -

$$\int_C^E \frac{ds}{I}=\frac{1}{I_0}\int_0^l\left(1-1.1145\frac{x^2}{l^2}+0.239525\frac{x^3}{l^3}\right)ds$$

$$=\frac{l}{I_0}\left(1-0.3715+0.059881\right)=0.688381\frac{l}{I_0}=0.34419\frac{L}{I_0}$$

$$\int_C^E \frac{x\,ds}{I}=\frac{1}{I_0}\int_0^l\left(x-1.1145\frac{x^3}{l^2}+0.239525\frac{x^4}{l^3}\right)dx$$

$$=\frac{l^2}{I_0}\left(0.5-0.278625+0.047905\right)=0.26928\frac{l^2}{I_0}=0.06732\frac{L^2}{I_0}$$

$$\int_C^E \frac{x^2ds}{I}=\frac{1}{I_0}\int_0^l\left(x^2-1.1145\frac{x^4}{l^2}+0.239525\frac{x^5}{l^3}\right)dx$$

$$=\frac{l^3}{I_0}\left(0.33333-0.2229+0.036921\right)=0.150354\frac{l^3}{I_0}=0.018794\frac{L^3}{I_0}$$

$$\int_D^E \frac{(x-a)ds}{I}=\int_C^E\frac{x\,ds}{I}-\int_C^D\frac{x\,ds}{I}-\int_D^E\frac{a\,ds}{I}$$

$$=\frac{1}{I_0}\left(0.06732\,L^2-0.5\,a^2+1.1145\frac{a^4}{L^2}-0.38324\frac{a^5}{L^3}\right)$$

$$-\frac{a}{I_0}\left[1-0.3715\frac{x^3}{l^2}+0.059881\frac{x^4}{l^3}\right]_a^l$$

$$=\frac{1}{I_0}\left(0.06732\,L^2-0.5\,a^2+1.1145\frac{a^4}{L^2}-0.38324\frac{a^5}{L^3}\right)$$

$$-\frac{a}{I_0}\left(0.34419\,L-a+1.486\frac{a^3}{L^2}-0.479048\frac{a^4}{l^3}\right)$$

$$=\frac{1}{I_0}\left(0.06732\,L^2-0.34419\,La+0.5\,a^2\right.$$

$$\left.-0.3715\frac{a^4}{L^2}+0.095808\frac{a^5}{L^3}\right)$$

$$\int_D^E \frac{(x-a)x\,ds}{I}=\int_C^E\frac{x^2\,ds}{I}-\int_C^D\frac{x^2\,ds}{I}-a\int_D^E\frac{x\,ds}{I}$$

$$=\frac{1}{I_0}\left(0.018794\,L^3-0.33333\,a^3+0.8916\frac{a^5}{L^2}-0.316366\frac{a^6}{L^3}\right)$$

$$-\frac{a}{I_0}\left(0.06732\,L^2-0.5\,a^2+1.1145\frac{a^4}{L^2}-0.38324\frac{a^5}{L^3}\right)$$

$$=\frac{1}{I_0}\Big(0.018794\,L^3-0.06732\,L^2a+0.16667\,a^3$$

$$-0.2229\frac{a^5}{L^2}+0.063874\frac{a^6}{L^3}\Big)$$

Let the thickness of the vertical walls be also $2\,t_0$; the integrals along the wall EB are evaluated as follows:—

$$\int_E^B\frac{ds}{I}=\int_0^h\frac{dy}{8I_0}=\frac{h}{8I_0}$$

$$\int_E^B\frac{y\,ds}{I}=\int_0^h\frac{y\,ds}{8I_0}=\frac{h^2}{16I_0}$$

$$\int_E^B\frac{y^2\,ds}{I}=\int_0^h\frac{y^2\,dy}{8\,I_0}=\frac{h^3}{24\,I_0}$$

$$\int_E^B\frac{y^3\,ds}{I}=\int_0^h\frac{y^3\,dy}{8\,I_0}=\frac{h^4}{32\,I_0}$$

$$\int_E^B\frac{y^4\,ds}{I}=\int_0^h\frac{y^4\,dy}{8\,I_0}=\frac{h^5}{40\,I_0}$$

Substituting the values of the integrals in equations (5) to (7), we have

$$E\,I_0\Delta_x=\frac{h^3}{24}X+\frac{L}{2}\times\frac{h^2}{16}Y+\frac{h^2}{16}Z-\Big(\frac{L}{2}-a\Big)\frac{h^2}{16}P-\frac{w_1}{2}\times\frac{h^4}{32}-\frac{w_2}{6h}\times\frac{h^5}{40}$$

$$=\frac{h^3}{24}X+\frac{Lh^2}{32}Y+\frac{h^2}{16}Z-\Big(\frac{L}{2}-a\Big)\frac{h^2}{16}P-\frac{h^4}{64}W_1-\frac{h^4}{240}W_2\cdots\cdots(8)$$

$$E\,I_0\Delta_y=\frac{L}{2}\times\frac{h^2}{16}X+\Big(0.018794\,L^3+\frac{L^2}{4}\times\frac{h}{8}\Big)Y+\Big(0.06732\,L^2+\frac{L}{2}\times\frac{h}{8}\Big)Z$$

$$-P\Big\{0.018794\,L^3-0.06732\,L^2a+0.16667\,a^3-0.2229\frac{a^5}{L^2}$$

$$+0.063874\frac{a^6}{L^3}+\Big(\frac{L}{2}-a\Big)\frac{L}{2}\times\frac{h}{8}\Big\}-\frac{1}{2}\times\frac{L}{2}\times\frac{h^3}{24}W_1$$

$$-\frac{1}{6h}\times\frac{L}{2}\times\frac{h^4}{32}W_2$$

$$=\frac{Lh^2}{32}X+\Big(0.018794\,L^3+\frac{L^2h}{32}\Big)Y+\Big(0.06732\,L^2+\frac{Lh}{16}\Big)Z$$

$$-P\Big\{0.018794\,L^3-0.06732\,L^2a+0.16667\,a^3-0.2229\frac{a^5}{L^2}$$

$$+0.063874\frac{a^6}{L^3}+\Big(\frac{L}{2}-a\Big)\frac{Lh}{16}\Big\}-\frac{Lh^3}{96}W_1-\frac{Lh^3}{384}W_2\cdots\cdots\cdots(9)$$

$$EI_0\Delta_x=\frac{h^3}{16}X+\left(0.06732\,L^2+\frac{L}{2}\times\frac{h}{8}\right)Y+\left(0.34419\,L+\frac{h}{8}\right)Z$$
$$-P\left\{0.06732\,L^2-0.34419\,La+0.5\,a^2-0.3715\frac{a^4}{L^2}\right.$$
$$\left.+0.095808\frac{a^5}{L^3}+\left(\frac{L}{2}-a\right)\frac{h}{8}\right\}-\frac{1}{2}\times\frac{h^3}{24}W-\frac{1}{6h}\times\frac{h^4}{32}W_2$$
$$=\frac{h^2}{16}X+\left(0.06732\,L^2+\frac{Lh}{16}\right)Y+\left(0.34419\,L+\frac{h}{8}\right)Z$$
$$-P\left\{0.06732\,L^2-0.34419\,La+0.5\,a^2-0.3715\frac{a^4}{L^2}\right.$$
$$\left.+0.095808\frac{a^5}{L^3}+\left(\frac{L}{2}-a\right)\frac{h}{8}\right\}-\frac{h^3}{48}W_1-\frac{h^3}{192}W_2 \cdots\cdots\cdots\cdots(10)$$

From the left half of the bridge, by symetry, we have

$$EI_0\Delta_x=-\frac{h^3}{24}X+\frac{Lh^2}{32}Y-\frac{h^2}{16}Z \cdots\cdots\cdots\cdots(11)$$

$$EI_0\Delta_y=\frac{Lh^2}{32}X-\left(0.018794\,L^3+\frac{L^2h}{32}\right)Y+\left(0.06732\,L^2+\frac{Lh}{16}\right)Z \cdots\cdots(12)$$

$$EI_0\Delta_z=-\frac{h^2}{16}X+\left(0.06732\,L^2+\frac{Lh}{16}\right)Y-\left(0.34419\,L+\frac{h}{8}\right)Z \cdots\cdots\cdots(13)$$

By eliminating Δ_x, Δ_y, & Δ_z, we obtain

$$\frac{h^3}{12}X+\frac{h^2}{8}Z=\left(\frac{L}{2}-a\right)\frac{h^2}{16}P+\frac{h^4}{64}W_1+\frac{h^4}{240}W_2 \cdots\cdots\cdots\cdots(14)$$

$$\left(0.037588\,L^3+\frac{L^2h}{16}\right)Y=P\left\{0.018794\,L^3-0.06732\,L^2\,a+0.16667\,a^3\right.$$
$$\left.-0.2229\frac{a^5}{L^2}+0.063874\frac{a^6}{L^3}+\left(\frac{L}{2}-a\right)\frac{Lh}{16}\right\}$$
$$+\frac{Lh^3}{96}W_1+\frac{Lh^3}{384}W_2 \cdots\cdots\cdots\cdots(15)$$

$$\frac{h^2}{8}X+\left(0.68838\,L+\frac{h}{4}\right)Z=P\left\{0.06732\,L^2-0.34419\,La+0.5\,a^2\right.$$
$$\left.-0.3715\frac{a^4}{L^2}+0.095808\frac{a^5}{L^3}+\left(\frac{L}{2}-a\right)\frac{h}{8}\right\}$$
$$+\frac{h^3}{48}W_1+\frac{h^3}{192}W_2 \cdots\cdots\cdots\cdots(16)$$

Multiplying equation (14) by $\frac{3}{2h}$

$$\frac{h^2}{6}X+\frac{3h}{16}Z=\left(\frac{L}{2}-a\right)\frac{3h}{32}P+\frac{3h^3}{128}W_1+\frac{h^3}{160}W_2 \cdots\cdots\cdots(17)$$

Substructing equation (17) from (16), we obtain

$$(0.68838\,L+0.625\,h)Z=P\Big\{0.06732\,L^2-0.34419\,La$$

$$+0.5\,a^2-0.3715\frac{a^4}{L^2}+0.095808\frac{a^5}{L^3}+0.03125\left(\frac{L}{2}-a\right)h\Big\}$$

$$-\frac{h^3}{384}W_1-\frac{h}{960}W_2$$

$$\text{or } Z=\frac{P}{(0.68838\,L+0.0625\,h)}\Big\{0.06732\,L^2-0.34419\,La+0.5\,a^2-0.3715\frac{a^4}{L^2}$$

$$+0.095808\frac{a^5}{L^3}+0.03125\left(\frac{L}{2}-a\right)h\Big\}-\frac{h^3}{(0.68838\,L+0.0625\,h)}$$

$$\times\left(\frac{1}{384}W_1+\frac{1}{960}W_2\right)\cdots\cdots\cdots\cdots\cdots\cdots\cdots\cdots\cdots\cdots\cdots\cdots(18)$$

$$\text{From (14) } X=\left(\frac{L}{2}-a\right)\frac{3P}{4h}-\frac{3}{2h}Z+\frac{3}{16}h\,W_1+\frac{1}{20}h\,W_2\cdots\cdots\cdots\cdots(19)$$

$$\text{From (15) } Y=\frac{P}{(0.037588\,L^3+0.0625\,L^2h)}\Big\{0.018794\,L^3-0.06732\,L^2a$$

$$+0.16667\,a^3-0.2229\frac{a^5}{L^2}+0.063874\frac{a^6}{L^3}+\left(\frac{L}{2}-a\right)\frac{Lh}{16}\Big\}$$

$$+\frac{Lh^3}{(0.037588\,L+0.0625\,Lh)}\left(\frac{1}{96}W_1+\frac{1}{384}W_2\right)\cdots\cdots\cdots\cdots(20)$$

III. MAXIMUM MOMENTS, HORIZONTAL THRUSTS AND VERTICAL SHEARS AT VARIOUS POINTS DUE TO CONVENTRATED LIVE LOAD:—The values of Y and Z for a concentrated live load P at various points of the bridge for which there is a certain ratio of height to span, are evaluated by means of Table 2 to 9.

TABLE 2. EVALULATION OF X, Y AND Z. ($\frac{h}{L}=0.3$, $m=2$)

Point	O	1	2	3	4
a	0	0.1 L	0.2 L	0.3 L	0.4 L
	coefficients of "PL^2"				
$+0.06732\,PL^2$	0.067320	0.067820	0.067320	0.067320	0.067320
$-0.34419\,PLa$	0.000000	−0.034419	−0.068838	−0.103257	−0.137676
$+0.5\,Pa^2$	0.000000	0.005000	0.020000	+0.045000	0.080000
$-0.3715\,Pa^4/L^2$	0.000000	−0.000037	−0.000592	−0.002997	−0.009472
$+0.095808\,Pa^5/L^3$	0.000000	0.000001	0.000032	0.000243	0.001024
$+0.03145\,P(L/2-a)h$	0.004687	0.003750	0.002812	0.001875	0.000937
Tatal	0.072007	0.072007	0.020734	0.008184	0.002133
	coefficients of "PL"				
$0.68838\,L+0.0625\,h$	0.707130	0.707130	0.707130	0.707130	0.707130
	coefficients of "PL"				
Z	0.101830	0.058851	0.029351	0.011573	0.003016
	coefficients of "P"				
$+\frac{3P}{4h}\left(\frac{L}{2}-a\right)$	1.250000	1.000000	0.750000	0.500000	0.250000
$+\frac{3Z}{2h}$	−0.509150	−0.294455	−0.146605	−0.057865	−0.015082
X	0.740850	0.705545	0.603395	0.442135	0.234918
	coefficients of "PL^3"				
$+0.018794\,PL^3$	0.018794	0.018794	0.018794	0.018794	0.018794
$-0.06732\,PL^2a$	0.000000	−0.006732	−0.013464	−0.020196	−0.026928
$+0.16667\,Pa^3$	0.000000	0.000166	0.001333	0.004500	0.010664
$-0.2229\,Pa^5/L^2$	0.000000	−0.000002	−0.000064	−0.000486	−0.002048
$+0.063874\,Pa^6/L^3$	0.000000		0.000004	0.000045	0.000254
$+0.\frac{PL}{16}\left(\frac{L}{2}-a\right)h$	0.009375	0.007500	0.005625	0.003750	0.001875
Total	0.028169	0.019726	0.012228	0.006407	0.002611
	coefficients of "L^3"				
$0.037588L^3+0.0625L^2h$	0.056338	0.056338	0.056338	0.056338	0.056338
	coefficients of "P"				
Y	0.500000	0.350530	0.217050	0.113720	0.046340

Table 3. Evaluation of P, X and Z, ($\frac{h}{L}=0.5$, $m=2$)

Point	C	1	2	3	4
a	0	$0.1L$	$0.2L$	$0.3L$	$0.4L$
	coefficients of "PL^2"				
$+0.06732\ PL^2$	0.067320	0.067320	0.067320	0.067320	0.067320
$-0.34419\ PLa$	0.000000	−0.034419	−0.068838	−0.103257	−0.137676
$+0.5\ Pa^2$	0.000000	0.005000	0.020000	0.045000	0.080000
$-0.3715\ Pa^4/L^2$	0.000000	−0.000037	−0.000592	−0.002997	−0.009472
$+0.095808\ Pa^5/L^3$	0.000000	0.000001	0.000032	0.000243	0.001024
$+0.03125\ P(L/2-a)h$	0.006350	0.000500	0.003750	0.002500	0.001250
Total	0.073570	0.042862	0.021672	0.008809	0.002446
	coefficients of "L"				
$0.68838\ L+0.625\ h$	0.713380	0.713380	0.713380	0.713380	0.713380
	cofficients of "PL"				
Z	0.103120	0.060080	0.030380	0.012350	0.003430
	coefficients of "P"				
$+\frac{3}{4}\frac{P}{h}\left(\frac{L}{2}-a\right)$	0.937500	0.750000	0.562500	0.375000	0.187500
$-\frac{3}{2}\frac{Z}{h}$	−0.386740	−0.225330	−0.113920	−0.046306	−0.012868
X	0.550760	0.524670	0.448580	0.328694	0.174642
	coefficients of "PL^3"				
$+0.018794\ PL^3$	0.018794	0.018794	0.018794	0.018794	0.018794
$-0.06732\ L^2a$	0.000000	−0.006732	−0.013464	−0.020196	−0.026928
$+0.16667\ Pa^3$	0.000000	0.000166	0.001333	0.004500	0.010664
$-0.2229\ Pa^5/L^2$	0.000000	−0.000002	−0.000064	−0.006486	−0.002048
$+0.063874\ Pa^6/L^3$	0.000000		0.000004	0.000045	0.000254
$+\frac{PL}{16}\left(\frac{L}{2}-a\right)h$	0.012500	0.010000	0.007500	0.005000	0.002500
Total	0.031297	0.022220	0.014103	0.007657	0.003236
	coefficients of "L^3"				
$0.037588L^3+0.0625L^2h$	0.062588	0.062588	0.062588	0.062588	0.062588
	coefficients of "P"				
Y	0.500000	0.355270	0.225330	0.122340	0.051700

TABLE 4. EVALUATION OF X, Y AND Z. ($\frac{h}{L}=0.4$, $m=2$)

Point	C	1	2	3	4
a	0	$0.1L$	$0.2L$	$0.3L$	$0.4L$
	coefficients of "PL^2"				
$+0.06732\,PL^2$	0.067320	0.067320	0.067320	0.067320	0.067320
$-0.34419\,PLa$	0.000000	−0.034419	−0.068838	−0.103257	−0.137676
$+0.5\,Pa^2$	0.000000	0.050000	0.020000	0.045000	0.080000
$-0.3715\,Pa^4/L^2$	0.000000	−0.000037	−0.000592	−0.002997	−0.009472
$+0.095808\,Pa^5/L^3$	0.000000	0.000001	0.000032	0.000243	0.001024
$+0.03125\,P(L/2-a)h$	0.007812	0.006250	0.004687	0.003125	0.001562
Total	0.075132	0.044116	0.022609	0.009434	0.002758
	coefficients of "L"				
$0.68838\,L+0.0625\,h$	0.719630	0.719630	0.719630	0.719630	0.719630
	coefficients of "PL"				
Z	0.104404	0.061302	0.031418	0.013109	0.003832
	coefficients of "P"				
$+\frac{3}{4}\frac{P}{h}\left(\frac{L}{2}-a\right)$	0.750000	0.600000	0.450000	0.300000	0.150000
$-\frac{3}{2}\frac{Z}{h}$	−0.313212	−0.183906	−0.094254	−0.039327	−0.011496
X	0.436788	0.416094	0.355746	0.260673	0.138504
	coefficients of "PL^3"				
$+0.018794\,PL^3$	0.018794	0.018794	0.018794	0.016794	0.016794
$-0.06732\,PL^2a$	0.000000	−0.006732	−0.013464	−0.020196	−0.026928
$+0.16667\,Pa^3$	9,000000	0.000166	0.001333	0.004500	0.010664
$-0.2229\,Pa^5/L^2$	0.000000	−0.000002	−0.000064	−0.000486	−0.092048
$+0.063874\,Pa^6/L^3$	0.000000		0.000004	0.000045	0.000254
$+\frac{PL}{16}\left(\frac{L}{2}-a\right)h$	0.015525	0.012500	0.009375	0.006250	0.003125
Total	0.034419	0.024726	0.015978	0.003907	0.003861
	coefficients of "L^3"				
$0.037588\,L+0.0625\,L^2h$	0.068838	0.068833	0.068838	0.068838	0.068838
	coefficients of "P"				
Y	0.500000	0.359190	0.232110	0.129390	0.056090

TABLE 5. EVALULATION OF X, Y AND Z. ($\frac{h}{L}=0.3$, $m=2$)

Point	0	1	2	3	4
a	0	0.1 L	0.2 L	0.3 L	0.4 L
	coefficients of "PL^2"				
$+0.06732\ PL^2$	0.067320	0.067320	0.067326	0.067320	0.067320
$-0.34419\ PLa$	0.000000	−0.034419	−0.068838	−0.103257	−0.137676
$+0.5\ Pa^2$	0.000000	0.000500	0.020000	0.045000	0.080000
$-0.3715\ Pa^4/L^2$	0.000000	−0.000037	−0.000592	−0.002997	−0.009472
$+0.095808\ Pa^6/L^3$	0.000000	0.000001	0.000032	0.000243	0.001024
$+0.03125\ P(L/2-a)h$	0.009375	0.007500	0.005625	0.003750	0.001875
Total	0.076695	0.045365	0.023547	0.010059	0.003071
	coefficients of "L"				
$0\ 68838\ L+0\ 0625\ h$	0.725880	0.725880	0.725880	0 725880	0.725880
	coefficients of "PL"				
Z	0.105658	0.062497	0.032514	0.013857	0.004230
	coefficients of "P"				
$+\frac{3}{4}\frac{P}{h}(\frac{L}{2}-a)$	0.625000	0.500000	0.875000	0.250000	0.125000
$-\frac{3}{2}\frac{Z}{h}$	−0.264145	−0.156242	−0 081285	−0.034642	−0.010576
X	0.360855	0.343758	0.293715	0.215358	0.114424
	coeffients of "PL^3"				
$+0.018794\ PL^3$	0.018794	0.018794	0.018794	0.018794	0.018794
$-0.06732\ PL^2a$	0.000000	−0.006732	−0.013464	−0.020196	−1.026928
$+0.16667\ Pa^3$	0.000000	0.000166	0.001333	0.004500	0.010664
$-0.2229\ Pa^5/L^2$	0.000000	−0.000002	−0.000064	−0.000486	−0.002048
$+0.063874\ Pa^6/L^3$	0.000000		0.000904	0.000045	0.000254
$+\frac{PL}{16}(\frac{L}{2}-a)h$	0.018750	0.015000	0.011250	0.007500	0.003450
Total	0.037554	0.027226	0 017853	0.010157	0.004486
	ooefficients of "L^3"				
$0\ 037588L^3+0.0625L^2h$	0.075088	0.075088	0.075088	0.075088	0.075088
	cocfficients of "P"				
Y	0.500000	0.362590	0.237760	0.135270	0.059740

Table 6. Evaluation of X, Y and Z. ($\frac{h}{L}=0.7$, $m=2$)

Point	C	1	2	3	4
a	0	0.1 L	0.2 L	0.3 L	0.4 L
	coefficients of "PL^2"				
$+0.06732\ PL^2$	0.067320	0.067320	0.067320	0.067320	0.067320
$-0.34419\ Pa$	0.000000	−0.034419	−0.068838	−0.103257	−0.137676
$+0.5\ Pa^2$	0.000000	0.005000	0.020000	0 045000	0.080000
$-0.3715\ Pa^4/L^2$	0.000000	−0.000037	−0.000592	−0.002997	−0.009472
$+0.095808\ Pa^5/L^3$	0.000000	0.000001	0.000032	0.000243	0.001024
$+0\ 03125\ P(L/2-a)h$	0.010937	0.008750	0.006562	0.004375	0.002187
Total	0.078357	0.046615	0.024484	0.010684	0 003383
	coefficients of "L"				
$0.68838\ L+0.0625\ h$	0.732130	0.732130	0.732130	0.732130	0.732130
	coefficients of "PL"				
Z	0.106689	0.063670	0.033442	0 014593	0 004620
	coefficients of "P"				
$+\frac{3}{4}\frac{P}{h}\left(\frac{L}{2}-a\right)$	0.535700	0.428500	0.321400	0.214200	0.107100
$-\frac{2}{3}\frac{Z}{h}$	−0.229033	−0.136437	−0.071661	−0 031270	−0.009901
X	0.306667	0.292063	0.249739	0.182930	0 097199
	coefficients of "PL^3"				
$+0.018794\ PL^3$	0.018794	0.018794	0.018794	0.018794	0.018794
$-0.06732\ PL^2a$	0.000000	−0.006732	−0 013464	−0 020196	−0.026928
$+0.16667\ Pa^3$	9,000000	0.000166	0 001333	0.004500	0.010664
$-0.2220\ Pa^5/L^2$	0.000000	−0.000002	−0.000064	−0.000486	−0.002048
$+0.063874\ Pa^6/L^3$	0.000000		0.000004	0.000045	0.000254
$+\frac{PL}{16}\left(\frac{L}{2}-a\right)h$	0.021875	0.017500	0.013125	0.008750	0.004375
Total	0.040669	0.029726	0.019728	0.011407	0.005111
	coefficients of "L^3"				
$0.037588L^3+.0625L^2h$	0.081338	0 081333	0.081338	0.081338	0.081338
	coefficients of "P"				
Y	0.500000	0.365460	0.242540	0.140240	0.062880

Table 7. Evalulation of X, Y and Z. ($\frac{h}{L}=0.8$, $m=2$)

Point	0	1	2	3	4
a	0	0.1 L	0.2 L	0.3 L	0.4 L
	coefficients of "PL^2"				
$+0.06732\ PL^2$	0.067320	0.067320	0.067320	0.067320	0.067320
$-0.34419\ PLa$	0.000000	−0.034419	−0.068838	−0.103257	−0.137676
$+0.5\ Pa^2$	0.000000	0.000500	0.020000	0.045000	0.080000
$-0.3715\ Pa^4/L^2$	0.000000	−0.000037	−0.000592	−0.002997	−0.009472
$+0.095808\ Pa^6/L^3$	0.000000	0.000031	0.000032	0.000243	0.001024
$+0.03125\ P(L/2-a)h$	0.012500	0.010000	0.007500	0.005030	0.002500
Total	0.079820	0.047865	0.025422	0.011309	0.003696
	coefficients of "L"				
$0.68838\ L+0.0625\ h$	0.738380	0.738380	0.738380	0.738380	0.738380
	coefficients of "PL"				
Z	0.103126	0.064824	0.034389	0.015316	0.005005
	coefficients of "P"				
$+\frac{3}{4}\frac{P}{h}(\frac{L}{2}-a)$	0.468750	0.375000	0.281250	0.187500	0.093750
$-\frac{3}{2}\frac{Z}{h}$	−0.202737	−0.121546	−0.064556	−0.028717	−0.009385
X	0.266013	0.253454	0.216694	0.158783	0.084365
	coeffients of "PL^3"				
$+0.018794\ PL^3$	0.018794	0.018794	0.018794	0.018794	0.018794
$-0.06732\ PL^2a$	0.000000	−0.006732	−0.013464	−0.020196	−1.026928
$+0.16667\ Pa^3$	0.000000	0.000166	0.001333	0.004500	0.010664
$-0.2229\ Pa^5/L^2$	0.000000	−0.000002	−0.000064	−0.000486	−0.002048
$+0.063874\ Pa^6/L^3$	0.000000		0.000004	0.000045	0.000254
$+\frac{PL}{16}(\frac{L}{2}-a)h$	0.025000	0.020000	0.015000	0.010000	0.005000
Total	0.043794	0.032226	0.021603	0.012657	0.005736
	coefficients of "L^3"				
$0.037588L^3+.0625L^2h$	0.067588	0.087588	0.087588	0.087588	0.087588
	coefficients of "P"				
Y	0.500000	0.368030	0.246640	0.144510	0.065490

TABLE 8. EVALULATION OF X, Y AND Z. ($\frac{h}{L}=0.9$, $m=2$)

Point	0	1	2	3	4
a	0	0.1 L	0.2 L	0.3 L	0.4 L
	coefficients of "PL^2"				
$+0.06732\ PL^2$	0.067320	0.067320	0.067320	0.067320	0.067320
$-0.34419\ PLa$	0.000000	−0.034419	−0.068838	−0.103257	−0.137676
$+0.5\ Pa^2$	0.000000	0.005000	0.020000	+0.045000	0.080000
$-0.3715\ Pa^4/L^2$	0.000000	−0.000037	−0.000592	−0.002997	−0.009472
$+0.095308\ Pa^5/L^3$	0.000000	0.000001	0.000032	0.000243	0.001024
$+0.03145\ P(L/2-a)h$	0.014062	0.011250	0.008437	0.005625	0.002812
Tatal	0.081382	0.049115	0.026359	0.011934	0.004008
	coefficients of "PL"				
$0.68838\ L+0.0625\ h$	0.744630	0.744630	0.744630	0.744630	0.744630
	coefficients of "PL"				
Z	0.109292	0.065959	0.035399	0.016027	0.005382
	coefficients of "P"				
$+\frac{3P}{4h}(\frac{L}{2}-a)$	0.416666	0.333333	0.250000	0.166666	0.083333
$+\frac{2}{3}\frac{Z}{h}$	−0.182153	−0.109931	−0.058998	−0.026711	−0.008970
X	0.234513	0.223402	0.191002	0.139955	0.074363
	coefficients of "PL^3"				
$+0.018794\ PL^3$	0.018794	0.018794	0.018794	0.018794	0.018794
$-0.06732\ PL^2a$	0.000000	−0.006732	−0.013464	−0.020196	−0.026928
$+0.16667\ Pa^3$	0.000000	0.000166	0.001333	0.004500	0.010664
$-0.2229\ Pa^5/L^2$	0.000000	−0.000002	−0.000064	−0.000486	−0.002048
$+0.063874\ Pa^6/L^3$	0.000000		0.000004	0.000045	0.000254
$+\frac{PL}{16}(\frac{L}{2}-a)h$	0.028125	0.022500	0.016875	0.011250	0.005625
Total	0.046919	0.034726	0.023478	0.013970	0.006361
	coefficients of "L^3"				
$0.037588L^3+.0625L^2h$	0.093838	0.093838	0.093838	0.093838	0.093838
	coefficients of "P"				
Y	0.500000	0.370060	0.250250	0.148200	0.067780

TABLE 9. EVALULATION OF X, Y AND Z, ($\frac{h}{L}=1$, $m=2$)

Point	C	1	2	3	4
a	0	0.1 L	0.2 L	0.3 L	0.4 L
	coefficients of "PL^2"				
$+0.06732\ PL^2$	0.067320	0.067320	0.067320	0.067320	0.067320
$-0.34419\ PLa$	0.000000	−0.034419	−0.068838	−0.103257	−0.137676
$+0.5\ Pa^2$	0.000000	0.005000	0.020000	0.045000	0.080000
$-0.3715\ Pa^4/L^2$	0.000000	−0.000037	−0.000592	−0.002997	−0.009472
$+0.095808\ Pa^5/L^3$	0.000000	0.000001	0.000032	0.000243	0.001024
$+0.03125\ P(L/2-a)h$	0.015625	0.012500	0.009375	0.006250	0.003125
Total	0.082945	0.050365	0.027297	0.012559	0.004321
	coefficients of "L"				
$0.68838\ L+0.0625\ h$	0.750880	0.750880	0.750880	0.750880	0.750880
	cofficients of "PL"				
Z	0.110464	0.067074	0.036353	0.016725	0.005754
	coefficients of "P"				
$+\frac{3}{4}\frac{P}{h}(\frac{L}{2}-a)$	0.375000	0.300000	0.225000	0.150000	0.075000
$-\frac{2}{3}\frac{Z}{h}$	−0.165696	−0.100612	−0.054530	−0.025088	−0.008631
X	0.209304	0.199388	0.170470	0.124912	0.066369
	coefficients of "PL^3"				
$+0.018794\ PL^3$	0.018794	0.018794	0.018794	0.018794	0.018794
$-0.06732\ L^2a$	0.000000	−0.006732	−0.013464	−0.020196	−0.026928
$+0.16667\ Pa^3$	0.000000	0.000166	0.001333	0.004500	0.010664
$-0.2229\ Pa^5/L^2$	0.000000	−0.000002	−0.000064	−0.000486	−0.002048
$+0.033874\ Pa^6/L^3$	0.000000		0.000004	0.000045	0.000254
$+\frac{PL}{16}(\frac{L}{2}-a)h$	0.031250	0.025000	0.018750	0.012500	0.062500
Total	0.050044	0.037226	0.025353	0.015157	0.006986
	coefficients of "L^3"				
$0.037588L^3+.0625L^2h$	0.100088	0.100088	0.100088	0.100088	0.100088
	coefficients of "P"				
Y	0.500000	0.371930	0.353300	0.151430	0.069800

TABLE 10.

VALUS OF THRUSTS (COEFFICIENT OF P) AT THE CENTRE OF SPAN $(m=2)$

Load at point	h/L							
	0.3	0.4	0.5	0.6	0.7	0.8	0.9	1
C	0.740850	0.550760	0.436788	0.360855	0.306667	0.266013	0.234513	0.209304
1, -1	0.705545	0.524670	0.416094	0.343758	0.292063	0.253454	0.223402	0.199388
2, -2	0.603395	0.448580	0.355746	0.263715	0.249739	0.216694	0.191002	0.170470
3, -3	0.442135	0.328694	0.260673	0.215358	0.182930	0.158783	0.139955	0.124912
4, -4	0.234918	0.174642	0.138504	0.114425	0.097199	0.084365	0.074363	0.066369

TABLE 11. MAXIMUM SHEAR (COEFFICIENT OF P) AT VARIOUS SECTIONS DUE TO CONCENTRATED LOAD P $(m=2)$

Section at point	h/L							
	0.3	0.4	0.5	0.6	0.7	0.8	0.9	0.1
C	±0.50000	±0.50000	±0.50000	±0.50000	+0.50000	+0.50000	±0.50000	±0.50000
1	+0.35013 -0.64987	+0.35527 -0.64473	+0.35919 -0.64081	+0.36259 -0.63741	+0.36546 -0.63454	±0.36803 -0.63197	+0.37006 -0.62994	+0.37193 -0.62807
2	+0.21705 -0.78295	+0.22533 -0.77467	+0.23211 -0.76789	+0.23776 -0.76224	+0.24254 -0.75746	+0.24664 -0.75336	+0.25025 -0.74975	+0.25330 -0.74670
3	+0.11372 -0.88628	+0.12234 -0.87766	+0.12939 -0.87061	+0.13527 -0.86473	+0.14024 -6.85976	+0.14451 -0.85549	+0.14820 -0.85180	+0.15143 -0.84857
4	+0.04634 -0.95366	+0.05170 -0.94830	+0.05609 -0.94391	+0.05974 -0.94026	+0.06283 -0.93717	+0.06549 -0.93451	+0.06778 -0.93222	+0.06980 -0.93020

The moments at various points are calculated as follows:

$M_n = Y(.nL) + Z - (.nL - a)P$ when load P laid between point c and n

$M_n = Y(.nL) + Z$ when load P at the right of point n

$M_n = -Y(.nL) + Z$ when load P at the left half of the bridge where,

$n = 1, 2, 3, 4$ and 5

$M_B = Xh + Y\left(\frac{L}{2}\right) + Z - P\left(\frac{L}{2} - a\right)$ when load P at the right half of the bridge.

$M_B = Xh - Y\left(\frac{L}{2}\right) + Z$ when load P at the left half of the bridge.

The moments at various points for a concentrated live load P at different points on the bridge for which there is a certain ratio of height to span, are given in the table 12 to 19.

TABLE 12.

MOMENTS FOR CONCENTRATED LIVE LOAD P AT VERIOUS POINT OF SPAN

$(h/L=0.3,\ m=2)$

Load P at point	Moments at points (Coefficient of PL)						
	C	1	2	3	4	E	B
−4	0.003016	−0.001618	−0.006252	−0.010886	−0.015520	−0.020154	0.050321
−3	0.011573	0.000201	−0.011171	−0.022543	−0.033915	−0.045286	0.087353
−2	0.029321	0.007616	−0.014089	−0.035794	−0.057499	−0.079204	0.101814
−1	0.058851	0.023838	−0.011171	−0.046188	−0.081201	−0.116214	0.095449
C	0.101830	0.051830	0.001830	−0.048170	−0.098170	−0.148170	0.074085
1	0.058851	0.093864	0.028877	−0.036110	−0.101097	−0.166084	0.045579
2	0.029321	0.051026	0.072731	−0.005564	−0.083859	−0.162154	0.018864
3	0.011573	0.022945	0.034317	0.045689	−0.042939	−0.131567	0.001073
4	0.003016	0.007650	0.012284	0 016918	0.021552	−0.073864	−0.003339

TABLE 13.

MOMENTS FOR CONCENTRATED LIVE LOAD P AT VARIOUS POINTS OF SPAN

$(h/L=0.4,\ m=2)$

Load P at point	Moments (Coefficient of PL) at point						
	C	1	2	3	4	E	B
−4	0.003430	−0.001740	−0.006910	−0.012080	−0.017250	−0.022420	0.047437
−3	0.012350	0.000116	−0.012118	−0.024352	−0.036586	−0.048820	0.082657
−2	0.030380	0.007847	−0.014686	−0.037219	−0.059752	−0.082285	0.097137
−1	0.060080	0.024553	−0.010974	−0.046501	−0.082028	−0.117605	0.092263
C	0.103120	0.053120	0.003120	−0.046880	−0.096880	−0.146880	0.073424
1	0.060080	0.095607	0.031134	−0.033339	−0.097812	−0.162235	0.047633
2	0.030380	0.052913	0.075446	−0.002021	−0.079488	−0.156955	0.022477
3	0.012350	0.024584	0.036818	0.049052	−0.038714	−0.126480	0.004997
4	0.003430	0.008600	0.013770	0.018940	−0.024110	−0.070720	0.000863

TABLE 14.

MOMENTS FOR CONCENTRATED LIVE LOAD P AT VARIOUS POINTS OF SPAN

$(h'L=0.5,\ m=2)$

Load p at point	Moments (Coefticient of PL) at point						
	C	1	2	3	4	E	B
−4	0.003832	−0.001777	−0.007386	−0.012995	−0.018604	−0.024213	0.045039
−3	0.013109	0.000170	−0.012769	−0.025708	−0.038647	−0.051586	0.078750
−2	0.031418	0.008207	−0.015004	−0.038215	−0.061426	−0.084637	0.093236
−1	0.061302	0.025383	−0.010536	−0.046455	−0.082374	−0.118293	0.089794
C	0.104404	0.054404	0.004404	−0.045396	−0.095596	−0.145596	0.072793
1	0.061302	0.097222	0.033140	−0.030941	−0.095022	−0.159103	0.048944
2	0.031418	0.054629	0.077840	0.001051	−0.075738	−0.152527	0.025346
3	0.013109	0.026048	0.038987	0.051926	0.035135	−0.122196	0.008140
4	0.003832	0.009441	0.015050	0.020659	0.026268	−0.068123	0.001129

TABLE 15.

MOMENTS FOR CONCENTRATED LIVE LOAD P AT VARIOUS POINTS OF SPAN

($h/L=0.6$, $m=2$)

Load P at point	Moment (Coefficient of PL) at point						
	C	1	2	3	4	E	B
−4	0.004230	−0.001744	−0.007718	−0.013692	−0.019666	−0.025640	0.042014
−3	0.013857	0.000380	−0.013197	−0.026724	−0.040251	−0.053778	0.075436
−2	0.032514	0.008738	−0.015038	−0.028814	−0.062590	−0.186366	0.089893
−1	0.062497	0.026238	−0.010021	−0.046280	−0.082039	−0.118798	0.087456
C	0.105658	0.055658	0.005658	0.044342	−0.094342	−0.144342	0.071171
1	0.062497	0.098759	0.025015	0.028726	−0.092467	−0.155208	0.050046
2	0.032514	0.056290	0.080066	0.003842	−0.072382	−0.148606	0 028623
3	0.013857	0.027384	0.040911	0.054438	−0.032035	−0.118508	0.010706
4	0.004230	0.010204	0.016178	0.022152	0.028120	−0.065900	0.002754

TABLE 16.

MOMENTS FOR CONCENTRATED LIVE LOAD P AT VARIOUS POINTS OF SPAN

($h/L=0.7$, $m=2$)

Load P at point	Moments (Coefficient of PL) at point						
	C	1	2	3	4	E	B
−4	0.004620	−0.001663	−0.007946	−0.914229	−0.020512	−0.026845	0.041194
−3	0.014593	0.000569	−0.013455	−0 027479	−0.041503	−0.055527	0.072524
−2	0.033442	0.009188	−0.015066	−0.039320	−0.063574	−0.087828	0.086989
−1	0.063670	0.027124	−0.009422	−0.045968	−0.082514	−0.119060	0.085384
C	0.106889	0.056889	0.006889	−0.043111	−0.093111	−0.143111	0.071556
1	0.063670	0.100216	0.036862	−0.026692	−0.090146	−0.153600	0.050844
2	0.033442	0.057896	0.081950	0.006204	−0.069542	−0.145288	0.029529
3	0.014593	0.028917	0.042641	0.056665	−0.029311	−0.115287	0.012764
4	0.004620	0.010903	0.017816	0.023469	0.029752	−0.063915	0.004124

TABLE 17.

MOMENTS FOR CONCENTRATED LIVE LOAD P AT VARIOUS POINS OF SPAN

($h/L=0.8$, $m=2$)

Liad P at point	Moments (Coefficient of PL) at point						
	C	1	2	3	4	E	E
−4	0.005005	−0.001544	−0.008093	−9.014642	−0.021191	−0.027740	0.039752
−3	0.015316	0.000895	−0.013586	−0.028037	−0.042488	−0.056936	0.070087
−2	0.034389	0.009725	−0.014939	−0.039603	−0.064267	−0.088931	0.084424
−1	0.064824	0.027994	−0.008782	−0.045585	−0.082388	−0.119191	0.083572
C	0.108126	0.058126	0.008126	−0.041784	−0.091874	−0.141874	0.070936
1	0.064824	0.101627	0.038430	−0.024767	−0.087984	−0.151161	0.051602
2	0.034389	0.059053	0.083717	0.008381	−0.069955	−0.142291	0.031642
3	0.015316	9.029767	0.044218	0.058669	−0.066880	−0.112429	0.014597
4	0.005005	0.011554	0.018103	0.024652	0.031201	−0.062290	0.005242

TABLE 18.

MOMENTS FAR CANCENTRATED LIVE LOAD P AT VARIOUS POINTS OF SPAN

$(h/L=0.9,\ m=2)$

Load P at point	Momant (Coefficient of PL) at point						
	C	1	2	3	4	E	B
−4	0.005382	−0.001396	−0.008174	−0.014952	−0.041730	−0.028508	0.039418
−3	0.016027	0.001207	−0.013613	−6.028433	−0.043253	−0 058073	0.067886
−2	0.035399	0.010374	−0.014651	−0.039676	−0.064701	−0.089726	0.082176
−1	0.065959	0.028953	−0.008053	−0.045059	−0.082065	−0.119071	0.081990
C	0.109292	0.059292	0.009292	−0.040708	−0.090708	−0.140708	0.070393
1	0.065959	0.102965	0.039971	−0.023023	−0.086017	−0.140011	0.052050
2	0.035399	0.090424	0.085449	0.010474	−0.064501	−0.139476	0.032426
3	0.016027	0.030847	0.045667	0.060787	−0.024693	−0.100873	0.016086
4	0.005382	0.012160	0.018938	0.025716	0.032494	−0.060728	0.006198

TABLE 19.

MOMENTS FOR CONCENTRATED LIVE LOAL P AT VARIOUS POINTS OF SPAN

$(h/L=1,\ m=2)$

Load P at point	Moment (Coefficient of PL) at point						
	C	1	2	3	4	E	B
−4	0.005754	−0.001226	−0.008206	−0.015186	−0.022166	−0.029146	0.037223
−3	0.016735	0.001582	−0.013561	−0.028704	−0.043847	−0.058990	0.065922
−2	0.036353	0.011023	−0.014307	−0.039637	−0.064967	−0.090297	0.080173
−1	0.067074	0.029881	−0.007312	−0.044505	−0.081698	−0.118891	0.080797
C	0.110464	0.060464	0.010404	−0.039536	−0.089536	−0.139536	0.069768
1	0.067074	0.104267	0.041460	−0.021347	−0.084154	−0.146961	0.052427
2	0.036353	0.061683	0.087013	0·012343	−0.062327	−0.136997	0.033473
3	0.016725	0.031868	0.047011	0.062154	−0.022763	−0.107560	0.017352
4	0.005754	0.012734	0.019714	0.026694	0.033674	−0.059346	0.007023

Maximum moments in the span: -The maximum moments at point C, 1., 2 and 3 may be found from Table 12 to 19; while the maximum moments at point 4, E and B may be found as follows: Take point E. From Table 12, we see that the concentrated load on the bridge for maximum moment at point E, should at the point somewhere between points C and 2. The exact point can be determined by trial, Instead of this, we may proceed in the following manner.

Determine the moment at point E for a concentrated live load at point C, then for load at point 1, and finally for load at point 2. Let M_1, M_2 & M_3 be the three values of moments at point E for the three different loading positions. Let M & x be the general values of the moment and the distance between the left end and the point where the load applied respectively. Let X_0 be the distance between the left end and point 1. Then we have the following three sets of simultaneous values:

X	$X_0-0.1\,L$	X_0	$X_0+0.1\,L$
M	M_1	M_2	M_3

The quadratic equation satisfied by these sets of volues is

$$M=M_2+\frac{(M_1-M_3)^2}{8(2\,M_2-M_1M_3)}-\frac{50(2\,M_2-M_1-M_3)}{L^2}\left\{X-X_0+\right.$$

$$\left.+\frac{(M_1-M_3)L}{20(2\,M_2-M_1-M_3)}\right\}^2 \quad\cdots\cdots\cdots\cdots(21)$$

when

$X=X_0-\frac{(M_1-M_3)L}{20(2\,M_2-M_1-M_3)}$ The value of M is maximum and is equal to $M_2+\frac{(M_1-M_3)^2}{8(2\,M_2-M_1-M_3)}$.

For maximum moment at point E, the three sets of simultaneous values are:

X	$0.5\,L$	$0.6\,L$	$0.7\,L$
M(Coff. of PL)	-0.148170	-0.166084	-0.162154

Therefore, the maximum moment at point R in the unit of PL is

$$-M=0.166084+\frac{(0.148170-0.162154)^2}{8(2\times0.166084-0.148170-0.162154)}$$

$$=0.166084+\frac{0.000196555}{0.174752}=0.166084+0.001119$$

$$=0.107208$$

or $M=-0.167203\,PL$

And the load point from the left end of the span is

$$0.6\,L-\frac{(0.148170-0.162154)\,L}{20\,(2\;0.166034-0.148170-0.162154)}$$

$$0.6\,L+0.032009\,L=0.632009\,L$$

The maximum moment at points 4, E and B calculated in this way are as follows.

TABLE 20.

MAXIMUM MOMENTS AT POINTS 4, E AND B DUE TO THE CONCENTRATED LOAD P

Maximum moment at point (Coeff. of PL)	ratio of height to span (h/L)							
	0.3	0.4	0.5	0.6	0.7	0.8	0.9	1
4	-0.102366	-0.099776	-0.097046	-0.095241	-0.093648	-0.092164	-0.090854	-0.089593
E	-0.167203	-0.162725	-0.159402	-0.156325	-0.153631	-0.151162	-0.149022	-0.147007
B	0.102207	0.097610	0.094086	0.090936	0.088278	0.085917	0.083894	0.082052

TABLE 21.

DISTANCE (COEFF. OF L) OF LOADING POINT, FROM LEFT END FOR MAXIMUM MOMENT AT POINT 4, E AND B

Point	ratio of height to span (h/L)							
	0.3	0.4	0.5	0.6	0.7	0.8	0.9	1
4	0.596451	0.595484	0.545839	0.536375	0.528137	0.520812	0.514819	0.509296
B	0.632009	0.621800	0.617256	0.610951	0.605789	0.600463	0.599611	0.599270
E	0.319437	0.324817	0.334669	0.335701	0.340012	0.346483	0.348715	0.395273

TABLE 22.

MAXIMUM MOMENTS AT POINTS C, 1, 2 AND 3 DUE TO CONCENTRATED LOAD P

Maximum moment at point (Coefl. of PL)	ratio of height to span (h/L)							
	0.3	0.4	0.5	0.6	0.7	0.8	0.9	1
C	0.101830	0.103120	0.104404	0.105658	0.106889	0.108126	0.109292	0.110464
1	0.093864	0.095607	0.097221	0.098756	0.100216	0.101627	0.102965	0.104267
2	0.072731	0.075446	0.077840	0.080066	0.081950	0.083717	0.085449	0.087013
3	0.045689	0.049052	0.051926	0.054438	0.056665	0.058669	0.060487	0.062154

IV. MOMENTS HORIZONTAL THRUSTS AND VERTICAL SHEARS AT VARIOUS POINTS DUE TO UNIFORM LOAD W lbs. PER FOOT COVERING THE WHOLE SPAN.

$$M_o=2\int_0^{\frac{L}{2}} Z$$

$$2\int_0^{\frac{L}{2}}\frac{W}{(0.68838\,L+0.0625\,h)}\left\{0.06732\,L^2-0.34419\,La+0.5\,a^2\right.$$

$$-0.3715\frac{a^4}{L^2}+0.095808\frac{a^5}{L^3}+0.03125\left(\frac{L}{2}-a\right)h\Big\}\,da$$

$$=\frac{2W}{(0.68838L+0.0625h)}\Big[0.06732L^2a-0.172095La^2+0.1666a^3$$

$$-0.0743\frac{a^5}{L^2}+0.015968\frac{a^6}{L^3}+0.015625Lha-0.015625ha^2\Big]_0^{\frac{L}{2}}$$

$$=\frac{2W}{(0.68838L+0.0625h)}(0.03366L^3-0.0430237L^3+0.020825L^3$$

$$-0.00232L^3+0.000249L^3+0.0078125L^2h-0.003906L^2h)$$

$$=\frac{2W}{(0.68838L+0.0625h)}(0.00939L^3+0.003906hL^2)\quad\cdots\cdots(22)$$

$$M_1=M_c-0.005wL^2\quad\cdots\cdots(23)$$

$$M_2=M_c-0.02wL^2\quad\cdots\cdots(24)$$

$$M_3=M_c-0.045wL^2\quad\cdots\cdots(25)$$

$$M_4=M_c-0.08wL^2\quad\cdots\cdots(26)$$

$$M_E=M_c-0.125wL^2\quad\cdots\cdots(27)$$

$$M_s=\int_0^{\frac{L}{2}}\left[Xh+Y\left(\frac{L}{2}\right)+Z-P\left(\frac{L}{2}-a\right)\right]+\int_0^{\frac{L}{2}}\left[Xh-Y\left(\frac{L}{2}\right)+Z\right]$$

$$=2\int_0^{\frac{L}{2}}Xh+2\int_0^{\frac{L}{2}}Z-W\int_0^{\frac{L}{2}}\left(\frac{L}{2}-a\right)da$$

$$=2\int_0^{\frac{L}{2}}\left[\left(\frac{L}{2}-a\right)\frac{3p}{4h}-\frac{3}{2h}Z\right]h+2\int_0^{\frac{L}{2}}Z-W\int_0^{\frac{L}{2}}\left(\frac{L}{2}-a\right)da$$

$$=\frac{3W}{2}\int_0^{\frac{L}{2}}\left(\frac{L}{2}-a\right)da-3\int_0^{\frac{L}{2}}Z+2\int_0^{\frac{L}{2}}Z-W\int_0^{\frac{L}{2}}\left(\frac{L}{2}-a\right)da$$

$$=\frac{W}{2}\int_0^{\frac{L}{2}}\left(\frac{L}{2}-a\right)da-\int_0^{\frac{L}{1}}Z$$

$$=\frac{1}{16}WL^2-\frac{L}{2}M_c\quad\cdots\cdots(28)$$

$$X_c=2\int_0^{\frac{L}{2}}\left(\frac{L}{2}-a\right)\frac{3W}{4h}da-2\int_0^{\frac{L}{2}}\frac{3}{2h}Z=\frac{3W}{2h}\left[\frac{L^2}{4}-\frac{L^2}{8}\right]-\frac{3}{2h}M_c$$

$$=\frac{3WL^2}{16h}-\frac{3}{2h}M_c\quad\cdots\cdots(29)$$

TABLE 23.

MOMENTS AT VARIOUS POINTS DUE TO UNIFORM LOAD COVERING WHOLE SPAN ($m=2$)

Moment at point (Coeff. of WL^2)	Ratio of height to span (h/L)							
	0.3	0.4	0.5	0.6	0.7	0.8	0.9	1
C	−0.029871	0.030705	0.031524	0.032329	0.033119	0.033897	0.034660	0.035415
1	0.024871	0.025705	0.026524	0.027829	0.028119	0.028897	0.029660	0.030415
2	0.009871	0.010705	0.011524	0.012329	0.013119	0.013897	0.014660	0.015415
3	−0.015129	−0.014295	−0.013476	−0.012671	−0.011881	−0.011103	−0.010340	−0.009585
4	−0.050129	−0.049295	−0.048476	−0.047671	−0.046881	−0.046103	−0.045340	−0.044585
E	−0.095129	−0.094295	−0.093476	−0.092671	−0.091881	−0.091103	−0.090340	−0.089585
B	0.047564	0.047148	0.046738	0.046336	0.045941	0.045552	0.045170	0.044793

TABLE 24.

HORIZONTAL THRUSTS AT CENTRE OF SPAN DUE TO UNIFORM LOAD COVERING WHOLE SPAN ($m=2$)

h/L	0.3	0.4	0.5	0.6	0.7	0.8	0.9	1
X_c(Coeff. of WL)	0.475645	0.353606	0.280428	0.231677	0.196890	0.170818	0.150564	0.134377

TABLE 25.

SHEARS AT VARIOUS POINTS DUE TO UNIFORM LOAD COVERING WHOLE SPAN

Points	C	1	2	3	4	E
Sher (Coeff. of WL)	0	−0.1	−0.2	−0.3	−0.4	−0.5

V. MAXIMUM MOMENTS, HORIZONTAL THRUSTS AND VERTICAL SHEARS AT VARIOUS POINTS DUE TO UNIFORM LIVE LOAD.

Let the uniform live load be W lbs per foot; the maximum moments at points C, E and B are simply the total area of their influence line multiplying by W and, may be found from table 23; while the maximum moments at points 1, 2, 3 and 4 may be found as follows. As an example, let us determine the maximum positive and negative moments at point 2 corresponding the ratio of $h/L=0.3$

From Table 12, the influence line of M_2 crosses the base line between points -1 and C, and at distance

$$\frac{0.011171}{0.011171+0.001830} \times \frac{L}{10} = 0.085924\ L$$

From point -1 and $0.014076\ L$ from point C.

The area of negative moment is

$$\tfrac{1}{2}\times 0.006252\,L\times\tfrac{L}{10}+(\tfrac{1}{2}\times 0.006252\,L+0.011171\,L+0.014089\,L+\tfrac{1}{2}\times 0.011171\,L)\times\tfrac{L}{10}+\tfrac{1}{2}\times 0.011171\,L\times 0.085924\,L$$

$$=0.0003126\,L^2+0.00339715\,L^2+0.00047993\,L^2$$

$$=0.00418968\,L^2$$

From Table 10, the corresponding area of thrust is

$$\tfrac{1}{2}\times 0.234918\times\tfrac{L}{10}+(\tfrac{1}{2}\times 0.234918+0.442135+0.603395+\tfrac{1}{2}\times 0.705545)\times\tfrac{L}{10}+0.705545\times 0.085924\,L+\frac{0.740850-0.705545}{0.1\,L}\times\tfrac{1}{2}\times(0.085924\,L)^2$$

$$=0.0117459\,L+0.15157615\,L+0.060623\,L+0.0013032\,L$$

$$=0.22524825\,L$$

The area of positive moment is

$$\tfrac{1}{2}\times 0.001830\,L\times 0.014076\,L+(\tfrac{1}{2}\times 0.001830\,L+0.028877\,L+0.072731\,L+0.034317\,L+\tfrac{1}{2}\times 0.012284\,L)\times\tfrac{L}{10}+\tfrac{1}{2}\times 0.012284\,L\times\tfrac{L}{10}$$

$$=0.00001288\,L^2+0.0142982\,L^2+0.0006142\,L^2$$

$$=0.01492528\,L_2$$

From Table 24, the corresponding area of thrust is

$$0.4756451\,L-0.22524825\,L=0.25039675\,L$$

The maximum positive and negative moments end the corresponding thrust at other points calculated in this way, are tabulated in the Table 26 to 28.

The maximum positive and negative shear at various points may be found as the following example.

To determine the maximum positive and negative shear at point 2 corresponding the ratio of $h/L=0.3$ due to uniform live load.

From Teble 11, the area of positive shear is

$$(\tfrac{1}{2}\times 0.21705+0.11372+\tfrac{1}{2}\times 0.04634)\times\tfrac{L}{10}+\tfrac{1}{2}\times 0.04634\times\tfrac{L}{10}$$

$$=0.0245415\,L+0.002317\,L$$

$$=0.0268585\,L$$

The area of negative shear is

$$\left(\tfrac{1}{2}\times 0.78295+0.64987+0.5+0.35013+0.21705+0.11372+\tfrac{1}{2}\times 0.04634\right)\times\frac{L}{10}+\tfrac{1}{2}\times 0.04634\times\frac{L}{10}$$

$$=0.2245415\,L+0.002317\,L$$

$$=0.2268585\,L$$

The maximum positive and negative shear at other points calculated in this way, are tabulated in the Table 29.

TABLE 26.

MAXIMUM POSITIVE AND NEGATIVE MOMENTS AT VARIOUS POINTS DUE TO UNIFORM LIVE LOAD W lBS. PER FOOT, ($m=2$)

Maximum moment at point (Coeff. of WL^2)	Rratio of height to span (h/L)							
	0.3	0.4	0.5	0.6	0.7	0.8	0.9	1
C	0.029871	0.030705	0.031524	0.032329	0.033119	0.033897	0.034660	0.035415
1	0.025888 -0.000172	0.026728 -0.000168	0.027542 -0.000169	0.028345 -0.000160	0.029099 -0.000145	0.029843 -0.000126	0.030589 -0.000107	0.031315 -0.000088
2	0.014925 -0.004189	0.015907 -0.004348	0.016786 -0.004414	0.017601 -0.004416	0.018348 -0.004389	0.019047 -0.004329	0.019715 -0.004233	0.020350 -0.004123
3	0.006012 -0.020277	0.006696 -0.020142	0.007312 -0.019943	0.008005 -0.019650	0.008382 -0.019428	0.008857 -0.019137	0.009306 -0.018826	0.009728 -0.018510
4	0.001437 -0.055702	0.001667 -0.050108	0.001875 -0.049502	0.002062 -0.048878	0.002236 -0.048282	0.002398 -0.047678	0.002548 -0.047065	0.002690 -0.046459
E	-0.095129	-0.094295	-0.093476	-0.092671	-0.091881	-0.091103	-0.090340	-0.089585
B	-.047564	0.047148	-0.046738	0.046336	0.045941	0.045552	0.045170	0.044793

TABLE 27.

HORIZONTAL THRUSTS AT VARIOUS POINTS DUE TO UNIFORM LIVE LOAD W lBS. PER FOOT ($m=2$)

Thrust at point (Coeff of WL)	Ratio of height to Span (h/L)							
	0.3	0.4	0.5	0.6	0.7	0.8	0.9	1
C	0.475645	0.353606	0.280428	0.231677	0.196890	0.170818	0.150564	0.134377
1	0.442922 0.032722	0.328467 0.025138	0.260811 0.019616	0.216298 0.015378	0.184732 0.012257	0.161177 0.009640	0.142898 0.007714	0.128155 0.006221
2	0.250396 0.225248	0.191227 0.162378	0.154781 0.125646	0.130134 0.101542	0.012427 0.084462	0.098965 0.071852	0.088488 0.062075	0.080030 0.054346
3	0.085071 0.390573	0.065522 0.288083	0.058794 0.221633	0.051891 0.179285	0.045210 0.151679	0.040629 0.130188	0.035925 0.114638	0.033899 0.100477
4	0.019611 0.456033	0.015430 0.338185	0.012861 0.267566	0.011081 0.220595	0.009766 0.187123	0.008362 0.162455	0.007934 0.142628	0.007296 0.127077

TABLE 28.

LOADING LENGTH (COEFF. OF *L*) FROM THE LEFT OR RIGHT END OF THE SPAN CORRESPONDING THE VALUE OF NEGATIVE OR POSITIVE MOMENT RESPECTIVELY (*L* & *R* MEANS LEFT & RIGHT END)

Point	Ratio of hight to span (h/L)							
	0.3	0.4	0.5	0.6	0.7	0.8	0.9	1
C, E and B	1.000000	1.000000	1.000000	1.000000	1.000000	1.000000	1.000000	1.000000
1	0.811050R 0.188950L	0.806250R 0.193750L	0.808731R 0.196269L	0.815912R 0.184088L	0.845493R 0.174507L	0.835907R 0.164093L	0.846369R 0.153631L	0.856339R 0.143661L
2	0.514076R 0.485924L	0.521957R 0.478043L	0.529478R 0.470522L	0.536086R 0.463914L	0.542235R 0.457765L	0.547940R 0.452060L	0.553572R 0.446428L	0.558896R 0.441134L
3	0.289144R 0.710856L	0.296043R 0.703957L	0.303082R 0.696938L	0.314425R 0.685575L	0.318860R 0.681140L	0.325284R 0.674716L	0.331110R 0.668890L	0.336627R 0.613363L
4	0.133419R 0.866581L	0.138377R 0.861623L	0.142779R 0.857221L	0.146752R 0.853248L	0.150373R 0.849628L	0.153720R 0.846280L	0.156821R 0.843179L	0.159822R 0.846178L

TABLE 29.

MAXIMUM POSITIVE AND NEGATIVE SHEAR AT VARIOUS POINTS DUE TO UNIFORM LIVE LOAD *W* lBS. PER FOOT ($m=2$)

Max. shear at point (coeff. of WL)	Ratio o fheight to pan							
	0.3	0.4	0.5	0.6	0.7	0.8	0.9	1
C	±0.097724	±0.100464	±0.102678	±0.104538	±0.106107	±0.107467	±0.108629	±0.114641
1	+0.055217 −0.155217	+0.057799 −0.157700	+0.059718 −0.159718	+0.061406 −0.161406	+0.062834 −0.162834	+0.064065 −0.164065	+0.065126 −0.165126	+0.066049 −0.166049
2	+0.026858 −0.226858	+0.028670 −0.228670	+0.030153 −0.290153	+0.031389 −0.231389	+0.032434 −0.232434	+0.033332 −0.233332	+0.034110 −0.234110	+0.034788 −0.234788
3	+0.010320 −0.310320	−0.011287 −0.311287	+0.013078 −0.312078	+0.012737 −0.312738	+0.018295 −0.313295	+0.013774 −0.313774	+0.014188 −0.314188	+0.014551 −0.314551
4	+0.002317 −0.402317	+0.002585 −0.402585	+0.002804 −0.402804	+0.002987 −0.402987	+0.003141 −0.403141	+0.003274 −0.403274	+0.003389 −0.403389	+0.003490 −0.403490
E	+0.000000 −0.500000	+0.000000 −0.500000	+0.000000 −0.500000	+0.000000 −0.500000	+.0000000 −.0500000	+0.000000 −0.500000	+0.000000 −0.500000	+0.000000 −0.500000

VI. MOMENTS, HORIZONTAL THRUSTS AND VERTICAL SHEARS AT VERIOUS POINTS DUE TO DEAD WEIGHT LOAD OF THE BRIDGE.

Let the weight of the concrete be *W* lbs. per cub. ft. and the width of the bridge be *b* ft.

The weight of the top member at different point are evaluated in Table 30.

TABLE 30. EVALUATION OF WEIGHT OF THE TOP MEMBER

Point	vertical depth (ft.)	weight (lbs.)
(1)	(2)	(3)
C	t_0	0.1 $WL\, t_0\, b$
1, −1	1.0146 t_0	0.10146 $WL\, t_0\, b$
2, −2	1.0611 t_0	0.10611 $WL\, t_0\, b$
3, −3	1.1541 t_0	0.11541 $WL\, t_0\, b$
4, −4	1.3468 t_0	0.13468 $WL\, t_0\, b$

In Table 30, the value in column (2) are obtained from Table 1. Multiplying the value in column (2) by $W\times\frac{L}{10}\times b$, we obtain the value in column (3)

The moments at various points may be found as the following exemple.

To determine the moment at point 2 corresponding the retio of $h/L=0.3$ due to dead weight load of the bridge.

From Table 12, we have

$$M_2=[(0.012284-0.006252)\times0.13468+(0.034317-0.011171)\times0.11541+(0.072731-0.014089)\times0.10011+(0.028877-0.011171)\times0.10146+0.00183\times0.1]\,WL^2\,t_0\,b$$

$$=(0.006032\times0.13468+0.023146\times0.1154+0.058642\times0.10611+0.017706\times0.10146+0.00183\times0.1)\,WL^2\,t_0\,b$$

$$=(0.00081239+0.0026712+0.0062225+0.0017923+0.000183\;WL^2\,t_0\,b$$

$$=0.01168139\;WL^2\,t_0\,b$$

The moment at other points calculated in this way, are tabulated in the Table 31.

The horizontal thrust at centre of the span may be found as the following example.

To determtne the horizontal thrust at centre of the span corresponding the ratio of $h/L=0.3$ due to the dead weight load of the bridge.

From Table 10, we have

$$X_c=0.74085\times0.1\ WLt_0b+2(0.705545\times0.10146\times+0.603395\times0.10611$$
$$+0.442135\times0.11541+0.234918\times0.13468)\ WLt_0b$$
$$=0.074085\ WLt_0b+2(0.071575+0.064026+0.051026+0.031638)\ WLt_0b$$
$$=0.510615\ WLt_0b$$

The horizontal thrusts corresponding the other ratio of h/L calculated in this way, are tabulated in the Table 32.

The vertical shear at any saction is simply the sum of the load on the laft side of that section to the centre of the span. The values in this case, are negative and tabulated in the Table 33.

TABLE 31.

MOMENTS AT VARIOUS POINTS DUE TO DEAD WEIGHT LOAD ($m=2$)

Moment at point (Coefff. of WL^2 to b)	Ratio of height to span (h/L)							
	0.3	0.4	0.5	0.6	0.7	0.8	0.9	1
C	0.031831	0.032716	0.033605	0.034485	0.035318	0.030139	0.036974	0.037782
1	0.026832	0.027724	0.028609	0.029484	0.030268	0.031151	0.031974	0.032781
2	0.011681	0.012519	0.013459	0.014339	0.015169	0.016001	0.016828	0.017638
3	-0.014071	-0.013177	-0.012297	-0.011417	-0.010576	-0.009756	-0.008928	-0.008114
4	-0.051368	-0.050475	-0.049594	-0.048680	-0.047881	-0.047054	-0.046225	-0.045418
E	-0.002134	-0.001242	-0.100360	-0.099479	-0.098647	-0.097761	-0.096989	-0.096182
B	0.051053	0.050848	0.050154	0.049738	0.049286	0.048955	0.048636	0.048690

TABLE 32.

HORIZONTAL THRUSTS AT CENTRE OF SPAN DUE TO DEAD WEIGHT LOAD ($m=2$)

h/L	0.3	0.4	0.5	0.6	0.7	0.8	0.9	1
X_c (Coeff. of WL to b)	0.510615	0.379050	0.301080	0.248697	0.211269	0.183389	0.161649	0.144273

TABLE 33.

VERTICAL SHEARS AT VARIOUS POINTS DUE TO DEAD WEIGHT LOAD

Points	C	1	2	3	4	E
Shear (Coeff. of WL to b)	0	-0.100730	-0.204515	-0.315272	-0.440320	-0.507660

VII. MOMENTS AND HORIZONTAL THRUSTS AT VARIOUS POINTS DUE TO EARTH PRESSURE BACKING BEHIND THE VERTICAL WALLS.

$$Z=\frac{-2h^3}{(0.68838L+0.0625h)}\left(\frac{W_1}{384}+\frac{W_2}{960}\right)$$

$$=-\frac{h^3}{480(0.68838L+0.0625h)}\left(2.5W_1+W_2\right)$$

$$X=-\frac{3}{2h}Z+2h\left(\frac{3}{16}W_1+\frac{1}{20}W_2\right)$$

$$Y=0$$

then, $M_c=M_1=M_2=M_3=M_4=M_E=Z$

$$=-\frac{h^3}{480(0.68838L+0.0625h)}\left(2.5W_1+W_2\right)\cdots\cdots\cdots(30)$$

also, $$Xh+Z-h^2(\tfrac{1}{2}W_1+\tfrac{1}{6}W_2)+M_B=0$$

or $$\left[-\frac{3}{2h}M_c+2h\left(\frac{3}{16}W_1+\frac{1}{20}W_2\right)\right]h+M_c-h^2\left(\frac{W_1}{2}+\frac{W_2}{6}\right)+M_B=0$$

or $$-1.5M_c+2h^2\left(\frac{3}{16}W_1+\frac{1}{20}W_2\right)+M_c-h^2\left(\frac{W_1}{2}+\frac{W_2}{6}\right)+M_B=0$$

therefore, $$M_B=0.5M_c+h^2\left(\frac{1}{8}W_1+\frac{1}{15}W_2\right)\cdots\cdots\cdots(31)$$

TABLE 34.

MOMENTS AT VARIOUS POINTS DUE TO EARTH PRESSURE ($m=2$)

$\frac{h}{L}$	Moment at point	
	C, 1,2.3,4, E (coeff. of $2.5W_1+W_2$)	B (coeff. of h^2)
0.3	−0.00088386	0.1238952 W_1+0.0662247 W_2
0.4	−0.00116760	0.1235410 W_1+0.0660828 W_2
0.5	−0.00144770	0.1231904 W_1+0.0659427 W_2
0.6	−0.00172200	0.1228475 W_1+0.0658056 W_2
0.7	−0.00198400	0.1225200 W_1+0.0656746 W_2
0.8	−0.00225720	0.1221785 W_1+0.0655380 W_2
0.9	−0.00251800	0.1218525 W_1+0.0654076 W_2
1	−0.00277460	0.1215320 W_1+0.0652796 W_2

TABLE 35.

HORIZONTAL THRUST AT THE CENTRE OF SHAN $(m=2)$

h/L	X_c (Coeff. of h)
0.3	$0.3783144\ W_1+0.1013257\ W_2$
0.4	$0.3793770\ W_1+0.1017514\ W_2$
0.5	$0.3804288\ W_1+0.1021717\ W_2$
0.6	$0.3814575\ W_1+0.1025830\ W_2$
0.7	$0.3824400\ W_1+0.1029760\ W_2$
0.8	$0.3834645\ W_1+0.1033858\ W_2$
0.9	$0.3844425\ W_1+0.1037770\ W_2$
1	$0.3854040\ W_1+0.1041610\ W_2$

VIII. MOMENTS AND HORIZONTAL THRUSTS AT VARIOUS POINTS DUE TO TEMPERATURE INCREASE.

For increase of temperature of t degrees, the value of Y, by symetry, will be zero; and equation (9) and (10) become

$$\tfrac{1}{2}KI_0CLt=\frac{h^3}{24}X+\frac{h^2}{16}Z \quad\cdots\cdots(32)$$

and

$$0=\frac{h^2}{16}X+\left(0.34419\,L+\frac{h}{8}\right)Z \quad\cdots\cdots(33)$$

Where C is the coefficient of expansion.

Multiplying equation (33) by $\frac{2}{3}h$, then substracting the resulting equation from equation (32), we obtain

$$\tfrac{1}{2}XI_0CLt=-\left(0.22946\,hL+\frac{h^2}{48}\right)Z$$

therefore

$$Z=-\frac{L}{2(0.22946\,hL+0.020833\,h^2)}CEI_0t \quad\cdots\cdots(34)$$

From (33)

$$X=-\frac{16}{h^2}(0.34419\,L+0.125\,h)Z \quad\cdots\cdots(35)$$

Then,

$$M_c=M_1=M_2=M_3=M_4=M_E=Z$$

$$=-\frac{L}{2(0.22946\,hL+0.020833\,h^2)}CEI_0t \quad\cdots\cdots(36)$$

And,

$$M_B = Xh + Z$$

$$= -\frac{16}{h^2}(0.34419\,L + 0.125\,h)Zh + Z$$

$$= -\frac{16}{h}(0.34419\,L + 0.125\,h)\,Z + Z$$

$$= \left[1 - \frac{16}{h}(0.34419L + 0.125\,h)\right] \quad \cdots\cdots\cdots\cdots\cdots\cdots (37)$$

TABLE 36.

MOMENTS AT VARIOUS PIONTS DUE TO TEMPERATURE INCREASE CORRESPONDING DIFFERENT RATIO OF h/L ($m=2$)

Moment at point (Coeff. of CEI_c t/L	Ratio of height to span (h/L)							
	0.3	0.4	0.5	0.6	0.7	0.8	0.9	1
C, 1, 2, 3, 4, E	-7.071100	-5.256800	-4.163900	-3.444100	-[illegible].926900	-2.539300	-2.233400	-1.997700
B	136.869000	75.858000	50.086000	35.054300	25.953300	20.019800	15.899500	12.999000

TABLE 37.

HORIZONTAL THRUSTS AT THE CENTRE OF SPAN DUE TO TEMPERATURE INCREASE ($m=2$)

h/L	0.3	0.4	0.5	0.6	0.7	0.8	0.9	1
X_c (Coeff. of CEI_0 t/L^2)	479.819000	207.217000	108.342000	64.164000	41.258000	28.197000	20.148000	14.886000

18878

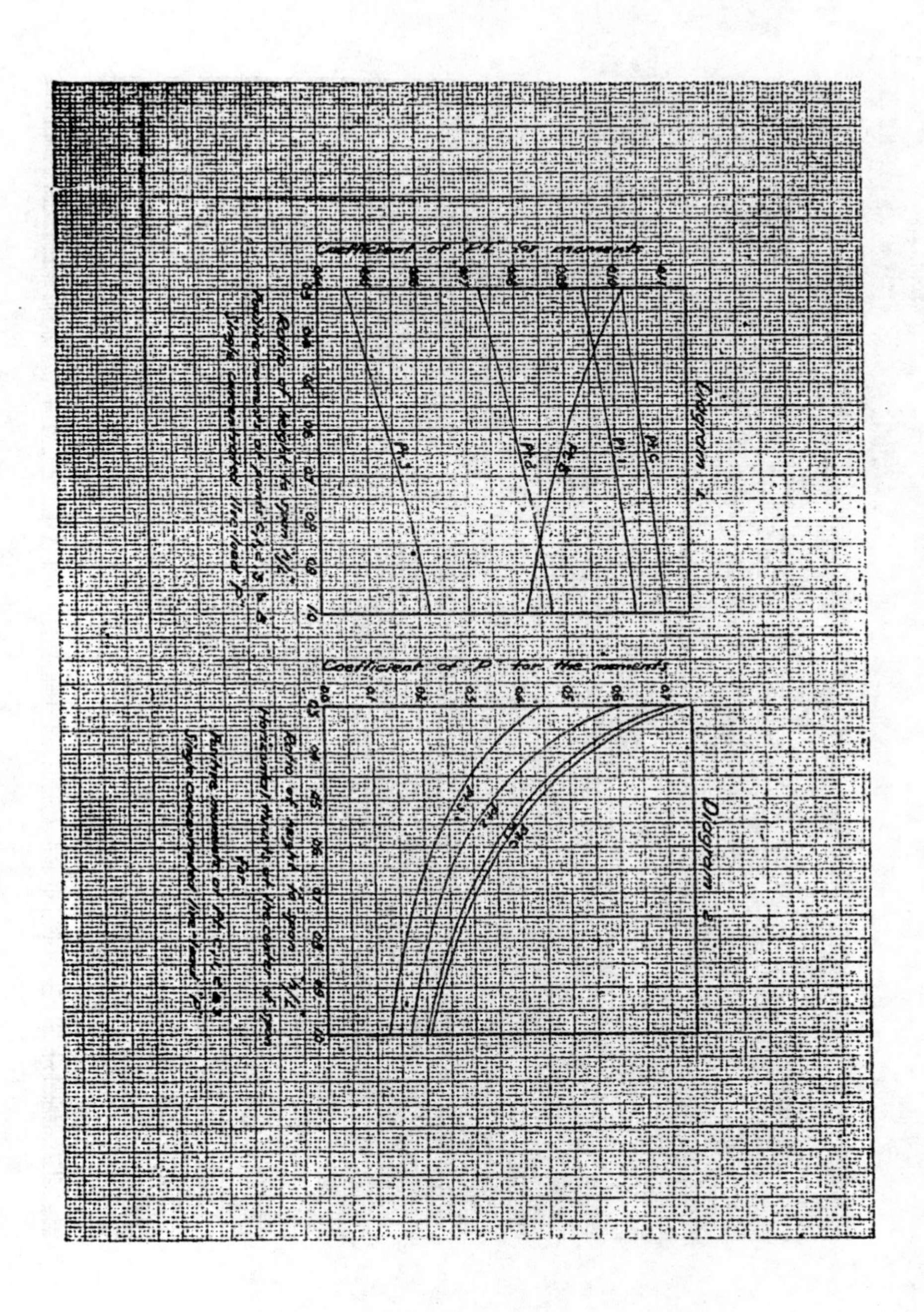
Coefficient of "PL" for moments
Diagram 1
Coefficient of "P" for the moments
Diagram 2

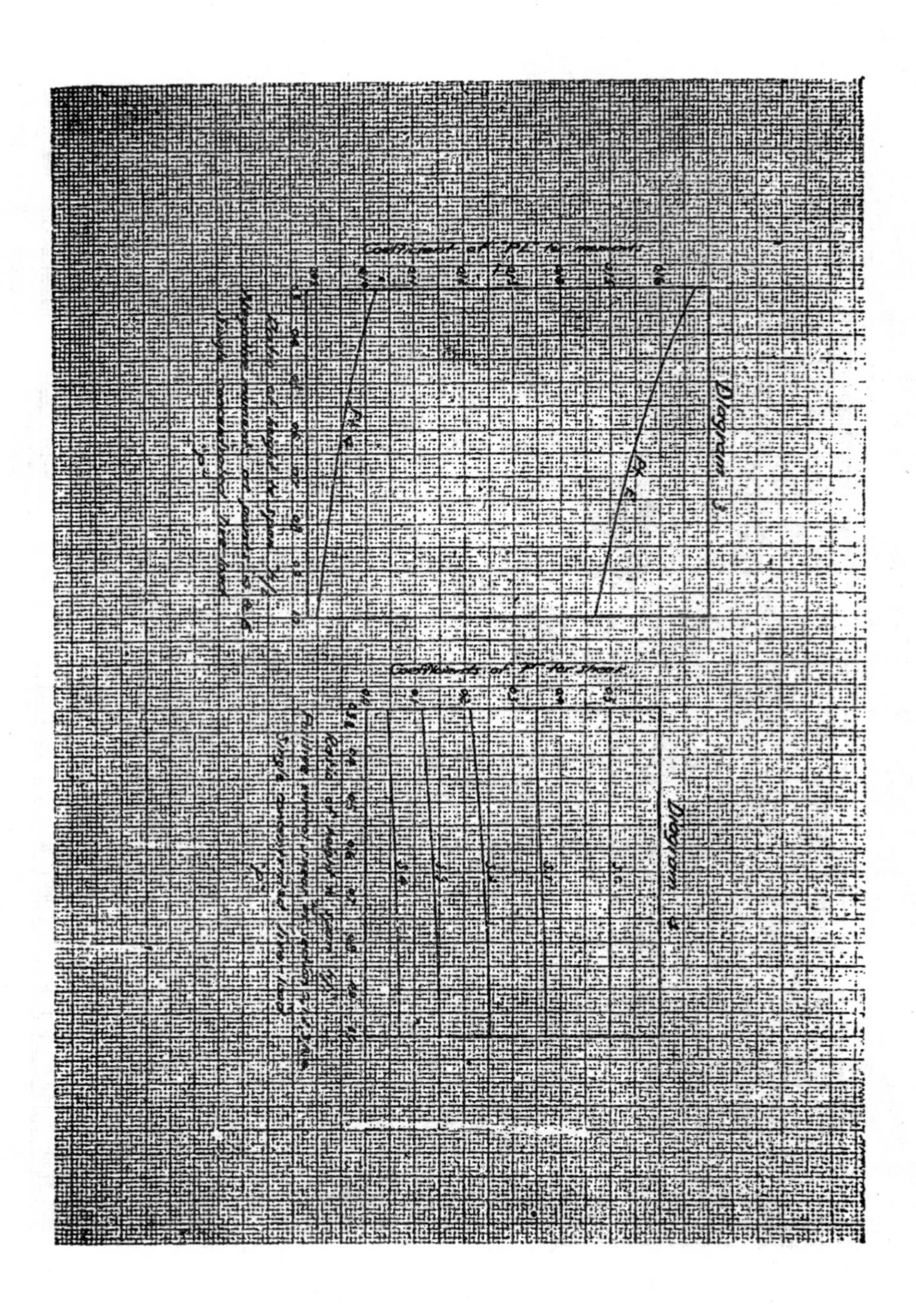
Diagram 3
Diagram 4

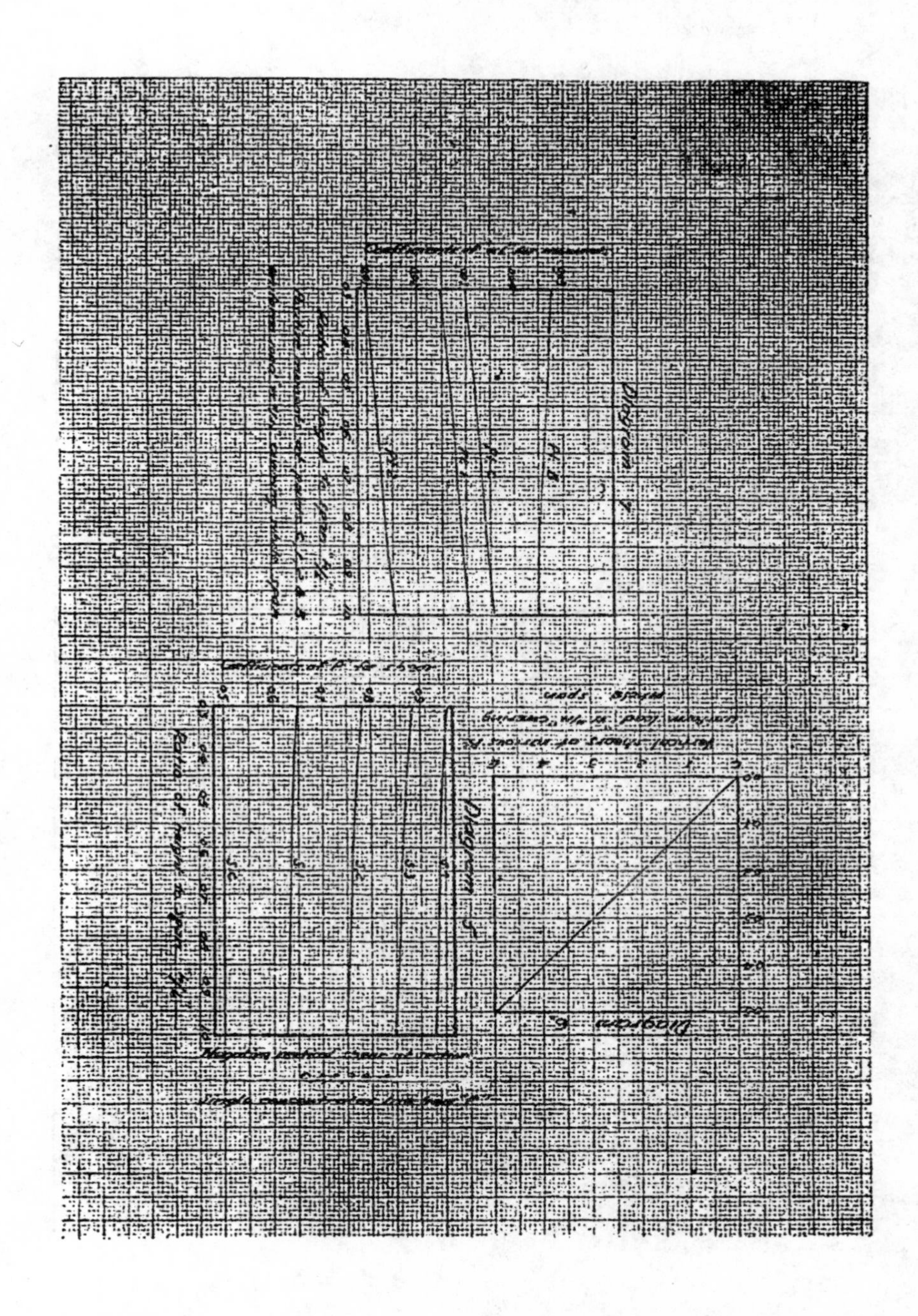

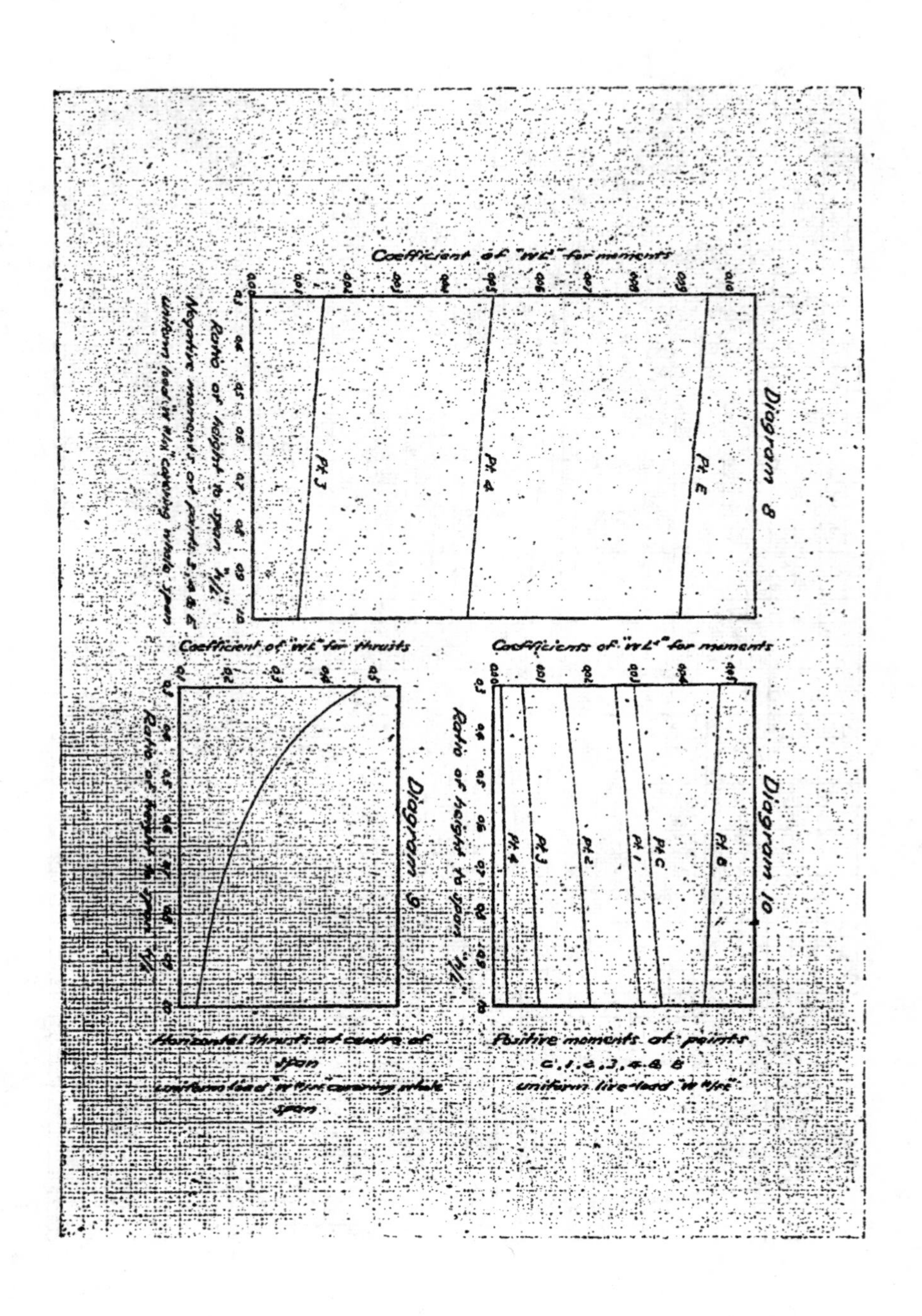
Diagram 8
Pt. E
Pt. 4
Pt. 3
Coefficient of "WL²" for moments
Ratio of height to span "h/L"
Negative moments at points 3, 4 & E
uniform load "w #/in" covering whole span
Diagram 10
Pt. B
Pt. C
Pt. 1
Pt. 2
Pt. 3
Pt. 4
Coefficients of "WL²" for moments
Ratio of height to span "h/L"
Positive moments of points
C, 1, 2, 3, 4 & B
uniform live load "w #/in"
Diagram 9
Coefficient of "WL" for thrusts
Ratio of height to span h/L
Horizontal thrusts at centre of span
uniform load "w #/in" covering whole span

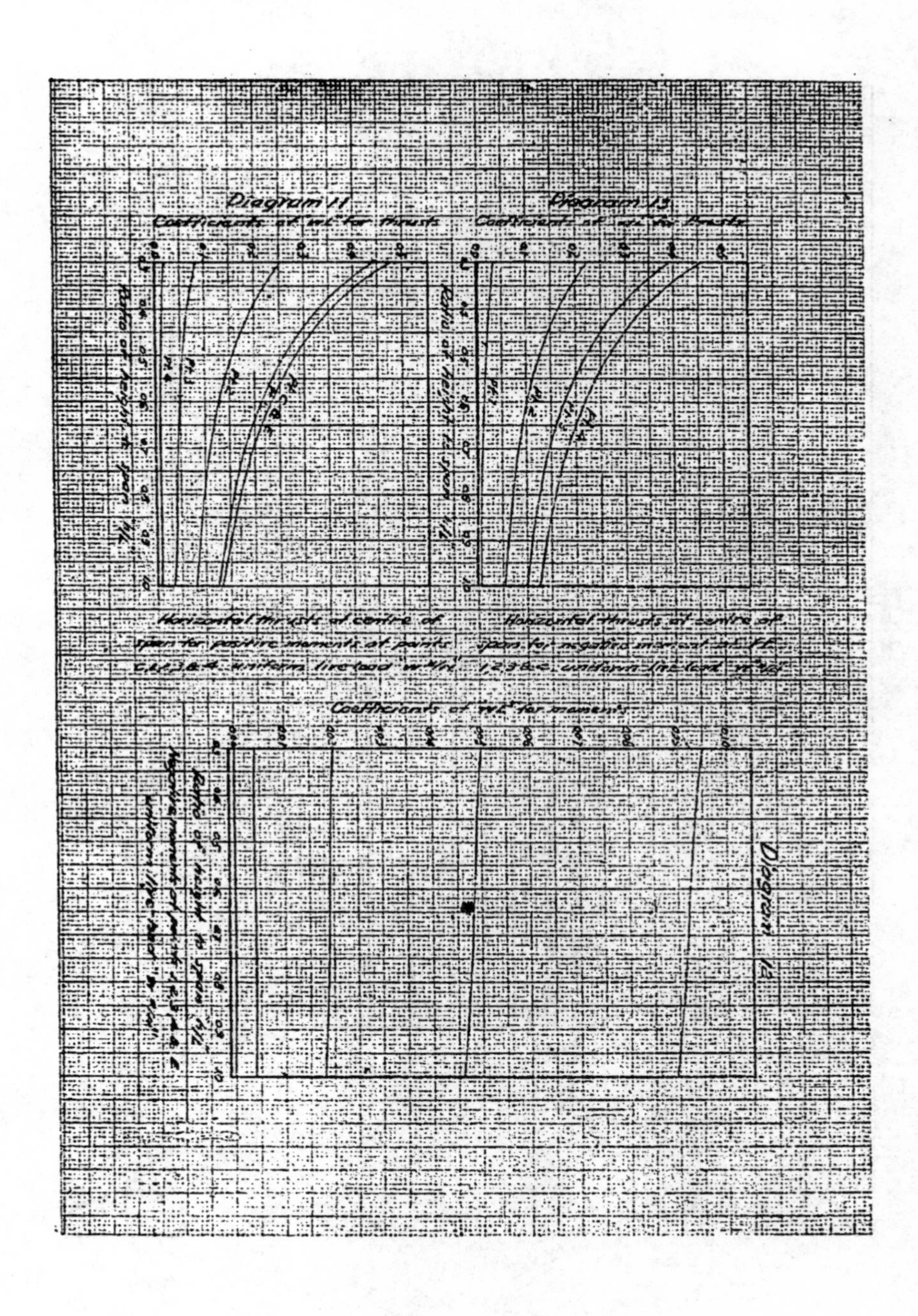
Diagram 11
Diagram 13
Diagram 12
Horizontal thrusts at centre of
Horizontal thrusts at centre of

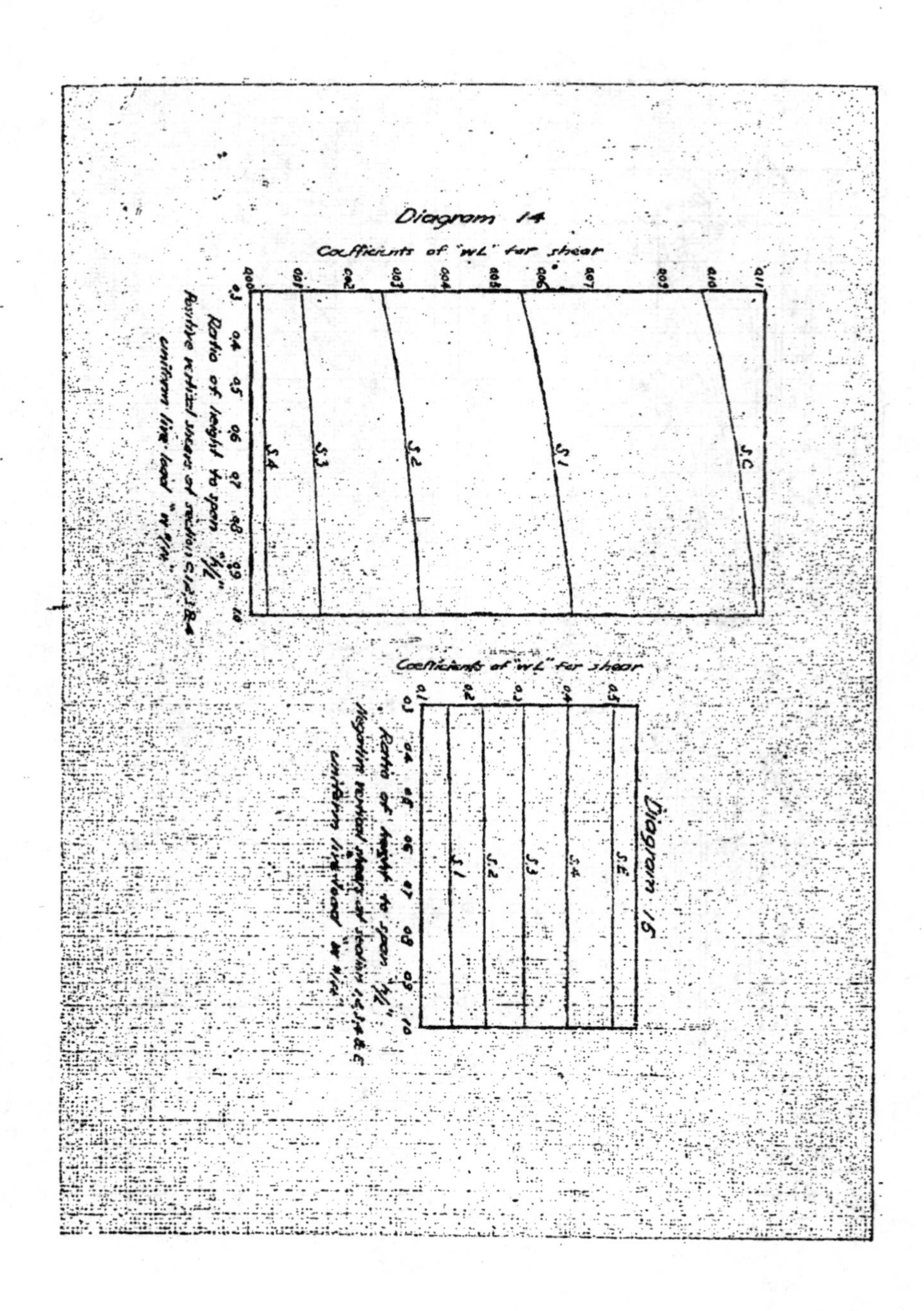
Diagram 14
S.C
S.1
S.2
S.3
S.4
Diagram 15
S.E
S.4
S.3
S.2
S.1

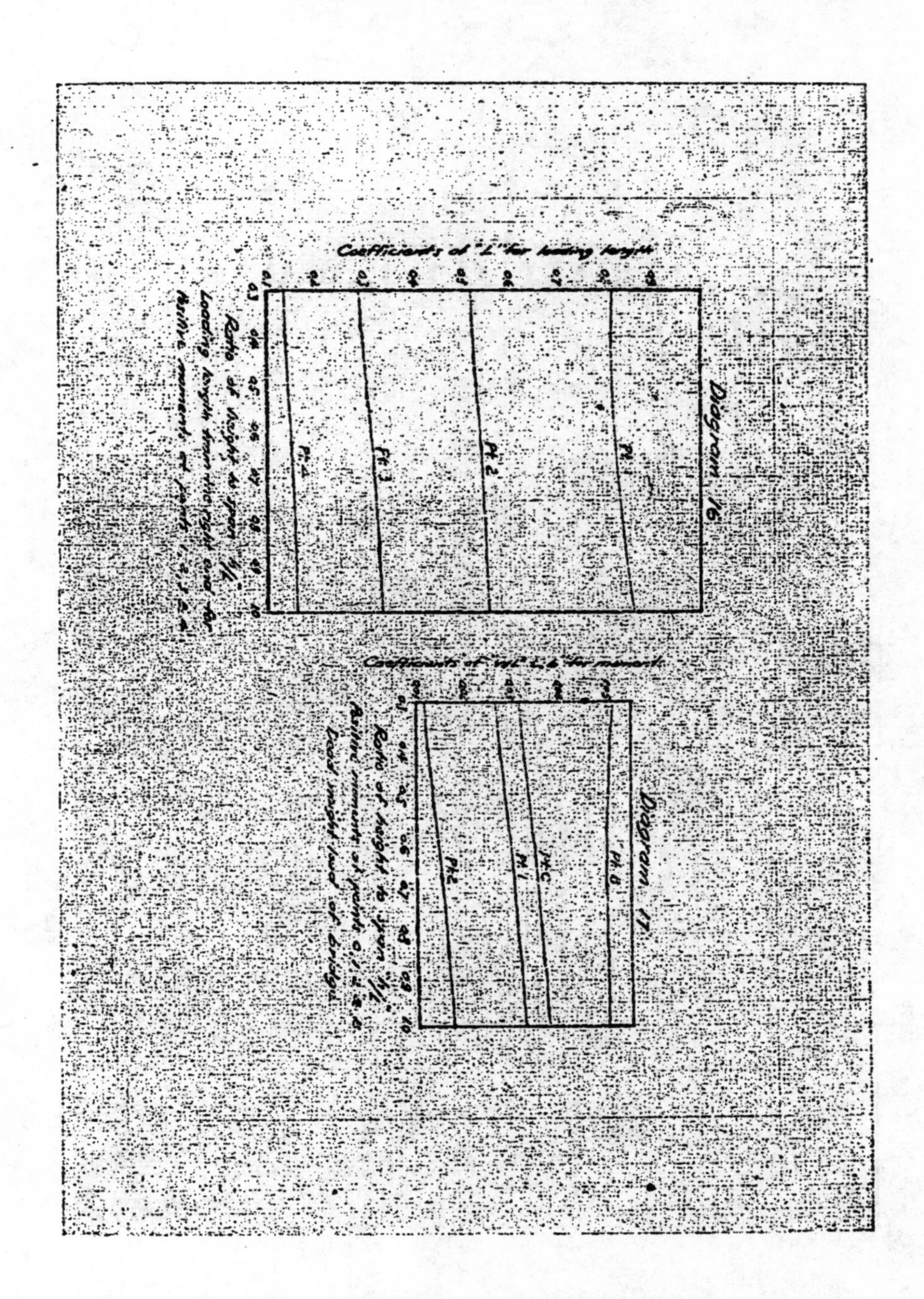
Diagram 16
Diagram 17

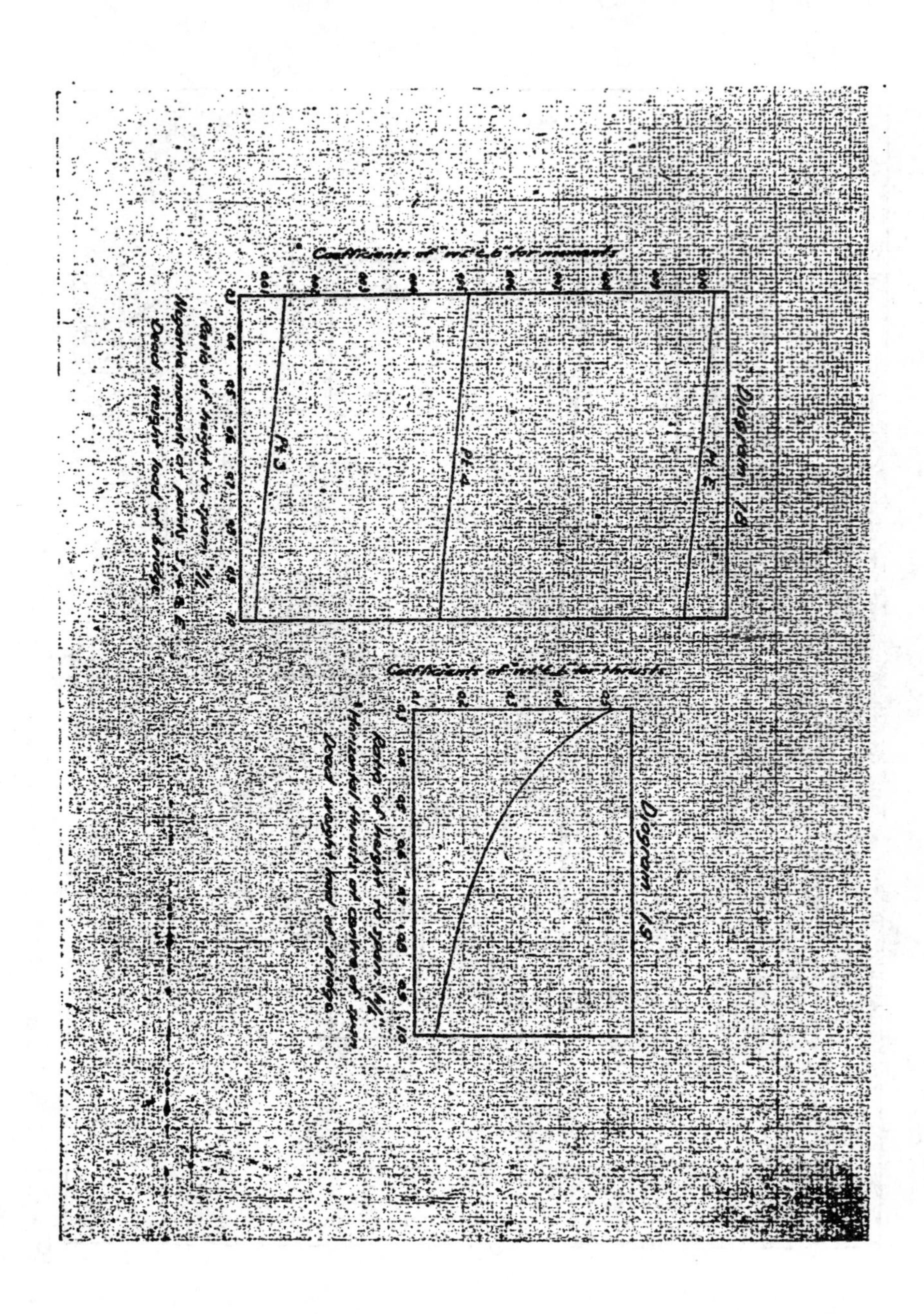
Diagram 18
Diagram 19

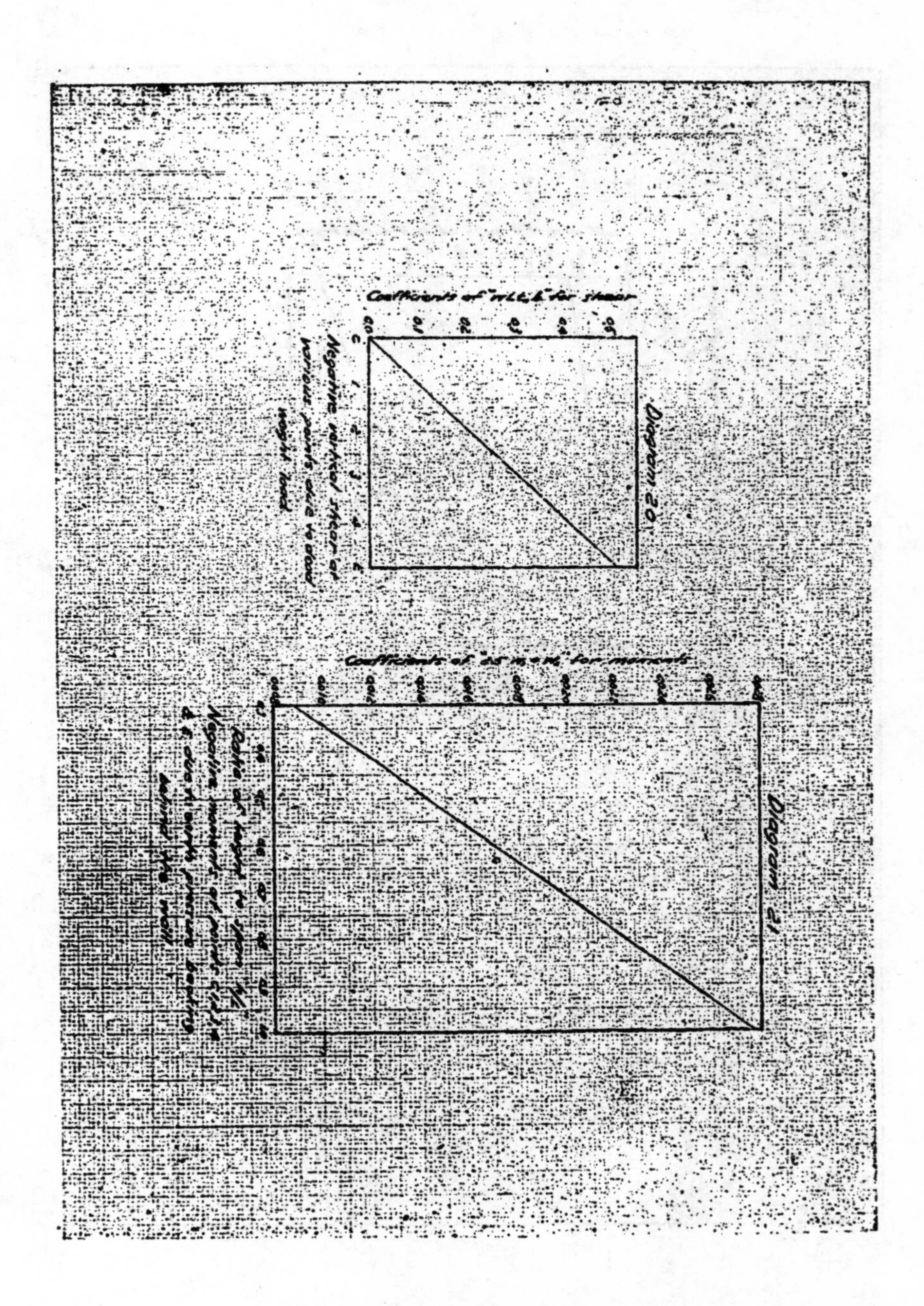
Diagram 20
Diagram 21

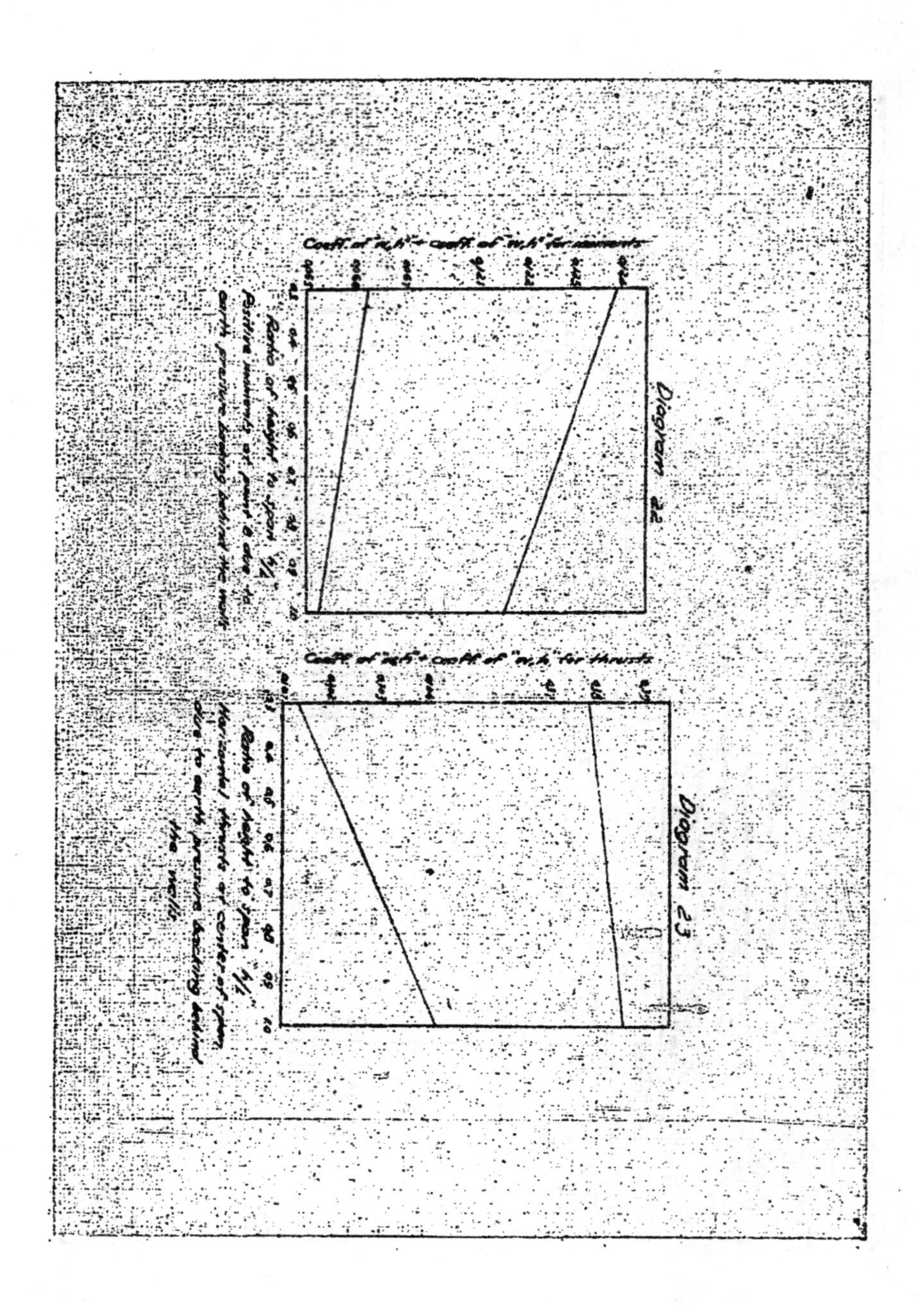
Diagram 22
Diagram 23

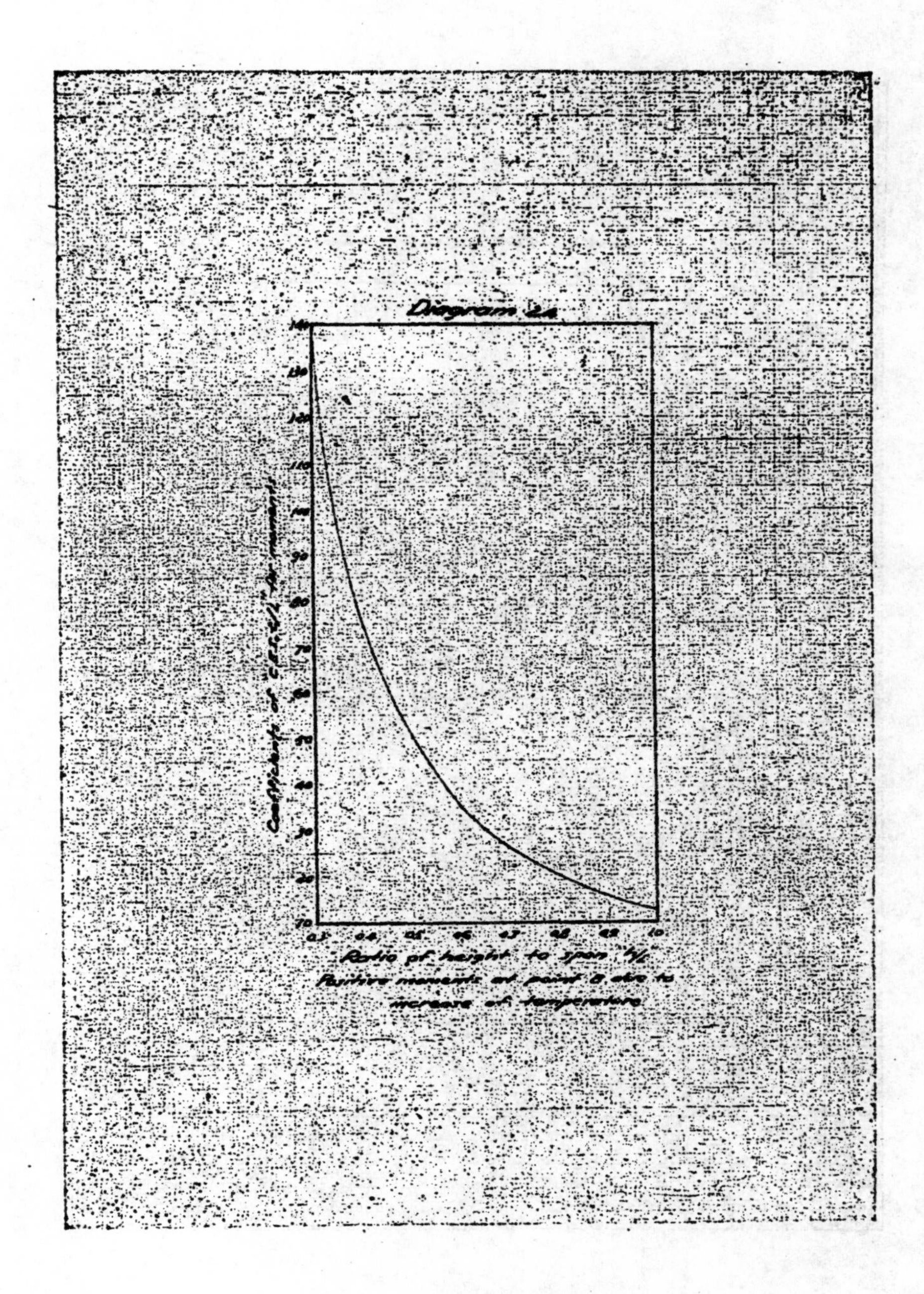
Diagram 24
Ratio of height to span h/l
Positive moments at point B due to
increase of temperature

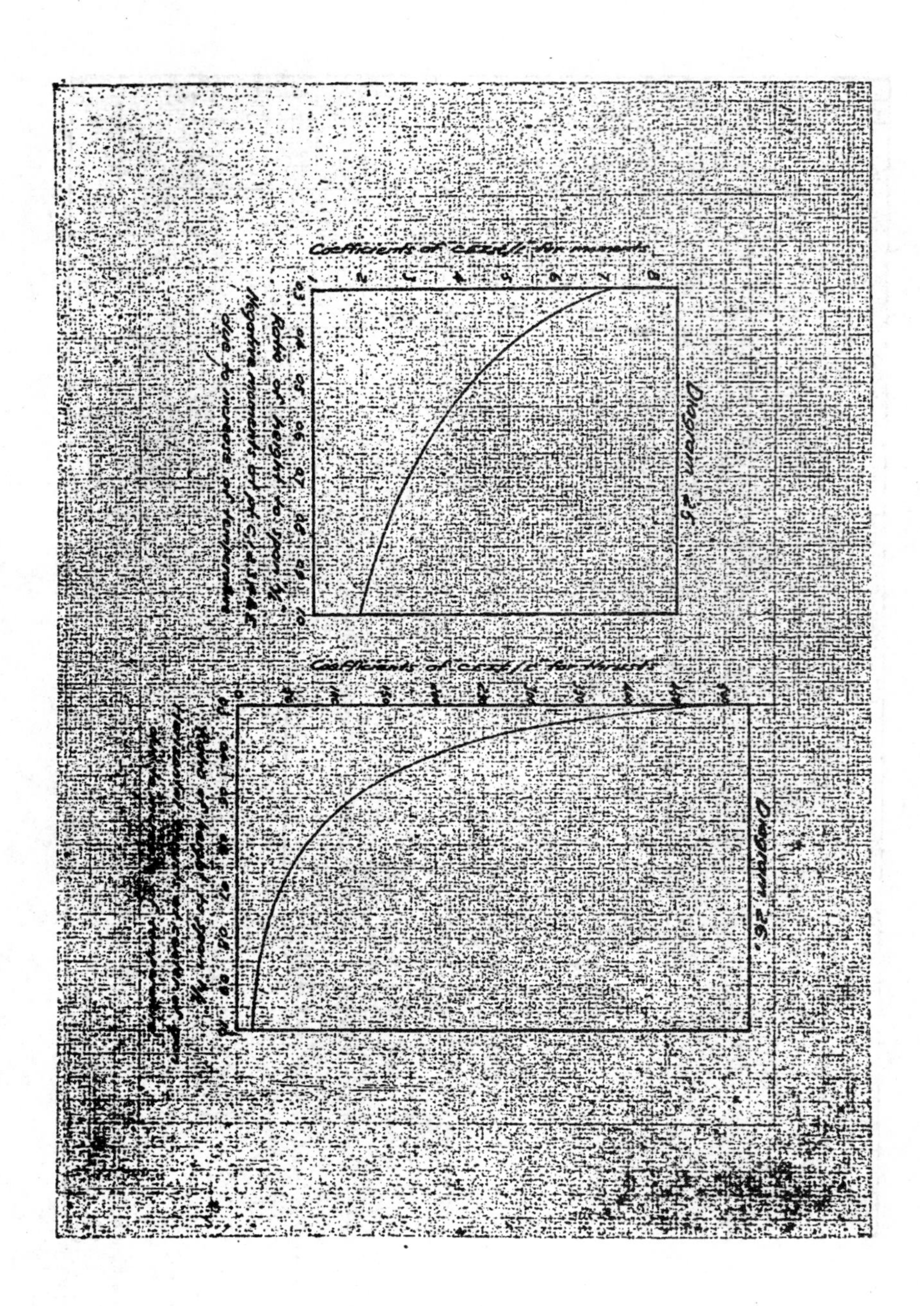
Diagram 25
Diagram 26.

錢塘江橋工程實習紀要

(二十五年暑假)

張　　溶

緒　言

錢塘江橋工程,自二十三秋開工以來,因受完工日期的限制並歷經施工時種種當地之困難問題,原初施工計劃累經改善(參看工程九卷三,四號與十一卷六號茅以昇處長之錢塘江橋設計及籌備紀略與一年來施工之經過,羅英總工程師之錢塘江橋橋礅工程與十一卷六號中之其他各篇)至本年八月間,各部分施工方法,已逐見成效,而且各部分工作,除打樁工程與兩岸引橋基礎已經完竣外,其餘均正在工作之緊張狀態中。

為明瞭以後日記中所述各部分工作之相互關係,與全橋工程進行之狀況,謹將當時全工區佈置之情形,大概說明如下:

圖(一)　錢塘江橋工區佈置略圖

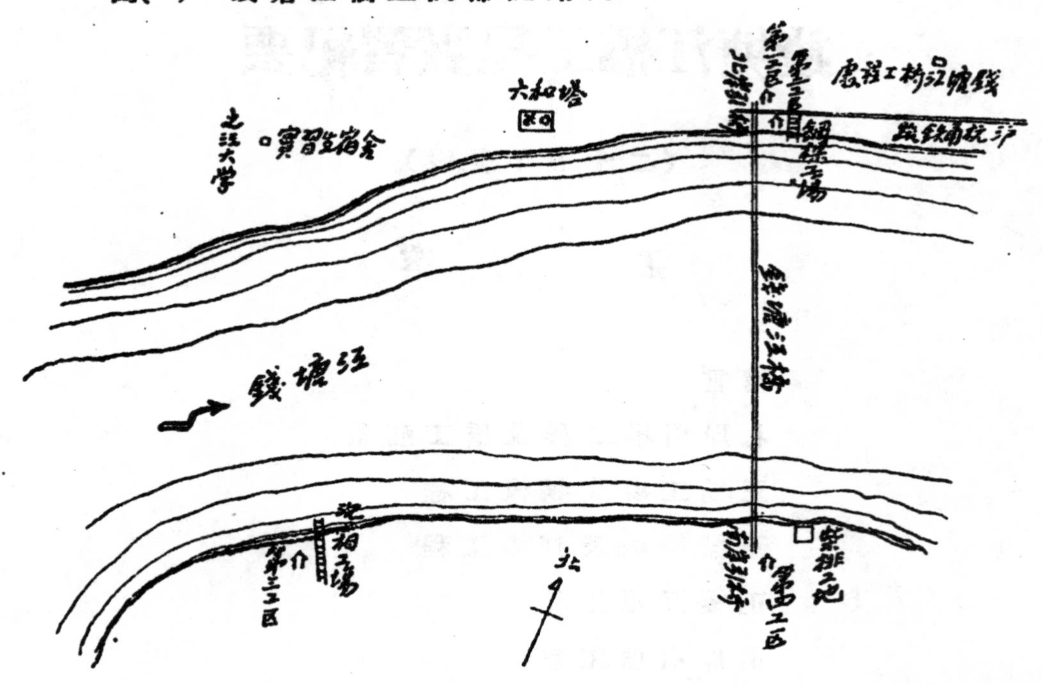

錢塘江橋各工區佈置的情形,由上圖即可明瞭。圖中第一工區負責管理北岸引橋之一切工程事務。第二工區負責管理正橋橋礅與鋼樑工場第三工區負責管理沈箱工場。第四工區負責管理南岸引橋。凡此所述,只是大致情形。其他還有許多零星工作,如水文測量,柴排(Mattress)管理。碎石,運水等等亦各向地之宜,就近管理。而所有各工區之最高統屬機關,則為錢塘江橋工程處(簡稱橋工處)設計室即在橋工處內。

第一工區

北岸引橋工程與橋工測量

指導者　李文驥　孫鹿宜

北岸引橋,長約740呎,由160呎雙樞式拱橋(Two Hinged Arch Truss)三

座,48呎45呎鈑樑(Plate Girder)各一座與30呎鋼筋混凝土框架橋(Rigid Frame)四座組合而成。相連之三拱橋居中,南端經48呎鈑樑與正橋相接,北端經45呎鈑樑與框架橋相接。框架橋又分爲二支,每支兩座。各與杭富公路相連。

八月一日。 鋼筋混凝土工程

今天開學之日,微雨,當時尚疑有開學典禮之舉行,迨由橋工處領了"錢塘江橋工程說明書"與鉛筆日記簿等到第一工區時,已有指導的先生在那裏講授矣。今天所講主要的事項爲"鋼筋混凝土工程。"

本橋最上層之公路路面,兩引橋之框架橋與所有沉箱,橋墩等都是用鋼筋混凝土築成的。

鋼筋混凝土所用的材料:水泥(Cement),砂子(Sand),碎石,水與鋼筋。多是從遠方搬運來的水泥採用我國各水泥公司出品,如啓新公司馬牌水泥。與中國水泥公司泰山牌水泥。正橋之沉箱橋礅,防禦海水侵蝕的地方採用啓新公司的特種水泥,其餘均採用馬牌水泥,引橋部分採用泰山牌水泥。砂子因當地江底流砂含細泥雜質,經試驗後知其不可應用,乃採用上游富春諸暨等地的細砂。碎石爲其能承受相當之壓力而不破裂,多採用富陽饅頭山堅固之青石,大塊青石運至工地再經碎石機壓爲大小不等之粹石。所用混和的水,本可就近取自錢塘江中,無奈因有潮流之故,所含鹽質太多,不適應用,不得已乃採運北岸附近虎跑山中之清水。南岸工程另外用油水。鋼筋因本國沒有此項出產,不得不取自外國。本橋所用鋼筋,一部分來自德國,一部分來自波蘭。以上所用水泥,砂子,碎石,水,鋼筋等材料,都就其所用的性質,分別委托浙江大學工學院,唐山交大,上海交大,天津工學院,上海工部局試驗室與杭州自來水廠等機關,用精密的儀器,詳加試驗。而後乃選擇採用。

拌和混凝土的方法,大部分用鼓式拌和機,用人工將適當比例的水泥,砂子,碎石,和水,傾入拌和機鼓中。拌和混凝土的攪輪經馬達發動。拌和均勻以後,再由人工用小手車運至建築好的木模型處澆灌。

所有各種材料混合的比例,因其所在位置情形之不同而各異,其各部分混凝土混合的比例,大致如下:

全橋鋼樑下面的樑座	1:1:2
引橋的框架橋與開口沉箱箱脚	1:2:3
正橋沉箱礅牆,以及全橋路面,欄杆,護墻等	1:2:4
引橋礅牆,開口沉箱箱牆	1:2½:5
引橋橋礅底脚,氣壓沉箱開口沉箱之填築。	
正橋沉箱上填築之大塊混凝土	1:3:6
引橋基礎下填平石岩,以代蠻石	1:4:8

當時北岸引橋橋礅,除靠近正橋之一座用開口沈箱剛築好尙待填築外,其餘均已築好;引橋之框架橋四座已築好,尙未飾面;上部公路路面亦已隨拱橋之安裝築起三分之二。

八月二日　　拱橋的安裝(Erection)

引橋拱樑概觀,如下第一圖所示,此拱樑爲雙樞式,因兩脚斜擠力甚大,且樑座稍下陷,卽變動桁樑(Truss)各部分之應力;故於桁樑下部,用一長繫桿將兩樞聯繫,使全部桁梁成一整個結構,不受橋座影響。此繫桿將來引橋完工後,卽埋入鐵路路基內,亦無礙外觀。

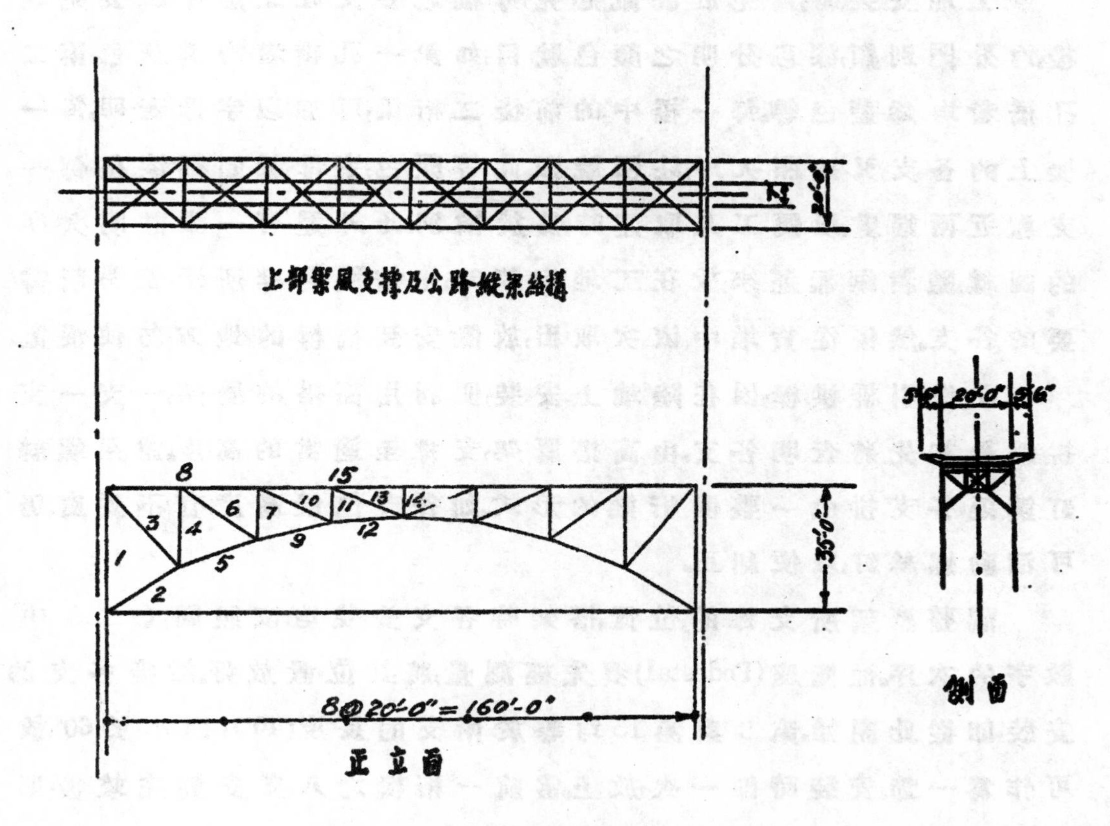

圖(二) 引橋拱樑佈置圖

安裝時主要的步驟有三:

(I)支(Memders)的組合

全橋各部分依照設計圖樣在工廠中作成後,必先在廠中試裝一次。惟恐所鑽鉚眼(Rivet holes)位置,未盡適當,故最初所鑽鉚眼均較規定者略小。迨用螺絲釘(Bolts)聯結架立之後,詳查各支是否在規定位置,於是註明各鉚眼所在位置之適當與否,二次將各鉚眼擴大,然後始將全橋之各支,分裝運至工地。

工地安裝時,爲免於混亂起見,每橋之各支在工廠中試裝完竣後,均分門別類,漆以分明之顏色號目,如第一孔橋者,均爲灰色,第二孔橋者均爲藍色等。每一橋中的前後二桁梁,再加以字母表明。每一梁上的各支,又按照次序,註明號頭。此等顏色,字母,號頭都漆在每一支靠近兩端處。以便工人取運時,易於檢別。此外還有一張註明次序的圖樣,隨着鋼樑運來,故在工地安裝時,先按照圖樣所示,查明所需要的各支。然後從貨堆中依次取出,放置安裝橋樑的地方,勿使混亂。

北岸引橋拱樑,因在陸地上安裝,便利用高搭的鷹架,一支一支拼鑲。最初先將查明各支。由高搭鷹架,支撐至適當的高度。並用螺絲釘鑲連各支拼成一整個桁梁的形式。如各支位置高度有不妥處。仍可活動螺絲釘,以便糾正。

調整鷹架所支撐的位置。搭架時各支安裝均依照圖(二)中數字的次序。惟樑座(Pedestal)須先經測量,將其位置放好。然後各支的安裝卽從此開始。第8與第15均等於兩支的長度(40′),因小於60′,故可作爲一節。安裝時卽一次放上。當前一桁樑之八支安裝完竣後,則安裝對應平排另一桁樑上之八支,接着安裝二樑中間的禦風支撐等。此後始再依同樣方法由第9支裝至第15支。至此桁樑的一半已安裝完竣。其他一半亦依上法由他端開始,裝至中心處,兩半連接,則全橋之初步安裝竣事。

(Ⅱ)測量橋形

拱樑下面各支,結連成彎曲形,上面各支的結連,亦微向上曲(Camber)以抵償載重時的陷度。若安裝時之彎曲形狀不與原初設計時所依據之形狀相合,則拱樑中各支所有的應力,卽發生變化,爲免除此種現象,故拱樑初步安裝完畢以後,必用測量儀器校準各支的位置高度。如有不合，則活動螺絲釘，調整鷹架，以調整各支位置，使之正確。

(Ⅲ)鉚合

全橋鋼樑，經鉚釘鉚合，則完全固定。迨上述手續完畢，即開始打鉚釘，此時整個拱樑，完全由鷹架所支撐，安放在適當的位置，抽去螺絲釘，改打鉚釘，鉚釘從任何處打起，俱無關係。

鉚釘結合，不但鉚釘本身吃力，因鉚釘緊結各板面間亦發生很大的磨擦阻力。所有鉚釘結合堅實與否，與全橋安全有很大的關係。故鉚釘打過之後，當須個個檢查，看其是否堅實。檢查的方法主要的有下列三種：

(一)鉚釘頭的下面，必須與所緊結的平面密接。若有如第三圖(甲)中情形，即須令工人鏟去另鉚。

(二)若一排鉚釘，不在一直線上，即位置不合者，亦將其不合之鉚釘，鏟去另鉚。「如圖(三)(乙)」。

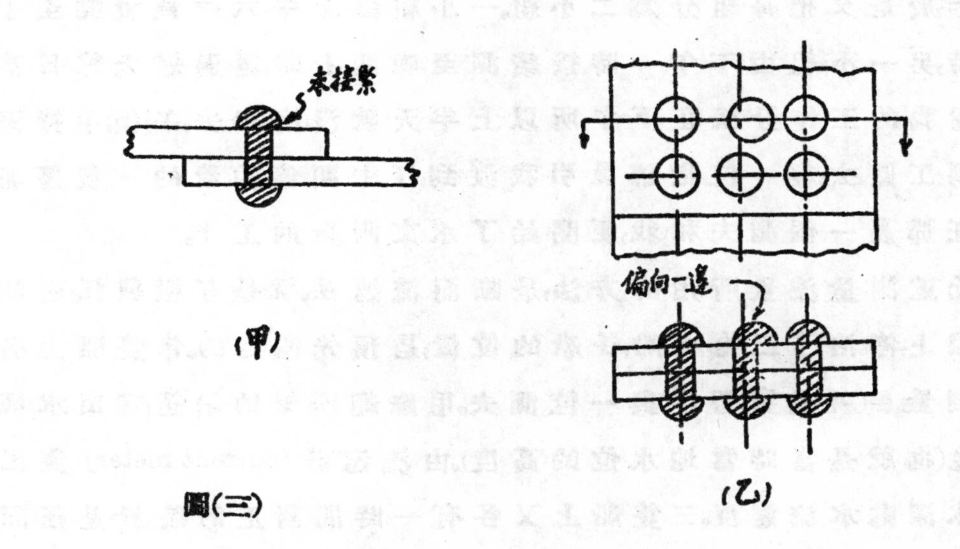

圖(三)

(三)若經檢查以後,無上述二種弊端,再將個個打好之鉚釘,用鎚頭敲之,以鎚頭敲鉚釘頭之一邊,同時手指捫住他邊之鐵板,如一邊鎚頭敲打而他邊手指不感覺振動者,則此鉚釘爲確實緊固,(實地敲打時,緊與不緊,一敲卽可銳敏查出),反之則仍須鏟去另鉚.檢查鉚釘所用之鎚頭,一端爲球形,他端爲尖形.如遇不緊之鉚釘,卽將該鉚釘頭上用鎚頭尖端,敲一深疤痕,以示鑑別.橋工處怕工人舞弊.另印各種支節接頭處之鉚釘圖樣.凡第一次實地檢查遇有接合不堅固者.卽於該圖樣中之相對鉚釘上,註示符號,以便二次詳細個別檢查.是否有誤.

八月三日　　水文測量

橋工處測量錢塘江水文,除洪水暴漲時期外,每月朔望各測一次.每次由上午六時至下午七時.主要的目的,就是要測出當時江流與潮水互相影響,江中水位,流量等變化的情形如何?

因爲水文測量要作一整天,同時又爲每組實習同學們都有機會去作,於是又把每組分爲二小組.一小組由上午六時負責測至下午一時,另一小組由下午一時接續測至晚間七時.適遇這天終日落雨,因爲我的工作分派在下午,所以上半天就沒有出去.午後,手持雨傘,趕到工區去,經一位指導員引我渡到江中間停泊着的一隻蓬船上去.在那裏一個測夫和我,便開始了水文測量的工作.

此處測量流量所用的方法,是斷面流速法.就是在橫截江面的一直線上,停泊了三隻小船,各船的位置,是預先測定的.每隻船上有一位測量員(就是實習生)與一位測夫.用麻繩所繫的鉛錘,探出水底的深度(也就是當時當地水位的高度).由流速計 (current meter) 測出0.6倍水深處水流速度.三隻船上又各有一時間對正的錶,於是在同一時間,三隻船上測出各點的水深與流速,由江寬與水深可以求出江流橫斷面積中各部分的面積,面積乘流速,便得流量。水深與流速每十五分鐘測量一次。每次記錄表中所要記載的事項:時間,深度,0.6倍深度,流速計中水輪的轉數,與其所經過的時間,由後二者可以在該流速計的 Rating table 上查出當時水流速度,流量一項待將來計算後再塡註。

所幸和我合作的這位測夫,是從浙江水利局找來的,他對於擲鉛錘,用流速計的技術,久已純熟,有時他用鉛錘探知了水深以後,便試着計算0.6倍水深處的深度,以便放流速計入水。(0.6倍水深處的流速,大概等於該處斷面上的平均流速。)不過每次我都要計算後告知他,以免疏誤。每次開始的時候,他就提醒我,"時間到了!"於是他就擲鉛錘,放流速計,我就計時間,聽流速計中水輪的轉數(利用電流的連接)最後把所測得數值,一一記錄在表上。按當天下午一時至三時半,潮水漸漲,江流漸緩,以至完全停流。水位亦隨之漸次漲高。四時以後,潮勢漸次退落,六時後江流始漸復原狀。其潮水升高水位程度約及一公尺。晚七時許,我們工作停止,又乘一葉輕舟,細雨濛濛中渡過江來。

八月四日　　引橋基礎之設計

北岸引橋共有橋礅十座,其中有兩座用開口沉箱法,下沉至石層上,有六座靠近北端山麓,石層離地面不很深,卽用普通挖土方法,挖開土質,建築橋礅於石層上。此外有橋礅兩座,建基於五十呎與九十呎長之基樁上。

橋礅設計之原理

橋礅甚高,設計時,截橋礅成若干斷層,而逐層計算其斷面上各點所受之應力(Stress),與其需要鋼筋的多寡。如下圖(四)之橋礅。取其任一斷面 A-A.

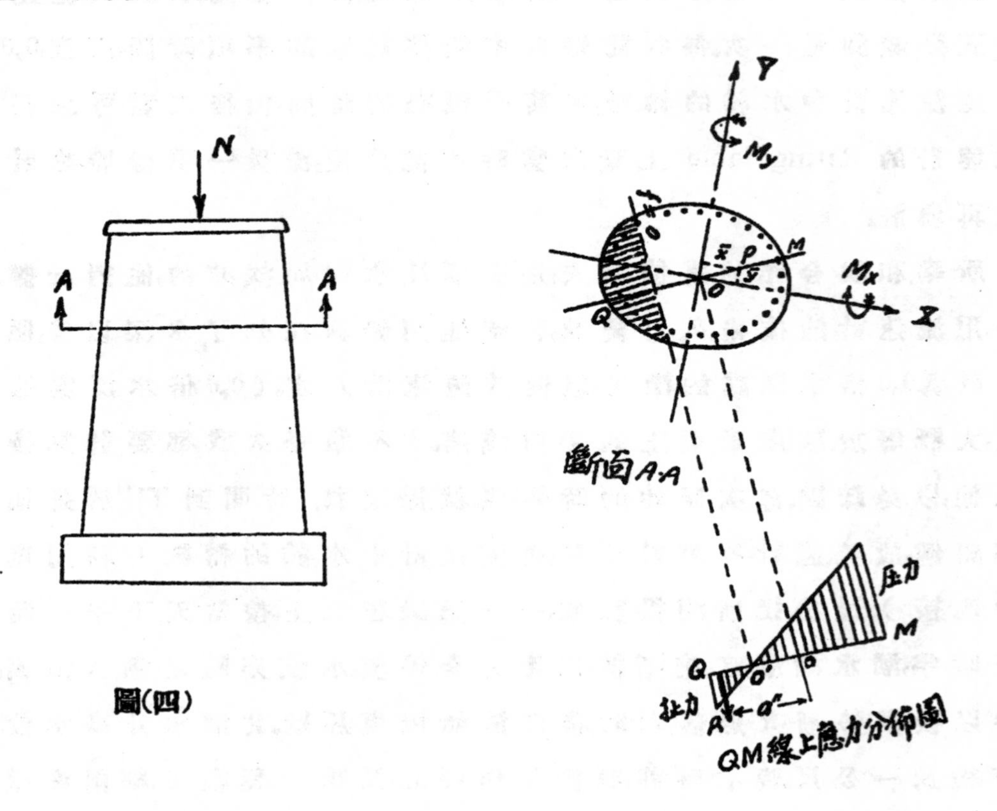

圖(四)

概括起來,施於該斷面上的外力。不外垂直壓力(Normal Pressure) N. 與撓率 (Moment) M_x, M_y. 此等外力的發生,都是由於上部橋樑的重量,橋礅頂部本身的重量,與鐵路,公路上行車行人的活載重,風力,水力等。取座標軸的原點爲 ○, X 軸, Y 軸亦各向右向上。則由公式

$$\bar{X} = \frac{M_y}{N}$$

$$\bar{y} = \frac{M_x}{N}$$

得偏心距(Eccentricities)之交點P,連接PO直線,交斷面之外圍於M,Q兩點,M一點爲此斷面最大壓力處,Q爲最小壓力處,有時爲最大扯力處,但洋灰不宜於受扯力,於是就得加紮鋼筋,以補救其缺點。計算需要鋼筋的多寡,其法如下:斷面上任一點(x,y,)因垂直壓力N,與撓率M_x, M_y所發生的應力,爲

$$f=\frac{N}{A}\pm\frac{M_x y}{I_x}\pm\frac{M_y x}{Iy}$$

A爲總面積,以平方吋計;I_x, I_y爲該斷面就X軸與y軸的惰率(Monent of Inertia),以吋^{4}計;N的單位是磅,M_x, M_y的單位是吋磅,x,y的單位是吋;於是求得的f爲每平方吋若干磅。

因　$M_x=N\bar{x}$　　$M_y=N\bar{y}$

設　$I_x=Ak_x^2$　　$I_y=Ak_y^2$

則

$$f=\frac{N}{A}\left(1\pm\frac{y\bar{y}}{k_x^2}\pm\frac{x\bar{x}}{k_y^2}\right)$$

正負號取決於M_x與M_y的正負。由上式可知f之值爲零之各點,均在$\left(1\pm\frac{y\bar{y}}{k_x^2}\pm\frac{x\bar{x}}{k_y^2}\right)=0$之一直線上。(即圖(四)中f=0之直線)。在此直線上邊,f之值爲正者,表示該處所發生的應力爲壓力。其他一邊,f之值爲負者,爲扯力。(有時f=0之一直線落在斷面的外面,亦即斷面上任何處沒有扯力發生)。若直線MQ上的應力用圖線來表示,則如圖(四)中右下角所示之附圖。其變化率爲一等量變化之直線形,且就MQ線單位寬度的狹長面積上來說,設鋼筋距中心O之距離爲a吋,扯力三角形QO'R對O點所發所生的撓率爲M_a。則距離中心爲a吋處所需要之鋼筋爲

$$A_s = \frac{M_s}{16,000\,a}$$

A_s為鋼筋斷面積，16,000磅/吋²為鋼之許可拉力。由每條鋼筋斷面的大小，需要鋼筋數量的多寡，就可以算出。

以上所述，乃假設橋礅受某一定方向之外力，若就另一方向之外力來說，則各處所發生的應力亦改變，其最大壓力與最大扯力之一直線MQ亦循中心軸C點旋轉。若將所有各方向的外力，都順次加以計算。而求出各點所能發生扯力的大小，與其需要鋼筋的多寡。則全斷面鋼筋之分佈。即可求出。

實心橋礅，其設計法如此，空心橋礅其設計法亦如此。依此同一方法可以計算各斷面上所需要的鋼筋。

椿托基礎 (Pile Foundation)

椿托基礎之設計，其承受壓力之計算。與上節所述者完全相同，惟基樁絕不受扯力。其需要基樁之數量與分佈的情況。以每根基椿之承壓力而決定之。

八月五日

本日無甚主要的工作可記。因為本工區實習事情為北岸引橋與橋工測量，於是把八月八日李文驥工程司所講的『橋工測量』記出，權作本工區內實習的一點材料。

『橋工測量』

(以下係依照講演次序。擇要略述)

(Ⅰ)選定橋址，須要注意事項:

1.選擇河道狹隘的地方(Narrow channel).

2.河床要固定 (Permanouce of channel).河流改道之地，固不可用。

卽河床形狀易於變遷處,如沙灘土岸之沖蝕等情,亦必力求避免。

3.河道舒直(Straight course).河床易於保護,舟行亦很順利,

4.河床斷面之深度比較均一 (Deptr ratter uniform) 依照橋工經濟原理。河床深度均等者,則各橋樑之跨度(span)宜採用等長,合乎美觀。

5.避免阻礙物(Free from obstacles)

6.橫越河道之橋樑,宜與河道垂直 (Possibility of Crossing at right angles)

7.橋址兩岸地勢,須有相當高度 (Rather high bank both sides)

(A)可以減少引橋工程(approaches)

(B)易於行舟。

(C)避免鐵路坡度的凹陷。

8.經濟情形(Economic Conditions)。如遇有下圖所示之形勢,則當詳細比較其工程用費,擇其最經濟者採用之。

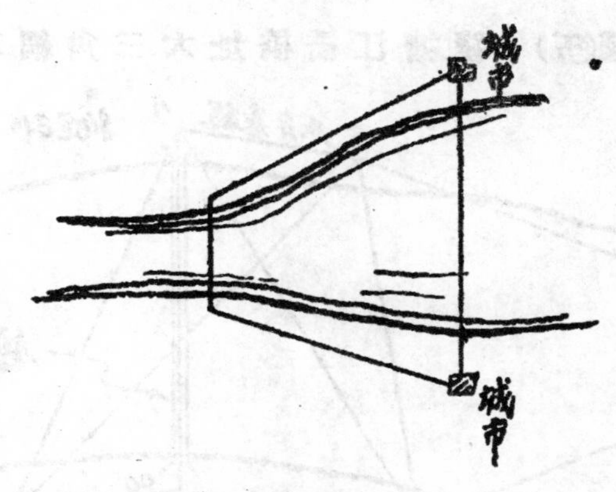

(Ⅱ)實施測量時應注意之事項:

1.測繪橋址附近之平面圖,並作橫越河道之側面圖(Profile)

2.注意最高水位與最低水位,定標準測點,立水位標誌,全年

各季節水位漲落情況,亦必注意。

3. 水文情況(Hydraulc Conditions)。即如流量,流速,泥沙含量等,關係橋礅設計,頗爲重要。

4. 地質情況(Geological Conditions)。橋址選定之後,先將河底地質,作一大概的鑽探,由此繪一河床地質之橫剖面圖。橋礅設計於是開始。迨橋礅設計完竣後,又必於每一橋礅所在位置,再個別鑽探,然此猶未能得圓滿結果,即如本橋之第六號橋礅,當沉至設計之深度時。即發生有一部分在石層上,一部分在輭泥中之現象,故詳細鑽探,當須於橋礅底部之四角與中心共五點,各加鑽探始可。

5. 航運情況(Navigation Conditions)

6. 附近現有之鐵路與公路(Existing railway & highway lines)

7. 距離濟經市鎮之遠近(Distances from towns & economie conditions)

8. 擬定建築之橋樑地形路圖。(Proposed bridge layout)

圖(五) 錢塘江橋橋址大三角網草圖。

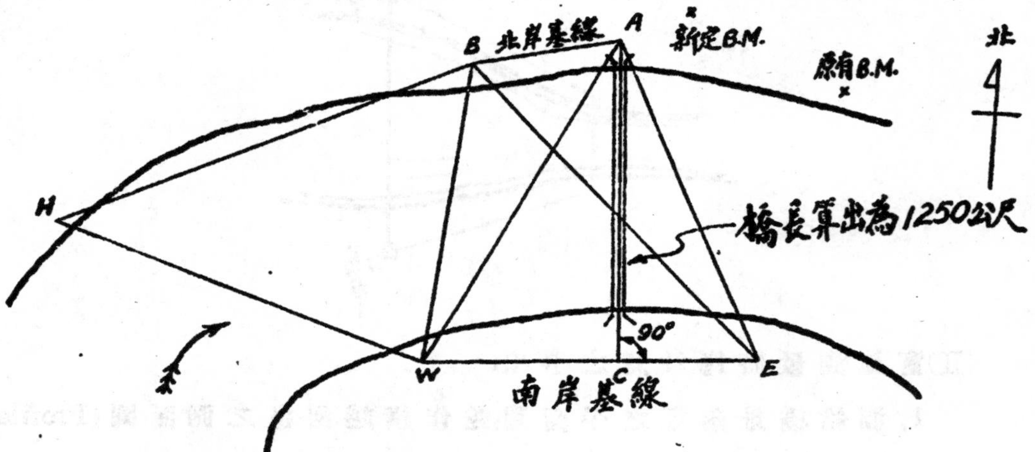

施工之初,有許多地方,都得經過測量,確定位置後,始可開始工作。打樁測量,沉箱就位測量等,卽其實例。工作完竣之後,又須測量,校正其位置高度等,是否正確。

本橋測量之大概情形,先依兩岸作大三角測量,然後由B. M.測出兩岸橋頭之高度。(錢塘江橋橋址大三角網如上圖五)

第二工區(I)

正橋鋼樑及鋼樑工場

指導者 梅暘春

八月六日 計算鋼樑重量

此橋原用炭鋼(Mildsteel)設計,後由道門朗公司介紹,改用鋭鋼(Chromador steel).蓋以鋭鋼的許可應力較炭鋼增大50%,卽24,000#/□",而單位價値只增加20%。惟御風支撑各支(Portal & sway Bracings)其斷面受規範限制絕不能減小者,則仍用炭鋼。鋭鋼作成之各支,連接時所用之鉚釘,亦爲鋭鋼。至御風支撑等,因其所受的應力很小,與鋭鋼之主樑相連接時,則用炭鋼鉚釘。

計算鋼樑重量的目的有二:一是檢查作成的鋼樑,其重量是否與設計中所計算樑的死載重相符合。若其重量超過2%或減少2%以上,則此橋樑中各支所受應力卽與原設計者相差太遠,此作成的樑樑,卽不可用。二是計算重量,以便付價,如算出重量超過設計中需要的重量,則按照原設計中需要的重量付給鋼價,如算出重量小於設計中需要的重量,則按照算出的重量付給鋼價。所謂超出與不足者,皆不能出乎上述2%之限度。

玆謹以中間橫樑(intermediate Foor beam)爲例,計算其重量。

工廠鉚合之鉚釘每百個鉚釘頭的重量=22.5磅

鉚眼直徑 $=\frac{15''}{16}$

計算中間橫樑的重量(參看下面圖六)

項目	斷面	長度	單位長之重量	減去鉚眼重量	每節重量	數目	總重量
近頭支撐角 End stiff. ∠S.	$4''\times3\frac{1}{2}''\times\frac{1}{2}''$	4.9375′	11.9#	1.67#	57.09#	4	228.36
中間支撐角 Ind stiff. ∠S.	$4\times3\times\frac{3}{8}$	5.042′	8.5		42.86	4	171.44
聯接角 Gusset ∠S.	$6\times4\times\frac{1}{2}$	1.042′	16.2		16.98	4	67.92
弦角 Chord ∠S.	$5\times3\frac{1}{2}\times\frac{5}{8}$	18.563′	16.8	0.64	311.20	4	344.5
腰鈑 Web Nl.	$60\times\frac{3}{8}$	18.563′	76.5	2.03	1417.94	1	1417.97
墊鈑 Fills	$6\times\frac{5}{8}$	4.416′	12.75		56.05	4	224.2
墊鈑 Fills	$10\times\frac{5}{8}$	3.542	21.25	3.39	71.86	4	287.44
鉚釘頭 Rivet heads						329	88.23
							3730.56#

八月七日　　計算鉚釘長度與其重量。

工廠中作好的桁樑各支,運至工地後,再用聯接鈑(Gusset plates)與鉚釘來連接。故工地裏所用鉚釘的長短如何?必須預先算好,命工廠去做。爲付給料價,其重量亦必計算。茲以正橋桁樑一端的接頭(End joint)爲例,計算鉚釘所需要的長度與其重量。

聯接鈑爲方便起見,有時與連接各支之一,在廠中卽連爲一體,今所示之一端接頭上的聯接鈑過大,若與任一支連接則運輸不便,故仍零散運來後,在工地連接。

一般橋樑上所用的鉚釘,直徑均爲$\frac{7''}{8}$,爲便於插入,鐵鈑上的鉚眼均製成$\frac{15''}{16}$直徑。其需要鉚釘長度，由下式卽可明瞭：

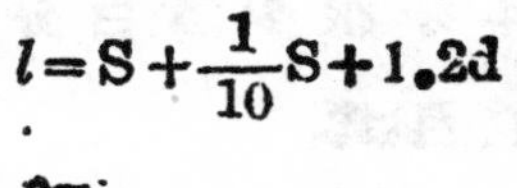

$$l=S+\frac{1}{10}S+1.2d$$

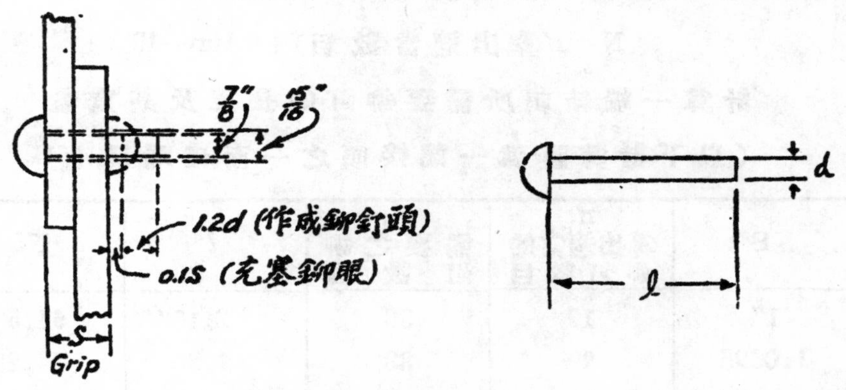

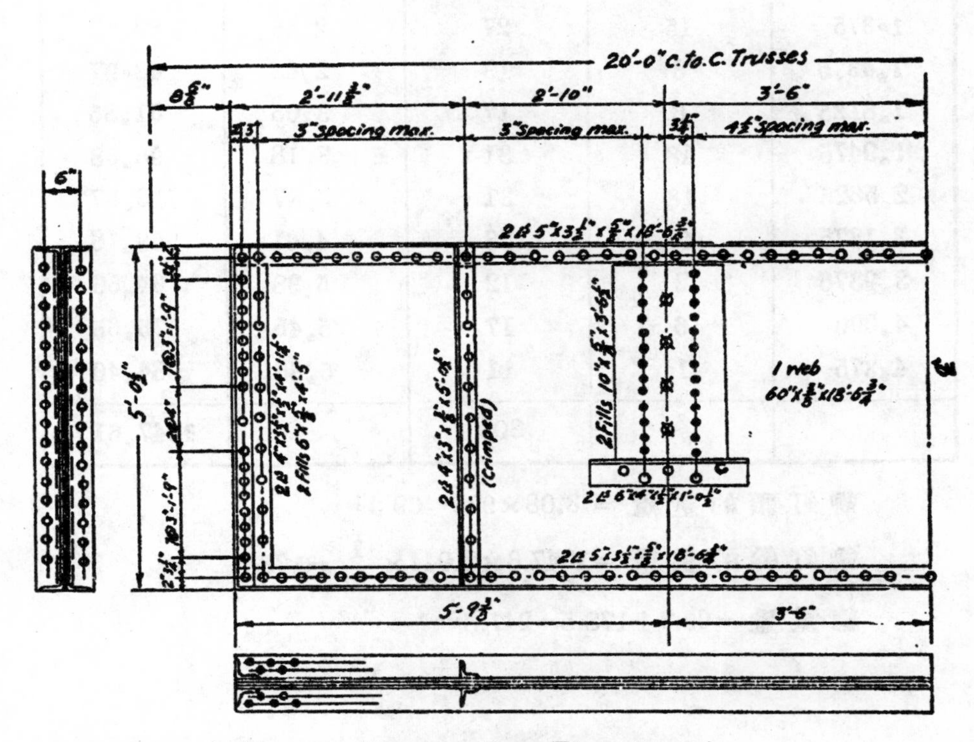

圖(六)　中間橫樑 (Intermediate Floor Beam).

至每種鉚釘所需要的數量，普通爲防備打壞，於是於每種需要數目之外，加多百分之15。遇有鉚釘數目本來很少者，百分之15，尤恐不足，故再加多10個。因此所需要鉚釘的數目，爲

N=n(算出適當數目)+0.15n+10

計算一端結頭所需要鉚釘的長度及其重量

(以下計算謹就一端接頭之一面，參看圖七)

S	n. 算出適當的鉚釘數目	N. 需要之鉚釘數目	l	Nl
1″	17	30	2.15″	64.5″
1.0625	20	33	2.25	74.25
1.1875	12	24	2.356	56.54
1.375	15	27	2.56	69.12
1.4375	8	19	2.63	49.97
1.8125	6	17	3.05	51.85
1.9475	18	31	3.18	98.58
2.5625	18	31	3.87	119.97
3.1875	40	56	4.61	258.16
3.9375	2	12	5.38	64.56
4.000	6	17	5.45	75.65
4.375	1	11	5.86	64.46
		308		1047.61

鉚釘頭的重量 $=3.08\times225=69.3^{\#}$

鉚釘幹的重量 $=1047.6\times2.044\times\frac{1}{12}=178.5$

總重量 $=69.3+178.5=247.8$

18908

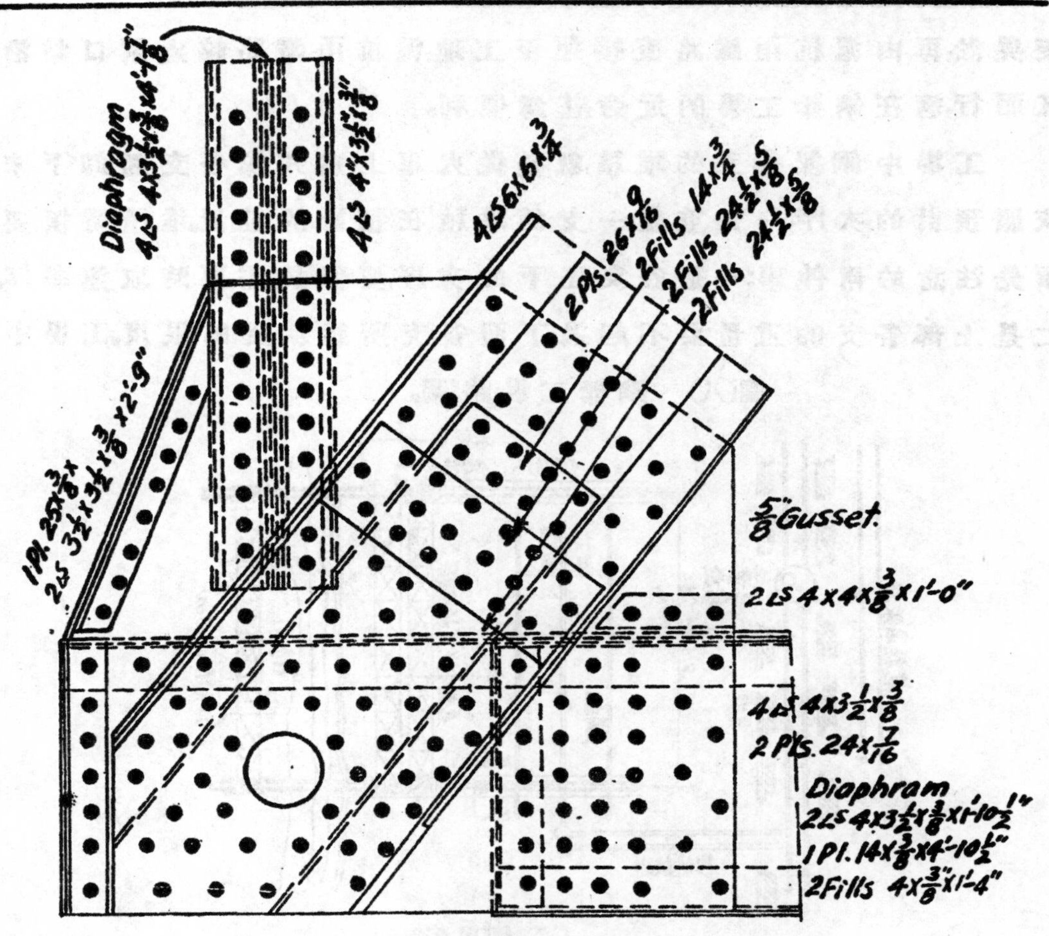

圖(七) 一端接頭(End Joint Lo & Lв.)

八月八日 鋼樑工場之設計

本日早晨有李文驥工程司來講演橋工測量。講詞已提前錄入第一工區日記中。講演完畢後,李先生領我們全體實習生至鋼樑工場攝影,以作紀念。隨後便在當地開始本日的實習工作。

鋼樑工場的佈置,主要的分三大部分:(一)鋼樑的堆積;(二)鋼樑的鑲拼;(三)鋼樑的起浮。

所有正橋桁樑的各支,由英國道門朗公司製好以後,經海道運至吳淞;再由滬杭甬鐵路直接運至工地,滬杭甬鐵路越過閘口站沿江而行,適在鋼梁工場的近旁,甚為便利。

工場中鋼梁各支的堆積,就是從火車上將鋼梁各支起卸下來,依照預計的次序,一支重疊一支的堆積在預計的位置。堆積時須要預先注意的兩件事:一是各支上下的次序,要便於需要時取運順序。二是上部各支的重量要不超過下面各支所能承受的限度。工場中

圖(八)　鋼梁工場路圖。

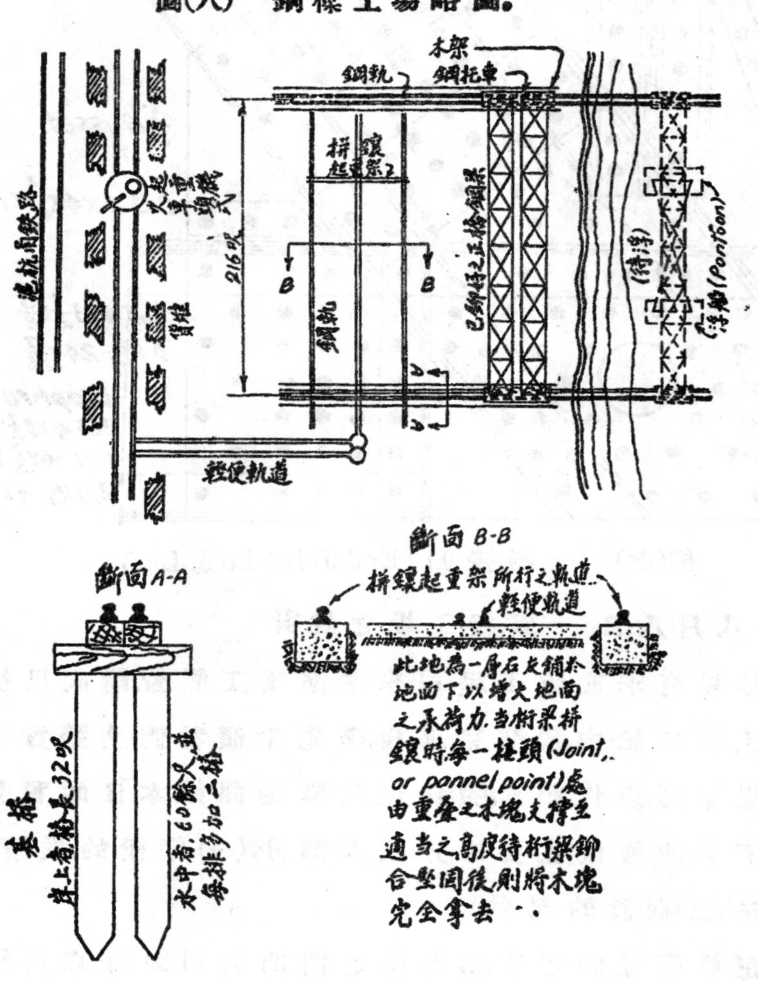

包工公司費工的多寡;工作程序,關係非常重要,故鋼樑堆積順序,免去應用時亂翻亂取,節省時間,便是節省用費。為拼鑲時便利,每兩架桁樑的材料,積為一堆;拼鑲之後,正好是一孔正橋。

起卸所用的工具為一火車頭式起重機(Locomotive Crane)。起重機安置機車上,可以在軌道上前後走動,而起重機臂幹,又可以隨起重機本身在一圓盤上左右轉動。以便伸至貨堆中,就用了這隻起重機上可以上下左右活動的臂幹,卸貨時,一支一支由火車上舉起,放置地上,起運時又由貨堆中舉起,放置搬運的四輪小車上。

搬運鋼樑各支時所用的工具,為一四輪小車與輕便軌道。軌道由貨堆的旁邊通至拼鑲工場,並轉折至拼鑲起重架的下面。(參看上圖)。各支放至小車車盤上,由人工慢慢推至拼鑲場地卸下,以備拼鑲。

鋼樑拼鑲場地,設計時較為麻煩,因為本橋採用浮船安裝法,故場地設計時(一)搬運來的鋼樑各支,要直接通至拼鑲起重架(Portal Crane)下,(參看圖八與圖十)路徑便捷。(二)拼鑲工場地面,須堅實,使能承受此鋼樑的重量而不下陷。(三)拼鑲妥善的鋼樑,要運輸至適當的位置,以便浮船(Pontons)舉起而運往橋磩處安放,所有鋼樑工場各部分情形。由上圖中逐一述明。

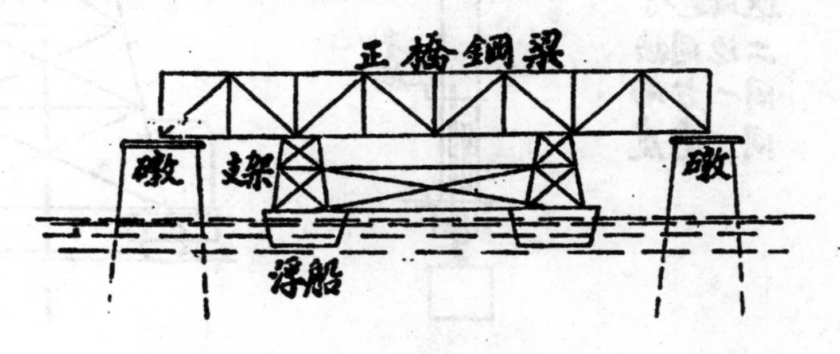

圖(九)

正橋鋼梁在拼鑲工地,裝配完竣後,沿兩端與江流垂直之軌道,由鋼托車(Spancar)(參看圖八與圖十一)用手力推至江中,待潮水來時,浮船先駛至鋼梁下面,船上有支架承托鋼梁,潮水高漲,浮船上昇,則鋼梁舉起,於是浮運至橋礅處安放(參看圖九)其所需要潮水水位,必使正橋底面較橋礅頂面略高,(如圖),待正橋位置經測量定妥後,即可安放。

八月九日　　畫拼鑲起重機(Portal Crane)
　　　　　　與鋼托車(Span Car)之草圖。

拼鑲起重機,可以在平行二鋼軌上,前後移動,二鋼軌間的距離。略大於兩孔正橋鋼梁的寬度。(參看圖八)起重機上的吊鈎又可以左右移動。因此所有拼鑲工場前後左右任何處,吊鈎都可以達到。

鋼梁最初拼鑲完畢後,即放置兩端木架便橋上,迨浮運時,用螺

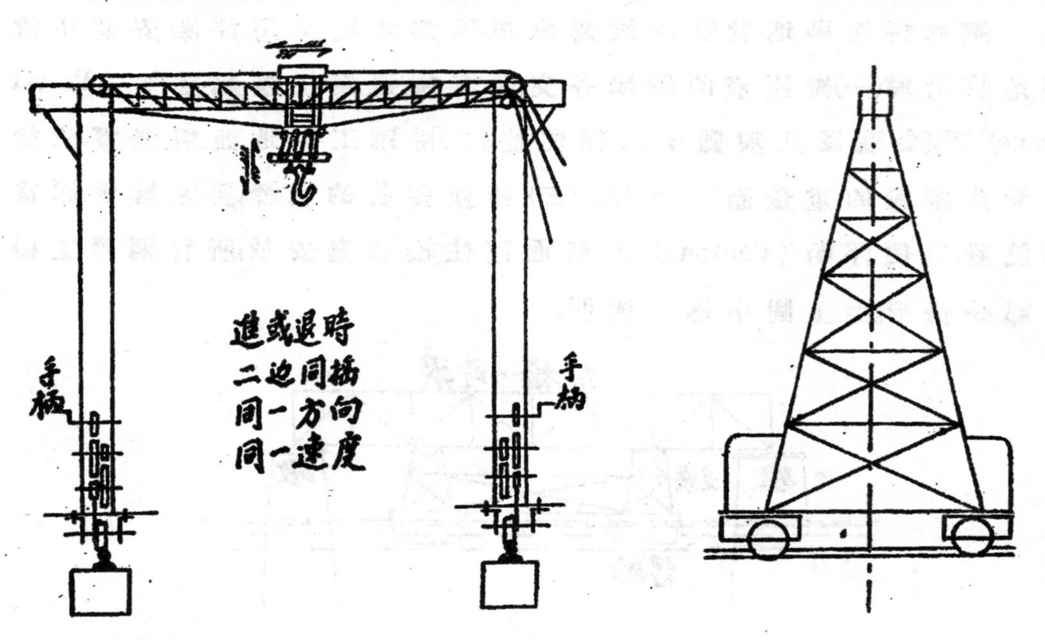

圖(十)　拼鑲起重架(Portal Crane)

絲起重器(Jack Screw)將鋼樑舉起，抽去木架，加墊鐵鈑，置鋼樑於鋼托車上，然後始能推至江中，以待潮水。

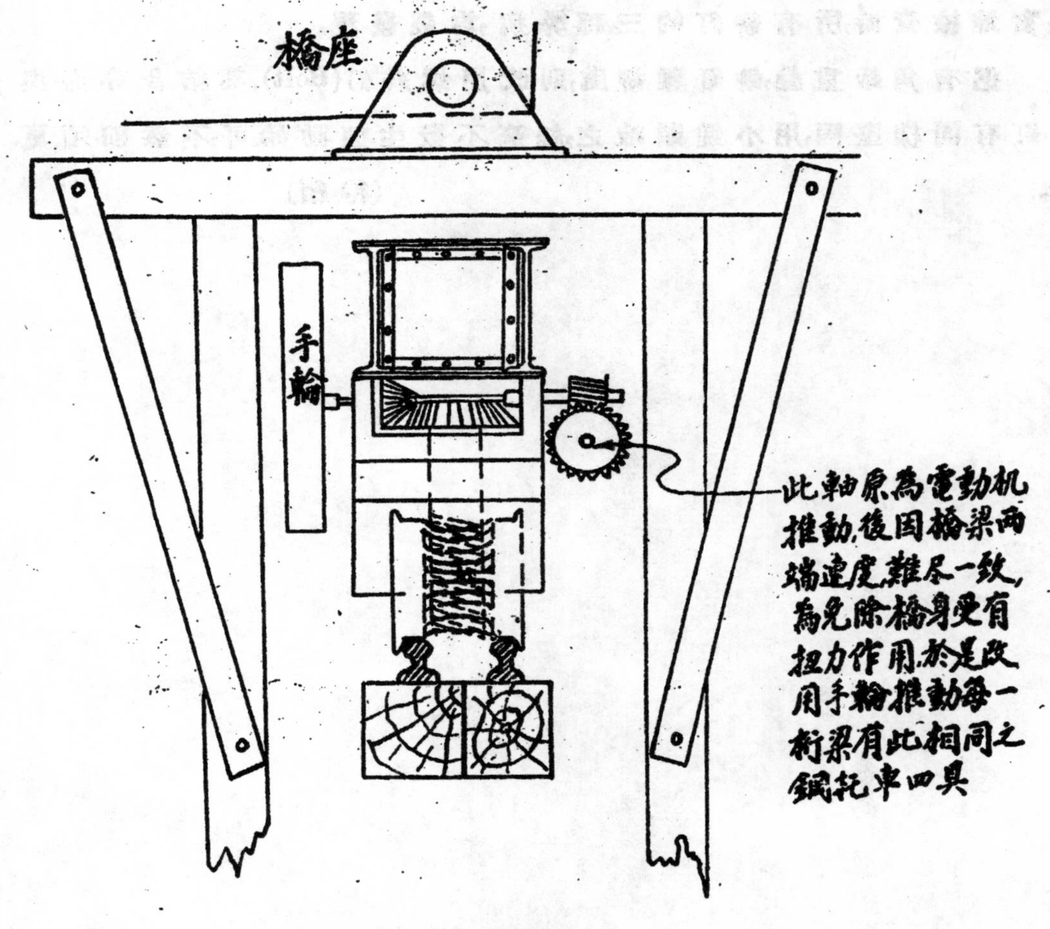

圖(十一)　鋼托車

八月十日　檢查鉚釘

工人打過鉚釘後，眉縫有病之鉚釘，鬼弊多端，檢查時易受蒙混。故工人打過鉚釘後，即令其遠離，必待檢查者檢查以後，有病之鉚釘始令其鏟去另鉚。

檢查鉚釘所用的工具,爲一端圓一端尖之小鋼鎚,檢查的方法。約有三種,此等皆於第一工區八月二日實習日記中講過。今天工地裏實地檢查時,所有鉚釘的三種弊病,均經發現。

遇有角鈑重疊,鉚釘難鉚處,則改用螺絲釘(Bolt),其結合亦必與鉚釘有同樣堅固,用小鎚頭敲之,絲毫不發生顫動始可,不然即須更緊。

(待續)

航空測量學大意

蔣宗松

(一) 緒論

航空測量學,乃由陸地測量學進化而成。蓋地形複雜,交通不便之地區,展望不易;陸地測量之方法,有時而窮,非施行空中測量不爲功。其法爲於飛機上,向地面作垂直或偏斜之攝影,以垂直者爲最普通,玆篇所論亦以垂直者爲限,將攝影機置于常平架上,務使其軸垂直于地面飛機往返飛行,於短時間內,即可將一廣大地區攝入,並有充分之重疊。據此即可製成精確之地圖。航空測空量之工作,可分四部:(一)往返飛行於欲測之地區上,(二)拍攝影片,(三)決定地上控制點,(四)根據照片製圖。吾人所論者,厥爲(三),(四)兩端。

(二) 應用

航空測量,多用之于灌溉工程,海港工程,城市設計,交通路線,江河流域,森林區域,公園等。自空以視地地形地物,一目了然,較諸任何方式爲便爲清晰。故美國之地形測量,今多採用之。至軍事上之應用,則尤爲廣博。

(三) 理論之根據

如第一圖設 A,B,C,D 爲地面上四點, a,b,c,d 爲其在照片上之相應點,0 爲照片之主點,0′爲鏡頭中心,0 0′0″爲主軸,交地面於 0″點,00′爲焦點距離,命爲f,O'O"爲飛機高度,命爲H。

既屬垂直攝影,則主軸必垂直於地面,亦垂直於照片,故地面與焦點平面平行。

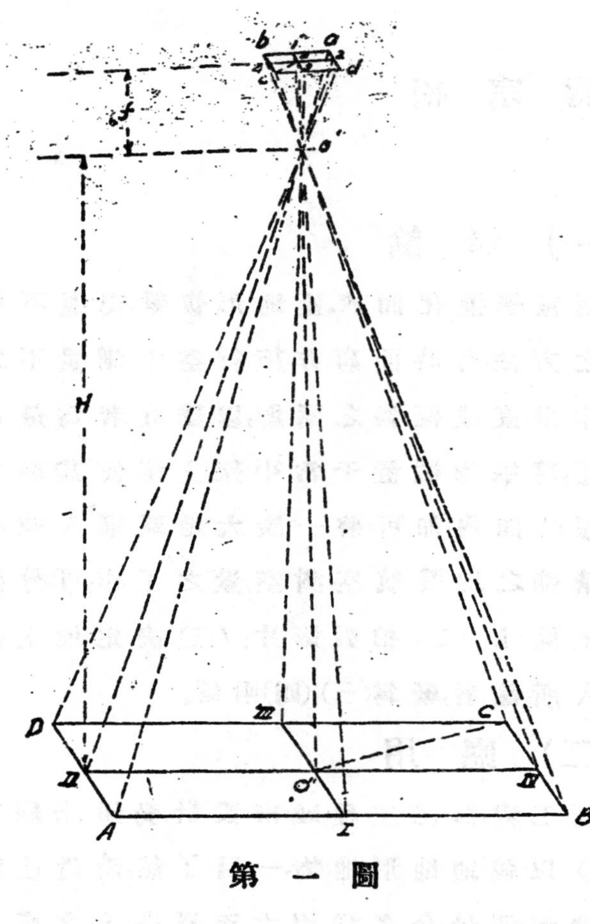

第一圖

即 □ABCD//□abcd

又cd與CD同在一平面上

$\therefore$ cd//CD

$\therefore \angle cdo' = \angle CDO'$

又$\angle dco' = \angle DCO'$ $\angle co'd = \angle Co'D$

$\therefore \Delta co'd \backsim \Delta Co'D$

$$\therefore \frac{cd}{CD} = \frac{co'}{CO'}$$

同理可証$\frac{bc}{BC} = \frac{co'}{CO'}$

即 $\frac{cd}{CD} = \frac{bc}{BC} = \frac{co'}{CO'}$

同理可證

$$\frac{ab}{AB} = \frac{bc}{BC} = \frac{cd}{CD} = \frac{co'}{CO'} = S.$$

又 $\Delta Coo' \backsim \Delta Co'o''$

$$\therefore \frac{cd}{CO'} = \frac{oo'}{O'O''} = \frac{f}{H}$$

$$\therefore S = \frac{f}{H}$$

(三) 差誤

用上法以求比例尺,若地面爲水平,在理論上,可稱爲絕對精確。然按之實際,則有種種差誤之處,故比例尺,亦不精確。玆將原因分述於次:

a. 照相器之傾斜 照相器本有水準氣泡之裝置,但飛機飛行甚速,攝影時水平之改正不易,則所攝之照片,必有多少傾斜,而差誤生矣。

b. 氣壓表之差誤　氣壓表,因空氣之變化無定,所指高度,難於精確。若所指高度,高于眞實高度,則照片上之諸點,將距主點爲遠,若所示高度,低于眞實高度,則照片上之諸點,將距主點爲近。

c. 地面參差不平之差誤　若所攝物體,在假定平面之上,則其在照片上之位置,將距主點爲遠;反之則較近。如第二圖高建築物之角A,在照片上之投影相應點,爲a′;而其投影則爲a。其差誤爲從主點至投影點所作之放射線上,若建築物愈高,在照片之邊緣上,其差誤愈大。低地C,則反是。

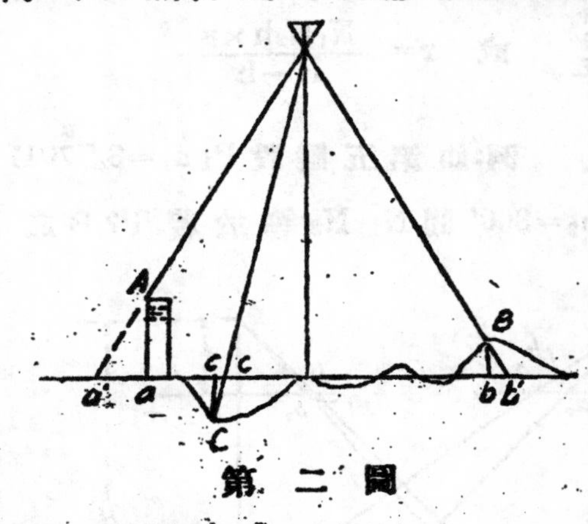

第二圖

(四) 地面參差不平之差誤之計算

如第三圖山頂A在假定平面之上,其在照片上之差誤爲,$aa_o=r$,

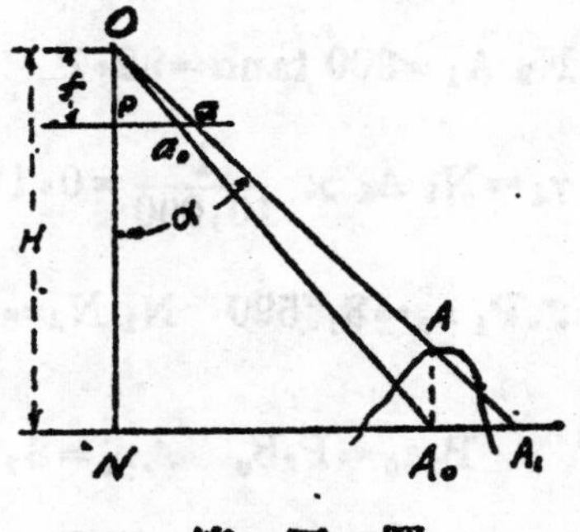

第三圖

吾人可得比例式如下

$$\frac{a_o a}{A_o A_1}=\frac{f}{H}$$

$$aa_o=v=h\tan\alpha\times s$$

量照片上pa除之以f得$\tan\alpha$設h, f, s,爲已知,則相應點之差誤,何由計算得之。

如第四圖,設E點攝入於相鄰兩照片內,則其總差誤等於各差誤之和。卽

$$r=r_1+r_2=hs(\tan\alpha+\tan\beta)$$

設兩主點之水平距離$O_1O_2 = N_1N_2$為已知,則由相似三角形O_1EO_2與E_1EE_2之關係

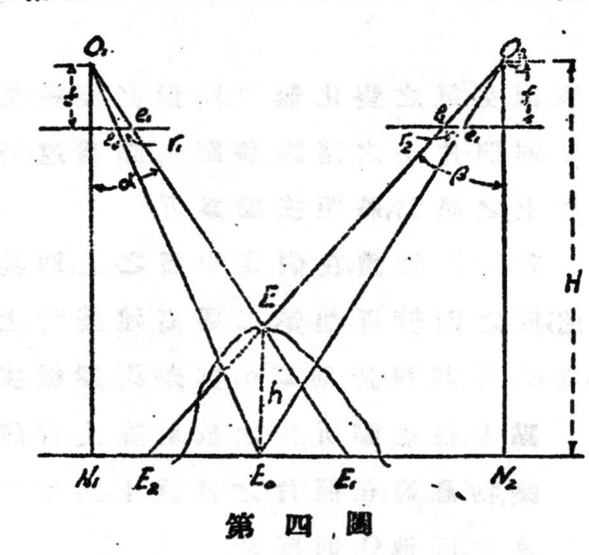

第四圖

$$\frac{O_1O_2}{E_1E_2}=\frac{H-h}{h}$$

但 $E_1E_2=E_1E_0+E_0E_2$

$$=\frac{\gamma_1}{s}+\frac{\gamma_2}{s}=\frac{\gamma}{s}$$

於是 $N_1N_2\times h=\frac{r}{s}(H-h)$

或 $r=\frac{N_1N_2h\times s}{H-h}$

例:如第五圖設$P_1a_1=3.''701$; $P_2b_2=3.''564$; $f=12,''$ $H=10,000'$,A $N_2=h_2=300'$ 間 N_1N_2 等於若干? B之高為若干?

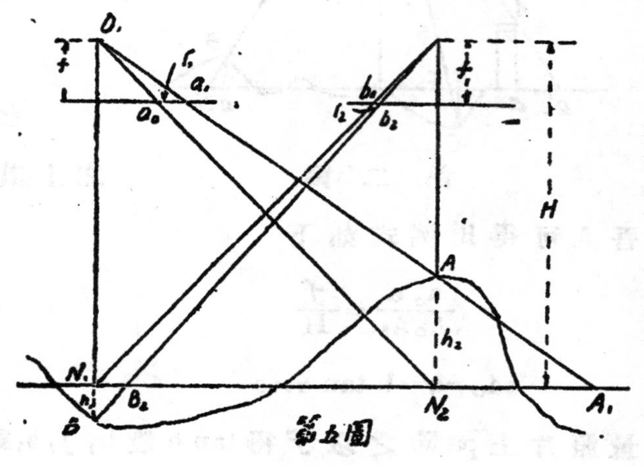

$$\alpha=\tan^{-1}\frac{3.701}{12}=17^\circ10'.7$$

$$\beta=\tan^{-1}\frac{3.564}{12}=16^\circ32'.7$$

$N_2A_1=300\tan\alpha=92.7'$

$\gamma_1=N_2A_1\times\frac{1}{10,000}=0.111''$

$\therefore P_1a_0=3,''590$ $N_1N_2=2999'$

$P_1a_0=P_2b_0$ $\therefore r_2=3,599-3,564=0.''035$ $\gamma_2\times\frac{1}{s}=29.'$

$BN_1=h_1=N_1B_2\div\tan\beta=98.'$

(五) 重疊(oncrlap)

重疊者,即某一地區,既攝入於一片內,更攝入於其隣近之片內

也,在航空測量初發達時,往往沿飛行方向,有百分之六十之重疊(end lap)。兩飛行路線間,有百分之五十之重疊(side lap)。務令一照片之主點,在隣片之邊緣上,如此則每片至少有三主點,發生一幾何關係。玆將其理由分述于下

a。如製成精確地圖,則每片之主點,須在任何隣片之邊緣上。

b。影片往往受鏡頭,偏斜及地面參差不平,而發生差誤,而尤以邊緣上爲最大。製圖時多採其中部,而棄其邊緣。

c。相隣兩航綫間之重疊,尤爲重要。因飛機之震動,風力衝激,或航綫目標之不明顯,致飛行方向,每不能與原定航線一致,則相隣兩航綫或有離開之虞。故須有重疊之準備,以免脫漏,而省補攝之煩。

d。旣每一地域,至少有四次攝影,則遇有因偏斜太甚,光線不佳,之照片,可選棄之,其餘照片仍可顯示此地之地貌地物,並無須重攝。

e。重疊可以顯示一地物以數影,蓋有時一地物于此片甚明晰,而於隣片則不認識也。

(六) 隔離時間

隔離時間者,飛機通過前後相隣兩照片主點距離,與實地相應長度所需之時間也。

設 l = 照片之縱長

則 $\frac{l}{s}$ = 實地相應之長度

設 m = 重疊部分

則 $\frac{l}{s}(1-m)$ = 兩照片主點間與實地相應之長度

命 v = 飛機之速度

t = 所求之隔離時間

則 $t=\frac{\frac{l}{s}(1-m)}{v}$

例。設重疊爲百分之六十，比例尺爲1吋＝600呎，照片之縱長爲6吋，飛機之速度爲每小時120哩。間隔雛時間爲若干？

$$v=120\times\frac{5286}{60\times60}=120\times147=176\text{呎(每秒)}$$

$$\therefore\ t=\frac{\frac{6}{\frac{1}{600}}(1-0.60)}{176}=\frac{3600\times0.40}{176}=8.2\text{秒}$$

(七) 攝影次數

若照片之大小，比例尺及重疊部分爲已知時，則於某地域內所需攝之次數，可由計算而得。即以每片所攝面積，減去重疊部分，除地域面積是也。

設 A＝測區之總面積

m＝前後重疊部分(沿飛行方向)

n＝左右重疊部分

a＝每片之面積

T＝攝影之次數

則 $T=\frac{A}{\frac{an}{S^2}(1-m)}$

例：有一40方哩測區，照片爲7″×9½″，比例尺爲1吋＝800呎，前後重疊爲百分之六十，左右重疊爲百分之五十問攝影之次數若干？

$$T=\frac{40\times5280\times5280}{\frac{7\times9\frac{1}{2}}{\left(\frac{1}{800}\right)^2}\times0.50(1-0.60)}$$

$$=\frac{40\times3286\times5280}{800\times7\times9\frac{1}{2}\times.02\times800}$$

=121 次　即需 131 張照片

(九)　垂直攝影相隣兩照片主點間水平距離之决

空中兩照片間之眞實距離,恆依飛機速度與時間而定。然在垂直攝影,且飛機高度,常能保持一致時,則可根據主點之水平距離以决定之。然所攝地區多爲崎嶇不平,有發生地位差誤之弊。故依幾何理論改正之。

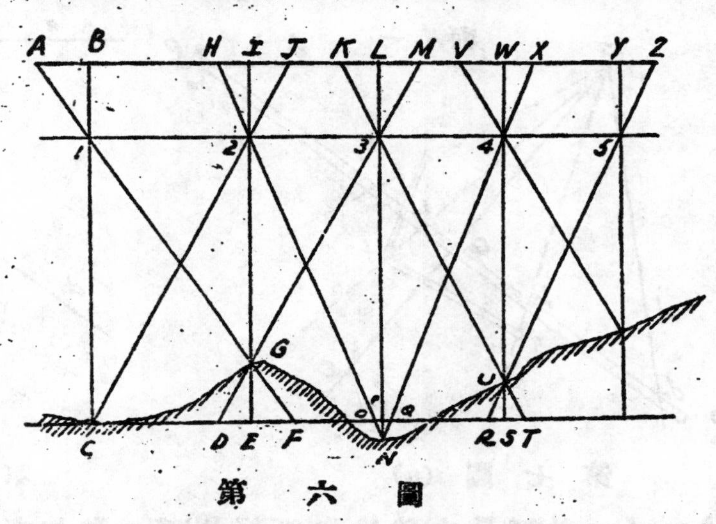

第　六　圖

如第六圖 1,2,3 等爲鏡頭;B,I,L 等爲各照片之主點,C 爲爲假定平面上之點,G 爲高出之山頂點,N 爲低陷于假定平面下之點。在第一照片,垂直點 C 在假定平面上,在第二照片垂直點 G 適爲山頂,在假定平面之上。故 C 與 G 在第二照片上,將不受差誤之影響,故在第二照片上,1–2 之眞確距離可求得。(飛機飛行之高度及攝影機之焦距爲已知,則按比例尺計算之。)

2–3,3–4 等均受差誤之影響,由 1–2,相似 △ 41B,1G2 及 △ L3M,2G3 得

$$\frac{AB}{1\text{-}2}=\frac{LM}{2\text{-}3}$$

或

$$2\text{-}3=1\text{-}2\times\frac{LM}{4B}$$

既 LM 與 AB 爲照片上主點至 G 影之距離則可量出,提 2-3 以求得。

(十)　製圖

吾人測量之目的:在得一精確地圖以爲用。故製圖爲最重之工作。製圖之法頗多。茲舉其簡而易於領會者于下。

a. 線束法　線束法(亦名紙條法)卽將地上控制點。(每片之主點)按其相關位置,展於圖紙。如 A,B,C,D。(第七圖)於照片(一)(自鏡頭向地面作垂線必過地上一點 A) a,b,c 及 d 爲主點自 a 作 ab,ac,

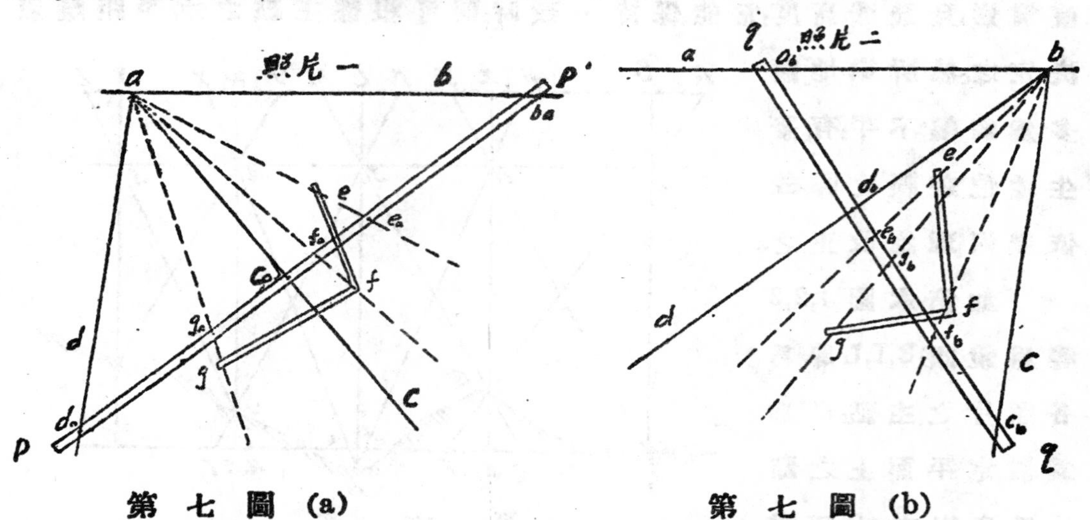

第七圖 (a)　　第七圖 (b)

ad,ae,af,ag 并延長之,然後取紙條 PP 與 a 點相對放置,截 ab,ac,ad ae,af 及 ag 或其延線于 b_a, c_a, d_a, l_a, f_a, g_a. 再將 PP 取同上之位置放于圖紙上,任意移動,令 b_a, c_c d_a 各點與 AB, AC, AD 各線密合一致,刺印 E_a,F_a, G_a 各點于其上而與 A 點連結之,成 AE_a, AF_a, 及 AG_a 各直線,於是 E,F, G 各點之位置在 AE_a, AF_a, 及 AB_a 線上矣。于照片(二),(自鏡頭向地面作垂線必過地上一點)自 b 作 ba,bc, bd, b*l* bg 及 bg 并延長之,然後取紙條。qq 與 b 相對放置,截 ba, bc, bd, bl bf 及 bg 或其他長線于 a_b, c_b, d_b, l_b f_b, 及 g_b. 再將 qq 取同上位置放于圖紙上,任意移動,令 a_b, c_b, d_b. 各與 BA, BC, BD 各線密合,刺印 E_b, F_b, G_b 于其上,而與 B 點連接之,成 BE_b, BF_b, BG_b 各直綫,則 AE_a 與 BE_b, AF_a 與 BF_b, AG_a 與 BG_b 之交點卽 E, F, B

也。

其理論,則爲以a爲主點所攝之照片(一)∠bac等于地上之∠BAC ∠bae等于地上之∠BAE……即因地勢所生之差誤,與其方向無關,E點必在ae綫上,同理在照片二上,∠abe等于地上之∠ABE……E點必在be綫上。圖紙上之AB, BC, CD, AD既與地上之眞實距離一定之比例,則∠ABE=∠abe, ∠BAE=∠bae …… 卽得E, F, G等點。

b.描圖紙法 將描圖紙放于照片(一)上,作 ab, ac, ad, al, af, ag再放于圖紙上使ab, ac, ad與AB, AC, AD相合,刺印ae, af, ag綫上之任一點將描圖紙取開作AE_a, AF_a, AG_a.同法作BE_b, BF_b, BG_b於是得E, F, G矣。

以上二種方,不過其理論,用之者甚少,以其繁難不合實用也,現現代製圖多用自動機。

(十一) 高等綫

等高綫,卽距假定平面有相等之高度之諸點,聯絡而成者。其一卽利用照片之重疊以求得各特殊點之高度。如第四節之例題,求B之高度是也,然後用插入法(interpalation)卽得等高綫。

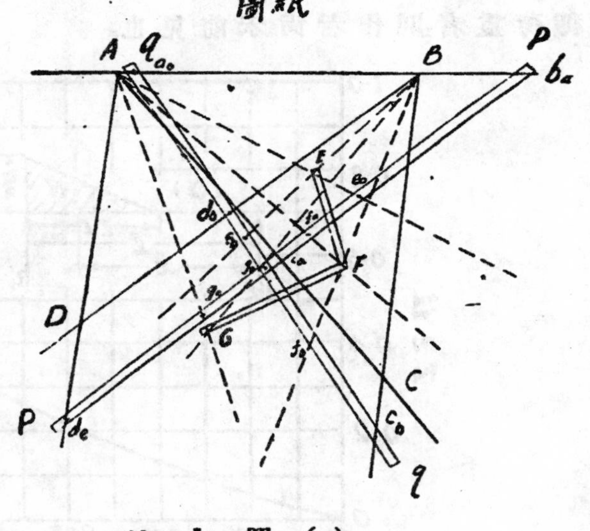

第七圖 (c)

載水力重負之樑中之彎曲能率

林祥威譯

設計樑時常遇均變荷重 (Uniformly varying load) 沿樑之一部或全部,此乃不可避免之事。普通教本及手册中於此項樑之特性雖曾敘及,但其荷重均限於樑之全部者至於討論僅樑之一部分受有此種荷重者,則作者尙未前見也。

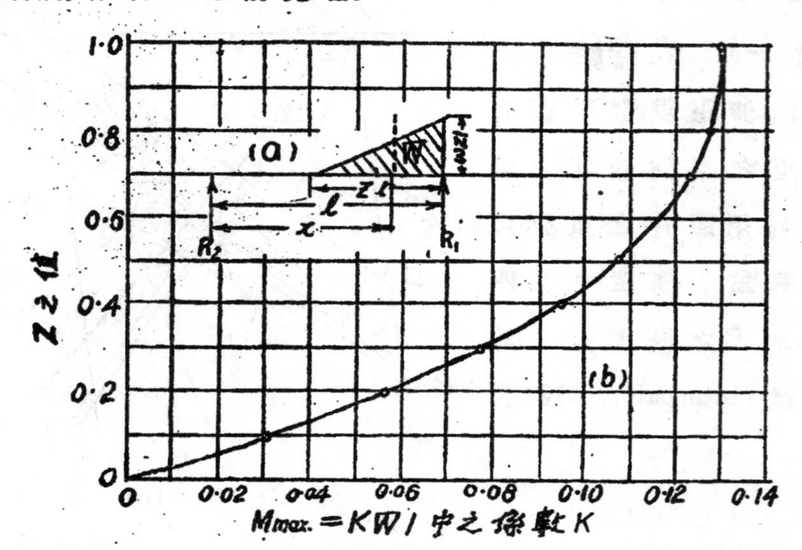

定部分水力荷重樑中最大彎曲能率之係數

圖 1(9)示一單位寬度之自由支持樑 (Frecly Supported beam) 載有有一部分之水力荷重者。樑之荷重部分之長對其全長之比,以小

數表之命爲Z;ω爲所載液體每立方尺之重量;W爲總負重即$\frac{1}{2}\omega Z^2 l^2$.取其在每一支點之能率且略去樑之重量不計,則得下式

$$R_1=\frac{\omega l^2}{6}(3Z^2-Z^3) \cdots\cdots (1)$$

$$R_2=\frac{\omega l^2}{6}Z^3 \cdots\cdots (2)$$

在任一截面,x,之左邊的諸力之能率應爲

$$M_x=\frac{\omega}{6}\left\{l^2Z^3x-[x-l(1-Z)]^3\right\} \cdots\cdots (3)$$

「$M_x=\frac{\omega}{6}l^2Z^3-\frac{1}{2}[x-l(1-Z)]\omega[x-l(1-Z)]\times\frac{1}{3}[x-l(1-Z)]$

$=\frac{\omega}{6}l^2Z^3x-\frac{\omega}{6}[x-l(1-Z)]^3$ 」

若樑之全部均荷重時,Z=1,則得

$$M_x=\frac{Wx}{3}\left(1-\frac{x^2}{l^2}\right) \cdots\cdots (4)$$

在此式中W=樑之總荷重$=\frac{1}{2}\omega l^2$

第(4)式可於普通教本及手冊中覓得之。

將(3)式之一次微係數等於零,吾人可覓最大能率點之位置當在

$$x=l\left(1-Z+\frac{Z^{3/2}}{\sqrt{3}}\right) \cdots\cdots (5)$$

「 微分(3)式而以之等於零

$l^2Z^3-3[x-l(1-Z)]2=0$

$l^2Z^3-3x^2+6l(1-Z)x-3l^2(1-Z)^2=0$

$3x_2-6l(1-Z)x+3l^2(1-Z)^2-l^2Z^3=0$

$$x=\frac{3l(1-Z)+\sqrt{[3l(1-Z)]^2-3[3l^2(1-Z)^2-l_2Z^3]}}{3}$$

18925

$$= \frac{3l(1-Z)+\sqrt{3l^2Z^3}}{3}$$

$$= l\left(1-Z+\frac{Z^{3/2}}{\sqrt{3}}\right)$$

於是得此最大值為

$$M_{max.} = \frac{\omega l^3}{6}\left(Z^3-Z^4+\frac{2}{3\sqrt{3}}Z^{9/2}\right) \cdots\cdots\cdots\cdots (6)$$

或用總荷重W（即$\frac{1}{2}\omega Z^2l^2$）

$$M_{max.} = \frac{Wl}{3}\left(Z-Z^2+\frac{2}{3\sqrt{3}}Z^{5/2}\right) \cdots\cdots\cdots\cdots (7)$$

當此樑全部荷重時,Z=1,則(7)式化簡為

$$M_{max.} = \frac{2Wl}{9\sqrt{3}} \cdots\cdots\cdots\cdots (8)$$

此式可於少數教本及手冊中見之。

(7)式亦可書為

$$M_{max.} = KWl \cdots\cdots\cdots\cdots (9)$$

式中K之值為$\frac{1}{3}\left(Z-Z^2+\frac{2}{3\sqrt{3}}Z^{5/2}\right)$。

相當於各Z之K之值可於圖1(b)中查得之。唯須注意者即K最大值約在Z=.94之處,在此情況時,其力之能率較樑全部荷重時稍大。

獻給前進中的少年工程師

John F. Stevens著　龔一波譯

著者是一位年高德邵在工程界極有聲望的美國瑪尼蘭巴特莫爾人,曾任C.P.R.(加拿大太平洋鐵路)顧問工程師,近在"Engineering News Record"上連續的發表了一篇「我的回憶」,用好幾萬言,分成十多章,把他生平的工程經驗和學識,連他自己待人接物的態度,無遺漏的宣露出來,極受世人的歡迎,工程界尤爲歡迎。譯者爰乘此寒假之暇,把他編譯出來,供獻讀者;不過還要請讀者原諒的,譯者是一個學工程的人,對於字句的結構和粉飾,都不擅長,因此把作者生動的文勢失去了不少——譯者識

看啊!時代的巨輪,不住地向前滾着,無限的未來,送來多少複雜的問題,一羣一羣的青年工程師們,轉瞬便要負起領導的責任了。好吧,讓我們來下個總動員令,把靈活的頭腦,敏捷的手腕,都充分地發揮出來,解決偌大的重要問題吧!這種種問題正確的答案,將直接影響到全人類的幸福和安適,更要認清那些曾經度過忙碌職業生活,見過或者担任過下層工作的人們所說的話,對於你們行將肩起發展國家事業責任的青年們,都是有很大價値地呀!這是多麽値得慶幸啊!眼見我們工程界偉大而高尙的職業,都表現在公共的事業和遼闊的原野裏,人類奮鬥的歷程上,那一處沒有我們的足跡,况且最

近幾年來驚人的進化,已明白的在利用神祕的天然力量,來做人類忠實的僕役,而這種進化,仍將持續着無窮;同時工程師的恩惠也越發擴大,所處的地位正可以和日月爭輝了;不過我們給人的恩惠越發多,肩上的責任就跟着越發大;那末,我們便應該拿出自已全副的精力,去担當那已擺在面前的重任,乘早把它安排好,讓現在一切痛苦的人們,早點到我們新建的幸福之邦去過度快樂的生活。做這樣偉大事業的人,如果沒有健全的思想,和熟練的技能,無疑地是不能得到成功,至少是不易得到成功,那末我們該怎樣訓練我們自已呢?

(1)必須受專門的教育——誰也不能否認,專門的學識和技術,是工程事業走上成功之路的導引。還得要注意我們不僅是在學校裏得到一點書上的基本工程知識就夠用了的,心理的和觀察力的訓練與發揚,對於我們的成功,也是同樣的重要,同樣的有價值;因為它能指示我們在達到某同一目的之下,究竟走那條路平安些?近便些?按住這正確的指示做去,我們便可以得到美滿的結果,這種訓練,因為是如此其重要,所以在工程師職業的生活過程中,佔據了極多量的時日,反過來說,若是沒有這種能力和訓練,恐怕免不了有猙猙的惡魔,攔阻你的奮鬥的去路,不輕易放你走過!

假使有人要質問我:「某某人並沒有受過專門教育,偏成功了大業,也很有名望,又為的什麼呢?」我敢武斷的答復他說:你所引證的話,百分之百是不眞確的;不管那一位工程師,只要是位脚踏實地的人,沒有不受過專門知識和技術的訓練地。至多祇是訓練的久暫之不同罷了,但是有一般人,雖憑着流利的口舌,堅持着偏執的主見替無需受專門訓練而辯護,但自己仍在書本上和雜誌上作絲毫不放鬆的苦讀,在各種事物上作最審愼的觀察;這與自修專門學術的,工程師又有何異?無論在校研究或在外自修,其欲獲得一種專門的學術,爲命運兒的寄托者——世界——謀福利,則完全相同,那末何苦說這許多費話呢?!提到這裏眞是傷心,記得有許多青年,在六十年前都承認過專門教育的利益,現在公然的極端否認起來了。唉!工程之不能成爲一種職業,原來就由於此啊!要不然至高無上的工程事業,不知比今日要勝過若干倍。

(3)必須有濃厚的工程興趣——我在幼年時代,並沒有好好的讀過書,祇在一個師範學校裏混過一兩年,當時,我便覺得這種學校,至多是教我成功一個教師,別的都談不上,於是我生了厭惡的心,不想在這兒久留,每遇着孤寂的環境,便做工程上的遊戲,正好似一個沒有航海知識的水手,初次去駕駛海船那麽樣的怪有興趣,一切都不顧慮,就是船沉了,也不打緊。

賦有工程癖的我,於是着手追求工程上的書本知識,同時爲家庭和自身的生活而作工,無形中變成了一個自習的孩子,從來也不曾見過專科學校的設立,或專門學識的講演;幼時求知慾之被挫折的痛苦,不覺已成了過去。

我害怕我的瑣事介紹得太多,惹起讀者的厭惡,現在來簡潔的作個結束:我希望我奮鬥的歷史,多少留與青年工程師們一些良好的印像。我們要深深的認識:大自然的一切,總是可以被控制的。我們的心力和體力便是控制的原動力,這種力量,可以保證工程事業的成功,同保証人類奮鬬別種事業而成功的一樣。

(3)必須立定遠大的志向——有一點是青年工程師必須特別注意并且牢牢記住的,便是在年輕的時代,切不可好高騖遠,妄想一步登天,即使做了驚人的事業,也不可以囂張浮氣,以爲是出人頭地,人之對於自己的才能,決斷,和行爲種種的自信力,總是漸漸堅定的,他的代價,也是漸漸增加的,所以一個工程師必須立定遠大的志向,爲畢生的奮鬬,去換得自信力最後最大的代價;如果志向短小,沒有一貫的主張,在這優勝劣敗的宇宙之中,他將要得到悲慘的結局,還有,無論事業的大小,應該一樣的重視,切不要以爲事業小了,就懶心懶意的不願做。所立定的志向,要能適合各種環境,小的工作既能夠做得美滿,大的工作也能夠措置裕如,自己的職務既能夠勝任,上司的職務也能夠代理,這樣才算是眞美善齊備了。

我們當中有極多數的人,我也不是例外,總說我們這些被指揮的人們,都拼命的做着苦工,但是事業成功以後,所有令譽和金錢,却盡歸我們的長官享受了。不過當我們一層一層爬上去的時候,我們便可以認清所謂高級長官,就是負有更重大的責任,拿有更多量薪俸的人,責任重大的人,拿多量的薪俸,我以爲是絕對公正的。更有一個脚踏實地的工程師,在他職業進程中,他可以看出他的成功,大半是由於很勤苦很忠實工作的原故。只有這種美滿的成功,才能夠給他光榮的名譽,這種名譽也才得之無愧。

(4)必須自闢成功之路——當你期待着成功的時候,你必須把你的工作,看得特別貴重,別的你儘可不管。更要知道:世上是沒有已成的貴族之路,帶你到職業成功國度裏去的,但是也只要你經過一番充分準備的工作,和縝密的一貫計劃,自已築一條大路,也可以達到那裏。不過這些話對於性子急燥的學生們,是沒有什麽用處,並且準備的工作,是永遠不能夠停止的,除非你的事業,已得到最大最後的代價,能叫那些設計過實施過許多事件的人們,都心服你擁戴你。

青年們!我也不願意過分的勉強你們,定要走那一條路,不過如果你們不滿足現實的無保障的生活的話,你們就必須鞏固自身的地位,把自已就當作經驗豐富的工程師看待,一到畢業證書落在手裏,便可拿他來證實你們知識準備工作是完了,同時重大的責任和高昂的薪俸,都歸屬你們了;可是,實際的技術的準備工作,只是剛剛開始。這種準備的特徵,便是把你所得到的學識,如何去應用到相當的各種不同的事物之上。

(5)必須儲存普通的常識——回顧我五十年前職業的生活,和我所仔細觀察過的許多別人的工作,叫我深深的相信:一切的成功,都是由於應用普通常識,排解了問題之爭執點的結果;反之,要是缺少了普通常識,則失敗的機會之多,恐怕誰也料想不到。普通常識的釋義,還沒有人給他正確的說出,也許就沒有適當的字能夠表示他。好比「吞嚥」的動作,個個人都會,而且慣用,但是怎樣行使這種動作,便沒有幾個人能夠回答出來。實在的,普通常識眞是一副可靠的銳利的武器,可以保證你生命的安全。當你被矛盾之理論和錯誤之計劃迷蒙住的時候,它可以爲你推開它們,引你走上正路,順利地過去。假使一個青年工程師,平素能刻苦研究并細心觀察這世上的一切,他定能吸收并熔化很多的常識。在許多工作的當中,也就能選出那最好的一個,歡天喜地的去完成。萬一他不能完成他的使命,不能得到人類的歌頌,那祇是畸形社會的病態,沒有健全的理由值得申說,只可以說是他的不幸,並不是普通知識的倒台。

我們生長在這非常的時期,應該富有非常的思想,負起非常的責任,科學在過去幾年間進步的紀述,現在看起來,正像神話一般的有味,但是誰又肯輕率的斷定科學正蠶食着大自然的佳饌呢?我們這些注意過幫助過科學進步的人,羨慕一般成功的人,那是必然的現象,從我們祖先的功績和我們這些已成與未成的事業上看起來,我眞以爲我們是在茫無邊際的灘地上,拾着小石子玩似地,我堅定的相信着:各種工程,在他那應用廣闊的範圍裏,需要更驚奇更偉大事業的出現是越發迫切了。

(6)必須訓練想像力——有一種與生俱來的本能,也是成功一個實地的偉大的工程師所必須具備的本能,便是想像力,一般俗人常常以爲工程師的腦袋袋裏只是充滿了乏味的法則,和數目字的,這個意思是指我們缺乏了想像力,我們對於這一點只覺得慚愧,却不能埋怨他們爽直的批評。一個工程師儘管有極完善的計劃,去實施他所設想的工作,但是如果他不能夠從心腹裏看得出:「雖還剩一根樁沒有打進地下去,這整個的工作仍不能算是完竣,」仍不配稱爲有大無畏的精神;而他所想像的結果,一定是非常的平凡,這種平凡,是一種漸近於死的狀態的名稱,正像俗語所說的:「想像不曾到過的地方,那裏的人民是淪亡的是腐化的,」「想像」便是「想像力」的集團,我們能夠不培養想像力嗎?

(7)必須放大眼界——一個工程師,固然要把他自己的工作看得特別的重要,同時又不可忽略自身也是許多生命中的一個形體,假使這點顧慮不到,他將免不了走上狹小的路徑,更不能抬高他職業的地位;當他和那些眼光遠大胸襟曠達的人們交際的時候,他的命運將受別人操縱,那時他雖落得和他們在一齊,但不是他們當中的一份子了,雖然有專門的知識,但無力考慮通盤的計劃,終於被別人唾棄,所以一個工程師要成就他的事業,必須放大眼界,各方面才都能顧慮得當。

(8)必須尊重自己的人格——工程師有工程師的人格,應該特別注重,不要讓別人沾汚了自己的清高,要時時刻刻的做反省工夫,別人發表意見,無論有沒有贊成和反對的人總得仔細去聽,並加以多方面的考慮,然後再客觀的去批評,往往有不少的事情,本來在工程的立場上看起來是很對的,是能做的,只是因爲盲目的心理籠罩着了理智,不願意考慮別的建議,終於失掉了成事的機會,這是多麽可惜!沒有別一種職業比工程師的職業,是需要更多的自治,和更多的禮節的;假使一個工程師的事業是健全的,態度是和藹的,推斷是眞確的,那末,他的一生,必定是幸福的;反過來,他就不能得到光榮的成功,他的生命的園村,便將要荒蕪了。俗話說「從你的工作上,可以發現你的做人,」這話之對於工程師更是合理而切當。

(9)必須培養責任心——上面說過,工程師應該隨時隨地的想到和做到自愛自重的美德,要是只默認內心的錯誤,並不悔改它,將錯就錯的去實施,仍是缺乏自愛德行的表現,事實告訴我們:一個工程師,當勢利的心潮,忽然湧進來的一霎那,不僅是不能果毅的拒絕那謬誤的計劃,反而替那類計劃一味的辯護,甘願去聽他役使,認爲卽使錯了,於自己並沒什麽責任;這種心裏的錯誤,實在太厲,也是很顯然的。任何一件工作,祇要是你曾經動過手做過的,你就該對它負起道德上的責任來,是好是壞,你都應當承認;若是你根本上就不尊重你自己,必然的便不會有人來尊重你。老實說起來一個搶辭奪理無責任心的工程師,總是祇顧金錢的獲得,犧牲名譽是在所不惜的。

(10)必須養成互助的精神——「工程」這名詞的本身,已表現牠是一個實際的東西,牠的意義上的範圍之廣,應用之多,是沒有別的名詞能和牠爭雄的;所以一個工程師除了受某種特殊的教育以外,還須吸收些普通知識;因爲我們彷彿是機器的全部,並不僅是它的某一部份;並且我們在這科學的園裏,居有十分優越的地位,做起事來,當然要比一般人多賣點力氣;那麽在盡自己純粹職業上的義務以外,還要做些額外的事,有許多急待合法解決的嚴重問題,天天老是纏繞住人們,工程師就該設法解除;那些問題正確的解答,也只有我們工程師才知道。沒有一種工程是無有意識的,工程只有資本的多少之不同,决無孰貴孰賤之差異,至少我們爲完成每種工程所努力的程度是一樣的。但是不論是在那一種情況之下,我們總不能夠把各部份細微的工作,完全經自己的手去做,於是有助手的需要,因此又要培養充分的知識去了解別人的個性,去觀察別人的能力,以便選擇良好的助手,來幫助你完成那全部的工作。既經把一部份的工作委托了他,你便要絕對的信任他,讓他全權處理那一部份的工作,千萬不要干涉,這樣的分工合作,便是管理成功的祕訣,也是事業成功之最有効的方法。

(11)必須存忠實的心——青年的工程師們!你們要信仰你們自己,要忠心茫茫的未來,鼓起勇氣,直向前衝去,不要畏縮!更記着「和悅的容顏,可以賺到充饑的麵包,」再記着:「用你希望別人替你做事的努力,去替別人做事!將你希望別人待你的心,去待別人!」這幾條格言,是引你的職業和你的生命到天堂裏去的唯一捷徑。你聽它的指示是永遠不會錯的。是的,在生命的進程中總免不了一些障礙,有時也會使你灰心,有時也會叫你徘徊,不過只要是你有毅力,有勇氣,定能夠克復它們,或者躲避它們,這樣所得的經驗比順利的通過更有價值。鐵礦生來並不是鋼,它必須受過紅火的燒鍊才成鋼;人也是一樣,他必須飽嘗了艱難辛苦,才能成功一個偉人。哥斯人有句成語:「能夠解除危困的人,才是眞正的主人,」也只有忠實,才能夠通過一切的困難。

(12)必須探索新途徑——工程師將來應該做那些事呢?祇是做一個苦工嗎?祇是做一個書記嗎?祇是追踪先人嗎?或祇是改良先人做事的方法,而建立同樣的事功嗎?假使這些推測,就是來日工程師的工作,那末世界上的文明,不久便要凋零,一切的進化,也就這樣悲殘的結束了。不,前面種種的叙述,决不會成爲事實,我相信:眞有本能的工程師將要緊握住所有的美善,將要努力開闢新的途徑,將要懷抱着新的思潮,替全人類帶來富足,幸福和安逸的禮物。

(13)必須努力替人類造福利——個個人都說現在職業太多了,連同行的人也都說事情實在擁擠了,但是我偏說事情並不多。因爲在這科學倡明的時代,一切的文明,都是成幾何級數進化的,不僅在工程上有發展的可能,其他無窮的事理,也都正待人們去開拓。大自然中所蘊藏着的許多生產能力,更需要我們去發展和利用,以便創造幸福的世界和最高的文明。訓練個人服務精神的敎育,無論被訓練的是不是研究專門學問的人,除了工程敎育以外,再也找不出別一種敎育,是比它更確切更生効的了。因爲這種基本的工程學問,不僅是敎人同自然界常時接近後,可以得到整個自然律的概念,並且訓練他們的頭腦,能夠判斷一切影響他們事業之因子的輕重。也可敎他們知道完整是零碎的集團,但完整不是零碎。所以我希望把工程當做終身事業的青年們都牢記住:你們是加入了更偉大更古老的職業了。應該要繼續先人的意志,不斷的努力邁進!古代的人把石塊鑿起洞來居住,把木頭築起橋來過河,同我們現在之設計和建築是一樣的原理和熱心,這種智力上的努力,可以叫自然做人類的侍女,也可以叫它做人類慈善的保母,成功的因素,都掌握在人們自已手裏，工程事業和別的職業都常有所希望的果實結成，不過在物質上的報酬，有些不相同，這種報酬，工程師所得的比較豐富，工程師因此可以留下很光榮的名譽給他的子孫，他在人間所施與的幸福和安逸的恩惠，將永遠不滅。

我們把這偉大的事業交給我們的子孫承繼着，並指導他們的路向去完成！還有很多山坵的高度，和很多海洋的深度，都正等着他們去測量。這些勞作，就是他們唯一的遺產。將要次第的留下去，直到全人類個個都享受精神上和物質上的最大幸福爲止。

廿五，二，一，于武大工學院

譯自「Engineering News Record，Nov 28，1935」

禦土牆設計之結果

(編者按:下表爲民二六級同學設計禦土牆之結果其高度爲十六呎至二十呎,土面一與牆頂齊平一與自然坡度平行特錄於此以供參考。)

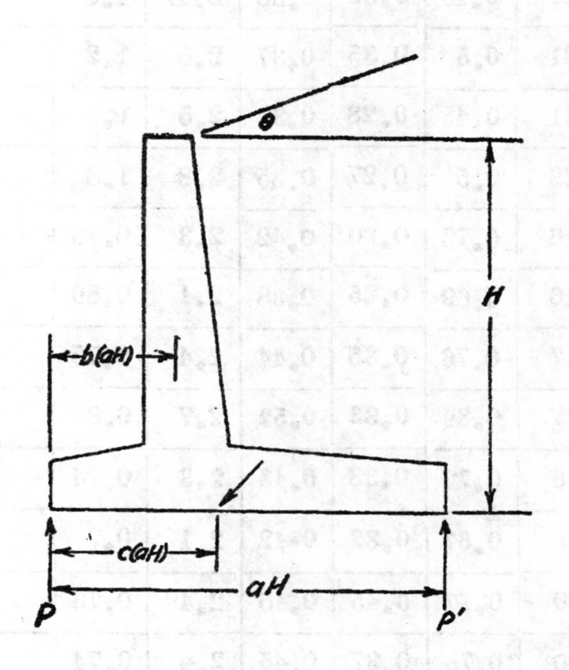

土壤自然坡度(Angle of repose) $=\tan^{-1}\frac{2}{3}$

牆底與地基之摩擦係數 = 0.4

設計者	θ	H(ft.)	a	b	c	f.s.(ov.)	f.s.(sl.)	P(lb/sq.ft.)	
何彥青	0	17	0.5	0.33	0.37	2.58	1.15	2500	
鄧銳甫	0	17	0.52	0.28	0.37	2.9	1.3	2800	
張　溶	0	18	0.42	0.33	0.33	2.0	1.1	2900	
周文化	0	19	0.42	0.34	0.34	2.3	1.3	3280	
雷大晉	0	19	0.47	0.36	0.36	2.5	1.3	3030	
蔣宗松	0	20	0.55	0.29	0.4	3.2	1.36	2890	
項學漢	0	20	0.48	0.36	0.36	2.47	1.13	3160	
周　祜	0	21	0.5	0.35	0.37	2.6	1.2	3100	
章泰報	0	21	0.48	0.28	0.34	2.5	1.3	3760	
劉宣鐸	0	22	0.5	0.27	0.35	2.8	1.3	3940	
崔可仁	$\tan^{-1}\frac{2}{3}$	16	0.72	0.30	0.42	2.3	0.76	3900	
陳和鳴	,,	16	0.69	0.35	0.38	2.1	0.85	3900	
耿大定	,,	17	0.76	0.35	0.44	2.4	0.75	3420	
趙邦逕	,,	17	0.82	0.33	0.52	2.7	0.8	2200	P′=2700
楊賢益	,,	18	0.72	0.38	0.43	2.3	0.74	3900	
趙爾基	,,	18	0.67	0.32	0.42	2.1	0.7	4000	
樊哲晟	,,	20	0.77	0.45	0.45	2.49	0.76	3870	
龔一波	,,	20	0.75	0.37	0.45	2.4	0.74	3880	

校友通訊

十月生活

陳厚載

踏進社會來的初步

我此時得和大家好友談談心,非常高興.自從去年七月初我的左脚跟着右脚踏進了社會,軀體的全部,已不能再隨心所欲的享受那學生時代的生活了.起初學校裏介紹我來南昌市政委員會服務.該會的主任委員是建設廳長龔學遂兼任.第一次見他的時候,他很和氣很簡單的對我說:派你在建設廳做事.並且他還問:你會何種運動?住在何處?適遇此時有別人來會廳長.我就不得不即刻與辭而去.

等候了半個月,委任狀送來了.七月十八日,我就往建設廳去辦公.到廳後,領了用具,當時便寫了個到差的簽呈,我的簽呈是這樣寫的:

"敬簽呈者奉省府祕叁——廿四年七月十五日發一八五五號委任狀開委任陳厚載爲本府建設廳技佐等因奉此遵於七月十八日到廳工作請轉呈省政府祕書處會計股登記並發給證章一枚以便通行謹簽呈主任程轉呈廳長龔

技佐陳厚載謹簽呈七月十八日"

工作的開始

到廳後的第三天,龔廳長調我到市政委員會去做測量工作,工作地點是南昌附近的一塊墳地。距辦公室不過半公里遠，在那種炎熱天氣之下工作，本該趁早晨天氣凉爽，早點出發去做。但是事實却不能如此，我每天六時起床半小時早操後，才整裝出發測量，歸來時概在十一時左右。下午二時至五時，因天氣太熱，改作室內整理測量記錄的工作。五時以後，打打網球，洗洗澡，晚飯後，也就無甚公事了。禮拜天有時還和其他團體機關賽一賽網球，週復一週，兩個多月的工夫，不覺就這樣過去了。

窮苦的弋陽

十月間龔廳長派我去弋陽監造烈士公墓。待接到省府令後，便領了旅費出發赴弋陽。弋陽乃贛東土匪發源地，匪首方志敏的故鄉，就在那裏。該縣城池不大，其中住戶商店等約四五百家。街道上行人冷落，商業景況甚蕭條。惟因公共衛生不修，到處蒼蠅却到很多。到弋陽後首先與縣長接洽建築公墓的事情，縣政府亦已奉到省府同樣公文，於是縣長便派了一位技士，導我去城北勘定墓址，那裏地勢太低，易被水淹，建築不宜故未採取。過了幾天，縣長和我又到距城九公里的圭峯，選擇墓址，圭峯乃贛東名勝之一。山峯矗立，突出地面三四百尺。嶙峋怪石，作人獸狀，天然美景，煞是奇觀，我起初打算把公墓做在圭峯裏面，後來遭圭峯寺的僧人反對，以爲有礙風水，縣長是不違民意的，只好委曲求全，結果決定建築在圭峯的外面。

工地種種

烈士墓建築的詳細圖樣，是省政府已經繪好的。我這次奉命到弋陽建築公墓，只要照樣監造就是了。偏僻的弋陽，概因久經荒亂的緣故，最初就找不到工匠，後來勉强東招西募的找來幾個石匠，簡陋地方上的簡陋工人，那裏曉得圖樣的平面側面與切面？他們只知道魯班尺,又那知道圖樣上的公尺公寸與公分?我當時無法,只好另外請了幾個木匠,親自指教他們繪了幾十張最簡單的圖樣。又教他們仿做。做好了以後,組合起來,成功了一座烈士公墓的模型。那些石匠見了,才晃然大悟。

炸山採石,也是一件煩難的工作,幸虧縣技士請來一個曾經做過公路橋樑的石匠來包做。按當時情形,每麻石一公方,約需洋五六元,每紅石一公方,約一二元。於是採石的工程,就完全歸包工負責。其餘水泥鋼筋等材料,因爲要到南昌去購買,所以歸我自己辦理。開工之後,不幸天不奏巧,時常下雨。工人既不能雨地做工,包工人又不願工人在廠裏座吃閒飯。於是包工所雇的工人,只好雨天回家,待天晴時再來做。時作時輟,工程進行,極爲迂緩。

此外尚有一件麻煩的事情,就是領工款的問題。此項工程用費,省政府原定爲二千元。因爲公文往返需時,一先由縣府造具預算及領款憑單呈請省府審核,省府收此案交建廳辦理,建廳核准後,轉財廳簽註,財廳復交建廳簽註,建廳再轉財廳以後怎樣,我也弄不清了。總而言之,最快也要數十天——直到開工後幾個月,工款始由縣政府領到。起初縣府恐怕此款領不到,不支墊。難爲了我這個窮監造,處理無方。結果包工無火食,向寺內和尚借米借糧。直到工款領到之後,一切的工作,才順利的做下去。

後來時屆舊曆年關,工人仍都要回家去過年。不得已停工了二十天。迨開工之後,連日催促,始告完成。

暫告結束

弋陽歸來後,又返回到建設廳工作。回憶我踏進社會十多月以來的工作,比起做學生時代的天眞生活來,那眞另外是一種意味了。

二十五年四月於南昌。

18941

甘肅水利工程近況

吳以敩

（前略）甘省水利概況之調查與研究，本為余來此主要目的之一。但能否得有結果，則不敢必。茲謹將經委會水利處在甘工作之正積極進行者，大略述之如下：

（一）正在開工者有洮惠渠，地點在臨洮，水源引自洮河。渠長二十餘公里。係前年何之泰所勘定設計者。惟因地形未完全測量，能灌地若干？尚不知也。且渠道甚淺，所經多有卵石層，興築頗感困難。即幸成功，將來洩漏水量如何？亦屬疑問。然所以現在仍依此計劃開工者，此又為政治問題也。蓋經委會來此工作，已近兩年，成績毫無，地方人士固多懷疑，即會中當局，亦感不安。故祇求其早日開工，而不計其結果之經濟否也。

（二）新古渠之積極設計籌備開工。查該渠係引黃河之水灌蘭州附廓之田地。余現即工作於此，本渠地形巳於去冬測竣，現渠線巳定，正計算土方設計橋樑涵洞等。盼於最短期間內開工。本渠長約四十公里，可灌地約三萬畝。（其中有原用水車及泉水灌溉者近萬畝。）比之陝西各渠不過十之一耳。但會中為提倡水利計，亦未計及經濟價值也。

（三）正在設計中者，尚有通惠與永靖二渠，前者引大通河之水可灌地十餘萬畝；後者引黃河之水可灌地數萬畝。以工程較大，不敢立即開工，擬待前二渠完成後，得有相當經驗，再作研究。此外更有普濟渠者，則未測量也。

總之，目前水利處在此地之工作，仍在試探與提倡時期，眞正之水利建設，尚待努力。（後略）

編後

本刊原定年出一期惟以經費關係自第一期發刊後兩載中斷今始繼續出版深爲歉仄

本期蒙諸教授校友及同學踴躍賜惠鴻文深爲感謝

本期自上屆幹事會卽開始籌備得其編緝幹事張溶項學濱二君之熱心徵稿與整理編者謹於此致謝

凌鴻勛先生“鐵道工程”演講稿一篇未卽付梓待下期登載

本期會員錄中“畢業同學近況”因前次所發會員調查表塡回極少故祇得以本校祕書處所調查者爲根據

本會爲使校友與在校會員連絡起見特製“校友近況變動表”及“校友消息”兩紙隨刊附發祈各校友卽塡寄本會編緝股爲荷

付印倉猝錯誤難免幸祈讀者指正

——編者——

附　　錄

本會會員錄

（一）甲種特別會員（本系教員）

姓　名	別號	籍　貫	通訊處
邵逸周		安徽休寧	本校第一教員住宅區
陸鳳書		江蘇無錫	元字齋
兪　忽	子愼	安徽婺源	本校
余熾昌	稚松	浙江紹興	本校
丁燮和		江蘇泰興	本校
丁八鯤	西崙	江蘇吳縣	半山廬
涂允成	述文	湖北黃陂	本校
郭　霖	澤五	湖北當陽	本校
趙師梅		湖北巴東	二區
孫雲霄		江蘇高郵	二區
譚聲乙	蜀青	安徽合肥	一區
笪遠倫	經甫	江蘇丹徒	本校
楊樹仁			本校
石　琢	作楫	湖南邵陽	元字齋
胡錫之		江蘇海門	元字齋

趙學田	棕生	湖北巴東	元宇齋

(二)乙種特別會員(本系畢業同學)

民二二級畢業會員

姓名	別號	籍貫	服務機關
顧文魁		江蘇如皋	南京資源委員會(現派往美國留學)
唐家湖		安徽桐城	南京市政府工務局
陳亞光		江蘇東台	南京資源委員會
陳正權	輿可	湖北武昌	湖北建設廳
辛煥章	達文	湖北安陸	湖北建設廳
黃守楷	卓立	湖南湘潭	粤漢路局工務處
彭文森		湖北鄂城	湖北建設廳
賀　俊	制宜	湖南安化	武昌市政處
沈瓊芳	伯鋅	湖北天門	湖北建設廳
閻克製		湖南岳陽	南京市政府工務局
胡仁杰		湖北大冶	湖北建設廳
趙文軒		河南濬縣	湖北建設廳
王守先	道存	湖北武昌	湖北建設廳
吳興朝	莫如	湖南新化	武昌市政處
羅崇光		廣東南海	平漢鐵路

民二三級畢業會員

姓名	別號	籍貫	服務機關
熊道琨	瑞芳	浙北漢川	湖北省立漢陽高級工業職業學校
張世俊		湖北漢陽	平漢鐵路
沈瑾芳	仲蓀	湖北天門	湖北建設廳
涂卓如		湖北黃陂	湖北建設廳

胡休唐		湖南武崗	南京市政府工務局
李定魁		陝西南鄭	陝西全國經濟委員會西蘭公路工務所
舒文翰	八愷	湖北崇陽	湖北建設廳
余駢壽		江蘇興化	江蘇溧水縣政府技術科
歐陽鳴		江西興國	江西省立臨川中學土木工程科
葉明哲		湖北蒲圻	湖北建設廳
胡和競		江西湖口	杭江鐵路南玉段工程局
趙　鴻	臨民	湖北沔陽	湖北建設廳
王道隆		江西南昌	杭江鐵路南玉段工程局
姜于淮		江西南昌	南京市政府財政局土地科
楊訪漁		安徽懷甯	安徽省建設廳
單成騏		江蘇懷寧	南京市政府工務局
王言綬		江蘇鹽城	南京金陵兵工廠
王　哲		廣西賓陽	湘桂鐵路
趙方民		湖南長沙	南京衞生署
鄧志瑞		廣東南海	漢口全國經濟委員會江漢工程局
余　泂	炯章	四川威遠	四川公路局總工程師室
黃　作		江蘇泰縣	導淮委員會
葉家幹		湖北武昌	湖北省立漢陽高級工業職業學校

民二四級畢業會員

楊長棨		江西豐城	江西公路局
唐儲孝	煇如	湖南平江	浙江錢塘江橋工程處
汪承鈞	子春	湖北應城	湖北建設廳
方　璜		湖南岳陽	安徽歙縣京貴綫路第八分段

方 璧		湖南岳陽	南京參謀本部城塞組
何世珍		江西萍鄉	南昌市政委員會
陳化秦		江西清江	江西省立臨川中學
劉定志		江西永新	江西建設廳
陳厚載		江西臨川	江西建設廳
米谷生		湖南辰谿	四川公路局總工程師室
梁湜訓	家湘	湖南長沙	四川公路局工務處
周宗士	文郇	湖北圻水	湖北建設廳
余傳周	夢若	湖北黃陂	湖北建設廳
朱吉麟		安徽涇縣	安徽建設廳
劉宗周	國屏	湖南祁陽	四川公路局總工程師室
陳良智		浙江義烏	安徽水利局
封祖佑		廣西容縣	湖北建設廳崇陽崇平公路工程處
鄧先仁		湖北蒲圻	本校工科研究所土木工程學部研究生
王 光		江西上饒	江西新喻浙贛道路南萍段第五工務段
樊錫梁		陜西富平	陜西建設廳
袁吉武		湖北武昌	漢口智民里十三號袁瑞泰營造廠
杜時敏		湖北黃岡	湖北建設廳
吳以斆		江蘇淮陰	全國經濟委員會水利處中央大學內中央水工試驗所
蔡仲華		江西寧都	江西水利局
陽漢膺		江西南昌	江西玉萍線路
樂 樂		江蘇鹽城	楊子江水利委員會
黃景驍	騰高	江西石城	江西萍鄉峽山口浙贛線路局南萍段工務第三總段第十二分段
胡愼思		湖北武昌	國營金水農場

尤德梓		福建閩侯	福州省立工業職業學校
方宗岱		浙江金華	本校工科研究所土木工程學部研究生
張鼎生		江蘇泰興	陝西南鄭漢南水利管理局
胡錫之		江蘇海門	本校土木系助教
董世春		江西南康	湖北路局

民二五級畢業會員

李希靖	巽之	江西南昌	江西水利局
朱克繼		安徽霍山	安徽建設廳
王開闓		安徽懷寧	安徽建設廳
胡家仁	靜山	安徽婺源	金口國營農場
李均平		四川閬中	武昌市政處
劉相堯		湖南攸縣	武昌市政處
劉永達		湖南新甯	金口國營農場
蔡鍾琦		湖北黃陂	湖北建設廳
鍾綽	孟言	湖南平江	武昌市政處
方睦	友于	湖南平江	武昌市政處
胡玉瑞	獻之	湖北廣濟	湖北建設廳
李希曾		江西武寧	江西水利局整理南州水利工程起
黃德榮		湖北鄂城	湖北建設廳
段幹	坦人	江西萍鄉	全國經濟委員會
龔志鴻	志鴻	江西南昌	江西全省公路局

（三）普通會員（在校同學）

民二六級

姓名	別號	籍貫	通訊處
尹肇元		安徽壽縣	安徽壽縣二區
鄭恆興		浙江江山	浙江江山鄭裕豐號轉
陳和鳴		湖北棗陽	湖北棗陽南關
崔可仁		安徽太平	蕪湖西城內堂子巷十五號
鄧銳輔	仲穎	湖北長陽	湖北長陽城內南門巷
何彥青		湖北漢陽	武昌萬年閘前街五二號
耿大定		湖北安陸	湖北安陸西門外碼頭街二四號
趙邦達		四川合江	四川合江上白沙
毛景能	治權	湖北漢川	武昌糧道街小吉祥巷二號
張 溶	靜波	山西臨汾	山西臨汾金殿鎮官磧村
楊賢溢		安徽懷甯	安徽懷甯譚家橋
趙爾基		山西壽陽	山西壽陽壽陽中學轉
雷大晉		江西南昌	南昌岡上街郵政代辦所轉
周文化		湖北浠水	湖北浠水當舖街程德泰內
蔣宗松	竹友	湖南澧縣	湖南澧縣雷同興轉
項學漢		浙江鄞縣	漢口特一區五福路九十九號
龔一波	光月	湖南澧縣	湖南津市龔家溶
章泰報	竹安	江因南昌	南昌謝埠市同泰義號轉
周 祜	景羊	江蘇鹽城	江蘇鹽城童家橋十七號
劉宣鐸		湖南長沙	長沙局關祠西胡同六號
樊哲晟		江西南昌	南昌清節堂廿九號

民二七級

姓名	別號	籍貫	通訊處
何進綠		湖南郴縣	湖南桂陽縣大北關二十號

周懷瓚		江蘇高郵	江蘇高郵東大街周慕韓轉
黃言亮		安徽桐城	安慶湯家溝橫埠河
鮑光華		安徽蕪湖	北平什剎海北官房口二十號
王楚熾		湖北漢川	武昌黃土坡義莊前街六號
鄧志揆	端甫	江西新淦	南昌進賢門內寶森米店
李毓芬		湖北黃安	武昌羅祖殿巷六號
李慕蘇		湖北黃岡	武昌菊灣西街五號
馬資元		湖南湘潭	湖南湘潭朱亭王十萬郵局轉
喻伯良		湖北潛江	湖北潛江新陽家場喻繁豐號
黃民澤	覺三	湖南寧鄉	湖南湘潭道林任合盛號轉茅茨山
黃彰任		湖南瀏陽	湖南瀏陽西城巷十六號
王成成		浙江武義	浙江金華智珠醫院
周永康		浙江餘姚	上海香山路復興邨二十二號
劉守純		江西南豐	南昌西書院街二十六號
陳文彪		福建閩侯	福州螺州店前八十五號
呂道華		江蘇常熟	江蘇常熟梅李西街
沈　晉		江蘇高郵	江蘇高郵百歲巷
陳道弘		湖北應城	武昌張王廟二十號
常振樾	龍松	湖南長沙	長沙壽星街二號
尹先恩		湖北漢川	漢口江岸長湖路二百二十八號
童光燦		湖北圻春	湖北圻春縣漕家河童春河轉
吳治華		湖北咸寧	武昌閱馬廠楚善後街一號
林祥威		江西南昌	南昌大士院四十八號
陳炳輝		江西鄱陽	江西鄱陽十八坊六號轉小華村

18950

王修官		江西新建	南昌西大街一百二十八號
潘基磧		湖南寧鄉	長少西園七號
符慶禾	劍秋	浙江蘭谿	浙江蘭谿裕茂布莊
鄭瑞林		湖北大冶	武昌梳妝台二十號
民三八級			
鄒思齋		江西萍鄉	
宋壽安		湖北武昌	武昌花堤中街四十號
謝志安		江西宜春	西西宜春城東東來試館轉
周議仁		湖北黃陂	武昌府後街二十三號
王壽康		江蘇武進	江蘇武進西直街五十三號
湯世均		湖南瀏壽	湖南淡壽馬家巷湯宅
唐日長		湖南甯鄉	湖南甯鄉南城外廖福順轉
余家礎		湖北黃陂	平漢路祁家灣余德記
劉應昌		湖南衡山	湖南湘潭岳後于字五區大鵬
崔滌塵		江蘇鹽城	江蘇泰縣湖桑大崔莊
張大桂		浙江嘉興	浙江嘉興蘆蓆匯九號
賀德乾		湖北蒲圻	本校
陸銀如	澍萍	江蘇宜興	江蘇宜興和橋萬石橋
沈立昌		江蘇無錫	江蘇無錫前洲
張瑞蓮		湖北巴東	湖北巴東下街盛義記
江錫文		安徽桐城	安慶新安渡
宋文綺		湖南甯鄉	湖南甯鄉鴨婆巷資源和轉
楊儒功		湖南常甯	湖南常甯北門五號
丁鶴滓		江蘇江陰	江蘇江陰東大街二十號

姚琢之		湖南長沙	長沙安沙紅葉山莊
徐樹勳		湖南湘潭	長沙通太西街憩園
民二九級			
童詠春		浙江義烏	浙江義烏南街二號
沈霞超		江蘇阜甯	江蘇阜寧八灘宋日昇號轉
熊大慈		江西南昌	青島奉化路一〇九號
李金熹		江西豐城	江蘇常州西門李聚豐木行
秦興中		河南開封	開封三里堡十三號
梅哲培		湖南甯鄉	湖南寧鄉梅家田
陳宗文		安徽鳳陽	蚌埠長淮街永和號
嚴祥麟		浙江慈谿	上海白利南路引弄一五一號
葉堪泉		江西萍鄉	萍鄉東張天興
萬于龍	于龍	江西南昌	南昌松柏巷八十七號
陳朱經		浙江樂淸	浙江樂淸城內崇禮巷
周 錀	管北	江蘇宜興	鄭州三馬路文德里二號
佘世溍	子恂	江蘇嘉定	上海九江路七六八號
胡家棟		湖北武昌	漢口天津街聯怡里三號
陽兆芝		湖南醴陵	醴陵陽三石火車站後徐園張宅交
饒華楨		湖北廣濟	武昌西川湖十七號
蔣惟恆		江蘇太倉	瀏河第二街六十號

本屆事幹一覽表

總務	林祥威
文書	常振檝
演講	周永康
編輯	沈晉 王壽康
出版	鮑光華 鄒思齊
交際	呂道華 陸銀如
會計	沈立昌
事務	陳道弘

* * * * * *

廣告索引

18953

學筌期刊創刊號目錄

其餘尚有陳散原，劉象龍，吳其昌，蘇雪林，胡守仁，黃西銓，湯春庭，徐新元，趙飀翰，趙家寰，云凰諸先生詩詞二十餘首，不備錄。

編輯兼發行：　國立武漢大學中國文學系學筌期刊社

總發行所：　國立武漢大學出版部

代售處：　國內各埠各大書局

定價：　每册大洋二角五分

本刊徵稿條例

一•本刊定名爲國立武漢大學土木工程學會會刊。

二•本刊登載有關土木工程之稿件。

三•文體不拘，但須繕寫清楚，並加新式標點符號。

四•翻譯請附寄原文或說明原著來處。

五•來稿得由本刊編輯部酌量增删，不願者請預先聲明。

六•來稿無論登載與否概不退還，但預先聲明者，不在此例。

七•來稿請直寄本刊編輯部。

八•來稿登載後，概以本刊致酬。

國立武漢大學

土木工程學會會刊

第二期

民國二十六年五月三十日出版

編輯者　國立武漢大學土木工程學會編輯部

發行者　國立武漢大學土木工程學會出版部

印刷者　國立武漢大學印刷所

定價　每冊大洋三角外埠另加郵費五分

18956